완벽한 **자율학습서**

완자

중학
과학
1

구성과 특징

완자 활용법 1 단계

공부할 단원 파악

1. 대단원 공부를 시작할 때, **이 단원에서 배울 내용**을 확인해요.

2. 이에 바탕이 되는 **초등학교에서 배운 내용**을 알고 있는지 점검해요.

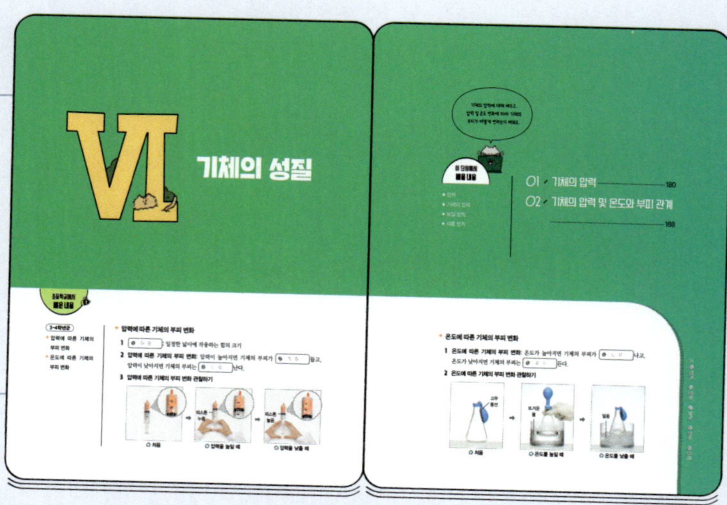

2 단계

개념 학습

1. **만화** 속의 **말풍선**을 완성하여 과학적으로 생각하는 능력을 키워요.

2. **A**, **B**, **C** **주제별 학습**으로 내용을 정리하고 날개 단의 보충 설명도 꼼꼼하게 학습해요.

3. 궁금해 , 암기해 로 궁금증을 해결하고, 꼭 기억할 것을 알아두어요.

4. 기초 튼튼 **기본 문제**로 학습한 내용을 간단히 확인해요.

5. **완자쌤 특강**으로 탐구 자료와 핵심 자료를 해석하는 방법을 연습해요.

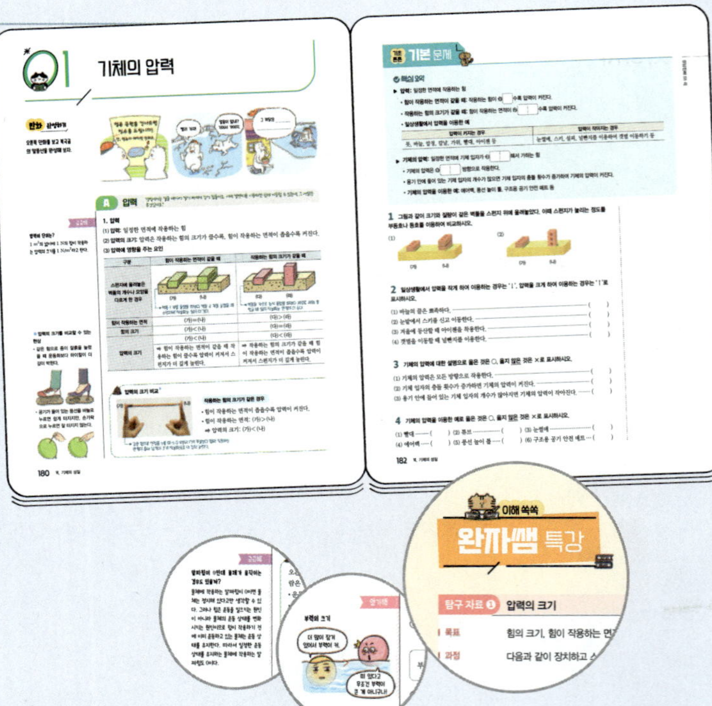

문제 풀이

1. 실력 탄탄 **핵심 문제**에는 개념 학습에서 주제별로 학습한 개념 순서대로 문제가 제시되어 있어요. ★**중요** 문제는 여러 번 풀이해요.

2. **서술형 문제**로 개념을 정확하게 익힐 수 있어요. 서술하기 어려울 경우, **풀이 TIP**의 도움을 받아요.

3. 한 걸음 더 **실력 UP 문제**로 조금 더 복잡한 문제나 새로운 문제를 풀어보고 실력을 키워요.

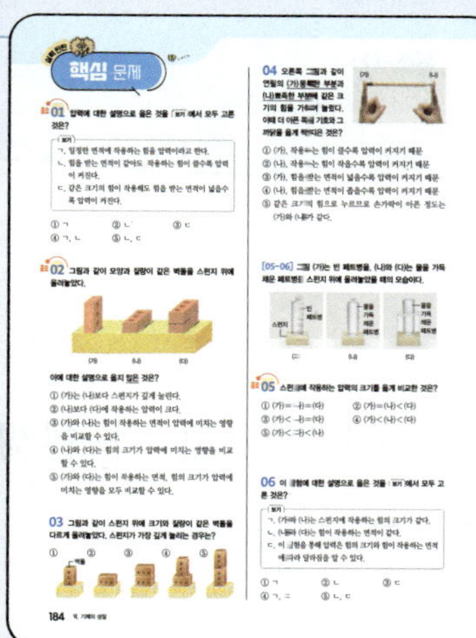

정답친해로 정답 확인

1. 정확한 답과 **친절한 해설**로 가려운 곳을 콕 집어 자세하게 설명했어요.

2. 정답 풀이와 **오답 풀이**를 상세하게 주었어요.

3. 중요한 자료는 **그림으로 자세하게 해설**했어요. 그림에 직접 해설을 달아 보아요.

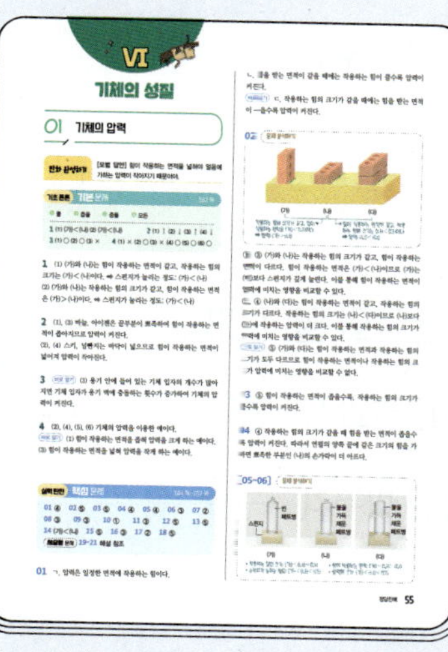

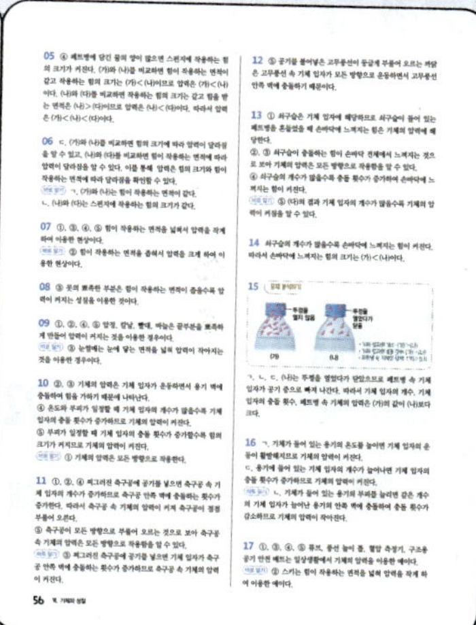

내 옆의 선생님 '완자'는 혼자서도 쉽게 공부할 수 있는 자율학습서

차례

내맘대로 공부 계획표 / 24회 완성!

	1 회
월 일	2 회
월 일	3 회
월 일	4 회
월 일	5 회
월 일	6 회
월 일	7 회
월 일	8 회
월 일	9 회
월 일	10 회
월 일	11 회
월 일	12 회
월 일	13 회

내맘대로 공부 계획표   24 회 완성!

완자 중학과학		비상교육	동아출판	미래엔	와이비엠	지학사	천재교과서 (임성숙)	천재교과서 (정대홍)
I. **과학과 인류의** **지속가능한 삶**	01. 과학과 인류의 지속가능한 삶	10~16 / 13~32	12~25	14~31	12~23	12~33	12~23	10~27
II. **생물의 구성과** **다양성**	01. 생물의 구성	22~31	41~50	32~43	36~47	32~41	40~51	32~43	32~47
	02. 생물다양성과 분류	32~43	51~64	44~59	50~63	42~55	54~63	48~57	50~65
	03. 생물다양성보전	44~51	65~74	60~69	64~69	56~65	64~70	58~61	66~73
III. **열**	01. 온도와 열의 이동	62~73	83~94	78~91	80~93	74~85	82~95	74~85	82~95
	02. 비열과 열팽창	74~85	95~104	92~101	94~105	86~95	96~107	86~97	96~107
IV. **물질의** **상태 변화**	01. 입자의 운동	96~103	113~120	110~115	114~119	104~107	116~121	108~113	114~119
	02. 물질의 상태와 상태 변화	104~115	121~134	116~123	120~133	108~119	122~135	114~127	120~133
	03. 상태 변화와 열에너지	116~127	135~148	124~135	134~145	120~129	136~143	128~139	134~145

완자 중학과학		비상교육	동아출판	미래엔	와이비엠	지학사	천재 교과서 (임성숙)	천재 교과서 (정대홍)
V. 힘의 작용	01. 힘의 표현과 평형	138~145	157~162	145~149	156~159	138~143	154~157	152~155	154~155
	02. 여러 가지 힘	146~159	163~176	150~164	160~173	144~153	158~171	156~169	156~169
	03. 힘의 작용과 운동 상태 변화	160~169	177~188	166~177	176~189	154~163	174~187	172~183	172~185
VI. 기체의 성질	01. 기체의 압력	180~187	197~204	186~189	198~199	172~175	198~199	196~197	194~197
	02. 기체의 압력 및 온도와 부피 관계	188~199	205~216	190~205	200~217	176~193	200~217	198~215	198~217
VII. 태양계	01. 태양계의 구성	210~223	225~236	214~227, 240~242	226~241	202~215	226~241, 252~253	226~245	224~241
	02. 지구의 운동	224~235	237~241	229~233	244~247	216~222	244~247	248~253	244~251
	03. 달의 운동	236~247	242~248	234~239	248~253	223~229	248~251	254~259	252~259

I. 과학과 인류의 지속가능한 삶

3~4학년군

✦ 기후 변화와 우리 생활

5~6학년군

✦ 자원과 에너지

✦ **기후 변화와 우리 생활**

1 기후 변화로 나타나는 문제

- 가뭄, 폭설, 폭염, 한파, 홍수 등이 자주 나타난다.
- 해수면 상승으로 도시나 섬이 물에 잠긴다.
- 온도 상승으로 멸종 위기 동물이 늘어난다.

2 기후 변화의 원인: 인간이 [❶ ㅎㅅㅇㄹ]를 사용하는 과정에서 많은 양의 이산화 탄소가 대기 중으로 배출되어 기후 변화가 심해지고 있다.

화석 연료 사용

3 기후 변화 대응 방법: 대기 중으로 배출되는 [❷ ㅇㅅㅎㅌㅅ]의 양을 줄인다.

예 대중교통 이용하기, 일회용품 사용하지 않기, 햇빛으로 전기 생산하기, 사용하지 않는 전기 플러그 뽑기 등

이 단원에서 배울 내용

- ✦ 과학적 탐구 방법
- ✦ 과학의 발전과 인류 문명
- ✦ 첨단 과학기술의 활용
- ✦ 지속가능한 삶

✦ 자원과 에너지

1 **우리가 생활에서 이용하는 다양한 자원:** 물 자원, 산림 자원, 광물 자원

➡ 자원은 유한하므로 지속가능한 에너지 이용이 필요하다.

2 **③ ㅈㅅ** **에너지:** 태양 에너지, 풍력, 수력, 해양 에너지, 지열 에너지, 바이오 에너지 등이 있다.

⬆ **④ ㅌㅇ** 에너지

⬆ **풍력**

⬆ **수력**

과학과 인류의 지속가능한 삶

만화 완성하기

오른쪽 만화를 보고 감자의 말풍선을 완성해 보자.

A 과학적 탐구 방법

지구가 태양 주위를 돌고 있다는 당연한 사실도 오랜 시간에 걸쳐 과학적으로 탐구한 결과 알아낸 것이랍니다. 대표적인 과학적 탐구 방법에 대해 알아볼까요?

암기해

과학적 탐구 방법

문제 인식 → 가설 설정 → 탐구 설계 및 수행 → 자료 해석 → 결론 도출

1. 과학적 탐구 방법: 일반적으로 가설을 설정하고 탐구 과정을 통해 가설을 검증하는 방법이 이용된다.

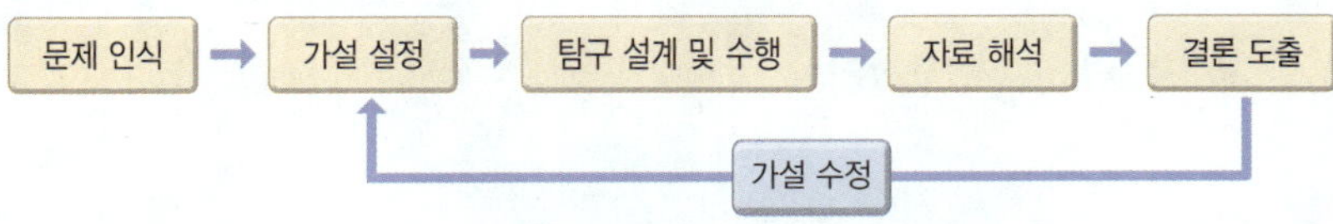

천재(정) 교과서에만 나와요.

＊ 가설의 조건

• 이해하기 쉽고 간결하게 표현해야 한다.
• 탐구 과정을 통해 옳은지 옳지 않은지를 확인할 수 있어야 한다.
• 탐구를 수행해서 알아보려는 내용이 분명하게 드러나야 한다.

미래엔, 천재(정) 교과서에만 나와요.

＊ 결과 발표

결론 도출 이후 탐구 보고서를 작성하고, 탐구 결과를 발표한다.

용어

❶ 변인(變 변하다, 因 인하다)
실험의 조건이나 실험 결과와 같이 실험에 관계된 모든 요인

		탐구 과정 예시
문제 인식	자연 현상을 관찰하다 의문을 갖는다.	감자가 왜 초록색으로 변했을까?
가설 설정	의문을 가진 문제의 결론을 미리 예상해 보고, 가설을 세운다.＊ • 가설: 문제에 대한 잠정적인 결론 → 주로 '~일 것이다.'의 형태로 표현한다.	감자가 빛을 받아서 초록색으로 변했을 것이다.
탐구 설계	가설을 확인하는 탐구를 설계한다. • 실험에 필요한 준비물, 실험 과정, 장소와 기간 등을 정한다. • 실험에서 다르게 해야 할 조건과 같게 해야 할 조건을 정한다. ㄴ 탐구로 알아내려는 조건은 다르게 하고, 그 외의 조건은 모두 같게 한다.	① 감자를 상자 2 개에 똑같이 나누어 담는다. ② 한 상자는 뚜껑을 열어 빛이 들게 하고, 다른 상자는 뚜껑을 닫아 빛이 들지 않게 한다. ③ 며칠 후 감자의 색을 확인한다.
탐구 수행	탐구 계획에 따라 탐구를 수행한다. • 실험 결과에 영향을 줄 수 있는 조건을 통제하면서 실험한다. (❶변인 통제) • 실험하면서 관찰하거나 측정한 내용은 있는 그대로 기록한다.	
자료 해석	탐구를 수행하여 얻은 자료를 정리하고 분석하여 결과를 얻는다. • 실험 결과를 표나 그래프로 나타낸 후 자료 사이의 관계나 규칙을 찾는다.	빛을 받은 감자는 초록색으로 변했고, 빛을 받지 않은 감자는 색이 변하지 않았다.
결론 도출＊	탐구 결과로 가설이 맞는지 판단하고 탐구의 결론을 내린다. ➡ 가설이 맞지 않으면 가설을 수정하여 다시 탐구를 수행한다.	감자는 빛을 받으면 초록색으로 변한다.

2. 에이크만의 탐구 과정

문제 인식	가설 설정	탐구 설계 및 수행	자료 해석	결론 도출
에이크만은 ❶각기병에 걸렸던 닭이 나은 것을 보고 닭이 나은 까닭에 의문을 가졌다.	닭의 모이가 백미에서 현미로 바뀐 것을 보고 '현미에 각기병을 낫게 하는 물질이 있을 것이다.'라는 가설을 세웠다.	건강한 닭을 두 무리로 나누어 한 무리는 백미만 먹이고, 다른 무리는 현미만 먹이며 각기병 증상이 나타나는지 관찰하였다.*	그 결과 백미만 먹인 닭은 각기병에 걸렸지만, 현미만 먹인 닭은 건강했다. 또, 각기병에 걸린 닭에게 현미를 주었더니 건강해졌다.	실험 결과를 통해 가설이 맞다는 것을 확인하고 '현미에 각기병을 낫게 하는 물질이 있다.'라는 결론을 내렸다.

B 과학의 발전과 인류 문명

과학 원리를 이용한 기술 발달과 기기 발명으로 과학이 크게 발전하였지요. 과학의 발전이 인류 문명에 어떤 영향을 미쳤는지 알아볼까요?

1. 과학의 발전

(1) 과학 원리, 기술, 기기는 서로 영향을 주고받으며 발전해 왔다.

(2) 과학은 기술, 공학, 예술 등 여러 분야와 융합하면서 인류 문명과 문화를 발달시켰다.*

2. 과학의 발전이 인류 문명에 미친 영향: 과학 원리의 발견, 기술의 발달, 기기의 발명은 인류 문명의 발달에 영향을 미쳤다.

태양 중심설	암모니아 합성 기술 개발	백신과 항생제 개발
		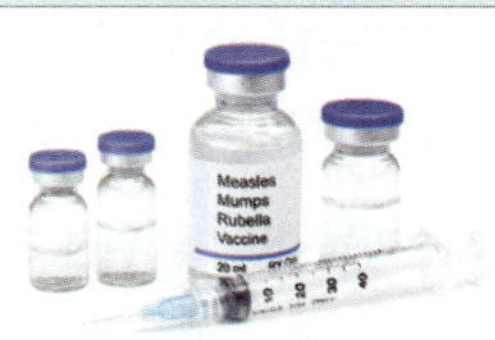
지구가 태양 주위를 돌고 있다는 주장으로, 지구가 우주의 중심이라고 생각했던 인류의 생각을 바꾸는 계기가 되었다.	암모니아를 합성하는 기술이 개발되어 질소 비료가 만들어졌고, 이는 식량 생산을 크게 증가시켜 인류의 식량 부족 문제를 해결하였다.	백신의 개발로 질병을 예방하고, 항생제의 개발로 세균에 의한 질병을 치료할 수 있게 되어 인류의 평균 수명이 크게 늘어났다.

인터넷, 인공위성 개발	❷ 증기 기관 발명	고속 열차 개발

인터넷, 인공위성 등 정보 통신 기술의 발달로 세계 여러 나라의 정보를 쉽고 빠르게 접할 수 있게 되었다.	증기 기관을 이용한 증기 기관차가 개발되어 많은 물건을 먼 곳까지 옮길 수 있게 되었다. 또한 공장에서는 증기 기관을 이용한 기계를 사용하여 제품을 대량으로 생산하였다.	고속 열차 등 교통수단의 발달로 사람들이 먼 거리를 빠르게 다닐 수 있게 되어 생활 영역이 더 넓어졌다.

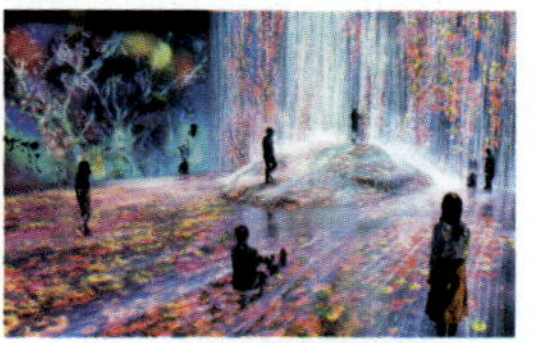

✽ **에이크만의 탐구 과정**
- 다르게 한 조건: 먹이의 종류(현미, 백미)
- 같게 한 조건: 먹이의 양, 닭의 건강 상태 등
- 관찰한 내용: 각기병의 발생 여부

✽ **미디어 아트**

과학과 기술, 음악, 미술 등 다른 분야가 융합하여 새로운 예술 분야인 미디어 아트가 등장하였다.

용어

❶ **각기병(脚 다리, 氣 공기, 病 질병)** 다리에 공기가 든 것처럼 다리가 심하게 아프고 부어서 제대로 걸을 수 없는 병

❷ **증기 기관** 증기의 압력으로 기계를 움직이는 장치

✻ 양자 컴퓨터
양자의 특성을 이용한 컴퓨터로, 복잡한 암호를 단 몇 초 이내에 풀 수 있을 것으로 기대된다.

3. 첨단 과학기술: 우리 생활에 활용되는 첨단 과학기술에는 인공지능, 사물 인터넷 등이 있다.

종류	의미	활용 예✻
인공지능	컴퓨터가 인간처럼 학습하고 일을 처리할 수 있게 만드는 기술	인공지능 로봇, 자율주행 자동차 등 길 안내 로봇, 반려동물 로봇
사물 인터넷	인터넷으로 각종 사물을 연결하는 기술	스마트홈, 스마트팜 농작물의 상태를 확인하고 자동으로 관리
나노 기술	물질을 나노미터 크기로 작게 만들어 다양한 소재나 제품을 만드는 기술	나노 백신, 나노 항암제 나노 크기의 입자에 백신을 넣어 원하는 곳으로 전달
증강 현실✻	현실 세계에 가상의 정보가 실제 존재하는 것처럼 보이게 하는 기술	실제 공간에 가상으로 가구를 배치해 보는 애플리케이션
첨단 바이오	생물의 유전정보를 이용하여 유용한 물질을 생산하는 기술	개인 맞춤형 치료제 개발

✻ 가상 현실
현실 세계와 비슷한 가상적인 공간을 만들어 체험하도록 하는 기술

⬆ 증강 현실
(AR)

⬆ 가상 현실
(VR)

센서에 감지되는 정보를 이용해 상황에 맞는 행동을 스스로 배우거나 실행할 수 있다.

스스로 주행이 가능한 자동차로, 운전자가 조작하지 않아도 주변 상황에 스스로 대처할 수 있다.

사물이 인터넷으로 연결되어 집 밖에서도 스마트폰으로 가전제품을 제어할 수 있다.

✻ 신재생 에너지
신에너지인 수소 에너지 등과 재생에너지인 태양광, 태양열, 풍력, 수력 등을 합쳐 신재생 에너지라고 한다.

C 지속가능한 삶
과학기술의 발달로 우리는 풍요로운 삶을 누리게 되었지만, 에너지 부족, 기후 변화와 같은 문제들도 생겼습니다. 이러한 문제들을 해결하기 위해 우리는 어떤 노력을 해야 할까요?

1. 지속가능한 삶: 더 나은 환경을 만들어, 현세대 이후에도 모두가 행복하게 살 수 있는 풍요로운 사회가 지속될 수 있도록 고민하고 실천하는 삶

2. 지속가능한 삶을 위한 과학기술의 역할: ❶화석 연료의 사용으로 생긴 에너지 부족 문제와 환경 문제를 해결하는 데 과학기술을 활용하고 있다.

● 화석 연료 대신 친환경적이고 고갈될 염려가 적은 수소나 태양빛을 이용하여 에너지를 얻는다.

✻ 오염 물질 감소 방안
- 전기 자동차: 화석 연료 사용과 이산화 탄소 배출량을 줄인다.
- 탄소 포집 장치: 대기 중의 이산화 탄소를 제거하여 지구 온난화를 막는다.
- 해양 쓰레기 수거 로봇: 바다에 있는 쓰레기를 모아서 제거한다.

에너지 자원 고갈 석탄, 석유 등 화석 연료가 고갈되고 있다.

환경오염 대기, 해양, 토양 등이 오염되어 생태계가 파괴되고 있다.

기후 변화 온실 기체가 늘어나 지구 온난화가 심해지면서 기후 변화 문제가 나타나고 있다.

→ **과학 기술의 활용**

신재생 에너지 개발 햇빛, 바람, 물, 지열, 수소와 같은 지속가능한 에너지원을 개발하고 있다.✻ 예 태양광 발전, 수소 연료 전지 발전

오염 물질 감소 대기오염 물질의 발생량을 줄이거나 방출된 오염 물질을 효율적으로 제거하는 기술을 개발하고 있다. 예 전기 자동차, 탄소 포집 장치, 해양 쓰레기 수거 로봇✻

3. 지속가능한 삶을 위한 활동 방안

(1) **개인적 차원:** 재활용품 분리배출 하기, 일회용품 사용 줄이기, 대중교통 이용하기, 친환경 운송 수단 이용하기, 에너지 효율이 높은 등급의 전기 제품 사용하기 등

(2) **사회적 차원:** 생태 습지나 환경 공원 조성하기, 친환경 제품의 개발과 사용 장려하기, 오염 물질을 적게 배출하고 재생 가능한 에너지원 개발 및 보급하기 등

용어
❶ 화석(化 되다, 石 돌) 연료 오래전 지구에 살았던 생명체가 땅속에 묻혀 만들어진 연료이다. 예 석유, 석탄, 천연가스 등

기초튼튼 기본 문제

✔ 핵심 요약

▶ **과학적 탐구 방법**

문제 인식 → ❶ [　　] [　　] → 탐구 설계 및 수행 → 자료 해석 → ❷ [　　] [　　]

▶ **과학의 발전과 인류 문명**

- 과학 원리의 발견, ❸ [　　]의 발달, 기기의 발명은 인류 문명의 발달에 영향을 미쳤다.
- 우리 생활에 활용되는 첨단 과학기술: 인공지능, 사물 인터넷, 나노 기술, 증강 현실, 첨단 바이오 등

▶ ❹ [　　　　　] [　]: 더 나은 환경을 만들어 현세대 이후에도 모두가 행복하게 살 수 있는 풍요로운 사회가 지속될 수 있도록 고민하고 실천하는 삶

---

1 다음은 과학적 탐구 방법에 대한 설명이다. (　　) 안에 알맞은 말을 쓰시오.

> 탐구는 주변에서 일어나는 자연 현상에 의문을 갖는 문제 인식에서부터 시작한다. 의문을 가진 문제에 대한 잠정적인 결론인 ㉠(　　　　　)을 세우고, 이를 증명하기 위해 실험을 설계하고 수행한다. 이와 같은 활동을 통해 얻은 결과를 해석하여 ㉡(　　　　　)을 도출한다.

2 과학의 발전이 인류 문명에 미친 영향과 서로 관련 있는 것끼리 옳게 연결하시오.

(1) 백신 개발　　·　　　　·㉠ 질병을 예방하여 인류의 평균 수명이 크게 늘어났다.

(2) 태양 중심설　　·　　　　·㉡ 증기 기관차로 많은 물건을 먼 곳까지 옮길 수 있게 되었다.

(3) 인공위성 개발　　·　　　　·㉢ 지구가 우주의 중심이라고 생각했던 인류의 생각을 바꾸었다.

(4) 증기 기관 발명　　·　　　　·㉣ 세계 여러 나라의 정보를 쉽고 빠르게 접할 수 있게 되었다.

3 우리 생활에 활용되는 첨단 과학기술과 가장 거리가 <u>먼</u> 것은?

① 인공지능　　　　② 나노 기술　　　　③ 증강 현실

④ 사물 인터넷　　　⑤ 암모니아 합성 기술

4 지속가능한 삶을 위한 활동 방안으로 옳은 것은 ○, 옳지 <u>않은</u> 것은 ✕로 표시하시오.

(1) 일회용품 사용을 늘린다. ······································ (　　　)

(2) 대중교통 대신 자가용을 이용한다. ····················· (　　　)

(3) 생태 습지나 환경 공원을 조성한다. ···················· (　　　)

(4) 재활용품을 버릴 때는 분리배출 한다. ················· (　　　)

[01~02] 그림은 가설을 설정하여 탐구하는 과학적 탐구 방법을 나타낸 것이다.

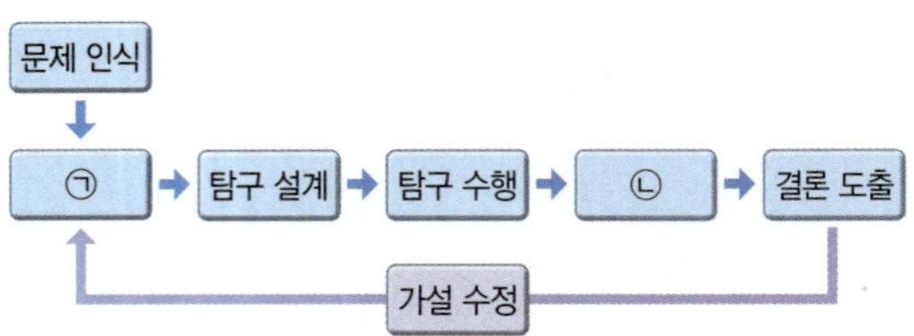

중요 01 ㉠과 ㉡에 해당하는 단계를 쓰시오.

중요 02 ㉠ 단계에 대한 설명으로 옳은 것은?

① 자연 현상을 관찰하다 의문을 갖는다.
② 탐구를 계획하고 계획에 따라 탐구를 수행한다.
③ 탐구를 수행하여 얻은 자료를 정리하고 분석한다.
④ 탐구 결과로 가설이 맞는지 판단하고 탐구의 결론을 내린다.
⑤ 의문을 가진 문제의 결론을 미리 예상해 보고 가설을 세운다.

03 다음은 무엇에 대한 설명인지 쓰시오.

• 자연 현상을 관찰하다 의문을 가진 문제에 대한 잠정적인 결론이다.
• 탐구 과정을 통해 옳은지 옳지 않은지를 확인할 수 있어야 한다.

04 과학적 탐구 방법에 대한 설명으로 옳지 <u>않은</u> 것은?

① 한번 세운 가설은 절대 수정하지 않는다.
② 가설을 검증하기 위한 탐구 계획을 세운다.
③ 실험하면서 측정한 결과는 있는 그대로 기록한다.
④ 실험에서 다르게 할 조건과 같게 할 조건을 정한다.
⑤ 실험 결과에 영향을 줄 수 있는 조건을 통제하면서 실험한다.

[05~06] 다음은 에이크만이 각기병을 낫게 하는 물질을 찾아낸 탐구 과정을 순서 없이 나열한 것이다.

(가) 건강한 닭을 두 무리로 나누어 한 무리는 백미를 먹이로 주고, 다른 무리는 현미를 먹이로 주었다.
(나) 각기병에 걸린 닭이 나은 것을 보고 '어떻게 나았을까?'라는 의문을 가졌다.
(다) 백미를 먹은 닭은 각기병에 걸리고, 현미를 먹은 닭은 각기병에 걸리지 않았다.
(라) '현미에는 각기병을 낫게 하는 물질이 있다.'라고 결론을 내렸다.
(마) '현미에는 각기병을 낫게 하는 물질이 있을 것이다.'라는 가설을 세웠다.

중요 05 에이크만의 탐구 과정을 순서대로 옳게 나열한 것은?

① (가) → (마) → (다) → (라) → (나)
② (가) → (다) → (라) → (나) → (마)
③ (나) → (마) → (가) → (다) → (라)
④ (나) → (가) → (마) → (다) → (라)
⑤ (마) → (나) → (가) → (다) → (라)

06 에이크만의 실험에서 다르게 한 조건은?

① 먹이의 양
② 먹이의 종류
③ 닭의 수
④ 닭의 종류
⑤ 닭의 건강 상태

중요 07 그림은 과학의 발전이 인류 문명에 영향을 미친 사례를 나타낸 것이다.

(가) 태양 중심설

(나) 인공위성 개발

(다) 암모니아 합성 기술 개발

(라) 증기 기관차 개발

이에 대한 설명으로 옳은 것을 보기 에서 모두 고른 것은?

보기
ㄱ. (가) – 지구가 우주의 중심이라는 인류의 생각을 바꾸는 계기가 되었다.
ㄴ. (나) – 많은 물건을 먼 곳까지 옮길 수 있게 되었다.
ㄷ. (다) – 식량 생산을 크게 증가시켜 인류의 식량 부족 문제를 해결하였다.
ㄹ. (라) – 세계 여러 나라의 정보를 쉽고 빠르게 접할 수 있게 되었다.

① ㄱ, ㄷ   ② ㄱ, ㄹ   ③ ㄴ, ㄷ
④ ㄴ, ㄹ   ⑤ ㄷ, ㄹ

08 우리 생활에 활용되는 첨단 과학기술에 대한 설명으로 옳지 않은 것은?

① 사물 인터넷은 인터넷으로 각종 사물을 연결하는 기술이다.
② 첨단 바이오는 생물의 유전정보를 이용하여 유용한 물질을 생산하는 기술이다.
③ 인공지능은 컴퓨터가 인간처럼 학습하고 일을 처리할 수 있게 만드는 기술이다.
④ 증강 현실은 현실 세계와 비슷한 가상적인 공간을 만들어 체험하도록 하는 기술이다.
⑤ 나노 기술은 물질을 나노미터 크기로 작게 만들어 다양한 소재나 제품을 만드는 기술이다.

09 첨단 과학기술을 활용한 사례와 가장 거리가 먼 것은?

① 나노 백신   ② 질소 비료
③ 인공지능 로봇   ④ 자율주행 자동차
⑤ 개인 맞춤형 치료제 개발

10 다음은 무엇에 대한 설명인지 쓰시오.

더 나은 환경을 만들어, 현세대 이후에도 모두가 행복하게 살 수 있는 풍요로운 사회가 지속될 수 있도록 고민하고 실천하는 삶을 말한다.

11 지속가능한 삶에 대한 설명으로 옳지 않은 것을 모두 고르면? (2 개)

① 미래보다는 현재 삶의 질을 최우선으로 추구하는 삶이다.
② 지속가능한 삶을 위해 지구의 환경을 보전해야 한다.
③ 지속가능한 삶을 위해 신재생 에너지를 개발해야 한다.
④ 지속가능한 삶을 위해 과학기술의 발전 속도를 늦추어야 한다.
⑤ 지속가능한 삶을 위해서는 사회뿐 아니라 개인도 함께 노력해야 한다.

중요 12 지속가능한 삶을 위한 활동 방안으로 옳지 않은 것은?

① 생태 습지나 환경 공원을 조성한다.
② 재활용품을 버릴 때는 분리배출 한다.
③ 장바구니 대신 일회용 비닐봉지를 사용한다.
④ 자전거와 같은 친환경 운송 수단을 이용한다.
⑤ 에너지 효율이 높은 등급의 전기 제품을 구입한다.

 서술형 문제

중요 13 과학적 탐구 과정을 통해 얻은 탐구 결과가 가설과 일치하지 않을 경우 어떻게 해야 하는지 서술하시오. (단, 탐구 과정은 잘못되지 않았다.)

14 다음은 파스퇴르가 탄저병에 대한 백신의 효과를 알아보기 위해 수행한 탐구 과정의 일부를 나타낸 것이다.

> (가) 건강한 양을 두 무리로 나누어 한 무리에는 탄저균 백신을 주사하고 다른 무리에는 탄저균 백신을 주사하지 않았다. 4 주 후에 두 무리의 양에게 탄저균을 주사하여 어느 무리에서 탄저병이 발생하는지 확인하였다.
> (나) 탄저균 백신을 주사한 양은 건강하였고, 탄저균 백신을 주사하지 않은 양은 탄저병에 걸려 모두 죽었다.
> (다) 탄저균 백신은 탄저병을 예방하는 효과가 있다는 결론을 내렸다.

파스퇴르가 설정한 가설은 무엇인지 서술하시오.

15 오른쪽 그림은 푸른곰팡이의 주변에서 세균이 자라지 못하는 현상을 보고 발견한 항생 물질로 만든 항생제이다. 이 항생제가 인류 문명에 미친 영향을 서술하시오.

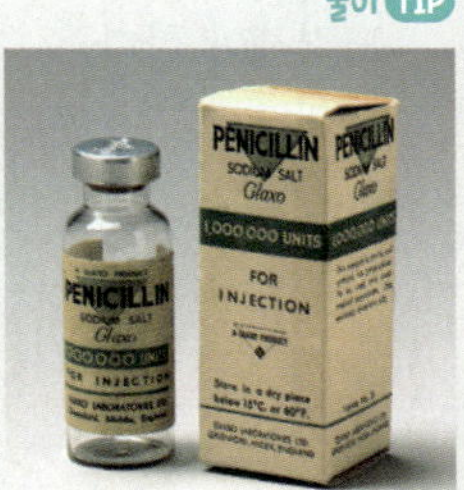

실력 UP 문제

01 다음은 종이 헬리콥터가 바닥에 떨어지는 데 걸리는 시간과 날개 길이와의 관계를 알아보기 위해 설정한 가설이다.

> 날개의 길이가 길수록 종이 헬리콥터가 바닥에 떨어지는 데 걸리는 시간이 길 것이다.

이 가설을 증명하기 위한 실험 설계로 옳은 것을 보기 에서 고르시오.

> **보기**
> ㄱ. 날개의 길이와 날리는 높이를 일정하게 하여 종이 헬리콥터가 바닥에 떨어지는 데 걸리는 시간을 측정한다.
> ㄴ. 날개의 길이와 날리는 높이를 변화시키면서 종이 헬리콥터가 바닥에 떨어지는 데 걸리는 시간을 측정한다.
> ㄷ. 날리는 높이는 일정하게 유지하고, 날개의 길이만을 변화시키면서 종이 헬리콥터가 바닥에 떨어지는 데 걸리는 시간을 측정한다.

02 첨단 과학기술을 활용한 사례에 대한 설명으로 가장 옳은 것은?

① 인공지능 – 나노 항암제 개발에 활용
② 나노 기술 – 길 안내 로봇 개발에 활용
③ 첨단 바이오 – 개인 맞춤형 치료제 개발에 활용
④ 사물 인터넷 – 실제 공간에 가상으로 가구를 배치해 보는 데 활용
⑤ 증강 현실 – 스마트폰으로 집 안의 가전제품을 제어하는 데 활용

풀이 TIP **14 ❶** 탐구 결과가 가설과 맞는 경우 결론을 내린다는 것을 떠올린다. **❷** 탐구의 결론을 보고 가설을 추측해 본다. **15 ❶** 항생제의 기능을 생각한다. **❷** 항생제의 개발이 인류 문명에 어떤 영향을 미쳤는지 떠올린다.

핵심 정리 

01 / 과학과 인류의 지속가능한 삶

1. 과학적 탐구 방법

과정	의미	예(에이크만의 탐구)
문제 인식	자연 현상을 관찰하다 의문을 갖는다.	각기병에 걸렸던 닭이 나은 까닭에 의문을 가졌다.
가설 설정	문제에 대한 잠정적인 결론인 가설을 세운다.	현미에는 각기병을 낫게 하는 물질이 있을 것이다.
탐구 설계 및 수행	가설을 확인하는 탐구를 설계하고 수행한다. • 실험에서 다르게 해야 할 조건과 같게 해야 할 조건을 정한다.	건강한 닭을 두 무리로 나누어 한 무리는 백미만, 다른 무리는 현미만 먹였다. • 다르게 한 조건: 먹이의 종류 • 같게 한 조건: 먹이의 양, 닭의 건강 상태 등
자료 해석	탐구를 수행하여 얻은 자료를 정리하고 분석하여 결과를 얻는다.	백미만 먹인 닭은 각기병에 걸렸지만, 현미만 먹인 닭은 각기병에 걸리지 않았다.
결론 도출	가설이 맞는지 판단하고 탐구의 결론을 내린다.	현미에는 각기병을 낫게 하는 물질이 있다.

2. 과학의 발전과 인류 문명

(1) **과학의 발전:** 과학 원리, 기술, 기기는 서로 영향을 주고받으며 발전해 왔으며, 과학은 기술, 공학, 예술 등 여러 분야와 융합하면서 인류 문명과 문화를 발달시켰다. 예 미디어 아트

(2) **과학의 발전이 인류 문명에 미친 영향**

① **태양 중심설:** 지구가 태양 주위를 돌고 있다는 과학 원리를 발견하였다. ➡ 지구가 우주의 중심이라고 생각했던 인류의 생각을 바꾸는 계기가 되었다.

② **암모니아 합성 기술 개발:** 암모니아 합성 기술로 질소 비료가 만들어졌다. ➡ 식량 생산을 크게 증가시켜 인류의 식량 부족 문제를 해결하였다.

③ **백신과 항생제 개발:** 질병을 예방하고 세균에 의한 질병을 치료할 수 있게 되었다. ➡ 인류의 평균 수명이 크게 늘어났다.

④ **인터넷, 인공위성 개발:** 세계 여러 나라의 정보를 쉽고 빠르게 접할 수 있게 되었다.

⑤ **증기 기관 발명:** 증기 기관을 이용한 증기 기관차가 개발되었다. ➡ 많은 물건을 먼 곳까지 옮길 수 있게 되었다.

⑥ **고속 열차 개발:** 사람들이 먼 거리를 빠르게 다닐 수 있게 되었다. ➡ 사람들의 생활 영역이 더 넓어졌다.

(3) **첨단 과학기술의 활용**

종류	의미	활용 예
인공지능	컴퓨터가 인간처럼 학습하고 일을 처리할 수 있게 만드는 기술	인공지능 로봇, 자율주행 자동차
사물 인터넷	인터넷으로 각종 사물을 연결하는 기술	스마트홈, 스마트팜
나노 기술	물질을 나노미터 크기로 작게 만들어 다양한 소재나 제품을 만드는 기술	나노 백신, 나노 항암제
증강 현실	현실 세계에 가상의 정보가 실제 존재하는 것처럼 보이게 하는 기술	가상으로 가구를 배치해 보는 애플리케이션
첨단 바이오	생물의 유전정보를 이용하여 유용한 물질을 생산하는 기술	개인 맞춤형 치료제 개발

3. 지속가능한 삶

(1) **지속가능한 삶:** 더 나은 환경을 만들어, 현세대 이후에도 모두가 행복하게 살 수 있는 풍요로운 사회가 지속될 수 있도록 고민하고 실천하는 삶

(2) **지속가능한 삶을 위한 과학기술의 역할**

(3) **지속가능한 삶을 위한 활동 방안:** 재활용품 분리배출 하기, 일회용품 사용 줄이기, 대중교통 이용하기, 친환경 운송 수단 이용하기, 생태 습지나 환경 공원 조성하기, 친환경 제품의 개발과 사용 장려하기 등

핵심 자료로 최종 점검

01 / 과학과 인류의 지속가능한 삶

1. 과학적 탐구 방법

문제 인식	자연 현상을 관찰하다 의문을 가진다.
❶	문제에 대한 잠정적인 결론을 내린다.
탐구 설계	가설을 확인하는 실험을 설계한다.
탐구 수행	실험을 수행한다.
❷	실험 결과를 정리하고 분석한다.
❸	가설이 맞는지 판단하고 결론을 내린다.

가설과 맞지 않는 경우 ❹

2. 과학의 발전이 인류 문명에 미친 영향

(❶) 합성 기술이 개발되어 질소 비료가 만들어졌고, 이는 식량 생산을 크게 증가시켰다.

백신의 개발로 질병을 예방하고 (❷)의 개발로 세균에 의한 질병을 치료할 수 있게 되었다.

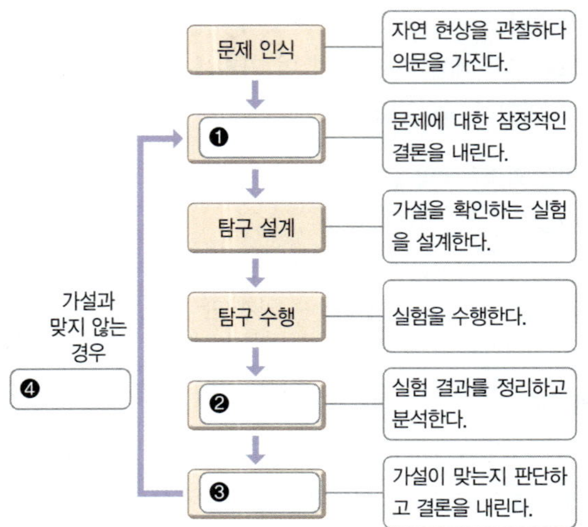

인터넷, (❸)의 개발로 세계 여러 나라의 정보를 쉽고 빠르게 접할 수 있게 되었다.

(❹)을 이용한 증기 기관차의 개발로 많은 물건을 먼 곳까지 옮길 수 있게 되었다.

3. 첨단 과학기술의 활용

운전자가 조작하지 않아도 스스로 주행이 가능한 (❶) 자동차이다.

첨단 과학기술 중 (❷)을 활용한 예이다.

대단원 마무리 문제

난이도 ●●●

01 / 과학과 인류의 지속가능한 삶

01 그림은 과학적 탐구 방법을 나타낸 것이다.

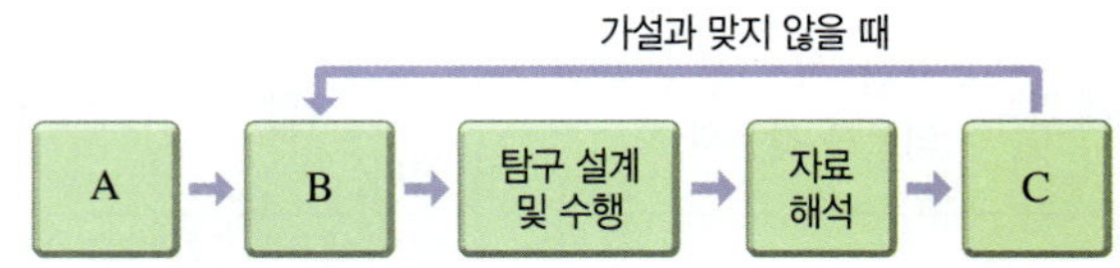

이에 대한 설명으로 옳지 <u>않은</u> 것은?

① 가설을 설정하고 탐구 과정을 통해 가설을 검증하는 탐구 방법이다.
② A는 자연에서 일어나는 현상을 관찰하여 의문을 갖는 단계이다.
③ B는 문제에 대한 잠정적인 결론을 설정하는 단계이다.
④ C는 수집한 자료를 바탕으로 규칙을 찾는 단계이다.
⑤ 가설이 맞지 않을 경우 가설을 수정하여 다시 탐구를 수행한다.

02 다음은 에이크만이 과학적으로 탐구한 과정의 일부이다.

(가) 현미에 각기병을 낫게 하는 물질이 있을 것이라고 생각하였다.
(나) 건강한 닭을 두 무리로 나누어 한 무리는 백미만 먹이고 다른 무리는 현미만 먹였다.
(다) 백미를 먹은 닭은 각기병에 걸리고, 현미를 먹은 닭은 각기병에 걸리지 않았다. 또 각기병에 걸린 닭에게 현미를 주었더니 건강해졌다.

이에 대한 설명으로 옳은 것을 보기 에서 모두 고른 것은?

보기
ㄱ. (가)는 가설 설정 단계이다.
ㄴ. (나)에서 먹이의 종류와 양을 다르게 한다.
ㄷ. 이 탐구의 결론은 '현미에는 각기병을 낫게 하는 물질이 있다.'이다.

① ㄱ   ② ㄴ   ③ ㄷ
④ ㄱ, ㄷ   ⑤ ㄴ, ㄷ

03 과학의 발전에 대한 설명으로 옳은 것을 보기 에서 모두 고른 것은?

> 보기
> ㄱ. 과학 원리, 기술, 기기는 서로 영향을 주고받으며 발전해 왔다.
> ㄴ. 과학은 기술, 공학, 예술 등 다른 분야와 융합하지 못한다.
> ㄷ. 과학 원리의 발견, 기술의 발달, 기기의 발명은 인류 문명의 발달에 영향을 미쳤다.

① ㄱ   ② ㄴ   ③ ㄷ
④ ㄱ, ㄷ   ⑤ ㄴ, ㄷ

04 과학기술이 인류 문명에 미친 영향에 대한 설명으로 옳지 <u>않은</u> 것은?

① 증기 기관의 발명으로 공장에서 제품을 대량 생산할 수 있게 되었다.
② 암모니아 합성 기술의 개발은 인류의 식량 부족 문제를 심화시켰다.
③ 고속 열차의 개발로 사람들이 먼 거리를 빠르게 다닐 수 있게 되었다.
④ 항생제와 백신의 개발로 여러 가지 질병을 치료하고 예방할 수 있게 되었다.
⑤ 인터넷의 발달로 세계 여러 나라의 정보를 쉽고 빠르게 접할 수 있게 되었다.

05 다음에서 설명하고 있는 첨단 과학기술은 무엇인지 쓰시오.

> • 컴퓨터가 인간처럼 학습하고 일을 처리할 수 있게 만드는 기술이다.
> • 이 기술은 로봇이 센서에 감지되는 정보를 이용해 상황에 맞는 행동을 스스로 배우거나 실행할 수 있게 한다.

06 그림은 자율주행 자동차를 나타낸 것이다.

이에 대한 설명으로 옳은 것을 보기 에서 모두 고른 것은?

> 보기
> ㄱ. 인공지능 기술이 적용되었다.
> ㄴ. 운전자가 조작하지 않아도 스스로 주행이 가능한 자동차이다.
> ㄷ. 길 안내 로봇, 반려동물 로봇도 같은 첨단과학 기술이 적용되었다.

① ㄱ   ② ㄴ   ③ ㄷ
④ ㄱ, ㄷ   ⑤ ㄱ, ㄴ, ㄷ

07 인류의 지속가능한 삶과 과학기술의 역할에 대한 설명으로 옳지 <u>않은</u> 것은?

① 전기 자동차의 사용으로 대기오염 물질의 발생량이 늘어난다.
② 에너지 자원 고갈을 막기 위해 신재생 에너지를 개발하고 있다.
③ 화석 연료의 지나친 사용으로 대기오염과 기후 변화 문제가 나타나고 있다.
④ 화석 연료의 사용을 줄이기 위해서는 개인과 사회의 노력이 필요하다.
⑤ 지구 온난화를 막기 위해 대기오염 물질의 발생량을 줄이거나 방출된 오염 물질을 제거하는 기술을 개발하고 있다.

08 화석 연료를 대체할 수 있는 신재생 에너지와 거리가 먼 것은?

① 물 에너지   ② 바람 에너지
③ 수소 에너지   ④ 석탄 에너지
⑤ 태양 에너지

II 생물의 구성과 다양성

3~4학년군

✦ 다양한 생물과 우리 생활
✦ 생물과 환경

✦ **다양한 생물과 우리 생활**

1 ① ㄱㄹ : 버섯이나 곰팡이 같이 몸이 균사로 이루어져 있고 포자로 번식하는 생물이다.

2 **원생생물:** 해캄이나 짚신벌레와 같은 생물이다.

3 ② ㅅㄱ : 대장균이나 젖산균 같은 생물로, 대부분 균류나 원생생물보다 작고 생김새가 단순하다.

↑ 버섯

↑ 해캄

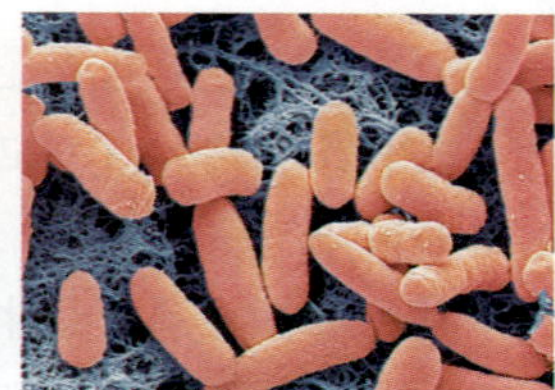

↑ 대장균

◆ 세포
◆ 생물의 구성
◆ 생물다양성
◆ 생물의 분류
◆ 생물다양성보전

✦ 생물과 환경

1 생물들의 먹고 먹히는 관계

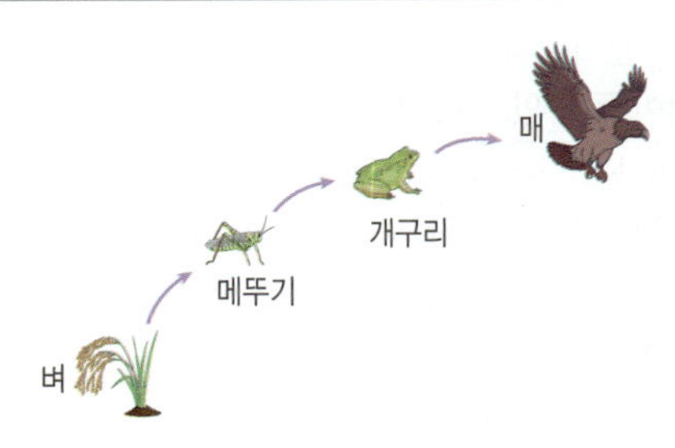

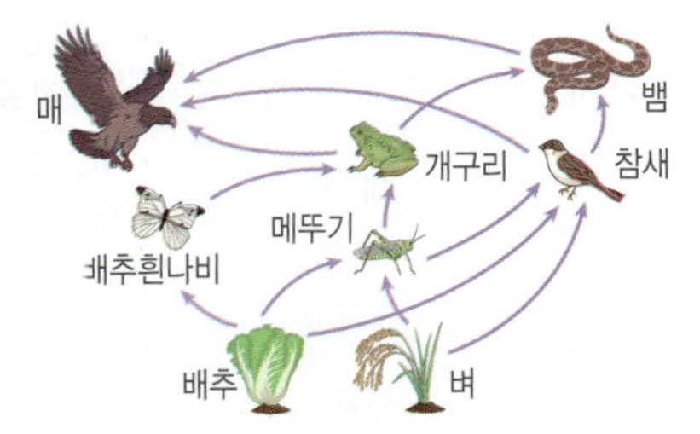

❸ ㅁㅇㅅㅅ : 생물들의 먹이 관계가 사슬처럼 연결되어 있는 것

❹ ㅁㅇㄱㅁ : 생물들의 먹이 관계가 그물처럼 복잡하게 연결되어 있는 것

➡ 생태계를 이루는 생물들의 먹이 관계가 복잡할수록 생태계는 안정적으로 유지된다.

01 생물의 구성

A 세포

동물과 식물뿐 아니라 우리 몸도 세포로 구성되어 있답니다. 그러면 세포가 어떤 구조로 되어 있는지 알아볼까요?

1. 세포*: 생물을 이루는 구조적 기본 단위이며, 생명활동이 일어나는 기능적 기본 단위이다.
➡ 지구에 사는 모든 생물은 세포로 이루어져 있으며, 세포는 생명활동이 일어나는 가장 작은 단위이다.

2. 세포의 구조와 기능: 세포는 여러 세포소기관으로 이루어져 있으며,* 세포의 생명활동을 위해 각각 고유한 기능을 수행한다.

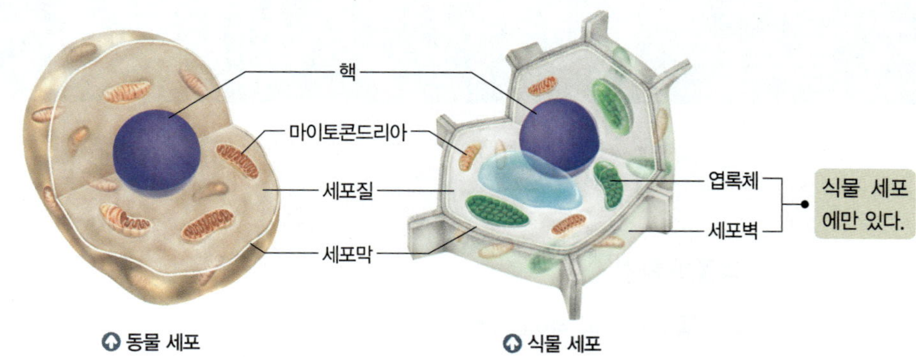

핵	• 대부분 둥근 모양이며, 염색액으로 염색된다. • ❶유전물질이 들어 있으며, 세포의 생명활동을 조절한다.
세포막	• 세포를 둘러싸고 있는 얇은 막이다. • 세포 안팎으로 물질이 드나드는 것을 조절한다.
세포질	• 핵과 세포막 사이를 채우는 부분이다. • 여러 가지 세포소기관을 포함한다.
마이토콘드리아	• 생명활동에 필요한 에너지를 만든다.
엽록체	• 초록색을 띤다. ―● 초록색 색소인 엽록소가 있기 때문 • ❷광합성을 하여 양분을 만든다.
세포벽	• 식물 세포의 세포막 바깥을 둘러싸고 있는 두껍고 단단한 벽이다. • 세포의 모양을 유지하고, 세포를 보호한다.

✴ 세포의 발견

17 세기 영국의 과학자 훅은 직접 만든 현미경으로 코르크를 관찰하여 작은 방처럼 생긴 것을 발견하고, 이를 '세포(cell)'라 이름지었다.

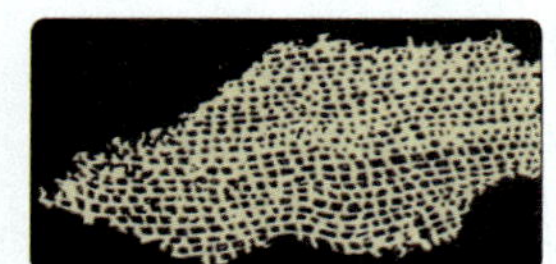

↑ 훅이 관찰한 코르크

✴ 세포소기관

세포 내에서 특수한 기능을 하는 각각의 세포 구성 요소
㉎ 핵, 마이토콘드리아, 엽록체 등

용어

❶ 유전물질 세포가 생명활동을 하는 데 필요한 정보를 저장하고 있는 물질

❷ 광(光 빛)합성 식물 세포에서 빛을 이용하여 양분을 만드는 과정

3. 동물 세포와 식물 세포의 비교

구분	핵	세포막	세포질	마이토콘드리아	엽록체	세포벽
동물 세포	있음	있음	있음	있음	없음	없음
식물 세포	있음	있음	있음	있음	있음	있음

➡ 핵, 세포막, 세포질, 마이토콘드리아는 동물 세포와 식물 세포에 모두 있다.

➡ 엽록체, 세포벽은 동물 세포에는 없고 식물 세포에만 있다.

식물 세포에만 있는 구조

엽록체, 세포벽

B **다양한 세포의 특징**

우리 몸은 다양한 종류의 세포로 이루어져 있으며, 세포의 종류에 따라 모양과 기능이 다르답니다. 우리 몸을 이루고 있는 다양한 세포들을 알아볼까요?

1. 세포의 특징

(1) 세포는 대부분 크기가 작아 현미경으로 관찰해야 하지만, **맨눈으로 볼 수 있는 크기의 세포** 도 있다.
└ • 달걀, 타조알, 개구리알

(2) 생물은 다양한 종류의 세포로 이루어져 있다. ➡ 하나의 생물 내에서도 몸의 부위에 따라 세포의 종류가 다르다.*

(3) 세포의 종류에 따라 세포의 모양과 크기, 기능이 다르다.

2. 여러 가지 세포의 모양과 기능*: 여러 가지 세포는 각각의 기능에 알맞은 모양을 하고 있다.

종류	신경세포 신경을 이루는 세포	상피세포 상피조직을 구성하는 세포	적혈구 혈액을 이루는 세포
모양	나뭇가지처럼 사방으로 길게 뻗은 모양이다.	주로 넓고 얇게 퍼진 모양이다.	가운데가 오목한 원반 모양이다.
기능	여러 방향에서 신호를 받아들이고, 한 곳에서 다른 곳으로 신호를 전달한다.	몸 표면이나 몸속 기관의 안쪽 표면을 넓게 덮어 보호한다.	혈관을 따라 몸속을 이동하며 온몸으로 산소를 운반한다.

그 밖의 여러 가지 세포의 모양과 기능

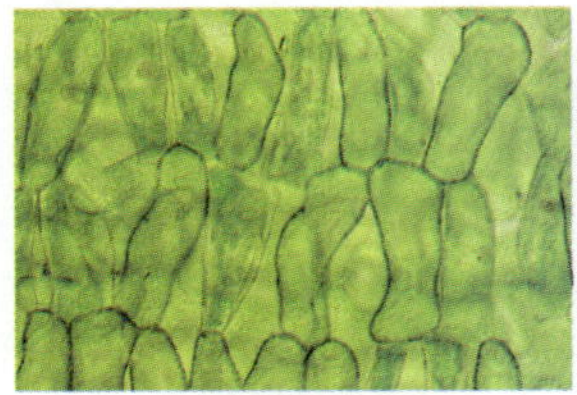
⬆ 잎살세포
엽록체가 많은 벽돌 모양의 세포로, 빛을 잘 흡수하는 방향으로 배열되어 있어 광합성이 활발하게 일어난다.

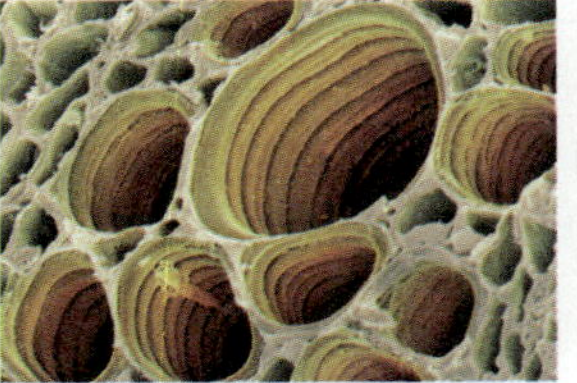
⬆ 물관세포
속이 빈 세포가 긴 관 모양으로 연결되어 있어 물이 이동하기에 적합하다.

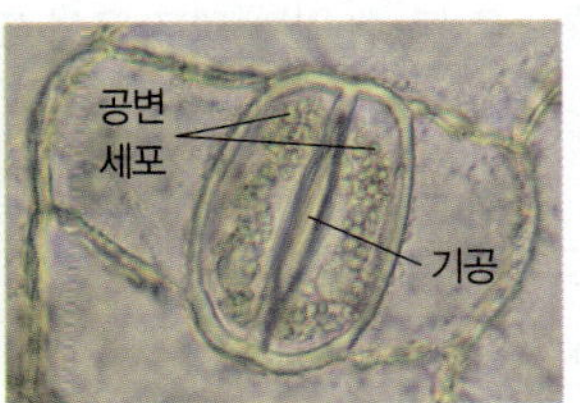

⬆ 공변세포
2개의 공변세포가 기공을 열고 닫으면서 산소와 이산화 탄소의 출입을 조절한다.

❋ 단세포생물과 다세포생물

· 단(單 하나)세포생물: 몸이 하나의 세포로 이루어진 생물
㉾ 짚신벌레, 대장균, 아메바 등

· 다(多 많다)세포생물: 몸이 여러 개의 세포로 이루어진 생물
㉾ 사람, 고양이, 민들레, 버섯 등

단세포생물은 모든 생명활동이 하나의 세포에서 일어나고, 다세포생물은 여러 종류의 세포들이 모여 생명활동을 해 나간다.

❋ 여러 가지 세포의 모양과 기능

신경세포, 상피세포, 적혈구는 각각의 기능에 알맞은 모양을 하고 있다.

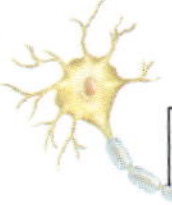

⬆ 신경세포

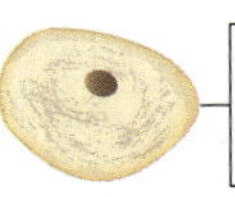

⬆ 상피세포

⬆ 적혈구

기초튼튼 **기본** 문제

✅ 핵심 요약

▶ **세포:** 생물을 이루는 구조적·기능적 기본 단위

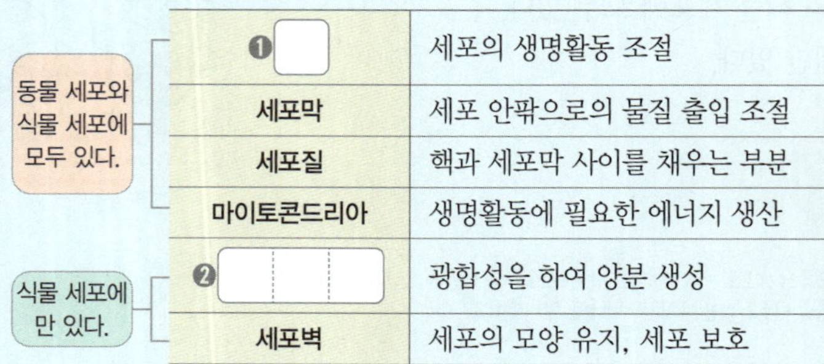

동물 세포와 식물 세포에 모두 있다.	❶ ☐	세포의 생명활동 조절
	세포막	세포 안팎으로의 물질 출입 조절
	세포질	핵과 세포막 사이를 채우는 부분
	마이토콘드리아	생명활동에 필요한 에너지 생산
식물 세포에 만 있다.	❷ ☐	광합성을 하여 양분 생성
	세포벽	세포의 모양 유지, 세포 보호

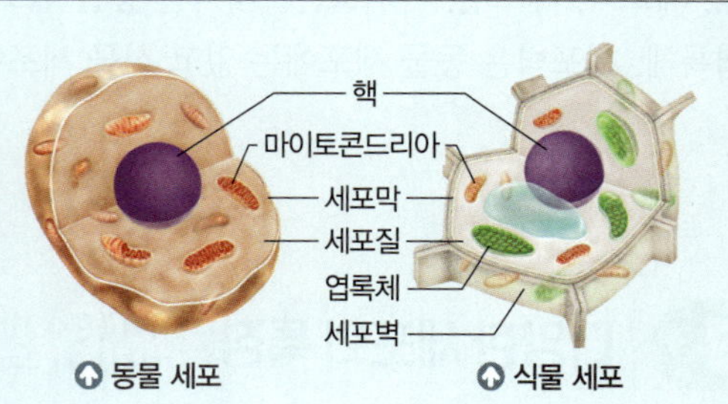

▶ **동물 세포와 식물 세포의 비교**

구분	핵	❸	세포질	마이토콘드리아	엽록체	❹
동물 세포	○	○	○	○	×	×
식물 세포	○	○	○	○	○	○

---

1 세포에 대한 설명으로 옳은 것은 ○, 옳지 <u>않은</u> 것은 ×로 표시하시오.

(1) 모든 생물은 세포로 이루어져 있다. ⋯⋯⋯⋯⋯⋯⋯⋯⋯⋯⋯⋯⋯⋯⋯ (   )

(2) 세포는 생명활동이 일어나는 가장 작은 단위이다. ⋯⋯⋯⋯⋯⋯⋯⋯ (   )

(3) 하나의 생물을 구성하는 세포는 모양과 크기가 모두 같다. ⋯⋯⋯⋯ (   )

2 오른쪽 그림은 식물 세포의 구조를 나타낸 것이다. 다음 설명에 해당하는 세포 구성 요소의 기호와 이름을 쓰시오.

(1) 세포의 생명활동을 조절하는 부분: (   )

(2) 광합성을 하여 양분을 만드는 부분: (   )

(3) 생명활동에 필요한 에너지를 만드는 부분: (   )

(4) 세포의 모양을 일정하게 유지시켜 주는 부분: (   )

(5) 세포 안팎으로 물질이 드나드는 것을 조절하는 부분: (   )

3 동물 세포와 식물 세포에서 공통으로 볼 수 있는 세포 구성 요소를 〔보기〕에서 모두 고르시오.

〔보기〕
ㄱ. 핵   ㄴ. 세포막   ㄷ. 세포벽   ㄹ. 엽록체   ㅁ. 마이토콘드리아

4 다음은 어떤 세포에 대한 설명인가?

> 가운데가 오목한 원반 모양으로, 혈관을 따라 이동하며 온몸으로 산소를 운반한다.

① 적혈구   ② 신경세포   ③ 상피세포   ④ 잎살세포   ⑤ 공변세포

생물의 구성 단계

우리 몸은 세포들이 단순히 모여 있는 것이 아니라, 세포를 기본 단위로 하여 몇 가지 단계를 거쳐 이루어진답니다. 우리 몸은 어떤 단계로 이루어졌는지 알아볼까요?

1. 생물의 구성 단계: 모양과 기능이 비슷한 세포들이 모여 조직을 이루고, 여러 조직이 모여 기관을 이루며, 여러 기관이 모여 ❶개체를 이룬다. ──▶ 다세포생물은 일정한 단계를 거쳐 유기적으로 이루어진다.

세포 ➡ 조직 ➡ 기관 ➡ 개체

2. 동물의 구성 단계: 동물은 기관과 개체 사이에 기관계라는 단계가 있다.

세포 ➡ 조직 ➡ 기관 ➡ 기관계 ➡ 개체

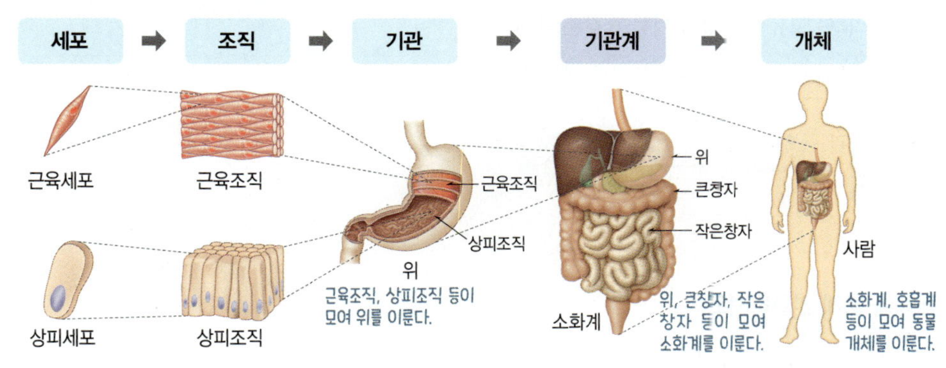

세포	생물을 구성하는 기본 단위	예 근육세포, 상피세포, 신경세포
조직	모양과 기능이 비슷한 세포들이 모인 단계	예 근육조직, 상피조직, 신경조직
기관	여러 조직이 모여 고유한 모양과 기능을 갖춘 단계	예 위, 큰창자, 작은창자
기관계*	관련된 기능을 하는 기관들로 이루어진 단계	예 소화계, 호흡계, 순환계, 배설계
개체	여러 기관계가 모여 이루어진 하나의 독립된 생물체	예 사람, 고양이

3. 식물의 구성 단계: 식물은 조직과 기관 사이에 조직계라는 단계가 있다.

세포 ➡ 조직 ➡ 조직계 ➡ 기관 ➡ 개체

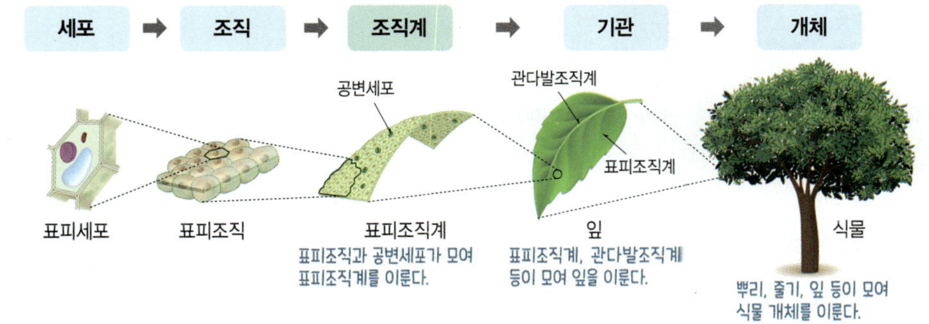

세포	생물을 구성하는 기본 단위	예 표피세포, 공변세포, 잎살세포
조직	모양과 기능이 비슷한 세포들이 모인 단계	예 표피조직, 울타리조직, 해면조직
조직계*	몇 가지 조직이 모여 이루어진 단계 ──▶ 일정한 기능을 담당한다.	예 표피조직계, 기본조직계, 관다발조직계
기관	여러 조직계가 모여 고유한 모양과 기능을 갖춘 단계	예 잎, 뿌리, 줄기, 꽃
개체	여러 기관이 모여 이루어진 하나의 독립된 생물체	예 무궁화, 소나무

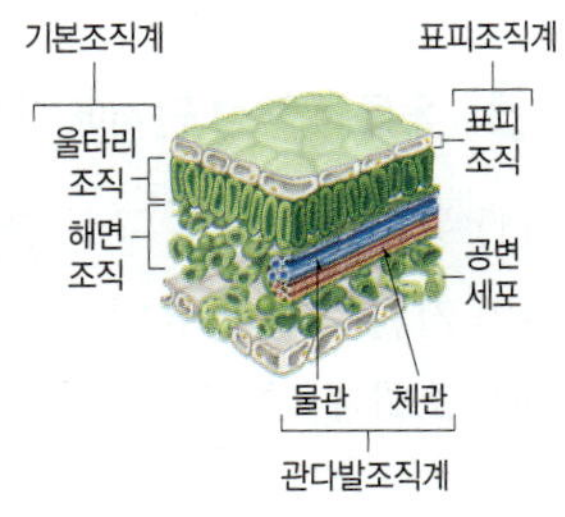

기초 튼튼 기본 문제

✔ 핵심 요약

▶ **생물의 구성 단계:** 세포 → 조직 → 기관 → 개체

세포	생물을 구성하는 기본 단위
❶	모양과 기능이 비슷한 세포들이 모인 단계
❷	여러 조직이 모여 고유한 모양과 기능을 갖춘 단계
개체	여러 기관이 모여 이루어진 하나의 독립된 생물체

▶ **동물의 구성 단계:** 세포 → 조직 → 기관 → ❸ ☐ → 개체

▶ **식물의 구성 단계:** 세포 → 조직 → ❹ ☐ → 기관 → 개체

---

1 생물의 각 구성 단계에 대한 내용을 옳게 연결하시오.

(1) 세포 •　　　　　　　• ㉠ 여러 조직이 모인 단계

(2) 조직 •　　　　　　　• ㉡ 생물을 구성하는 기본 단위

(3) 기관 •　　　　　　　• ㉢ 모양과 기능이 비슷한 세포들이 모인 단계

(4) 개체 •　　　　　　　• ㉣ 여러 기관이 모여 이루어진 하나의 독립된 생물체

---

2 그림은 동물의 구성 단계를 나타낸 것이다. (가)~(마)에 해당하는 단계를 쓰시오.

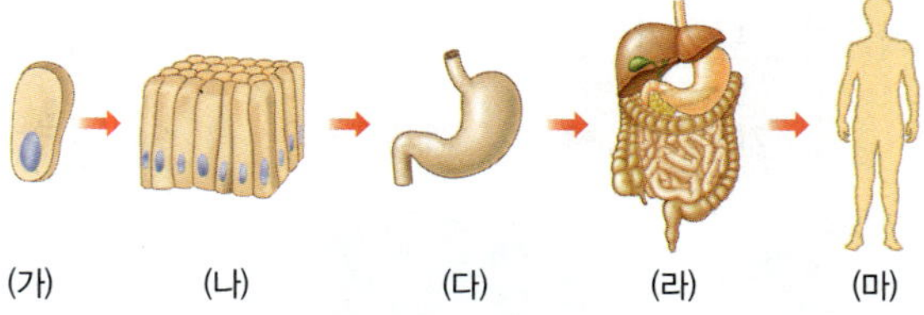

---

3 동물의 구성 단계에 대한 설명으로 옳은 것은 ○, 옳지 <u>않은</u> 것은 ✕로 표시하시오.

(1) 동물에만 있는 구성 단계는 조직계이다. ⋯⋯⋯⋯⋯⋯⋯⋯⋯⋯ (　　)

(2) 기관은 한 종류의 조직으로만 이루어져 있다. ⋯⋯⋯⋯⋯⋯⋯⋯ (　　)

(3) 소화계, 호흡계, 순환계, 배설계는 기관계에 해당한다. ⋯⋯⋯⋯ (　　)

---

4 식물의 구성 단계가 나머지와 다른 하나를 ▢보기▢에서 고르시오.

┌ 보기 ┐
ㄱ. 잎　　　ㄴ. 줄기　　　ㄷ. 뿌리　　　ㄹ. 꽃　　　ㅁ. 표피조직

완자쌤 특강

이 단원에서 동물 세포와 식물 세포를 관찰하는 실험은 매우 중요해요. 완자쌤 특강을 통해 실험 과정과 결과를 확인해 볼까요?

탐구 자료 ❶ 세포 관찰 관련 개념 | 22 쪽 **A** 세포

목표 동물 세포와 식물 세포를 관찰하고 구조의 차이점을 확인할 수 있다.

과정 및 결과

입안 상피세포(동물 세포) 관찰

① 면봉으로 채취한 입안 상피세포를 받침 유리에 문지르고 물을 떨어뜨린 후 덮개 유리를 덮는다. ● 덮개 유리를 비스듬히 기울여 천천히 덮어야 기포가 생기지 않는다.
② 메틸렌 블루 용액(염색액)을 떨어뜨린 후 현미경으로 관찰한다.

(결과) 불규칙한 모양이다. 푸른색으로 염색된 핵이 관찰되며, 세포막, 세포질이 관찰된다.

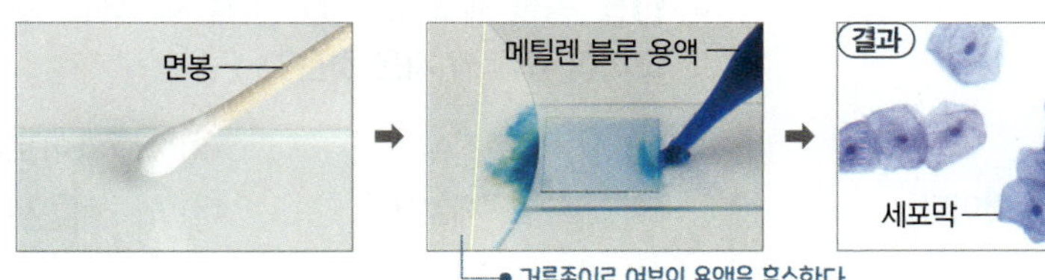

검정말잎 세포(식물 세포) 관찰

① 검정말잎을 받침 유리에 올려놓고 물을 떨어뜨린 후 덮개 유리를 덮는다.
② 아세트산 카민 용액(염색액)을 떨어뜨린 후 현미경으로 관찰한다.

(결과) 사각형으로 일정한 모양이다. 붉은색으로 염색된 핵이 관찰되며, 세포벽, 엽록체, 세포질이 관찰된다.

해석

❶ 염색액: 세포의 핵을 푸른색 또는 붉은색으로 염색한다.
❷ 입안 상피세포와 검정말잎 세포의 비교

구분	입안 상피세포(동물 세포)	검정말잎 세포(식물 세포)
핵	있다.	있다.
세포막	있다.	있다.
세포벽	없다.	㉠( ).
엽록체	없다.	㉡( ).
세포 모양	불규칙한 모양이다.	사각형으로 일정한 모양이다.
염색액	메틸렌 블루 용액	아세트산 카민 용액

결론

• 염색액을 떨어뜨리는 까닭은 ㉢( )을 뚜렷하게 관찰하기 위해서이다.
• 동물 세포와 식물 세포는 공통적으로 핵이 있고, 세포막으로 둘러싸여 있다.
• 식물 세포는 동물 세포와 달리 세포벽과 ㉣( )가 있다.

◆ **같은 실험 다른 재료**

• 검정말잎 세포 대신 양파 표피세포를 관찰하기도 한다.

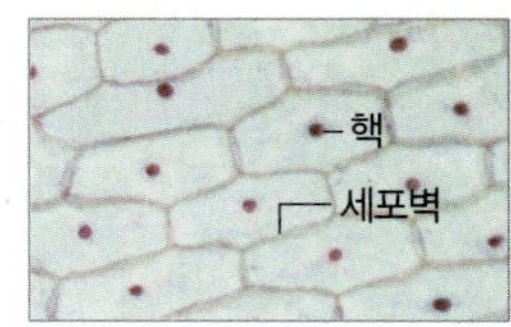

양파 표피세포를 관찰하면 엽록체는 관찰되지 않고, 핵과 세포벽이 관찰된다.

• 아세트산 카민 용액 대신 아세트올세인 용액을 사용하기도 한다.

◆ **검정말잎을 염색하지 않은 경우**

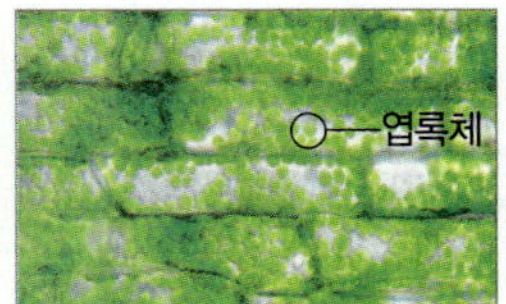

핵은 잘 관찰되지 않고, 초록색의 엽록체가 관찰된다.

◆ **염색액**

• 메틸렌 블루 용액: 동물 세포의 핵을 염색할 때 사용하며, 핵을 푸른색으로 염색한다.
• 아세트산 카민 용액, 아세트올세인 용액: 식물 세포의 핵을 염색할 때 사용하며, 핵을 붉은색으로 염색한다.

정답 ㉠ 있다, ㉡ 있다, ㉢ 핵, ㉣ 엽록체

중요 01 세포에 대한 설명으로 옳지 <u>않은</u> 것은?

① 모든 생물은 세포로 이루어져 있다.
② 생명활동이 일어나는 기본 단위이다.
③ 세포의 종류에 따라 세포의 모양과 기능이 다르다.
④ 모든 세포는 크기가 작아 맨눈으로 관찰할 수 없다.
⑤ 동물 세포와 식물 세포는 세포막으로 둘러싸여 있다.

[02~03] 그림은 어떤 세포의 구조를 나타낸 것이다.

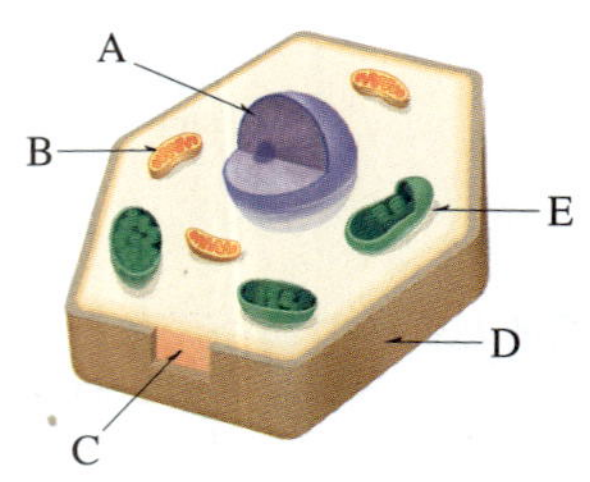

02 A~E의 이름을 옳게 나타낸 것은?

① A – 핵
② B – 엽록체
③ C – 세포벽
④ D – 세포막
⑤ E – 마이토콘드리아

중요 03 각 부분에 대한 설명으로 옳지 <u>않은</u> 것은?

① A – 유전물질이 들어 있다.
② B – 생명활동에 필요한 에너지를 생산한다.
③ C – 세포 안팎으로 물질이 드나드는 것을 조절한다.
④ D – 세포의 모양을 유지하며, 식물 세포와 동물 세포에 모두 있다.
⑤ E – 광합성을 하여 양분을 만든다.

04 다음 설명에 해당하는 세포 구성 요소의 이름을 쓰시오.

- 대부분 둥근 모양이다.
- 세포의 생명활동을 조절한다.
- 염색액으로 염색되는 부분이다.

중요 05 동물 세포에는 없고 식물 세포에만 있는 세포 구성 요소끼리 옳게 짝 지은 것은?

① 핵, 세포질
② 핵, 마이토콘드리아
③ 세포질, 세포벽
④ 엽록체, 세포벽
⑤ 엽록체, 마이토콘드리아

06 그림 (가)와 (나)는 동물 세포와 식물 세포를 순서 없이 나타낸 것이다.

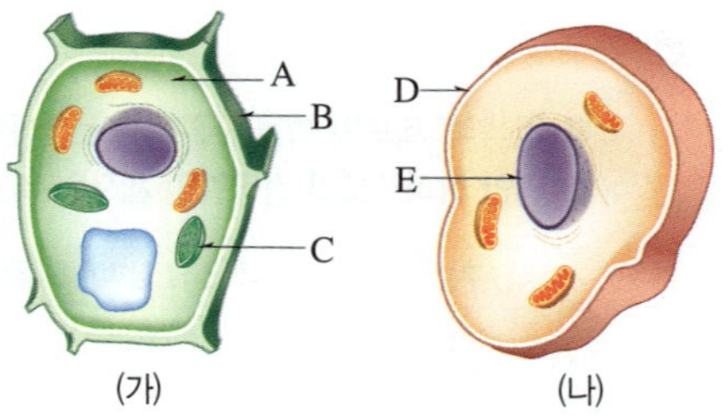

(가)　　　　(나)

이에 대한 설명으로 옳은 것을 보기 에서 모두 고른 것은?

보기
ㄱ. (가)는 식물 세포이고, (나)는 동물 세포이다.
ㄴ. (가)의 B는 (나)의 D와 같은 세포 구성 요소이다.
ㄷ. A, C, E는 (가)와 (나)에 모두 있는 세포 구성 요소이다.

① ㄱ
② ㄴ
③ ㄷ
④ ㄱ, ㄴ
⑤ ㄴ, ㄷ

[07~08] 그림은 검정말잎 세포를 관찰하기 위해 현미경표본을 만드는 과정을 순서 없이 나타낸 것이다.

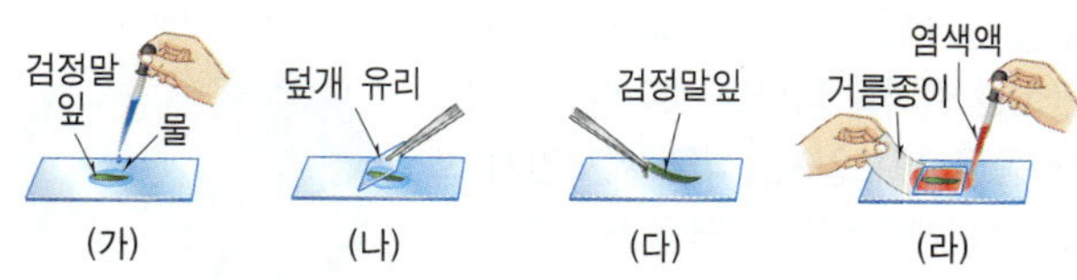

07 현미경표본을 만드는 과정을 순서대로 옳게 나열한 것은?

① (가) → (다) → (나) → (라)
② (나) → (가) → (라) → (다)
③ (나) → (가) → (다) → (라)
④ (다) → (가) → (나) → (라)
⑤ (다) → (라) → (나) → (가)

08 위 과정에 대한 설명으로 옳은 것을 보기 에서 모두 고른 것은?

보기
ㄱ. 식물 세포를 관찰하기 위한 과정이다.
ㄴ. 사용되는 염색액은 메틸렌 블루 용액이다.
ㄷ. (라) 과정을 거치면 세포의 핵이 붉은색으로 염색된다.

① ㄱ ② ㄴ ③ ㄷ ④ ㄱ, ㄷ ⑤ ㄴ, ㄷ

중요 09 그림 (가)와 (나)는 입안 상피세포와 검정말잎 세포를 현미경으로 관찰한 결과를 순서 없이 나타낸 것이다.

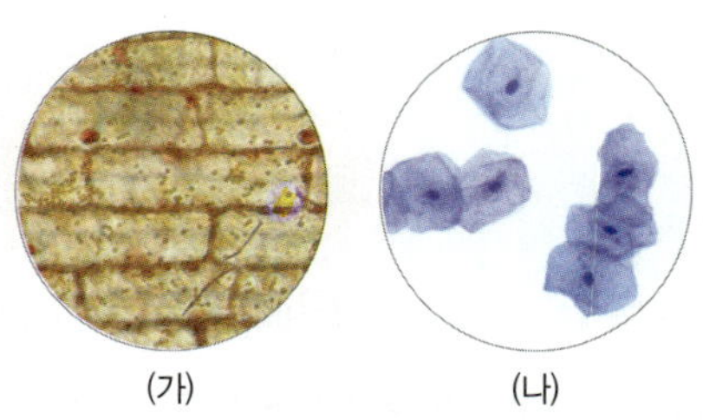
(가)　　　　　(나)

이에 대한 설명으로 옳지 않은 것은?

① (가)는 검정말잎 세포이고, (나)는 입안 상피세포이다.
② (가)와 (나) 모두 핵이 있다.
③ (가)는 세포벽이 없고, (나)는 세포벽이 있다.
④ (가)는 엽록체가 있고, (나)는 엽록체가 없다.
⑤ (가)는 일정한 모양을 하고 있고, (나)는 불규칙한 모양을 하고 있다.

10 그림 (가)와 (나)는 신경세포와 상피세포를 순서 없이 나타낸 것이다.

(가)　　　　　(나)

이에 대한 설명으로 옳은 것을 보기 에서 모두 고른 것은?

보기
ㄱ. (가)는 신경세포이다.
ㄴ. (가)는 가운데가 오목한 원반 모양이다.
ㄷ. (나)는 우리 몸에서 신호를 전달한다.
ㄹ. (가)와 (나)는 각각 기능에 알맞은 모양을 가진다.

① ㄱ, ㄴ　　② ㄱ, ㄷ　　③ ㄴ, ㄷ
④ ㄴ, ㄹ　　⑤ ㄷ, ㄹ

중요 11 생물의 구성 단계에 대한 설명으로 옳지 않은 것은?

① 기관은 일정한 기능을 수행한다.
② 생물을 구성하는 기본 단위는 세포이다.
③ 조직은 모양과 기능이 비슷한 세포들이 모인 것이다.
④ 조직계는 관련된 기능을 하는 기관들이 모인 것이다.
⑤ 개체는 독립적인 생명활동을 하는 하나의 생물체이다.

12 그림 (가)와 (나)는 동물과 식물의 구성 단계를 순서 없이 나타낸 것이다.

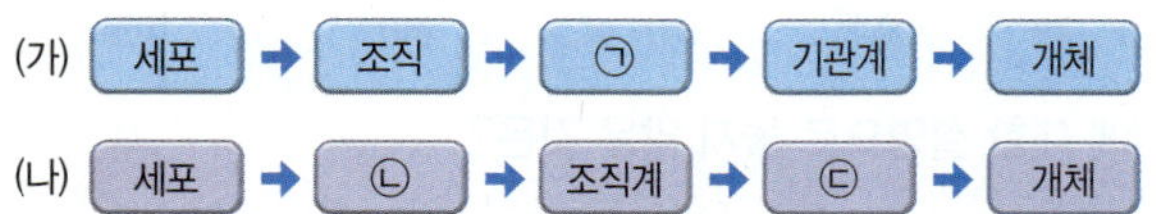

이에 대한 설명으로 옳지 않은 것은?

① (가)는 동물의 구성 단계이다.
② ㉠은 기관이다.
③ ㉡은 조직이다.
④ ㉢은 식물에만 있는 구성 단계이다.
⑤ 동물의 위, 큰창자, 작은창자는 ㉠에 해당한다.

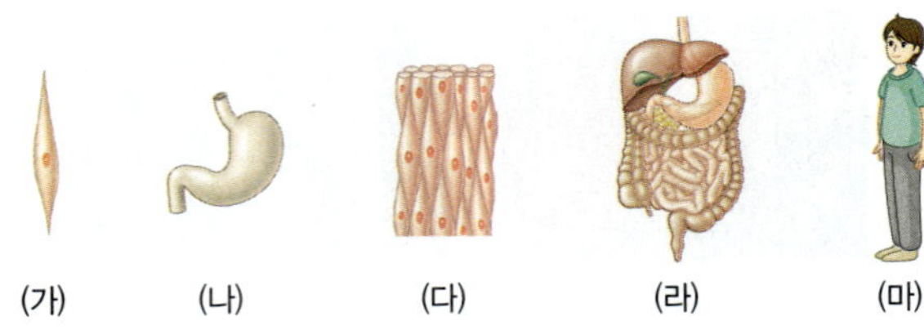

중요 13 (가)~(마)를 낮은 단계부터 순서대로 나열하시오.

중요 14 식물에는 없고 동물에만 있는 구성 단계는?

① (가)   ② (나)   ③ (다)
④ (라)   ⑤ (마)

중요 15 그림은 식물의 구성 단계를 순서 없이 나타낸 것이다.

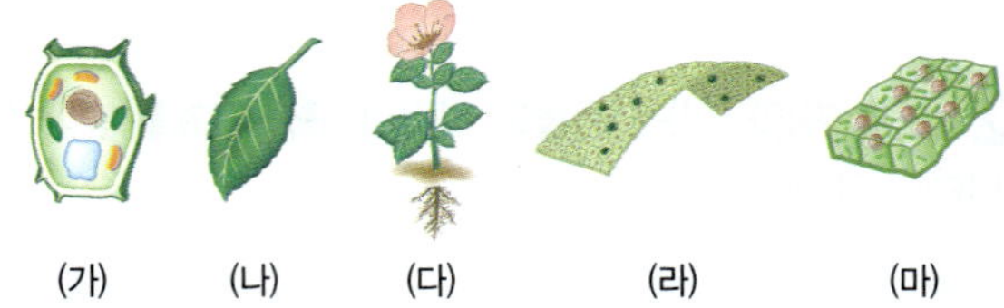

이에 대한 설명으로 옳지 <u>않은</u> 것은?

① (가)는 식물을 구성하는 기본 단위이다.
② (다)는 몇 가지 조직이 모여 이루어진 단계이다.
③ (라)는 동물에는 없는 구성 단계이다.
④ 줄기, 뿌리는 (나)와 같은 단계에 해당한다.
⑤ 울타리조직은 (마)와 같은 단계에 해당한다.

서술형 문제

중요 16 그림은 어떤 세포를 현미경으로 관찰한 결과를 나타낸 것이다. 이 세포가 동물 세포인지, 식물 세포인지 쓰고, 그렇게 판단한 까닭을 세포의 구성 요소 <u>두 가지</u>를 포함하여 서술하시오.

풀이 TIP

• 세포 종류:

• 까닭:

17 오른쪽 그림은 식물 세포를 관찰하기 위한 과정의 일부이다. 이와 같은 과정을 거치는 까닭을 서술하시오.

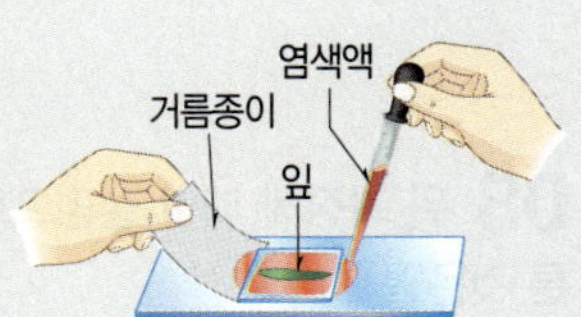

18 그림 (가)~(다)는 우리 몸을 구성하는 여러 가지 세포를 나타낸 것이다.

풀이 TIP

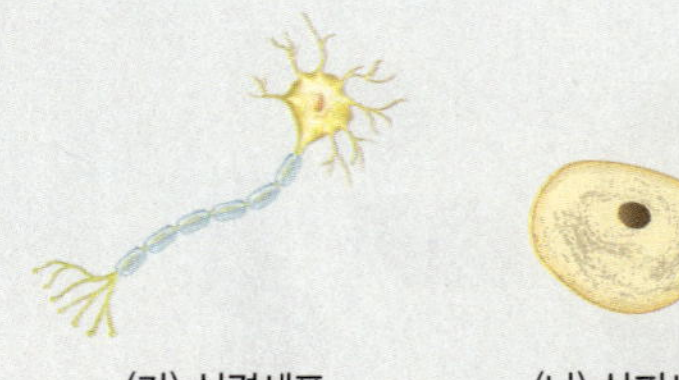

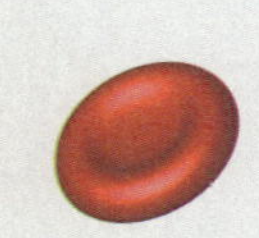

혈관을 따라 이동하며 온몸으로 산소를 운반하기에 적합한 세포를 쓰고, 그 까닭을 세포의 모양과 관련지어 서술하시오.

• 세포 이름:

• 까닭:

풀이 TIP **16** ❶ 세포에서 관찰되는 세포 구성 요소를 써 본다. ❷ 관찰된 세포 구성 요소는 어느 세포에 있는지 생각한다. **18** ❶ 각 세포의 모양을 관찰한다. ❷ 혈관을 따라 이동하기에 적합한 모양은 무엇인지 찾는다.

01 다음 글은 동물의 양분 섭취에 관한 설명이고, 그림은 식물 세포의 구조를 나타낸 것이다.

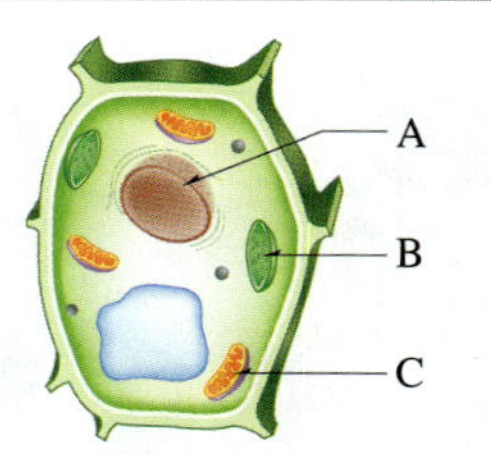

토끼와 같은 동물은 스스로 양분을 만들 수 없어 식물이 만든 양분을 섭취하여 살아간다.

위 글과 관련이 있는 세포 구성 요소를 그림에서 찾아 기호와 이름을 옳게 짝 지은 것은?

① A – 엽록체 ② A – 마이토콘드리아
③ B – 엽록체 ④ B – 마이토콘드리아
⑤ C – 엽록체

02 그림은 동물 세포와 식물 세포의 공통점과 차이점을 나타낸 것이다.

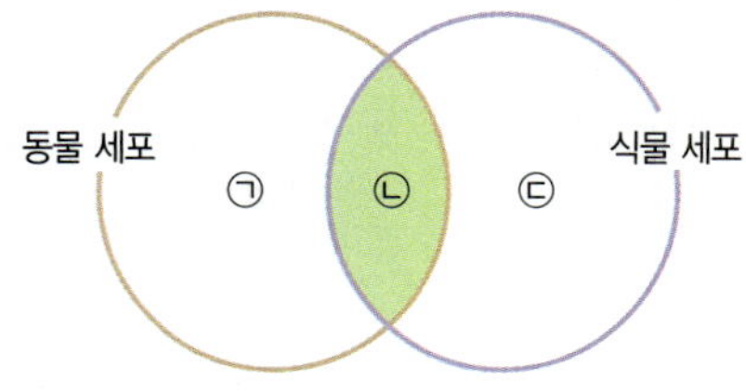

이에 대한 설명으로 옳은 것을 보기 에서 모두 고른 것은?

보기
ㄱ. '마이토콘드리아가 있다.'는 ㉠에 해당한다.
ㄴ. '핵이 있다.'는 ㉡에 해당한다.
ㄷ. '광합성을 하여 양분을 만든다.'는 ㉢에 해당한다.

① ㄱ ② ㄷ ③ ㄱ, ㄴ
④ ㄴ, ㄷ ⑤ ㄱ, ㄴ, ㄷ

03 오른쪽 그림은 동물의 구성 단계 중 어느 한 단계에 해당하는 예이다. 이에 대한 설명으로 옳은 것을 보기 에서 모두 고른 것은?

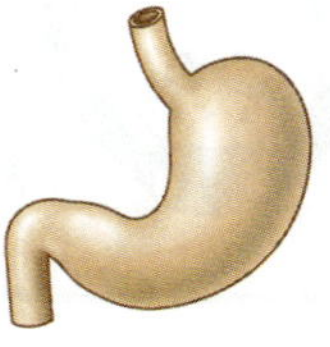

보기
ㄱ. 동물에만 있는 구성 단계이다.
ㄴ. 근육조직, 상피조직 등이 모여 이루어진 것이다.
ㄷ. 일정한 모양을 갖추며 특정한 기능을 수행한다.

① ㄴ ② ㄱ, ㄴ ③ ㄱ, ㄷ
④ ㄴ, ㄷ ⑤ ㄱ, ㄴ, ㄷ

04 그림은 어떤 식물과 그 잎의 단면을 나타낸 것이다.

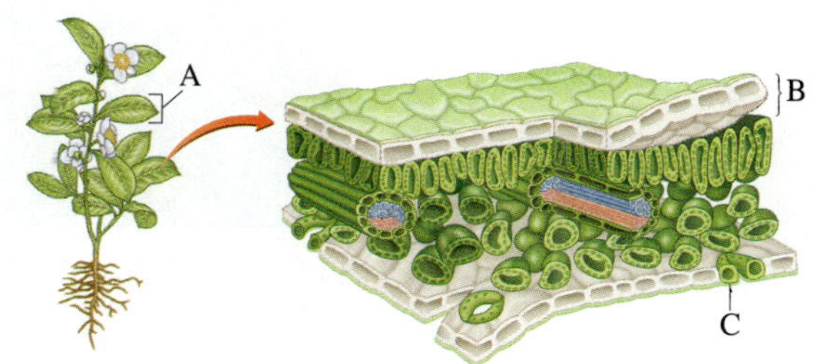

이에 대한 설명으로 옳은 것을 보기 에서 모두 고른 것은?

보기
ㄱ. A는 식물의 구성 단계 중 기관에 해당한다.
ㄴ. B와 같은 구성 단계인 것으로는 울타리조직, 해면조직 등이 있다.
ㄷ. B와 C가 모여 기본조직계를 이룬다.
ㄹ. 구성 단계가 낮은 것부터 순서대로 나열하면 C → B → A이다.

① ㄱ, ㄹ ② ㄴ, ㄷ
③ ㄱ, ㄴ, ㄷ ④ ㄱ, ㄴ, ㄹ
⑤ ㄴ, ㄷ, ㄹ

02 생물다양성과 분류

만화 완성하기

오른쪽 만화를 보고 탐정의 말풍선을 완성해 보자.

A 생물다양성

지구에는 숲, 사막, 강, 갯벌 등 다양한 장소에 많은 종류의 생물이 살고 있대요. 이러한 생물다양성에 대해 알아볼까요?

1. 생물다양성: 어떤 지역에 살고 있는 생물의 다양한 정도 → 지역마다 차이가 있다.

➡ 생물다양성은 생태계의 다양함, 생물 종류의 다양함, 같은 종류의 생물 사이에서 나타나는 특징의 다양함을 모두 포함한다.

암기해

생물다양성의 세 가지 범주
- 생태계의 다양함
- 생물 종류의 다양함
- 같은 종류의 생물 사이에서 나타나는 특징의 다양함

생태계의 다양함	생물 종류의 다양함	같은 종류의 생물 사이에서 나타나는 특징의 다양함
지구에는 숲, 습지, 초원, 사막, 바다, 갯벌, 극지방 등 다양한 생태계가 있다. ➡ 각 생태계에는 환경에 알맞은 다양한 종류의 생물이 살고 있다.	하나의 생태계에는 다양한 종류의 생물들이 살고 있다. 예 습지에는 오리, 백로, 연꽃, 무당벌레 등 다양한 생물이 살고 있다.	같은 종류의 생물이라도 생김새, 크기, 색깔 등의 특징이 다르다. 예 무당벌레의 겉날개 색깔과 무늬가 조금씩 다르다.

└ 빛, 온도, 물, 토양 등 생태계를 이루는 환경에 따라 그곳에 사는 생물의 종류와 수가 달라진다.

천재(임) 교과서에만 나와요.

✷ 생물다양성 비교

(가) > (나)

(가) 지역이 (나) 지역보다 생물의 종류가 많고, 여러 종류의 생물이 고르게 분포하고 있다.
➡ (가) 지역이 (나) 지역보다 생물다양성이 높다.

2. 생물다양성을 결정하는 기준

(1) 생태계가 다양할수록 생물다양성이 높다. └ 생물이 사는 지역의 생태계가 다양하면 살아가는 생물의 종류도 많아진다.

(2) 한 생태계에 살고 있는 생물의 종류가 많고, 여러 종류의 생물이 고르게 분포할수록 생물다양성이 높다. ✷ → 한두 종류의 생물이 대부분을 차지할 때보다 여러 종류의 생물이 고르게 분포할 때 생물다양성이 높다.

(3) 같은 종류의 생물 사이에서 나타나는 특징이 다양할수록 생물다양성이 높다.

예 아마존강 유역은 숲, 늪지대, 강 등 다양한 생태계로 이루어졌고 많은 종류의 생물들이 고르게 분포하고 있으므로, 한 종류의 식물로 이루어진 밭보다 생물다양성이 높다.

1. 변이: 같은 종류의 생물 사이에서 나타나는 서로 다른 특징 → 생김새, 크기, 색깔 등

예 • 바지락의 껍데기 무늬와 색깔이 조금씩 다르다.＊   • 무궁화의 꽃 색깔이 다르다.
　 • 얼룩말의 줄무늬가 조금씩 다르다.　　　　　• 사람마다 피부색이 다르다.

2. 환경과 생물다양성: 생물은 빛, 온도, 물, 먹이 관계 등의 환경에 ❶적응하여 살아간다.＊
➡ 변이가 다양한 한 종류의 생물 무리가 오랜 시간 서로 다른 환경에 적응하여 살아가면 변이의 차이가 점점 커져서 서로 다른 종류의 생물 무리로 나누어질 수 있다.

환경에 따라 다양한 생물의 모습

↑ 갈라파고스제도에 살고 있는 핀치
한 종류의 핀치 무리가 먹이 환경이 서로 다른 섬에 흩어져 살면서 부리의 생김새가 다른 여러 종류의 핀치가 되었다.

↑ 북극여우와 사막여우
추운 지역에 사는 북극여우와 더운 지역에 사는 사막여우의 생김새가 다른 것은 서로 다른 온도의 환경에 적응한 결과이다.

---

3. 생물이 다양해지는 과정: 생물의 변이와 생물이 환경에 적응하는 과정을 통해 생물의 종류가 다양해진다. ➡ 생물다양성이 높아진다.

| 한 종류의 생물 무리에는 다양한 변이가 있다. | → | 그 무리에서 환경에 알맞은 변이를 지닌 생물이 더 많이 살아남아 자손을 남긴다. | → | 이 과정이 오랜 시간 반복되면 원래의 생물과 다른 새로운 종류의 생물이 나타날 수 있다. |

└ 자손에게 특징이 전해진다.

갈라파고스제도에 사는 핀치의 종류가 다양해진 과정

부리의 모양과 크기가 다양한 한 종류의 핀치 무리가 서로 다른 섬으로 날아갔다.

핀치 무리의 일부가 크고 단단한 씨앗이 많은 섬에 살게 되었다. 부리가 크고 두꺼운 핀치가 씨앗을 먹기에 유리하였다.

크고 두꺼운 부리를 가진 핀치가 더 많이 살아남아 자손을 남겼고, 오랜 시간이 지나 큰땅핀치가 되었다.

핀치 무리의 일부가 선인장이 많은 섬에 살게 되었다. 부리가 길고 뾰족한 핀치가 선인장을 먹기에 유리하였다.

길고 뾰족한 부리를 가진 핀치가 더 많이 살아남아 자손을 남겼고, 오랜 시간이 지나 선인장핀치가 되었다.

＊ 변이의 예

↑ 바지락의 껍데기 무늬와 색깔

＊ 변이와 생물의 생존

변이는 생물의 생존에 영향을 미칠 수 있다.
• 주변 환경과 몸 색깔이 비슷한 생물은 그렇지 않은 생물보다 천적의 눈에 잘 띄지 않아 살아남을 가능성이 높다.

• 변이가 다양하면 급격한 환경 변화에도 살아남는 생물이 있어 멸종할 위험이 낮다.

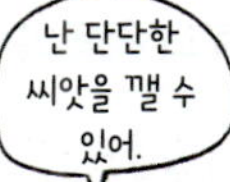

용어

❶ 적응(適 알맞다, 應 응하다)
환경에 따라 생물의 구조와 기능, 생활 습성 등이 변하는 현상

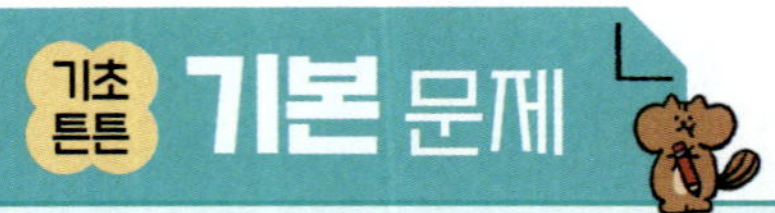

✔ 핵심 요약

▶ ❶ ☐☐☐☐☐ : 어떤 지역에 살고 있는 생물의 다양한 정도

생태계의 다양함	생태계가 다양할수록 생물다양성이 높다.
생물 ❷ ☐☐ 의 다양함	생물의 종류가 많을수록, 여러 종류의 생물이 고르게 분포할수록 생물다양성이 높다.
같은 종류의 생물 사이에서 나타나는 특징의 다양함	같은 종류의 생물 사이에서 나타나는 특징이 다양할수록 생물다양성이 높다.

▶ ❸ ☐☐ : 같은 종류의 생물 사이에서 나타나는 서로 다른 특징

▶ **생물이 다양해지는 과정:** 한 종류의 생물 무리에는 다양한 ❹ ☐☐ 가 있고, 환경에 적합한 변이를 지닌 생물이 더 많이 살아남아 자손을 남긴다. 이 과정이 오랜 시간 반복되어 새로운 종류의 생물이 나타난다.

---

1 생물다양성에 대한 설명으로 옳은 것은 ○, 옳지 <u>않은</u> 것은 ×로 표시하시오.

(1) 생태계가 다양할수록 생물다양성이 높다. ────────────── (　　　)
(2) 숲, 바다, 사막 등 다양한 환경에는 모두 같은 종류의 생물이 살고 있다. ───── (　　　)
(3) 한 생태계에서 여러 종류의 생물이 고르게 분포할 때 생물다양성이 높다. ─────── (　　　)
(4) 같은 종류의 생물 사이에서 나타나는 특징이 다양한 것은 생물다양성과 관련이 없다.
────────────────────────────────── (　　　)

2 변이에 해당하는 것은 ○, 해당하지 <u>않는</u> 것은 ×로 표시하시오.

(1) 고양이의 털색이 다양하다. ───────────────── (　　　)
(2) 사자와 호랑이의 생김새가 다르다. ───────────── (　　　)
(3) 바지락의 껍데기 무늬와 색깔이 조금씩 다르다. ─────── (　　　)
(4) 얼룩말의 줄무늬 간격과 무늬가 서로 다르다. ─────── (　　　)

3 다음은 핀치의 종류가 다양해진 과정을 순서 없이 나열한 것이다. 순서대로 옳게 나열하시오.

(가) 핀치 무리의 일부는 크고 단단한 씨앗이 많은 섬에, 다른 일부는 선인장이 많은 섬에 살게 되었다.
(나) 부리의 모양과 크기가 다양한 한 종류의 핀치 무리가 있었다.
(다) 오랜 시간이 지나면서 각각 크고 두꺼운 부리를 가진 새로운 종류의 핀치와 길고 뾰족한 부리를 가진 새로운 종류의 핀치가 되었다.
(라) 크고 단단한 씨앗이 많은 섬에서는 씨앗을 깰 수 있는 크고 두꺼운 부리를 가진 핀치가 더 많이 살아남았고, 선인장이 많은 섬에서는 가시를 피해 선인장을 먹을 수 있는 길고 뾰족한 부리를 가진 핀치가 더 많이 살아남았다.

여러 가지 물건이 있을 때 기준을 세워 정리하면 물건을 쉽게 찾을 수 있어요. 생물도 기준에 따라 정리하면 생물 전체를 이해하는 데 도움이 되지요. 생물은 어떤 기준에 따라 정리해야 할까요?

1. 생물분류: 일정한 기준에 따라 생물을 비슷한 종류의 무리로 나누는 것*

(1) 생물을 분류하는 기준: 과학적으로 생물을 분류할 때에는 <u>생물의 고유한 특징을 기준으로</u> 생물을 분류한다. 예 몸의 생김새, 광합성 여부, ❶번식 방법 등

→ 사람이 먹을 수 있는 것과 아닌 것 등과 같이 사람의 편의에 따라 기준을 정하면 생물을 분류한 결과가 달라질 수 있다.

(2) 생물을 분류하는 목적

① 생물 사이의 가깝고 먼 관계를 알 수 있다.*

② 새롭게 발견된 생물이 어느 무리에 속하는지 판단할 수 있다.

③ 수많은 종류의 생물을 체계적으로 연구할 수 있어 생물다양성을 이해하는 데 도움이 된다.

2. 종: 자연 상태에서 짝짓기를 하여 번식이 가능한 자손을 낳을 수 있는 생물 무리

➡ 생물을 분류하는 단계 중 가장 기본이 되는 단위이다.

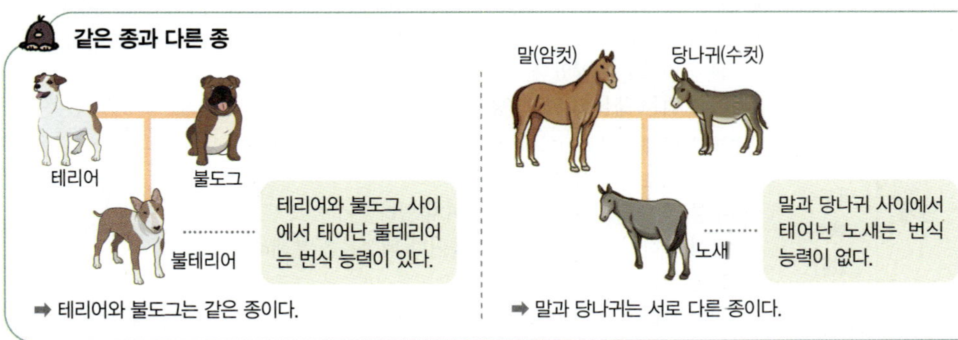

3. 생물의 분류 단계: 다양한 생물을 공통적인 특징이 있는 것끼리 묶어 단계적으로 분류한 것

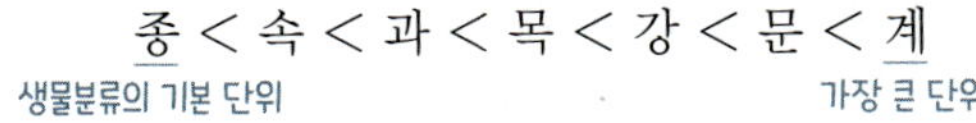

비슷한 특징을 지닌 종을 모아 더 큰 분류 단계인 속으로 묶는다.
하나의 속에는 여러 개의 종이 있다.

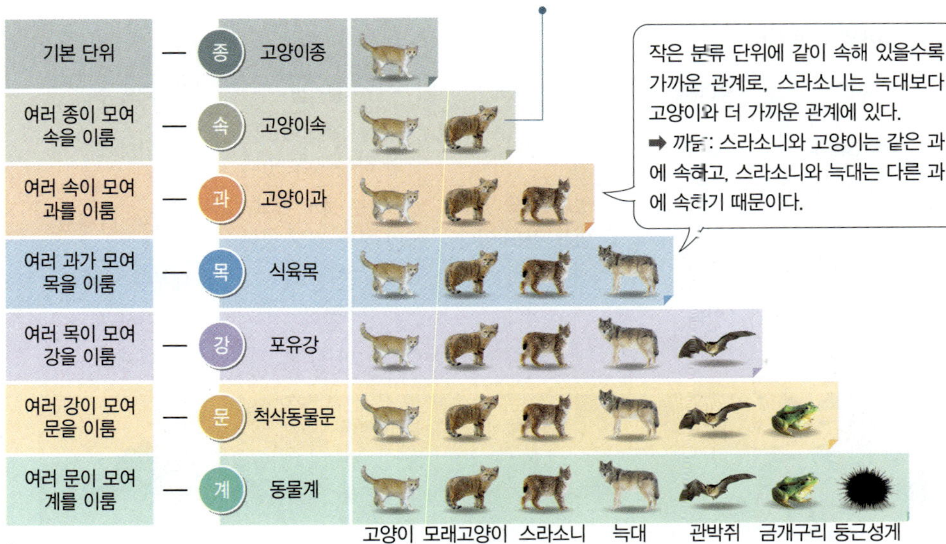

↑ 생물을 분류하는 단계

❋ 생물분류 방법

1. 생물의 고유한 특징 관찰하기
2. 생물 사이의 공통점, 차이점 찾기
3. 분류 기준 정하기
4. 분류 기준에 따라 공통점을 지닌 생물끼리 무리 지어 분류하기

❋ 가상 생물 분류하기

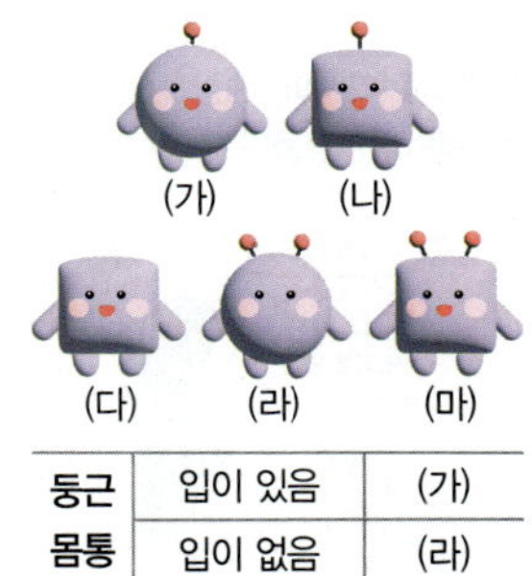

둥근 몸통	입이 있음	(가)
	입이 없음	(라)
각진 몸통	더듬이 있음	(나), (마)
	더듬이 없음	(다)

❋ 생물 사이의 가깝고 먼 관계

갈매기, 박쥐, 다람쥐를 번식 방법으로 비교하면 갈매기는 알을 낳지만, 박쥐와 다람쥐는 새끼를 낳으므로 박쥐는 갈매기보다 다람쥐와 더 가까운 관계임을 알 수 있다.

❶ 번식(繁 번성하다, 殖 불리다)
생물이 자기 자손을 유지하고 늘리는 현상

D 생물의 5계

바다에 사는 말미잘은 동물일까요? 식물일까요? 또는 그 외의 생물일까요? 생물을 어떤 기준으로 분류하는지 살펴보고, 각 계의 특징을 알아보아요.

1. 생물의 분류체계: 생물은 원핵생물계, 원생생물계, 균계, 식물계, 동물계의 5계로 분류할 수 있다. *

➡ 생물을 5계로 분류할 때는 핵의 유무, 세포벽의 유무, 세포 수, 광합성 여부 등이 중요한 분류 기준이 된다.

5계		특징	생물 예
원핵 생물계	세포에 핵이 없다.	• 단세포생물이다. —● 여러 개의 세포가 모여 하나의 덩어리를 이루어 살아가기도 한다. • 세포에 세포벽이 있다. • 대부분 광합성을 하지 않지만, 염주말처럼 광합성을 하는 것도 있다.	대장균, 젖산균, 포도상구균, 충치균, 염주말 ●흔히 세균이라고 부른다.
원생 생물계		• 세포에 핵이 있는 생물 중 균계, 식물계, 동물계에 속하지 않는 생물 무리이다. • 대부분 단세포생물이지만, 다세포생물도 있다. • 세포에 세포벽이 있는 것도 있고, 없는 것도 있다. • 기관이 발달하지 않았다. • 먹이를 먹는 생물도 있고, 광합성을 하는 생물도 있다. *	• 단세포: 짚신벌레, 아메바, 유글레나 • 다세포: 미역, 김, 다시마, 파래
균계	세포에 핵이 있다.	• 대부분 다세포생물이지만, 효모처럼 단세포생물도 있다. • 세포에 세포벽이 있다. • 대부분 실 모양의 균사 * 로 이루어져 있다. • 광합성을 하지 못하고, 죽은 생물이나 배설물을 분해하여 양분을 얻는다.	느타리버섯, 표고버섯, 푸른곰팡이, 기는줄기뿌리곰팡이, 효모
식물계		• 다세포생물이며, 세포에 세포벽이 있다. • 대부분 뿌리, 줄기, 잎과 같은 기관이 발달하였다. • 광합성을 하여 스스로 양분을 만든다.	진달래, 해바라기, 고사리, 은행나무, 소나무, 우산이끼
동물계		• 다세포생물이며, 세포에 세포벽이 없다. • 대부분 몸에 기관이 발달하였다. • 운동성이 있다. —● 운동기관이 발달하였다. • 다른 생물을 먹어서 양분을 얻는다.	해파리, 말미잘, 지렁이, 달팽이, 불가사리, 꿀벌, 나비, 말, 호랑이

🦠 5계의 특징 정리

구분	핵(핵막)	세포벽	광합성	세포 수
원핵생물계	없다.	있다.	하는 것도 있고, 안 하는 것도 있다.	단세포
원생생물계	있다.	있는 것도 있고, 없는 것도 있다.	하는 것도 있고, 안 하는 것도 있다.	단세포, 다세포
균계	있다.	있다.	안 한다.	대부분 다세포
식물계	있다.	있다.	한다.	다세포
동물계	있다.	없다.	안 한다.	다세포

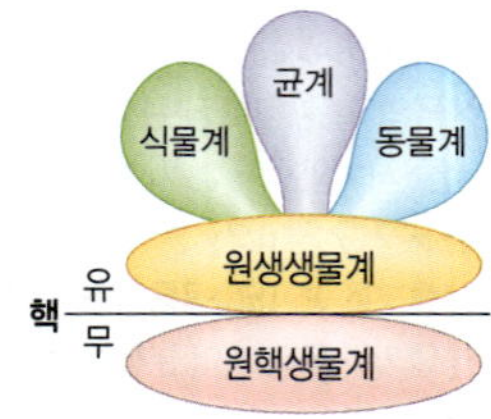

※ 원생생물계에 속하는 생물이 양분을 얻는 방법

원생생물계에는 짚신벌레, 아메바와 같이 먹이를 먹는 생물도 있고, 미역, 김, 다시마, 해캄과 같이 광합성을 하는 생물도 있다.

※ 버섯의 균사

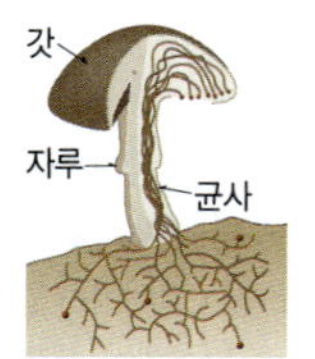

버섯의 몸은 균사로 이루어져 있다. 균사는 세포벽이 있는 여러 개의 세포로 이루어져 있다.

암기해

원핵생물계

세상 핵노잼
굵은 이 없어

기초 튼튼 기본 문제

✓ 핵심 요약

▶ ❶ [   ]: 일정한 기준에 따라 생물을 비슷한 종류의 무리로 나누는 것

- 생물을 분류하는 기본 단위: ❷ [ ] ➡ 자연 상태에서 짝짓기를 하여 번식이 가능한 자손을 낳을 수 있는 생물 무리
- 생물의 분류 단계: 종 < ❸ [ ] < 과 < 목 < 강 < 문 < ❹ [ ]

▶ 생물의 5계: 생물은 ❺ [   ]생물계, 원생생물계, ❻ [   ]계, 식물계, 동물계의 5계로 분류할 수 있다.

---

1 다음은 종에 대한 설명이다. (   ) 안에 알맞은 말을 쓰시오.

> 말과 당나귀 사이에서 태어난 노새는 ㉠(   ) 능력이 없으므로, 말과 당나귀는 서로
> ㉡(   ) 종이다.

2 다음은 생물의 분류 단계를 작은 단위부터 순서대로 나열한 것이다. (   ) 안에 알맞은 분류 단위를 쓰시오.

> ㉠(   ) < ㉡(   ) < 과 < 목 < ㉢(   ) < ㉣(   ) < 계

3 생물의 분류 단계에 대한 설명으로 옳은 것은 ○, 옳지 <u>않은</u> 것은 ×로 표시하시오.

(1) 생물분류의 기본 단위는 계이다. ·· (   )
(2) 여러 속이 모여서 하나의 종을 이룬다. ··· (   )
(3) 같은 강에 속하는 생물은 모두 같은 문에 속한다. ···················· (   )
(4) 작은 분류 단위에 같이 속해 있을수록 가까운 관계이다. ············· (   )

4 표는 5계의 특징을 정리하여 나타낸 것이다. (   ) 안에 알맞은 말을 쓰시오.

구분	원핵생물계	원생생물계	균계	식물계	동물계
핵(핵막)	㉠( ).	㉡( ).	있다.	있다.	있다.
세포벽	㉢( ).		있다.	있다.	없다.
광합성			㉣( ).	㉤( ).	안 한다.
세포 수	단세포	단세포, 다세포	대부분 다세포	다세포	다세포

이 단원에서 생물을 5계로 분류해 보는 탐구는 매우 중요해요! 완자쌤 특강을 통해 생물을 5계로 분류하는 데 이용하는 기준과 여러 생물들의 분류 결과를 확인해 볼까요?

| 탐구 자료 ❶ 계 수준에서의 생물분류 | 관련 개념 I 36 쪽 🔟 생물의 5계 |

I 목표

다양한 생물을 계 수준에서 분류할 수 있다.

I 과정 및 결과

① 원핵생물계, 원생생물계, 균계, 식물계, 동물계를 다음 분류 기준에 따라 분류해 보자.

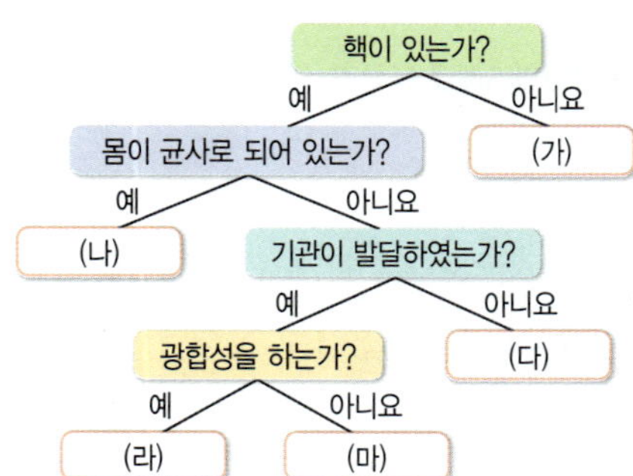

(가) 핵이 없는 생물 ➡ 원핵생물계
(나) 핵이 있고, 몸이 균사로 되어 있는 생물 ➡ 균계
(다) 핵이 있고, 기관이 발달하지 않은 생물 ➡ 원생생물계
(라) 핵이 있고, 기관이 발달하고, 광합성을 하는 생물 ➡ 식물계
(마) 핵이 있고, 기관이 발달하고, 광합성을 하지 않는 생물 ➡ 동물계

◆ **다양한 생물분류 기준**

교과서별로 생물분류 탐구에서 이용하는 분류 기준이 다르므로 해당 교과서를 다시 한 번 확인한다.

② 다음 각 생물이 어떤 계에 속하는지 써 보자.

• 핵: 있다.
• 세포벽: 있다.
• 세포 수: 다세포
• 광합성: 한다.
• 기관 발달하지 않았다.

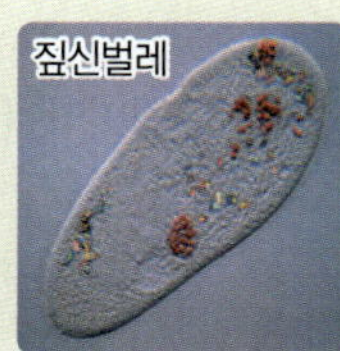

• 핵: 있다.
• 세포벽: 없다.
• 세포 수: 단세포
• 광합성: 안 한다.
• 기관 발달하지 않았다.

• 핵: 있다.
• 세포벽: 없다.
• 세포 수: 다세포
• 광합성: 안 한다.
• 기관: 발달하였다.

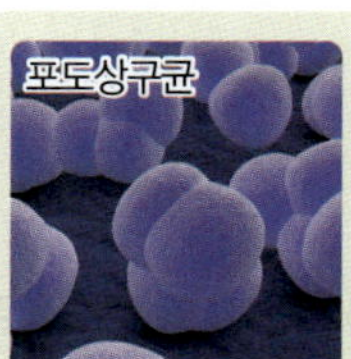

• 핵: 없다.
• 세포벽: 있다.
• 세포 수: 단세포
• 광합성: 안 한다.

• 핵: 있다.
• 세포벽: 있다.
• 세포 수: 다세포
• 광합성: 한다.
• 기관: 발달하였다.

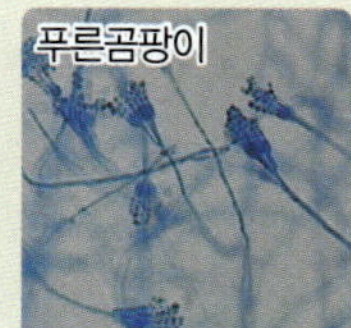

• 핵: 있다.
• 세포벽: 있다.
• 세포 수: 다세포
• 광합성: 안 한다.
• 균사로 되어 있다.

원핵생물계	원생생물계	균계	식물계	동물계
포도상구균	미역, 짚신벌레	푸른곰팡이	소나무	꿀벌

I 결론

• 생물은 핵의 유무, 세포벽의 유무, 세포 수, 광합성 여부, 기관의 발달 여부, 균사의 유무 등에 따라 5계로 분류할 수 있다.
• 원핵생물계와 다른 생물계를 구분하는 기준: ㉠(   )
• 균계와 원생생물계를 구분하는 기준: ㉡(   )
• 식물계와 동물계를 구분하는 기준: ㉢(   )

답 ㉠ 핵의 유무, ㉡ 균사의 유무, ㉢ 광합성 여부

핵심 문제

중요 01 생물다양성에 대한 설명으로 옳지 <u>않은</u> 것은?

① 어떤 지역에 살고 있는 생물의 다양한 정도이다.

② 생물의 종류가 많을수록 생물다양성이 높다.

③ 여러 종류의 생물이 고르게 분포할 때 생물다양성이 높다.

④ 같은 종류의 생물 사이에서 나타나는 특징이 다양할수록 생물다양성이 높다.

⑤ 숲, 사막, 바다와 같은 생태계가 다양한 것은 생물다양성과 관련이 없다.

02 그림은 서로 다른 지역 (가)와 (나)의 모습이다.

(가) 밭

(나) 호수가 있는 숲

이에 대한 설명으로 옳은 것을 보기에서 모두 고른 것은?

보기
ㄱ. (가)는 (나)보다 식물의 종류가 다양하다.
ㄴ. (가)는 (나)보다 생물다양성이 높다.
ㄷ. (가)와 (나)에 서식하는 생물의 종류와 수는 다르다.

① ㄱ   ② ㄴ   ③ ㄷ
④ ㄱ, ㄴ   ⑤ ㄴ, ㄷ

중요 03 변이의 예로 옳지 <u>않은</u> 것을 모두 고르면? (2 개)

① 사람의 피부색이 다양하다.

② 개와 고양이의 생김새가 다르다.

③ 코스모스의 꽃잎 색깔이 다양하다.

④ 호랑이의 털 무늬가 조금씩 다르다.

⑤ 오징어와 문어는 다리의 수가 서로 다르다.

04 그림은 북극여우와 사막여우의 모습을 나타낸 것이다.

⬆ 북극여우

⬆ 사막여우

이에 대한 설명으로 옳은 것을 보기에서 모두 고른 것은?

보기
ㄱ. 북극여우는 기온이 낮은 환경에 적응한 것이다.
ㄴ. 사막여우의 큰 귀는 몸의 열을 방출하기에 유리하다.
ㄷ. 북극여우와 사막여우의 생김새가 다른 것은 여우가 사는 환경과 관계가 없다.

① ㄱ   ② ㄷ   ③ ㄱ, ㄴ
④ ㄴ, ㄷ   ⑤ ㄱ, ㄴ, ㄷ

중요 05 그림은 핀치의 종류가 다양해지는 과정을 나타낸 것이다.

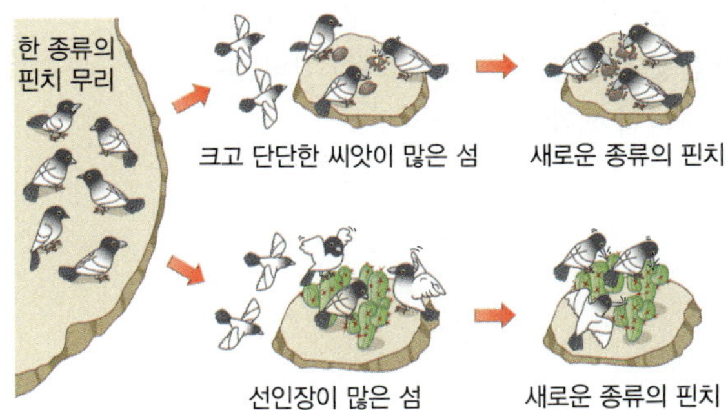

이에 대한 설명으로 옳은 것을 보기에서 모두 고른 것은?

보기
ㄱ. 한 종류의 핀치 무리에 변이가 있었다.
ㄴ. 먹이를 먹기에 알맞은 변이를 지닌 핀치가 더 많이 살아남아 자손을 남겼다.
ㄷ. 변이와 생물이 환경에 적응하는 과정을 통해 생물의 종류가 다양해졌다.

① ㄱ   ② ㄴ   ③ ㄱ, ㄷ
④ ㄴ, ㄷ   ⑤ ㄱ, ㄴ, ㄷ

① 생물의 고유한 특징에 따라 분류할 수 있다.
② 생물을 분류하는 가장 큰 단위는 종이다.
③ 같은 무리에 속하는 생물은 공통의 특징을 가진다.
④ 생물분류 기준에는 광합성 여부, 번식 방법 등이 있다.
⑤ 생물을 분류하면 생물 사이의 가깝고 먼 관계를 알 수 있다.

07 그림은 가상 생물 A～E의 모습을 나타낸 것이다.

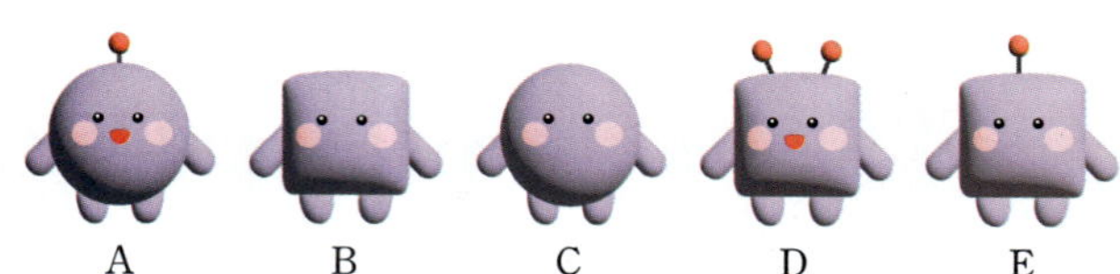

가상 생물을 (A, D)와 (B, C, E)로 분류했을 때 그 분류 기준으로 옳은 것은?

① 더듬이의 유무
② 더듬이의 개수
③ 몸통의 모양
④ 입의 유무
⑤ 다리의 색깔

중요 **08** 종에 대한 설명으로 옳은 것을 모두 고르면? (2 개)

① 생김새가 비슷하면 같은 종이다.
② 같은 종의 생물은 같은 속에 속한다.
③ 짝짓기를 하여 자손을 낳을 수 있으면 같은 종이다.
④ 같은 종의 생물은 생김새, 크기 등 특징이 모두 똑같다.
⑤ 같은 종의 생물은 짝짓기를 하여 번식 능력이 있는 자손을 낳을 수 있다.

중요 **09** 그림은 생물의 분류 단계를 나타낸 것이다.

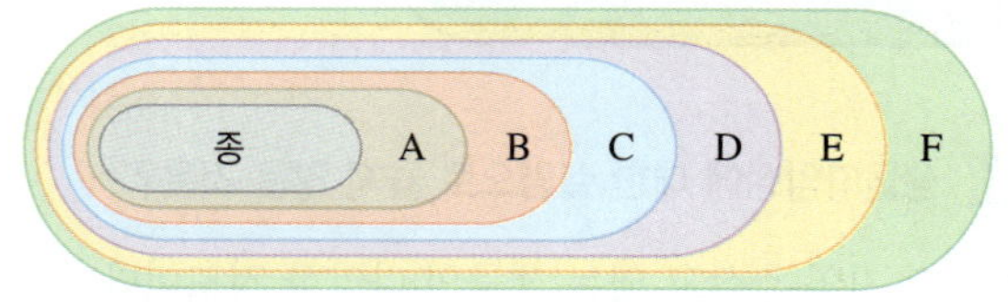

이에 대한 설명으로 옳지 <u>않은</u> 것은?

① A～F 중 F가 가장 큰 분류 단위이다.
② A보다 B에 포함되는 생물의 종류가 많다.
③ 같은 C에 속하는 생물은 같은 B에 속한다.
④ 여러 개의 C가 모여 하나의 D를 이룬다.
⑤ D는 E보다 작은 분류 단위이다.

[10~11] 표는 개, 호랑이, 여우의 분류 단계를 나타낸 것이다.

분류 단위	개	호랑이	여우
계	동물계	동물계	동물계
문	척삭동물문	척삭동물문	척삭동물문
강	포유강	㉡	포유강
목	㉠	식육목	식육목
과	개과	고양이과	개과
속	개속	표범속	여우속
종	개	호랑이	여우

10 ㉠, ㉡에 각각 알맞은 말을 쓰시오.

11 이에 대한 설명으로 옳지 <u>않은</u> 것은?

① 개과의 동물은 식육목에 속한다.
② 개속과 여우속은 모두 개과에 속한다.
③ 여우는 개보다 호랑이와 가까운 동물이다.
④ 개, 호랑이, 여우는 모두 같은 강에 속한다.
⑤ 척삭동물문에는 포유강 외에 다른 강도 포함된다.

중요 **12** 생물의 5계에 대한 설명으로 옳지 <u>않은</u> 것은?

① 균계에 속하는 생물은 세포에 세포벽이 없다.
② 원핵생물계는 세포에 핵이 없는 생물 무리이다.
③ 원생생물계에는 단세포생물도 있고, 다세포생물도 있다.
④ 식물계에 속하는 생물은 광합성을 하여 스스로 양분을 만든다.
⑤ 동물계에 속하는 생물은 다른 생물을 먹어서 양분을 얻는다.

13 다음은 생물의 5계 중 하나에 대한 설명이다.

> • 세포에 핵과 세포벽이 있다.
> • 대부분 실 모양의 균사로 이루어져 있다.
> • 광합성을 하지 못하고, 죽은 생물이나 배설물을 분해하여 양분을 얻는다.

이 생물계로 옳은 것은?

① 균계　　　② 식물계　　　③ 동물계
④ 원핵생물계　　　⑤ 원생생물계

중요 **14** 그림은 5계 중 서로 다른 계에 속하는 생물의 모습을 나타낸 것이다.

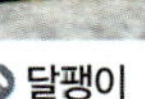
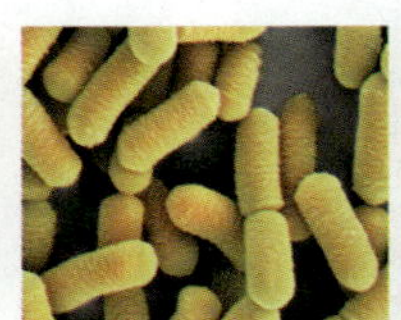
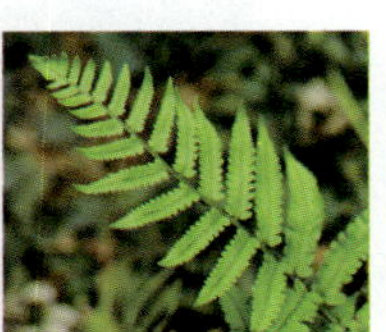

↑ 달팽이　　　↑ 젖산균　　　↑ 고사리

각 생물이 속하는 계를 옳게 짝 지은 것은?

	달팽이	젖산균	고사리
①	식물계	원핵생물계	균계
②	원핵생물계	원생생물계	균계
③	원생생물계	원핵생물계	식물계
④	동물계	원핵생물계	식물계
⑤	동물계	균계	식물계

15 그림은 여러 생물의 모습을 나타낸 것이다.

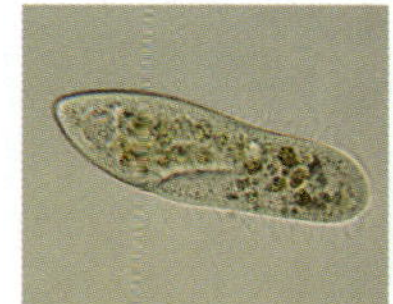

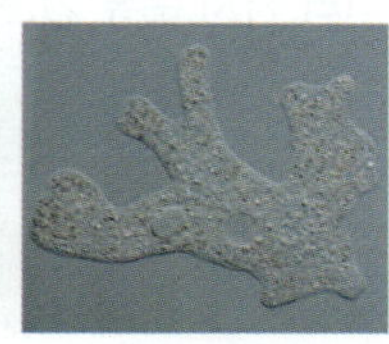

↑ 짚신벌레　　　↑ 미역　　　↑ 아메바

이에 대한 설명으로 옳은 것은?

① 모두 단세포생물이다.
② 모두 원핵생물계에 속한다.
③ 아메바는 세포에 핵이 없다.
④ 미역은 뿌리, 줄기, 잎이 발달하였다.
⑤ 짚신벌레는 먹이를 먹어서 양분을 얻는다.

중요 **16** 다음은 여러 생물을 두 무리로 분류한 결과이다.

> (가) 고양이, 푸른곰팡이, 대장균
> (나) 다시마, 진달래

생물을 (가)와 (나)로 분류한 기준으로 옳은 것은?

① 핵의 유무　　　② 세포의 수
③ 광합성 여부　　　④ 세포벽의 유무
⑤ 기관의 발달 여부

중요 **17** 그림은 생물의 5계를 나타낸 것이다.

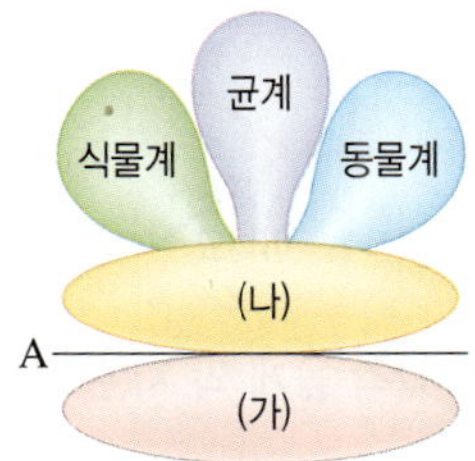

이에 대한 설명으로 옳은 것을 [보기]에서 모두 고른 것은?

> **보기**
> ㄱ. (가)는 원핵생물계, (나)는 원생생물계이다.
> ㄴ. (나)에는 단세포생물도 있고, 다세포생물도 있다.
> ㄷ. 광합성 여부는 분류 기준 A가 될 수 있다.

① ㄱ　　　② ㄴ　　　③ ㄷ
④ ㄱ, ㄴ　　　⑤ ㄱ, ㄷ

중요 **18** 그림은 아메바, 푸른곰팡이, 나비, 충치균, 해바라기를 여러 가지 분류 기준에 따라 분류하는 과정을 나타낸 것이다.

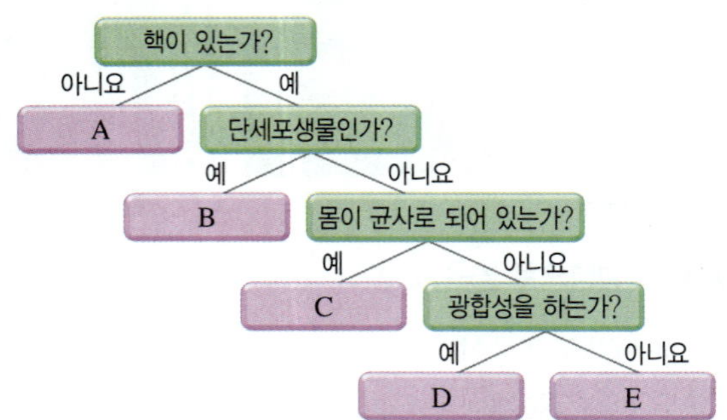

이에 대한 설명으로 옳은 것을 모두 고르면? (2 개)

① A는 충치균으로, 원생생물계에 속한다.
② B는 아메바로, 미역과 같은 계에 속한다.
③ C는 푸른곰팡이로, 스스로 양분을 만들 수 있다.
④ D는 해바라기로, 느타리버섯과 같은 계에 속한다.
⑤ E는 나비로, 세포에 핵이 있는 다세포생물이다.

19 그림은 여러 생물을 분류 기준 A와 B에 따라 분류한 결과를 나타낸 것이다.

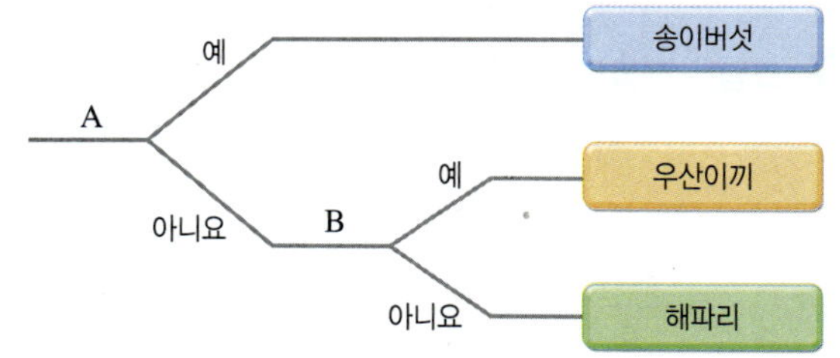

분류 기준 A와 B를 각각 옳게 짝 지은 것은?

	A	B
①	균사가 있는가?	운동성이 있는가?
②	균사가 있는가?	광합성을 하는가?
③	광합성을 하는가?	세포벽이 있는가?
④	광합성을 하는가?	운동성이 있는가?
⑤	세포벽이 있는가?	광합성을 하는가?

서술형 문제

중요 **20** 암말과 수탕나귀 사이에서는 노새가 태어나지만 노새는 짝짓기하여 새끼를 낳을 수 없다. 말과 당나귀가 같은 종인지 다른 종인지 쓰고, 그 까닭을 서술하시오.

풀이 TIP

21 표는 고양이, 호랑이, 여우의 분류 단계 중 일부를 나타낸 것이다.

목	식육목	식육목	식육목
과	고양이과	고양이과	개과
속	고양이속	표범속	여우속
종	고양이	호랑이	여우

고양이는 호랑이와 여우 중 어떤 동물과 더 가까운 관계인지 쓰고, 그 까닭을 서술하시오.

풀이 TIP

22 그림은 5계 중 서로 다른 계에 속하는 두 생물의 모습을 나타낸 것이다.

⬆ 표고버섯   ⬆ 진달래

두 생물의 공통점과 차이점을 각각 <u>한 가지</u>씩 서술하시오.

• 공통점:

• 차이점:

01 다음은 목이 긴 거북 무리가 나타난 과정을 순서 없이 나타낸 것이다.

(가)	(나)	(다)
목의 길이가 조금씩 다른 한 종류의 거북 무리가 있었다.	목이 긴 거북이 더 많이 살아남아 자손을 남겼다.	키가 큰 선인장이 많은 섬에서는 목이 긴 거북이 살아남기에 더 유리하였다.

이에 대한 설명으로 옳은 것을 보기 에서 모두 고른 것은?

> **보기**
> ㄱ. (다) → (가) → (나) 순으로 진행되었다.
> ㄴ. (가)의 거북 무리에는 변이가 없었다.
> ㄷ. (나) 과정이 오랜 세월 반복되어 오늘날과 같이 목이 긴 종류의 거북이 나타났다.
> ㄹ. (다)의 환경에서 목이 긴 거북이 먹이를 먹기에 더 유리하였다.

① ㄱ, ㄴ ② ㄱ, ㄹ ③ ㄴ, ㄷ
④ ㄴ, ㄹ ⑤ ㄷ, ㄹ

02 다음은 어느 한 섬에 사는 도마뱀 무리에 대한 자료이다.

○○섬에 살고 있는 도마뱀 무리는 발바닥에 접착 능력이 있어서 돌에 잘 붙어 있을 수 있다. 수년 전 이 섬에 태풍이 지나간 뒤 도마뱀 무리의 평균 발바닥 넓이가 커졌다.

도마뱀 무리의 평균 발바닥 넓이가 커진 까닭을 변이 및 환경과 관련지어 서술하시오.

03 표는 5계의 특징을 정리하여 나타낸 것이다.

구분	핵	세포벽	광합성	세포 수
A	없다.	있다.	하는 것도 있고, 안 하는 것도 있다.	단세포
B	있다.	㉠	하는 것도 있고, 안 하는 것도 있다.	단세포, 다세포
균계	있다.	있다.	안 한다.	대부분 다세포
C	있다.	㉡	한다.	다세포
동물계	있다.	없다.	안 한다.	㉢

이에 대한 설명으로 옳지 않은 것은?

① A는 원핵생물계, B는 원생생물계, C는 식물계이다.
② ㉠은 '있는 것도 있고, 없는 것도 있다.'이다.
③ ㉡은 '없다.'이다.
④ ㉢은 '다세포'이다.
⑤ 대장균, 포도상구균은 A에 속한다.

04 그림은 여러 생물을 몇 가지 기준에 따라 분류한 결과를 나타낸 것이다.

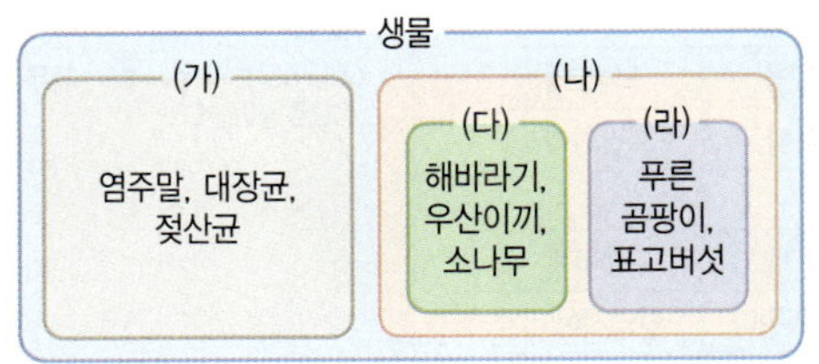

이에 대한 설명으로 옳지 않은 것은?

① (가)는 원핵생물계이다.
② (가)와 (나)의 분류 기준은 핵의 유무이다.
③ 세포벽의 유무로 (다), (라)를 분류할 수 있다.
④ (다)의 생물은 광합성을 하여 양분을 얻는다.
⑤ (라)의 생물은 균사가 있으며 운동성이 없다.

생물다양성보전

만화 완성하기

오른쪽 만화를 보고 꽃들의
말풍선을 완성해 보자.

A **생물다양성보전의 필요성**

최근 들어 꿀벌의 수가 크게 줄어들면서 동물의 먹이가 사라지고, 농작물의 생산량이 감소하는 문제가 생기고 있어요. 생물다양성보전이 필요한 까닭을 알아볼까요?

📒 동아 교과서에만 나와요.

✳ 생태계평형
생태계를 이루는 생물의 종류와 수
가 크게 변하지 않는 안정된 상태
└ • 생물다양성이 높을수록 생태계평형
이 잘 유지된다.

1. 생물다양성과 생태계 유지

생태계에서는 다양한 생물이 먹이 관계로 얽혀 서로 영향을 주고받는다. 이때 생물다양성
이 높은 생태계는 먹이그물이 복잡하여 생물이 **①**멸종될 가능성이 낮다. ➡ 생물다양성이
높을수록 생태계가 안정적으로 유지된다.✳

생물다양성이 낮은 생태계	생물다양성이 높은 생태계
개구리가 사라지면 매의 수가 줄어든다. — 매 개구리 개구리가 사라지면 메뚜기의 수가 일시적으로 늘어난다. — 메뚜기 벼	뱀 · 참새 · 매 · 개구리 · 배추흰나비 · 메뚜기 · 배추 · 벼 · 옥수수
먹이그물이 단순하다. ➡ 어떤 생물이 사라지면 그 생물을 먹이로 하는 생물도 사라질 위험이 커져 생태계가 쉽게 파괴된다.	먹이그물이 복잡하다. ➡ 어떤 생물이 사라져도 먹이 관계에서 사라진 생물을 대신할 수 있는 생물이 있어 생태계가 안정적으로 유지된다.
예 개구리가 멸종되면 매는 먹고 살 생물이 없어 매의 수가 크게 줄어든다(매도 함께 멸종될 가능성이 높다.).	예 개구리가 멸종되어도 매는 참새나 뱀을 잡아 먹으며 살 수 있다.

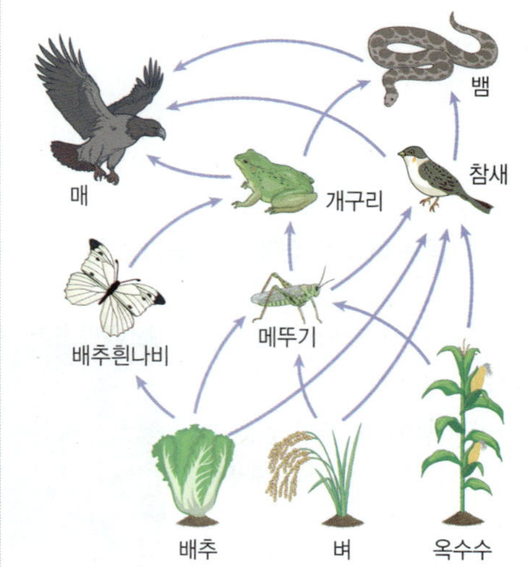

암기해

생물다양성과 생태계의 관계

생물다양성	생물다양성
낮다.	높다.
↓	↓
먹이그물	먹이그물
단순하다.	복잡하다.
↓	↓
생태계	생태계
쉽게 파괴된다.	안정적이다.

└ • 특정 생물의 멸종은 그 생물과 먹이 관계를 맺고 있는 생물의
생존에도 영향을 미쳐 다른 생물의 멸종으로 이어질 수 있다.

용어

① **멸종**(滅 멸망하다, 種 종족)
생태계에서 특정 생물종이 사라
지는 것

2. 생물다양성이 주는 혜택[*]

(1) **생활에 필요한 재료 제공**: 우리는 다양한 생물로부터 식량, 섬유, 목재, 의약품 등 생활에
필요한 자원을 얻고 있다.

식량	식량으로 이용한다.

예 벼, 보리, 밀 등

섬유	옷의 원료로 이용한다.

예 목화(면섬유), 누에고치(비단) 등

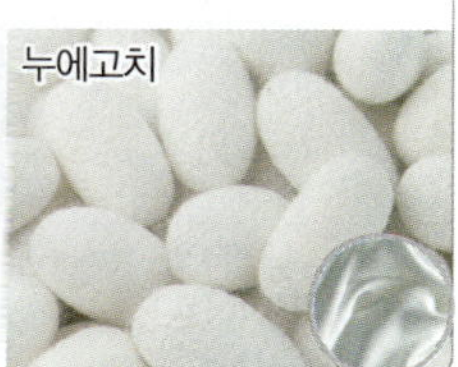

목재	건축 및 산업용 재료로 이용한다.

예 편백나무(목재), 닥나무(한지) 등

의약품	의약품의 원료로 이용한다.

예 주목나무(항암제), 푸른곰팡이(항생제) 등

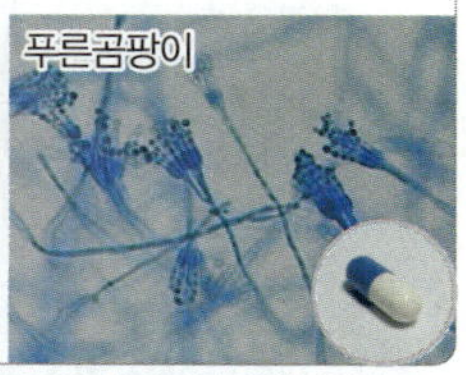

주목나무 껍질에서 추출한 물질로 항암제를 개발하였다.

(2) **발명 아이디어 제공**: 생물의 생김새나 생활 모습을 보고 아이디어를 얻어 유용한 도구를
발명한다. ➡ 자동차, 항공기, 로봇, 의료 등 여러 분야에서 활용되고 있다.

예 • 도꼬마리 열매를 보고 벨크로를 개발하였다.
　• 고양이의 눈에서 아이디어를 얻어 도로 반사판을 창안하였다.

생물에서 아이디어를 얻은 발명품

⬆ 도꼬마리 열매의 갈고리 형태를 모방한 벨크로　　⬆ 고양이의 눈에서 아이디어를 얻은 도로 반사판

(3) **삶의 풍요로움**

① 생물다양성이 잘 보전된 생태계는 맑은 공기, 깨끗한 물, 비옥한 토양 등을 제공한다.
② 아름다운 자연경관은 휴식과 여가 활동을 위한 공간이 된다. ➡ 휴식을 통해 몸과 마음을
건강하게 할 수 있다.

3. 생명의 가치 〔비상 교과서에만 나와요.〕

(1) 생물은 그 자체로 소중한 가치를 지닌다.
(2) 모든 생물은 생태계 구성원으로서 지구에서 살아갈 권리가 있다.
(3) 생물다양성을 보전하는 것은 그 자체로 중요하다.

〔동아 교과서에만 나와요.〕

[*] **생물다양성이 주는 혜택**
• 환경오염 물질을 흡수하거나
분해한다.
• 기후 변화의 방어막이 되기도
한다.
예 식물 플랑크톤은 많은 이산화 탄소를
흡수하여 기후 변화를 완화하는 효과가
있다.

암기해

생물다양성을 보전해야 하는 까닭
• 생태계 유지에 중요하다.
• 생물로부터 다양한 혜택을 얻는다.
• 생물은 생태계 구성원으로서 그 자체
로 소중하다.

외래종의 예

 큰입배스
 유리알락하늘소
 가시박
 뉴트리아

→ 가시박은 자라면서 주변 식물을 뒤덮어 광합성을 방해하고, 뉴트리아는 천적이 없어 토착 생물의 생존을 위협한다.

궁금해

모든 외래종은 해로울까?
토종 생물을 위협하여 생태계를 파괴하는 외래종도 있지만, 코스모스, 목화, 토끼풀 등과 같이 국내 생태계에 잘 정착한 생물도 있다.

생태통로

도로 건설 시 끊어진 서식지를 연결하여 동물이 안전하게 이동할 수 있도록 만든 통로

용어

❶ 서식지(棲 살다, 息 생존, 地 땅) 생물이 자리를 잡고 사는 곳

❷ 남획(濫 지나치다, 獲 얻다) 인간이 생물을 무분별하게 잡는 것

❸ 종자(種 씨, 子 자식) 식물의 씨 또는 씨앗

B # 생물다양성 감소 원인과 유지 방안

과거에는 흔히 볼 수 있던 황새를 지금은 보기 어려워졌어요. 생물은 왜 사라지는 걸까요? 생물다양성이 감소하는 원인을 알아보고 유지 방안을 생각해 보아요.

1. 생물다양성 감소 원인: 대부분 인간의 활동과 밀접한 관련이 있다.

서식지파괴	• 생물다양성이 감소하는 가장 심각한 원인이다. • 인간의 지나친 자연 개발로 생물의 ❶서식지가 파괴되면서 서식지를 잃은 생물이 사라질 수 있다. →집, 도로 등을 건설하거나 목재 채취, 작물 재배 등을 위해 자연을 파괴한다. 예 열대우림 파괴, 숲 파괴 등
❷남획	• 인간이 생물을 무분별하게 잡는 것이다. • 남획을 하면 특정 생물이 사라질 수 있다. 예 대륙사슴, 고래, 큰바다사자, 나팔고둥 등의 남획
외래종 유입	• 외래종: 원래 살던 곳을 벗어나 새로운 곳에서 자리를 잡고 사는 생물 • 일부 외래종은 토종 생물의 생존을 위협하여 사라지게 할 수 있다. 예 가시박, 큰입배스, 뉴트리아, 유리알락하늘소 등*
환경오염	• 대기, 물, 토양 등의 환경이 오염되면, 환경오염에 약한 생물이 쉽게 사라질 수 있다.
기후 변화	• 기후 변화로 기온과 수온이 상승하고 서식 환경이 달라지면, 기존 서식지에 더 이상 살기 어려워진 생물이 쉽게 사라질 수 있다.

생물다양성 감소 원인의 예

서식지파괴	남획	외래종 유입	환경오염	기후 변화
도로 건설, 작물 재배 등을 위해 숲을 파괴하여 생물의 서식지가 줄어들고 있다.	해양 생물을 과도하게 잡아 수산 자원이 고갈되고 있다.	큰입배스는 다른 생물을 지나치게 많이 잡아먹어 토착 생물의 생존을 위협한다.	바다에 버려진 각종 쓰레기로 생물의 생존이 위협받고 있다.	기후 변화로 수온이 상승하면서 많은 산호가 죽어가고 있다.

2. 생물다양성 유지 방안

개인적 차원	• 재활용품 분리배출 하기 • 일회용품 대신 다회용품 사용하기 • 자연 환경 보호하기 • 나무 심기 • 야생 동물을 함부로 기르지 않기 • 안 쓰는 물건 나눔하기 → 외래종을 발견하면 관련 기관에 신고해야 한다.
사회적 차원 국가적 차원의 방안도 포함한다.	• 국립 공원 지정하기 • 생태통로 건설하기* • 멸종 위기 생물 지정 및 복원 사업하기 ❸종자 은행 설립하기 →다양한 종류의 씨앗을 보관하여 식물의 멸종을 막는다. → 따오기, 황새 등의 복원 사업을 진행하고 있다. • 생물다양성보전 캠페인 활동하기 • 생물다양성과 관련된 교육하기 • 야생 생물 보호 및 관리에 관한 법률 제정하기
국제적 차원	• 생물다양성유지를 위한 협약을 맺어 실천하기 →무질서한 국제 거래 및 포획을 금지한다. • 예 생물다양성협약, 야생 동식물 종의 국제 거래에 관한 협약(CITES), 람사르 협약 등 물새 서식지로서 특히 국제적으로 중요한 습지에 관한 협약이다. •

✔ 핵심 요약

▶ **생물다양성보전의 필요성**

- ❶ [   ]이 높을수록 생태계가 안정적으로 유지된다.
- 다양한 생물로부터 생활에 필요한 자원을 얻는다.
- 생물은 그 자체로 소중한 가치를 지닌다.

▶ **생물다양성 감소 원인:** ❷ [   ] 파괴, 남획, ❸ [   ] 유입, 환경오염, 기후 변화

▶ **생물다양성 유지 방안:** 개인적, 사회적, 국제적 차원의 노력이 함께 이루어져야 한다.

---

1 그림은 두 종류의 생태계 (가)와 (나)를 나타낸 것이다. 참새가 사라졌을 때 부엉이도 함께 사라질 가능성이 높은 생태계를 고르시오.

2 생물다양성이 주는 혜택에 대한 설명으로 옳은 것은 ○, 옳지 <u>않은</u> 것은 ×로 표시하시오.

(1) 식량, 섬유, 목재 등의 자원을 제공한다. ……………………………… (   )

(2) 생물에서 아이디어를 얻어 유용한 도구를 발명한다. ………………… (   )

(3) 항생제, 항암제 등의 의약품은 생물에서 얻는 자원이 아니다. ……… (   )

3 다음은 생물다양성의 감소 원인에 대한 설명이다. (   ) 안에 알맞은 말을 쓰시오.

(1) 생물다양성을 감소하게 하는 가장 심각한 원인은 (   )이다.

(2) 인간이 생물을 무분별하게 잡는 것을 (   )이라고 한다.

(3) 가시박, 큰입배스와 같이 원래 살던 곳을 벗어나 새로운 곳에서 자리를 잡고 사는 생물을 (   )이라고 한다.

4 생물다양성 유지 방안에 대한 설명으로 옳은 것은 ○, 옳지 <u>않은</u> 것은 ×로 표시하시오.

(1) 생태통로를 건설한다. …………………………………………………… (   )

(2) 국립 공원을 지정하여 보호한다. …………………………………………… (   )

(3) 외래종을 발견하면 집으로 데려가 잘 보살핀다. …………………… (   )

01 생물다양성과 생태계 유지에 대한 설명으로 옳은 것을 보기 에서 모두 고른 것은?

보기
ㄱ. 생물다양성이 낮을수록 먹이그물이 복잡하다.
ㄴ. 먹이그물이 단순할 때 생태계가 쉽게 파괴된다.
ㄷ. 생물다양성이 낮을수록 생태계가 안정적으로 유지된다.

① ㄱ　　　　　② ㄴ　　　　　③ ㄷ
④ ㄱ, ㄷ　　　　⑤ ㄴ, ㄷ

중요 **02** 그림은 두 생태계의 먹이그물을 나타낸 것이다.

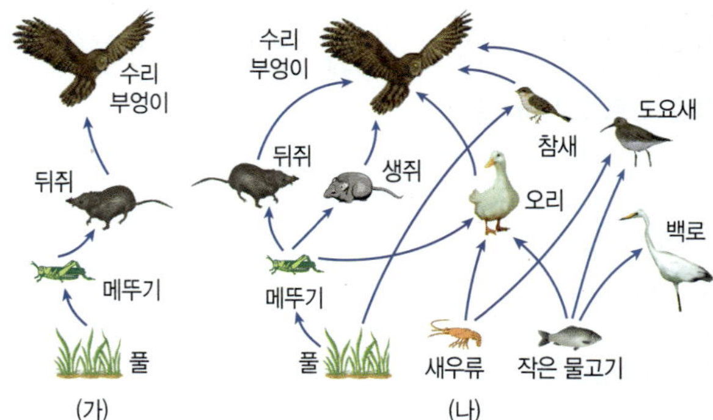

이에 대한 설명으로 옳지 않은 것은?

① (가)는 (나)보다 먹이그물이 단순하다.
② (나)는 (가)보다 생물다양성이 높다.
③ (가)보다 (나)의 생태계가 더 안정적으로 유지된다.
④ (가)에서 메뚜기가 사라지면 뒤쥐도 함께 사라질 가능성이 높다.
⑤ (나)에서 참새가 사라지면 수리부엉이도 함께 사라질 가능성이 높다.

중요 **03** 생물다양성이 우리에게 주는 혜택으로 옳지 않은 것은?

① 벼, 보리, 밀 등의 식량을 제공한다.
② 휴식과 여가 활동을 위한 공간을 제공한다.
③ 맑은 공기, 깨끗한 물, 비옥한 토양을 제공한다.
④ 희귀한 동물을 데려와 애완용으로 기를 수 있다.
⑤ 생물의 모습을 모방하여 새로운 기술이나 제품을 개발한다.

중요 **04** 그림은 우리에게 혜택을 주는 여러 가지 생물의 모습을 나타낸 것이다.

↑ 닥나무　　　　↑ 목화　　　　↑ 도꼬마리

이에 대한 설명으로 옳은 것을 보기 에서 모두 고른 것은?

보기
ㄱ. 닥나무를 이용하여 한지를 만든다.
ㄴ. 목화에서 옷을 만드는 면섬유를 얻는다.
ㄷ. 도꼬마리 열매의 갈고리 형태를 모방하여 벨크로를 발명하였다.

① ㄱ　　　　　② ㄷ　　　　　③ ㄱ, ㄷ
④ ㄴ, ㄷ　　　　⑤ ㄱ, ㄴ, ㄷ

05 다음 설명은 생물다양성이 우리에게 주는 혜택 중 어디에 해당하는가?

주목나무 껍질에서 얻은 물질로 항암제를 개발하였다.

① 식량　　　　　　② 섬유
③ 목재　　　　　　④ 의약품
⑤ 비옥한 토양

중요 06 생물다양성을 보전해야 하는 까닭으로 옳지 <u>않은</u> 것은?

① 생물은 그 자체로 소중하기 때문에
② 생태계를 안정적으로 유지하기 위해서
③ 생활에 필요한 다양한 자원을 얻기 위해서
④ 생물의 종류가 너무 많아지지 않도록 제한하기 위해서
⑤ 모든 생물은 생태계 구성원으로서 지구에서 살아갈 권리가 있기 때문에

07 생물다양성이 감소하는 원인이 <u>아닌</u> 것은?

① 해외에서 희귀한 생물을 들여온다.
② 논을 없애고 주택 단지를 건설한다.
③ 강에 쓰레기나 폐기물을 마구 버린다.
④ 습지를 보호 구역으로 지정하여 관리한다.
⑤ 촘촘한 그물로 다양한 물고기를 많이 잡는다.

중요 08 표는 생물다양성을 감소하게 하는 여러 가지 원인을 나타낸 것이다.

(가)	해양 생물을 무분별하게 잡는다.
(나)	목재를 얻기 위해 숲을 파괴한다.
(다)	큰입배스는 다른 생물을 지나치게 많이 잡아먹어 토착 생물의 생존을 위협한다.

(가)~(다)에 해당하는 원인을 옳게 짝 지은 것은?

	(가)	(나)	(다)
①	남획	외래종 유입	기후 변화
②	남획	서식지파괴	외래종 유입
③	외래종 유입	서식지파괴	남획
④	서식지파괴	남획	기후 변화
⑤	서식지파괴	환경오염	외래종 유입

09 생물다양성을 감소시키는 가장 심각한 원인은?

① 남획
② 환경오염
③ 기후 변화
④ 외래종 유입
⑤ 서식지파괴

중요 10 그림은 우리나라에 서식하고 있는 외래종의 모습을 나타낸 것이다.

↑ 뉴트리아

↑ 가시박

이에 대한 설명으로 옳지 <u>않은</u> 것은?

① 유리알락하늘소도 외래종에 해당한다.
② 많이 들여올수록 생태계의 안정성이 높아진다.
③ 원래 살던 곳을 벗어나 다른 곳에서 사는 생물이다.
④ 먹이그물에 변화를 일으켜 생태계를 파괴할 수 있다.
⑤ 천적이 없어 과도하게 번식하여 토종 생물의 생존을 위협할 수 있다.

11 그림은 도로 위에 생태통로를 설치한 모습을 나타낸 것이다.

이에 대한 설명으로 옳은 것을 [보기]에서 모두 고른 것은?

> **보기**
> ㄱ. 끊어진 서식지를 연결하는 역할을 한다.
> ㄴ. 남획을 막을 수 있는 방법 중 하나이다.
> ㄷ. 동물이 안전하게 이동할 수 있도록 돕는다.
> ㄹ. 생물다양성을 보전하기 위한 대책 중 하나이다.

① ㄱ, ㄴ
② ㄱ, ㄷ
③ ㄴ, ㄷ
④ ㄷ, ㄹ
⑤ ㄱ, ㄷ, ㄹ

 생물다양성을 보전하는 활동이 <u>아닌</u> 것은?

① 일회용품 대신 다회용품을 사용한다.
② 숲을 파괴하여 집이나 도로를 건설한다.
③ 야생 생물 보호 및 관리에 관한 법률을 만든다.
④ 멸종 위기 생물을 복원하여 다시 야생으로 돌려보낸다.
⑤ 국제 사회에서 생물다양성보전을 위한 협약을 체결하고 실행한다.

13 그림은 국가에서 멸종 위기 생물로 지정하여 보호하고 있는 따오기의 모습을 나타낸 것이다.

멸종 위기 생물 지정 및 보호와 같이 생물다양성보전을 위해 사회적 차원에서 할 수 있는 활동으로 옳은 것을 보기 에서 모두 고른 것은?

보기
ㄱ. 생물다양성보전 캠페인 활동을 한다.
ㄴ. 종자 은행을 설립하여 우리나라 고유 식물의 종자를 관리한다.
ㄷ. 야생 동식물이 많이 사는 지역을 국립 공원으로 지정하여 관리한다.

① ㄱ
② ㄱ, ㄴ
③ ㄱ, ㄷ
④ ㄴ, ㄷ
⑤ ㄱ, ㄴ, ㄷ

서술형 문제

풀이 TIP

중요 **14** 그림은 두 생태계 (가)와 (나)를 나타낸 것이다.

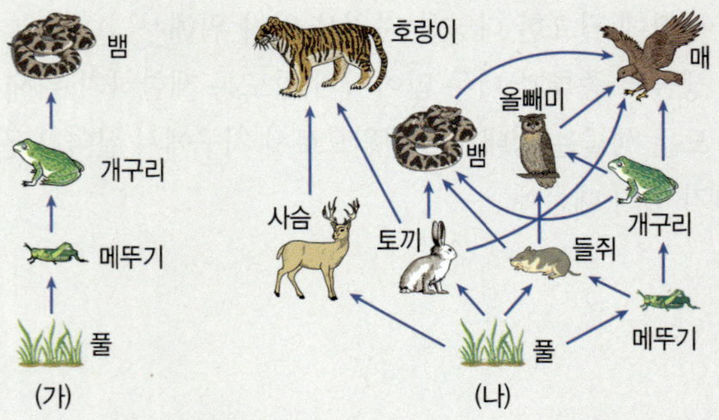

개구리가 멸종하였을 때 뱀도 같이 멸종할 가능성이 높은 생태계의 기호를 쓰고, 멸종 가능성이 높은 까닭을 서술하시오.

15 그림은 생물다양성보전을 위해 개인적 차원에서 할 수 있는 활동을 나타낸 것이다.

⬆ 재활용품 분리배출 하기

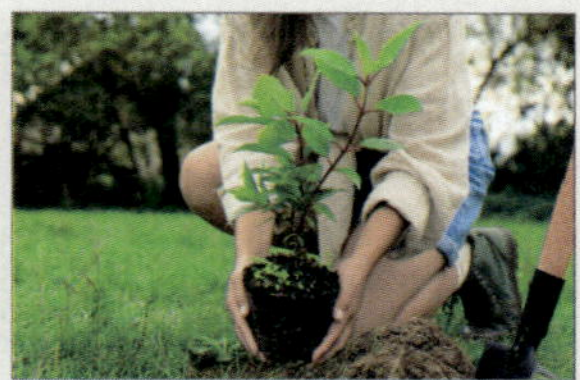

⬆ 나무 심기

이외에 개인이 실천할 수 있는 생물다양성 유지를 위한 활동을 <u>두</u> 가지 서술하시오.

풀이 TIP **14** ❶ 각 생태계에서 개구리가 멸종하였을 때 뱀이 먹고 살 생물이 있는지 찾아본다. ❷ 먹이의 유무와 생물의 멸종을 관련지어 서술한다.

01 다음은 쭈꾸미에 대한 뉴스 중 일부이다.

5월 쭈꾸미 포획 금지해 ...

봄철 산란기를 맞아 불법 어업에 대한 단속이 이뤄집니다. 봄철은 다양한 어종들이 번식하고 성장하는 중요한 시기이므로 우리나라 전 해역과 주요 항구 및 포구에서 불법 어업을 강력히 단속할 방침입니다.

이와 가장 관계가 깊은 생물다양성 감소 원인은?

① 남획   ② 환경오염
③ 기후 변화   ④ 서식지파괴
⑤ 외래종 유입

02 그림 (가)와 (나)는 어떤 지역의 하천 생태계에 나일농어가 유입되기 전과 후의 먹이 관계를 나타낸 것이다.

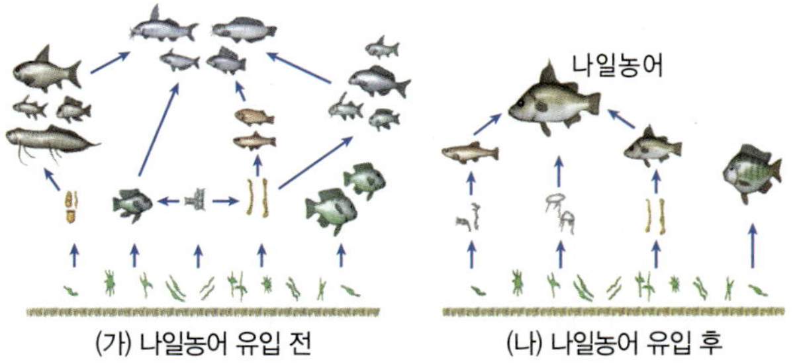

이에 대한 설명으로 옳지 <u>않은</u> 것은?

① (가)는 (나)보다 먹이그물이 복잡하다.
② 나일농어가 유입된 후 생물의 종류가 감소하였다.
③ (가)보다 (나)의 생태계가 더 안정적으로 유지된다.
④ 이 지역의 하천 생태계에는 나일농어의 천적이 없다.
⑤ 나일농어가 유입되기 전 하천 생태계의 생물다양성이 더 높다.

03 그림은 숲을 관통하는 도로가 건설된 후 숲의 생물다양성 변화를 나타낸 것이다.

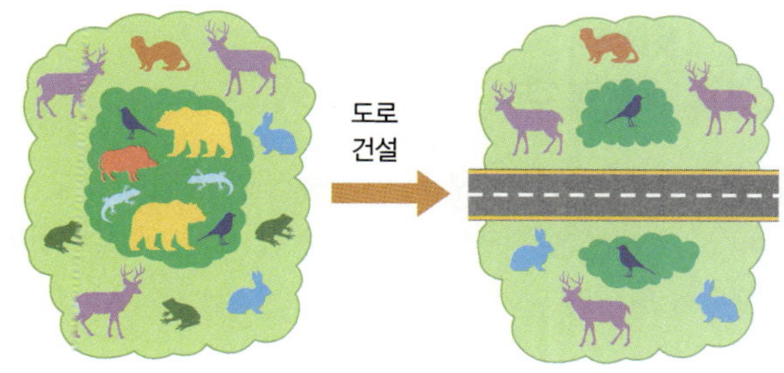

이에 대한 설명으로 옳은 것을 [보기]에서 모두 고른 것은?

> **보기**
> ㄱ. 도로 건설로 숲 중심지의 서식지 면적이 증가하였다.
> ㄴ. 도로 건설로 숲 가장자리보다 숲 중심지에서 생물다양성이 더 많이 감소하였다.
> ㄷ. 도로 건설은 생물다양성을 감소시키는 원인 중 하나이다.

① ㄱ   ② ㄴ   ③ ㄷ
④ ㄱ, ㄷ   ⑤ ㄴ, ㄷ

04 다음은 국가 간에 체결한 어떤 협약에 대한 설명이다.

> 물새 서식지로서 국제적으로 중요한 습지 보호에 관한 협약이다. 우리나라는 1997년 이 협약에 가입하였고, 2008년 경남 창원에서 협약 당사국 총회가 열린 바 있다. 우리나라는 이 협약의 이행과 국내 습지의 체계적인 관리를 위해 1999년 습지 보전 법을 제정하였다.

설명하고 있는 국제 협약은?

① 람사르협약
② 기후 변화 협약
③ 생물다양성협약
④ 사막화 방지 협약
⑤ 야생 동식물 종의 국제 거래에 관한 협약

핵심 정리

01 / 생물의 구성

1. 세포: 생물을 이루는 구조적·기능적 기본 단위이다.
➡ 모든 생물은 세포로 이루어져 있으며, 세포는 생명 활동이 일어나는 기본 단위이다.

2. 세포의 구조와 기능

핵	유전물질 저장, 세포의 생명활동 조절
세포막	세포 안팎으로의 물질 출입 조절
세포질	핵과 세포막 사이를 채우는 부분
마이토콘드리아	생명활동에 필요한 에너지 생성
엽록체	광합성을 하여 양분 생성
세포벽	세포막 바깥을 둘러싸고 있는 두껍고 단단한 벽, 세포의 모양 유지

➡ 엽록체와 세포벽은 동물 세포에는 없고 식물 세포에만 있다.

3. 다양한 세포의 특징: 세포의 종류에 따라 세포의 모양과 크기, 기능이 다르다.
(1) **신경세포:** 나뭇가지처럼 사방으로 길게 뻗은 모양 ➡ 몸속에서 신호를 전달한다.
(2) **상피세포:** 넓고 얇게 퍼진 모양 ➡ 몸 표면이나 몸속 기관의 안쪽 표면을 넓게 덮어 보호한다.
(3) **적혈구:** 가운데가 오목한 원반 모양 ➡ 혈관을 따라 이동하며 온몸으로 산소를 운반한다.

4. 생물의 구성 단계: 세포 → 조직 → 기관 → 개체

세포	생물을 구성하는 기본 단위
조직	모양과 기능이 비슷한 세포들이 모인 단계
기관	여러 조직이 모여 고유한 모양과 기능을 갖춘 단계
개체	여러 기관이 모여 이루어진 하나의 독립된 생물체

(1) **동물의 구성 단계:** 세포 → 조직 → 기관 → 기관계 → 개체
(2) **식물의 구성 단계:** 세포 → 조직 → 조직계 → 기관 → 개체

02 / 생물다양성과 분류

1. 생물다양성: 어떤 지역에 살고 있는 생물의 다양한 정도
➡ 생태계가 다양할수록, 생물의 종류가 많고 여러 종류의 생물이 고르게 분포할수록, 같은 종류의 생물 사이에서 나타나는 특징이 다양할수록 생물다양성이 높다.

2. 변이와 생물다양성
(1) **변이:** 같은 종류의 생물 사이에서 나타나는 서로 다른 특징
(2) **환경과 생물다양성:** 변이가 다양한 한 종류의 생물 무리가 오랜 시간 서로 다른 환경에 적응하여 살아가면 변이의 차이가 점점 커져서 서로 다른 종류의 생물 무리로 나누어질 수 있다.
(3) **생물이 다양해지는 과정**

변이	한 종류의 생물 무리에는 다양한 변이가 있다.
↓	
환경에 적응	그 무리에서 환경에 알맞은 변이를 지닌 생물이 더 많이 살아남아 자손을 남긴다.
↓	
생물이 다양해짐	이 과정이 오랜 시간 반복되면 원래의 생물과 다른 새로운 종류의 생물이 나타날 수 있다.

3. 생물의 분류
(1) **생물분류:** 일정한 기준에 따라 생물을 비슷한 종류의 무리로 나누는 것
① **생물분류 기준:** 생물의 고유한 특징을 기준으로 분류한다.
② **생물분류 목적**
• 생물 사이의 가깝고 먼 관계를 알 수 있다.
• 새롭게 발견된 생물이 어느 무리에 속하는지 판단할 수 있다.
• 수많은 종류의 생물을 체계적으로 연구할 수 있어 생물다양성을 이해하는 데 도움이 된다.
(2) **종:** 자연 상태에서 짝짓기를 하여 번식이 가능한 자손을 낳을 수 있는 생물 무리 ➡ 생물분류의 기본 단위
㉑ 말과 당나귀 사이에서 태어난 노새는 번식 능력이 없으므로, 말과 당나귀는 같은 종이 아니다.
(3) **생물의 분류 단계:** 다양한 생물을 공통적인 특징이 있는 것끼리 묶어 단계적으로 분류한 것

종 < 속 < 과 < 목 < 강 < 문 < 계

4. 생물의 5계

원핵 생물계	• 세포에 핵이 없다. • 단세포생물이다. • 세포에 세포벽이 있다. • 대부분 광합성을 하지 않지만, 염주말처럼 광합성을 하는 것도 있다.
원생 생물계	• 세포에 핵이 있는 생물 중 균계, 식물계, 동물계에 속하지 않는 생물 무리이다. • 대부분 단세포생물이지만, 다세포생물도 있다. • 세포에 세포벽이 있는 것도 있고, 없는 것도 있다. • 기관이 발달하지 않았다. • 먹이를 먹는 생물도 있고, 다시마처럼 광합성을 하는 생물도 있다.
균계	• 세포에 핵이 있다. • 대부분 다세포생물이지만, 효모처럼 단세포생물도 있다. • 세포에 세포벽이 있다. • 대부분 실 모양의 균사로 이루어져 있다. • 광합성을 하지 못하고, 죽은 생물이나 배설물을 분해하여 양분을 얻는다.
식물계	• 세포에 핵이 있다. • 다세포생물이다. • 세포에 세포벽이 있다. • 대부분 뿌리, 줄기, 잎과 같은 기관이 발달하였다. • 광합성을 하여 스스로 양분을 만든다.
동물계	• 세포에 핵이 있다. • 다세포생물이다. • 세포에 세포벽이 없다. • 대부분 몸에 기관이 발달하였다. • 운동성이 있다. • 다른 생물을 먹어서 양분을 얻는다.

원핵생물계

원생생물계

균계

식물계

동물계

1. 생물다양성보전의 필요성

(1) 생물다양성과 먹이 관계

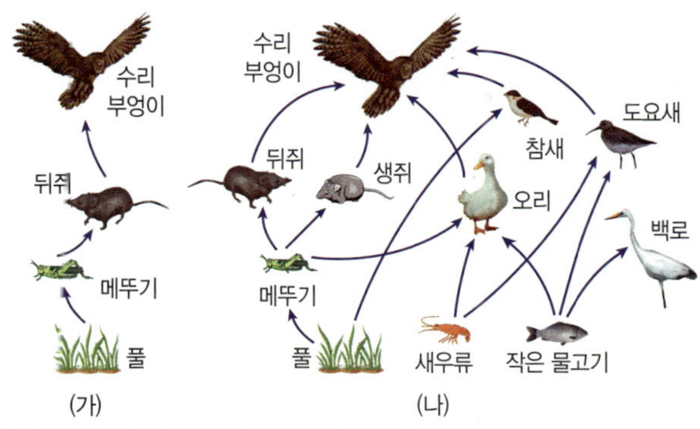

생물 다양성이 낮은 생태계(가)	먹이그물이 단순하다. ➡ 생태계가 쉽게 파괴된다.
생물 다양성이 높은 생태계(나)	먹이그물이 복잡하다. ➡ 생태계가 안정적으로 유지된다.

(2) 생물다양성이 주는 혜택

① 식량, 의약품 등 생활에 필요한 자원을 얻는다.

② 생물에서 아이디어를 얻어 유용한 도구를 발명한다.

③ 맑은 공기, 깨끗한 물, 비옥한 토양 등을 제공하며 휴식과 여가 활동을 위한 공간이 된다.

(3) 생명의 가치: 생물은 그 자체로 소중한 가치를 지닌다.

2. 생물다양성 감소 원인과 유지 방안

(1) 생물다양성 감소 원인: 인간의 활동과 관계가 깊다.

서식지 파괴	도로 건설 등 자연 개발로 생물의 서식지가 파괴되면 서식지를 잃은 생물이 사라질 수 있다.
남획	특정 생물을 남획하면 그 생물이 사라질 수 있다.
외래종 유입	일부 외래종은 토종 생물의 생존을 위협하여 생물다양성을 감소시킨다.
환경오염	환경이 오염되면 오염에 약한 생물이 쉽게 사라진다.
기후 변화	기후 변화로 서식 환경이 달라지면, 기존 서식지에 더 이상 살기 어려워진 생물이 쉽게 사라질 수 있다.

(2) 생물다양성 유지 방안

① **개인적 차원:** 재활용품 분리배출 하기, 다회용품 사용하기, 야생 동물 기르지 않기, 나무 심기 등

② **사회적 차원:** 국립 공원 지정하기, 생태통로 건설하기, 멸종 위기 생물 지정 및 복원 사업하기 등

③ **국제적 차원:** 생물다양성유지를 위한 협약을 맺고 실천하기

최종 점검

1. 세포의 구조와 기능

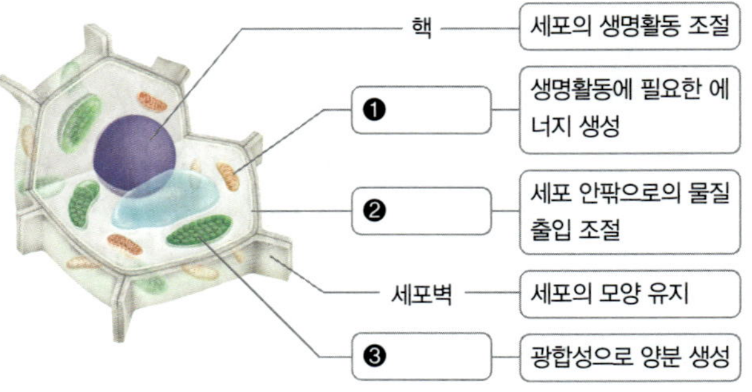

2. 동물의 구성 단계

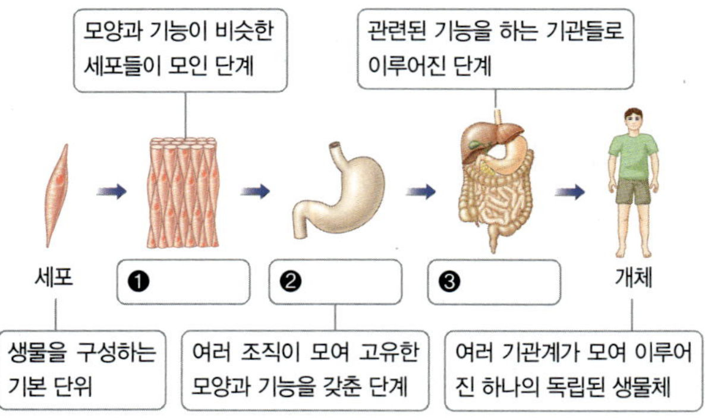

3. 식물의 구성 단계

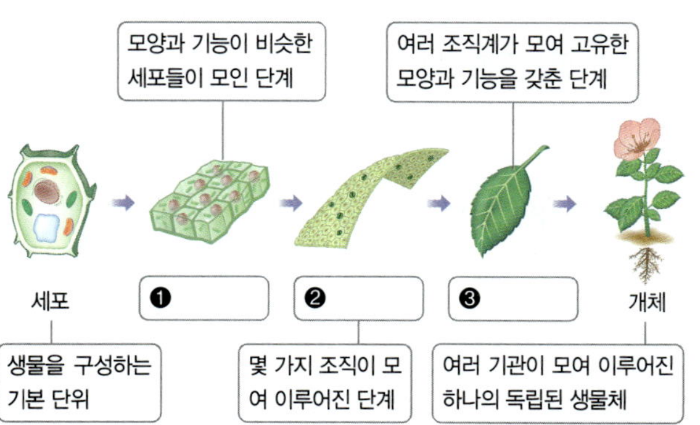

1. 생물다양성

2. 환경과 생물다양성

➡ 한 종류의 핀치가 (❶   ) 환경이 서로 다른 섬에 (❷   )하여 살면서 부리의 생김새가 다른 여러 종류의 핀치가 되었다.

3. 생물이 다양해지는 과정

4. 종

종은 자연 상태에서 짝짓기를 하여 (❶   )이 가능한 자손을 낳을 수 있는 생물 무리이다.

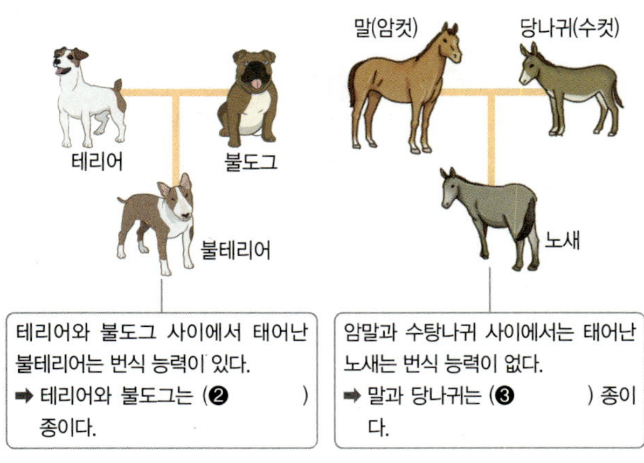

테리어와 불도그 사이에서 태어난 불테리어는 번식 능력이 있다.
➡ 테리어와 불도그는 (❷   ) 종이다.

암말과 수탕나귀 사이에서는 태어난 노새는 번식 능력이 없다.
➡ 말과 당나귀는 (❸   ) 종이다.

5. 생물의 분류 단계

6. 생물의 5계

(❶   )을 하여 양분을 만들고, 대부분 뿌리, 줄기, 잎이 발달하였다.

대부분 균사로 이루어져 있다.

다른 생물을 먹어서 양분을 얻고, 대부분 몸에 기관이 발달하였다.

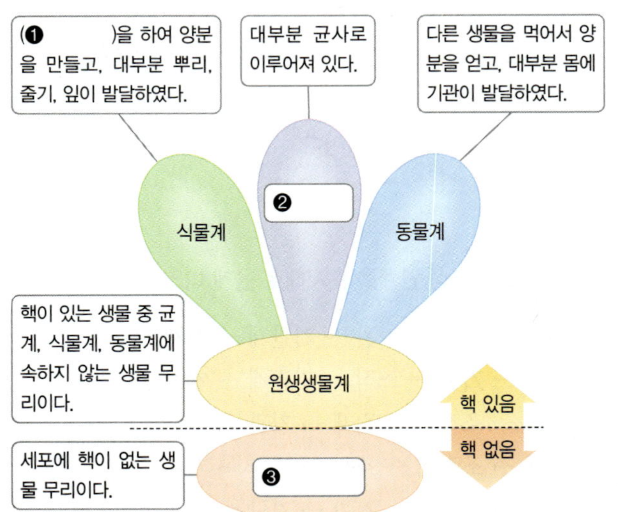

핵이 있는 생물 중 균계, 식물계, 동물계에 속하지 않는 생물 무리이다.

세포에 핵이 없는 생물 무리이다.

---

03 / 생물다양성보전

1. 생물다양성과 먹이 관계

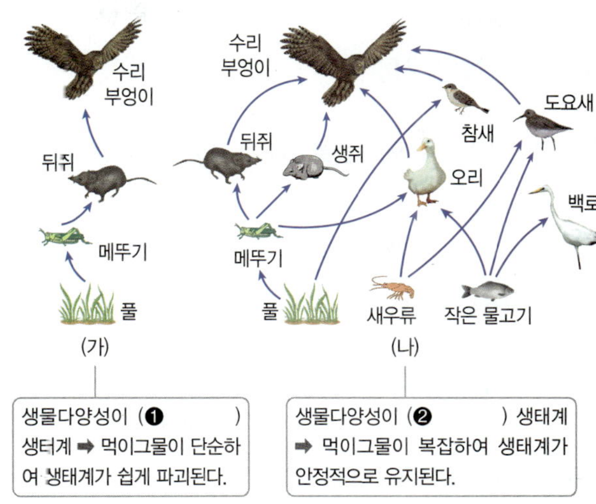

생물다양성이 (❶   ) 생터계 ➡ 먹이그물이 단순하여 생태계가 쉽게 파괴된다.

생물다양성이 (❷   ) 생태계 ➡ 먹이그물이 복잡하여 생태계가 안정적으로 유지된다.

2. 생물다양성이 주는 혜택

3. 생물다양성 감소 원인

01 그림은 식물 세포와 동물 세포의 구조를 나타낸 것이다.

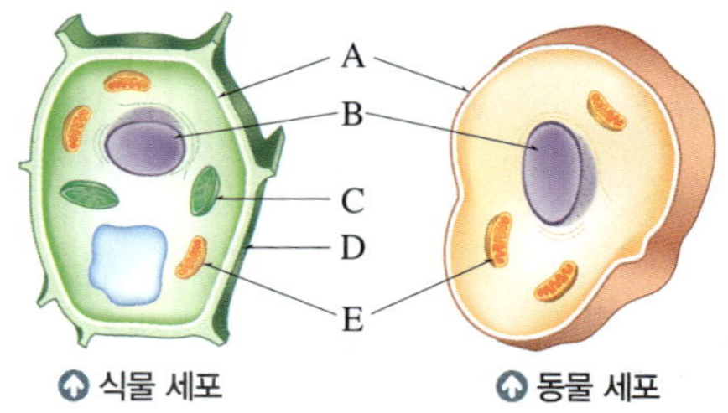

↑ 식물 세포   ↑ 동물 세포

각 부분에 대한 설명으로 옳은 것은?

① A – 세포의 모양을 일정하게 유지시키는 두껍고 단단한 벽이다.
② B – 세포의 생명활동에 필요한 에너지를 만드는 부분이다.
③ C – 광합성을 하여 양분을 만드는 부분이다.
④ D – 식물 세포와 동물 세포에 공통으로 존재한다.
⑤ E – 유전물질이 들어 있으며, 세포의 생명활동을 조절하는 부분이다.

02 그림 (가)와 (나)는 입안 상피세포와 검정말잎 세포를 현미경으로 관찰한 결과를 순서 없이 나타낸 것이다.

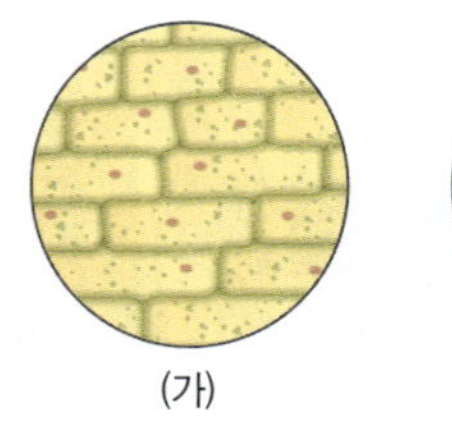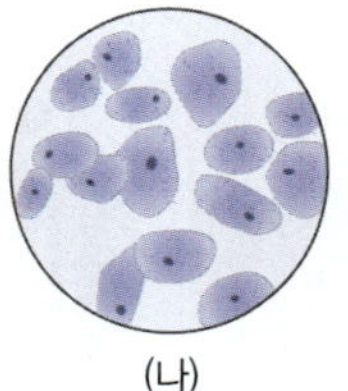

(가)   (나)

(가)와 (나)에서 공통적으로 관찰할 수 있는 세포 구성 요소를 옳게 짝 지은 것은?

① 핵, 세포벽
② 핵, 세포질
③ 세포막, 엽록체
④ 세포벽, 엽록체
⑤ 세포벽, 세포질

03 그림은 사람의 몸을 구성하는 여러 종류의 세포를 나타낸 것이다.

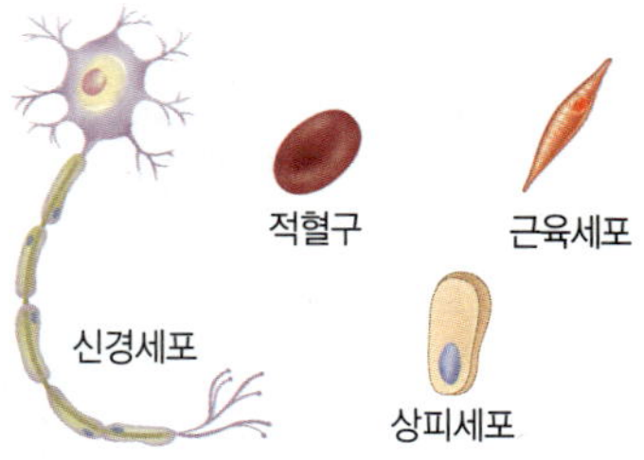

이에 대한 설명으로 옳지 않은 것은?

① 생물의 몸은 세포로 구성되어 있다.
② 세포의 모양은 달라도 세포의 기능은 모두 같다.
③ 신경세포는 신호를 전달하는 데 알맞은 모양이다.
④ 세포의 종류에 따라 세포의 모양과 기능이 다르다.
⑤ 한 생물 내에서도 몸의 부위에 따라 세포의 종류가 다르다.

04 그림은 동물의 구성 단계를 순서 없이 나타낸 것이다.

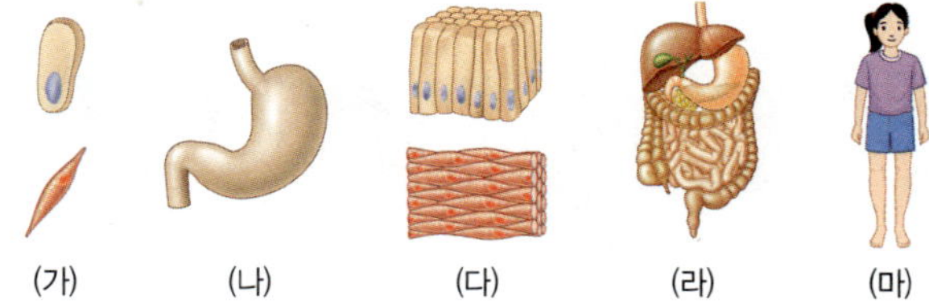

(가)   (나)   (다)   (라)   (마)

이에 대한 설명으로 옳지 않은 것은?

① (가)는 생물의 몸을 구성하는 기본 단위이다.
② (나)는 모양과 기능이 비슷한 세포들이 모인 것이다.
③ 심장, 콩팥, 방광은 (나)와 같은 단계에 해당한다.
④ 식물의 표피조직은 (다)와 같은 단계에 해당한다.
⑤ (라)는 관련된 기능을 하는 여러 기관이 모여 유기적인 기능을 수행하는 단계이다.

05 식물의 구성 단계를 순서대로 옳게 나열한 것은?

① 세포 → 조직 → 기관 → 기관계 → 개체
② 세포 → 기관 → 조직 → 기관계 → 개체
③ 세포 → 조직 → 조직계 → 기관 → 개체
④ 세포 → 조직계 → 조직 → 기관 → 개체
⑤ 세포 → 조직계 → 기관 → 기관계 → 개체

O2 / 생물다양성과 분류

06 생물다양성에 포함되는 것을 옳게 설명한 학생을 모두 고르시오.

> • 서준: 지구에는 사막, 습지, 갯벌 등이 있어.
> • 현수: 같은 종류에 속하는 무당벌레라도 겉날개의 무늬와 색깔이 조금씩 달라.
> • 지아: 숲에는 토끼, 참새, 메뚜기, 소나무, 민들레 등 다양한 생물이 함께 살고 있어.

07 변이에 대한 설명으로 옳지 <u>않은</u> 것은?

① 변이가 다양할수록 생물다양성이 높다.
② 변이는 생물이 다양해지는 주요 원인이다.
③ 변이는 생물의 생존에 영향을 미칠 수 있다.
④ 얼룩말의 줄무늬가 조금씩 다른 것은 변이의 예이다.
⑤ 소나무와 진달래의 꽃 모양이 다른 것은 변이의 예이다.

08 그림은 갈라파고스제도의 여러 섬에 사는 핀치의 다양한 부리 모양을 나타낸 것이다.

↑ 선인장이 많은 섬에 사는 핀치　　↑ 씨앗이 많은 섬에 사는 핀치　　↑ 곤충이 많은 섬에 사는 핀치

이에 대한 설명으로 옳은 것을 [보기]에서 모두 고른 것은?

> **보기**
> ㄱ. 천적의 종류가 다른 환경에 각각 적응한 모습이다.
> ㄴ. 다양한 변이가 있는 한 종류의 핀치가 환경에 적응하면서 부리 모양이 다양해졌다.
> ㄷ. 자주 사용하는 기관은 발달하고, 사용하지 않는 기관은 퇴화하면서 부리 모양이 다양해졌다.

① ㄱ　　　　② ㄴ　　　　③ ㄷ
④ ㄱ, ㄴ　　　⑤ ㄴ, ㄷ

09 다음은 생물종에 대해 조사한 자료이다.

> • 말과 당나귀 사이에서 태어난 노새는 번식 능력이 없다.
> • 진돗개와 풍산개 사이에서 태어난 풍진개는 번식 능력이 있다.
> • 테리어와 불도그 사이에서 태어난 불테리어는 번식 능력이 있다.

이에 대한 설명으로 옳은 것을 모두 고르면? (2 개)

① 말과 당나귀는 같은 종이다.
② 진돗개와 풍산개는 같은 종이다.
③ 테리어와 불도그는 같은 종이다.
④ 테리어와 불도그는 서로 다른 과에 속한다.
⑤ 짝짓기를 하여 새끼를 낳을 수 있으면 같은 종으로 분류한다.

10 표는 늑대, 고양이, 여우의 분류 단계를 나타낸 것이다.

분류 단위	늑대	고양이	여우
계	동물계	동물계	동물계
문	척삭동물문	척삭동물문	척삭동물문
강	포유강	포유강	포유강
목	식육목	식육목	식육목
과	개과	고양이과	개과
속	개속	고양이속	여우속
종	늑대	고양이	여우

이에 대한 설명으로 옳은 것은?

① 식육목은 포유강보다 큰 분류 단위이다.
② 늑대는 고양이보다 여우와 가까운 관계이다.
③ 동물계의 생물은 모두 척삭동물문에 속한다.
④ 늑대와 여우는 같은 속에 속하지만 종이 다르다.
⑤ 식육목보다 고양이과에 속하는 생물의 종류가 더 많다.

 그림은 여러 생물의 모습을 나타낸 것이다.

⬆ 소나무 ⬆ 달팽이 ⬆ 표고버섯 ⬆ 진달래

이에 대한 설명으로 옳은 것을 보기에서 모두 고른 것은?

보기
ㄱ. 동물계에 속하는 달팽이는 다세포생물이다.
ㄴ. 표고버섯, 진달래의 세포에는 모두 세포벽이 있다.
ㄷ. 소나무, 표고버섯은 광합성을 하여 양분을 만든다.
ㄹ. 소나무, 달팽이, 표고버섯, 진달래의 세포에는 모두 핵이 있다.

① ㄱ, ㄴ ② ㄴ, ㄷ ③ ㄷ, ㄹ
④ ㄱ, ㄴ, ㄹ ⑤ ㄱ, ㄷ, ㄹ

12 다음은 같은 계에 속하는 여러 생물들이다.

느타리버섯, 송이버섯, 푸른곰팡이

이 생물들의 공통적인 특징으로 옳은 것은?

① 운동성이 있다.
② 광합성을 할 수 있다.
③ 세포에 세포벽이 없다.
④ 몸이 균사로 이루어져 있다.
⑤ 식물계, 동물계, 균계 중 어디에도 속하지 않는다.

13 다음은 생물의 5계 중 한 가지 계에 대한 설명이다.

세포에 핵이 있고 다세포생물이며, 다른 생물을 먹어서 양분을 얻고, 대부분 몸에 기관이 발달하였다.

이에 속하는 생물의 예로 옳은 것은?

① 아메바 ② 다시마
③ 지렁이 ④ 해바라기
⑤ 포도상구균

14 그림은 생물의 5계를 나타낸 것이다.

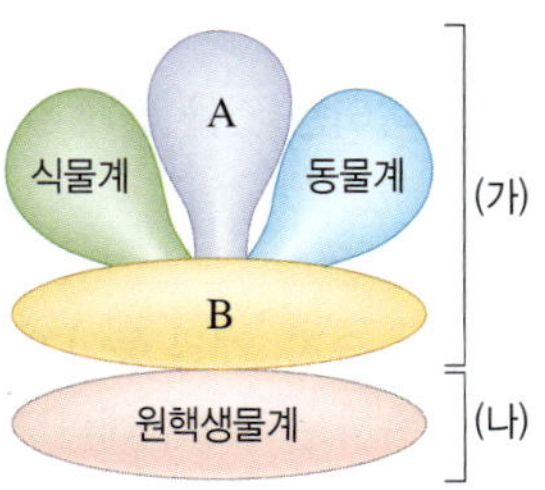

이에 대한 설명으로 옳은 것을 모두 고르면? (2 개)

① A는 균계, B는 원생생물계이다.
② A에 속하는 생물은 광합성을 한다.
③ A와 동물계에 속하는 생물은 운동성이 있다.
④ B에 속하는 생물은 모두 단세포생물이다.
⑤ 핵의 유무에 따라 (가)와 (나)로 분류할 수 있다.

중요 **15** 그림과 같은 분류 기준에 따라 나비, 다시마, 해바라기, 충치균, 기는줄기뿌리곰팡이를 5계로 분류하였다.

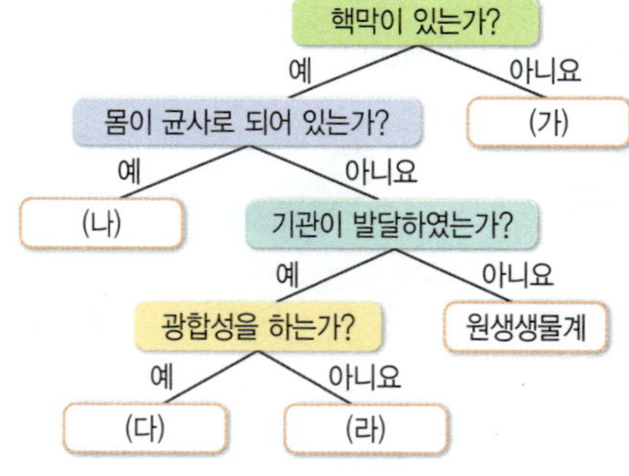

이에 대한 설명으로 옳은 것을 보기에서 모두 고른 것은?

보기
ㄱ. (가)는 원핵생물계, (나)는 균계이다.
ㄴ. 몸이 균사로 이루어진 기는줄기뿌리곰팡이는 (나)에 속한다.
ㄷ. 광합성을 하는 다시마는 (다)에 속한다.
ㄹ. 광합성을 하지 않는 충치균은 (라)에 속한다.

① ㄱ, ㄴ ② ㄴ, ㄷ ③ ㄷ, ㄹ
④ ㄱ, ㄴ, ㄷ ⑤ ㄱ, ㄴ, ㄹ

16 그림은 여러 생물을 몇 가지 기준에 따라 분류한 결과를 나타낸 것이다. (가), (다), (라), (마)는 계이며, (나)에는 여러 가지 계가 포함되어 있다.

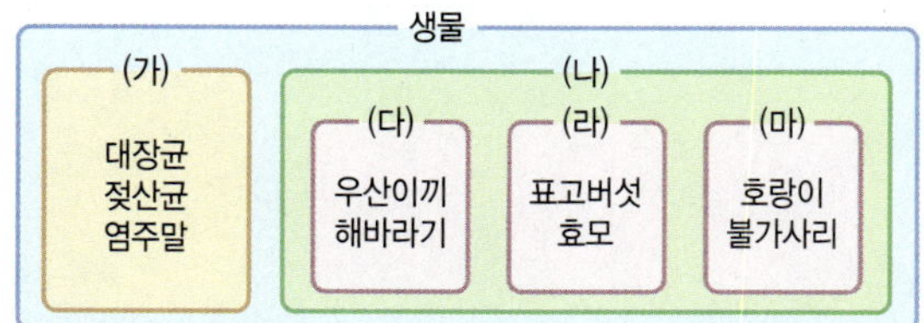

이에 대한 설명으로 옳지 **않은** 것은?

① (가)의 생물은 세포에 핵이 없고, (나)의 생물은 세포에 핵이 있다.
② (가)와 (라)에는 광합성을 하는 생물이 없다.
③ (가), (다), (라)의 생물은 세포에 세포벽이 있다.
④ 원생생물계는 (나)에 포함된다.
⑤ (다)는 식물계, (마)는 동물계이다.

03 / 생물다양성보전

17 그림은 어떤 생태계의 먹이 관계를 나타낸 것이다.

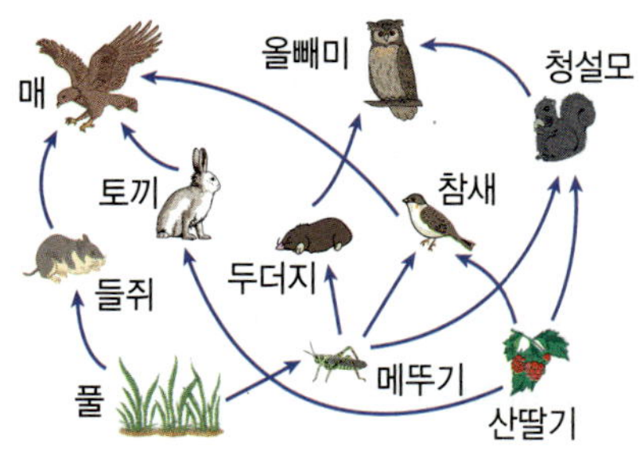

이에 대한 설명으로 옳은 것은?

① 참새가 사라지면 매도 사라진다.
② 들쥐의 수가 증가하면 풀의 수도 증가한다.
③ 먹이그물이 단순하여 생태계가 쉽게 파괴될 것이다.
④ 청설모가 사라져도 올빼미는 다른 먹이를 먹고 살 수 있다.
⑤ 메뚜기의 수가 줄어들어도 두더지의 수에는 전혀 영향을 미치지 않는다.

18 생물과 그 생물에서 얻을 수 있는 혜택을 옳게 짝 지은 것이 **아닌** 것은?

① 벼 – 식량
② 누에고치 – 섬유
③ 편백나무 – 한지
④ 푸른곰팡이 – 의약품
⑤ 고양이의 눈 – 발명 아이디어 제공

19 그림은 생물다양성을 감소시키는 여러 원인들을 나타낸 것이다.

🔺 산림 파괴　　🔺 고래의 남획　　🔺 외래종 유입

이에 대한 설명으로 옳은 것을 모두 고른 것은?

보기
ㄱ. 산림을 파괴하는 것과 같은 서식지파괴는 생물다양성 감소의 가장 심각한 원인이다.
ㄴ. 고래를 남획하는 것처럼 특정 생물을 무분별하게 잡으면 그 생물이 사라질 수 있다.
ㄷ. 큰입배스와 같은 외래종은 먹이그물에 변화를 일으켜 생태계를 파괴할 수 있다.

① ㄴ
② ㄱ, ㄴ
③ ㄱ, ㄷ
④ ㄴ, ㄷ
⑤ ㄱ, ㄴ, ㄷ

20 생물다양성 유지 방안에 대한 설명으로 옳지 **않은** 것은?

① 서식지파괴를 줄이기 위해 보호 구역을 지정한다.
② 숲의 나무를 베거나 습지를 메워 경작지를 만든다.
③ 남획을 막기 위해 멸종 위기 생물을 지정하여 보호한다.
④ 환경오염을 줄이기 위해 일회용품 대신 다회용품을 이용한다.
⑤ 생물다양성과 환경 보전의 중요성을 알리는 캠페인을 진행한다.

Ⅲ

열

5~6학년군

✦ 온도
✦ 열

✦ 온도

1 **❶ ㅇㄷ** : 물체의 차갑고 따뜻한 정도를 나타낸 것

2 **온도의 측정**: 물체의 온도는 **❷ ㅇㄷㄱ**  를 이용하여 측정한다.

3 **온도계의 종류**

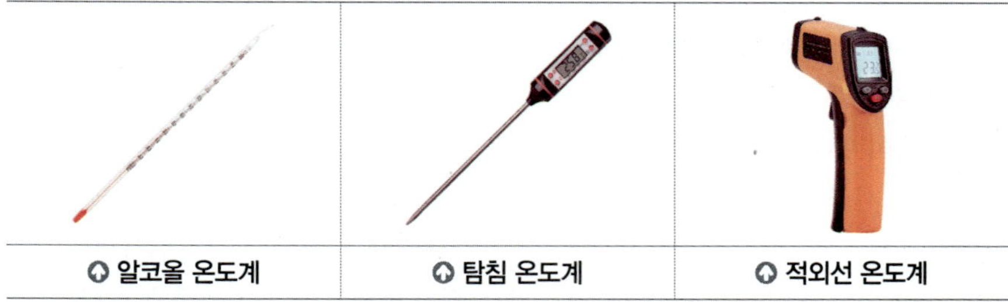

⬆ 알코올 온도계	⬆ 탐침 온도계	⬆ 적외선 온도계

이 단원에서 배울 내용

- ◆ 온도
- ◆ 열평형
- ◆ 전도
- ◆ 대류
- ◆ 복사
- ◆ 비열
- ◆ 열팽창

◆ 열

1 온도가 다른 두 물체가 접촉해 있을 때: 온도가 높은 물체는 온도가 점점 낮아지고, 온도가 낮은 물체는 온도가 점점 높아진다.

2 열의 이동: 접촉한 두 물체의 온도가 변하는 까닭은 ❸ ㅇ 이 이동하기 때문이다.

3 단열: 물체의 ❹ ㅇ ㄷ 를 오랫동안 유지하기 위해 물체와 물체 사이에 열이 이동하지 못하게 막는 것

01 온도와 열의 이동

오른쪽 만화를 보고 점원의 말풍선을 완성해 보자.

A 입자와 온도

똑같은 컵에 20 ℃와 60 ℃의 물이 각각 담겨 있으면 겉으로 보기에 두 물은 똑같아서 구분하기 어려워요. 온도가 다른 두 물은 어떤 차이가 있는지 알아보아요.

1. 물질과 입자: 물질은 눈으로 볼 수 없는 작은 ❶입자로 구성되어 있다.

(1) **입자 모형**: 물질을 구성하는 입자는 눈에 보이지 않으므로 둥근 공 모양의 간단한 모형으로 나타낸다. *

(2) **입자의 움직임**: 입자는 가만히 있지 않고 끊임없이 스스로 움직인다.

(3) **입자 사이의 거리**: 입자의 움직임이 활발할수록 입자 사이의 거리가 대체로 멀다.

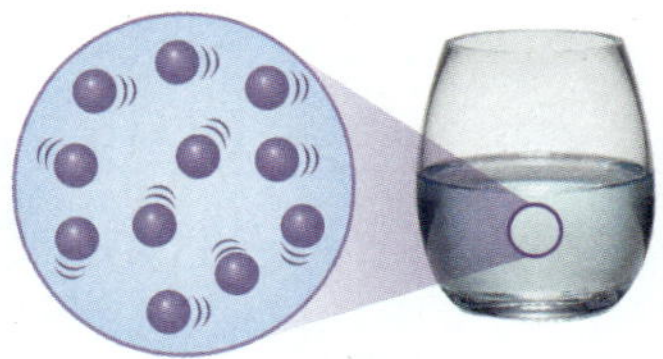
↥ 입자 모형

2. 온도: 물질의 차갑고 따뜻한 정도를 숫자로 나타낸 것으로, 물질을 구성하는 입자의 움직임이 활발한 정도를 나타낸다.

(1) **온도의 단위**: ℃(섭씨도) 등 ⟶ 과학에서는 섭씨도 외에 절대 온도의 단위인 K(켈빈)도 많이 사용한다.

(2) **온도에 따른 입자의 움직임**: 물체의 온도가 높을수록 물질을 구성하는 입자의 움직임이 활발하고, 온도가 낮을수록 입자의 움직임이 둔하다. *

(3) **온도에 따른 입자 사이의 거리**: 물체의 온도가 높을수록 입자 사이의 거리가 대체로 멀고, 물체의 온도가 낮을수록 입자 사이의 거리가 대체로 가깝다.

↥ 온도에 따른 입자의 움직임과 입자 사이의 거리

✳ 입자의 움직임이 활발한 정도

입자 모형에서 입자 뒤에 그려진 괄호 모양의 개수나 꼬리 모양의 길이로 움직임이 활발한 정도를 나타낸다.

입자의 움직임이 둔할 때

입자의 움직임이 활발할 때

✳ 입자의 움직임이 활발해지는 경우

가열할 때뿐만 아니라 물체를 두드리거나 튕길 때에도 물체를 구성하는 입자의 움직임이 활발해지면서 물체의 온도가 높아진다.

예 • 물이 든 보온병을 힘껏 흔들면 물의 온도가 높아진다.

• 고무줄을 여러 번 잡아당겼다 놓으면 고무줄의 온도가 높아진다.

용어

❶ 입자(粒 낟알, 子 접미사) 물질을 구성하는 매우 작은 크기의 물체

여름에 수박을 차가운 계곡물 속에 넣어 두면 수박을 시원하게 먹을 수 있어요. 수박이 시원해지는 까닭이 무엇인지 알아볼까요?

1. 열: 온도가 다른 두 물체가 서로 접촉해 있을 때 온도가 높은 물체에서 온도가 낮은 물체로 이동하는 에너지 ➡ 물체가 열을 얻으면 온도가 높아진다.

2. ❶열평형: 온도가 다른 두 물체가 접촉하였을 때 열이 이동하여 결국 두 물체의 온도가 같아진 상태

(1) **열의 이동:** 온도가 높은 물체에서 온도가 낮은 물체로 열이 이동한다. ＊ └─● 이동하는 열의 양을 열량이라고도 한다.

(2) **온도 변화**

① 온도가 높은 물체는 온도가 낮아지고, 온도가 낮은 물체는 온도가 높아진다.

② 시간이 지나면 두 물체의 온도가 서로 같아진다.
➡ 열평형 상태에 도달한다. └─● 두 물체의 온도가 같아지면 더 이상 열이 이동하지 않고, 온도도 변하지 않는다.

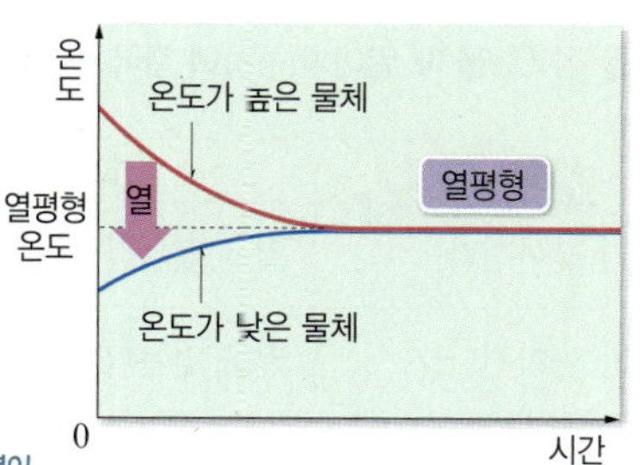

⬆ 두 물체의 온도 변화 그래프

(3) **입자의 움직임 변화**

① 온도가 높은 물체는 입자의 움직임이 둔해지고, 온도가 낮은 물체는 입자의 움직임이 활발해진다.
└─● 온도가 낮아진다.　　└─● 온도가 높아진다.

② 열평형 상태에 도달하면 입자의 움직임이 활발한 정도가 같아진다.

(4) **입자 사이의 거리 변화:** 온도가 높은 물체는 입자 사이의 거리가 가까워지고, 온도가 낮은 물체는 입자 사이의 거리가 멀어진다.

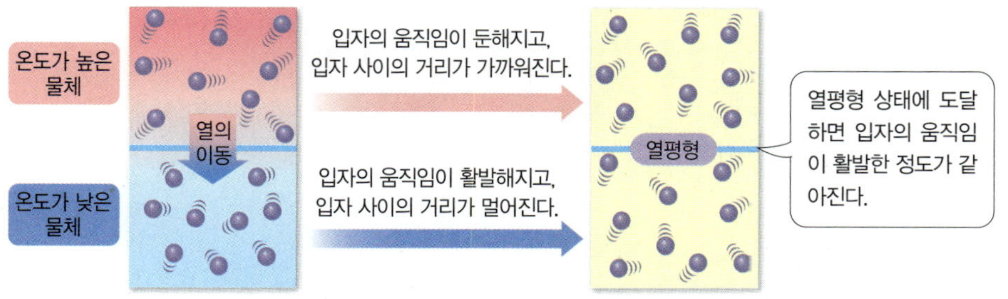

⬆ 온도가 다른 두 물체가 접촉해 있을 때 열평형에 도달하는 과정

3. 열평형을 이용한 예＊

냉장고에 차갑게 보관하는 음식	접촉해서 온도를 측정하는 온도계	찬물에 넣어 식히는 삶은 달걀	뜨거운 물에 넣어 데우는 즉석 식품
냉장고 속의 차가운 공기와 음식이 열평형을 이룬다.	접촉식 온도계는 접촉한 물체와 열평형을 이룬 온도를 측정한다.	삶은 달걀과 찬물이 열평형을 이루어 삶은 달걀을 식힌다.	즉석 식품과 뜨거운 물이 열평형을 이루어 즉석 식품을 데운다.

열의 이동 방향

물이 높은 곳에서 낮은 곳으로 흐르는 것처럼 열도 온도가 높은 물체에서 낮은 물체로 이동한다.

＊ **열의 이동과 단열**

물체와 물체 사이에서 열이 이동하지 못하게 막으면 온도를 일정하게 유지할 수 있다. 이를 단열이라고 한다.

뜨거운 차가 식는 까닭은 무엇일까?

식탁 위에 뜨거운 차를 올려놓고 시간이 지나면 차와 공기가 열평형 상태에 도달하는데, 뜨거운 차는 공기보다 온도가 높으므로 차가워진다. 이때 차는 공기의 온도보다 더 차가워지지 않고, 공기의 온도만큼만 차가워진다.

＊ **열평형을 이용한 다른 예**

• 뜨거운 돌판 위에 고기를 올려놓고 고기를 익힌다.
• 수박을 찬물에 담가 시원하게 만든다.
• 생선은 얼음 위에 올려놓고 신선하게 유지한다.
• 아이스박스에 얼음과 음료를 같이 넣어 두어 음료를 시원하게 유지한다.

❶ **평형(平 평평하다, 衡 저울대)** 한쪽으로 기울지 않고 일정한 상태를 유지하는 것

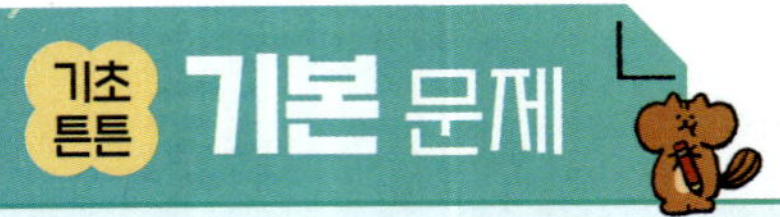

✓ 핵심 요약

▶ **온도:** 물체의 차갑고 따뜻한 정도를 숫자로 나타낸 것으로, 물질을 구성하는 **❶** [　　] 의 움직임이 활발한 정도를 나타낸다.

- **온도에 따른 입자의 움직임:** 물체의 온도가 높을수록 입자의 움직임이 활발하다.
- **온도에 따른 입자 사이의 거리:** 물체의 온도가 높을수록 입자 사이의 거리가 대체로 멀다.

▶ **열평형:** 온도가 다른 두 물체를 접촉했을 때 열이 이동하여 결국 두 물체의 **❹** [　　] 가 같아진 상태

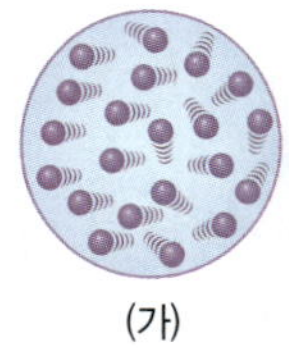

물체	온도	열	입자의 움직임	입자 사이의 거리
온도가 높은 물체	온도가 낮아진다.	열을 잃는다.	❺ [　　]해진다.	가까워진다.
온도가 낮은 물체	온도가 높아진다.	열을 얻는다.	활발해진다.	❻ [　　]진다.

1 온도에 대한 설명으로 옳은 것은 ○, 옳지 <u>않은</u> 것은 ×로 표시하시오.

(1) 온도는 물체를 구성하는 입자의 움직임이 활발한 정도를 나타낸 것이다. ················ (　　　)
(2) 온도가 높은 물체는 온도가 낮은 물체보다 입자의 움직임이 둔하다. ···················· (　　　)
(3) 물체의 온도가 낮으면 입자 사이의 거리가 대체로 가깝다. ···························· (　　　)

2 오른쪽 그림은 종류가 같고, 온도가 다른 어떤 물질의 입자 모형을 나타낸 것이다. (가)~(다) 중 온도가 가장 높은 것은?

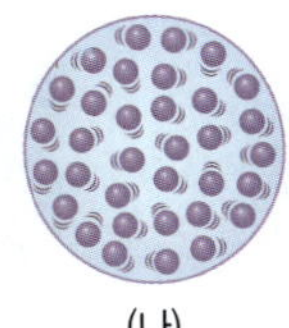

3 오른쪽 그림은 온도가 다른 두 물체 A, B를 접촉시켰을 때 시간에 따른 온도 변화를 나타낸 것이다. (　　　) 안에 알맞은 말을 쓰시오. (단, 열은 A와 B 사이에서만 이동한다.)

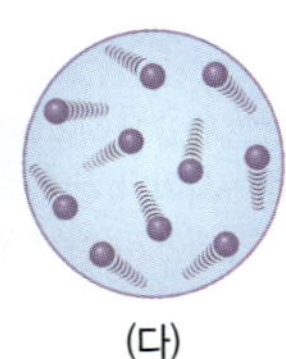

(1) A와 B 사이에서 열이 이동하는 방향을 화살표로 나타내면, A(　　　　)B이다.
(2) C와 같은 상태를 (　　　　　) 상태라고 한다.

4 오른쪽 그림과 같이 온도가 다른 두 물체 A, B를 접촉시켰다. (　　) 안에 알맞은 말을 고르시오.

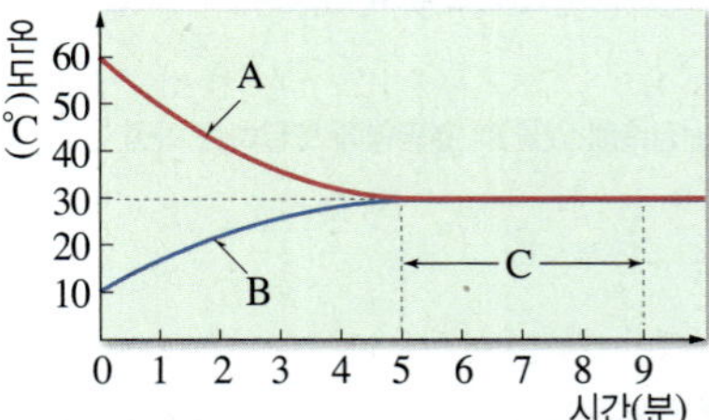

(1) 시간이 지날수록 A 입자의 움직임은 ㉠(활발, 둔)해지고, B 입자의 움직임은 ㉡(활발, 둔)해진다.
(2) 충분한 시간이 지나면 A와 B의 온도는 (같아, 달라)진다.

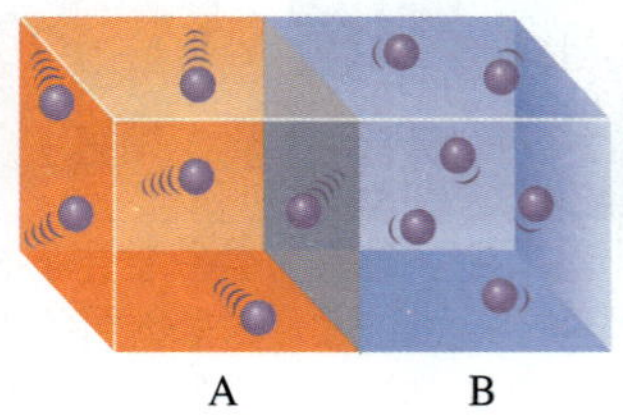

1. 전도: 고체에서 물체를 구성하는 입자의 움직임이 이웃한 입자에 차례로 전달되어 열이 이동하는 방식
└ 입자가 직접 이동하지 않고 입자의 움직임만 전달된다.

열이 전도되는 과정

고체로 된 물체의 한쪽 끝을 가열하면 가열한 부분의 온도가 높아지면서 입자의 움직임이 활발해진다. 이 입자의 움직임이 이웃한 입자에 차례로 전달되면서 직접 가열하지 않은 다른 쪽 끝까지 온도가 높아진다.*
└ 서로 떨어져 있는 물체 사이에서는 열이 이동하지 못한다.

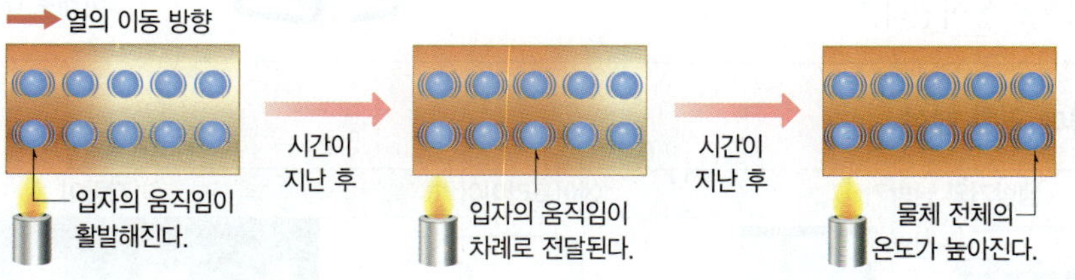

2. 전도에 의한 현상

냄비	난로 위의 주전자	손난로
냄비를 가열하는 바닥 부분부터 뜨거워진 뒤, 냄비 전체가 점차 뜨거워진다.	난로에서 주전자 바닥 쪽으로 입자의 움직임이 전달되어 열이 이동한다.*	손난로를 쥐고 있으면 손을 따라 따뜻함이 전해진다.

3. 열이 전도되는 정도: 물체를 이루는 물질의 종류에 따라 열이 전도되는 정도가 다르다.

(1) **금속과 금속이 아닌 물질**: 금속은 금속이 아닌 물질보다 열을 빠르게 전도한다.

예 금속인 구리, 스테인리스, 알루미늄은 금속이 아닌 유리, 나무, 플라스틱보다 열을 더 빠르게 전도한다.
└ 금속의 종류에 따라서도 열을 전도하는 정도가 다르다.

(2) **열이 전도되는 빠르기 차이를 이용한 예**: 프라이팬, 냄비, 주전자와 같은 조리 도구를 만들 때 바닥 부분은 열을 빠르게 전도하는 금속으로 만들고, 손잡이 부분은 열을 느리게 전도하는 플라스틱이나 나무 등으로 만든다.

⬆ 프라이팬의 바닥 부분과 손잡이 부분

✳ **열의 전도 비유하기**

친구들을 입자로, 공이 전달되는 것을 열의 이동으로 비유하면 전도는 이웃한 친구에게 차례로 공을 전달하는 것으로 비유할 수 있다.

✳ **접촉해 있는 물체 사이에서 일어나는 전도**

난로 위의 주전자처럼 두 물체가 접촉해 있을 때, 두 물체의 입자는 서로 섞이지 않지만 입자의 움직임은 전달된다. 따라서 열이 전도의 방식으로 이동한다.

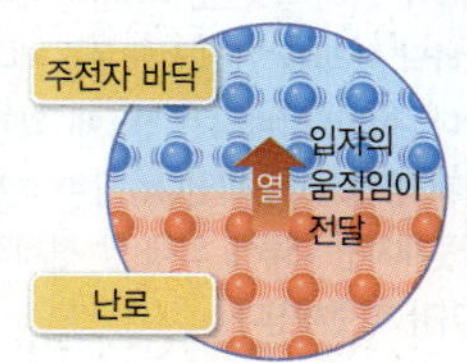

열이 전도되는 빠르기

금속은 금속이 아닌 물질보다 열을 더 빠르게 전도한다.

추운 겨울 운동장에 있는 철봉이 나무 의자보다 차갑게 느껴지는 까닭은 무엇일까?

철봉과 나무 의자는 모두 공기와 열평형을 이루어 온도가 같다. 그러나 철이 나무보다 열을 빠르게 전도하므로 손에서 철봉으로 열이 더 빠르게 이동한다. 따라서 철봉이 나무 의자보다 차갑게 느껴진다.

D 대류

추운 겨울에 방 바닥에 있는 난방기를 틀면 방 전체를 따뜻하게 할 수 있어요. 방 바닥에 있는 난방기로 어떻게 방 전체가 따뜻해지는지 알아볼까요?

1. 대류: 액체나 기체 물질을 구성하는 입자가 열을 받아 직접 이동하면서 열이 이동하는 방식

• 대류는 입자의 움직임이 비교적 자유로운 액체와 기체에서 주로 일어난다.

끓는 물의 대류 과정

물이 든 냄비의 아래쪽을 가열하면 뜨거워진 물은 위로 올라가고, 위에 있던 상대적으로 차가운 물은 아래로 내려오면서 물의 온도가 전체적으로 높아진다. ✽

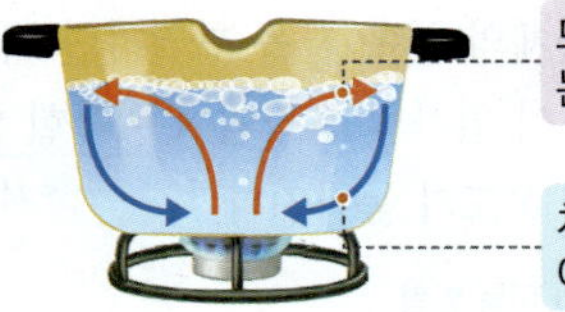

2. 대류에 의한 현상

냉방기와 난방기	에어프라이어	아지랑이
냉방기는 위쪽에 설치하고, 난방기는 아래쪽에 설치해야 방 전체가 시원해지거나, 따뜻해진다.	에어프라이어는 가열한 공기의 대류를 이용하여 음식을 익히는 조리 기구이다.	풍경이 아른거리는 아지랑이는 무더운 날 도로 위의 공기가 데워져 올라가면서 만들어진다.

E 복사

추운 겨울에 벽난로 앞에 앉아서 몸을 녹일 수도 있어요. 이때 열은 어떤 방법으로 이동하는지 알아볼까요?

1. 복사: 물질을 거치지 않고 열이 직접 이동하는 방식 ━ 아무런 물질이 없는 진공에서도 열이 이동할 수 있다.

난로 열의 복사

난로에 가까이 있거나, 햇볕 아래에 있으면 물질의 도움을 받지 않고 열이 직접 이동하여 따뜻함을 느낀다. ✽

복사는 난로나 태양과 같이 온도가 높은 물체뿐만 아니라 온도가 낮은 물체에서도 일어난다.

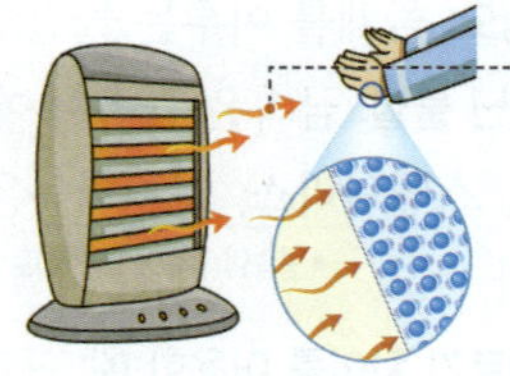

2. 복사에 의한 현상

난로	태양열	❶ 열화상 카메라
난로 옆에 있으면 난로에서 열이 직접 이동하여 따뜻함을 느낀다.	햇볕에 있으면 태양에서 열이 직접 이동하여 따뜻하고, 그늘에 있으면 열이 차단되어 시원하다.	열화상 카메라로 물체를 촬영하면 물체의 온도를 측정할 수 있다. ━ 복사열을 측정한다.

✽ 열의 대류 비유하기

대류는 친구가 직접 이동해 공을 전달하는 것으로 비유할 수 있다.

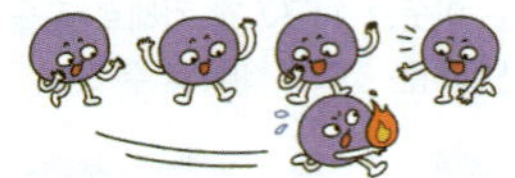

궁금해

온돌의 원리는 무엇일까?

온돌은 아궁이에 불을 지피면 방바닥 전체가 따뜻해지는 전통 난방 장치이다. 아궁이에 불을 지피면 연기는 대류에 의해 굴뚝으로 빠져 나가며 방바닥 아래에 깐 넓적한 돌을 지나간다. 이때 방바닥은 전도에 의해 전체적으로 따뜻해진다. 방바닥이 따뜻해지면 대류에 의해 방 전체의 공기가 따뜻해진다.

✽ 열의 복사 비유하기

복사는 친구가 다른 친구를 거치지 않고 직접 공을 던져서 전달하는 것으로 비유할 수 있다.

궁금해

비접촉식 체온계가 체온을 측정하는 원리는 무엇일까?

비접촉식 체온계는 열화상 카메라처럼 우리 몸의 복사열을 측정하여 몸의 온도를 측정한다.

용어

❶ **열화상**(熱 덥다, 畵 그림, 像 모양) 복사열을 감지해서 다양한 색깔로 온도를 보여 주는 그림

✔ 핵심 요약

▶ **전도:** 고체에서 물체를 구성하는 입자의 ❶[　　　]이 이웃한 입자에 차례로 전달되어 열이 이동하는 방식

　• **열이 전도되는 정도:** 물질의 종류에 따라 열이 전도되는 정도가 ❷[　　　].

▶ **대류:** 액체나 기체 물질을 구성하는 입자가 열을 받아 직접 이동하면서 열이 이동하는 방식

　• **물의 대류:** 뜨거운 물은 위로 올라가고, 차가운 물은 아래로 내려온다.

▶ ❺[　　　]: 물질을 거치지 않고 열이 직접 이동하는 방식

❸[　　　] 물
❹[　　　] 물

⬆ 물의 대류

---

1 전도에 대한 설명으로 옳은 것은 ○, 옳지 <u>않은</u> 것은 ✕로 표시하시오.

(1) 입자가 직접 이동하면서 열을 전달하는 방식이다. ·················· (　　　)
(2) 주로 고체에서 일어난다. ····································· (　　　)
(3) 서로 떨어져 있는 물체 사이에서도 열이 전도로 이동할 수 있다. ········· (　　　)

2 다음은 열의 전도에 대한 설명이다. (　　　) 안에 공통으로 들어갈 알맞은 말을 쓰시오.

> 열이 전도되는 정도는 물질의 종류에 따라 다르다. (　　　　　)은/는 열을 빠르게 전달하고,
> 나무나 플라스틱과 같이 (　　　　　)이/가 아닌 물질은 열을 느리게 전달한다.

3 (　　　) 안에 알맞은 말을 고르시오.

(1) 대류는 (고체, 액체나 기체)에서 열이 이동하는 방식이다.
(2) 주전자로 물을 끓일 때 뜨거운 물은 ㉠(위로 올라가고, 아래로 내려가고), 차가운 물은
　　㉡(위로 올라간다, 아래로 내려간다).
(3) 효과적인 냉난방을 위해 냉방기는 방의 ㉠(위쪽, 아래쪽)에 설치하고, 난방기는 방의
　　㉡(위쪽, 아래쪽)에 설치한다.

4 오른쪽 그림과 같이 열화상 카메라로 물체를 촬영하면 물체의 온도를 측정할 수 있다. 이러한 현상과 관련 있는 열의 이동 방식은?

5 다음과 같은 현상에서 열이 이동하는 방식을 쓰시오.

(1) 손난로를 쥐고 있으면 손을 따라 따뜻함이 전해진다. ·············· (　　　)
(2) 난로 옆에 있으면 따뜻함을 느낄 수 있다. ····················· (　　　)
(3) 무더운 날 도로 위의 풍경이 아른거리는 아지랑이가 생긴다. ········· (　　　)

이 단원에서 배우는 온도와 입자의 움직임 변화는 눈에 잘 보이지 않지만 실험을 통해 변화를 관찰하거나 온도를 측정해 볼 수 있어요. 이와 관련된 실험들을 살펴볼까요?

핵심 자료 ❶ 온도에 따른 입자의 움직임 차이 비교

관련 개념 ┃ 62 쪽 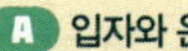 **A** 입자와 온도

그림과 같이 찬물과 뜨거운 물에 같은 양의 잉크를 동시에 떨어뜨리면 찬물보다 뜨거운 물에서 잉크가 더 빨리 퍼진다.

- 뜨거운 물에서 물 입자와 잉크 입자의 움직임이 더 활발하기 때문에 뜨거운 물에서 잉크가 더 빠르게 퍼진다.
➡ 온도가 높을수록 입자의 움직임이 활발하다.

탐구 자료 ❶ 온도가 다른 두 물체를 접촉할 때 온도 변화 측정

관련 개념 ┃ 63 쪽 **B** 열평형

┃ 목표 온도가 다른 두 물체가 열평형에 도달하는 과정을 입자의 움직임으로 설명한다.

┃ 과정
① 열량계에 찬물을 넣고, 뜨거운 물이 담긴 알루미늄 컵을 열량계에 넣는다.
② 열량계의 뚜껑을 닫고 뜨거운 물과 찬물에 각각 온도 센서를 꽂는다.
③ 뜨거운 물과 찬물의 온도를 측정하고, 시간−온도 그래프를 확인한다.

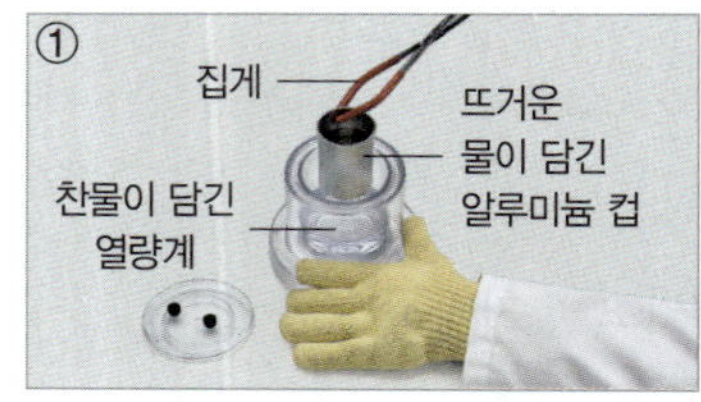

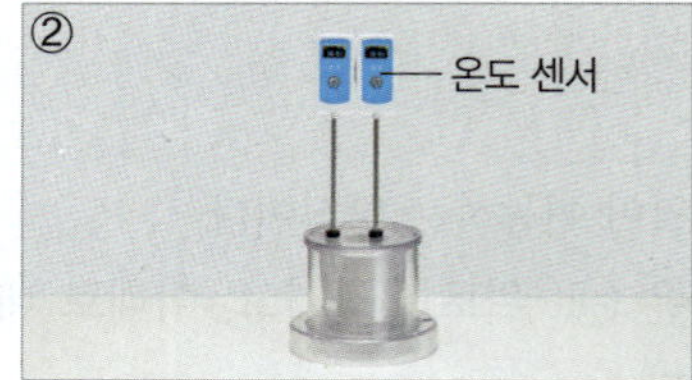

┃ 결과 및 해석

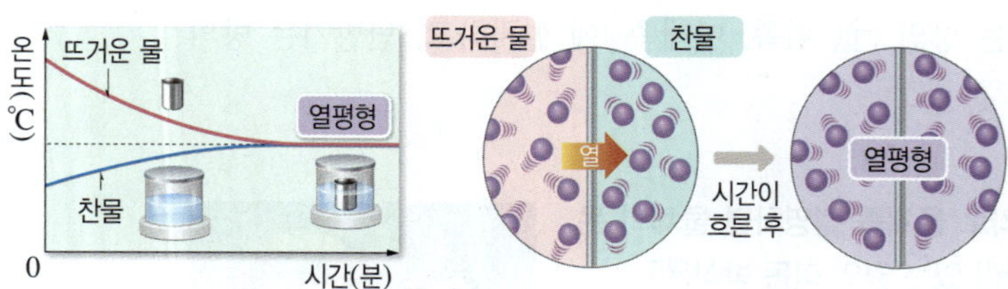

❶ 뜨거운 물의 온도는 낮아지고, 찬물의 온도는 높아진다. ➡ 뜨거운 물에서 찬물로 열이 이동한다.
❷ 열평형 상태에 도달할 때까지 뜨거운 물은 입자의 움직임이 둔해지고, 찬물은 입자의 움직임이 활발해진다.
❸ 충분한 시간이 지난 후 두 물의 온도가 같아진다. ➡ 열평형 상태에 도달한다.

┃ 결론
- 온도가 다른 두 물체가 접촉하여 시간이 지나면 ㉠(　　　　) 상태에 도달한다.
- 온도가 높은 물체는 입자의 움직임이 점점 ㉡(　　　　)해지고, 온도가 낮은 물체는 입자의 움직임이 점점 ㉢(　　　　)해진다.

답 ㉠ 열평형, ㉡ 둔, ㉢ 활발

열이 이동할 때는 전도, 대류, 복사의 방식으로 이동해요. 탐구 자료로 고체에서 열이 전도로 이동하는 모습을 확인하고 핵심 자료로 다양한 열의 이동 방식이 나타나는 경우를 알아볼까요?

탐구 자료 ❷ 물체에서 열의 전도 비교

관련 개념 ㅣ 65 쪽 **C** 전도

| 목표 | 물체에서 일어나는 열의 전도를 관찰하고, 서로 다른 물체에서 열이 전도되는 정도를 비교한다. |

◆ 같은 실험 다른 장치

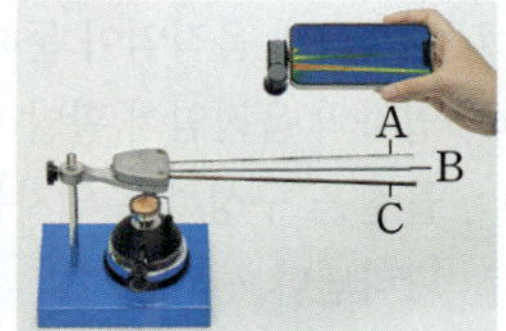

| 과정 | ① 검은색 종이를 붙인 플라스틱판과 금속판을 뜨거운 금속 추 위에 각각 올려 둔다.
② 열화상 카메라로 두 판의 온도 변화를 촬영하여 관찰한다. |

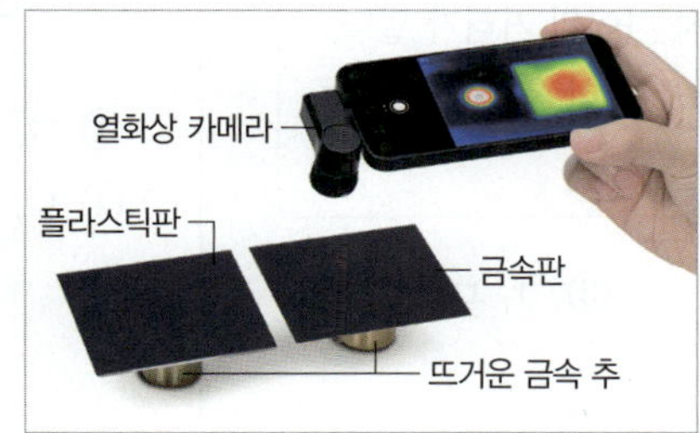

- A: 유리 막대, B: 철 막대, C: 구리 막대
- 구리 막대, 철 막대, 유리 막대 순으로 열이 빠르게 전도된다.

결과 및 해석

❶ 뜨거운 금속 추가 접촉한 부분 주변의 온도가 먼저 높아지고, 시간이 지나면 판 전체의 온도가 점점 높아진다.
➡ 열이 전도의 방식으로 금속 추에 접촉한 부분에서 그 주변으로 이동한다.

❷ 플라스틱판보다 금속판에서 색깔이 더 빠르게 변한다. ➡ 플라스틱보다 금속에서 열이 더 빠르게 전도된다.

결론

- 열은 플라스틱판과 금속판에서 ㉠(   )의 방식으로 이동한다.
- 열의 전도는 금속보다 플라스틱에서 더 ㉡ (빠르게, 느리게) 일어난다.

㉠ 전도, ㉡ 느리게

핵심 자료 ❷ 다양한 열의 이동 방식

관련 개념 ㅣ 66 쪽 **E** 복사

일상생활에서 열이 이동할 때는 대체로 전도, 대류, 복사 중 한 가지 방식만 나타나지 않고, 여러 가지 방식이 함께 나타난다.

1. 그림은 물이 든 냄비를 가스레인지로 가열할 때 볼 수 있는 여러 가지 열의 이동 방식을 나타낸 것이다.

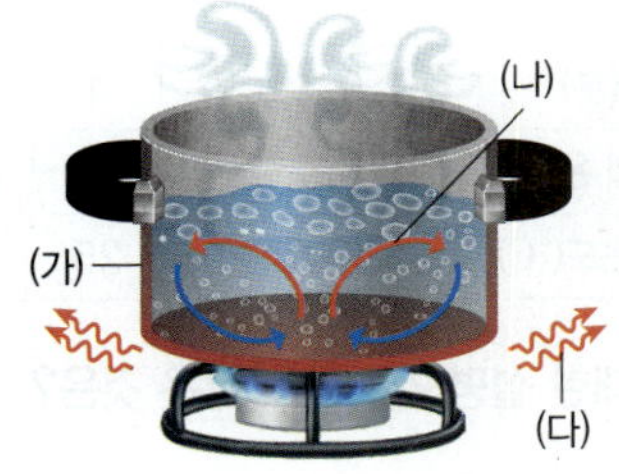

- (가): 냄비는 가열되는 바닥 부분부터 뜨거워진 뒤, 점점 냄비 전체가 뜨거워진다. ➡ 전도
- (나): 냄비의 아래 부분만 가열해도 냄비 안 물의 온도가 전체적으로 높아진다. ➡ 대류
- (다): 가스레인지의 불에서는 물질을 거치지 않고 열이 직접 이동한다. ➡ 복사

2. 그림은 캠핑장에서 볼 수 있는 여러 가지 열의 이동 방식을 나타낸 것이다.

- (가): 쇠막대를 불에 넣으면 손잡이 부분까지 온도가 높아진다. ➡ 전도
- (나): 냄비 아래 부분만 가열해도 냄비의 물이 전체적으로 온도가 높아진다. ➡ 대류
- (다): 모닥불 옆에 있으면 따뜻하다. ➡ 복사

01 물질을 구성하는 입자에 대한 설명으로 옳은 것을 보기 에서 모두 고른 것은?

보기
ㄱ. 입자들의 움직임이 둔해지다가 정지하기도 한다.
ㄴ. 입자의 움직임이 활발하면 입자 사이의 거리가 멀다.
ㄷ. 물질을 구성하는 입자는 매우 작아서 입자 모형으로 나타낸다.

① ㄱ 　② ㄴ 　③ ㄱ, ㄷ
④ ㄴ, ㄷ 　⑤ ㄱ, ㄴ, ㄷ

02 온도에 대한 설명으로 옳지 <u>않은</u> 것은?

① 온도의 단위는 ℃를 사용한다.
② 온도는 물질을 구성하는 입자의 움직임이 활발한 정도를 나타낸다.
③ 물질의 온도가 높을수록 물질을 구성하는 입자의 움직임이 활발하다.
④ 물질의 온도가 낮을수록 물질을 구성하는 입자 사이의 거리가 가까워진다.
⑤ 물질의 온도가 높아지면 물질을 구성하는 입자의 개수가 많아진다.

03 그림은 온도가 다르고, 종류가 같은 어떤 물질의 입자 모형을 나타낸 것이다.

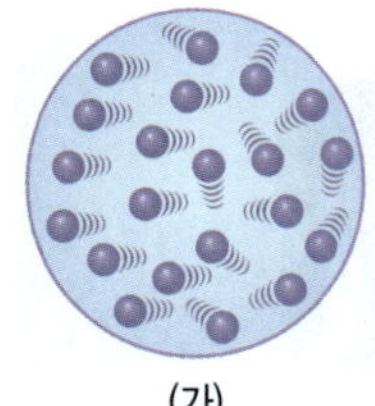 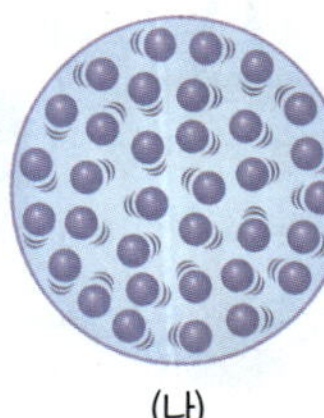 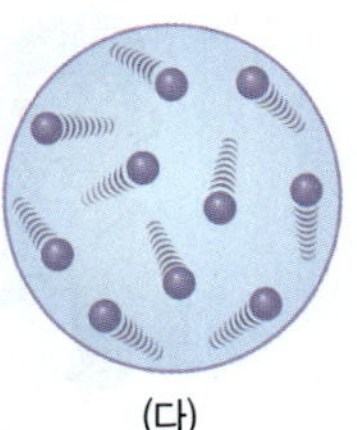

(가)~(다)의 온도를 옳게 비교한 것은?

① (가)>(나)>(다) 　② (가)>(다)>(나)
③ (나)>(가)>(다) 　④ (나)>(다)>(가)
⑤ (다)>(가)>(나)

04 열의 이동에 대한 설명으로 옳은 것을 보기 에서 모두 고른 것은?

보기
ㄱ. 물체가 열을 잃으면 온도가 높아진다.
ㄴ. 물체가 열을 얻으면 입자의 움직임이 활발해진다.
ㄷ. 온도가 다른 두 물체가 접촉해 있으면 열이 이동한다.
ㄹ. 열은 온도가 낮은 물체에서 온도가 높은 물체로 이동한다.

① ㄱ, ㄴ 　② ㄱ, ㄷ 　③ ㄴ, ㄷ
④ ㄴ, ㄹ 　⑤ ㄷ, ㄹ

05 다음은 물체 A~D를 두 물체씩 각각 접촉시켰을 때, 열의 이동 방향을 나타낸 것이다.

$$A \rightarrow B, C \rightarrow D, D \rightarrow A$$

A~D의 온도를 옳게 비교한 것은?

① $A>B>C>D$ 　② $B>A>D>C$
③ $C>A>B>D$ 　④ $C>D>A>B$
⑤ $D>C>B>A$

06 오른쪽 그림과 같이 찬물이 담긴 열량계에 뜨거운 물이 담긴 알루미늄 컵을 넣고 시간에 따른 온도 변화를 관찰하였더니 표와 같았다.

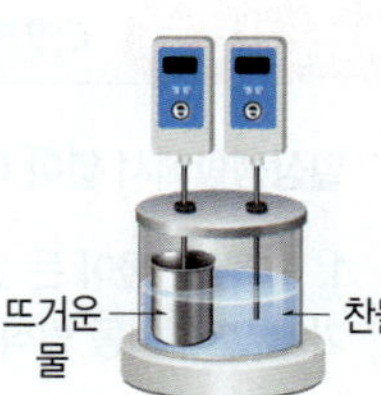

시간(분)	0	2	4	6	8	10
뜨거운 물의 온도(℃)	60	47	36	26	26	26
찬물의 온도(℃)	20	23	25	26	26	26

이 실험에 대한 설명으로 옳지 <u>않은</u> 것은?

① 두 물은 열평형 상태에 도달한다.
② 6 분까지 두 물 사이에서 열이 이동하였다.
③ 6 분 뒤 뜨거운 물과 찬물의 온도는 같아졌다.
④ 열평형 온도는 두 물의 처음 온도의 중간인 40 ℃이다.
⑤ 6 분까지 두 물을 구성하는 입자의 움직임이나 배치가 달라졌다.

중요 07 오른쪽 그림은 온도가 다른 두 물체 A, B가 접촉했을 때 시간에 따른 온도 변화를 나타낸 것이다. 이에 대한 설명으로 옳은 것을 보기 에서 모두 고른 것은?

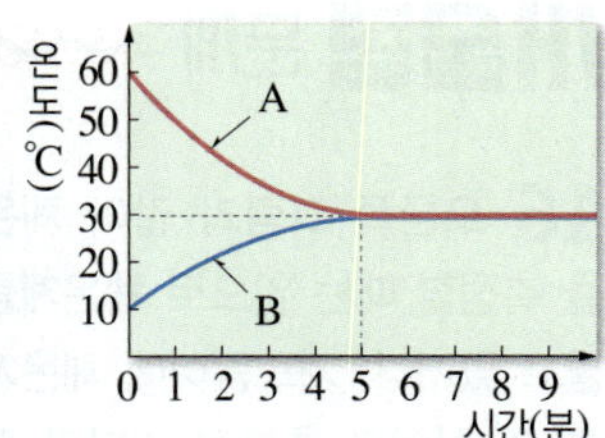

보기
ㄱ. 5 분까지 A는 열을 잃는다.
ㄴ. 5 분까지 B를 구성하는 입자의 움직임은 점점 활발해진다.
ㄷ. 5 분에 열평형 상태에 도달한다.

① ㄱ   　　② ㄴ   　　③ ㄱ, ㄷ
④ ㄴ, ㄷ   　　⑤ ㄱ, ㄴ, ㄷ

중요 08 그림은 온도가 높은 물체 A와 온도가 낮은 물체 B가 접촉한 모습을 나타낸 것이다.

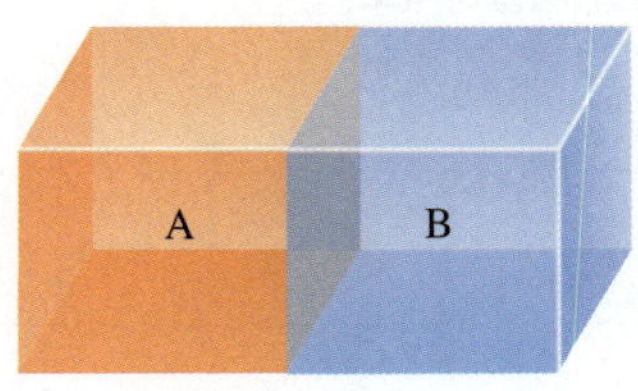

이에 대한 설명으로 옳지 <u>않은</u> 것은? (단, 열은 A와 B 사이에서만 이동한다.)

① A는 온도가 낮아진다.
② 열은 A에서 B로 이동한다.
③ A의 입자는 움직임이 점점 둔해진다.
④ B 입자 사이의 거리는 점점 가까워진다.
⑤ 시간이 지나면 A와 B 입자는 움직임이 활발한 정도가 같아진다.

09 열평형을 이용한 예로 옳지 <u>않은</u> 것은?

① 삶은 달걀을 찬물에 넣어 식힌다.
② 음식을 차가운 냉장고에 보관한다.
③ 수박을 계곡물에 담가 시원하게 만든다.
④ 음식의 온도를 접촉식 온도계로 측정한다.
⑤ 추운 겨울날 햇볕 아래에 있으면 따뜻함을 느낀다.

중요 10 오른쪽 그림은 금속 막대에서 열이 이동하는 과정을 나타낸 것이다. 이에 대한 설명으로 옳지 <u>않은</u> 것은?

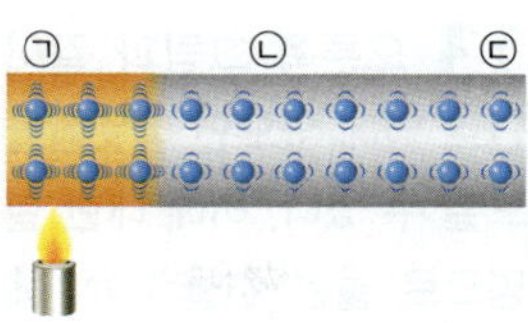

① 전도의 방식으로 열이 이동한다.
② 열은 ㉢ → ㉡ → ㉠으로 이동한다.
③ 주로 고체에서 열이 이동하는 방식이다.
④ 가열한 부분의 입자는 움직임이 활발해진다.
⑤ 입자의 움직임이 이웃한 입자에 차례로 전달되어 열이 이동한다.

11 열의 전도에 대한 설명으로 옳은 것을 보기 에서 모두 고른 것은?

보기
ㄱ. 열이 물질을 거치지 않고 직접 이동하는 방식이다.
ㄴ. 물질의 종류에 따라 열이 전도되는 정도가 다르다.
ㄷ. 플라스틱보다 금속에서 열이 더 빠르게 전도된다.

① ㄱ   　　② ㄷ   　　③ ㄱ, ㄴ
④ ㄴ, ㄷ   　　⑤ ㄱ, ㄴ, ㄷ

중요 12 오른쪽 그림과 같이 물의 아래쪽만 가열해도 물 전체가 뜨거워진다. 물에서 열이 이동하는 방식에 대한 설명으로 옳은 것은?

① 복사에 의해 열이 이동한다.
② 고체에서 열이 이동하는 방식이다.
③ 입자가 직접 이동하며 열이 이동하는 방식이다.
④ 온도가 높은 입자는 아래로, 온도가 낮은 입자는 위로 이동한다.
⑤ 주전자를 만들 때 손잡이를 플라스틱으로 만드는 것과 관련이 있다.

13 오른쪽 그림과 같이 난로 옆에 있으면 따뜻함을 느낄 수 있다. 이에 대한 설명으로 옳은 것을 보기에서 모두 고른 것은?

보기
ㄱ. 물질을 거치지 않고 열이 직접 이동한다.
ㄴ. 이와 같은 열의 이동 방식으로 진공인 우주 공간에서도 열이 이동할 수 있다.
ㄷ. 열화상 카메라로 물체의 온도를 측정하는 것과 관련 있는 현상이다.

① ㄱ   ② ㄴ   ③ ㄱ, ㄷ
④ ㄴ, ㄷ   ⑤ ㄱ, ㄴ, ㄷ

14 생활 속 현상과 열의 이동 방식을 옳게 짝 지은 것은?

① 햇볕을 쬐면 따뜻하다. – 전도
② 난로 옆에 있으면 따뜻하다. – 대류
③ 에어프라이어로 음식을 익힌다. – 대류
④ 방 안에 난로를 켜 두면 방 전체가 따뜻해진다. – 복사
⑤ 손난로를 손에 쥐고 있으면 손을 따라 따뜻함이 전해진다. – 복사

중요 **15** 그림은 물이 든 냄비를 가스레인지로 가열할 때 열이 이동하는 여러 가지 방식을 나타낸 것이다.

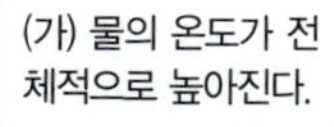

(가)~(다)에 해당하는 열의 이동 방식을 옳게 짝 지은 것은?

	(가)	(나)	(다)
①	전도	대류	복사
②	전도	복사	대류
③	대류	전도	복사
④	대류	복사	전도
⑤	복사	대류	전도

서술형 문제

16 오른쪽 그림과 같이 체온을 측정할 때는 입으로 체온계를 물고 있거나, 겨드랑이에 체온계를 낀 상태로 충분히 기다린 뒤에 측정해야 한다. 그 까닭을 열평형을 포함하여 서술하시오.

중요 **17** 오른쪽 그림과 같이 프라이팬의 바닥 부분은 금속으로, 손잡이 부분은 나무로 만든다. 프라이팬의 각 부분을 다른 재질로 만드는 까닭을 서술하시오.   풀이 TIP

중요 **18** 그림과 같이 방에서 냉방기는 높은 곳에 설치하고, 난방기는 낮은 곳에 설치한다.   풀이 TIP

냉방기와 난방기를 이와 같이 설치하는 까닭을 서술하시오.

풀이 TIP **17** ❶ 프라이팬의 바닥 부분은 음식을 익히는 부분이고, 손잡이 부분은 손으로 프라이팬을 잡는 부분이다. ❷ 열이 전도될 때 물질의 종류가 달라지면 어떤 영향을 미치는지 생각한다. **18** ❶ 기체의 대류에서 차가운 공기는 어디로 이동하는지 생각한다. ❷ 기체의 대류에서 따뜻한 공기는 어디로 이동하는지 생각한다.

실력 UP 문제

01 그림은 차가운 물과 따뜻한 물의 입자 모형을 순서 없이 나타낸 것이다.

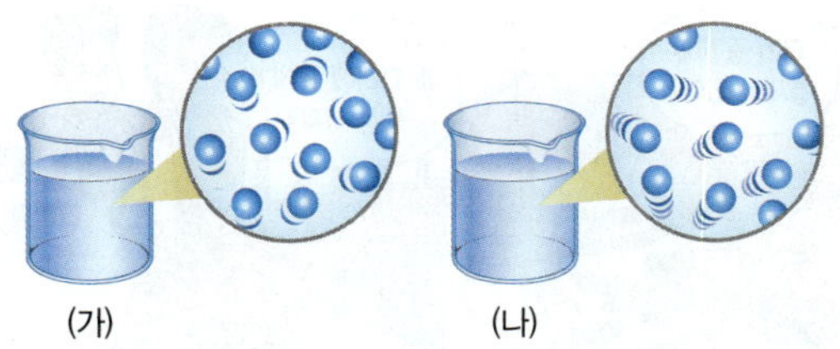

(가)   (나)

이에 대한 설명으로 옳지 <u>않은</u> 것은?

① 차가운 물은 (가)이다.
② 입자 사이의 거리는 (가)보다 (나)가 멀다.
③ 코코아는 (나)보다 (가)에서 더 빨리 녹는다.
④ (가)에 충분한 열을 가하면 (나)와 같은 상태가 된다.
⑤ 차가운 물을 보온병에 넣고 흔들면 따뜻한 물이 될 수 있다.

02 그림 (가)는 온도가 다른 물 A, B가 각각 알루미늄 컵과 열량계에 담겨 서로 접촉해 있는 모습을, (나)는 시간에 따른 A, B의 온도 변화를 나타낸 것이다.

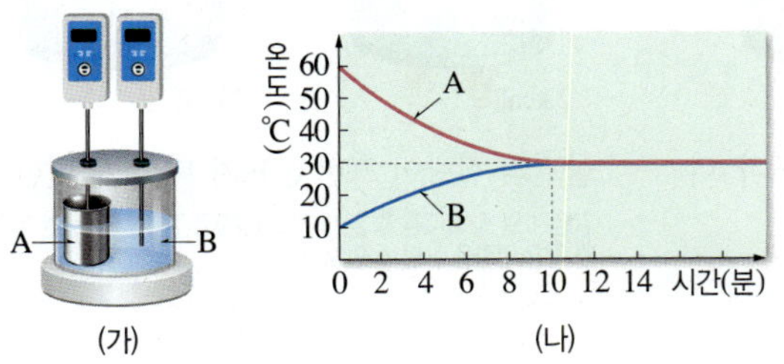

(가)   (나)

이에 대한 설명으로 옳은 것을 보기에서 모두 고른 것은?

> **보기**
> ㄱ. A가 잃은 열량은 B가 얻은 열량보다 많다.
> ㄴ. 시간이 지날수록 A와 B의 온도 변화는 커진다.
> ㄷ. A와 B를 이루는 입자 사이의 거리가 점점 같아진다.

① ㄱ   ② ㄷ   ③ ㄱ, ㄴ
④ ㄴ, ㄷ   ⑤ ㄱ, ㄴ, ㄷ

03 그림은 추운 겨울날 금속 의자와 나무 의자에 두 사람이 각각 앉아 있는 모습을 나타낸 것이다. 이때 금속 의자에 앉으면 나무 의자에 앉을 때보다 더 차갑게 느껴진다.

이어 대한 설명으로 옳은 것을 보기에서 모두 고른 것은?

> **보기**
> ㄱ. 금속 의자의 온도가 나무 의자의 온도보다 더 낮다.
> ㄴ. 금속 의자에 앉으면 사람에게서 금속 의자로 열이 이동한다.
> ㄷ. 금속 의자가 더 차갑게 느껴지는 까닭은 금속이 나무보다 열의 전도가 더 빠르게 일어나기 때문이다.

① ㄱ   ② ㄴ   ③ ㄱ, ㄷ
④ ㄴ, ㄷ   ⑤ ㄱ, ㄴ, ㄷ

04 그림은 캠핑장에서 볼 수 있는 여러 가지 열의 이동 방식을 나타낸 것이다.

이에 대한 설명으로 옳지 <u>않은</u> 것은?

① (가)와 같은 열의 이동 방식을 전도라고 한다.
② (가)는 주로 고체에서 열이 이동하는 방식이다.
③ (나)에서 대류에 의해 물 전체가 골고루 따뜻해진다.
④ (다)에서는 공기를 통해 열이 전달된다.
⑤ 열화상 카메라로 물체의 온도를 측정하는 것은 (다)와 관련 있는 현상이다.

02 비열과 열팽창

A 비열

여름 방학에 바닷가를 놀러 가면 햇빛을 받은 모래는 뜨겁지만 바닷물은 시원해요. 햇빛으로 똑같은 열량을 받아도 모래와 바닷물의 온도가 다른 까닭을 알아볼까요?

1. 열량: 온도가 다른 물질 사이에서 이동하는 열의 양 →● 물체의 온도가 변할 때 이동한 열의 양이라고도 한다.

(1) **단위**: kcal(킬로칼로리), cal(칼로리) 등 →● 1 kcal는 1000 cal이다.

(2) 1 kcal는 물 1 kg의 온도를 1 ℃ 높이는 데 필요한 열량이다.

(3) **열량, 질량과 온도 변화의 관계**

① 물질의 질량이 같을 때 물질에 가한 열량이 많을수록 물질의 온도 변화가 크다.

② 물질에 가한 열량이 같을 때 물질의 질량이 클수록 온도 변화가 작다.

열량과 온도 변화

물질에 가한 열량이 많을수록 온도 변화가 크다.

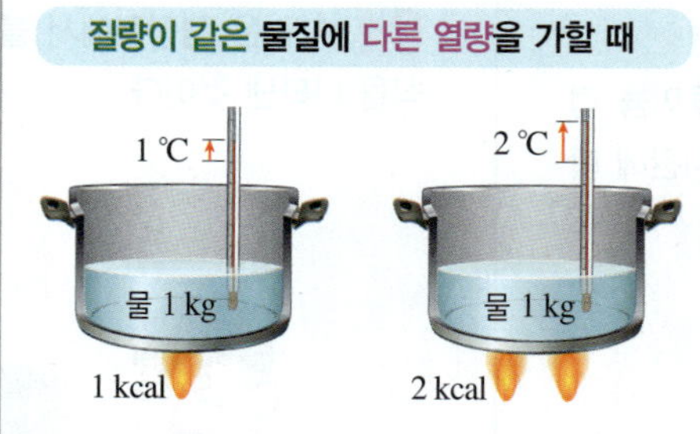

물질에 더 많은 열량을 가하면 온도가 더 많이 변한다.

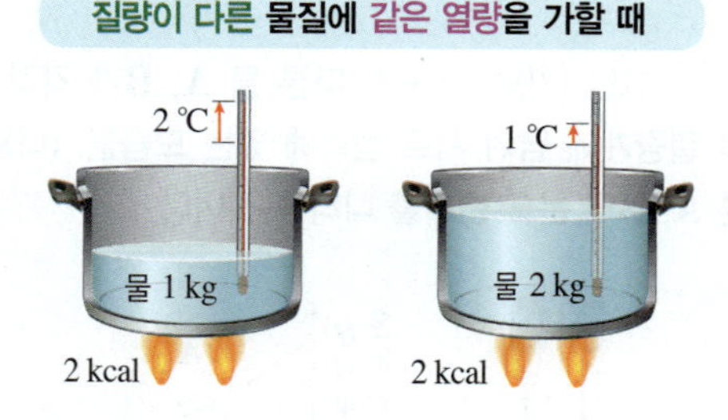

물질의 질량이 크면 온도가 더 적게 변한다.

같은 가열 장치 또는 같은 세기의 불꽃으로 같은 시간 동안 가열하면 같은 열량을 가할 수 있다.

2. 비열: 어떤 물질 1 kg의 온도를 1 ℃ 높이는 데 필요한 열량

(1) **단위**: kcal/(kg·℃) 등

(2) **물의 비열**: 1 kcal/(kg·℃) ➡ 물 1 kg의 온도를 1 ℃ 높이는 데 필요한 열량은 1 kcal이다.

(3) **비열과 온도 변화의 관계**

① 같은 온도만큼 높일 때 비열이 클수록 필요한 열량이 많다.

② 같은 열량을 가할 때 비열이 클수록 온도 변화가 작다.

➡ 비열이 클수록 온도를 높이는 데 많은 열량이 필요하므로 온도가 잘 변하지 않는다.

물과 식용유의 온도 변화 그래프

오른쪽 그림은 같은 질량의 물과 식용유를 같은 가열 장치로 가열할 때 시간에 따른 온도 변화를 나타낸 것이다.
- 같은 온도만큼 높일 때 필요한 열량은 물이 식용유보다 더 많다.
  └─● 가열한 시간
- 같은 열량을 가할 때 온도 변화는 식용유가 물보다 크다.
  └─● 가열한 시간이 같을 때
- ➡ 비열은 물이 식용유보다 더 크다. ✱

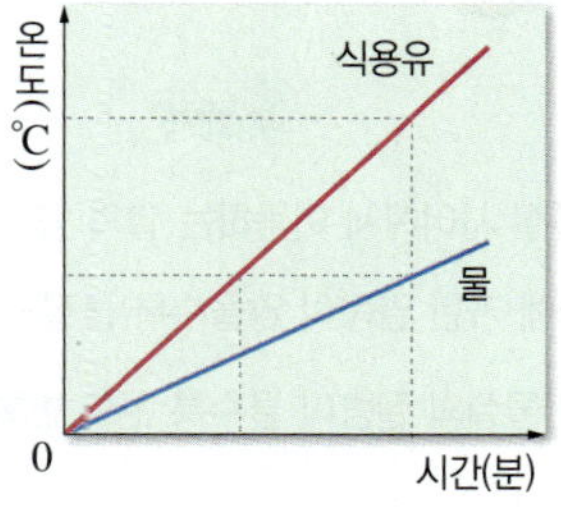

3. 비열의 특징

(1) **물질의 특성**: 비열은 물질마다 다르므로, 물질을 구별하는 특성이 된다.

　예 철과 알루미늄은 색이 비슷하고, 광택이 있어 겉보기 성질로 구별하기 어렵지만, 비열로 구별할 수 있다.

(2) **물의 비열**: 물은 다른 물질에 비해 비열이 매우 크므로 온도가 잘 변하지 않는 특징이 있어 다양한 현상이 일어난다. ✱

　예 • 사람의 몸에 있는 물은 비열이 커서 체온을 일정하게 유지하는 데 도움을 준다.
　　 • 여름철 낮에 햇빛을 받은 바닷가의 모래는 매우 뜨겁지만, 비열이 큰 바닷물은 똑같은 햇빛을 받아도 시원하다. ✱

(3) **비열(c), 열량(Q), 질량(m), 온도 변화(t)의 관계**

$$\text{비열} = \frac{\text{열량}}{\text{질량} \times \text{온도 변화}} \;\Rightarrow\; \text{열량} = \text{비열} \times \text{질량} \times \text{온도 변화}, \quad Q = cmt$$

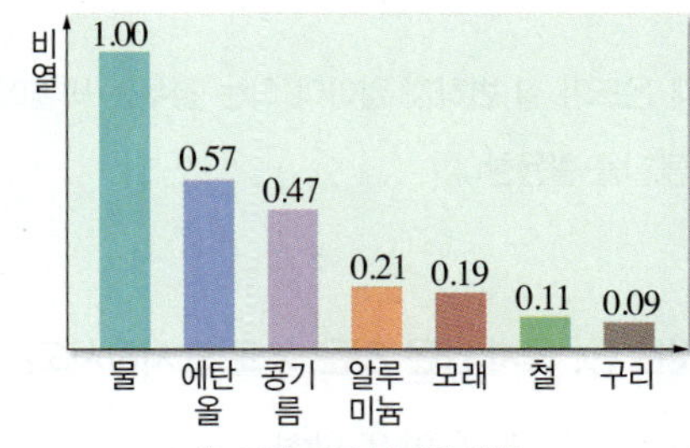

↥ 여러 가지 물질의 비열

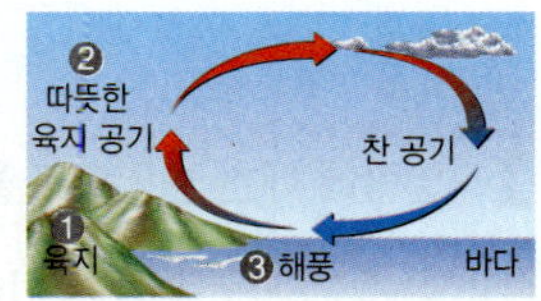

비열이 작은 육지의 온도가 바다의 온도보다 빨리 높아진다.(❶) → 따뜻한 육지의 공기가 위로 올라간다.(❷) → 빈 자리로 바다의 공기가 이동하여 해풍이 분다.(❸)

4. 비열의 활용: 열이 이동할 때 온도가 잘 변하지 않아야 하는 경우는 비열이 큰 물질을 활용하고, 온도가 빠르게 잘 변해야 하는 경우는 비열이 작은 물질을 활용한다.

비열이 큰 물질을 활용한 예			
냉각수	찜질 팩	뚝배기	한옥
❶냉각수로 물을 넣어 자동차 엔진이 너무 뜨거워지는 것을 막는다.	찜질 팩에 따뜻한 물을 넣으면 따뜻한 상태를 오래 유지한다.	음식을 오랫동안 따뜻하게 유지해야 할 때는 뚝배기를 사용한다.	비열이 큰 나무로 집을 지어 여름에는 시원하고, 겨울에는 따뜻하다.

비열이 작은 물질을 활용한 예		
난방용 온수관		프라이팬	
온수관이 빠르게 따뜻해지면서 바닥에 열을 전달한다.		프라이팬이 빠르게 뜨거워지면서 음식을 익힌다.	

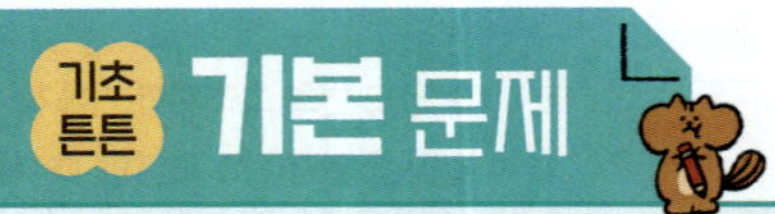

✔ 핵심 요약

▶ ❶ [ ] : 온도가 다른 물질 사이에서 이동하는 열의 양
- 물질의 질량이 같을 때 물질에 가한 열량이 많을수록 물질의 온도 변화가 크다.
- 물질에 가한 열량이 같을 때 물질의 질량이 클수록 온도 변화가 ❷ [ ]다.

▶ ❸ [ ] : 어떤 물질 1 kg의 온도를 1 ℃ 높이는 데 필요한 열량
- 비열이 클수록 온도를 높이는 데 많은 ❹ [ ]이 필요하므로 온도가 잘 변하지 않는다.
- 물은 다른 물질에 비해 비열이 매우 ❺ [ ]서 온도가 잘 변하지 않는다.

▶ **비열의 활용:** 열이 이동할 때 온도가 잘 변하지 않아야 하는 경우는 비열이 ❻ [ ] 물질을 활용하고, 온도가 빠르게 잘 변해야 하는 경우는 비열이 ❼ [ ] 물질을 활용한다.

---

1 열량에 대한 설명으로 옳은 것은 ◯, 옳지 **않은** 것은 ✕로 표시하시오.

(1) 온도가 다른 물질 사이에서 이동하는 열의 양을 말한다. ┈┈┈┈┈┈┈┈ (   )
(2) 물 1 kg의 온도를 1 ℃ 높이는 데 1 kcal의 열량이 필요하다. ┈┈┈┈┈┈ (   )
(3) 같은 질량의 물을 가열할 때 물에 가한 열량이 많을수록 물의 온도 변화가 작다. ┈ (   )

2 비열은 어떤 물질 1 kg의 온도를 ㉠(   ) ℃ 높이는 데 필요한 열량이다. 질량이 같은 서로 다른 두 물질에 같은 열량을 가하면 비열이 ㉡(   ) 물질의 온도 변화가 더 크다.

3 질량이 1 kg인 어떤 물질의 온도를 10 ℃ 높이는 데 4.7 kcal의 열량이 필요하였다. 이 물질의 비열은 몇 kcal/(kg·℃)인지 구하시오.

4 오른쪽 그림은 같은 질량의 물과 식용유가 담겨 있는 비커를 같은 가열 장치를 이용하여 가열하는 모습을 나타낸 것이다. 물의 온도가 10 ℃ 높아지는 동안 식용유의 온도는 25 ℃가 높아졌을 때, 물과 식용유의 비열의 크기를 비교하면 물(>, <)식용유 이다.

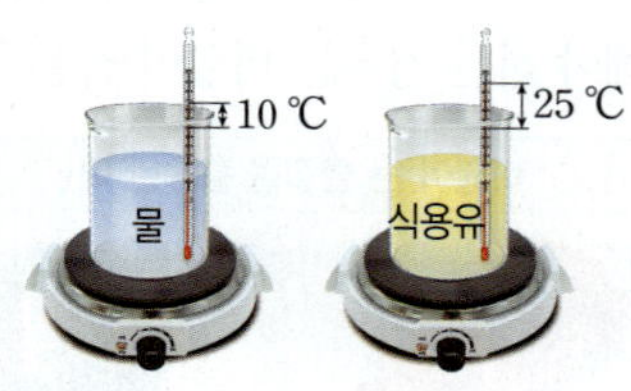

5 비열에 의한 현상과 활용에 대한 설명으로 옳은 것은 ◯, 옳지 **않은** 것은 ✕로 표시하시오.

(1) 낮에 바닷가에서는 모래의 온도가 바닷물의 온도보다 더 높다. ┈┈┈┈┈┈ (   )
(2) 찜질 팩 속에 물 대신 같은 질량의 모래를 넣으면 더 오랫동안 따뜻하게 유지할 수 있다.
┈┈┈┈┈┈┈┈┈┈┈┈┈┈┈┈┈┈┈┈┈┈┈┈┈┈┈┈┈ (   )
(3) 음식을 오랫동안 따뜻하게 유지해야 할 때는 비열이 큰 뚝배기보다 비열이 작은 구리 냄비를 사용하는 것이 좋다. ┈┈┈┈┈┈┈┈┈┈┈┈┈┈┈┈┈┈┈┈┈ (   )

1. 열팽창: 물질의 온도가 높아질 때 물질의 길이 또는 부피가 늘어나는 현상

(1) **입자의 움직임과 열팽창:** 물질의 온도가 높아지면 물질을 구성하는 입자의 움직임이 활발해지고, 입자 사이의 평균적인 거리가 멀어진다. 따라서 물질의 부피가 팽창한다.✳

(2) 고체, 액체, 기체 모두 온도가 높아지면 부피가 늘어나는 열팽창을 한다.✳

고체의 열팽창	액체의 열팽창
긴 막대 모양의 물체를 가열하면 길이와 부피가 모두 늘어난다. ➡ 고체가 열팽창한다.	삼각 플라스크에 액체를 넣고 가열하면 액체의 부피가 팽창하여 유리관을 따라 올라간다. ➡ 액체가 열팽창한다.

2. 열팽창 정도

(1) 물질의 온도가 높아질수록 열팽창 정도가 크다. 물질의 온도가 높아질수록 입자의 움직임이 더 활발해지고, 입자 사이의 거리가 더 멀어지기 때문이다.

(2) 고체나 액체는 물질의 종류에 따라 열팽창 정도가 다르다.

└ ● 일반적으로 열팽창 정도는 액체가 고체보다 크다.

⬆ 물질의 종류에 따른 열팽창 정도

알루미늄박과 종이의 열팽창 정도 비교하기

① 알루미늄박에 종이를 겹쳐 붙이고 직사각형으로 길게 2 개를 잘라 알루미늄 테이프를 만든다.

② 알루미늄 테이프를 서로 반대 방향으로 각각 스탠드에 건다.

③ 2 개의 알루미늄 테이프를 가열하면 알루미늄박이 종이 쪽으로 휘어지며 알루미늄 테이프가 오므라들거나 벌어진다.
   └ ● 알루미늄박이 종이보다 더 길어지기 때문이다.

➡ 열팽창 정도는 알루미늄이 종이보다 크다.

✳ **물질의 온도가 낮아질 때**

어떤 물질의 온도가 낮아지면 물질을 구성하는 입자 사이의 평균적인 거리가 가까워지며 물질의 부피가 수축한다.

🔖 천재(정) 교과서에만 나와요.

✳ **기체의 열팽창**

공기를 약간 넣은 풍선을 가열하면 기체가 열팽창하여 풍선이 팽팽하게 부풀어 오른다. 고체나 액체에 비해 기체는 열팽창 정도가 매우 크다.

암기해

열팽창하는 까닭

온도가 높아지면 입자의 움직임이 활발해지면서 입자 사이의 거리가 멀어진다.

궁금해

알코올 온도계에 에탄올을 사용하는 까닭은 무엇일까?

알코올 온도계는 온도계 속 액체가 열팽창하여 부피가 늘어난 만큼 온도계의 눈금이 올라가 온도를 측정할 수 있는 도구이다. 이때 에탄올은 다른 액체에 비해 열팽창 정도가 커서 부피가 크게 변하므로 온도 변화를 쉽게 측정할 수 있다.

C 열팽창의 활용

우리나라는 여름과 겨울의 기온 차가 매우 커서 열팽창 현상을 대비하지 않으면 큰 사고가 날 수도 있어요. 열팽창 현상을 어떻게 활용하고, 대비하고 있는지 알아볼까요?

1. ❶바이메탈: 열팽창 정도가 다른 두 금속을 붙여 놓은 장치

(1) 바이메탈의 특성: 온도가 높아지면 열팽창 정도가 큰 금속이 열팽창 정도가 작은 금속 쪽으로 휘어진다. ─● 온도가 높아졌다가 다시 낮아지면 휘어졌던 바이메탈도 다시 원래대로 펴진다.

⬆ 바이메탈의 특성

(2) 바이메탈의 활용: 전기 회로에 바이메탈을 연결하여 온도 조절 장치에 사용된다.* ➡ 바이메탈이 휘어지면서 끊어진 회로가 연결되거나 연결된 회로가 끊어지게 한다.

💩 온도 조절기 속 바이메탈의 원리

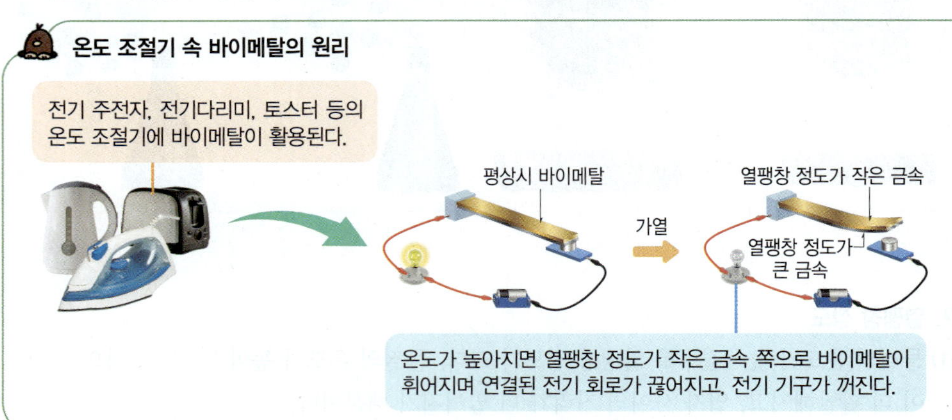

2. 열팽창과 우리 생활*

다리 ❷이음매의 틈	기차선로의 틈	구부러진 가스관
열팽창으로 다리가 휘거나 갈라지는 것을 막기 위해 다리의 이음매에 틈을 둔다.	기차선로에 틈을 만들어 여름철에 열팽창으로 기차선로가 휘는 것을 막는다.	가스관, 송유관은 중간에 구부러진 부분을 만들어 열팽창에 의한 사고를 예방한다.
철근 콘크리트 건물	치아 충전재	❸내열 유리
철근과 콘크리트의 열팽창 정도가 비슷하여 건물이 열팽창의 영향을 적게 받는다.	충치를 치료한 자리에 넣는 충전재는 치아와 열팽창 정도가 비슷한 재료를 사용한다.	열팽창 정도가 작은 내열 유리를 사용하여 열팽창으로 변형되는 것을 막는다.

바이메탈이 휘어지는 방향

바이메탈은 열팽창 정도가 작은 금속 쪽으로 휘어진다.

✳ 화재경보기 속 바이메탈의 원리

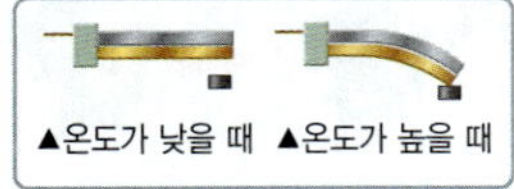

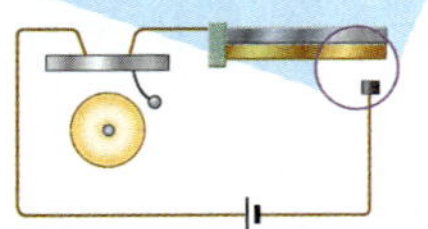

화재가 발생하여 온도가 높아지면 바이메탈이 휘어지며 전기 회로가 연결되어 경보가 울린다.

✳ 열팽창과 관련된 다른 예

- 전깃줄은 여름에는 열팽창하여 늘어지고, 겨울에는 팽팽해진다.
- 금속 뚜껑이 유리병에 꽉 끼어 열리지 않을 때 뚜껑에 따뜻한 물을 부어 주면 뚜껑이 열팽창하여 쉽게 열린다.
- 알코올 온도계 속 액체는 온도가 높아지면 열팽창하므로 액체가 가리키는 눈금이 올라간다.
- 안경테는 열팽창 정도가 작은 물질로 만들어 온도가 변해도 모양이 유지되도록 한다.

용어

❶ **바이메탈(bimetal)** 바이메탈의 바이(bi)는 2 개라는 뜻이다.

❷ **이음매** 두 물체를 이은 자리

❸ **내열 유리(耐** 견디다, **熱** 덥다, **유리)** 급격한 온도 변화에도 잘 깨어지지 않는 유리

기초 튼튼 기본 문제

✅ 핵심 요약

▶ **열팽창**: 물질의 ❶ ☐ 가 높아질 때 물질의 길이 또는 부피가 늘어나는 현상
  • **입자의 움직임과 열팽창**: 물질의 온도가 높아지면 물질을 구성하는 입자의 움직임이 활발해지고, 입자 사이의 거리가 멀어지며 ❷ ☐ 가 팽창한다.
  • **열팽창 정도**: 고체나 액체는 물질의 종류에 따라 열팽창 정도가 다르다.

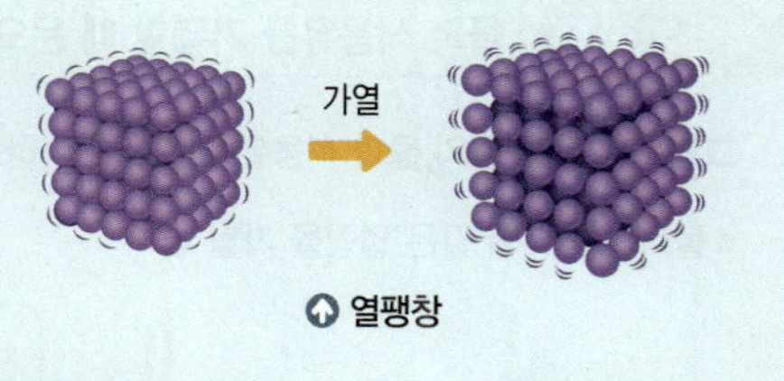

▶ ❸ ☐ : 열팽창 정도가 다른 두 금속을 붙여 놓은 장치
  • **바이메탈의 특성**: 온도가 높아지면 열팽창 정도가 ❹ ☐ 금속 쪽으로 휘어진다.

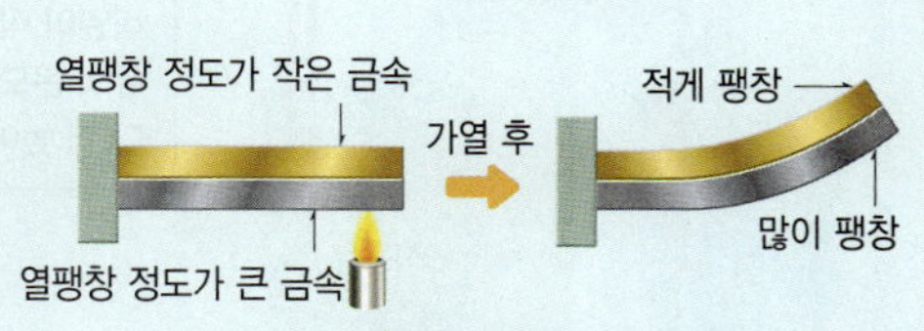

  • **바이메탈의 활용**: 전기 회로에 바이메탈을 연결하여 ❺ ☐ 조절 장치에 사용한다.

---

1 물질의 온도가 높아지면 물질이 (   )하여, 물질의 길이 또는 부피가 늘어난다.

2 (   ) 안에 알맞은 말을 고르시오.

(1) 어떤 물질의 온도가 높아지면 물질을 구성하는 입자의 움직임이 ㉠(활발, 둔)해지고, 입자 사이의 거리가 ㉡(가까워, 멀어)지며 부피가 팽창한다.
(2) 물질의 온도가 높아질수록 열팽창 정도가 (크다, 작다).
(3) 고체나 액체는 물질의 종류에 따라 열팽창 정도가 (같다, 다르다).

3 다음은 바이메탈에 대한 설명이다. (   ) 안에 알맞은 말을 고르시오.

> 바이메탈은 열팽창 정도가 ㉠(같은, 다른) 두 금속을 붙여 놓은 장치로, 온도가 높아지면 열팽창 정도가 ㉡(큰, 작은) 금속이 열팽창 정도가 ㉢(큰, 작은) 금속 쪽으로 휘어진다.

4 오른쪽 그림은 종류가 다른 두 금속 A와 B를 붙여서 만든 바이메탈을 가열한 모습을 나타낸 것이다. A와 B 중 열팽창 정도가 큰 금속은 무엇인지 쓰시오.

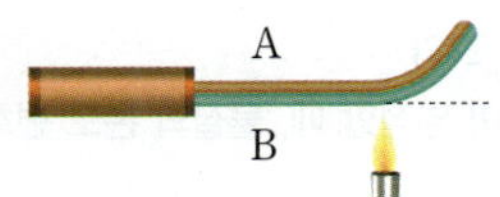

5 열팽창에 의한 현상과 이용에 대한 설명으로 옳은 것은 ○, 옳지 <u>않은</u> 것은 ×로 표시하시오.

(1) 다리 이음매 부분에 틈을 만든다. ································ (   )
(2) 가스관은 중간에 구부러지지 않도록 길게 만든다. ················ (   )
(3) 철근과 콘크리트는 열팽창 정도가 비슷하게 만든다. ·············· (   )
(4) 조리 도구를 만들 때 사용하는 내열 유리는 열팽창 정도가 크다. ······ (   )

비열과 열량, 온도 변화의 관계는 매우 중요해요. 또, 표와 그래프 등 다양한 자료로 여러 물질의 비열을 비교하는 문제도 시험에 자주 출제되는 중요한 문제예요. 완자쌤 특강에서 확실하게 짚어 볼까요?

핵심 자료 ❶ 물과 식용유를 가열할 때 온도 변화

관련 개념 | 74 쪽 A 비열

그림은 같은 질량의 물과 식용유에 열량을 가하는 모습을 나타낸 것이다. 이때 비열은 물이 식용유보다 크다.

● 물과 식용유에 같은 열량을 가할 때

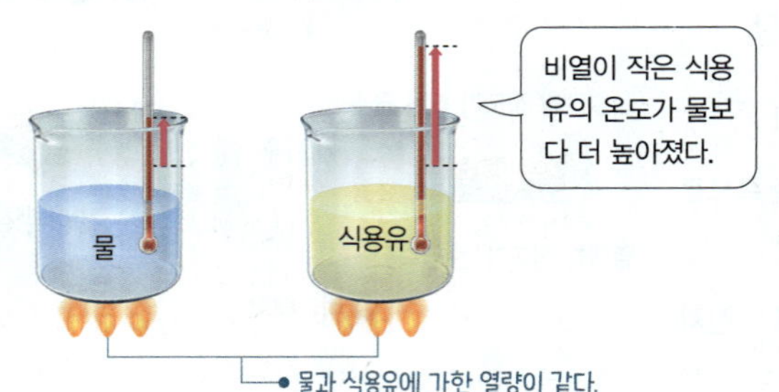

• 온도 변화는 식용유가 물보다 더 크다.
➡ 질량이 같은 두 물질에 같은 열량을 가하면 온도 변화는 비열이 작은 물질이 비열이 큰 물질보다 더 크다.

● 물과 식용유를 같은 온도만큼 높일 때

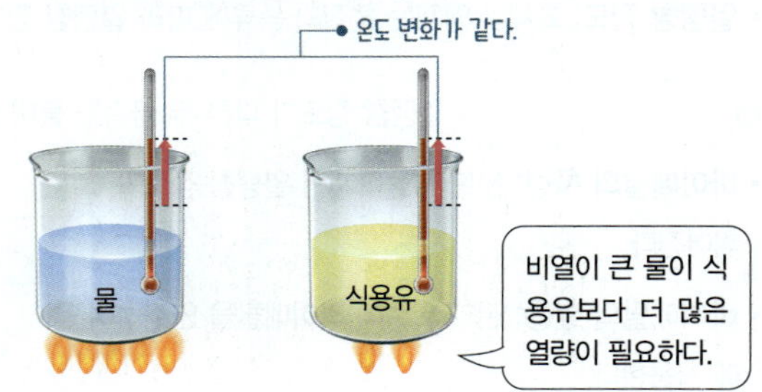

• 같은 온도만큼 높이기 위해 필요한 열량은 물이 식용유보다 더 많다.
➡ 질량이 같은 두 물질을 같은 온도만큼 높이는 데 필요한 열량은 비열이 큰 물질이 비열이 작은 물질보다 더 많다.

핵심 자료 ❷ 비열이 다른 물질의 온도 변화를 비교하는 다양한 자료

관련 개념 | 74 쪽 A 비열

● 처음 온도와 나중 온도를 나타낸 표

표는 질량이 같은 다른 물질 A, B, C에 같은 열량을 가할 때, 처음 온도와 나중 온도를 나타낸 것이다.

온도 변화＝나중 온도－처음 온도

물질	처음 온도(℃)	나중 온도(℃)	온도 변화(℃)
A	20	29	9
B	20	32	12
C	20	53	33

• 온도 변화＝나중 온도－처음 온도이다.
➡ 온도 변화는 C＞B＞A 순으로 크다.
• 물질에 가한 열량과 물질의 질량이 일정할 때, 물질의 온도 변화가 클수록 비열이 작다.
➡ 비열은 A＞B＞C 순으로 크다.
• 물질의 질량이 같을 때 물질의 비열이 클수록 같은 온도만큼 높이는 데 필요한 열량이 더 많다.
➡ 같은 온도만큼 높이는 데 필요한 열량은 A＞B＞C 순으로 더 많다.

● 시간에 따른 온도 변화 그래프

그림은 질량이 같은 다른 물질 A, B, C에 같은 열량을 가할 때, 시간에 따른 온도 변화를 나타낸 것이다.

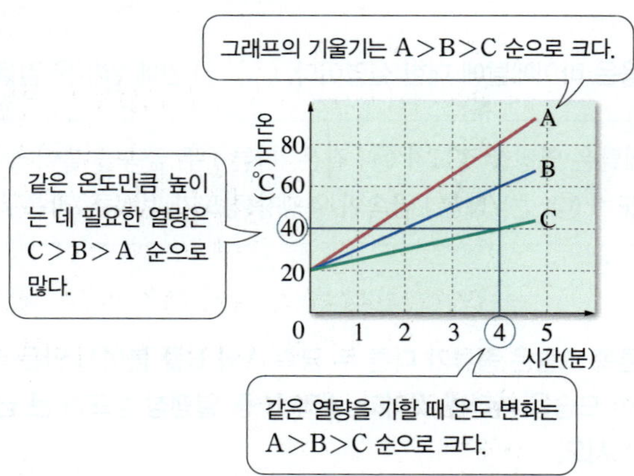

• 그래프의 기울기가 작을수록 같은 온도만큼 높이기 위해 물질을 가열한 시간이 오래 걸린다.
➡ 같은 온도만큼 높이는 데 필요한 열량은 C＞B＞A 순으로 많다.
• 그래프의 기울기가 클수록 같은 시간 동안 가열했을 때 온도 변화가 크다.
➡ 같은 열량을 가할 때 온도 변화는 A＞B＞C 순으로 크다
• 그래프의 기울기가 클수록 물질의 온도 변화가 크므로 비열이 작다.
➡ 비열은 C＞B＞A 순으로 크다.

비열과 열팽창은 실험으로 확인할 수 있어요. 그래서 시험에도 실험에 관한 문제가 자주 출제된답니다.
실험 결과를 보고 비열과 열팽창의 특징을 어떻게 해석할 수 있는지 알아볼까요?

탐구 자료 ❶   여러 가지 액체의 비열 비교

관련 개념 | 74 쪽  A 비열

| 목표 | 질량이 같은 두 액체를 가열할 때 온도 변화를 측정하여 비열을 비교할 수 있다. |

과정

① 금속 비커에 같은 질량의 물과 식용유를 각각 넣고, 온도 센서를 장치한다.
② 금속 비커를 가열하면서 물과 식용유의 온도 변화를 측정한다.

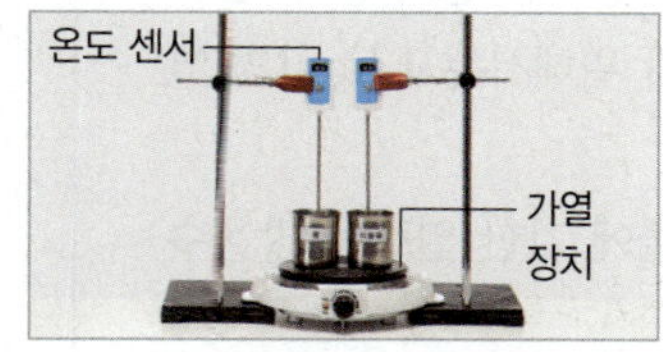

결과 및 해석

❶ 같은 시간 동안 가열했을 때 온도 변화는 식용유가 물보다 크다. ➡ 비열은 물이 식용유보다 크다.
❷ 같은 온도만큼 높이는 데 걸리는 시간은 물이 식용유보다 오래 걸린다. ➡ 비열이 클수록 같은 온도만큼 높이는 데 많은 열량이 필요하다.

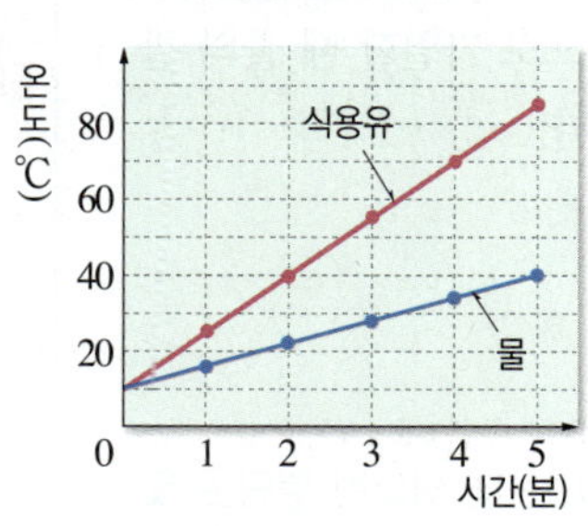

결론

· 질량이 같은 서로 다른 물질에 같은 열량을 가했을 때, 물질의 온도 변화가 작을수록 비열이 ㉠(   ).
· 같은 질량의 물질을 같은 온도만큼 높일 때, 물질의 비열이 ㉡(   )수록 많은 열량을 가해야 한다.

정답 ㉠ 크다, ㉡ 클

탐구 자료 ❷   여러 가지 액체의 열팽창 정도 비교

관련 개념 | 77 쪽 B 열팽창

| 목표 | 온도에 따른 액체의 부피 변화를 관찰하고, 서로 다른 액체의 열팽창 정도를 비교할 수 있다. |

과정

① 삼각 플라스크에 다른 색의 물감을 섞은 물과 에탄올을 각각 채운다.
② 유리관을 꽂은 고무마개로 삼각 플라스크의 입구를 각각 막은 뒤, 유리관에 액체의 처음 높이를 표시한다.
③ 수조에 삼각 플라스크를 넣고 뜨거운 물을 천천히 부은 뒤, 유리관에 올라온 액체의 높이 변화를 비교한다.

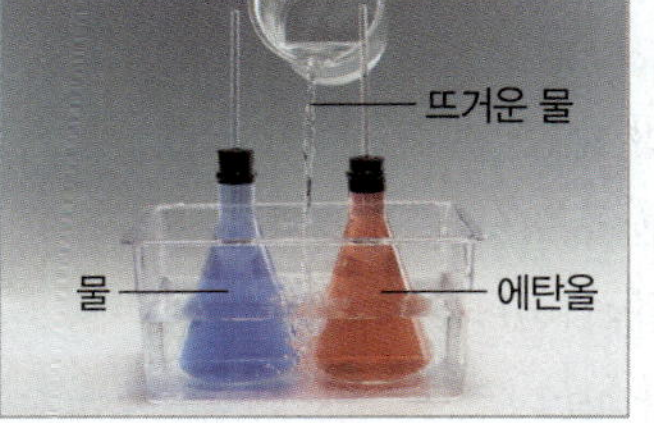

결과 및 해석

❶ 액체의 온도가 높아지면서 유리관 속 액체의 높이가 높아진다. ➡ 온도가 높아진 액체가 열팽창한다.
❷ 유리관 속 액체의 높이 변화는 물보다 에탄올이 더 크다. ➡ 물보다 에탄올의 열팽창 정도가 더 크다.

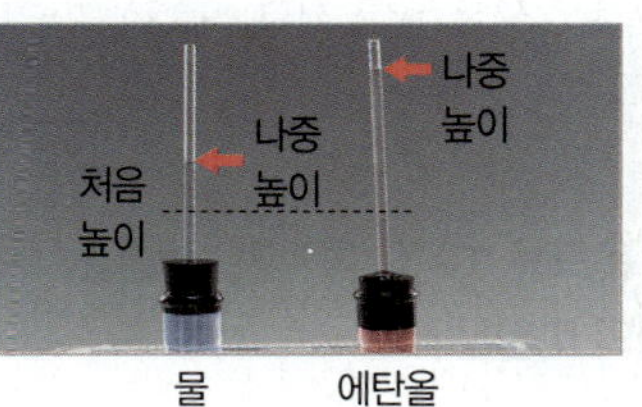

결론

· 물질은 온도가 높아지면 ㉠(   )하여 부피가 늘어난다.
· 물질의 종류에 따라 열팽창 정도가 ㉡(   ).

정답 ㉠ 열팽창, ㉡ 다르다

01 열량에 대한 설명으로 옳지 <u>않은</u> 것은?

① 열량의 단위는 kcal이다.
② 온도가 다른 두 물질 사이에서 이동하는 열의 양이다.
③ 물 1 kg의 온도를 1 ℃ 높이기 위해서는 1 kcal의 열량이 필요하다.
④ 같은 질량의 물을 가열할 때 물에 가한 열량이 많을수록 물의 온도 변화가 크다.
⑤ 질량이 다른 두 물을 같은 열량으로 가열할 때 물의 질량이 크면 온도가 더 많이 변한다.

02 물 20 kg의 온도를 30 ℃ 높이는 데 필요한 열량은 몇 kcal인가?

① 20 kcal   ② 30 kcal   ③ 50 kcal
④ 60 kcal   ⑤ 600 kcal

중요 03 비열에 대한 설명으로 옳지 <u>않은</u> 것은?

① 물질 1 kg을 1 ℃ 높이는 데 필요한 열량이다.
② 물의 비열은 1 kcal/(kg·℃)이다.
③ 물질의 종류가 같으면 비열이 같다.
④ 비열이 큰 물질은 온도가 쉽게 잘 변한다.
⑤ 같은 온도만큼 높이는 데 필요한 열량은 비열이 큰 물질이 비열이 작은 물질보다 더 많다.

04 질량이 1 kg인 어떤 물질의 온도를 10 ℃ 높이기 위해 5 kcal의 열량을 가하였다. 이 물질의 비열은?

① 0.1 kcal/(kg·℃)   ② 0.5 kcal/(kg·℃)
③ 1 kcal/(kg·℃)   ④ 5 kcal/(kg·℃)
⑤ 10 kcal/(kg·℃)

[05~06] 표는 여러 가지 물질의 비열을 나타낸 것이다.

물질	물	에탄올	콩기름	알루미늄	철	구리
비열	1.00	0.57	0.47	0.21	0.11	0.09

[단위: kcal/(kg·℃)]

05 표의 물질 중 같은 열량을 가할 때 온도 변화가 가장 큰 물질은?

① 물   ② 에탄올   ③ 콩기름
④ 철   ⑤ 구리

중요 06 이에 대한 설명으로 옳은 것은? (단, 모든 물질의 질량은 같다.)

① 물질의 종류와 비열은 관련이 없다.
② 알루미늄과 철은 같은 온도만큼 높이는 데 필요한 열량이 같다.
③ 물은 다른 물질에 비하여 온도를 높이는 데 더 많은 열량이 필요하다.
④ 콩기름과 알루미늄을 같은 열량으로 가열하면 콩기름의 온도가 더 빠르게 높아진다.
⑤ 같은 열량으로 가열할 때 구리의 온도가 10 ℃ 높아졌다면 철의 온도는 10 ℃보다 더 많이 높아진다.

중요 07 오른쪽 그림과 같이 질량이 같은 두 액체 A, B를 같은 가열 장치로 가열할 때 처음 온도와 5 분 후의 온도가 표와 같았다.

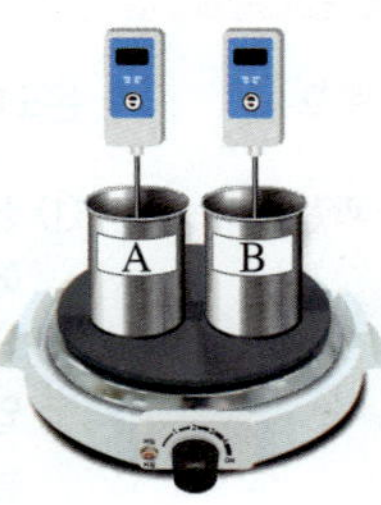

액체	처음 온도(℃)	5 분 후 온도(℃)
A	10	20
B	10	32

이에 대한 설명으로 옳은 것을 보기 에서 모두 고른 것은?

> **보기**
> ㄱ. 같은 시간 동안 두 액체가 받은 열량은 같다.
> ㄴ. A의 비열은 B의 비열보다 크다.
> ㄷ. 같은 온도만큼 높이는 데 필요한 열량은 A가 B보다 더 많다.

① ㄱ   ② ㄷ   ③ ㄱ, ㄴ
④ ㄴ, ㄷ   ⑤ ㄱ, ㄴ, ㄷ

08 오른쪽 그림은 질량이 같은 물질 A와 B에 같은 열량을 가할 때 시간에 따른 온도 변화를 나타낸 것이다. 이에 대한 설명으로 옳은 것을 보기 에서 모두 고른 것은?

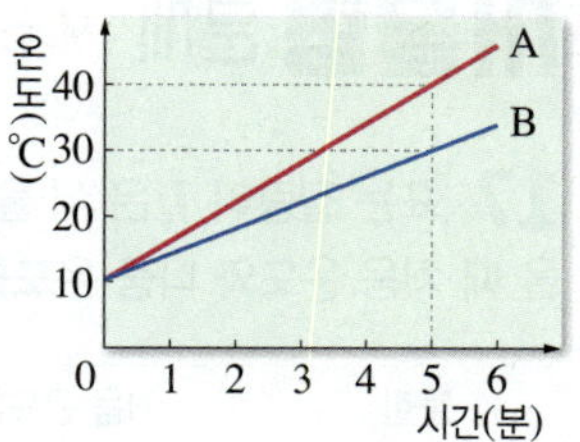

보기

ㄱ. 온도 변화는 A가 B보다 크다.
ㄴ. 비열은 A가 B보다 크다.
ㄷ. 10℃에서 30℃가 될 때까지 받은 열량은 A와 B가 서로 같다.

① ㄱ   ② ㄴ   ③ ㄱ, ㄷ
④ ㄴ, ㄷ   ⑤ ㄱ, ㄴ, ㄷ

09 비열에 의한 현상이나 활용 예에 대한 설명으로 옳은 것은?

① 찜질 팩에는 비열이 작은 물을 넣는 것이 좋다.
② 낮에는 바닷물의 온도가 모래의 온도보다 더 높다.
③ 자동차 엔진의 냉각수로는 비열이 작은 오일을 사용한다.
④ 프라이팬은 음식을 빠르게 익힐 수 있도록 비열이 큰 물질로 만든다.
⑤ 난방용 온수관은 빠르게 따뜻해지도록 비열이 작은 물질을 사용해서 만든다.

10 열팽창에 대한 설명으로 옳지 <u>않은</u> 것을 모두 고르면? (2 개)

① 물질의 온도가 높아지면 물질의 길이나 부피가 늘어나는 현상이다.
② 물질의 온도가 높아지면 물질을 구성하는 입자의 수가 증가하며 일어나는 현상이다.
③ 물질의 온도가 높아지면 물질을 구성하는 입자의 움직임이 활발해지고, 입자 사이의 거리가 멀어진다.
④ 열팽창은 고체, 액체, 기체에서 모두 일어난다.
⑤ 고체나 액체는 물질의 종류가 달라도 열팽창 정도가 다 같다.

11 오른쪽 그림은 에탄올과 물이 가득 담긴 삼각 플라스크를 수조에 넣고 뜨거운 물을 부었더니, 유리관 속 액체의 높이가 변한 모습을 나타낸 것이다. 이에 대한 설명으로 옳지 <u>않은</u> 것은?

① 액체는 온도가 높아지면 부피가 늘어난다.
② 에탄올과 물 모두 유리관을 따라 높이가 높아진다.
③ 에탄올과 물 모두 입자 사이의 거리가 가까워진다.
④ 액체의 종류에 따라 열팽창 정도가 다르다는 것을 알 수 있다.
⑤ 열팽창 정도는 에탄올이 물보다 크다.

12 그림은 알루미늄박과 종이를 붙여서 만든 알루미늄 테이프를 스탠드에 걸고 가열하기 전과 후의 모습을 나타낸 것이다.

이에 대한 설명으로 옳은 것을 보기 에서 모두 고른 것은?

보기

ㄱ. 가열 후 알루미늄을 구성하는 입자 사이의 거리는 멀어진다.
ㄴ. 알루미늄박이 종이 쪽으로 휘어진다.
ㄷ. 열팽창 정도는 알루미늄이 종이보다 크다.

① ㄱ   ② ㄴ   ③ ㄱ, ㄷ
④ ㄴ, ㄷ   ⑤ ㄱ, ㄴ, ㄷ

13 오른쪽 그림은 금속 A, B를 붙여 만든 바이메탈의 모습을 나타낸 것이다. 바이메탈을 가열하여 온도가 높아진 모양을 나타낸 것으로 옳은 것은? (단, 열팽창 정도는 B가 A보다 크다.)

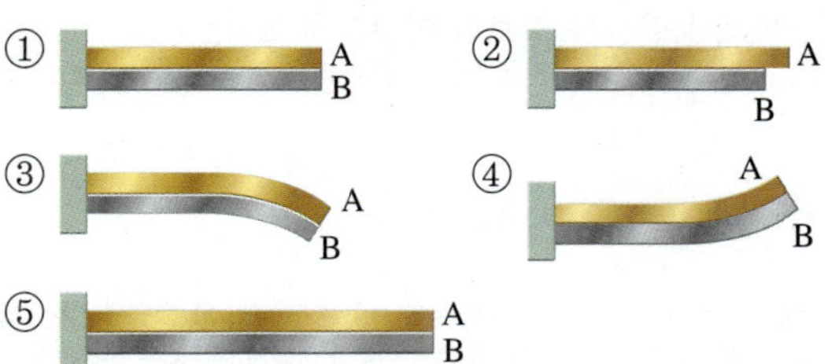

 바이메탈에 대한 설명으로 옳지 <u>않은</u> 것은?

① 고체의 열팽창을 이용한 것이다.
② 열팽창 정도가 같은 두 금속을 붙여 만든다.
③ 온도가 높아지면 열팽창 정도가 큰 금속이 열팽창 정도가 작은 금속 쪽으로 휘어진다.
④ 두 금속의 열팽창 정도 차이가 클수록 온도가 높아졌을 때 더 많이 휘어진다.
⑤ 전기 주전자에 있는 온도 조절 장치에 사용된다.

15 열팽창으로 설명할 수 있는 현상으로 옳지 <u>않은</u> 것은?

① 기차선로의 중간에 틈을 설치한다.
② 알코올 온도계로 온도를 측정한다.
③ 프라이팬은 빠르게 뜨거워지면서 음식을 익힌다.
④ 건물 외벽에 설치된 가스관의 중간에 구부러진 부분이 있다.
⑤ 금속 뚜껑이 유리병에 꽉 끼어 열리지 않을 때 뚜껑에 따뜻한 물을 부어 주면 쉽게 열린다.

중요 16 그림은 다리를 설치할 때 다리 이음매 부분에 만들어 둔 틈을 나타낸 것이다.

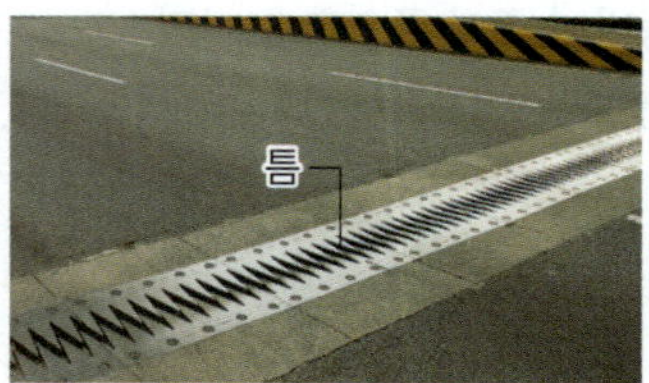

이에 대한 설명으로 옳은 것을 「보기」에서 모두 고른 것은?

> **보기**
> ㄱ. 열팽창으로 다리가 휘는 것을 막기 위해 틈을 만든다.
> ㄴ. 겨울철보다 여름철에 다리를 구성하는 입자 사이의 거리가 더 가깝다.
> ㄷ. 이음매의 틈은 겨울철보다 여름철에 크다.

① ㄱ   ② ㄴ   ③ ㄱ, ㄷ
④ ㄴ, ㄷ   ⑤ ㄱ, ㄴ, ㄷ

서술형 문제

풀이 TIP

17 표는 질량이 같은 세 물질 A, B, C에 같은 열량을 가했을 때 처음 온도와 나중 온도를 나타낸 것이다.

물질	처음 온도(°C)	나중 온도(°C)
A	20	32
B	25	41
C	30	36

세 물질의 비열을 비교하고, 그렇게 생각한 까닭을 서술하시오.

18 10 °C의 식용유 500 g의 온도를 40 °C 높이는 데 필요한 열량을 풀이 과정과 함께 구하시오. (단, 식용유의 비열은 0.4 kcal/(kg·°C)이다.)

풀이 TIP

중요 19 그림은 전기다리미의 온도 조절 장치에서 바이메탈을 이용한 모습을 나타낸 것이다. 전기다리미의 온도가 높아지면 바이메탈이 A 쪽으로 휘어진다.

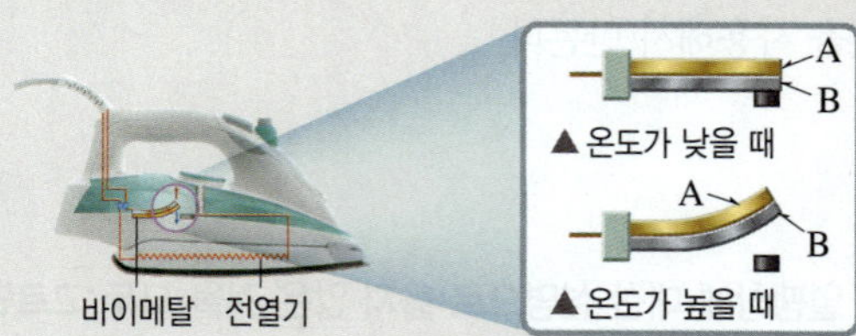

(1) A, B 중 열팽창 정도가 큰 것은 어느 것인지 쓰시오.

(2) 바이메탈의 특성을 포함하여 온도 조절 장치의 작동 원리를 서술하시오.

풀이 TIP **17** ❶ 처음 온도와 나중 온도에서 온도 변화를 구한다. ❷ 물질에 가한 열량과 온도 변화의 관계를 생각한다. **19** ❶ 바이메탈이 휘어지는 방향과 열팽창 정도의 관계를 생각한다. ❷ 바이메탈이 휘어지면 전기 회로가 어떻게 되는지를 생각한다.

01 그림은 질량이 같은 세 물질 A, B, C에 같은 열량을 가했을 때, 시간에 따른 온도 변화를 나타낸 것이다.

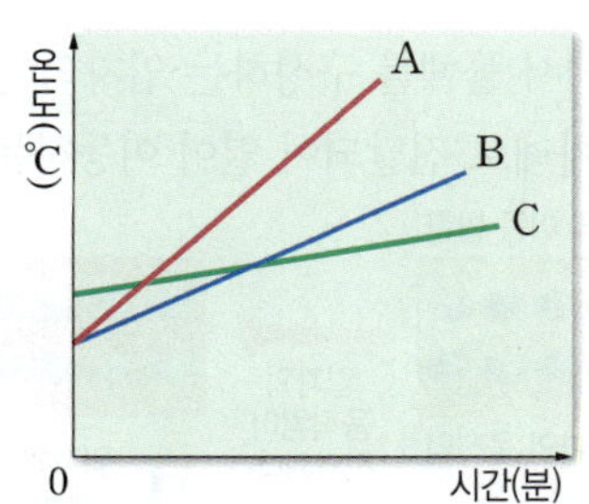

이에 대한 설명으로 옳지 <u>않은</u> 것은?

① 같은 시간 동안 온도 변화는 A>B>C 순으로 크다.
② 세 물질의 온도 변화가 다르므로 같은 시간 동안 세 물질이 얻은 열량은 서로 다르다.
③ 비열은 C>B>A 순으로 크다.
④ 온도를 1℃만큼 높이는 데 필요한 열량이 가장 많은 것은 C이다.
⑤ A, B, C는 각각 다른 물질이라는 것을 알 수 있다.

02 그림과 같이 물 500 g과 식용유 500 g이 담겨 있는 비커를 같은 가열 장치를 이용하여 각각 동시에 가열하였더니 물은 온도가 4 ℃ 높아졌고, 식용유는 온도가 10 ℃ 높아졌다.

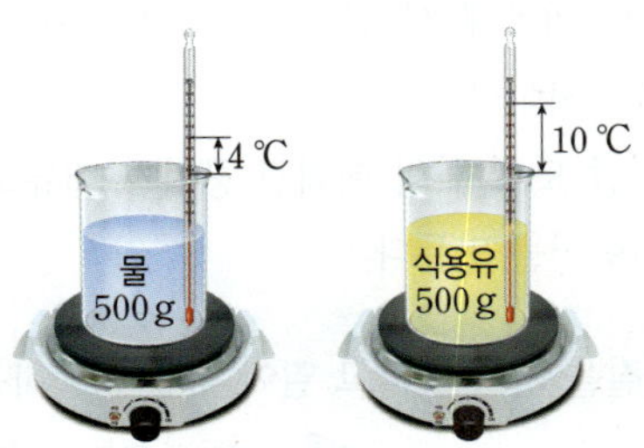

이에 대한 설명으로 옳은 것을 보기 에서 모두 고른 것은?

보기
ㄱ. 물이 얻은 열량은 2 kcal이다.
ㄴ. 물과 식용유가 얻은 열량은 같다.
ㄷ. 식용유의 비열은 0.4 kcal/(kg·℃)이다.

① ㄱ   ② ㄴ   ③ ㄱ, ㄷ
④ ㄴ, ㄷ   ⑤ ㄱ, ㄴ, ㄷ

03 그림은 위도가 비슷하여 태양으로부터 받는 열량이 같은 어떤 내륙 도시와 해안 도시의 하루 동안 최고 기온과 최저 기온을 나타낸 것이다.

이에 대한 설명으로 옳은 것을 보기 에서 모두 고른 것은?

보기
ㄱ. 일교차는 해안 도시가 내륙 도시보다 더 크다.
ㄴ. 해안 도시의 바닷물은 내륙 도시의 땅보다 비열이 더 크다.
ㄷ. 바닷물이 땅보다 온도 변화가 작기 때문에 나타나는 현상이다.

① ㄱ   ② ㄴ   ③ ㄱ, ㄷ
④ ㄴ, ㄷ   ⑤ ㄱ, ㄴ, ㄷ

04 그림은 콩기름, 물, 에탄올을 병에 가득 담고 뜨거운 물이 든 수조에 넣었더니 유리관 속 각 액체의 높이가 변한 모습을 나타낸 것이다.

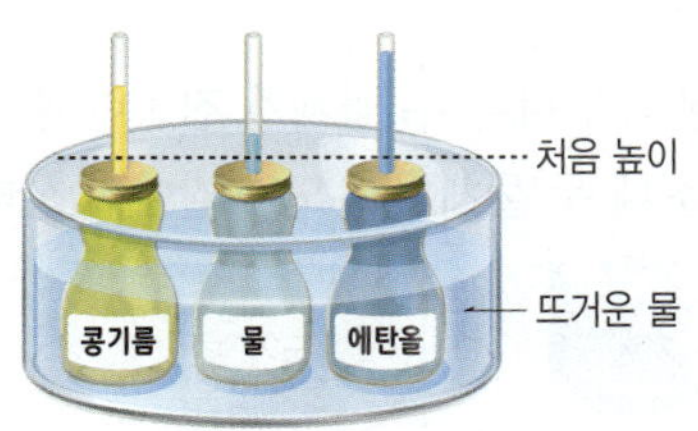

이에 대한 설명으로 옳은 것을 보기 에서 모두 고른 것은?

보기
ㄱ. 열팽창 정도는 에탄올>콩기름>물 순으로 크다.
ㄴ. 액체의 높이가 더 이상 변하지 않을 때, 세 액체의 온도는 같아진다.
ㄷ. 세 액체를 차가운 물에 넣으면 각 액체의 부피가 줄어든다.

① ㄱ   ② ㄴ   ③ ㄱ, ㄷ
④ ㄴ, ㄷ   ⑤ ㄱ, ㄴ, ㄷ

핵심 정리

01 / 온도와 열의 이동

1. 입자와 온도

(1) **물질과 입자**: 물질은 눈으로 볼 수 없는 작은 입자로 구성되어 있다.

① 물질을 구성하는 입자는 둥근 공 모양의 간단한 모형으로 나타낸다.

② 입자는 끊임없이 스스로 움직인다.

(2) **온도**: 물질을 구성하는 입자의 움직임이 활발한 정도를 나타낸다.

① 물체의 온도가 높을수록 입자의 움직임이 활발하다.

② 물체의 온도가 높을수록 입자 사이의 거리가 멀다.

온도가 높은 물질	온도가 낮은 물질
입자의 움직임이 활발하다.	입자의 움직임이 둔하다.
입자 사이의 거리가 멀다.	입자 사이의 거리가 가깝다.

2. 열평형

(1) **열**: 온도가 높은 물체에서 온도가 낮은 물체로 이동하는 에너지

(2) **열평형**: 온도가 다른 두 물체가 접촉한 후 충분한 시간이 지났을 때 두 물체의 온도가 같아진 상태

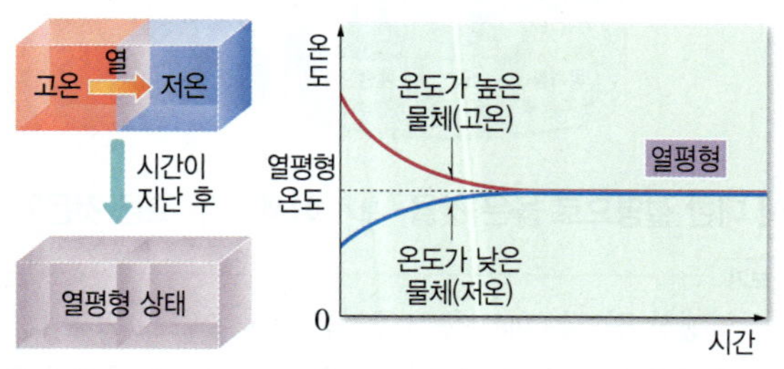

온도가 높은 물체	온도가 낮은 물체
열을 잃는다.	열을 얻는다.
온도가 낮아진다.	온도가 높아진다.
입자의 움직임이 둔해진다.	입자의 움직임이 활발해진다.
입자 사이의 거리가 가까워진다.	입자 사이의 거리가 멀어진다.

(3) **열평형의 이용**

① 냉장고에 차갑게 보관하는 음식

② 접촉해서 온도를 측정하는 온도계

③ 찬물에 넣어 식히는 삶은 달걀

④ 뜨거운 물에 넣어 데우는 즉석 식품

3. 전도: 고체에서 물체를 구성하는 입자의 움직임이 이웃한 입자에 차례로 전달되어 열이 이동하는 방식

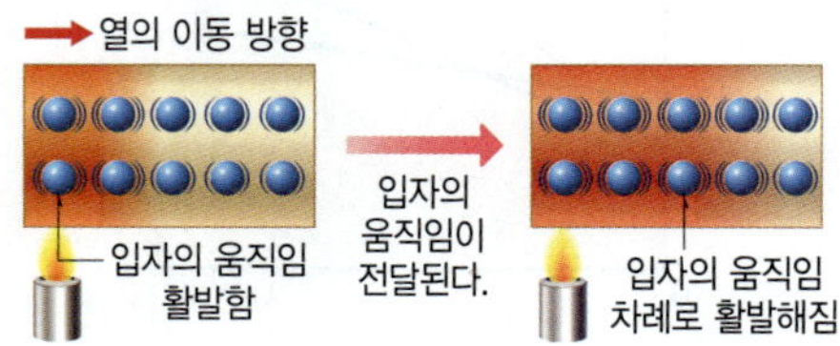

(1) **전도에 의한 현상**

예 • 냄비 바닥 부분을 가열하면 바닥 부분부터 뜨거워진 뒤, 냄비 표면 전체가 점차 뜨거워진다.

• 난로에서 주전자 바닥 쪽으로 입자의 움직임이 전달되어 열이 이동한다.

(2) **열이 전도되는 정도**: 물질의 종류에 따라 열이 전도되는 정도가 다르다.

4. 대류: 액체나 기체 물질을 구성하는 입자가 열을 받아 직접 이동하면서 열이 이동하는 방식

예 • 냉방기는 위쪽에 설치하고, 난방기는 아래쪽에 설치해야 효율적이다.

• 무더운 날 도로 위의 데워진 공기가 대류로 올라가면서 아지랑이를 만든다.

5. 복사: 물질을 거치지 않고 열이 직접 이동하는 방식

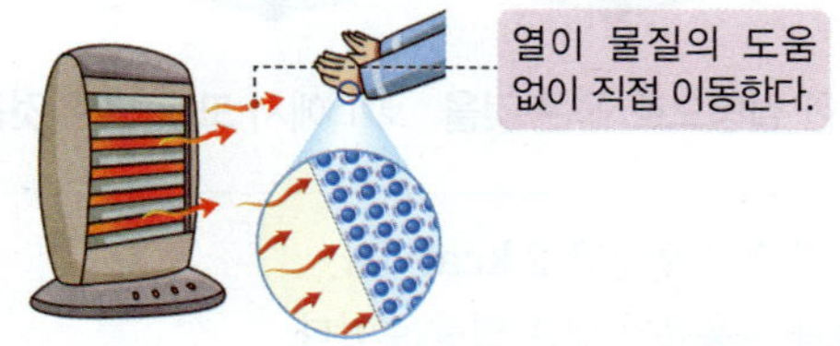

예 • 난로 옆에 있으면 열이 직접 이동하여 따뜻함을 느낀다.

• 열화상 카메라로 물체를 촬영하면 물체의 온도를 측정할 수 있다.

1. 열량: 온도가 다른 물질 사이에서 이동하는 열의 양

(1) **단위:** kcal(킬로칼로리), cal(칼로리) 등

(2) **열량, 질량과 온도 변화**

① 질량이 같은 물질에 다른 열량을 가할 때 물질에 가하는 열량이 많을수록 온도 변화가 크다.

② 질량이 다른 물질에 같은 열량을 가할 때 물질의 질량이 작을수록 온도 변화가 크다.

2. 비열: 물질 1 kg의 온도를 1 ℃ 높이는 데 필요한 열량

(1) **단위:** kcal/(kg·℃)

(2) **물의 비열:** 1 kcal/(kg·℃)

(3) **비열과 온도 변화**

① 같은 온도만큼 높일 때 비열이 클수록 필요한 열량이 많다.

② 같은 열량을 가할 때 비열이 클수록 온도 변화가 작다.

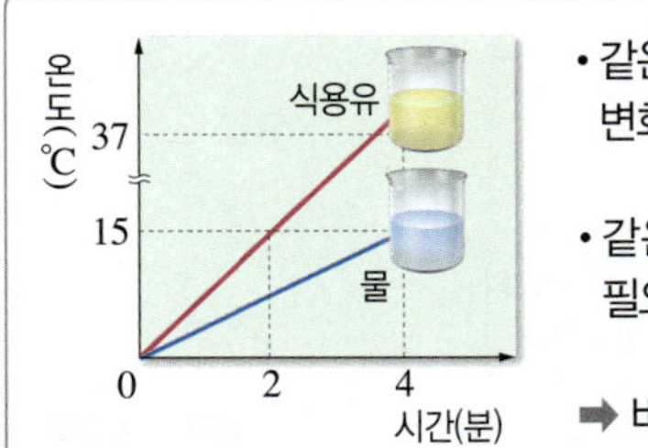

(4) **비열의 특성**

① 물질을 구별하는 특성이 된다.

② 물은 다른 물질에 비해 비열이 매우 커서 온도가 쉽게 변하지 않는다.

예 여름철 낮에 바닷가의 모래는 매우 뜨겁지만, 비열이 큰 바닷물은 시원하다.

③ 비열, 열량, 질량, 온도 변화의 관계는 다음과 같다.

$$열량 = 비열 \times 질량 \times 온도 변화$$

(5) **비열의 활용:** 온도가 잘 변하지 않아야 하는 경우는 비열이 큰 물질을 활용하고, 온도가 빠르게 잘 변해야 하는 경우는 비열이 작은 물질을 활용한다.

비열이 큰 물질을 활용한 예	비열이 작은 물질을 활용한 예
• 물을 냉각수로 넣어 자동차 엔진이 뜨거워지는 것을 막는다. • 음식을 따뜻하게 유지해야 할 때 뚝배기를 사용한다.	• 난방용 온수관은 빠르게 따뜻해져 바닥에 열을 전달한다. • 프라이팬은 빠르게 뜨거워지면서 음식을 익힌다.

3. 열팽창: 물질의 온도가 높아질 때 물질의 길이 또는 부피가 늘어나는 현상

(1) **입자의 움직임과 열팽창:** 물질의 온도가 높아지면 입자의 움직임이 활발해지고, 입자 사이의 거리가 멀어지며 부피가 팽창한다.

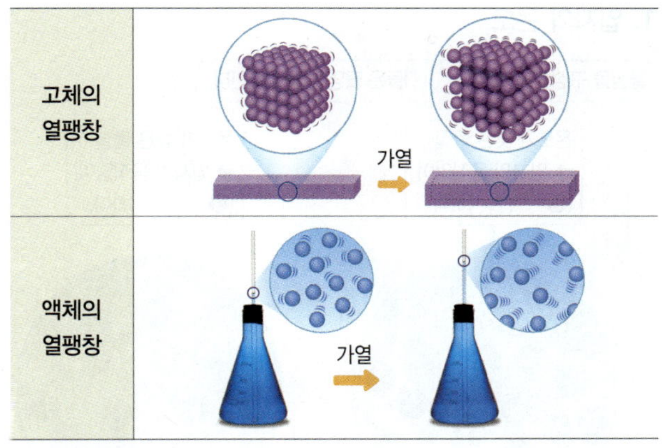

(2) **열팽창 정도**

① 물질의 온도가 높아질수록 더 많이 팽창한다.

② 물질의 종류에 따라 열팽창 정도가 다르다.

예
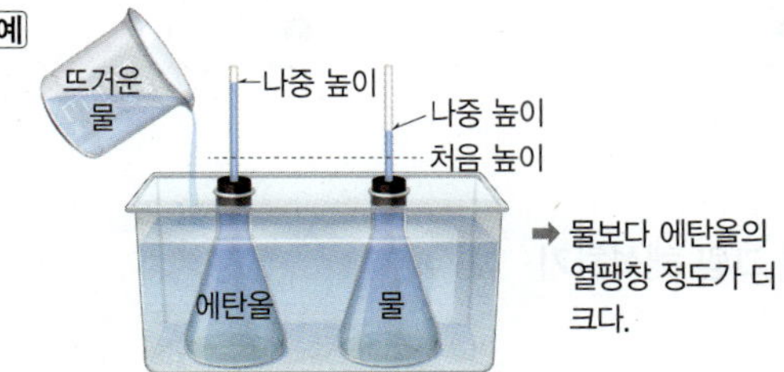

4. 열팽창의 활용

(1) **바이메탈:** 열팽창 정도가 다른 두 금속을 붙여 놓은 장치

① **바이메탈의 특성:** 온도가 높아지면 열팽창 정도가 작은 금속 쪽으로 휘어진다.

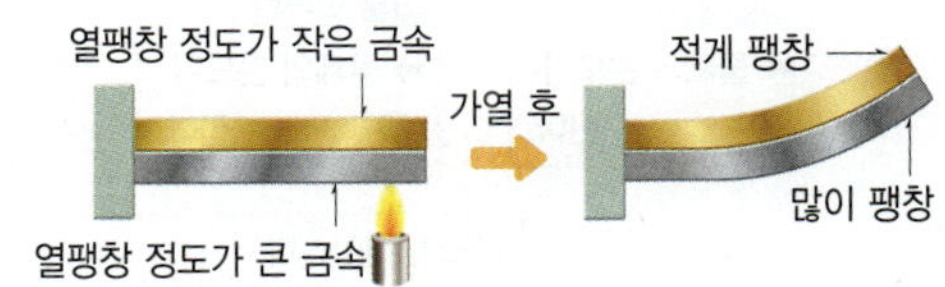

② **바이메탈의 활용:** 전기 회로에 연결하여 온도 조절 장치에 사용된다. 예 전기다리미, 전기 주전자, 토스터 등

(2) **열팽창과 우리 생활**

• 다리의 이음매나 기차선로의 중간에 틈을 만든다.

• 가스관, 송유관은 중간에 구부러진 부분을 만든다.

• 철근과 콘크리트는 열팽창 정도가 비슷하여 건물이 열팽창의 영향을 적게 받는다.

최종 점검

01 / 온도와 열의 이동

1. 입자와 온도

물질을 구성하는 (❶   )들은 끊임없이 움직인다.

온도가 낮은 물질
➡ 입자의 움직임이
(❷   )하다.

온도가 높은 물질
➡ 입자의 움직임이
(❸   )하다.

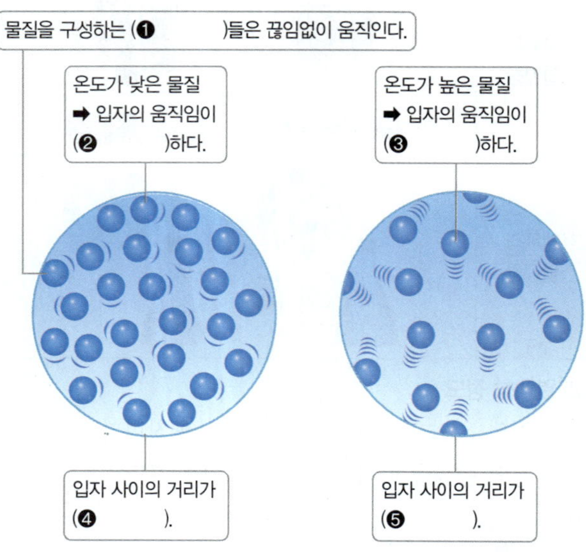

입자 사이의 거리가
(❹   ).

입자 사이의 거리가
(❺   ).

2. 열평형 그림 해석하기

열이 A에서 B로 이동
➡ 물체의 온도: A (❶   ) B

A 열 B

열을 잃는다.
➡ 물체의 온도가
(❷   )진다.

열을 얻는다.
➡ 물체의 온도가
(❸   )진다.

온도가 낮아진다.
➡ 입자의 움직임이 (❹   )해진다.

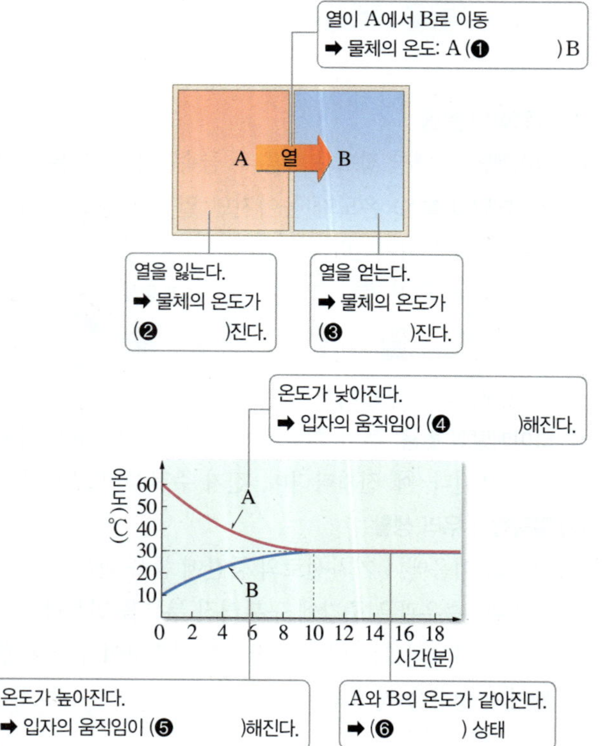

온도가 높아진다.
➡ 입자의 움직임이 (❺   )해진다.

A와 B의 온도가 같아진다.
➡ (❻   ) 상태

3. 전도

전도는 주로 (❶   )에서 열이 이동하는 방식이다.

➡ 열의 이동 방향

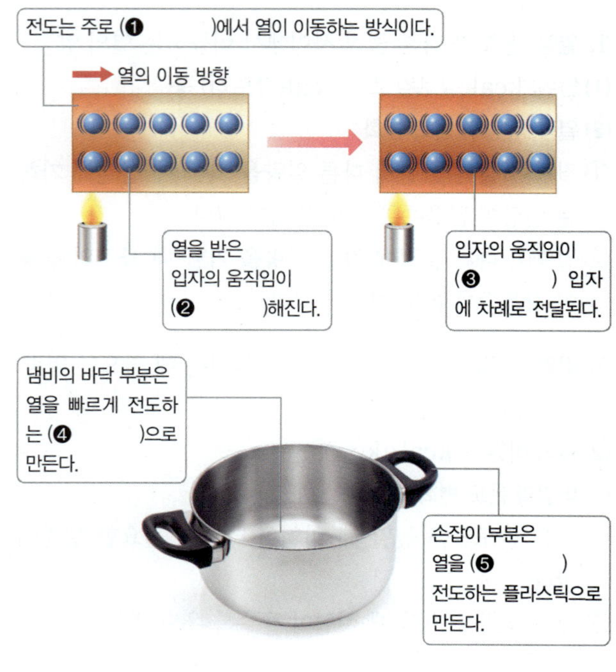

열을 받은
입자의 움직임이
(❷   )해진다.

입자의 움직임이
(❸   ) 입자
에 차례로 전달된다.

냄비의 바닥 부분은
열을 빠르게 전도하
는 (❹   )으로
만든다.

손잡이 부분은
열을 (❺   )
전도하는 플라스틱으로
만든다.

4. 대류

대류는 액체와 기체에서 (❶   )가
직접 이동하면서 열이 이동하는 방식이다.

(❷   ) 물은 입자의 움직임이
활발해지며 위로 올라간다.

위에 있던 (❸   ) 물은
아래로 내려와 데워진다.

5. 복사

복사는 (❶   )을 거치
지 않고 (❷   )이 직접
이동한다.

O2 / 비열과 열팽창

1. 열량, 질량과 온도 변화의 관계

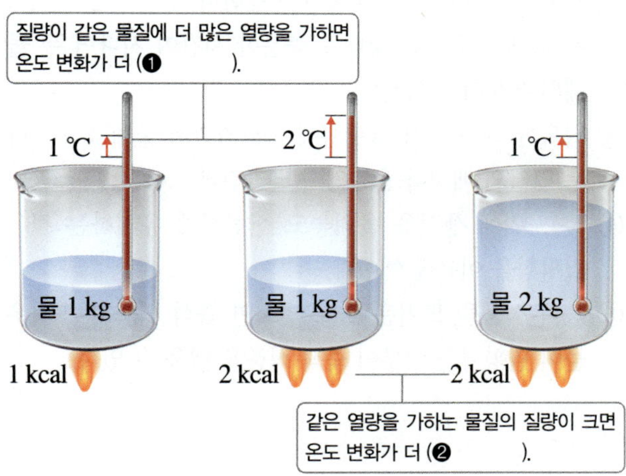

2. 시간-온도 변화 그래프 해석하기

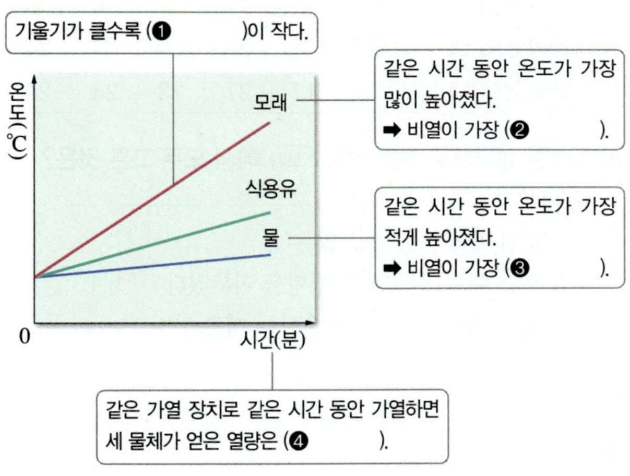

3. 여러 가지 물질의 비열

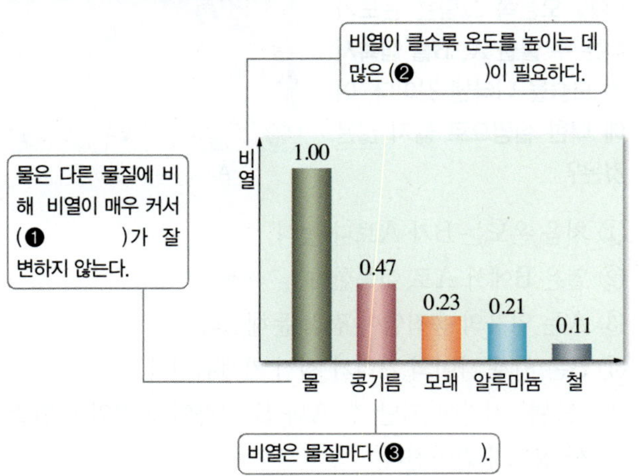

4. 열팽창

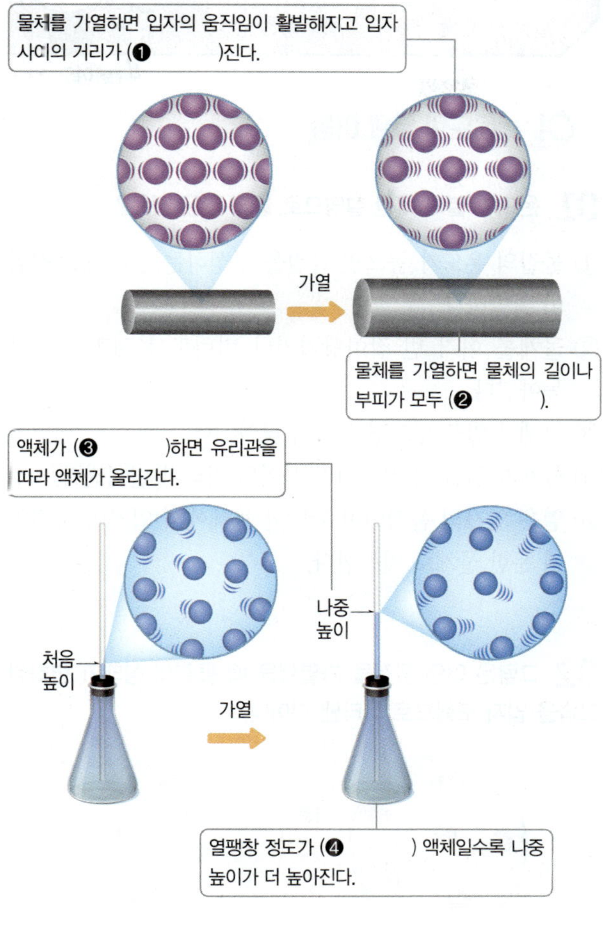

5. 바이메탈

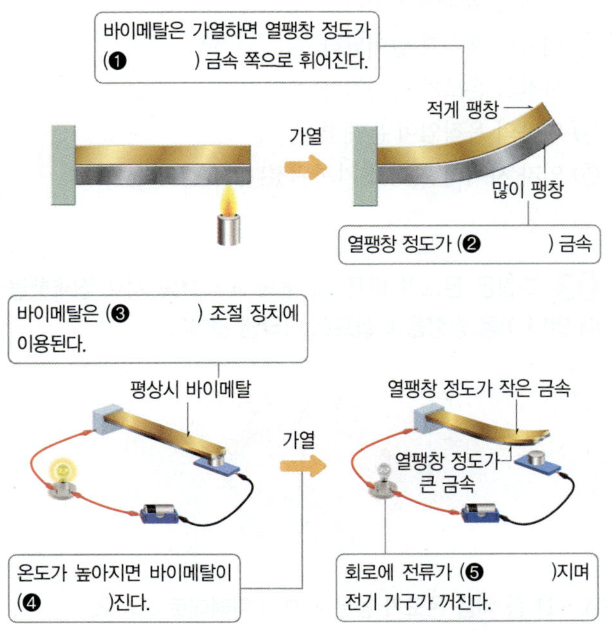

01 ⁄ 온도와 열의 이동

01 온도와 열에 대한 설명으로 옳지 <u>않은</u> 것은?

① 물질의 온도가 높으면 물질을 구성하는 입자의 움직임이 활발하다.
② 물체를 여러 번 잡아당기거나 비벼도 물체의 온도가 높아진다.
③ 물체가 열을 잃으면 온도가 낮아진다.
④ 물체가 열을 잃으면 입자 사이의 거리가 멀어진다.
⑤ 열은 입자의 움직임이 활발한 물체에서 입자의 움직임이 둔한 물체로 이동한다.

02 그림은 어떤 물질을 가열했을 때 물질의 상태가 변화한 모습을 입자 모형으로 나타낸 것이다.

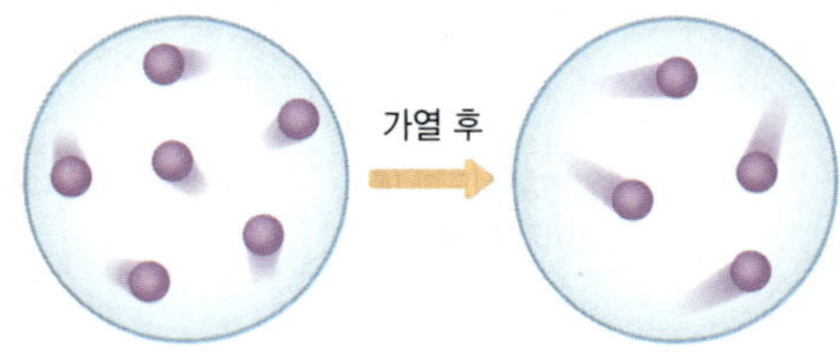

물질을 가열한 후의 변화에 대한 설명으로 옳은 것은?

① 물질의 질량이 커졌다.
② 입자의 개수가 늘어났다.
③ 물질의 온도가 높아졌다.
④ 입자의 움직임이 둔해졌다.
⑤ 입자 사이의 거리가 가까워졌다.

03 그림은 온도가 다른 네 물체 A∼D를 서로 접촉했을 때 열의 이동 방향을 화살표로 나타낸 것이다.

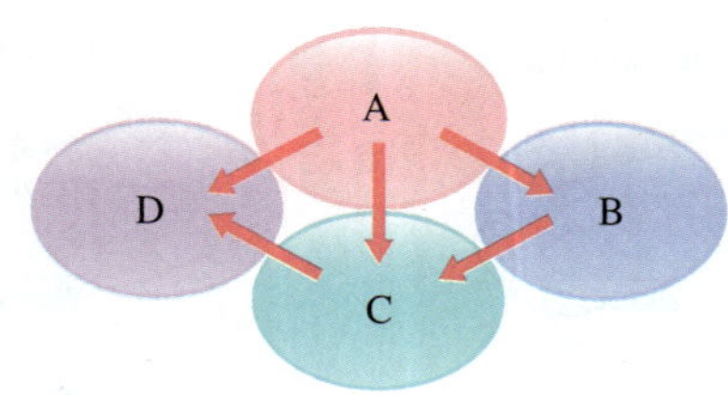

A∼D 중 처음 온도가 높은 것부터 차례대로 쓰시오.

04 열평형에 대한 설명으로 옳지 <u>않은</u> 것은?

① 온도가 다른 두 물체를 접촉하면 열은 온도가 낮은 물체에서 온도가 높은 물체로 이동한다.
② 두 물체가 접촉한 상태로 충분한 시간이 지나면 두 물체의 온도가 같아진다.
③ 접촉한 두 물체가 열평형에 이르기까지 물체를 구성하는 입자의 배치나 움직임이 달라진다.
④ 얼음 위에 생선을 올려놓고 신선하게 유지하는 것은 열평형을 이용한 예이다.
⑤ 즉석 식품을 뜨거운 물에 넣으면 즉석 식품과 뜨거운 물이 열평형을 이루어 즉석 식품을 데울 수 있다.

05 표는 온도가 다른 두 물체 (가), (나)를 접촉시킨 후 시간에 따라 온도를 측정하여 나타낸 것이다.

시간(분)	0	1	2	3	4	5
(가)의 온도(°C)	60	38	25	24	24	24
(나)의 온도(°C)	5	17	21	23	24	24

이에 대한 설명으로 옳은 것을 보기 에서 모두 고른 것은?

보기
ㄱ. 1 분일 때 (가)는 열을 잃는다.
ㄴ. 3 분일 때 두 물체는 열평형을 이루었다.
ㄷ. 6 분일 때 (가)와 (나)의 온도는 서로 같다.

① ㄱ   ② ㄴ   ③ ㄱ, ㄷ
④ ㄴ, ㄷ   ⑤ ㄱ, ㄴ, ㄷ

06 오른쪽 그림은 온도가 다른 두 물질 A, B를 접촉시킨 모습을 나타낸 것이다. 이에 대한 설명으로 옳지 <u>않은</u> 것은?

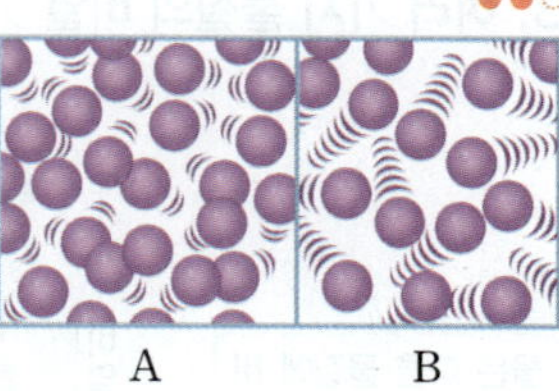

① 처음 온도는 B가 A보다 높다.
② 열은 B에서 A로 이동한다.
③ A는 입자의 움직임이 점점 둔해진다.
④ B는 입자 사이의 거리가 점점 가까워진다.
⑤ 충분한 시간이 지난 후 A와 B 입자의 움직임이 활발한 정도가 같아진다.

07 그림 (가)는 뜨거운 금속 추 위에 플라스틱판과 금속판을 동시에 올려 둔 모습을, (나)는 플라스틱판과 금속판을 열화상 카메라로 촬영한 모습을 나타낸 것이다.

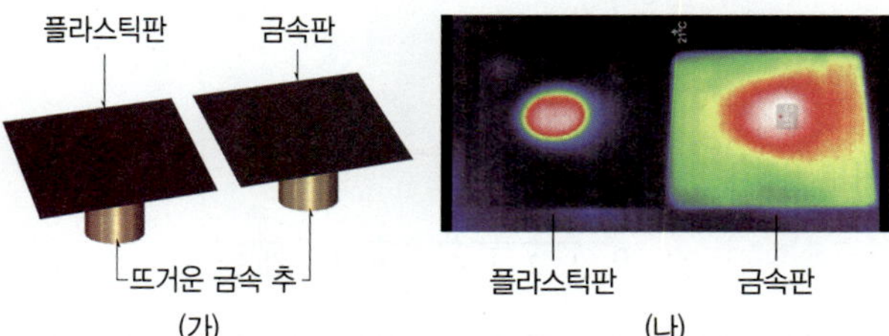

이에 대한 설명으로 옳지 <u>않은</u> 것은? (단, 플라스틱판과 금속판의 중심 부분에 각각 뜨거운 금속 추가 접촉해 있다.)

① 전도의 방식으로 열이 이동한다.
② 입자가 직접 이동하며 열을 전달한다.
③ 플라스틱보다 금속에서 열이 더 빠르게 전도된다.
④ 뜨거운 금속 추가 접촉한 부분에 있는 입자는 움직임이 활발해진다.
⑤ 플라스틱판과 금속판의 중심 부분에서 바깥쪽 부분으로 열이 이동한다.

08 그림은 아래쪽 부분이 금속으로 된 주전자의 손잡이가 플라스틱으로 만들어진 모습을 나타낸 것이다.

이에 대한 설명으로 옳은 것을 보기에서 모두 고른 것은?

> **보기**
> ㄱ. 물질의 종류가 달라도 열이 전도되는 빠르기는 같다.
> ㄴ. 금속으로 된 주전자의 아래쪽 부분은 열을 빠르게 전도한다.
> ㄷ. 플라스틱 손잡이는 주전자가 뜨거워도 안전하게 잡을 수 있다.

① ㄱ ② ㄴ ③ ㄱ, ㄷ
④ ㄴ, ㄷ ⑤ ㄱ, ㄴ, ㄷ

09 오른쪽 그림은 주전자에 담긴 물을 끓일 때 주전자 내부에서 일어나는 열의 이동을 나타낸 것이다. 이에 대한 설명으로 옳은 것을 보기에서 모두 고른 것은?

> **보기**
> ㄱ. 물질을 거치지 않고 열이 직접 이동한다.
> ㄴ. 위로 올라가는 입자의 움직임은 아래로 내려오는 입자의 움직임보다 활발하다.
> ㄷ. 이와 같은 원리로 난방기는 방의 아래쪽에 설치해야 한다.

① ㄱ ② ㄴ ③ ㄱ, ㄷ
④ ㄴ, ㄷ ⑤ ㄱ, ㄴ, ㄷ

10 오른쪽 그림은 열화상 카메라로 사람이나 물체를 촬영하여 온도를 측정하는 모습을 나타낸 것이다. 이러한 현상과 관련 있는 열의 이동 방식에 대한 설명으로 옳은 것을 보기에서 모두 고른 것은?

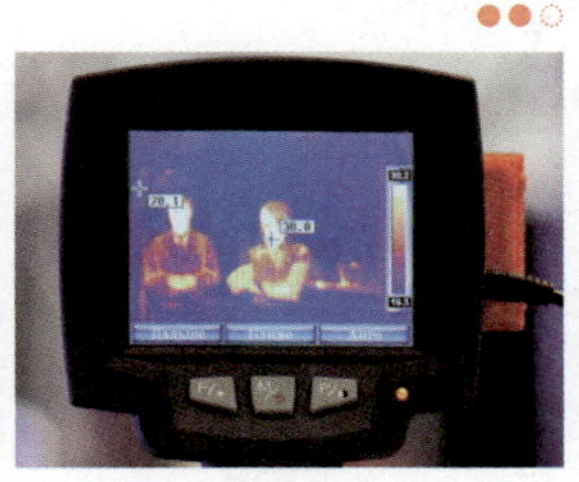

> **보기**
> ㄱ. 열화상 카메라는 복사에 의해 이동하는 열을 측정한다.
> ㄴ. 입자는 이동하지 않고 입자의 움직임이 이웃한 입자에 전달되며 열이 이동한다.
> ㄷ. 햇볕보다 그늘에 있으면 이와 같은 방식으로 이동하는 열이 차단되어 시원함을 느낀다.

① ㄱ ② ㄴ ③ ㄱ, ㄷ
④ ㄴ, ㄷ ⑤ ㄱ, ㄴ, ㄷ

11 그림 (가)~(다)는 겨울철 캠핑을 하며 난로를 설치한 모습을 나타낸 것이다.

(가)~(다)에서 나타나는 열의 이동 방식을 각각 쓰시오.

12 오른쪽 그림과 같이 물 300 g과 500 g이 담겨 있는 비커를 각각 다른 가열 장치로 가열하였더니 두 물의 온도가 똑같이 높아졌다. 물 300 g에 가한 열량이 6 kcal일 때, 물 500 g에 가한 열량은 몇 kcal인지 구하시오.

13 그림은 여러 가지 물질의 비열의 크기를 비교하여 나타낸 것이다.

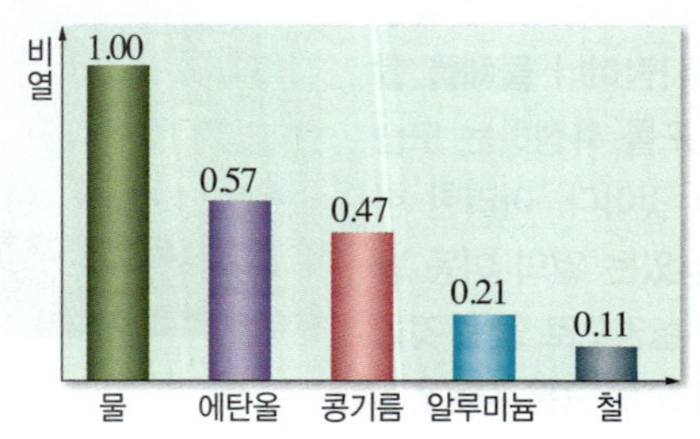

여러 가지 물질 중 온도를 10 ℃ 높이는 데 필요한 열량이 가장 많은 물질은? (단, 물질의 질량은 모두 같다.)

① 물   ② 에탄올   ③ 콩기름
④ 알루미늄   ⑤ 철

14 오른쪽 그림은 질량이 같은 물체 A~C에 같은 열량을 가했을 때 시간에 따른 온도 변화를 나타낸 것이다. A~C의 비열을 비교한 것으로 옳은 것은?

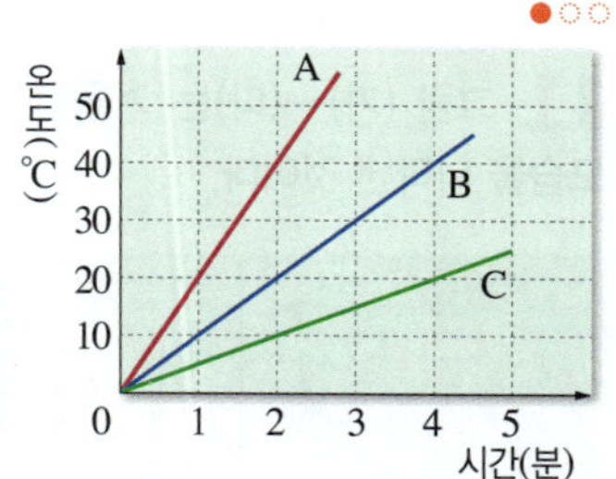

① A>B>C   ② A>C>B
③ B>A>C   ④ B>C>A
⑤ C>B>A

15 그림은 온도가 다른 두 물질 A, B를 접촉시켰을 때 시간에 따른 두 물질의 온도를 나타낸 것이다.

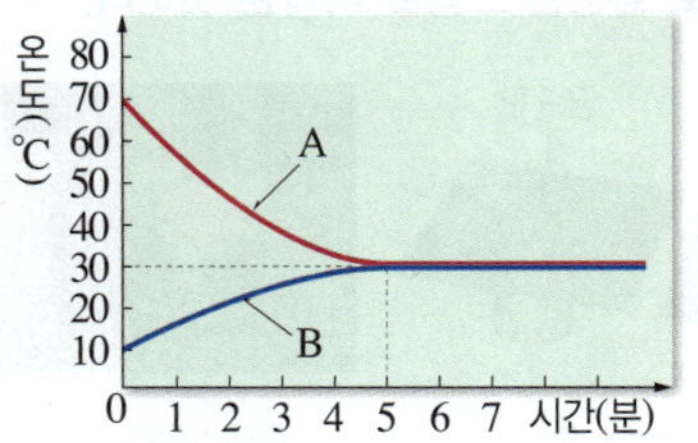

이에 대한 설명으로 옳지 않은 것은? (단, 열은 A와 B 사이에서만 이동한다.)

① 열평형 온도는 30 ℃이다.
② 0~5 분 동안 열은 A에서 B로 이동한다.
③ A가 잃은 열량과 B가 얻은 열량은 같다.
④ A와 B가 모두 물이라면 질량은 A가 B보다 크다.
⑤ A와 B의 질량이 같다면 비열은 B가 A보다 크다.

16 다음은 현대식 한옥에 대한 글이다.

한옥은 효과적으로 난방을 하기 위해 방바닥 아래에 구들장을 깔고, 구들장 아래로 열을 보내는 온돌 난방을 한다. (가)온돌은 방바닥을 데워 방 전체를 따뜻하게 한다.  그리고 현대식 한옥은 따뜻한 실내 온도를 잘 유지할 수 있게 창문을 이중창으로 설치한다. (나)유리창을 이중으로 설치했을 때 유리창 사이의 공기가 전도의 방식으로 열이 이동하는 것을 막는다. 또, (다)한옥은 비열이 큰 나무로 지어 겨울에 따뜻하게 지낼 수 있을 뿐만 아니라 여름에는 시원하게 지낼 수 있다.

이에 대한 설명으로 옳은 것을 보기 에서 모두 고른 것은?

보기
ㄱ. (가)에서 방바닥을 데우면 대류에 의해 방 전체가 따뜻해진다.
ㄴ. (나)에서 공기는 전도의 방식으로 열이 이동할 수 없다.
ㄷ. (다)에서 나무는 비열이 커서 온도가 잘 변하지 않는다.

① ㄱ   ② ㄴ   ③ ㄱ, ㄷ
④ ㄴ, ㄷ   ⑤ ㄱ, ㄴ, ㄷ

17 오른쪽 그림은 뚝배기에 찌개를 끓인 모습을 나타낸 것이다. 이에 대한 설명으로 옳은 것을 보기 에서 모두 고른 것은?

보기

ㄱ. 뚝배기는 금속으로 된 냄비보다 비열이 크다.
ㄴ. 뚝배기는 금속으로 된 냄비보다 온도가 잘 변하지 않는다.
ㄷ. 찌개를 뚝배기에 끓인 까닭은 빨리 끓이기 위해서이다.

① ㄱ   ② ㄷ   ③ ㄱ, ㄴ
④ ㄴ, ㄷ   ⑤ ㄱ, ㄴ, ㄷ

18 금속 막대를 가열하여 온도가 높아졌을 때 나타나는 현상에 대한 설명으로 옳은 것을 보기 에서 모두 고른 것은?

보기

ㄱ. 가열한 부분에서 활발해진 입자의 움직임이 이웃한 입자에 차례로 전달된다.
ㄴ. 금속 막대의 길이와 부피가 늘어난다.
ㄷ. 금속 막대를 구성하는 입자의 수가 증가하며 일어나는 현상이다.

① ㄱ   ② ㄷ   ③ ㄱ, ㄴ
④ ㄴ, ㄷ   ⑤ ㄱ, ㄴ, ㄷ

19 그림은 물질의 종류가 서로 다른 액체 A～D를 둥근바닥 플라스크에 같은 부피만큼 넣고, 뜨거운 물이 담긴 수조에 넣었더니 각 액체의 부피가 늘어난 모습을 나타낸 것이다.

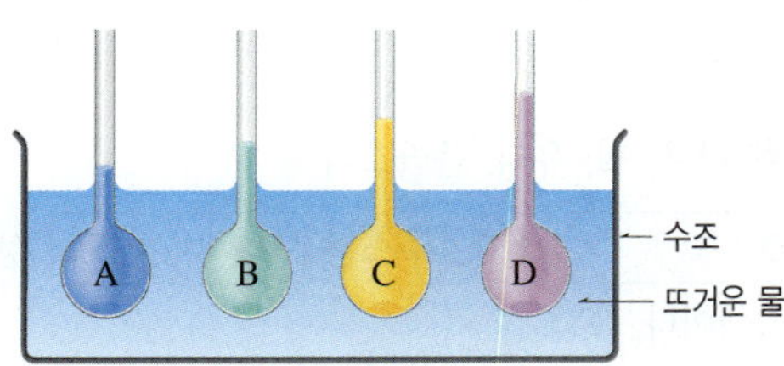

이 실험에서 알 수 있는 사실로 옳은 것을 모두 고르면? (2 개)

① 액체는 열팽창한다.
② 열은 저온에서 고온으로 이동한다.
③ 액체에서는 대류로 열이 이동한다.
④ 액체의 종류에 따라 열팽창 정도가 다르다.
⑤ 온도가 다른 두 물질을 접촉하면 열평형 상태에 도달한다.

20 그림은 서로 다른 금속 A, B, C를 2 개씩 붙여 만든 바이메탈을 가열하였더니 휘어진 모습을 나타낸 것이다.

서 금속의 열팽창 정도를 부등호를 이용하여 비교한 것으로 옳은 것은?

① A>B>C   ② A>C>B   ③ B>A>C
④ B>C>A   ⑤ C>A>B

21 오른쪽 그림은 바이메탈을 이용한 화재경보기의 구조를 나타낸 것이다. 이에 대한 설명으로 옳은 것을 보기 에서 모두 고른 것은?

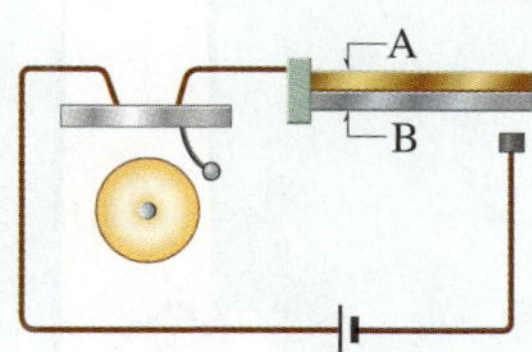

보기

ㄱ. 화재가 발생하면 회로가 연결된다.
ㄴ. 바이메탈의 온도가 높아지면 바이메탈은 B 쪽으로 휘어진다.
ㄷ. 열팽창 정도는 B가 A보다 크다.

① ㄱ   ② ㄷ   ③ ㄱ, ㄴ
④ ㄴ, ㄷ   ⑤ ㄱ, ㄴ, ㄷ

22 다음은 우리 생활에서의 여러 가지 상황을 나타낸 것이다.

(가) 자동차 엔진에 넣는 냉각수로 물을 사용한다.
(나) 송전탑의 전깃줄이 여름철에는 늘어지고, 겨울철에는 팽팽해진다.
(다) 사람의 몸에 있는 물은 온도가 잘 변하지 않으므로 체온을 유지하는 데 도움을 준다.
(라) 컵 2 개가 꽉 끼어 빠지지 않을 때 아래쪽 컵을 따뜻한 물에 잠시 담그면 쉽게 빠진다.

(가)～(라) 중 비열 또는 열팽창과 관련된 상황끼리 옳게 짝지은 것은?

	비열	열팽창		비열	열팽창
①	(가), (나)	(다), (라)	②	(가), (다)	(나), (라)
③	(나), (다)	(가), (라)	④	(나), (라)	(가), (다)
⑤	(다), (라)	(가), (나)			

IV 물질의 상태 변화

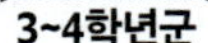

✦ 물질
✦ 물질의 세 가지 상태
✦ 물의 상태 변화

✦ **물질과 물질의 세 가지 상태**

1 ❶ ㅁ ㅈ : 물체를 이루는 재료 예 나무, 철, 유리, 플라스틱 등

2 **물질의 세 가지 상태:** 나무 의자는 ❷ ㄱ ㅊ 상태, 주스는 ❸ ㅇ ㅊ 상태, 축구공 안의 공기는 ❹ ㄱ ㅊ 상태이다.

↑ 나무 의자　　　↑ 주스　　　↑ 축구공 안의 공기

이 단원에서 배울 내용

- ✦ 확산
- ✦ 증발
- ✦ 입자의 운동
- ✦ 물질의 세 가지 상태의 특징
- ✦ 물질의 상태와 입자 모형
- ✦ 상태 변화
- ✦ 상태 변화와 열에너지

✦ 물의 상태 변화

1 **물의 상태 변화**: 물은 고체인 얼음, 액체인 물, 기체인 수증기 상태로 있으며, 세 가지 상태로 변할 수 있다.

2 물이 얼거나 얼음이 녹을 때 ❺ ［ ㅁ ㄱ ］는 변하지 않지만, ❻ ［ ㅂ ㅍ ］는 변한다.

3 **증발**: 물 표면에서 액체인 물이 기체인 수증기로 변하는 현상

4 **끓음**: 물 표면과 물속에서 액체인 물이 기체인 수증기로 변하는 현상

5 **응결**: 기체인 수증기가 액체인 물로 변하는 현상

입자의 운동

만화 완성하기

오른쪽 만화를 보고 토끼의 말풍선을 완성해 보자.

A 확산

점심시간이 다가오면 교실에서도 급식실에서 나는 음식 냄새로 점심 메뉴를 알 수 있어요. 이러한 현상이 일어나는 까닭은 무엇일까요?

● 확산은 액체뿐만 아니라 기체 또는 진공 속에서도 일어난다.

※ 기체 속에서의 확산 현상

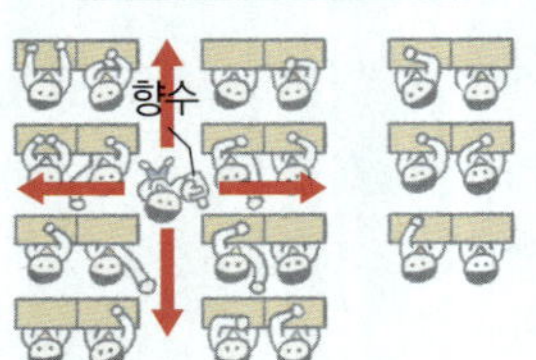

향수를 뿌린 곳에서 가까운 사람부터 향수 냄새를 맡을 수 있고, 점차 냄새를 맡을 수 있는 사람이 늘어난다. ➡ 향수 입자가 스스로 운동하여 공기 중으로 퍼져 나가기 때문

1. 확산: 물질을 구성하는 입자가 스스로 운동하여 모든 방향으로 퍼져 나가는 현상 **

잉크의 확산 현상과 입자 모형 *

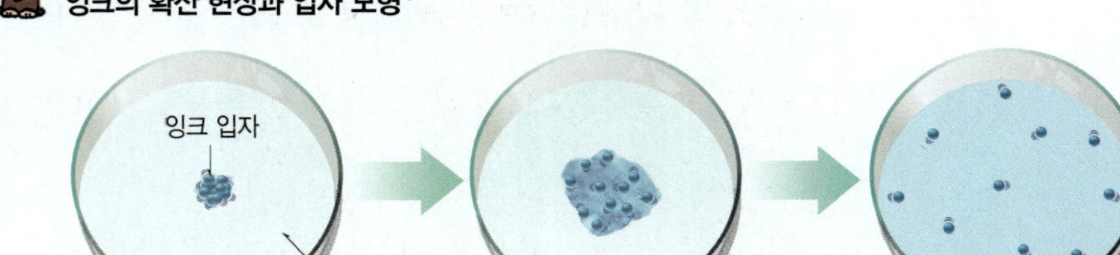

물에 잉크를 떨어뜨리면 물을 저어 주지 않아도 물 전체가 점차 잉크 색으로 변한다.

➡ 잉크 입자가 스스로 운동하여 물속으로 퍼져 나가면서 물과 고르게 섞이기 때문

● 잉크 입자뿐만 아니라 물 입자도 스스로 운동한다.

※ 확산이 잘 일어나는 조건

요인	조건
온도	높을수록
일어나는 곳	액체 속 < 기체 속 < 진공 속

진공 속에서는 확산을 방해하는 입자가 없기 때문

2. 확산의 예

- 전기 모기향을 피워 모기를 쫓는다.
- 마약 탐지견이 냄새로 마약을 찾는다.
- 울창한 숲길을 걸으면 피톤치드 냄새를 맡을 수 있다.

➡ 기체 속에서의 확산

- 냉면에 식초를 떨어뜨리면 국물 전체에서 신맛이 난다.
- 따뜻한 물에 홍차 티백을 넣으면 차가 우러나며 고르게 퍼져 나간다.

➡ 액체 속에서의 확산

※ 입자 모형

입자는 크기가 매우 작아 눈으로 관찰하기 어렵기 때문에 입자를 설명하기 위해 간단한 모형을 이용하여 나타낸다.

구, 구슬, 볼트 등

◐ 차가 우러나는 현상과 입자 모형

1. 증발: 물질을 구성하는 입자가 스스로 운동하여 액체 표면에서 기체로 변하는 현상*

아세톤의 증발 현상과 입자 모형

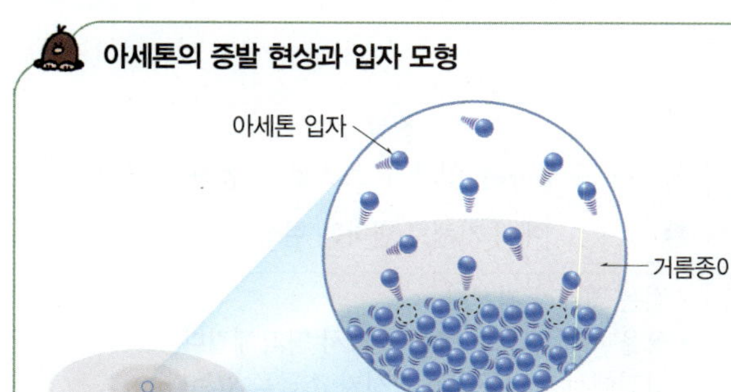

아세톤을 떨어뜨린 거름종이가 점점 마른다.

➡ 액체 아세톤이 기체가 되면서 아세톤 입자가 공기 중으로 날아가기 때문 —➤ 입자의 크기와 질량은 변하지 않는다.

2. 증발의 예

- 젖은 빨래가 마른다.
- 빵을 꺼내 놓으면 빵이 말라서 딱딱해진다.
- 염전에서 바닷물을 증발시켜 소금을 얻는다.
- 어항 속 물이 시간이 지나면 조금씩 줄어든다.
- 오징어, 고추, 과일 등을 오래 보관하기 위해 말린다.

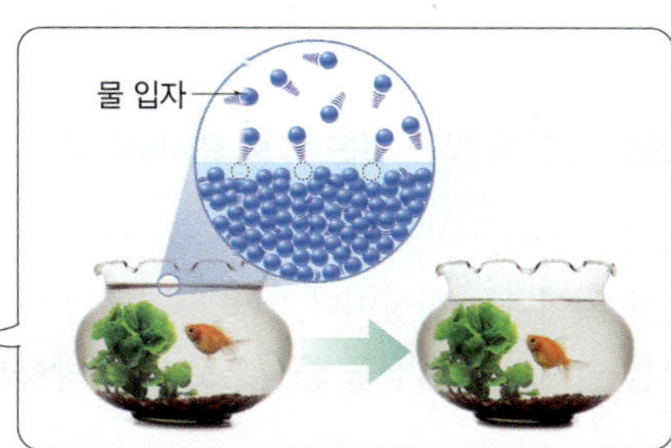

⬆ 어항 속 물이 증발하는 현상과 입자 모형

증발과 끓음

구분	증발	끓음
공통점	액체 → 기체로 변하는 현상	
일어나는 곳	액체 표면	액체 전체 (표면+내부)
일어나는 온도	모든 온도	액체가 끓기 시작하는 온도 이상
발생 원인	입자가 스스로 운동하기 때문	외부로부터 열을 받기 때문

✱ **증발이 잘 일어나는 조건**

요인	조건
온도	높을수록
습도	낮을수록
바람	잘 불수록
표면적	넓을수록

확산과 증발 현상이 일어나는 까닭: 물질을 구성하는 입자가 가만히 정지해 있지 않고 스스로 끊임없이 운동하기 때문**

향수의 확산 및 증발 현상과 입자 모형

향수병의 뚜껑을 연 채로 방에 놓아두면 잠시 후 방 전체에서 향수 냄새를 맡을 수 있다.

➡ 향수 입자가 스스로 운동하여 향수 표면에서 증발하고, 공기 중으로 확산하기 때문

✱ **입자 운동으로 일어나는 현상이 아닌 것**

- 난로 주변이 따뜻하다. ➡ 복사에 의한 현상
- 물이 높은 곳에서 낮은 곳으로 흐른다. ➡ 중력에 의한 현상
- 노랫소리가 멀리 퍼진다. ➡ 파동에 의한 현상

✱ **주유소에서 라이터를 사용하면 안 되는 까닭**

휘발성이 있는 기름이 액체 표면에서 증발하여 기체로 변하고, 기체 상태의 기름 입자가 공기 중으로 확산하므로 라이터를 사용하면 화재 위험이 매우 높다.

입자의 운동

확실한 **증**거가 있2지!
산   발

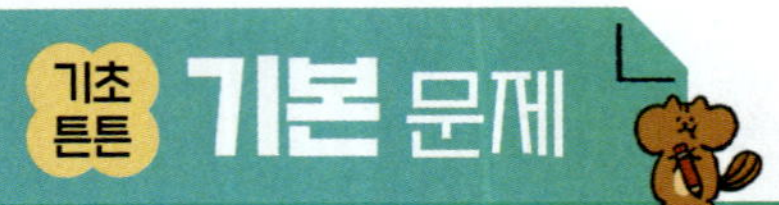

✔ 핵심 요약

▶ **확산과 증발**

구분	확산	증발
정의	물질을 구성하는 입자가 스스로 ❶[　　]하여 모든 방향으로 퍼져 나가는 현상	물질을 구성하는 입자가 스스로 운동하여 액체 ❷[　　]에서 기체로 변하는 현상
예	• 전기 모기향을 피워 모기를 쫓는다. • 마약 탐지견이 냄새로 마약을 찾는다. • 따뜻한 물에 홍차 티백을 넣으면 차가 우러나며 고르게 퍼져 나간다.	• 젖은 빨래가 마른다. • 빵을 꺼내 놓으면 빵이 말라서 딱딱해진다. • 염전에서 바닷물을 증발시켜 소금을 얻는다. • 어항 속 물이 시간이 지나면 조금씩 줄어든다.
일어나는 까닭	물질을 구성하는 입자가 가만히 정지해 있지 않고 스스로 끊임없이 ❸[　　]하기 때문	

1　확산에 대한 설명으로 옳은 것은 ○, 옳지 <u>않은</u> 것은 ×로 표시하시오.

(1) 기체 속에서는 확산이 일어나지 않는다. ························ (　　　)

(2) 입자가 스스로 운동하기 때문에 일어나는 현상이다. ·········· (　　　)

(3) 물에 잉크를 떨어뜨리면 잉크를 떨어뜨린 지점을 중심으로 한쪽 방향으로만 퍼져 나간다.
·· (　　　)

2　증발에 대한 설명으로 옳은 것은 ○, 옳지 <u>않은</u> 것은 ×로 표시하시오.

(1) 액체가 기체로 변하는 현상이다. ································· (　　　)

(2) 가열할 때만 일어나는 현상이다. ································· (　　　)

(3) 입자가 정지해 있지 않고 끊임없이 운동하기 때문에 일어나는 현상이다. ······ (　　　)

3　확산에 해당하는 현상은 '확산', 증발에 해당하는 현상은 '증발'이라고 쓰시오.

(1) 젖은 빨래가 마른다. ·· (　　　)

(2) 마약 탐지견이 냄새로 마약을 찾는다. ···························· (　　　)

(3) 빵을 꺼내 놓으면 빵이 말라서 딱딱해진다. ······················ (　　　)

(4) 염전에서 바닷물을 증발시켜 소금을 얻는다. ···················· (　　　)

(5) 냉면에 식초를 떨어뜨리면 국물 전체에서 신맛이 난다. ········· (　　　)

(6) 따뜻한 물에 홍차 티백을 넣으면 차가 우러나며 고르게 퍼져 나간다. ······ (　　　)

4　물질을 구성하는 입자가 스스로 운동하기 때문에 일어나는 현상으로 옳은 것은 ○, 옳지 <u>않은</u> 것은 ×로 표시하시오.

(1) 난로 주변이 따뜻하다. ·· (　　　)

(2) 노랫소리가 멀리 퍼진다. ·· (　　　)

(3) 물걸레로 닦아 둔 교실 바닥이 마른다. ··························· (　　　)

(4) 급식실에서 나는 음식 냄새를 교실에서도 맡을 수 있다. ········· (　　　)

이 단원에서 확산과 증발 현상을 관찰하는 실험은 매우 중요해요. 완자쌤 특강을 통해 실험 과정과 결과를 확인해 볼까요?

탐구 자료 ❶ 확산 현상 관찰

관련 개념 | 96 쪽 A 확산

| 목표　확산 현상을 관찰하여 입자가 스스로 운동하고 있음을 추론해 본다.

| 과정 및 결과
① 페트리 접시에 BTB 용액을 일정한 간격으로 1 방울씩 떨어뜨린다.
　└● 식초에 들어 있는 아세트산과 같은 산성 물질과 만나면 노란색으로 변한다.
② 페트리 접시의 가운데에 식초를 1~2 방울 떨어뜨린 뒤 뚜껑을 덮고 변화를 관찰한다.

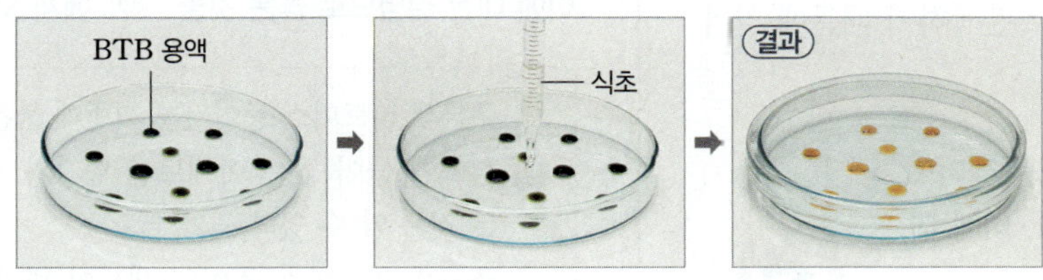

◆ **같은 실험 다른 장치**
① 푸른색 리트머스 종이를 플라스틱 컵 안쪽 벽면에 같은 간격으로 붙인다.
② 페트리 접시의 가운데에 식초를 묻힌 솜을 놓고 과정 ①의 플라스틱 컵을 덮은 뒤 변화를 관찰한다.

| 해석　식초를 떨어뜨린 지점과 가까이 있는 BTB 용액부터 노란색으로 변한다.
➡ 식초에 들어 있는 아세트산 입자가 스스로 운동하여 모든 방향으로 확산하기 때문

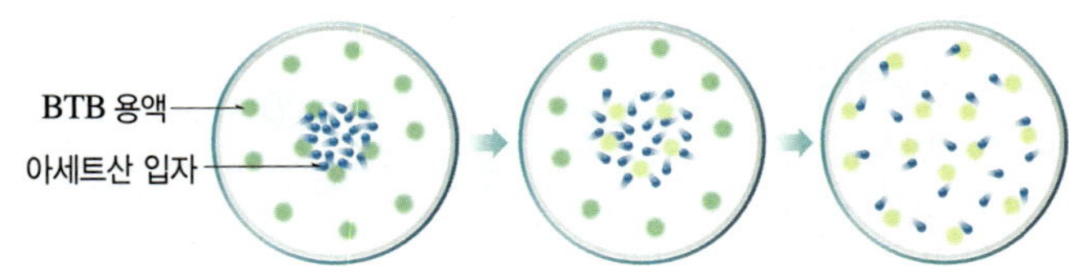

➡ 식초를 묻힌 솜과 가까이 있는 푸른색 리트머스 종이부터 붉은색으로 변한다.
　└● 식초에 들어 있는 아세트산과 같은 산성 물질과 만나면 붉은색으로 변한다.

| 결론　입자가 스스로 운동하기 때문에 (　　　)이 일어난다.

탐구 자료 ❷ 증발 현상 관찰

관련 개념 | 97 쪽 B 증발

| 목표　증발 현상을 관찰하여 입자가 스스로 운동하고 있음을 추론해 본다.

| 과정 및 결과
① 전자저울에 거름종이를 올린 페트리 접시를 놓고 영점을 맞춘다.
② 거름종이에 아세톤을 2~3 방울 떨어뜨린 뒤 질량 변화를 관찰한다.

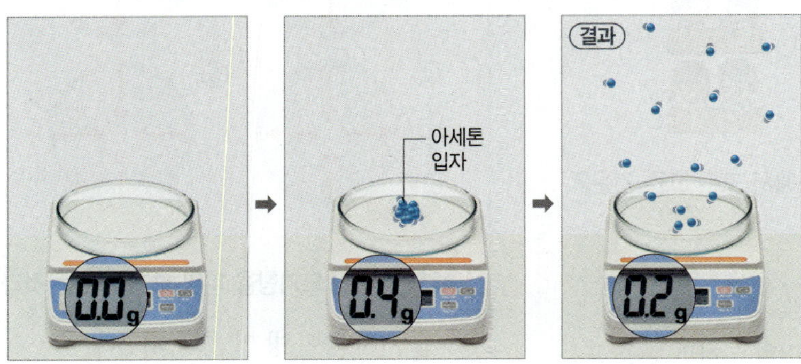

◆ **같은 실험 다른 장치**
거름종이에 떨어뜨린 아세톤 대신 손 소독제, 향수, 에탄올 등을 사용해도 실험 결과는 같다.

| 해석　거름종이에 떨어뜨린 아세톤의 흔적이 서서히 사라지면서 질량이 점점 줄어든다.
➡ 아세톤 입자가 스스로 운동하여 공기 중으로 증발하기 때문
　└● 전자저울의 숫자가 작아지다가 0이 된다.

| 결론　입자가 스스로 (　　　)하기 때문에 증발이 일어난다.

핵심 문제

01 확산에 대한 설명으로 옳은 것은?

① 액체 속에서만 일어난다.
② 바람이 불 때만 일어나는 현상이다.
③ 외부의 힘이 가해져야만 일어나는 현상이다.
④ 입자가 액체 표면에서 기체로 변하는 현상이다.
⑤ 물질을 구성하는 입자가 스스로 운동하기 때문에 일어나는 현상이다.

02 오른쪽 그림과 같이 물에 잉크를 떨어뜨리면 잉크는 물 전체로 퍼져 나간다. 이에 대한 설명으로 옳지 <u>않은</u> 것은?

① 잉크 입자가 물 입자 사이로 퍼져 나간다.
② 잉크 입자의 확산 현상을 알아보는 실험이다.
③ 시간이 지나면서 잉크 입자는 아래쪽으로만 운동한다.
④ 잉크 입자가 스스로 운동하기 때문에 일어나는 현상이다.
⑤ 방향제를 뿌리면 방 전체에서 좋은 향기가 나는 현상과 같은 원리이다.

03 그림과 같이 교실의 한 지점에서 학급 구성원 중 1 명이 향수를 뿌리고 다른 사람들은 모두 눈을 감은 상태로 향수 냄새를 맡은 즉시 손을 드는 실험을 하였다.

이에 대한 설명으로 옳은 것을 [보기]에서 모두 고른 것은?

> **보기**
> ㄱ. 모든 학생이 동시에 손을 든다.
> ㄴ. A 학생, B 학생, C 학생 순으로 손을 든다.
> ㄷ. 교실의 온도를 높인 뒤 같은 실험을 하면 손을 드는 학생이 없다.

① ㄱ   ② ㄴ   ③ ㄷ
④ ㄱ, ㄴ   ⑤ ㄴ, ㄷ

중요 04 그림과 같이 페트리 접시의 가운데에 식초를 묻힌 솜을 놓고, 푸른색 리트머스 종이를 같은 간격으로 컵 안쪽 벽면에 붙인 플라스틱 컵을 덮었다.

이에 대한 설명으로 옳은 것을 [보기]에서 모두 고른 것은?

> **보기**
> ㄱ. 푸른색 리트머스 종이가 한꺼번에 붉은색으로 변한다.
> ㄴ. 식초에 들어 있는 아세트산 입자가 스스로 운동한다는 것을 알 수 있다.
> ㄷ. 푸른색 리트머스 종이의 색깔이 변하는 까닭은 식초에 들어 있는 아세트산 입자가 리트머스 종이와 만났기 때문이다.

① ㄱ   ② ㄴ   ③ ㄱ, ㄷ
④ ㄴ, ㄷ   ⑤ ㄱ, ㄴ, ㄷ

05 오른쪽 그림과 같이 페트리 접시에 BTB 용액을 일정한 간격으로 떨어뜨리고 페트리 접시의 가운데에 식초를 1∼2 방울 떨어뜨렸다. BTB 용액의 색깔이 변하는 방향을 화살표로 옳게 나타낸 것은?

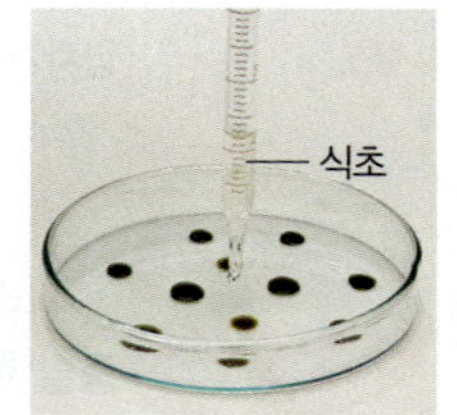

① 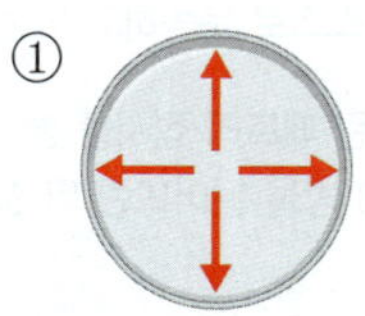   ② 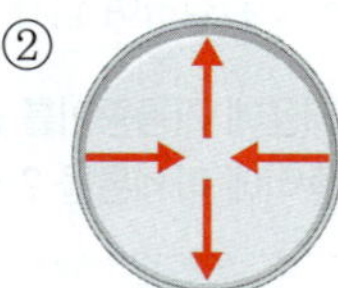   ③ 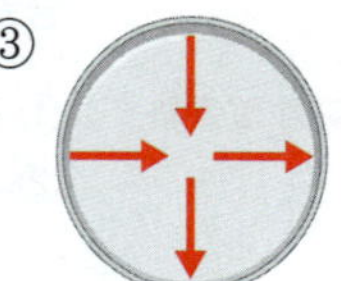

④ 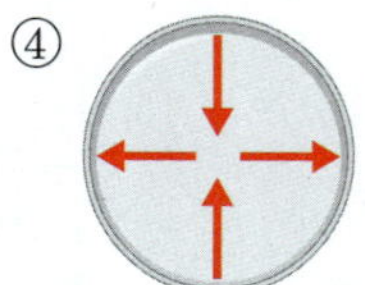   ⑤ 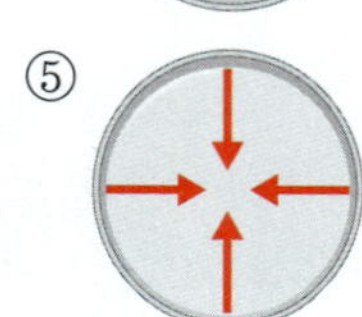

중요 06 전기 모기향을 피워 모기를 쫓는 것과 거리가 <u>먼</u> 현상은?

① 커피 향이 방 안 가득 퍼진다.
② 젖은 머리카락을 머리 말리개로 말린다.
③ 빵 가게를 지나갈 때 갓 구운 빵 냄새가 난다.
④ 울창한 숲길을 걸으면 피톤치드 냄새를 맡을 수 있다.
⑤ 냉면에 식초를 떨어뜨리면 국물 전체에서 신맛이 난다.

07 증발에 대한 설명으로 옳은 것을 [보기]에서 모두 고른 것은?

[보기]
ㄱ. 액체 표면에서 일어난다.
ㄴ. 낮은 온도에서는 일어나지 않는다.
ㄷ. 온도와 습도가 높을수록 잘 일어난다.
ㄹ. 입자가 운동하기 때문에 일어나는 현상이다.

① ㄱ, ㄷ   ② ㄱ, ㄹ   ③ ㄴ, ㄷ
④ ㄴ, ㄹ   ⑤ ㄱ, ㄷ, ㄹ

중요 08 오른쪽 그림은 어항 속 물의 표면에서 일어나는 현상을 모형으로 나타낸 것이다. 이와 같은 현상이 아닌 것은?

① 과일을 말린다.
② 가뭄에 논바닥이 마른다.
③ 컵에 담아 둔 물이 점점 줄어든다.
④ 손등에 바른 알코올이 잠시 후 사라진다.
⑤ 물에 시럽을 넣으면 물 전체에서 시럽 맛이 난다.

중요 09 오른쪽 그림과 같이 전자저울 위에 거름종이를 올린 페트리 접시를 놓고 영점을 맞춘 다음, 거름종이에 아세톤을 몇 방울 떨어뜨렸다. 시간이 지나면서 나타나는 변화에 대한 설명으로 옳은 것을 [보기]에서 모두 고른 것은?

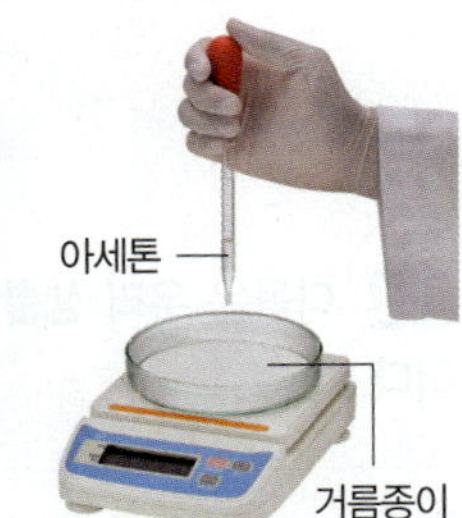

[보기]
ㄱ. 아세톤 입자가 공기 입자로 변한다.
ㄴ. 거름종이에 남아 있는 아세톤 입자의 개수가 점점 줄어든다.
ㄷ. 거름종이에 아세톤을 떨어뜨려 생긴 젖은 흔적의 크기는 변하지 않는다.
ㄹ. 시간이 지나면 아세톤 입자가 공기 중으로 퍼져 나가 조금 떨어진 곳에서도 아세톤 냄새를 맡을 수 있다.

① ㄱ, ㄴ   ② ㄱ, ㄹ   ③ ㄴ, ㄷ
④ ㄴ, ㄹ   ⑤ ㄷ, ㄹ

10 다음은 손 소독제의 증발 현상을 관찰하는 실험이다.

[실험 과정]
(가) 전자저울 위에 거름종이를 올린 페트리 접시를 놓고 영점을 맞춘다.
(나) 거름종이 위에 손 소독제를 3~4 회 뿌린 다음 질량을 측정한다.
(다) 1 분 후, 3 분 후의 질량을 측정한다.

[실험 결과]

구분	뿌린 직후	1 분 후	3 분 후
질량(g)	0.5	0.4	0.1

시간이 지날수록 질량이 감소한 까닭으로 옳은 것은?

① 손 소독제 입자가 사라지기 때문
② 손 소독제 입자의 크기가 작아지기 때문
③ 손 소독제 입자의 질량이 줄어들었기 때문
④ 손 소독제 입자 사이의 거리가 점점 가까워지기 때문
⑤ 손 소독제 입자가 운동하여 공기 중으로 날아가기 때문

11 다음 현상들의 공통점으로 옳은 것은?

• 빵을 꺼내 놓으면 빵이 딱딱해진다.
• 동물의 젖은 털을 바람으로 말린다.
• 오징어나 고추 등을 오래 보관하기 위해 말린다.

① 확산   ② 증발   ③ 복사
④ 응결   ⑤ 끓음

중요 12 확산과 증발에 대한 설명으로 옳은 것을 [보기]에서 모두 고른 것은?

[보기]
ㄱ. 확산은 액체 속에서보다 진공 속에서 더 잘 일어난다.
ㄴ. 증발은 액체 내부에서 액체가 기체로 변하는 현상이다.
ㄷ. 확산과 증발은 여름철보다 겨울철에 더 잘 일어난다.
ㄹ. 확산과 증발은 입자가 스스로 운동하기 때문에 일어나는 현상이다.

① ㄱ, ㄹ   ② ㄴ, ㄷ   ③ ㄷ, ㄹ
④ ㄱ, ㄴ, ㄷ   ⑤ ㄴ, ㄷ, ㄹ

13 그림 (가)는 물에 티백을 넣으면 차 성분이 퍼져 나가는 모습, (나)는 감을 말려 곶감을 만드는 모습이다.

 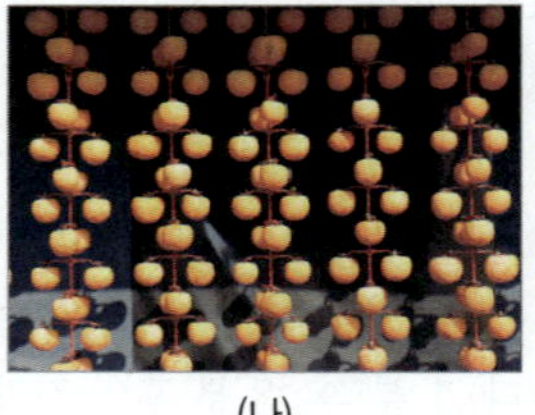

(가)   (나)

(가)와 (나)에 이용되는 과학 원리를 옳게 짝 지은 것은?

	(가)	(나)		(가)	(나)
①	확산	확산	②	확산	증발
③	증발	확산	④	증발	증발
⑤	끓음	증발			

중요 14 물질을 구성하는 입자가 운동하기 때문에 일어나는 현상으로 옳은 것을 모두 고르면? (2 개)

① 난로 주변이 따뜻하다.
② 마약 탐지견이 냄새로 마약을 찾는다.
③ 물이 높은 곳에서 낮은 곳으로 흐른다.
④ 젖은 우산을 펼쳐 두면 물기가 마른다.
⑤ 라면을 끓이던 냄비 속 물의 양이 줄어든다.

중요 15 그림은 향수병의 뚜껑을 열어 놓았을 때 시간의 흐름에 따른 향수 입자의 운동을 모형으로 나타낸 것이다.

이에 대한 설명으로 옳은 것은?

① A는 기체에서 일어나는 현상이다.
② A는 과일을 말리는 원리와 같은 현상이다.
③ 진공 속에서는 B가 일어나지 않는다.
④ B는 물티슈를 꺼내 두면 물이 모두 마르는 원리와 같은 현상이다.
⑤ A와 B는 온도가 높아지면 일어나지 않는다.

서술형 문제

16 병에 담겨 있는 액체 모기약으로 모기를 쫓을 수 있는 까닭을 다음 용어를 모두 사용하여 서술하시오. 풀이 TIP

> 입자, 증발, 확산

중요 17 오른쪽 그림과 같이 물이 반 정도 들어 있는 페트리 접시에 푸른색 잉크를 떨어뜨렸다. (가)시간이 지남에 따라 물이 어떻게 변하는지 쓰고, (나)그 까닭을 서술하시오.

· (가):

· (나):

중요 18 다음은 우리 생활 주변에서 일어나는 현상을 나타낸 것이다. 풀이 TIP

> · 커피 가루를 물에 넣으면 물 전체로 퍼진다.
> · 손에 손 소독제를 뿌리면 잠시 후 사라진다.

이와 같은 현상이 일어나는 공통적인 원인을 입자와 관련지어 서술하시오.

풀이 TIP **16** 증발과 확산의 원리를 떠올리고, 모기약을 구성하는 입자의 움직임을 생각한다. **18** 확산과 증발이 일어나는 까닭을 생각한다.

한 걸음 더 실력 UP 문제

01 그림과 같이 페트리 접시에 pH 시험지를 일정한 간격으로 놓고 페트리 접시의 가운데에 암모니아수를 1~2 방울 떨어뜨렸다.

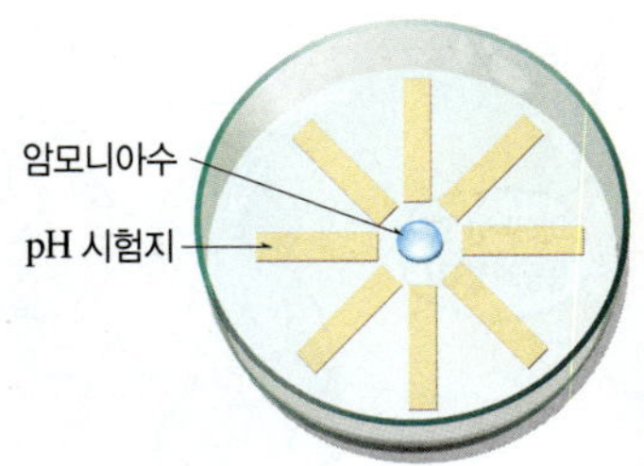

이에 대한 설명으로 옳은 것을 보기 에서 모두 고른 것은? (단, pH 시험지는 암모니아수에 들어 있는 암모니아 입자와 같은 염기성 물질을 만나면 푸른색으로 변한다.)

보기
ㄱ. 암모니아의 확산에 의해 pH 시험지가 푸른색으로 변한다.
ㄴ. pH 시험지는 암모니아수와 가까운 쪽부터 색깔이 변한다.
ㄷ. 암모니아 입자가 한쪽 방향으로만 운동하는 것을 확인할 수 있다.
ㄹ. 암모니아수 대신 물을 사용해도 같은 실험 결과를 얻을 수 있다.

① ㄱ, ㄴ   ② ㄱ, ㄷ   ③ ㄷ, ㄹ
④ ㄱ, ㄴ, ㄹ   ⑤ ㄴ, ㄷ, ㄹ

02 젖은 머리카락을 빨리 말릴 수 있는 방법으로 옳은 것을 보기 에서 모두 고른 것은?

보기
ㄱ. 머리카락을 뭉쳐서 말린다.
ㄴ. 머리 말리개의 온도를 높인다.
ㄷ. 선풍기의 바람 세기를 강하게 한다.
ㄹ. 주변에 물을 뿌려 주어 습도를 높인다.

① ㄴ   ② ㄹ   ③ ㄱ, ㄹ
④ ㄴ, ㄷ   ⑤ ㄷ, ㄹ

03 다음은 자리끼에 대한 설명이다.

밤에 자다가 마시기 위하여 잠자리 머리맡에 준비해 두는 물을 자리끼라고 한다. 자리끼는 목마름을 해결해 주기도 하지만 밤새 물이 (㉠)하면서 방 안의 습도를 조절해 준다.

㉠과 같은 원리로 일어나는 현상이 <u>아닌</u> 것은?

① 뚜껑을 열어 둔 물티슈가 마른다.
② 가뭄에 논바닥이 바짝 말라 갈라진다.
③ 어항 속 물이 시간이 지나면 조금씩 줄어든다.
④ 비가 와서 생긴 물웅덩이는 며칠이 지나면 물이 마른다.
⑤ 물에 음료수 원액을 부으면 저어 주지 않아도 색깔이 서서히 퍼져 나간다.

04 다음은 새집 증후군과 관련된 일기 중 일부분이다.

부모님과 함께 다음 달에 이사 갈 새집을 구경하러 갔다. 기대에 찬 마음으로 집 안에 들어갔는데, 이상한 냄새가 나면서 눈이 따갑고 기침이 계속 났다. 왜 이런 증상이 나타나는지 궁금하여 포털 사이트에 검색해 보니 건물을 지을 때 사용한 접착제나 페인트 등에서 나온 유해 물질로 인해 새집 증후군이 생기기 때문이라고 한다. 새집 증후군을 예방하기 위해서는 유해 물질을 없애는 것이 중요하다는 데 어떻게 없앨 수 있을지 고민해 보아야겠다.

이에 대한 설명으로 옳은 것을 보기 에서 모두 고른 것은?

보기
ㄱ. 유해 물질은 확산하여 공기 중으로 퍼진다.
ㄴ. 새집 증후군은 겨울철보다 여름철에 발생하기 쉽다.
ㄷ. 새집 증후군을 줄이기 위해 에어컨을 켜고 창문을 닫는다.
ㄹ. 확산과 증발을 이용하여 새집 증후군을 예방할 수 있다.

① ㄱ   ② ㄴ, ㄷ   ③ ㄷ, ㄹ
④ ㄱ, ㄴ, ㄹ   ⑤ ㄴ, ㄷ, ㄹ

만화 완성하기

오른쪽 만화를 보고 에탄올의 말풍선을 완성해 보자.

A 물질의 세 가지 상태

우리 주위에 있는 대부분의 물질은 고체, 액체, 기체 상태로 존재해요. 물질의 상태에 따라 어떤 특징이 있는지 알아볼까요?

궁금해

기체는 모두 눈에 보이지 않을까?

모든 기체가 눈에 보이지 않는 것은 아니다. 아이오딘(보라색), 브로민(갈색)과 같이 색이 있는 기체도 있다.

＊ 가루 물질의 상태

설탕, 밀가루와 같은 가루 물질은 담는 용기에 따라 모양이 달라지지만, 알갱이 하나하나의 모양은 변하지 않으므로 고체이다.

＊ 김과 안개

① 김　　　① 안개

· 김: 물이 끓을 때 나오는 하얀 김은 수증기가 액체로 변하여 생긴 물방울이다.
· 안개: 지표 가까이에 작은 물방울이 떠 있는 것으로, 김과 마찬가지로 액체 상태이다.

용어

❶ 압축(壓 누르다, 縮 줄이다) 물질에 압력을 가해 부피를 줄인다.

---

1. 물질의 세 가지 상태: 대부분의 물질은 고체, 액체, 기체로 구분할 수 있다.

물질의 세 가지 상태

2. 물질의 상태에 따른 특징

구분	고체＊	액체＊	기체
모양과 부피 변화	모양 일정 / 부피 일정 담는 용기가 달라져도 모양과 부피가 변하지 않는다.	모양 변함 / 부피 일정 담는 용기에 따라 모양은 변하지만 부피는 일정하다.	모양 변함 / 부피 변함 담는 용기에 따라 모양과 부피가 모두 변하며, 공간을 항상 가득 채운다.
성질	단단하다.	흐르는 성질이 있다.	흐르는 성질이 있다.
❶압축되는 정도	압축되지 않는다.	거의 압축되지 않는다.	압축된다.
예	얼음, 나무, 돌, 플라스틱, 쇠구슬, 설탕, 밀가루 등	물, 주스, 간장, 식초, 우유, 식용유, 에탄올 등	수증기, 공기, 산소, 질소, 이산화 탄소 등

🐢 **물질의 상태에 따른 특징 비교**　　　　　📖 비상교육 교과서에만 나와요.

[고체와 액체의 모양과 부피 변화]

- 고체: 담는 용기가 달라져도 모양과 부피가 변하지 않는다.
- 액체: 담는 용기에 따라 모양은 변하지만 부피는 변하지 않는다.

[액체와 기체의 압축되는 정도]*

- 액체: 힘을 가해도 부피가 거의 변하지 않는다. → 압력을 가해도 거의 압축되지 않는다.
- 기체: 힘을 가하면 부피가 쉽게 변한다. → 압력을 가하면 압축된다.

✳ **고체가 압축되는 정도**
고체는 힘을 가해도 부피가 변하지 않는다. 즉, 압력을 가해도 압축되지 않는다

B **물질의 상태와 입자 배열**　물질의 상태에 따라 나타내는 특징이 달라요. 고체, 액체, 기체의 특징이 다른 까닭은 무엇일까요?

1. 물질의 세 가지 상태와 입자 ❶배열

구분	고체	액체	기체
입자 모형	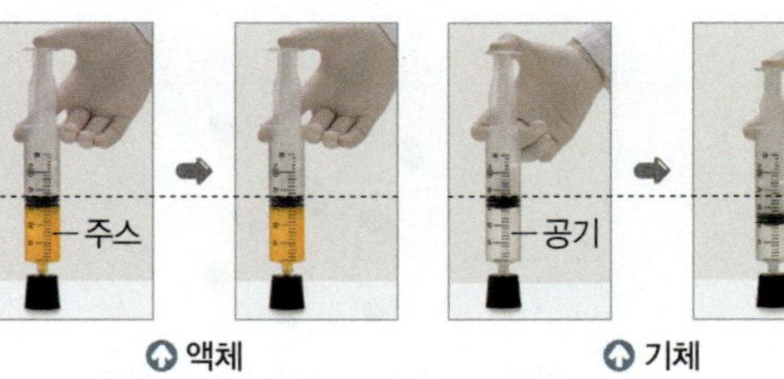		
입자 운동	매우 둔하게 운동한다. └ 제자리에서 진동 운동한다.	비교적 활발하게 운동한다.	매우 활발하게 운동한다.
입자 배열	규칙적이다.	고체보다 불규칙하다.	매우 불규칙하다.
입자 사이의 거리*	매우 가깝다.	비교적 가깝다.	매우 멀다.

🐢 **입자 운동을 학교 생활에 비유하기**

- 학생들이 교실 안에서 제자리에 앉아 자리를 이동하지 않는다.
- 학생들이 교실 안에서 자리를 조금 이동하며 움직인다.
- 학생들이 교실 밖으로 자유롭게 뛰어다니며 움직인다.

2. 물질의 상태에 따라 특징이 다른 까닭: 물질의 상태에 따라 입자의 운동성, 입자 배열의 불규칙한 정도, 입자 사이의 거리가 다르기 때문

암기해

물질의 상태와 입자 배열
입자 운동의 **활발**한 정도
입자 배열의 **불규칙**한 정도
입자 사이의 **거리**
→ 고체＜액체＜기체

✳ **입자 사이의 거리와 압축되는 정도**
- 고체: 입자 사이의 거리가 매우 가까우므로 압축되지 않는다.
- 액체: 입자 사이의 거리가 비교적 가까워 거의 압축되지 않는다.
- 기체: 입자 사이의 거리가 매우 멀어 입자 사이에 빈 공간이 있기 때문에 쉽게 압축된다.

용어

❶ 배열(排 벌리다, 列 늘어놓다) 일정한 차례나 간격에 따라 벌려 놓다.

🟡 핵심 요약

▶ **물질의 세 가지 상태**

구분	고체	액체	기체
특징	• 모양과 부피가 일정하다. • 단단하다. • 압축되지 않는다.	• 담는 용기에 따라 ❶[＿＿]은 변하지만, ❷[＿＿]는 일정하다. • 흐르는 성질이 있다. • 거의 압축되지 않는다.	• 모양과 부피가 일정하지 않다. • 흐르는 성질이 있다. • 압축된다.
입자 모형			
입자 배열	• 입자가 매우 둔하게 운동한다. • 입자 배열이 ❸[＿＿]적이다. • 입자 사이의 거리가 매우 가깝다.	• 입자가 비교적 활발하게 운동한다. • 입자 배열이 고체보다 불규칙하다. • 입자 사이의 거리가 비교적 가깝다.	• 입자가 매우 활발하게 운동한다. • 입자 배열이 매우 불규칙하다. • 입자 사이의 거리가 매우 ❹[＿＿].

1 물질의 세 가지 상태에 대한 설명으로 옳은 것은 ○, 옳지 <u>않은</u> 것은 ✕로 표시하시오.

(1) 고체와 액체는 흐르는 성질이 없지만, 기체는 흐르는 성질이 있다. ·············· (   )

(2) 고체는 모양이 일정하지만, 액체와 기체는 담는 용기에 따라 모양이 변한다. ········· (   )

(3) 고체는 힘을 가하면 부피가 쉽게 변하지만, 액체와 기체는 힘을 가해도 부피가 거의 변하지 않
는다. ·· (   )

[2~3] 그림은 물질의 세 가지 상태에 따른 입자 모형을 순서 없이 나타낸 것이다.

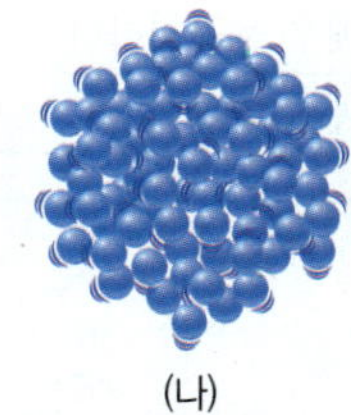
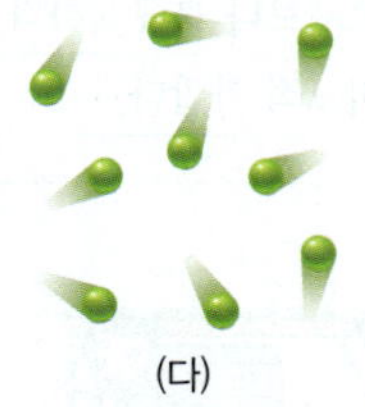

(가)　　　　　　(나)　　　　　　(다)

2 (가)~(다)에 해당하는 물질의 상태를 각각 쓰시오.

3 다음 설명에 알맞은 입자 모형을 (가)~(다)에서 고르시오.

(1) 입자 배열이 규칙적이다. ·· (   )

(2) 입자가 매우 활발하게 운동한다. ·· (   )

(3) 입자 사이의 거리가 비교적 가깝다. ·· (   )

얼음이 녹으면 물이 되고, 물이 끓으면 수증기가 돼요. 이처럼 물질은 한 가지 상태로만 존재하는 것이 아니라 다른 상태로 변할 수 있어요. 물질의 상태가 변하는 현상의 종류와 예에는 어떤 것이 있는지 알아볼까요?

1. 상태 변화: 물질이 한 상태에서 다른 상태로 변하는 것 — 상태 변화의 원인은 온도와 압력이며, 주로 온도에 의해 변한다.

가열할 때 일어나는 상태 변화	냉각할 때 일어나는 상태 변화
융해, 기화, 승화(고체 → 기체)*	응고, 액화, 승화(기체 → 고체)*

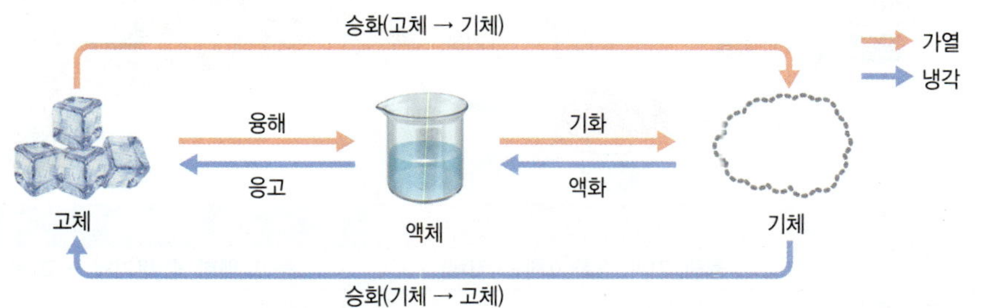

❋ 승화성 물질

1 기압, 25 ℃에서 쉽게 승화하는 물질

예 드라이아이스, 아이오딘, 나프탈렌(고체 방충제) 등

❋ 양초의 상태 변화

• 양초에 불을 붙이면 고체가 녹아 촛농이 된다. ➡ 융해
• 촛농이 심지를 타고 올라가 심지 끝에서 기체가 되어 탄다. ➡ 기화
• 촛농이 아래로 흘러내리다 굳는다. ➡ 응고

2. 상태 변화의 종류와 예

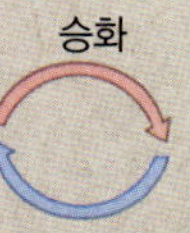

[가열]

융해
(融 녹아서, 解 풀어진다)
고체에서 액체로 변하는 현상

• 아이스크림이 녹는다.
• 얼음이 녹아 물이 된다.
• 초가 녹아 촛농이 흘러내린다.*
• 용광로에서 철이 녹아 쇳물이 된다.
• 초콜릿을 손에 올려두면 초콜릿이 녹는다.
• 갓 구운 빵 위에 버터를 바르면 버터가 녹는다.

기화
(氣 기체로, 化 된다)
액체에서 기체르 변하는 현상

• 젖은 빨래가 마른다.
• 도화지에 그린 물감이 마른다.
• 도자기에 있던 물이 수증기로 변한다.
• 손에 바른 손 소독제가 금세 마른다.
• 물을 끓이면 물의 양이 점점 줄어든다.
• 알코올 솜에 있는 액체 에탄올이 기체 상태가 되어 마른다.

승화
(昇 올라가, 華 빛난다)
고체에서 기체로 변하는 현상

• 냉동실에 넣어 둔 얼음이 조금씩 작아진다.
• 영하의 온도에서 얼어 있던 명태가 마른다.
• 드라이아이스의 크기가 시간이 지나면 점점 작아진다. ← 이산화 탄소를 냉각한 고체
• 추운 겨울 그늘에 있던 눈사람이 녹지 않았는데 크기가 작아진다.

[냉각]

응고
(凝 엉겨서, 固 굳는다)
액체에서 고체로 변하는 현상

• 겨울철에 계곡물이 언다.
• 흘러내리던 촛농이 굳는다.
• 냉동실에 넣은 주스가 언다.
• 쇳물이 식어 단단한 철이 된다.
• 겨울철 지붕 끝에 물이 얼어 고드름이 생긴다.
• 뜨거운 고깃국이 식으면 기름이 하얗게 굳는다.

액화
(液 액체로, 化 된다)
기체에서 액체로 변하는 현상

• 이른 새벽 풀잎게 이슬이 맺힌다.
• 수증기가 기온이 내려가면 물로 변한다.
• 얼음물이 들어 있는 컵 표면에 물방울이 맺힌다.
• 추운 겨울 밖에 있다가 따뜻한 실내에 들어가면 갑자기 안경이 뿌옇게 변한다.

승화
(昇 올라가, 華 빛난다)
기체에서 고체로 변하는 현상

• 냉동실 안쪽에 성에가 생긴다. ← 수증기가 얼어붙은 것
• 겨울철 나뭇잎에 서리가 생긴다. ← 수증기가 얼어붙은 것
• 추운 겨울 유리창에 성에가 생긴다.
• 겨울철 산꼭대기에 공기 중 수증기가 나뭇가지에 얼어붙어 상고대가 생긴다.
← 나무나 풀에 내려 눈처럼 된 서리

D 상태 변화와 입자 배열의 변화

물질의 상태에 따라 입자 배열이 달라요. 그럼 물질의 상태가 변하면 입자 배열도 변할까요?

1. 물질의 상태 변화에 따른 입자 배열의 변화

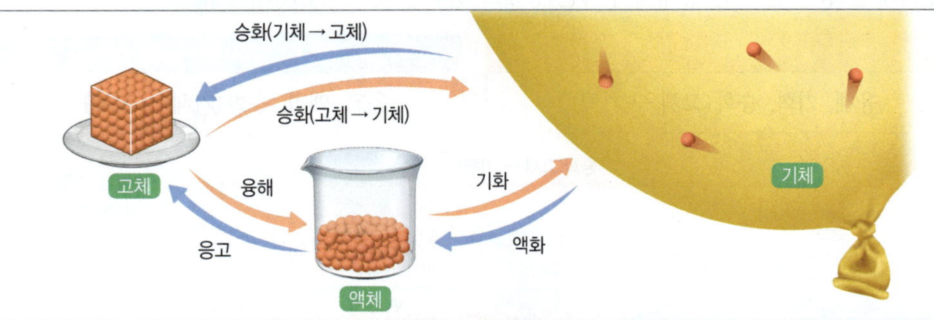

구분	가열할 때	냉각할 때
	융해, 기화, 승화(고체 → 기체)	응고, 액화, 승화(기체 → 고체)
입자 운동	활발해진다.	둔해진다.
입자 배열	불규칙하게 변한다.	규칙적으로 변한다.
입자 사이의 거리	멀어진다. ── 부피가 늘어난다. (물은 예외)	가까워진다. ── 부피가 줄어든다. (물은 예외)

2. 물질의 상태가 변할 때 물질의 성질, 질량, 부피의 변화*

(1) **상태 변화와 물질의 성질 변화**: 변하지 않는다. ➡ 물질을 구성하는 입자의 종류와 개수, 크기가 변하지 않기 때문

(2) **상태 변화와 물질의 질량 및 부피 변화**

① 물질의 질량 변화: 변하지 않는다. ➡ 물질을 구성하는 입자의 종류와 개수, 크기가 변하지 않기 때문

② 물질의 부피 변화: 변한다. ➡ 물질을 구성하는 입자의 배열이 달라져 입자 사이의 거리가 달라지기 때문

초콜릿의 상태가 변할 때 초콜릿의 모양은 변하지만, 맛이나 냄새 등의 성질은 변하지 않는다.

↑ 초콜릿의 융해와 응고

융해, 기화, 승화(고체 → 기체)	응고,* 액화, 승화(기체 → 고체)
부피가 늘어난다.	부피가 줄어든다. ── 물은 예외
➡ 입자 사이의 거리가 멀어지기 때문	➡ 입자 사이의 거리가 가까워지기 때문

상태 변화에 따른 물질의 질량과 부피 변화

[올리브유의 응고]

• 질량 변화: 질량은 변하지 않는다.
• 부피 변화: 부피가 줄어든다.

[드라이아이스의 승화(고체 → 기체)]

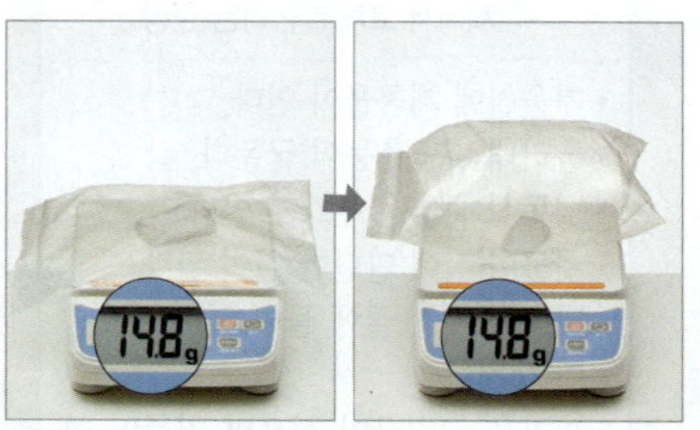

• 질량 변화: 질량은 변하지 않는다.
• 부피 변화: 부피가 늘어난다.

• 융해, 기화, 승화(고체 → 기체)가 일어날 때 입자 사이의 거리

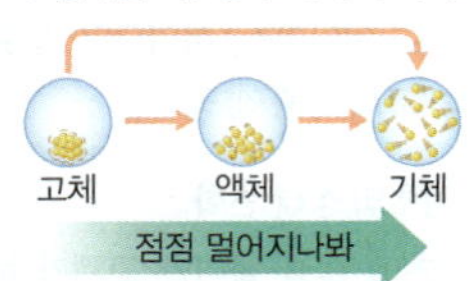

• 응고, 액화, 승화(기체 → 고체)가 일어날 때 입자 사이의 거리

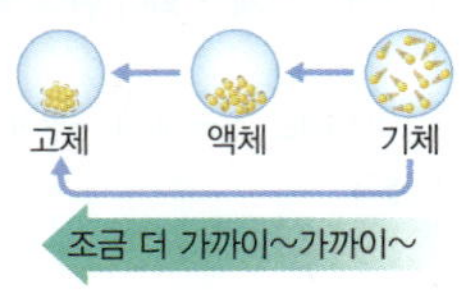

✳ 상태 변화가 일어날 때 변하지 않는 것과 변하는 것

변하지 않는 것	• 입자의 종류 • 입자의 개수 • 입자의 크기 ➡ 물질의 성질과 질량
변하는 것	• 입자의 운동 • 입자의 배열 • 입자 사이의 거리 ➡ 물질의 부피

✳ 물이 응고할 때 부피 변화

물은 일반적인 물질과 다르게 응고할 때 부피가 늘어난다. 그래서 페트병에 물을 넣고 얼리면 페트병이 부푼다.

입자 사이의 거리가 멀어지기 때문

↑ 물이 얼기 전   ↑ 물이 언 후

옥수수 알갱이가 팝콘이 될 때 크기가 커지는 까닭

옥수수 알갱이를 가열하면 옥수수 알갱이에 들어 있던 물이 기화하면서 입자 배열이 불규칙해지고 입자 사이의 거리가 멀어지므로 부피가 늘어난다.

기초튼튼 기본 문제

✔ 핵심 요약

▶ **상태 변화**: 물질이 한 상태에서 다른 상태로 변하는 것

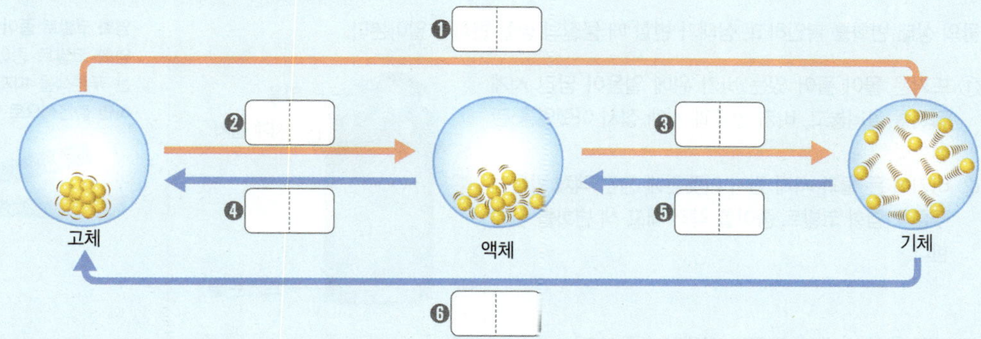

▶ **상태 변화와 물질의 성질, 질량 변화**: 물질의 상태가 변할 때 입자의 종류와 개수, 크기는 변하지 않으므로 물질의 성질과 ❼ ☐ 은 변하지 않는다.

▶ **상태 변화와 물질의 부피 변화**: 물질의 상태가 변하면 입자의 배열이 달라져 입자 사이의 거리가 달라지기 때문에 ❽ ☐ 는 변한다.

---

1 다음 현상과 상태 변화의 종류를 선으로 옳게 연결하시오.

(1) 겨울철에 계곡물이 언다.   •   • ㉠ 기화

(2) 아이스크림이 녹아 흘러내린다.   •   • ㉡ 승화(고체 → 기체)

(3) 겨울철에 나뭇잎에 서리가 생긴다.   •   • ㉢ 승화(기체 → 고체)

(4) 물을 끓이면 물의 양이 점점 줄어든다.   •   • ㉣ 액화

(5) 얼음물이 들어 있는 컵 표면에 물방울이 맺힌다.   •   • ㉤ 융해

(6) 드라이아이스의 크기가 시간이 지나면 점점 작아진다.   •   • ㉥ 응고

2 오른쪽 그림은 물질의 상태 변화를 입자 모형으로 나타낸 것이다. (단, 물은 제외한다.)

(1) A~F 중 입자 운동이 둔해지는 상태 변화를 모두 고르시오.

(2) A~F 중 입자 사이의 거리가 멀어지는 상태 변화를 모두 고르시오.

(3) A~F 중 부피가 가장 크게 늘어나는 상태 변화를 고르시오.

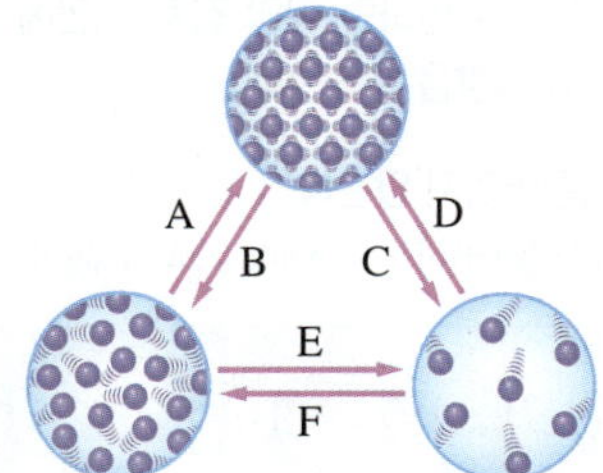

3 물질의 상태가 변할 때 변하는 것을 [보기]에서 모두 고르시오.

보기
ㄱ. 입자의 배열   ㄴ. 입자의 종류   ㄷ. 입자의 개수
ㄹ. 입자의 운동   ㅁ. 입자의 크기   ㅂ. 입자 사이의 거리
ㅅ. 물질의 부피   ㅇ. 물질의 성질   ㅈ. 물질의 질량

완자쌤 특강

이 단원에서 상태 변화에 따른 물질의 성질, 질량, 부피 변화를 확인하는 실험은 매우 중요해요. 완자쌤 특강을 통해 실험 과정과 결과를 확인해 볼까요?

탐구 자료 ❶　물의 상태 변화

관련 개념 | 108 쪽　**D**　상태 변화와 입자 배열의 변화

| 목표　물의 상태 변화를 확인하고, 상태가 변할 때 물질의 성질 변화를 알아본다.

| 과정
① 뜨거운 물이 들어 있는 비커 위에 얼음이 담긴 시계 접시를 올려놓고, 비커 안쪽과 시계 접시 아랫면을 관찰한다.
② 비커에 든 물과 시계 접시 아랫면에 생긴 액체 방울에 푸른색 염화 코발트 종이를 각각 대고 색 변화를 관찰한다.

염화 코발트 종이
염화 코발트 종이는 건조할 때는 푸른색을 띠지만, 물을 흡수하면 붉은색으로 변한다.

| 결과 및 해석
❶ 과정 ①에서 비커 속 물이 기체인 수증기로 변했다가 시계 접시 아랫면에서 액체인 물로 변한다.
❷ 과정 ②에서 푸른색 염화 코발트 종이가 모두 붉은색으로 변한다.
➡ 물은 상태가 변해도 성질은 변하지 않는다.

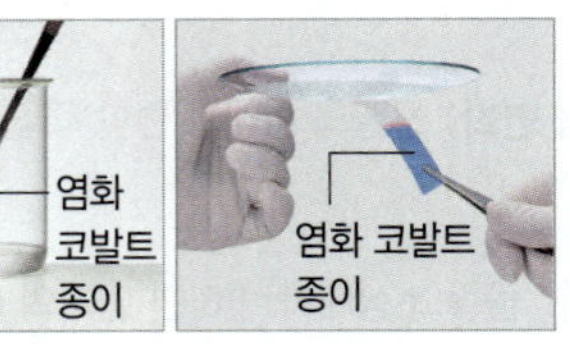

| 결론　물질의 상태가 변할 때 물질의 (　　　　　)은 변하지 않는다.

탐구 자료 ❷　아세톤의 상태 변화

관련 개념 | 108 쪽　**D**　상태 변화와 입자 배열의 변화

| 목표　아세톤의 상태 변화를 확인하고, 상태가 변할 때 물질의 질량과 부피 변화를 알아본다.

| 과정
① 비닐 주머니에 아세톤을 1 mL 정도 넣고 비닐 주머니에서 공기를 최대한 뺀 뒤 입구를 막는다.
② 비닐 주머니를 감압 장치에 넣고 장치 속 공기를 뺀다.
③ 감압 장치를 전자저울 위에 올려놓고 질량을 측정한다.
④ 뜨거운 물이 담긴 수조에 감압 장치를 넣고 변화를 관찰한다.
⑤ 아세톤의 상태가 모두 변하면 감압 장치 표면에 묻은 물기를 잘 닦은 뒤 질량을 측정한다.

◆ 같은 실험 다른 장치
① 삼각 플라스크에 아세톤을 1 mL 정도 넣고 입구에 고무풍선을 씌운다.
② 머리 말리개로 과정 ①의 삼각 플라스크 바닥에 따뜻한 바람을 불어 주면서 변화를 관찰한다.

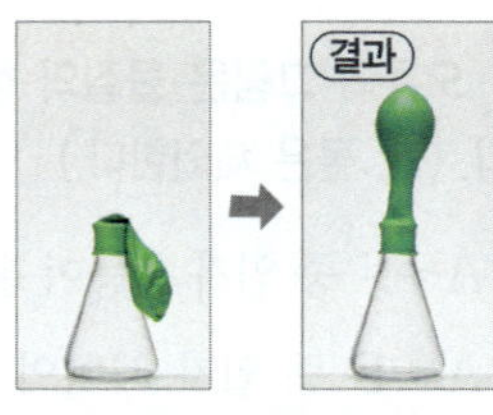

➡ 아세톤이 기화할 때 부피가 늘어나 고무풍선이 부풀어 오른다.

| 결과 및 해석
❶ 질량 변화: 질량은 변하지 않는다.
❷ 부피 변화: 부피가 늘어난다. ━● 비닐 주머니가 부풀어 오른다.

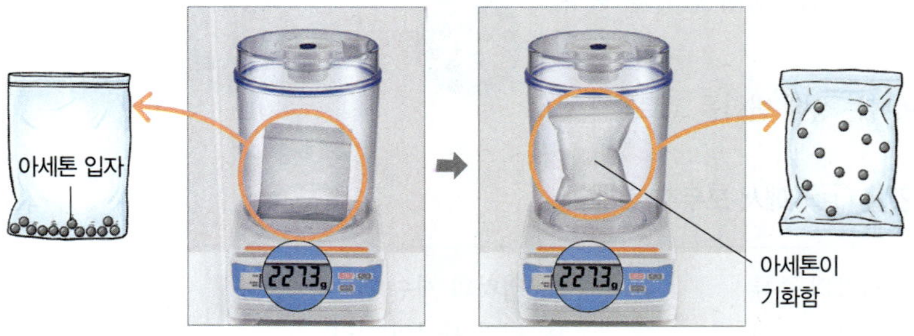

| 결론　물질의 상태가 변할 때 물질의 ㉠(　　　　　)은 변하지 않고, ㉡(　　　　　)는 변한다.

핵심 문제

01 물질의 세 가지 상태에 대한 설명으로 옳은 것은?

① 고체는 단단하며 흐르는 성질이 있다.
② 액체는 담는 용기에 따라 부피는 변하지만, 모양은 일정하다.
③ 기체는 담는 용기에 관계없이 모양과 부피가 일정하다.
④ 같은 물질이면 상태가 달라져도 부피는 변하지 않는다.
⑤ 물질의 세 가지 상태 중에서 가장 압축되기 쉬운 것은 기체이다.

02 실온에서 다음과 같은 특징을 나타내는 물질을 옳게 짝 지은 것은?

- 흐르는 성질이 있다.
- 담는 용기에 따라 모양은 변하지만, 부피는 일정하다.

① 돌, 간장, 공기
② 주스, 아세톤, 식용유
③ 소금, 물, 밀가루
④ 설탕, 나무, 드라이아이스
⑤ 산소, 질소, 이산화 탄소

03 오른쪽 그림은 유리컵에 얼음과 탄산음료가 담긴 모습이다. 이에 대한 설명으로 옳은 것을 〔보기〕에서 모두 고른 것은?

〔보기〕
ㄱ. 유리컵은 액체 상태이다.
ㄴ. 탄산음료는 흐르는 성질이 있다.
ㄷ. 탄산음료에서 나오는 공기 방울은 기체 상태이다.
ㄹ. 유리컵 안에는 고체, 액체, 기체 상태의 물질이 모두 존재한다.

① ㄴ
② ㄷ
③ ㄱ, ㄷ
④ ㄴ, ㄹ
⑤ ㄴ, ㄷ, ㄹ

04 다음은 물질의 세 가지 상태의 특징을 나타낸 것이다.

구분	(가)	(나)	(다)
모양	변함	변함	일정
부피	변함	일정	일정

(가)~(다)에 대한 설명으로 옳지 <u>않은</u> 것은?

① (가)는 입자 사이의 거리가 가장 멀다.
② (나)는 입자 운동이 가장 활발하다.
③ (다)를 구성하는 입자는 제자리에서 진동 운동한다.
④ (가)와 (나)는 흐르는 성질이 있다.
⑤ (나)보다 (다)의 입자 배열이 규칙적이다.

[05~06] 그림은 물질의 세 가지 상태를 입자 모형으로 나타낸 것이다.

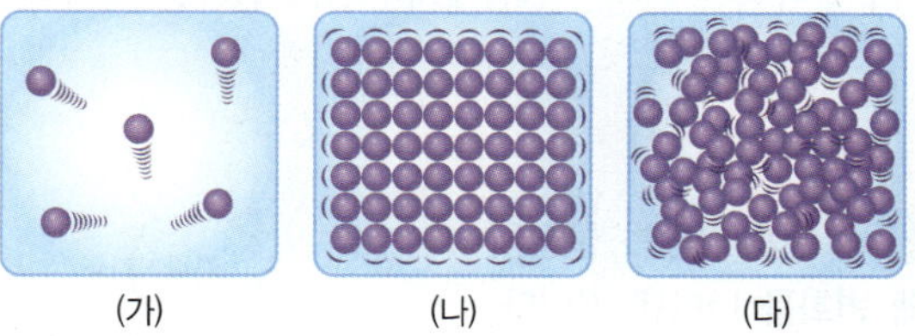

05 이에 대한 설명으로 옳은 것을 〔보기〕에서 모두 고른 것은?

〔보기〕
ㄱ. (가)는 기체, (나)는 고체, (다)는 액체이다.
ㄴ. 에탄올, 식초, 주스 등은 (나)에 해당하는 물질이다.
ㄷ. 입자 배열이 가장 규칙적인 것은 (다)이다.
ㄹ. 담는 용기에 따라 모양이 변하는 것은 (가)와 (다)이다.

① ㄴ
② ㄱ, ㄹ
③ ㄷ, ㄹ
④ ㄱ, ㄴ, ㄷ
⑤ ㄴ, ㄷ, ㄹ

06 입자 모형에서 입자 사이의 거리와 입자 운동의 활발한 정도를 옳게 비교한 것은? (단, 물은 제외한다.)

	입자 사이의 거리	입자 운동의 활발한 정도
①	(가) < (다) < (나)	(가) < (나) < (다)
②	(가) < (다) < (나)	(가) < (다) < (나)
③	(나) < (다) < (가)	(가) < (다) < (나)
④	(나) < (다) < (가)	(나) < (다) < (가)
⑤	(다) < (나) < (가)	(다) < (나) < (가)

07 그림은 쉬는 시간, 수업 시간, 하교 시간에 학생들의 모습을 각각의 세 가지 물질에 비유하여 표현한 것이다.

이에 대한 설명으로 옳지 않은 것은?

① 드라이아이스는 (다)로 표현할 수 있다.
② (다)에서 (가)로 변하는 것을 액화라고 한다.
③ 가장 활발하게 운동하는 것은 (다)이므로 기체이다.
④ 아이스크림이 녹는 현상은 (나)에서 (가)로 변하는 것이다.
⑤ 추운 겨울 그늘에 있던 눈사람이 녹지 않았는데 크기가 작아지는 현상은 (나)에서 (다)로 변하는 것이다.

중요 08 오른쪽 그림은 물질의 상태 변화를 나타낸 것이다. 각 과정에 해당하는 상태 변화와 현상을 옳게 짝 지은 것은?

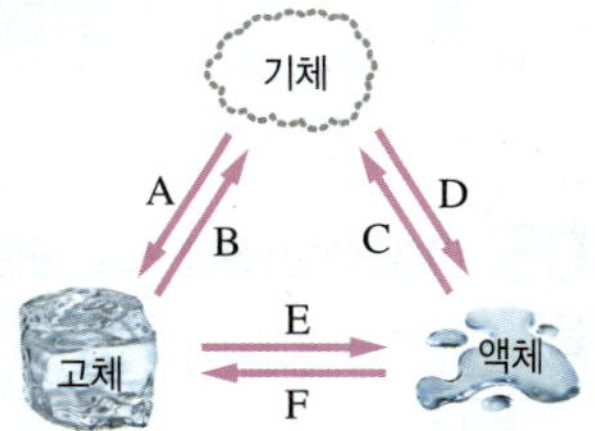

① A – 손에 바른 손 소독제가 금세 마른다.
② B – 뜨거운 고깃국이 식으면 기름이 하얗게 굳는다.
③ C – 이른 새벽 풀잎에 이슬이 맺힌다.
④ D – 냉동실에 넣어 둔 얼음이 조금씩 작아진다.
⑤ E – 갓 구운 빵 위에 버터를 바르면 버터가 녹는다.

09 오른쪽 그림과 같이 양초에 불을 붙이고 양초와 심지에서 일어나는 변화를 관찰하였다. 양초의 변화에 대한 설명으로 옳은 것은?

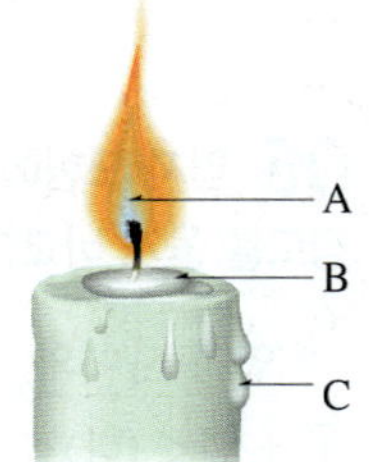

① A에서 액체 양초가 응고한다.
② B에서 고체 양초가 융해한다.
③ C에서 액체 양초가 기화한다.
④ 고체 양초와 촛농이 굳어서 생긴 고체의 성질은 다르다.
⑤ 액체 양초에 심지를 꽂아 굳힌 뒤 심지에 불을 붙이면 불이 붙지 않는다.

10 물질의 상태 변화에 대한 설명으로 옳지 않은 것은?

① 물질의 상태가 변하면 성질이 변한다.
② 융해가 일어날 때 입자 운동이 활발해진다.
③ 물질의 상태가 변할 때 입자의 종류는 변하지 않는다.
④ 물질의 상태가 변할 때 입자의 개수가 변하지 않으므로 질량은 변하지 않는다.
⑤ 일반적으로 물질의 상태가 변할 때 입자 사이의 거리가 멀어지면 부피가 늘어난다.

중요 11 그림은 물질의 상태 변화를 입자 모형으로 나타낸 것이다.

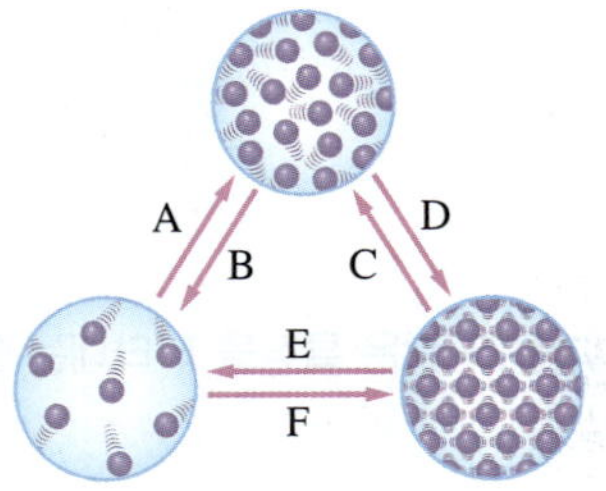

이에 대한 설명으로 옳은 것을 모두 고르면? (2 개) (단, 물은 제외한다.)

① A 과정에서 입자 운동이 활발해진다.
② B 과정에서 입자 배열이 불규칙하게 변한다.
③ C 과정은 입자 사이의 거리가 멀어져 부피가 늘어난다.
④ D 과정과 E 과정에서 물질의 질량은 줄어든다.
⑤ 젖은 빨래가 마르는 현상은 F 과정과 관련 있다.

12 그림은 어떤 물질의 상태 변화 과정을 입자 모형으로 나타낸 것이다.

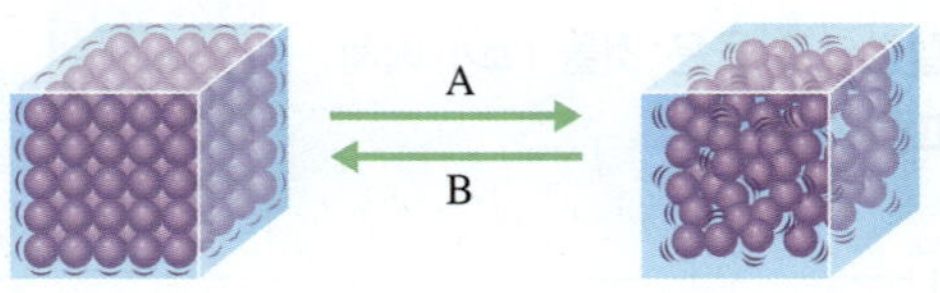

A와 B 과정에 대한 설명으로 옳은 것은? (단, 물은 제외한다.)

		A	B
①	상태 변화	응고	융해
②	입자 운동	둔해진다.	활발해진다.
③	입자 사이의 거리	가까워진다.	멀어진다.
④	물질의 성질	일정하다.	일정하다.
⑤	물질의 부피	일정하다.	일정하다.

13 다음 상태 변화에서 공통적으로 나타나는 현상으로 옳은 것은?

- 흘러내리던 촛농이 굳는다.
- 추운 겨울 유리창에 성에가 생긴다.

① 질량이 감소한다.
② 부피가 줄어든다.
③ 입자의 성질이 변한다.
④ 입자의 종류가 달라진다.
⑤ 입자 배열이 불규칙으로 변한다.

[14~15] 오른쪽 그림과 같이 뜨거운 물이 들어 있는 비커 위에 얼음이 담긴 시계 접시를 올려놓았더니 시계 접시 아랫면에 액체가 생겼다.

14 (가)시계 접시 윗면에 놓인 얼음과 (나)시계 접시 아랫면에서 일어나는 상태 변화를 각각 쓰시오.

15 (다)비커 속에서 일어나는 상태 변화와 종류가 같은 것을 모두 고르면? (2 개)

① 도화지에 그린 물감이 마른다.
② 용광로에서 철이 녹아 쇳물이 된다.
③ 겨울철 처마 끝에 고드름이 생긴다.
④ 찌개를 계속 끓이면 국물이 줄어든다.
⑤ 추운 겨울 밖에 있다가 따뜻한 실내에 들어가면 안경이 뿌옇게 변한다.

16 물질의 상태가 변할 때 변하지 않는 것을 보기에서 모두 고른 것은?

보기
ㄱ. 물질의 부피   ㄴ. 물질의 성질
ㄷ. 물질의 질량   ㄹ. 입자의 개수
ㅁ. 입자의 배열   ㅂ. 입자 사이의 거리

① ㄱ, ㄴ, ㄷ   ② ㄱ, ㅁ, ㅂ   ③ ㄴ, ㄷ, ㄹ
④ ㄷ, ㄹ, ㅁ   ⑤ ㄹ, ㅁ, ㅂ

17 다음은 초콜릿을 가열한 뒤 냉각하는 실험 과정이다.

(가) 초콜릿을 잘게 부숴 맛을 본 뒤 비닐 주머니에 넣는다.
(나) 비닐 주머니를 뜨거운 물에 담가 초콜릿을 완전히 녹인 뒤 맛을 본다.
(다) 비닐 주머니의 한쪽 끝을 조금 잘라 초콜릿을 틀에 넣고 서서히 굳힌 뒤 맛을 본다.

이에 대한 설명으로 옳은 것은?

① (나) 과정에서 일어나는 상태 변화는 응고이다.
② (나)에서 입자 배열이 규칙적으로 변한다.
③ (다) 과정에서 일어나는 상태 변화는 융해이다.
④ (다)에서 초콜릿의 부피가 줄어든다.
⑤ (가)~(다) 과정에서 초콜릿은 모두 다른 맛이다.

18 그림과 같이 액체 올리브유의 질량을 측정하고 부피를 관찰한 다음, 올리브유를 냉각시켜 고체로 만든 뒤 다시 질량을 측정하고 부피를 관찰하였다.

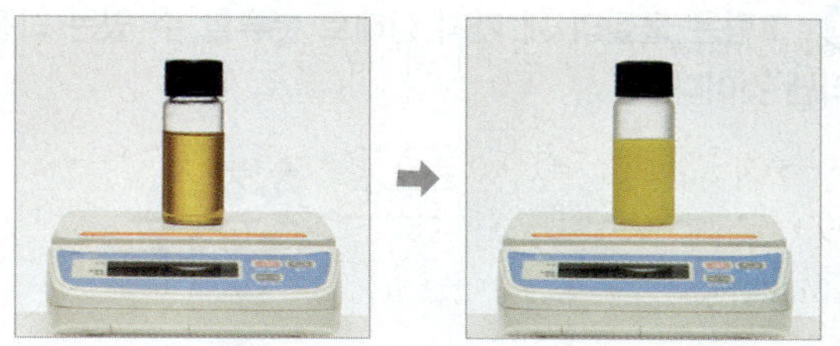

올리브유가 액체 상태에서 고체 상태로 될 때 질량과 부피 변화를 옳게 짝 지은 것은?

	질량	부피		질량	부피
①	증가	증가	②	일정	증가
③	증가	감소	④	일정	감소
⑤	감소	증가			

19 오른쪽 그림과 같이 삼각 플라스크에 액체 아세톤을 넣고 입구에 고무풍선을 씌운 다음, 머리 말리개로 따뜻한 바람을 불어주었더니 고무풍선이 부풀어 올랐다. 이 실험 결과에 대한 설명으로 옳은 것은?

① 아세톤 입자의 크기가 커진다.
② 아세톤 입자의 개수가 많아진다.
③ 아세톤 입자의 질량이 증가한다.
④ 아세톤 입자 사이의 거리가 멀어진다.
⑤ 아세톤 입자가 새로운 입자로 변한다.

20 그림과 같이 주사기 안에 같은 부피의 모래, 물, 공기를 각각 넣고 끝을 고무마개로 막은 다음, 피스톤을 눌렀다.

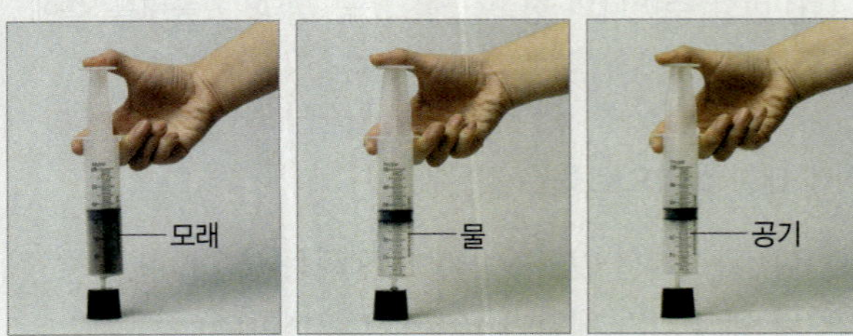

가장 압축이 잘 되는 물질을 고르고, 그 까닭을 물질의 상태와 입자의 관계로 서술하시오.

21 그림은 물질의 세 가지 상태로 분류할 수 있는 과정을 나타낸 것이다. **풀이 TIP**

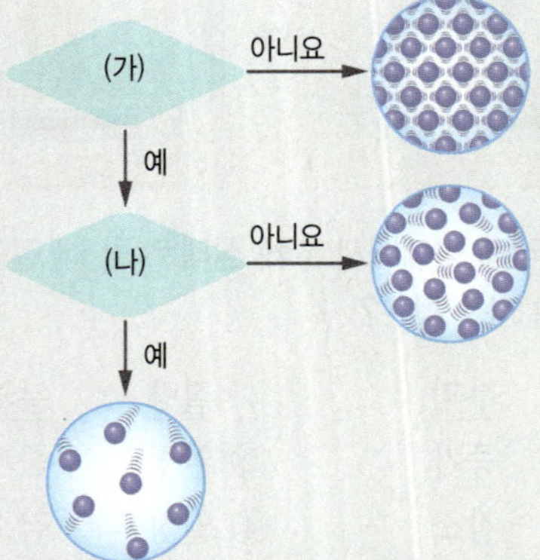

고체, 액체, 기체의 입자 모형으로 분류할 수 있도록 분류 기준 (가)와 (나)를 다음 내용을 활용하여 서술하시오.

> • 담는 용기에 따른 모양 변화
> • 외부에서 힘을 가할 때의 부피 변화

• (가):

• (나):

22 팝콘은 옥수수 알갱이를 가열해서 만든다. 이때 옥수수 알갱이 속 물의 상태 변화와 팝콘이 될 때 크기가 커지는 까닭을 다음 용어를 모두 사용하여 서술하시오.

> 입자 배열, 입자 사이의 거리

23 오른쪽 그림과 같이 뜨거운 물이 들어 있는 비커 위에 얼음이 담긴 시계 접시를 올려놓았다. A와 B에 푸른색 염화 코발트 종이를 대었더니 모두 붉은색으로 변하였다. 이를 통해 알 수 있는 사실을 서술하시오. **풀이 TIP**

24 그림과 같이 아세톤이 들어 있는 비닐 주머니를 감압 장치에 넣고 장치 속 공기를 뺀 뒤 감압 장치의 질량을 측정한 다음, 뜨거운 물이 담긴 수조에 감압 장치를 넣어 아세톤이 모두 기화하였을 때 다시 질량을 측정하였다.

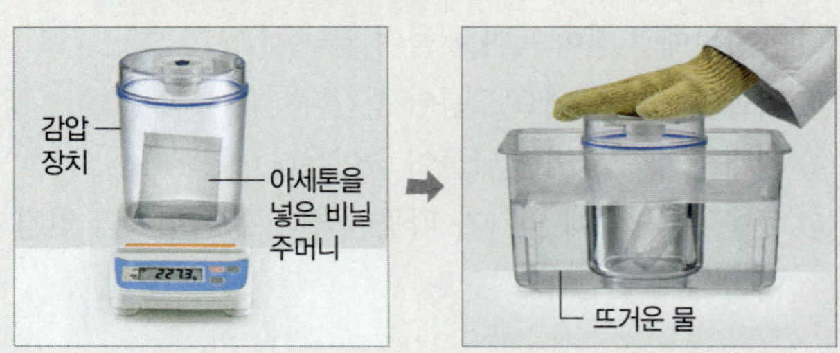

처음 측정한 감압 장치의 질량과 아세톤이 모두 기화한 다음 측정한 감압 장치의 질량은 어떤 차이가 있는지 쓰고, 그 까닭을 입자의 종류 및 개수와 관련지어 서술하시오.

실력 UP 문제

01 그림은 물의 세 가지 상태를 모형으로 나타낸 것이다.

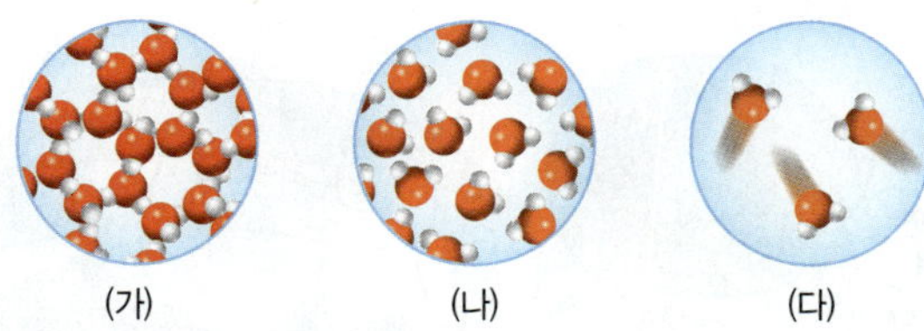

(가)   (나)   (다)

이에 대한 설명으로 옳지 <u>않은</u> 것은?

① 얼음은 (가) 모형으로 나타낼 수 있다.
② 입자 운동은 (다)일 때 가장 활발하다.
③ (가)에서 (나)로 상태가 변할 때 물의 부피는 늘어난다.
④ (가)에서 (나)로 상태가 변할 때 물의 질량은 일정하다.
⑤ 영하의 온도에서 얼어 있던 명태가 마르는 현상은 (가)에서 (다)로 상태 변화 하는 것이다.

02 다음은 사막에서 맑은 물을 얻은 방법이다.

> 사막에서 축축한 모래가 있는 곳을 찾아 오른쪽 그림과 같이 장치하면 모래 속의 물이 증발하여 비닐에 닿아 웅덩이 가운데에 있는 그릇에 물이 고인다. 

이 방법에서 이용된 두 가지 상태 변화를 순서대로 옳게 짝지은 것은?

① 기화, 액화   ② 액화, 기화   ③ 융해, 기화
④ 융해, 액화   ⑤ 응고, 승화

03 오른쪽 그림과 같이 고체 아이오딘이 들어 있는 비커 위에 얼음이 담긴 시계 접시를 올려놓고 가열하였다. 이때 시계 접시 아랫면(A)에서 일어나는 상태 변화와 같은 변화가 일어나는 것은?

① 물이 끓어 수증기가 된다.
② 아이스크림이 녹아 흘러내린다.
③ 겨울철 새벽 나뭇잎에 서리가 내린다.
④ 얼음물이 들어 있는 컵 표면에 물방울이 맺힌다.
⑤ 추운 겨울 그늘에 있던 눈사람의 크기가 작아진다.

04 그림과 같이 장치하고 물이 담긴 삼각 플라스크를 가열하여 물을 끓였다.

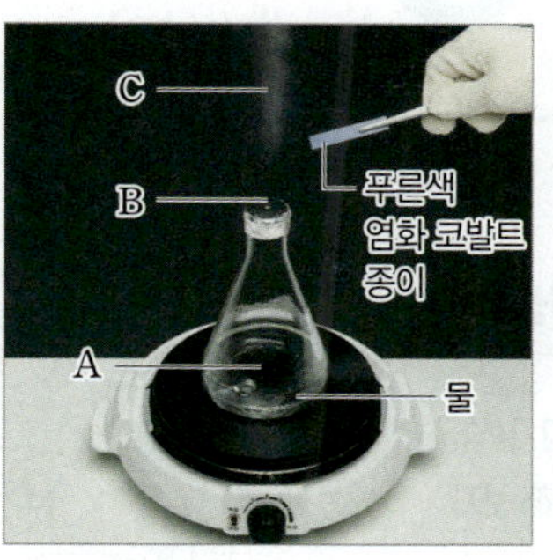

이에 대한 설명으로 옳지 <u>않은</u> 것은?

① A에서는 물이 기화한다.
② B와 C에 푸른색 염화 코발트 종이를 대면 붉은색으로 변한다.
③ C에서 수증기가 액화한다.
④ C에서는 손등에 바른 에탄올이 사라지는 것과 같은 상태 변화가 일어난다.
⑤ 이 실험으로 물의 상태가 변해도 물의 성질은 변하지 않는다는 것을 알 수 있다.

05 다음은 밀랍의 상태가 변할 때 나타나는 현상을 관찰하는 실험이다.

> (가) 알루미늄 컵에 밀랍을 넣고 가열 장치로 가열하여 모두 녹인 다음, 녹은 밀랍을 작은 플라스틱 통에 담는다.
> (나) 녹은 밀랍의 부피를 표시하고, 플라스틱 통의 질량을 측정한다.
> (다) 녹은 밀랍이 든 플라스틱 통을 얼음물에 넣고 밀랍을 굳힌 다음, 부피 변화를 확인하고 플라스틱 통의 질량을 측정한다.

이에 대한 설명으로 옳은 것을 보기 에서 모두 고른 것은?

> **보기**
> ㄱ. (가)에서 응고, (다)에서 융해가 일어난다.
> ㄴ. (나)와 (다)의 부피는 같다.
> ㄷ. 질량은 (나)=(다)이다.

① ㄱ   ② ㄷ   ③ ㄱ, ㄴ
④ ㄴ, ㄷ   ⑤ ㄱ, ㄴ, ㄷ

03 상태 변화와 열에너지

만화 완성하기

오른쪽 만화를 보고 갈색곰의 말풍선을 완성해 보자.

A 열에너지를 흡수하는 상태 변화

종이 냄비에 물을 끓이면 물이 끓는 동안 냄비는 타지 않아요. 냄비가 타지 않는 까닭을 알아볼까요?

1. 물질을 가열할 때의 온도 변화

(1) 물질을 가열하면 온도가 높아진다.

(2) 융해, 기화, 승화(고체 → 기체)가 일어나는 동안 온도가 변하지 않고 일정하게 유지된다.

➡ 흡수한 열에너지를 물질의 온도 변화에 사용하지 않고 상태 변화 하는 데 사용하기 때문

물을 가열할 때의 온도 변화

- (가): 물을 가열하면 온도가 서서히 높아진다.
  ➡ 흡수한 ❶열에너지가 온도를 높이는 데 사용된다.
- (나): 물이 끓는 동안에는 온도가 높아지지 않고 일정하게 유지된다.
  ➡ 흡수한 열에너지가 상태 변화 하는 데 모두 사용된다.
- (다): 물이 다 끓으면 온도가 다시 높아진다.

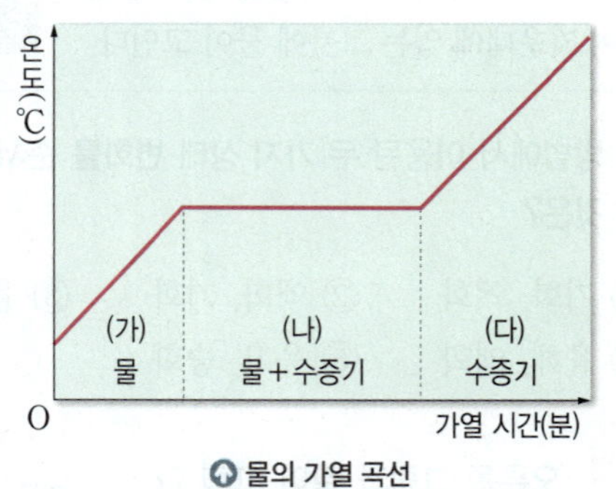

▲ 물의 가열 곡선

2. 열에너지를 흡수하는 상태 변화: 융해, 기화, 승화(고체 → 기체)

융해, 기화, 승화(고체 → 기체)가 일어날 때 물질은 열에너지를 흡수하여 입자 운동이 활발해지고 입자 배열이 불규칙하게 변한다.

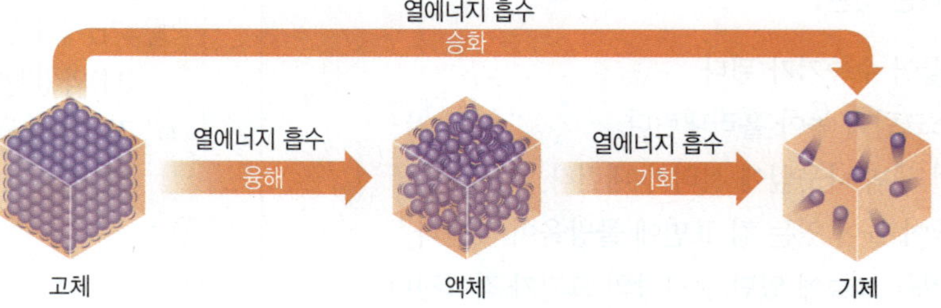

❊ 얼음의 가열 곡선

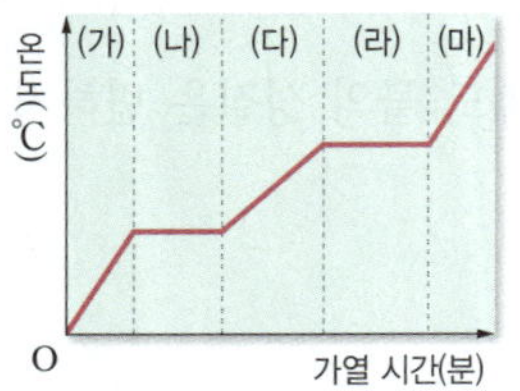

- (가): 얼음
- (나): 얼음+물
  ➡ 융해가 일어난다.
- (다): 물
- (라): 물+수증기
  ➡ 기화가 일어난다.
- (마): 수증기

용어

❶ 열에너지(熱 덥다, energy) 물질의 온도나 상태를 변화시키는 원인이 되는 에너지의 한 형태

 **열에너지를 흡수하는 상태 변화와 입자 배열의 변화**

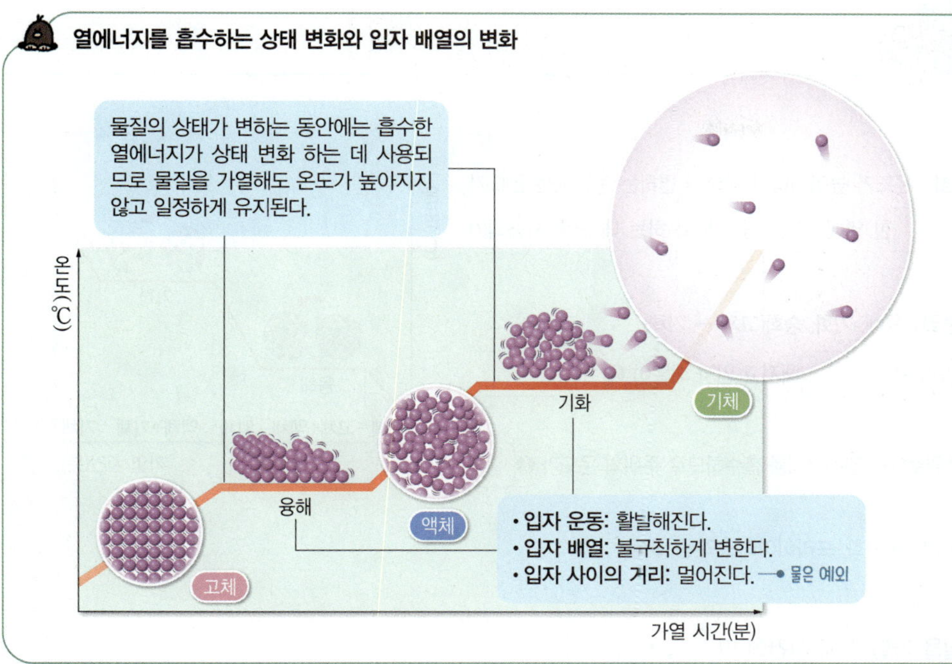

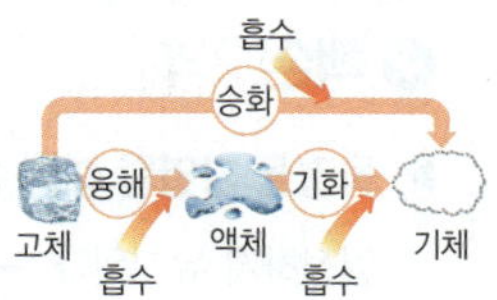

B 열에너지를 흡수하는 상태 변화의 이용

더운 나라에 사는 코끼리는 진흙 목욕을 하고, 캥거루는 팔과 다리에 침을 묻혀요. 왜 그런 행동을 하는지 알아볼까요?

1. 열에너지를 흡수하는 상태 변화: 물질이 주위로부터 열에너지 흡수 ➡ 주위의 온도가 낮아진다.

2. 열에너지를 흡수하는 상태 변화의 예

융해

- 얼음 조각상 옆에 있으면 시원하게 느껴진다.
- 손바닥 위에 얼음을 올려놓으면 손이 차가워진다.
- 음료수에 얼음을 넣으면 얼음이 녹으면서 음료수가 시원해진다.
- 신선식품을 배달할 때 얼음주머니를 함께 넣으면 식품을 신선하게 유지할 수 있다.

승화(고체 → 기체)

- 드라이아이스를 이용하여 백신을 수송하면 시원하게 보관할 수 있다.
- 아이스크림을 포장할 때 드라이아이스를 함께 넣으면 아이스크림이 잘 녹지 않는다.

기화

- 도심에 숲을 만들면 더운 날 도심의 온도를 낮출 수 있다.
  ┗● 식물의 잎에서 증산 작용이 일어날 때 물이 수증기로 바뀌면서 열에너지를 흡수한다.
- 손 소독제를 손에 뿌리면 손바닥이 시원해진다.
- 더운 여름날 인공 안개 장치로 물을 뿌리면 시원해진다.
- 뷰테인 가스를 사용하고 난 다음 가스통을 만져 보면 차갑다. ─● 액체 뷰테인이 통 밖으로 나오면서 기화할 때 열에너지를 흡수한다.
- 사막에서 시원한 물을 마시기 위해 양가죽으로 만든 물주머니를 사용한다. ┗● 물주머니의 작은 구멍에서 새어나온 물이 기화하면서 열에너지를 흡수한다.
- 운동 후 땀이 마를 때나 샤워를 한 후 몸에 물기가 있으면 춥게 느껴질 수 있다.
- 항아리 냉장고의 모래에 물을 뿌리면 전기가 없어도 음식물을 시원하게 보관할 수 있다.

기초튼튼 기본 문제

✔ 핵심 요약

▶ **물질을 가열할 때의 온도 변화:** 온도가 높아지다가 상태가 변하는 동안에는 온도가 일정하게 유지된다. ➡ ❶[　　　　]한 열에너지가 상태 변화 하는 데 모두 사용되기 때문

▶ **열에너지를 흡수하는 상태 변화:** 융해, 기화, 승화(고체 → 기체)
- 입자 배열의 변화: 입자 운동이 ❷[　　　　] 해지고 입자 배열이 ❸[　　　　] 하게 변한다.
- 주위의 온도 변화: 물질이 주위로부터 열에너지를 흡수하므로 주위의 온도가 ❹[　] 아진다.

  예 얼음주머니의 융해, 손 소독제의 기화, 드라이아이스의 승화 등

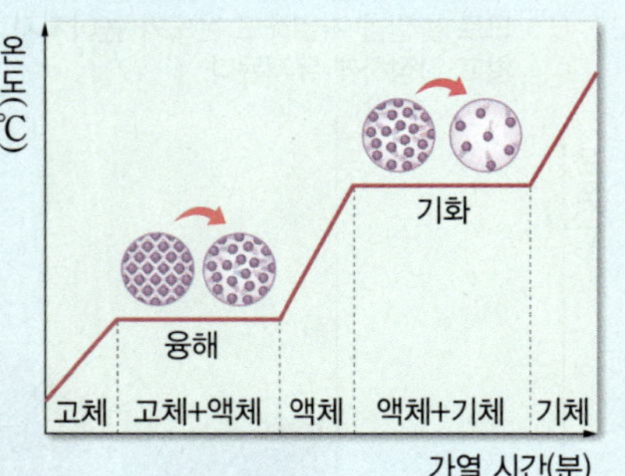

---

1 오른쪽 그림은 어떤 고체 물질을 가열할 때 시간에 따른 온도 변화를 나타낸 것이다. 각 구간에서의 상태를 선으로 옳게 연결하시오.

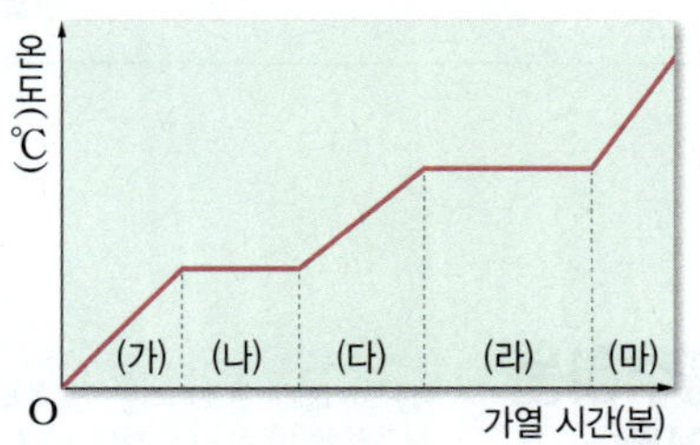

(1) (가) •　　　　　　　• ㉠ 고체

(2) (나) •　　　　　　　• ㉡ 액체

(3) (다) •　　　　　　　• ㉢ 기체

(4) (라) •　　　　　　　• ㉣ 고체＋액체

(5) (마) •　　　　　　　• ㉤ 액체＋기체

---

2 열에너지를 흡수하는 상태 변화가 일어날 때 나타나는 변화로 옳은 것은 ○, 옳지 <u>않은</u> 것은 ✕ 로 표시하시오. (단, 물은 제외한다.)

(1) 입자 운동이 둔해진다. ··· (　　　)

(2) 주위의 온도가 낮아진다. ·· (　　　)

(3) 입자 배열이 불규칙해진다. ··· (　　　)

(4) 입자 사이의 거리가 가까워진다. ·· (　　　)

---

3 오른쪽 그림은 물질의 상태 변화를 모형으로 나타낸 것이다.

(1) A～F 중 열에너지를 흡수하는 상태 변화를 모두 고르시오.

(2) A～F 중 주위의 온도가 낮아지는 상태 변화를 모두 고르시오.

(3) 손 소독제를 손에 뿌리면 손바닥이 시원하게 느껴지는 과정을 A～F에서 고르시오.

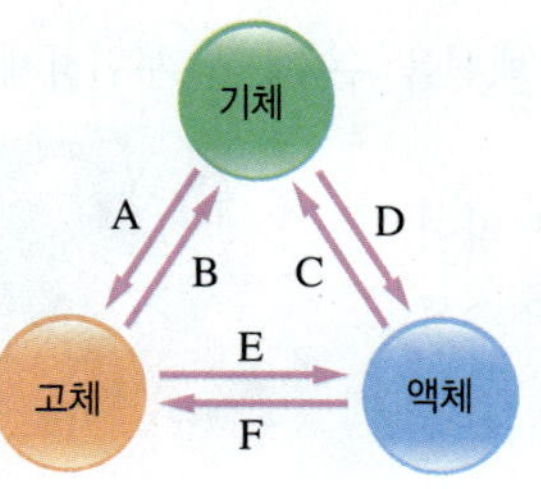

물을 가열하면 물이 끓는 동안에는 온도가 일정해요. 물을 냉각할 때에는 온도가 어떻게 변하는지 알아볼까요?

1. 물질을 냉각할 때의 온도 변화

(1) 물질을 냉각하면 온도가 낮아진다.

(2) 응고, 액화, 승화(기체 → 고체)가 일어나는 동안 온도가 변하지 않고 일정하게 유지된다.

➡ 상태 변화 하는 동안 방출하는 열에너지가 온도가 낮아지는 것을 막아 주기 때문

물을 냉각할 때의 온도 변화 ✻

- (가): 물을 냉각하면 온도가 서서히 낮아진다.
  ➡ 열에너지를 빼앗겨 온도가 낮아진다.
- (나): 물이 어는 동안에는 온도가 낮아지지 않고 일정하게 유지된다.
  ➡ 상태 변화 하면서 열에너지를 방출한다.
- (다): 물이 다 얼면 온도가 다시 낮아진다.

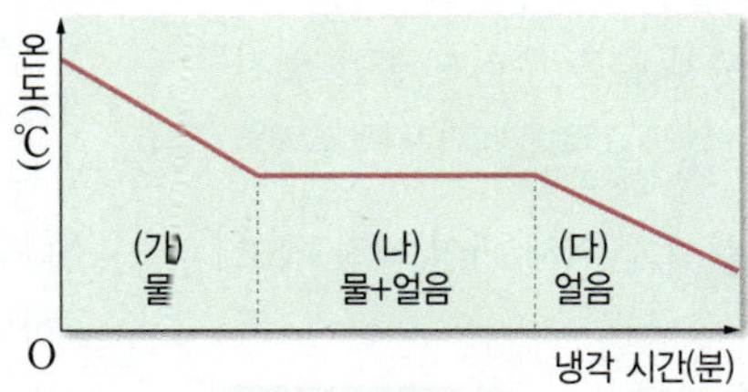

⬆ 물의 냉각 곡선

2. 열에너지를 방출하는 상태 변화: 응고, 액화, 승화(기체 → 고체)

응고, 액화, 승화(기체 → 고체)가 일어날 때 물질은 열에너지를 방출하여 입자 운동이 둔해지고 입자 배열이 규칙적으로 변한다.

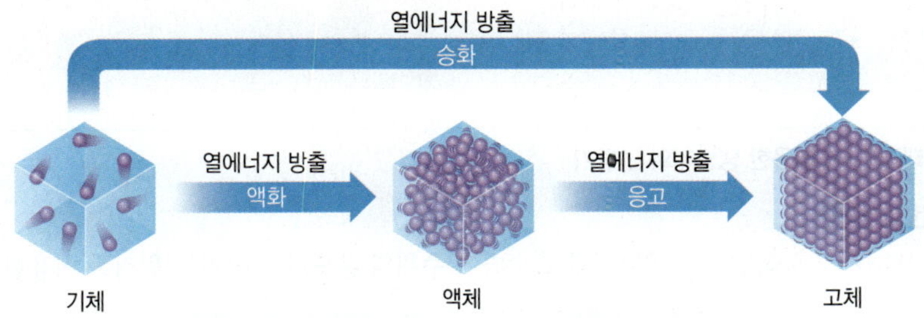

열에너지를 방출하는 상태 변화와 입자 배열의 변화

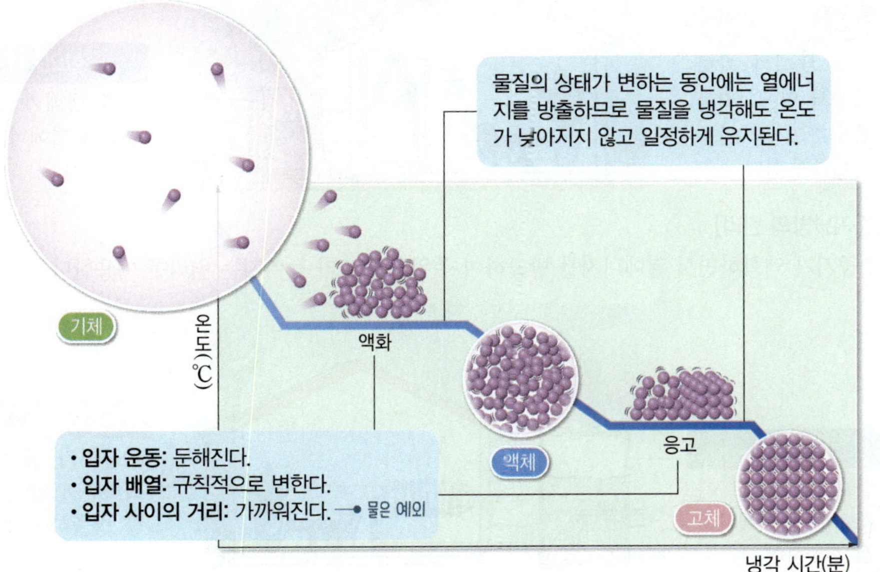

✻ 고체 물질의 가열·냉각 곡선

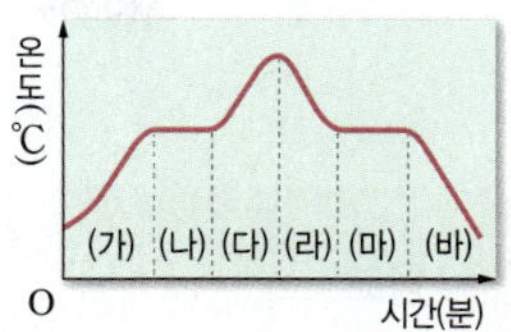

- (가): 고체
- (나): 고체+액체
  ➡ 융해가 일어난다.
- (다): 액체
- (라): 액체
- (마): 액체+고체
  ➡ 응고가 일어난다.
- (바): 고체

암기해

열에너지를 방출하는 상태 변화

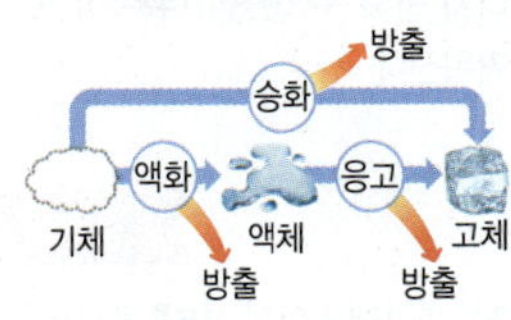

D 열에너지를 방출하는 상태 변화 이용

더운 여름날 마당에 물을 뿌리면 시원해져요. 그런데 이글루의 벽에 물을 뿌리면 따뜻해져요. 그 까닭을 알아볼까요?

1. 열에너지를 방출하는 상태 변화: 물질이 주위로 열에너지 방출 ➡ 주위의 온도가 높아진다.

2. 열에너지를 방출하는 상태 변화의 예

응고

- 이글루의 벽에 물을 뿌려 내부를 따뜻하게 한다.
- 갑자기 추워질 때 오렌지 나무에 물을 뿌리면 물은 얼지만 오렌지는 얼지 않는다. → 오렌지 나무뿐만 아니라 사과꽃에도 물을 뿌려 냉해를 막는다.
- 추운 겨울철 과일이 어는 것을 막기 위해 과일 저장 창고에 물이 든 그릇을 놓아둔다.
- 액체 파라핀에 손을 담갔다가 꺼내면 파라핀이 응고하면서 손이 따뜻해진다.

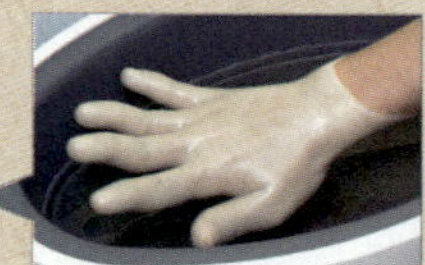

액화

- 증기 오븐으로 식품을 조리한다. → 수증기가 액화하면서 방출한 열에너지로 조리한다.
- 커피 기계의 스팀 분출 장치로 우유를 데운다.
- 소나기가 내리기 전에 날씨가 후텁지근하다. → 공기 중의 수증기가 물방울로 될 때 열에너지를 방출한다.
- 냉방이 잘 된 곳에 있다가 밖으로 나오면 후텁지근하게 느껴진다.
- 라디에이터에 있는 방열판에서 기체 상태인 수증기가 액체 상태인 물이 되면서 따뜻해진다.

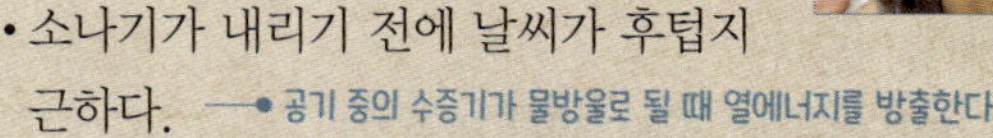

승화(기체 → 고체)

- 겨울철 눈이 내릴 때 날씨가 포근해진다. → 공기 중의 수증기가 얼음으로 승화할 때 열에너지를 방출하므로 기온이 높아진다.

→ 에어컨의 원리와 비슷하다.

❋ **냉장고의 원리**

- 증발기: 액체 냉매 기화 → 열에너지 흡수 → 냉장고 안이 차가워진다.
- 응축기: 기체 냉매 액화 → 열에너지 방출 → 냉장고 뒤쪽이 뜨거워진다.

궁금해

우주복 안감에는 어떤 섬유를 쓸까요?
우주복 안감에는 상태 변화 물질(PCM)이 포함된 섬유를 사용한다. 상태 변화 물질은 주위의 온도가 높아지면 융해하고, 주위의 온도가 낮아지면 응고하여 우주인의 체온을 일정하게 유지하도록 돕는다.

용어

❶ 냉매(冷 차다, 媒 중매) 에어컨이나 냉장고에 넣어 액화와 기화를 반복하면서 열에너지를 이동시키는 물질

상태 변화를 이용한 냉방기와 난방기

[에어컨의 원리]❋

액체 ❶냉매가 기화하면서 열에너지를 흡수하여 주위의 온도가 낮아지는 원리를 이용한다.

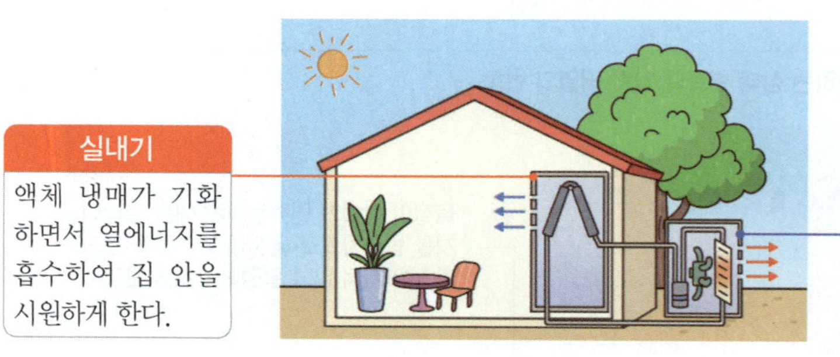

[증기난방의 원리]

수증기가 액화하면서 열에너지를 방출하여 주위의 온도가 높아지는 원리를 이용한다.

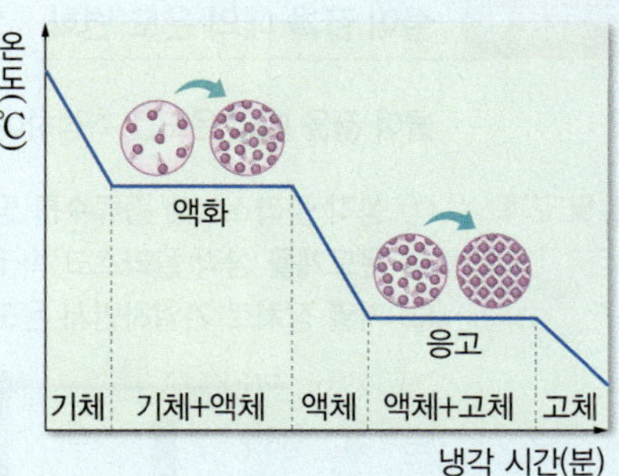 기초 튼튼 기본 문제

✓ 핵심 요약

▶ **물질을 냉각할 때의 온도 변화:** 온도가 낮아지다가 상태가 변하는 동안에는 온도가 일정하게 유지된다. ➡ 상태가 변하는 동안 열에너지를 ❶ [　　　]하기 때문

▶ **열에너지를 방출하는 상태 변화:** 응고, 액화, 승화(기체 → 고체)
- **입자 배열의 변화:** 입자 운동이 ❷ [　　] 해지고 입자 배열이 ❸ [　　] 적으로 변한다.
- **주위의 온도 변화:** 물질이 주위로 열에너지를 방출하므로 주위의 온도가 ❹ [　] 아진다.

  예 액체 파라핀의 응고, 수증기의 액화를 이용한 증기 오븐 등

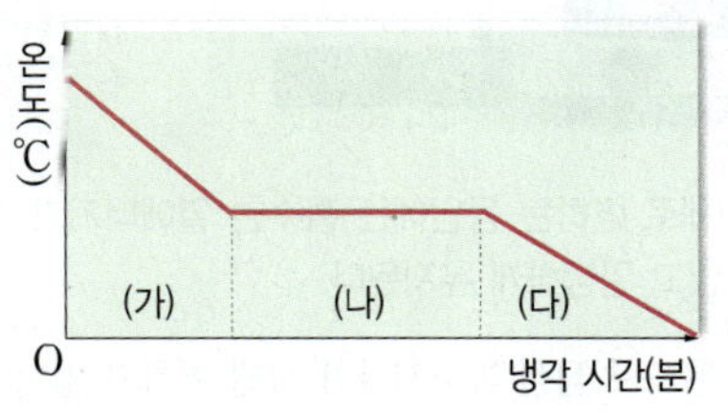

1 오른쪽 그림은 어떤 액체 물질의 냉각 곡선을 나타낸 것이다. 이에 대한 설명으로 옳은 것은 ○, 옳지 <u>않은</u> 것은 ×로 표시하시오.

(1) (가) 구간에서는 물질의 상태가 변한다. ……… (　　　)
(2) (나) 구간에서는 열에너지를 방출한다. ……… (　　　)
(3) (다) 구간에서는 물질이 고체 상태로 존재한다. ………………………………… (　　　)

2 (　　　) 안에 알맞은 말을 고르시오. (단, 물은 제외한다.)

(1) 물질이 열에너지를 방출하면 입자 운동은 ㉠(활발, 둔)해지고, 입자 배열은 규칙적으로 변하며, 입자 사이의 거리가 ㉡(멀어, 가까워)진다.
(2) 물질의 상태가 변할 때 열에너지를 방출하면 주위의 온도가 (낮, 높)아진다.

3 열에너지를 방출하는 상태 변화가 이용된 예를 보기 에서 모두 고르시오.

보기
ㄱ. 액체 파라핀으로 찜질한다.　　　　ㄴ. 미지근한 음료수에 얼음을 넣는다.
ㄷ. 증기 오븐으로 식품을 조리한다.　　　ㄹ. 열이 날 때 물수건으로 몸을 닦는다.

4 (　　　) 안에 알맞은 말을 고르시오.

에어컨은 액체 냉매가 기체로 상태가 변할 때 열에너지를 ㉠(흡수, 방출)하여 주위의 온도가 ㉡(높, 낮)아지는 원리를 이용하고, 증기난방은 수증기가 물로 상태가 변할 때 열에너지를 ㉢(흡수, 방출)하여 주위의 온도가 ㉣(높, 낮)아지는 원리를 이용한다.

이 단원에서 물질의 가열 곡선과 냉각 곡선을 확인하는 실험은 매우 중요해요. 완자쌤 특강을 통해 실험 과정과 결과를 확인해 볼까요?

탐구 자료 ❶ 물이 끓을 때의 온도 변화

관련 개념 | 116 쪽 **A** 열에너지를 흡수하는 상태 변화

| 목표
물이 끓을 때의 온도를 측정하여 그래프로 나타내 본다.

| 과정 및 결과
① 삼각 플라스크에 증류수를 담고 끓임쪽을 넣는다.
② 온도계를 삼각 플라스크 속 증류수에 넣고 스탠드와 집게를 이용하여 고정한다.
③ 가열 장치로 가열하면서 온도를 측정한다.

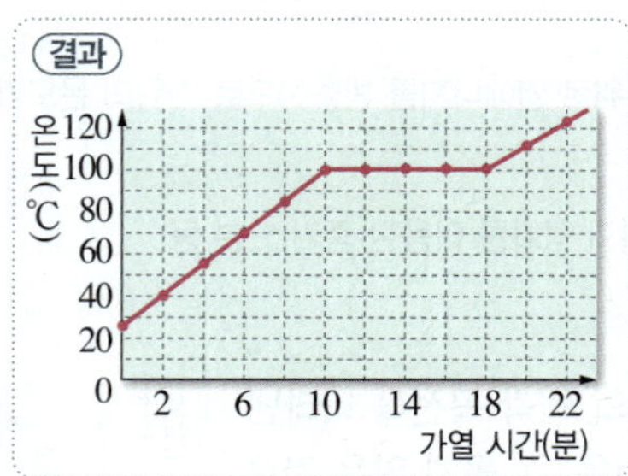

| 해석
물이 액체에서 기체로 변하는 동안에는 흡수한 열에너지가 상태 변화에 이용되기 때문에 온도가 높아지지 않고 일정하게 유지된다.

| 결론
물질을 가열하면 온도가 점점 높아지다가 상태 변화가 일어나기 시작하면 온도가 일정하게 유지된다. 이는 물질이 (   )한 열에너지가 상태 변화 하는 데 모두 사용되기 때문이다.

증류수
불순물을 제거한 순순한 물

끓임쪽
액체를 끓일 때 액체가 갑자기 끓어오르는 것을 막기 위해 넣는 돌이나 사기 조각

◆ 같은 실험 다른 장치
물 대신 에탄올 등을 사용해도 물질의 상태가 변하는 동안에는 온도가 높아지지 않고 일정하게 유지된다.

탐구 자료 ❷ 물이 얼 때의 온도 변화

관련 개념 | 119 쪽 **C** 열에너지를 방출하는 상태 변화

| 목표
물이 얼 때의 온도를 측정하여 그래프로 나타내 본다.

| 과정 및 결과
① 잘게 부순 얼음과 소금을 3 : 1의 비율로 섞어 비커에 넣는다.
② 시험관에 증류수를 넣고 과정 ①의 비커에 넣는다.
③ 온도계를 시험관 속 증류수에 넣고 스탠드와 집게를 이용하여 고정한 다음 온도를 측정한다.

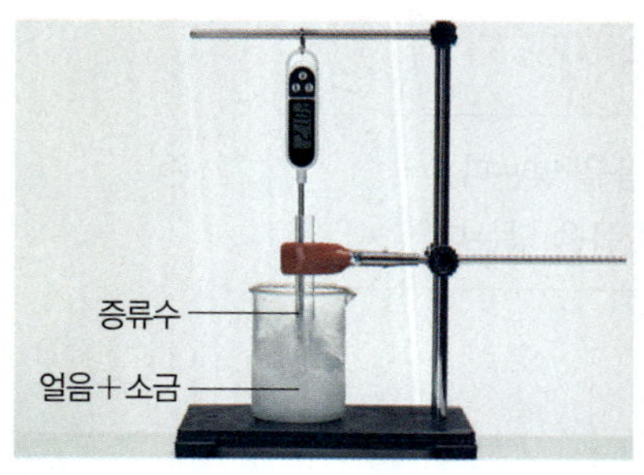

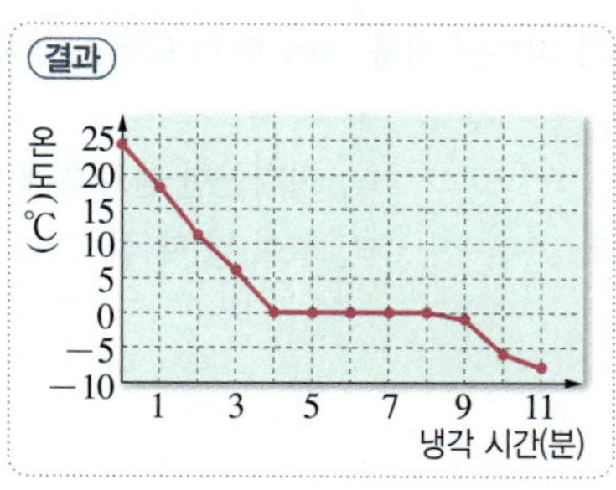

| 해석
물이 액체에서 고체로 변하는 동안에는 열에너지가 방출하므로 온도가 높아지지 않고 일정하게 유지된다.

| 결론
물질을 냉각하면 온도가 점점 낮아지다가 상태 변화가 일어나기 시작하면 온도가 일정하게 유지된다. 이는 물질이 상태 변화 하는 동안 열에너지를 (   )하기 때문이다.

◆ 같은 실험 다른 장치
물 대신 액체 로르산 등을 사용해도 물질의 상태가 변하는 동안에는 온도가 낮아지지 않고 일정하게 유지된다.

01 물질의 상태 변화와 열에너지에 대한 설명으로 옳지 <u>않은</u> 것은?

① 융해가 일어나면 열에너지를 흡수한다.
② 기체에서 고체로의 승화가 일어나면 열에너지를 방출한다.
③ 액체 로르산이 응고하는 동안에는 온도가 일정하게 유지된다.
④ 물이 기화할 때 열에너지를 흡수하여 입자 운동이 활발해진다.
⑤ 응고, 액화, 승화(기체 → 고체)가 일어나면 주위의 온도가 낮아진다.

[02~03] 그림은 얼음을 가열하면서 시간에 따른 온도 변화를 측정하여 나타낸 것이다.

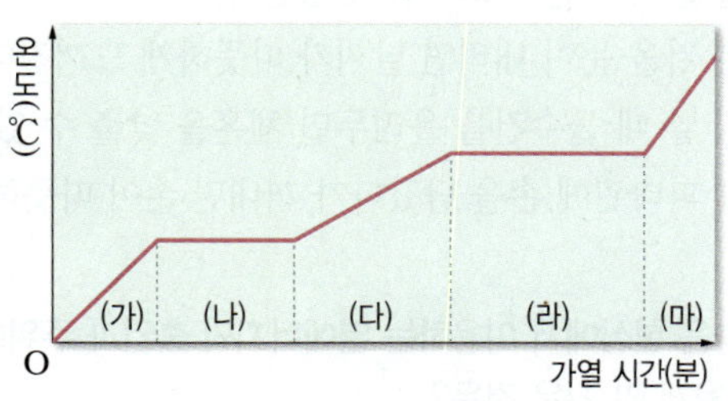

02 이에 대한 설명으로 옳은 것은?

① (가) 구간에서 물질은 모양이 일정하지 않지만 부피는 일정하다.
② (나) 구간에서는 기화가 일어난다.
③ (다) 구간에서는 액체 상태로 존재한다.
④ (라) 구간에서는 열에너지를 방출한다.
⑤ (마) 구간에서 입자 배열이 가장 규칙적이다.

중요 03 (나) 구간과 (라) 구간에서 온도가 일정하게 나타나는 까닭으로 옳은 것은?

① 가열을 중지하였기 때문
② 물질을 냉각하였기 때문
③ 외부와의 열을 차단하였기 때문
④ 물질이 열에너지를 방출하기 때문
⑤ 흡수한 열에너지가 상태 변화 하는 데 모두 사용되기 때문

04 표는 어떤 액체 물질을 가열하면서 2 분 간격으로 온도를 측정한 결과이다.

시간(분)	0	2	4	6	8	10
온도(℃)	20	40	60	78	78	78

이에 대한 설명으로 옳은 것을 [보기]에서 모두 고른 것은?

> **보기**
> ㄱ. 0 분~6 분 구간은 액체 상태만 존재한다.
> ㄴ. 0 분~6 분 구간에서 기화가 일어난다.
> ㄷ. 6 분~10 분 구간에서 열에너지를 방출한다.
> ㄹ. 6 분~10 분 구간에서 흡수한 열에너지가 상태 변화 하는 데 모두 사용된다.

① ㄱ ② ㄴ ③ ㄱ, ㄹ
④ ㄴ, ㄷ ⑤ ㄷ, ㄹ

05 다음 현상에서 공통적으로 나타나는 변화에 대한 설명으로 옳은 것은?

> • 손바닥 위에 올려놓은 얼음이 녹는다.
> • 백신을 수송할 때 드라이아이스를 함께 넣어 포장한다.

① 액화가 일어난다.
② 열에너지를 흡수한다.
③ 주위의 온도가 높아진다.
④ 물질을 구성하는 입자의 운동이 둔해진다.
⑤ 물질을 구성하는 입자 배열이 규칙적으로 변한다.

중요 06 오른쪽 그림과 같이 수영장에서 놀다가 물 밖으로 나오면 춥게 느껴진다. 이와 같은 원리를 이용하는 예를 [보기]에서 모두 고른 것은?

> **보기**
> ㄱ. 사과꽃에 물을 뿌려 냉해를 막는다.
> ㄴ. 더운 여름날 인공 안개 장치로 물을 뿌린다.
> ㄷ. 아이스박스에 얼음을 채워 음식물을 보관한다.
> ㄹ. 사막에서는 양가죽으로 만든 물주머니를 사용한다.

① ㄱ, ㄴ ② ㄱ, ㄷ ③ ㄴ, ㄷ
④ ㄴ, ㄹ ⑤ ㄷ, ㄹ

중요 07 오른쪽 그림은 어떤 액체 물질을 냉각할 때 시간에 따른 온도 변화를 나타낸 것이다. (가) 구간에 대한 설명으로 옳지 <u>않은</u> 것은?

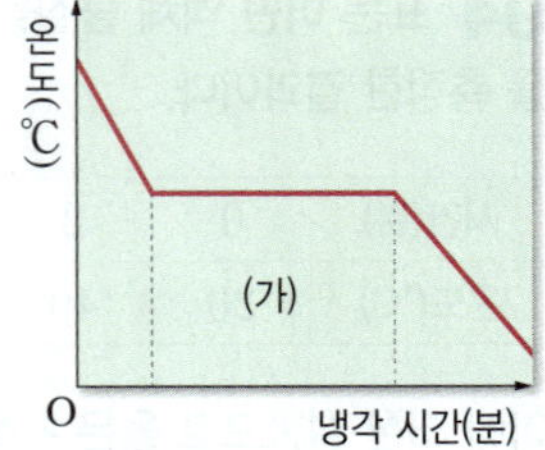

① 열에너지를 방출한다.
② 액체 상태로 존재한다.
③ 주위의 온도가 높아진다.
④ 입자 운동이 점점 둔해진다.
⑤ 이 구간에서 일어나는 상태 변화는 겨울철에 계곡물이 어는 현상과 같다.

[08~09] 그림 (가)와 같이 장치하고 물을 냉각하면서 온도를 측정하여 (나)와 같은 결과를 얻었다.

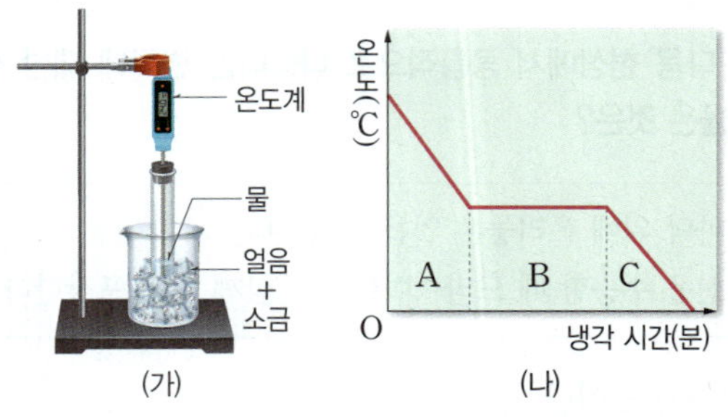

08 이에 대한 설명으로 옳은 것을 보기 에서 모두 고른 것은?

보기
ㄱ. A 구간에서는 액체 상태로 존재한다.
ㄴ. B 구간에서는 액체에서 고체로 상태가 변한다.
ㄷ. C 구간의 부피는 A 구간의 부피보다 크다.

① ㄱ
② ㄴ
③ ㄱ, ㄷ
④ ㄴ, ㄷ
⑤ ㄱ, ㄴ, ㄷ

09 물이 어는 동안 일어나는 현상에 대한 설명으로 옳은 것은?

① 열에너지를 흡수한다.
② 주위의 온도가 높아진다.
③ 입자 운동이 활발해진다.
④ 물질이 한 가지 상태로 존재한다.
⑤ 입자 배열이 매우 불규칙하게 변한다.

10 그림은 어떤 물질의 상태 변화를 입자 모형으로 나타낸 것이다.

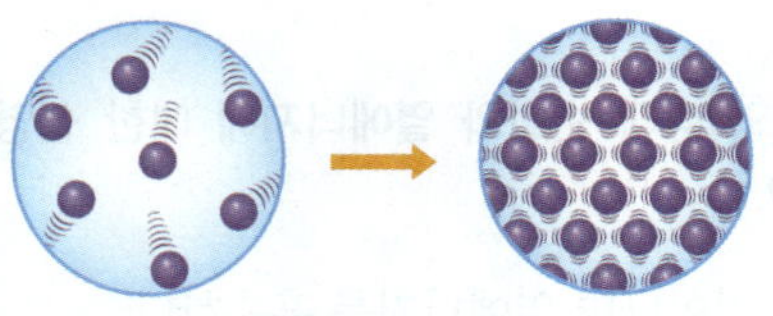

이에 대한 설명으로 옳지 <u>않은</u> 것은?

① 열에너지를 방출한다.
② 주위의 온도가 높아진다.
③ 입자 운동이 활발해진다.
④ 입자 배열이 규칙적으로 변한다.
⑤ 입자 사이의 거리가 가까워진다.

중요 11 열에너지를 방출하는 상태 변화에 대한 예가 <u>아닌</u> 것은?

① 증기 오븐으로 식품을 조리한다.
② 겨울철 처마 끝에 고드름이 생긴다.
③ 추운 겨울 눈이 내리면 날씨가 따뜻하게 느껴진다.
④ 열이 날 때 물수건을 올려두면 체온을 낮출 수 있다.
⑤ 액체 파라핀에 손을 담갔다가 꺼내면 손이 따뜻해진다.

12 다음 현상에서 이용하는 열에너지의 출입과 주위의 온도 변화를 옳게 짝 지은 것은?

커피 기계의 스팀 분출 장치로 우유를 데운다.

	열에너지의 출입	주위의 온도 변화
①	열에너지 흡수	높아진다.
②	열에너지 흡수	낮아진다.
③	열에너지 방출	높아진다.
④	열에너지 방출	일정하다.
⑤	열에너지 방출	낮아진다.

13 추운 겨울철 오렌지 나무에 물을 뿌려 오렌지가 얼지 않도록 한다. 그 까닭으로 옳은 것은?

① 물이 햇빛을 흡수하기 때문
② 물이 열에너지를 흡수하기 때문
③ 얼음의 온도보다 공기의 온도가 낮기 때문
④ 물이 응고하면서 열에너지를 방출하기 때문
⑤ 얼음이 융해하면서 열에너지를 흡수하기 때문

[14~15] 그림은 어떤 고체 물질의 가열·냉각 곡선을 나타 낸 것이다.

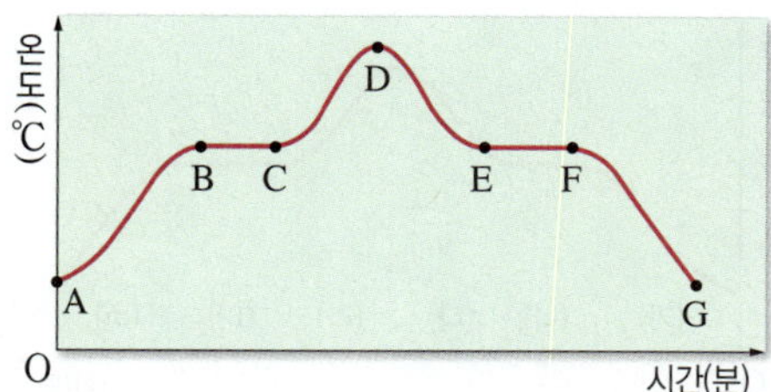

중요 14 이에 대한 설명으로 옳지 <u>않은</u> 것은?

① A~D는 가열 구간이고, D~G는 냉각 구간이다.
② AB 구간에서는 입자 운동이 점점 활발해진다.
③ BC 구간에서는 열에너지를 방출한다.
④ D 지점에서 물질은 액체 상태로 존재한다.
⑤ EF 구간에서는 주위의 온도가 높아진다.

15 위 그림에서 상태 변화가 일어나는 구간을 모두 고르고, 다음 모형에서 이에 해당하는 과정을 찾아 쓰시오.

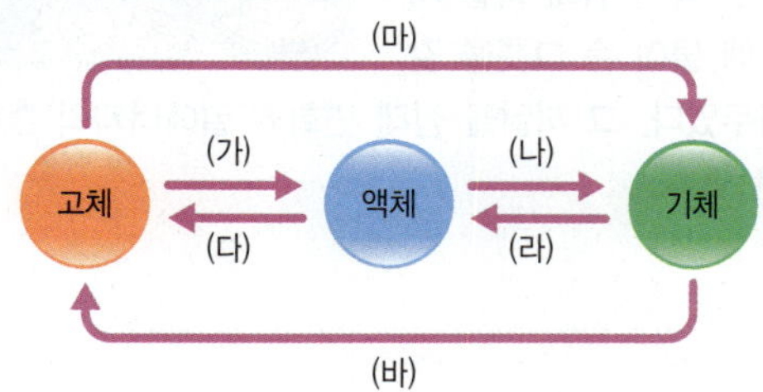

16 오른쪽 그림은 물질의 상태 변화를 입자 모형으로 나타낸 것이다. 이에 대한 설명으로 옳은 것을 <u>보기</u>에서 모두 고른 것은? (단, 물은 제외한다.)

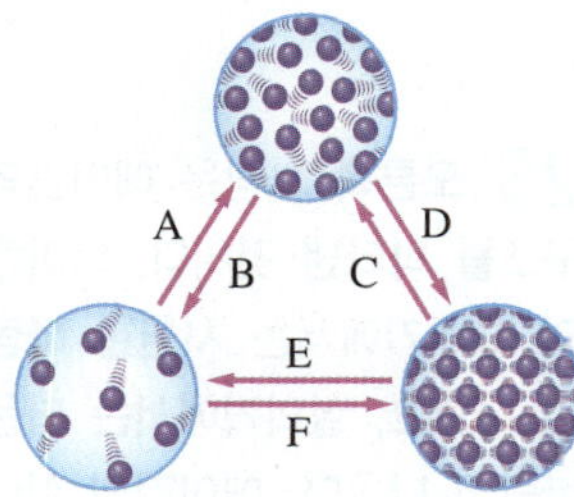

보기

ㄱ. 열에너지를 흡수하는 상태 변화는 B, C, E이다.
ㄴ. 입자 운동이 둔해지는 상태 변화는 B, C, E이다.
ㄷ. 주위의 온도가 낮아지는 상태 변화는 A, D, F이다.
ㄹ. 입자 사이의 거리가 가까워지는 상태 변화는 A, D, F이다.

① ㄱ   ② ㄴ   ③ ㄱ, ㄹ
④ ㄴ, ㄷ   ⑤ ㄷ, ㄹ

중요 17 그림 (가)는 무더운 여름날 도로에 인공 안개 장치로 물을 뿌리는 모습이고, (나)는 추운 지방에 사는 이누이트 족이 이글루의 벽에 물을 뿌리는 모습이다.

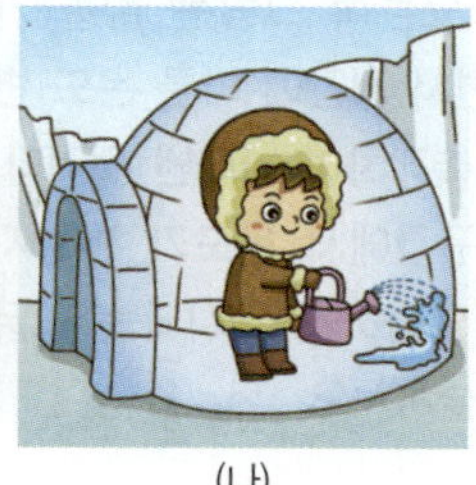

(가)   (나)

이에 대한 설명으로 옳은 것은?

① (가)는 액화, (나)는 융해가 일어난다.
② (가)와 (나)는 모두 주위의 온도가 높아진다.
③ (가)와 (나)는 모두 입자 배열이 규칙적으로 변한다.
④ (가)는 열에너지를 방출하고, (나)는 열에너지를 흡수한다.
⑤ (가)는 입자 운동이 활발해지고, (나)는 입자 운동이 둔해진다.

18 오른쪽 그림은 에어컨의 구조를 나타낸 것이다. 이에 대한 설명으로 옳지 <u>않은</u> 것을 모두 고르면? (2 개)

① 실내기에서는 액체 냉매가 기체로 변한다.
② 실내기에서는 열에너지를 방출한다.
③ 실외기에서는 기체 냉매가 액체로 변한다.
④ 실외기에서는 열에너지를 흡수한다.
⑤ 냉매가 상태 변화 할 때 출입하는 열에너지를 이용한다.

19 오른쪽 그림은 증기난방의 구조를 나타낸 것이다. 방열기에서 일어나는 (가)상태 변화와 (나)열에너지의 출입을 옳게 짝 지은 것은?

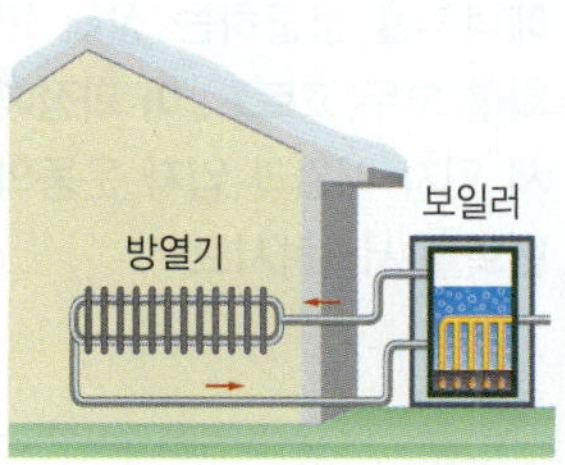

	(가)	(나)		(가)	(나)
①	융해	흡수	②	응고	방출
③	승화	방출	④	액화	방출
⑤	기화	흡수			

서술형 문제

중요 20 오른쪽 그림은 물을 가열하면서 시간에 따른 온도 변화를 측정하여 나타낸 것이다. (나) 구간에서 온도가 변하지 않고 일정하게 유지되는 까닭을 서술하시오.

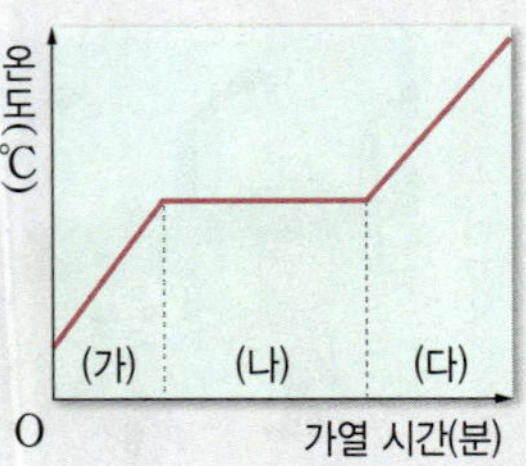

____

____

중요 21 다음은 우리 주위에서 관찰할 수 있는 두 가지 현상이다.

- 물이나 음료수에 얼음을 넣는다.
- 아이스크림을 포장할 때 드라이아이스를 함께 넣는다.

이 현상에서 공통적으로 나타나는 열에너지의 출입과 주위의 온도 변화를 서술하시오.

____

____

22 오른쪽 그림은 물질의 상태 변화를 입자 모형으로 나타낸 것이다. A~F 중 열에너지를 방출하는 상태 변화를 모두 고르고, 이 과정에서 입자 배열과 입자 운동의 변화를 서술하시오.

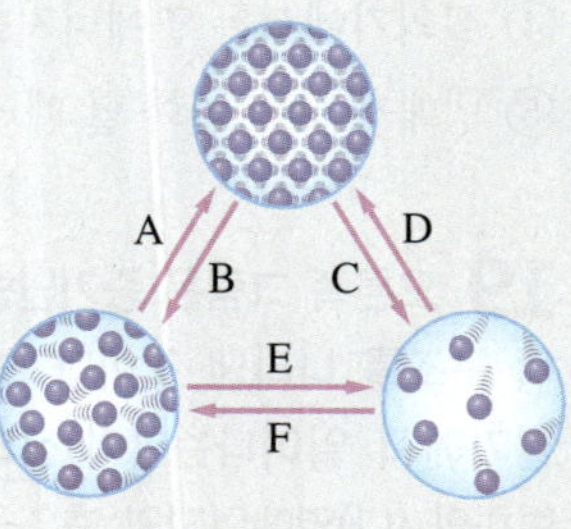

____

중요 23 그림은 어떤 고체 물질을 가열하여 녹인 다음 다시 냉각할 때의 온도 변화를 나타낸 것이다.

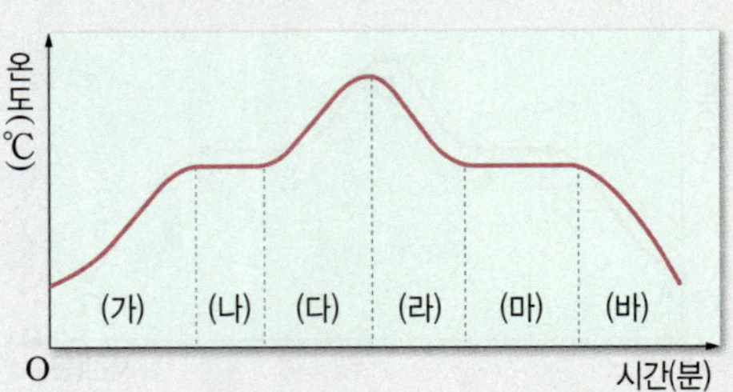

물질의 상태가 변하는 구간을 모두 고르고, 그 구간에서 열에너지의 출입을 서술하시오.

24 오른쪽 그림과 같이 우리 선조들은 겨울철에 과일이 어는 것을 막기 위해 과일 저장 창고에 물이 든 그릇을 같이 놓아두었다. 그 까닭을 상태 변화와 열에너지의 출입으로 서술하시오.

____

____

25 오른쪽 그림은 에어컨의 구조를 나타낸 것이다. 에어컨의 실내기에서는 시원한 바람이 나오고, 실외기에서는 더운 바람이 나온다. 에어컨의 실내기와 실외기에서 일어나는 냉매의 상태 변화와 열에너지의 출입 관계를 서술하시오.

---

 21 ① 주어진 현상에서 일어나는 상태 변화를 떠올린다. **②** 상태 변화가 일어날 때 열에너지의 출입과 주위의 온도 변화를 연관 지어 생각한다. **23 ①** 가열·냉각 곡선에서 상태가 변하는 구간의 특징을 떠올리고, 그 구간의 상태 변화의 종류를 생각한다. **②** 상태 변화 종류에 따른 열에너지의 출입 관계를 떠올린다.

01 오른쪽 그림과 같이 종이 냄비에 물을 넣고 가열하여도 물이 끓고 있는 동안 종이 냄비가 타지 않는다. 그 까닭으로 옳은 것은?

① 끓이는 온도가 낮기 때문
② 물이 종이 냄비에 붙은 불을 끄기 때문
③ 종이 냄비에 다른 물질이 섞여 있기 때문
④ 물이 끓으면서 열에너지를 방출하기 때문
⑤ 물이 기화하면서 열에너지를 흡수하기 때문

02 그림과 같이 동일한 종류의 캔 2 개에 각각 마른 휴지와 에탄올에 적신 휴지로 감싼 다음, 10 분간 부채질을 한 뒤 캔 속 음료의 차가운 정도를 비교하였다.

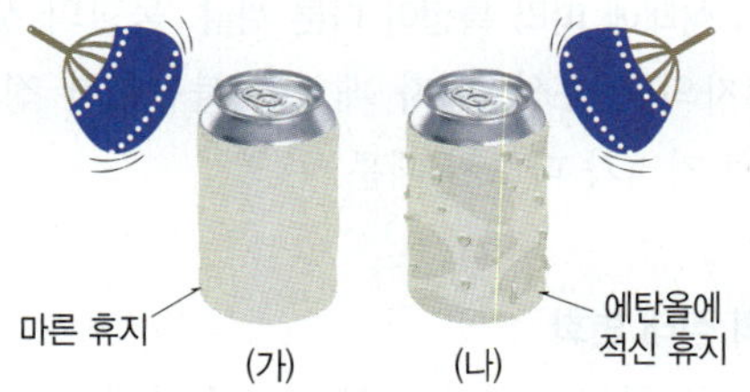

이에 대한 설명으로 옳은 것은?

① (가), (나) 모두 온도가 높아진다.
② (가)에서 열에너지가 방출된다.
③ (나)에서는 액화가 일어난다.
④ (나)의 온도가 (가)의 온도보다 낮다.
⑤ 부채질을 하지 않으면 (가)와 (나)의 온도 차이가 더 커진다.

03 표는 액체 로르산을 냉각할 때의 온도 변화를 나타낸 것이다.

시간(분)	0	1	2	3	4	5	6
온도(℃)	60.5	53.9	48.5	45.0	43.9	43.9	43.9

이 실험에서 상태 변화가 일어나는 구간을 쓰시오.

04 오른쪽 그림은 물을 냉각할 때 시간에 따른 온도 변화를 나타낸 것이다. (가) 구간에서 방출되는 열에너지를 이용한 예를 [보기]에서 모두 고른 것은?

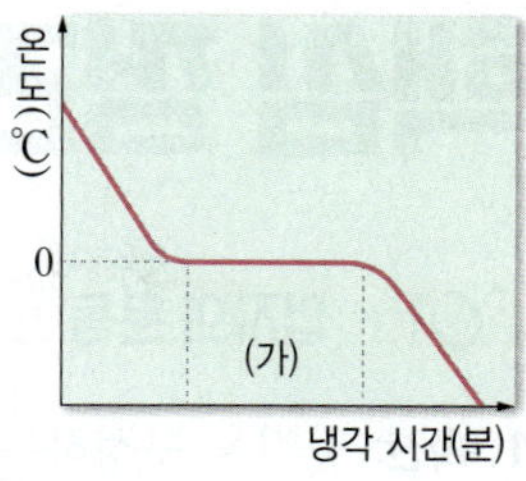

보기
ㄱ. 더운 여름날 인공 안개 장치로 물을 뿌린다.
ㄴ. 갑자기 추워질 때 사과꽃에 물을 뿌려 냉해를 막는다.
ㄷ. 신선 식품을 포장할 때 얼음주머니를 사용하면 식품을 신선하게 유지할 수 있다.

① ㄴ   ② ㄷ   ③ ㄱ, ㄴ
④ ㄱ, ㄷ   ⑤ ㄱ, ㄴ, ㄷ

05 그림은 물질의 상태 변화를 입자 모형으로 나타낸 것이다.

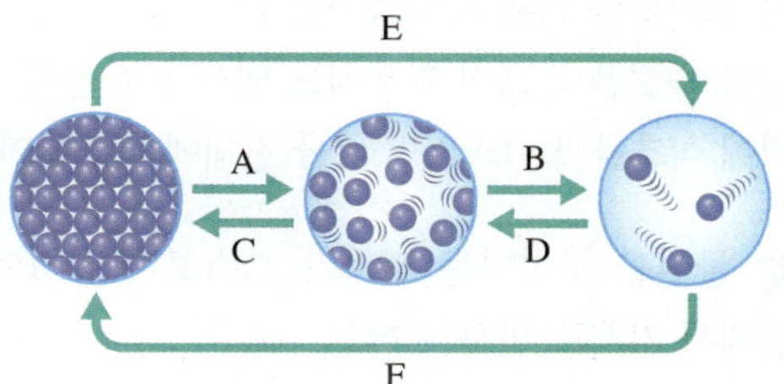

㉠에서 일어나는 상태 변화를 그림에서 찾아 기호를 쓰시오.

캥거루는 땀샘이 발달하지 않아서 팔과 다리에 ㉠침을 묻혀 체온을 낮춘다.

06 오른쪽 그림은 냉장고의 구조를 나타낸 것이다. 증발기와 응축기에서 일어나는 상태 변화에 대한 설명으로 옳은 것은?

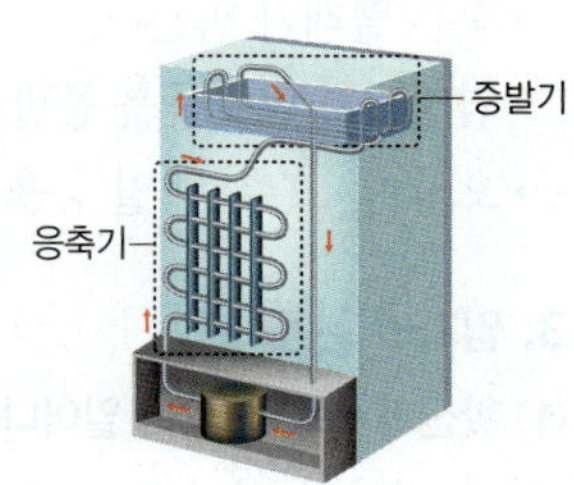

① 증발기에서는 냉매가 열에너지를 흡수한다.
② 증발기에서는 냉매가 액체 상태에서 고체 상태로 변하는 응고가 일어난다.
③ 응축기에서는 냉매가 기화한다.
④ 응축기 주위의 온도는 낮아진다.
⑤ 증발기와 응축기 모두 열에너지를 방출하여 냉장고 안을 시원하게 만든다.

핵심 정리

01 / 입자의 운동

1. 확산: 물질을 구성하는 입자가 스스로 운동하여 모든 방향으로 퍼져 나가는 현상

(1) **잉크의 확산 현상:** 물에 잉크를 떨어뜨리면 물을 저어 주지 않아도 물 전체가 점차 잉크 색으로 변한다.
➡ 잉크 입자가 스스로 운동하여 물속으로 퍼져 나가면서 물과 고르게 섞이기 때문

(2) **확산의 예**
- 전기 모기향을 피워 모기를 쫓는다.
- 울창한 숲길을 걸으면 피톤치드 냄새를 맡을 수 있다.
- 냉면에 식초를 떨어뜨리면 국물 전체에서 신맛이 난다.

2. 증발: 물질을 구성하는 입자가 스스로 운동하여 액체 표면에서 기체로 변하는 현상

(1) **아세톤의 증발 현상:** 아세톤을 떨어뜨린 거름종이가 점점 마른다.
➡ 액체 아세톤이 기체가 되면서 아세톤 입자가 공기 중으로 날아가기 때문

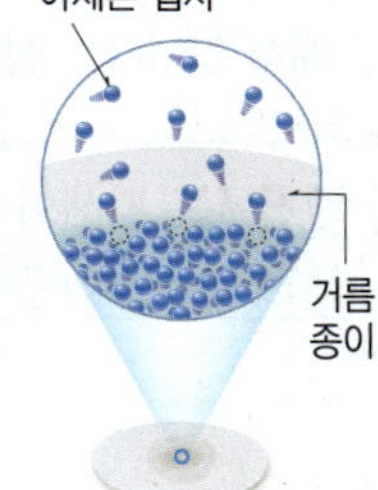

(2) **증발의 예**
- 젖은 빨래가 마른다.
- 염전에서 바닷물을 증발시켜 소금을 얻는다.
- 오징어, 고추, 과일 등을 오래 보관하기 위해 말린다.

3. 입자의 운동

(1) **확산과 증발 현상이 일어나는 까닭:** 물질을 구성하는 입자가 가만히 정지해 있지 않고 스스로 끊임없이 운동하기 때문

(2) **향수의 확산과 증발:** 향수병의 뚜껑을 연 채로 방에 놓아두면 잠시 후 방 전체에서 향수 냄새를 맡을 수 있다.
➡ 향수 입자가 스스로 운동하여 향수 표면에서 증발하고, 공기 중으로 확산하기 때문

02 / 물질의 상태와 상태 변화

1. 물질의 세 가지 상태

(1) **물질의 상태에 따른 특징과 입자 배열**

구분	고체	액체	기체
모양	일정하다.	일정하지 않다.	일정하지 않다.
부피	일정하다.	일정하다.	일정하지 않다.
성질	단단하다.	흐르는 성질이 있다.	흐르는 성질이 있다.
압축되는 정도	압축되지 않는다.	거의 압축되지 않는다.	압축된다.
입자 모형			
입자 운동	매우 둔하게 운동한다.	비교적 활발하게 운동한다.	매우 활발하게 운동한다.
입자 배열	규칙적이다.	고체보다 불규칙하다.	매우 불규칙하다.
입자 사이의 거리	매우 가깝다.	비교적 가깝다.	매우 멀다.

(2) **물질의 상태에 따라 특징이 다른 까닭:** 물질의 상태에 따라 입자의 운동성, 입자 배열의 불규칙한 정도, 입자 사이의 거리가 다르기 때문

2. 물질의 상태 변화

(1) **상태 변화:** 물질이 한 상태에서 다른 상태로 변하는 것

① **가열할 때 일어나는 상태 변화의 종류와 예**

융해 (고체 → 액체)	• 얼음이 녹아 물이 된다. • 용광로에서 철이 녹아 쇳물이 된다.
기화 (액체 → 기체)	• 젖은 빨래가 마른다. • 물을 끓이면 물의 양이 점점 줄어든다.
승화 (고체 → 기체)	• 냉동실에 넣어 둔 얼음이 조금씩 작아진다. • 추운 겨울 그늘에 있던 눈사람이 녹지 않았는데 크기가 작아진다.

② **냉각할 때 일어나는 상태 변화의 종류와 예**

응고 (액체 → 고체)	• 겨울철에 계곡물이 언다. • 흘러내리던 촛농이 굳는다.
액화 (기체 → 액체)	• 이른 새벽 풀잎에 이슬이 맺힌다. • 얼음물이 들어 있는 컵 표면에 물방울이 맺힌다.
승화 (기체 → 고체)	• 겨울철 나뭇잎에 서리가 생긴다. • 추운 겨울 유리창에 성에가 생긴다.

(2) 상태 변화와 입자 배열의 변화

입자 모형	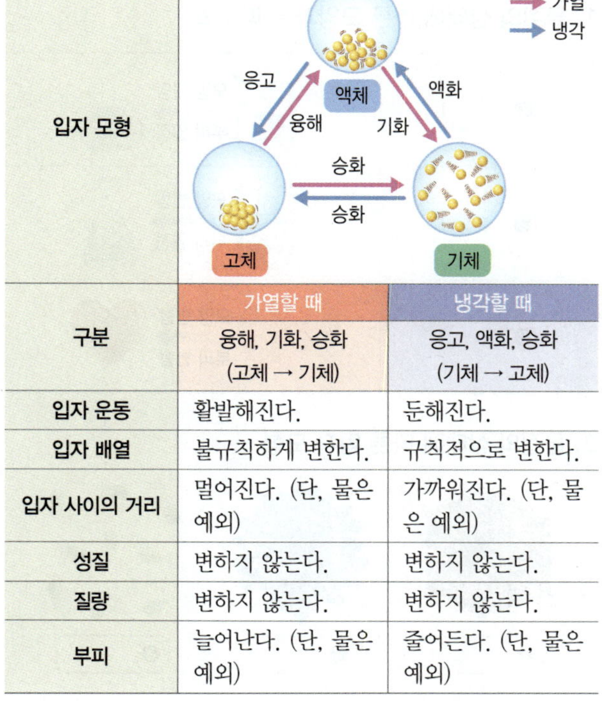	
구분	가열할 때	냉각할 때
	융해, 기화, 승화 (고체 → 기체)	응고, 액화, 승화 (기체 → 고체)
입자 운동	활발해진다.	둔해진다.
입자 배열	불규칙하게 변한다.	규칙적으로 변한다.
입자 사이의 거리	멀어진다. (단, 물은 예외)	가까워진다. (단, 물은 예외)
성질	변하지 않는다.	변하지 않는다.
질량	변하지 않는다.	변하지 않는다.
부피	늘어난다. (단, 물은 예외)	줄어든다. (단, 물은 예외)

03 / 상태 변화와 열에너지

1. 열에너지를 흡수하는 상태 변화: 융해, 기화, 승화(고체 → 기체)

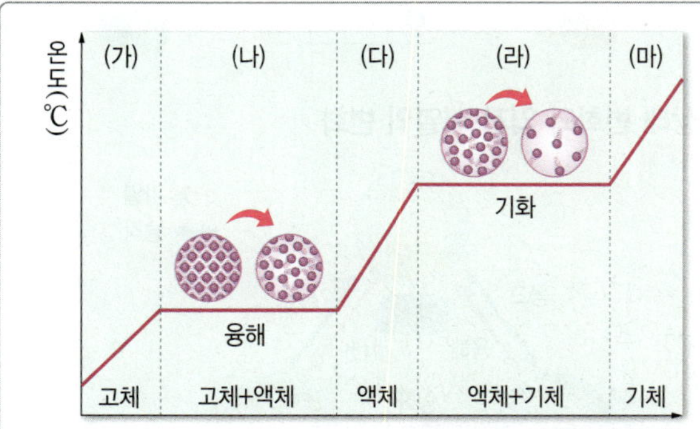

• 온도가 높아지는 구간: (가), (다), (마)
➡ 흡수한 열에너지가 온도를 높이는 데 사용된다.
• 온도가 일정한 구간: (나), (라)
➡ 흡수한 열에너지가 상태 변화 하는 데 사용된다.
➡ 입자 운동이 활발해지고 입자 배열이 불규칙하게 변하며, 입자 사이의 거리가 멀어진다. (단, 물은 예외)

2. 열에너지를 흡수하는 상태 변화의 예: 물질이 주위로부터 열에너지 흡수 ➡ 주위의 온도가 낮아진다.

융해	• 손바닥 위에 얼음을 올려놓으면 손이 차가워진다. • 음료수에 얼음을 넣으면 얼음이 녹으면서 음료수가 시원해진다.
기화	• 더운 여름날 인공 안개 장치로 물을 뿌리면 시원해진다. • 운동 후 땀이 마를 때나 샤워를 한 후 몸에 물기가 있으면 춥게 느껴질 수 있다.
승화 (고체 → 기체)	• 아이스크림을 포장할 때 드라이아이스를 함께 넣으면 아이스크림이 잘 녹지 않는다.

3. 열에너지를 방출하는 상태 변화: 응고, 액화, 승화(기체 → 고체)

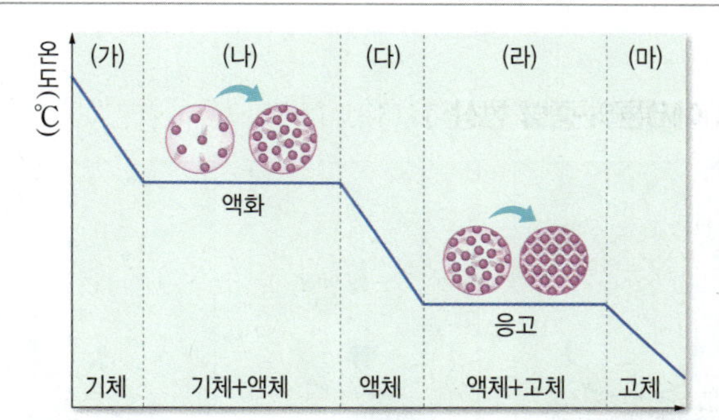

• 온도가 낮아지는 구간: (가), (다), (마)
➡ 열에너지를 빼앗겨 온도가 낮아진다.
• 온도가 일정한 구간: (나), (라)
➡ 상태 변화 하면서 열에너지를 방출한다.
➡ 입자 운동이 둔해지고 입자 배열이 규칙적으로 변하며, 입자 사이의 거리가 가까워진다. (단, 물은 예외)

4. 열에너지를 방출하는 상태 변화의 예: 물질이 주위로 열에너지 방출 ➡ 주위의 온도가 높아진다.

응고	• 이글루의 벽에 물을 뿌려 내부를 따뜻하게 한다. • 액체 파라핀에 손을 담갔다가 꺼내면 파라핀이 응고하면서 손이 따뜻해진다.
액화	• 커피 기계의 스팀 분출 장치로 우유를 데운다. • 냉방이 잘 된 곳에 있다가 밖으로 나오면 후텁지근하게 느껴진다.
승화 (기체 → 고체)	• 겨울철 눈이 내릴 때 날씨가 포근해진다.

최종 점검

01 / 입자의 운동

1. 아세트산 입자의 확산 현상

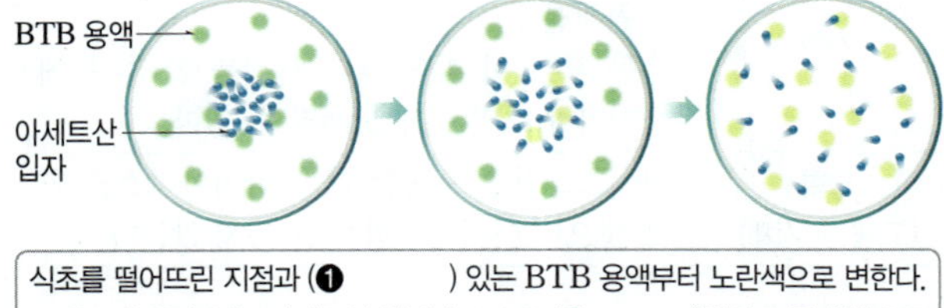

식초를 떨어뜨린 지점과 (❶) 있는 BTB 용액부터 노란색으로 변한다.
➡ 식초에 들어 있는 아세트산 입자가 스스로 (❷)하여 모든 방향으로
(❸)하기 때문

2. 아세톤의 증발 현상

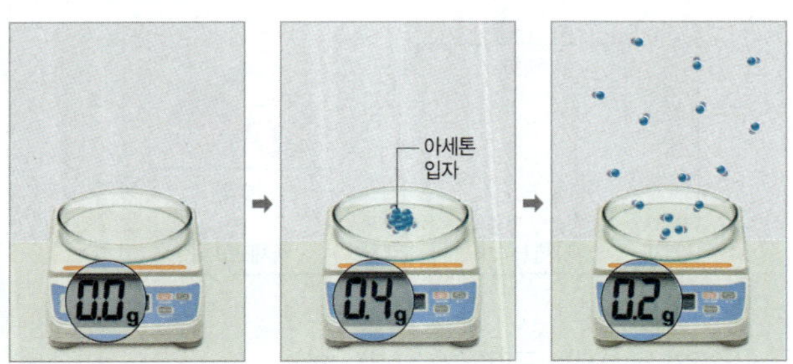

거름종이에 떨어뜨린 아세톤의 흔적이 서서히 사라지면서 질량이 점점 줄어든다.
➡ 아세톤 입자가 스스로 (❶)하여 공기 중으로 (❷)하기 때문

3. 향수의 확산과 증발 현상

향수병의 뚜껑을 연 채로 방에 놓아두면 잠시 후 방 전체에서 향수 냄새를 맡을 수 있다.
➡ 향수 입자가 스스로 운동하여 향수 표면에서 (❶)하고, 공기 중으로
(❷)하기 때문

02 / 물질의 상태와 상태 변화

1. 물질의 상태에 따른 모양과 부피 변화

(❶)	모양 일정 / 부피 일정
(❷)	모양 변함 / 부피 일정
(❸)	모양 변함 / 부피 변함

2. 물질의 상태에 따른 입자 모형

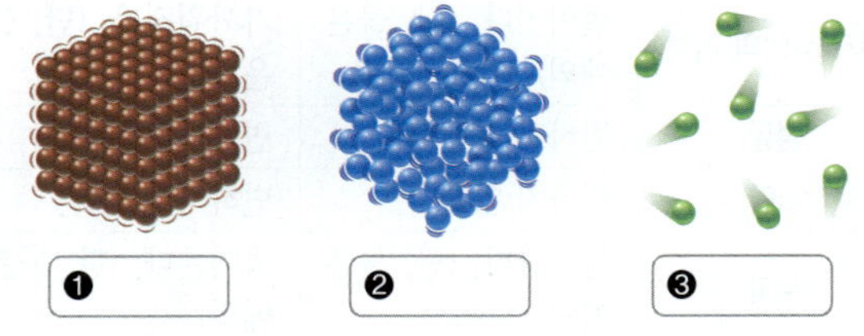

3. 상태 변화

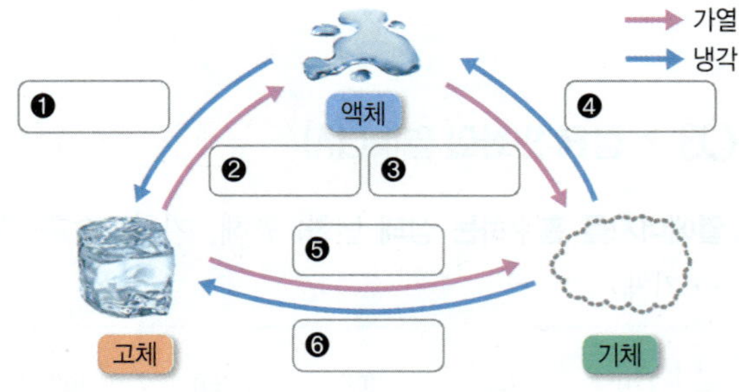

4. 상태 변화와 입자 배열의 변화

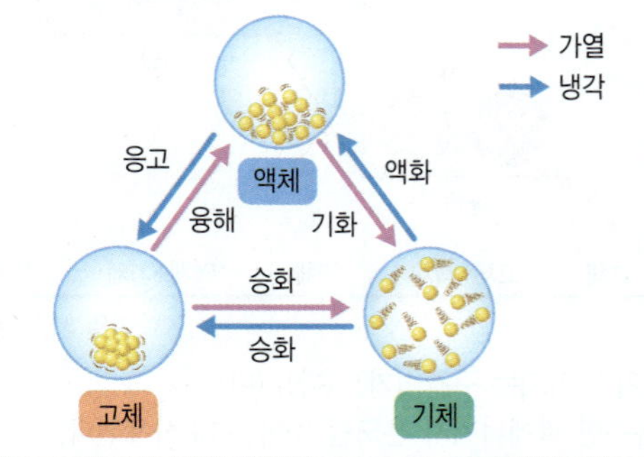

• 융해, 기화, 승화(고체 → 기체)가 일어날 때 입자 배열이 (❶)하게 변하고 입자 사이의 거리가 (❷)지므로 부피가 늘어난다. (단, 물은 예외)
• 응고, 액화, 승화(기체 → 고체)가 일어날 때 입자 배열이 (❸)적으로 변하고 입자 사이의 거리가 (❹)지므로 부피가 줄어든다. (단, 물은 예외)

5. 물의 상태 변화 실험

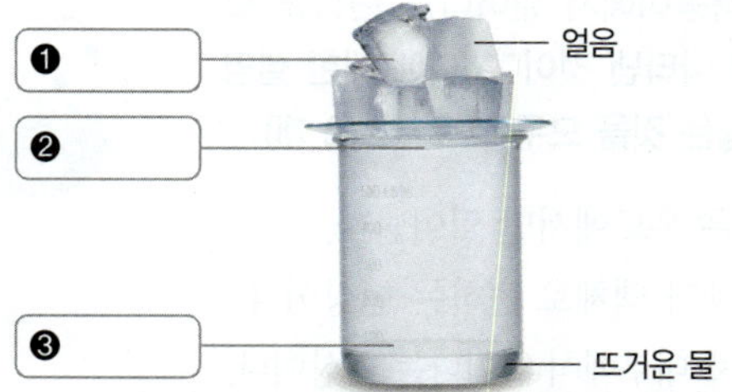

비커에 든 물과 시계 접시 아랫면에 생긴 액체 방울에 푸른색 염화 코발트 종이를 대면 붉은색으로 변한다.
→ 물질의 상태가 변할 때 물질의 (❹   )은 변하지 않는다.

6. 아세톤의 상태 변화 실험

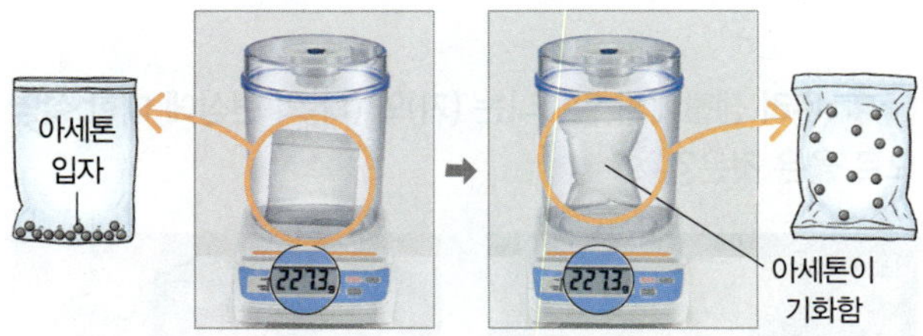

아세톤이 들어 있는 비닐 주머니를 감압 장치에 넣고 장치 속 공기를 뺀 뒤 감압 장치의 질량을 측정한 다음, 뜨거운 물이 담긴 수조에 감압 장치를 넣어 아세톤이 모두 기화하였을 때 다시 질량을 측정하였다.
→ 물질의 상태가 변할 때 물질의 (❶   )은 변하지 않고, (❷   )는 변한다.

03 / 상태 변화와 열에너지

1. 가열 곡선과 상태 변화

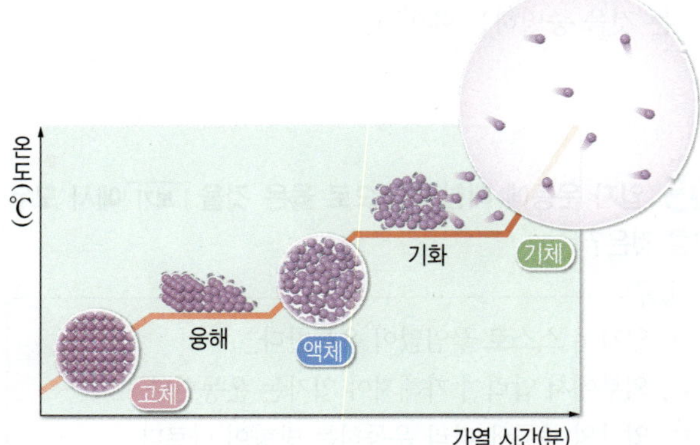

- 물질을 가열하면 물질이 열에너지를 흡수하여 온도가 높아진다.
- 물질을 계속 가열하면 입자 운동이 활발해지고 입자 배열이 (❶   )하게 변하며, 입자 사이의 거리가 (❷   )진다. (단, 물은 예외)
- 융해, (❸   ), 승화(고체 → 기체)가 일어나는 동안에는 온도가 일정하게 유지된다.
- → 흡수한 열에너지가 (❹   ) 하는 데 모두 사용되기 때문

2. 냉각 곡선과 상태 변화

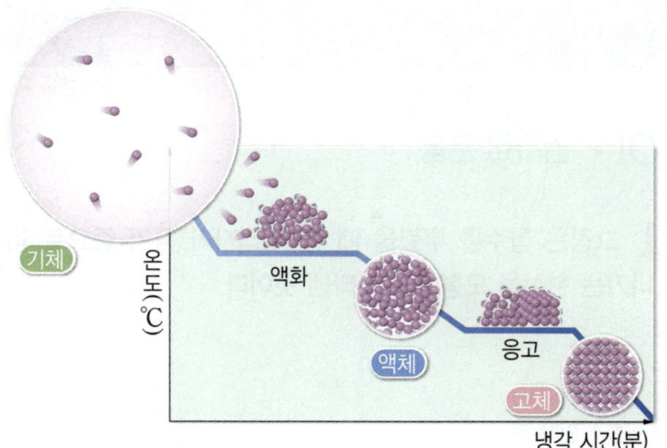

- 물질을 냉각하면 물질이 열에너지를 빼앗겨 온도가 낮아진다.
- 물질을 계속 냉각하면 입자 운동이 둔해지고 입자 배열이 (❶   )적으로 변하며, 입자 사이의 거리가 (❷   )진다. (단, 물은 예외)
- 응고, (❸   ), 승화(기체 →고체)가 일어나는 동안에는 온도가 일정하게 유지된다.
- → 상태 변화 하면서 열에너지를 (❹   )하기 때문

3. 상태 변화와 열에너지의 출입

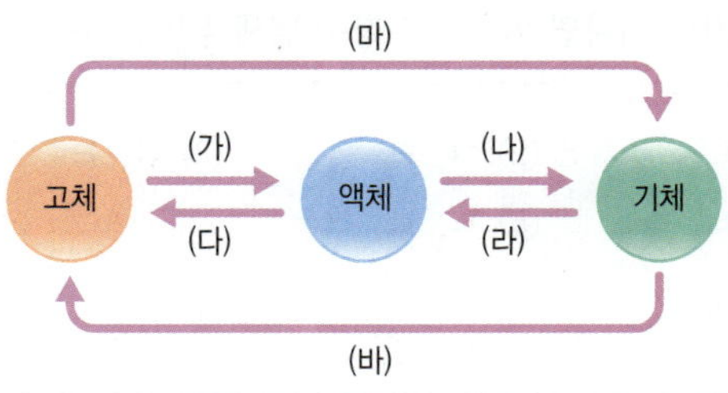

- 열에너지를 흡수하는 상태 변화는 (❶   ,   ,   )이다.
- 열에너지를 방출하는 상태 변화는 (❷   ,   ,   )이다.
- 주위의 온도가 높아지는 상태 변화는 (❸   ,   ,   )이다.
- 주위의 온도가 낮아지는 상태 변화는 (❹   ,   ,   )이다.

4. 상태 변화를 이용한 냉방기와 난방기

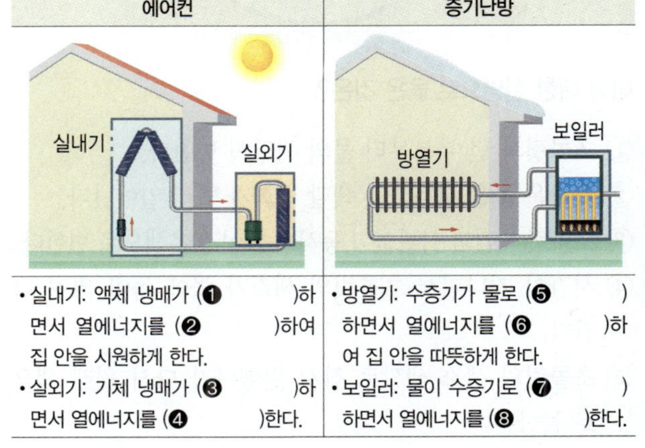

에어컨	증기난방
- 실내기: 액체 냉매가 (❶)하면서 열에너지를 (❷)하여 집 안을 시원하게 한다.	- 방열기: 수증기가 물로 (❺)하면서 열에너지를 (❻)하여 집 안을 따뜻하게 한다.
- 실외기: 기체 냉매가 (❸)하면서 열에너지를 (❹)한다.	- 보일러: 물이 수증기로 (❼)하면서 열에너지를 (❽)한다.

난이도 ●●●

01 / 입자의 운동

01 그림은 향수를 뿌렸을 때 향수 입자가 공기 중으로 퍼져 나가는 현상을 모형으로 나타낸 것이다.

향수 입자

이에 대한 설명으로 옳은 것을 「보기」에서 모두 고른 것은?

보기
ㄱ. 향수 입자는 모든 방향으로 퍼져 나간다.
ㄴ. 공기가 없으면 향수 입자는 확산할 수 없다.
ㄷ. 향수 입자가 공기를 구성하는 다른 입자로 변한다.
ㄹ. 시간이 지나면 멀리서도 향수 냄새를 맡을 수 있다.

① ㄱ, ㄴ   ② ㄱ, ㄹ   ③ ㄷ, ㄹ
④ ㄱ, ㄴ, ㄷ   ⑤ ㄴ, ㄷ, ㄹ

02 그림과 같이 페트리 접시에 여러 가지 색깔의 초콜릿을 놓고, 초콜릿의 반이 잠길 만큼 따뜻한 물을 부었다.

이에 대한 설명으로 옳은 것은?

① 초콜릿과 먼 부분부터 물의 색깔이 변한다.
② 차가운 물을 사용하면 색깔 변화가 빨리 일어난다.
③ 초콜릿 색깔과 상관없이 동시에 물이 붉은색으로 변한다.
④ 시간이 지나면서 초콜릿의 색소가 물에 녹아 퍼져 나간다.
⑤ 초콜릿의 색소 색깔로 잠시 변했다가 다시 원래 색으로 돌아온다.

03 오른쪽 그림은 아세톤을 떨어뜨린 거름종이에서 일어나는 현상을 모형으로 나타낸 것이다. 이에 대한 설명으로 옳은 것을 모두 고르면? (2 개)

① 높은 온도에서만 일어난다.
② 기체가 액체로 변하는 현상이다.
③ 액체 내부에서 일어나는 현상이다.
④ 시간이 지날수록 거름종이에 남아 있는 아세톤 입자가 점점 줄어든다.
⑤ 실내 공기가 건조할 때 젖은 수건을 널어 두는 것은 이 현상을 이용한 것이다.

04 우리 생활에서 일어나는 (가)와 (나)의 현상에 대한 설명으로 옳은 것은?

(가) 빵을 꺼내 놓으면 빵이 말라서 딱딱해진다.   (나) 향초를 켜면 향기가 퍼져 나간다.

① (가)는 확산의 예이다.
② (가)는 과일을 말리는 원리와 같은 현상이다.
③ (나)는 바람이 불 때만 일어난다.
④ (나)의 향기는 위쪽으로만 퍼져 나간다.
⑤ (가)와 (나)는 입자가 운동하면 입자의 종류가 달라지는 것을 증명하는 예이다.

05 입자 운동에 대한 설명으로 옳은 것을 「보기」에서 모두 고른 것은?

보기
ㄱ. 입자는 스스로 끊임없이 운동한다.
ㄴ. 외부에서 압력이 가해져야 입자는 운동한다.
ㄷ. 입자의 종류에 따라 운동하는 방향이 다르다.
ㄹ. 입자가 운동한다는 것을 알 수 있는 현상은 끓음, 증발, 확산 등이 있다.

① ㄱ   ② ㄷ   ③ ㄱ, ㄹ
④ ㄴ, ㄷ   ⑤ ㄴ, ㄹ

02 / 물질의 상태와 상태 변화

06 그림은 물질을 세 가지 상태로 분류하는 과정을 나타낸 것이다.

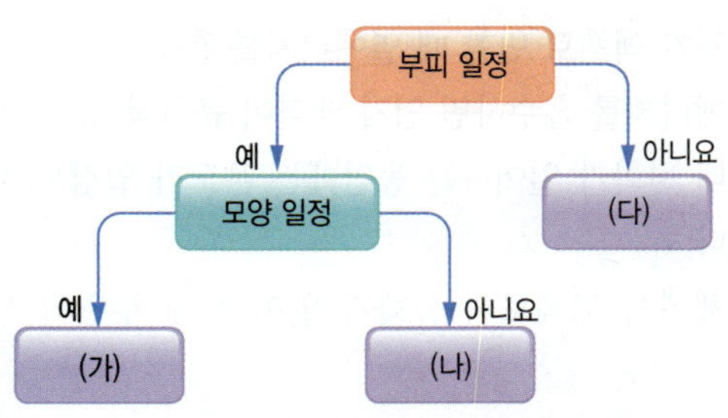

이에 대한 설명으로 옳은 것을 보기에서 모두 고른 것은?

보기

ㄱ. (가)를 구성하는 입자는 매우 둔하게 운동한다.

ㄴ. (나)는 흐르는 성질이 있다.

ㄷ. (다)는 입자 배열이 매우 규칙적이다.

ㄹ. (가)는 입자 사이의 거리가 (다)보다 매우 가깝다.

① ㄱ, ㄴ　　　② ㄱ, ㄷ　　　③ ㄴ, ㄹ

④ ㄱ, ㄴ, ㄹ　　⑤ ㄴ, ㄷ, ㄹ

07 그림은 물질의 세 가지 상태를 입자 모형으로 나타낸 것이다.

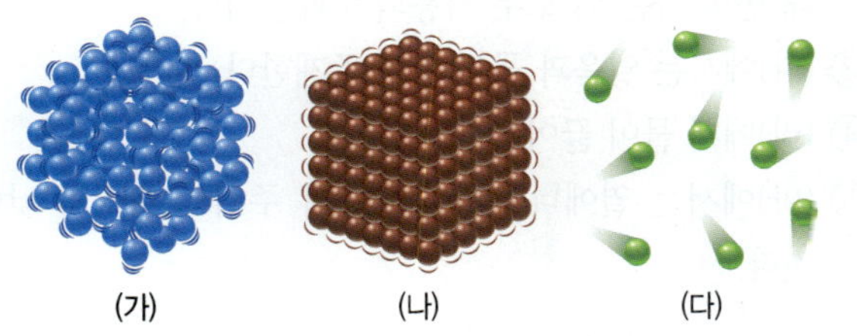

이에 대한 설명으로 옳은 것을 보기에서 모두 고른 것은? (단, 물은 제외한다.)

보기

ㄱ. (가)는 입자 사이의 거리가 (나)보다 가깝다.

ㄴ. (나)는 입자 배열이 규칙적이다.

ㄷ. (다)는 입자 운동이 가장 활발하다.

ㄹ. (나)와 (다)는 흐르는 성질이 있다.

① ㄱ, ㄴ　　　② ㄴ, ㄷ　　　③ ㄷ, ㄹ

④ ㄱ, ㄴ, ㄹ　　⑤ ㄱ, ㄷ, ㄹ

08 그림은 물질의 상태 변화를 입자 모형으로 나타낸 것이다.

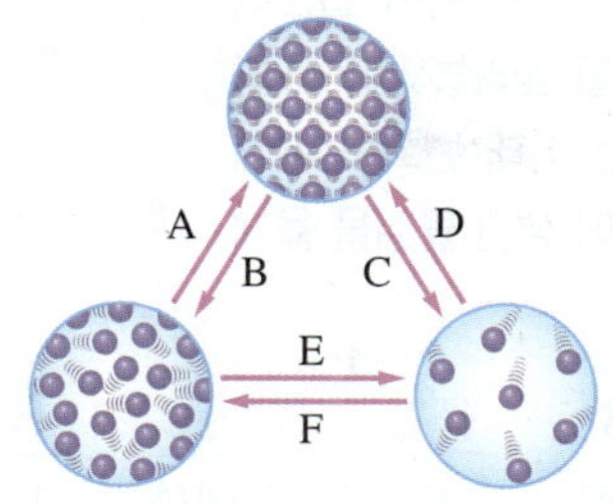

가열할 때 일어나는 상태 변화를 옳게 짝 지은 것은?

① A, B, C　　　② A, D, F　　　③ B, C, E

④ B, C, F　　　⑤ C, D, F

09 그림은 물질의 상태 변화를 입자 모형으로 나타낸 것이다.

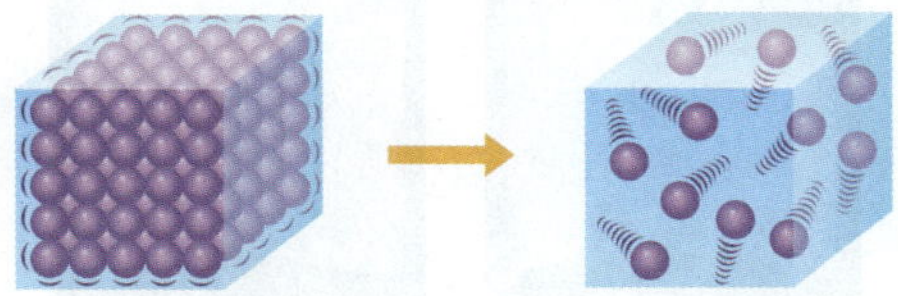

이에 대한 설명으로 옳지 <u>않은</u> 것은?

① 물질의 부피가 늘어난다.

② 입자 운동이 활발해진다.

③ 입자의 배열이 불규칙해진다.

④ 입자의 성질은 변하지 않는다.

⑤ 입자 사이의 거리가 가까워진다.

10 입자 사이의 거리가 가까워지고 입자 운동이 둔해지는 상태 변화의 예로 옳은 것을 보기에서 모두 고른 것은?

보기

ㄱ. 흘러내리던 촛농이 굳는다.

ㄴ. 용광로에서 철이 녹아 쇳물이 된다.

ㄷ. 겨울철 산꼭대기에 공기 중 수증기가 나뭇가지에 얼어붙어 상고대가 생긴다.

① ㄱ　　　② ㄴ　　　③ ㄱ, ㄷ

④ ㄴ, ㄷ　　⑤ ㄱ, ㄴ, ㄷ

11 오른쪽 그림과 같이 뜨거운 물이 들어 있는 비커 위에 얼음이 담긴 시계 접시를 올려놓았다. A와 B에서 일어나는 상태 변화와 시계 접시 아랫면 A에 생긴 물질을 옳게 짝 지은 것은?

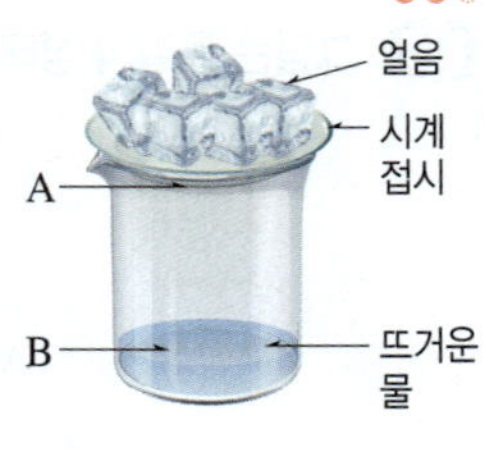

	A	B	물질
①	액화	기화	물
②	액화	기화	수증기
③	액화	액화	얼음
④	기화	액화	물
⑤	기화	액화	수증기

12 상온에서 그림과 같이 비닐 주머니에 얼음 조각과 드라이아이스 조각을 각각 넣은 다음, 비닐 주머니에서 공기를 최대한 빼고 입구를 막았다.

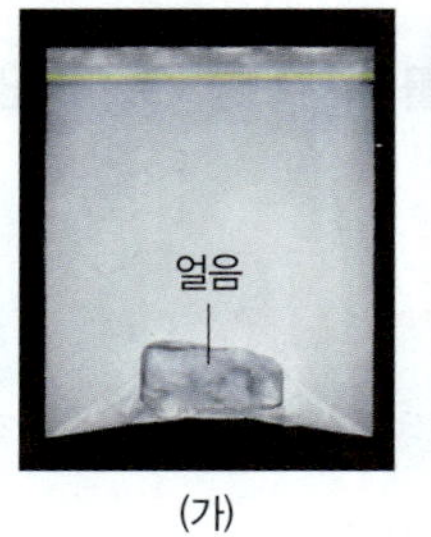

이에 대한 설명으로 옳은 것은?

① (가)에서 응고가 일어난다.
② (가)에서는 입자 운동이 둔해진다.
③ (나)에서는 액체를 거치지 않는 상태 변화가 일어난다.
④ (나)에서는 입자 배열이 규칙적으로 변한다.
⑤ (가)와 (나)는 모두 비닐 주머니가 부풀어 오른다.

13 오른쪽 그림과 같이 액체 상태의 양초가 굳으면 가운데 부분이 오목하게 들어간다. 이에 대한 설명으로 옳지 <u>않은</u> 것은?

① 양초가 굳을 때의 상태 변화는 응고이다.
② 양초가 굳으면 입자 배열이 규칙적으로 변한다.
③ 양초가 굳으면 입자 사이의 거리가 가까워진다.
④ 가운데 부분이 오목하게 들어간 까닭은 양초를 구성하는 입자의 크기가 줄어들었기 때문이다.
⑤ 이 현상으로 물질이 상태 변화 할 때 부피가 변한다는 것을 알 수 있다.

03 / 상태 변화와 열에너지

14 상태 변화와 열에너지의 관계에 대한 설명으로 옳지 <u>않은</u> 것은?

① 고체가 액체로 변할 때 열에너지를 흡수한다.
② 열에너지를 흡수하면 입자 배열이 규칙적으로 변한다.
③ 상태 변화가 일어나는 동안에는 온도가 일정하게 유지된다.
④ 기체에서 고체로의 승화가 일어날 때 주위의 온도는 높아진다.
⑤ 액체 파라핀이 굳어서 고체 상태가 될 때는 열에너지를 방출한다.

15 그림은 얼음을 가열하면서 시간에 따른 온도 변화를 측정하여 나타낸 것이다.

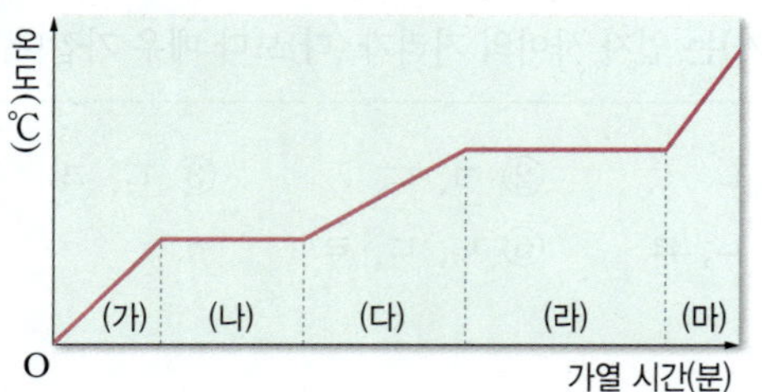

이에 대한 설명으로 옳은 것을 모두 고르면? (2 개)

① (가)에서는 융해가 일어난다.
② (나)에서 온도가 일정한 까닭은 흡수한 열에너지가 상태 변화 하는 데 모두 사용되기 때문이다.
③ (다)에서는 얼음과 물이 함께 존재한다.
④ (라)에서 물이 끓어서 기화한다.
⑤ (마)에서는 열에너지를 흡수하여 주위의 온도가 낮아진다.

16 다음 변화가 일어나는 상태 변화의 예로 옳은 것은?

> • 열에너지를 흡수한다.
> • 입자 운동이 활발해진다.

① 겨울철에 계곡물이 언다.
② 손바닥 위에 얼음이 녹는다.
③ 겨울철 나뭇잎에 서리가 생긴다.
④ 추운 겨울 유리창에 성에가 생긴다.
⑤ 얼음물이 들어 있는 컵 표면에 물방울이 맺힌다.

17 표는 어떤 액체 물질을 냉각시킬 때 시간에 따른 온도를 측정한 결과를 나타낸 것이다.

시간(분)	0	2	4	6	8	10	12
온도(℃)	79	62	50	50	50	43	32

이에 대한 설명으로 옳은 것은?

① 입자 운동은 2 분일 때보다 12 분일 때 더 활발하다.
② 4 분~8 분 구간에서 액화가 일어난다.
③ 6 분일 때 물질은 액체 상태로만 존재한다.
④ 8 분~12 분 구간에서 상태 변화가 일어난다.
⑤ 물질이 얼기 시작하는 온도는 50 ℃이다.

18 오른쪽 그림은 물의 냉각 곡선을 나타낸 것이다. (가) 구간에서 물질의 상태와 열에너지의 출입 및 주위의 온도 변화를 옳게 짝 지은 것은?

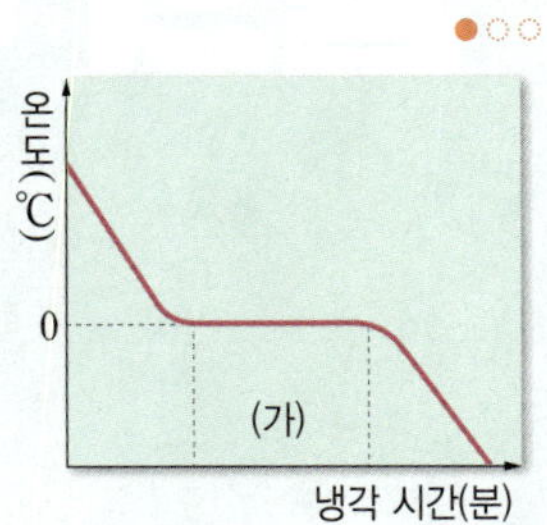

	물질의 상태	열에너지의 출입	주위의 온도 변화
①	고체	흡수	높아진다.
②	고체	방출	낮아진다.
③	액체	흡수	높아진다.
④	액체＋고체	흡수	낮아진다.
⑤	액체＋고체	방출	높아진다.

19 그림은 물질의 상태 변화를 나타낸 것이다.

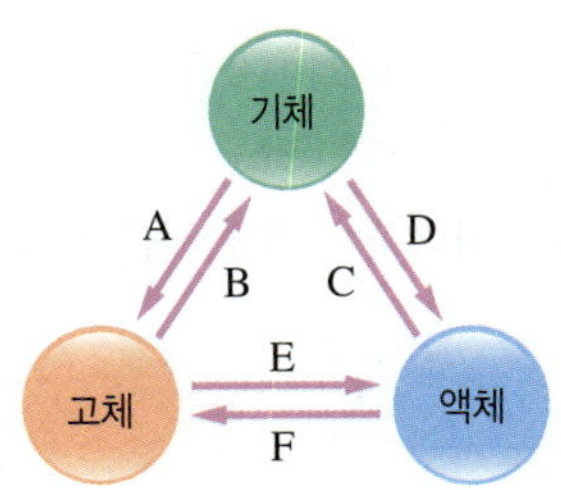

이에 대한 설명으로 옳지 <u>않은</u> 것은? (단, 물은 제외한다.)

① A 과정에서는 입자 운동이 둔해진다.
② B 과정에서는 주위의 온도가 낮아진다.
③ C 과정에서는 입자 사이의 거리가 점점 멀어진다.
④ D 과정에서는 열에너지를 방출하면서 입자 배열이 규칙적으로 변한다.
⑤ E 과정에서는 부피가 줄어든다.

20 그림은 물질의 세 가지 상태의 입자 운동을 비교하기 위한 실험을 나타낸 것이다.

이에 대한 설명으로 옳은 것을 [보기]에서 모두 고른 것은?

보기
ㄱ. (가) → (나)로 상태가 변할 때 열에너지를 흡수한다.
ㄴ. (가) → (다)로 상태가 변할 때 열에너지를 방출하여 입자 배열이 규칙적으로 변한다.
ㄷ. (나) → (다) → (가)로 상태가 변할 때 주위의 온도가 낮아진다.

① ㄱ   ② ㄴ   ③ ㄷ
④ ㄱ, ㄴ   ⑤ ㄴ, ㄷ

21 그림은 에어컨과 증기난방의 원리를 나타낸 것이다.

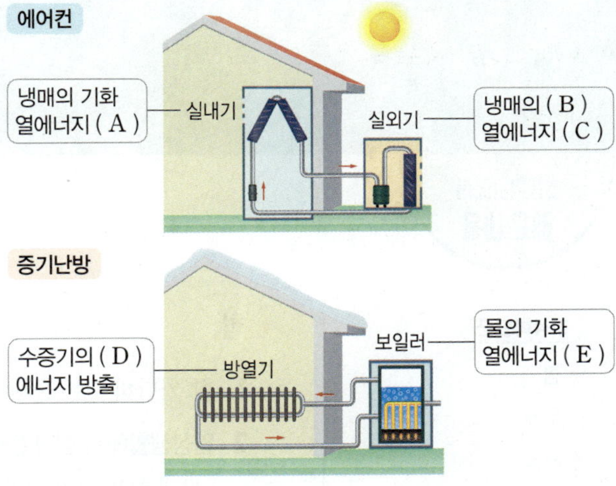

냉매와 수증기가 상태 변화 할 때 열에너지의 출입, 상태 변화를 옳게 짝 지은 것은?

	A	B	C	D	E
①	방출	액화	방출	액화	흡수
②	방출	응고	흡수	기화	방출
③	흡수	기화	방출	기화	방출
④	흡수	액화	방출	액화	흡수
⑤	흡수	액화	흡수	기화	흡수

힘의 작용

3~4학년군

✦ 힘
✦ 무게
✦ 저울

✦ **힘**

1 **힘**: 가만히 있는 물체에 ❶ ㅎ 을 주어 밀거나 당기면 물체를 움직일 수 있다.

2 **일상생활에서 힘과 관련된 현상**

- 문에 힘을 주어 밀거나 당기면 문이 열린다.
- 그네에 힘을 주어 밀면 그네가 앞쪽으로 밀려난다.

✦ **물체를 밀고 당길 때 드는 힘의 크기 비교**

이 단원에서 배울 내용

- ✦ 힘의 표현
- ✦ 힘의 합력
- ✦ 힘의 평형
- ✦ 중력
- ✦ 마찰력
- ✦ 탄성력
- ✦ 부력
- ✦ 힘의 작용과 운동 상태의 변화

✦ 무게

1 ❸ ㅁㄱ : 물체의 무겁고 가벼운 정도

2 ❹ ㅈㅇ : 물체의 무게를 정확하게 잴 수 있는 도구

3 무게를 비교하는 단위: g(그램), kg(킬로그램)

4 저울의 종류

↑ ❺ ㅊㅈㄱ	↑ 가정용 저울	↑ 전자저울

힘의 표현과 평형

오른쪽 만화를 보고 다람쥐의 말풍선을 완성해 보자.

A 힘의 표현

'힘'을 내서 공부를 열심히 해 보아요! 이때의 '힘'은 과학에서 말하는 힘의 의미와 조금 달라요. 그렇다면 과학에서의 힘이란 무엇일까요?

※ 과학에서의 힘이 작용한 예가 아닌 경우
- 일상생활에서 사용하는 '힘' 중 물체의 모양이나 운동 상태가 변하지 않는 경우는 과학에서의 힘의 작용과 관계없다.
  예 힘내, 내 힘으로는 못해.
- 물질의 상태나 성질이 변하는 경우는 힘의 작용과 관계없다.
  예 물이 끓는다, 얼음이 녹았다.

1. 과학에서의 힘: 물체를 밀거나 당길 때 작용하는 힘으로, 물체의 모양이나 운동 상태를 변화시키는 원인이다. ※
물체의 속력이나 운동 방향 ●──

(1) **힘의 단위:** N(뉴턴) ── 영국의 물리학자 뉴턴의 이름에서 유래되었다.

(2) **힘의 측정:** 용수철저울, 힘 센서 등을 사용하여 측정한다.

(3) **힘의 효과:** 물체의 모양이나 운동 상태를 변화시키거나, 모양과 운동 상태를 모두 변화시킨다.

모양 변화	운동 상태 변화
• 색 점토를 잡아당길 때 점토의 모양이 변한다.	• 썰매를 밀 때 썰매가 움직인다.
• 대리석을 쳐서 깨뜨릴 때 대리석의 모양이 변한다.	• 정지해 있던 창문을 밀 때 창문이 움직인다.
• 알루미늄 캔을 세게 누를 때 캔의 모양이 변한다.	• 종이비행기를 날릴 때 종이비행기가 움직인다.

모양과 운동 상태 변화
• 야구공을 방망이로 세게 칠 때 야구공이 찌그러지며 날아간다.
• 축구공을 발로 세게 찰 때 축구공이 찌그러지며 날아간다.

힘의 크기와 방향은 같고 작용점이 다를 때 물체는 어떻게 움직일까?
물체에 작용하는 힘의 크기와 방향이 같아도 작용점이 달라지면 물체의 움직임이 달라질 수 있다.

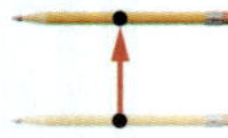

2. 힘의 표현: 힘이 작용하는 지점에서 힘의 방향과 크기를 화살표로 함께 나타낸다.

(1) **힘의 3요소:** 힘의 작용점, 힘의 크기, 힘의 방향

(2) **힘의 표시:** 화살표로 표시할 수 있다.

① **힘의 작용점:** 화살표의 시작점으로 나타낸다.

② **힘의 크기:** 화살표의 길이를 힘의 크기에 비례하도록 나타낸다.

③ **힘의 방향:** 힘이 작용하는 방향을 화살표의 방향으로 나타낸다.

힘의 표시

힘의 작용점	화살표의 시작점
힘의 크기	화살표의 길이
힘의 방향	화살표의 방향

1. 힘의 ❶합력

(1) **합력**: 물체에 둘 이상의 힘이 동시에 작용할 때, 이와 같은 효과를 나타내는 하나의 힘이다.

(2) **같은 방향으로 작용하는 두 힘의 합력**

① **합력의 크기**: 두 힘의 크기를 더한 값

② **합력의 방향**: 두 힘의 방향

그림과 같이 같은 방향으로 두 힘이 작용할 때 두 힘의 합력(➡)을 구하면 다음과 같다.

- **합력의 크기**: 30 N + 10 N = 40 N
  └─ 두 힘의 합
- **합력의 방향**: 오른쪽
  └─ 두 힘의 방향

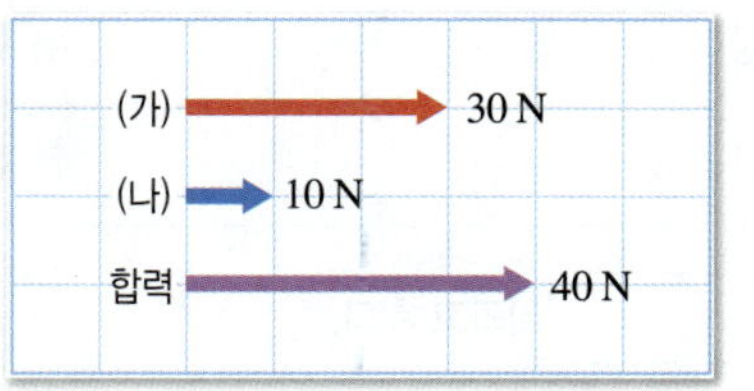

---

(3) **반대 방향으로 작용하는 두 힘의 합력**※

① **합력의 크기**: 큰 힘의 크기에서 작은 힘의 크기를 뺀 값

② **합력의 방향**: 큰 힘의 방향

그림과 같이 반대 방향으로 두 힘이 작용할 때 두 힘의 합력(➡)을 구하면 다음과 같다.

- **합력의 크기**: 30 N - 10 N = 20 N
  └─ 큰 힘과 작은 힘의 차
- **합력의 방향**: 오른쪽
  └─ 큰 힘의 방향

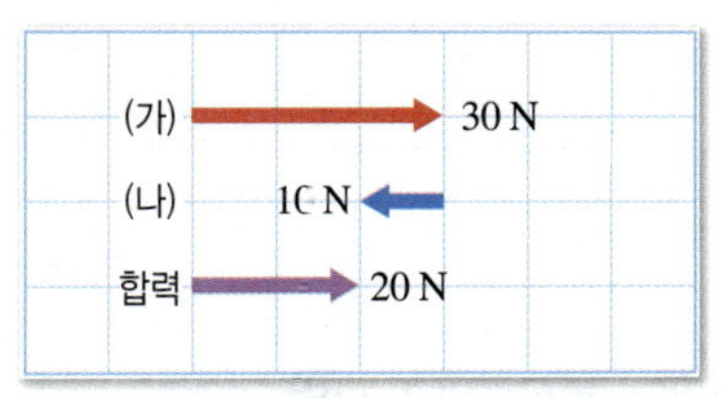

---

(4) **알짜힘**: 물체에 작용하는 모든 힘들의 합력으로, 물체가 받는 순 힘이다.

2. 힘의 ❷평형: 물체에 작용하는 두 힘의 합력인 알짜힘이 0이어서 물체가 아무런 힘을 받지 않는 것처럼 보이는 상태

(1) **두 힘이 평형을 이루는 조건**

① 두 힘의 **크기** 가 **같다** .

② 두 힘의 **방향** 이 **반대** 이다.

③ 두 힘이 **일직선상** 에서 작용한다. ─● 작용점은 일치하지 않아도 된다.

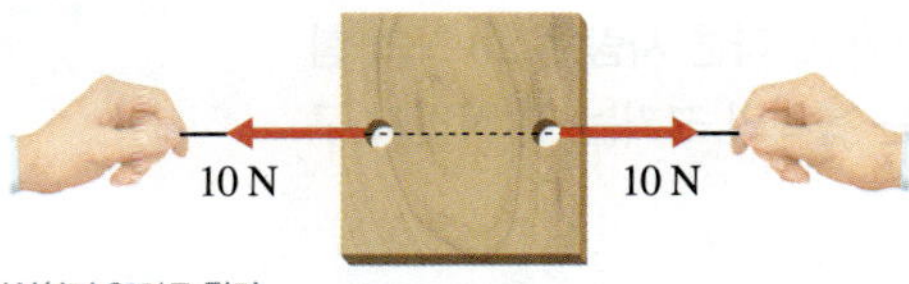

⬆ 힘의 평형

(2) **두 힘이 평형을 이루는 예**

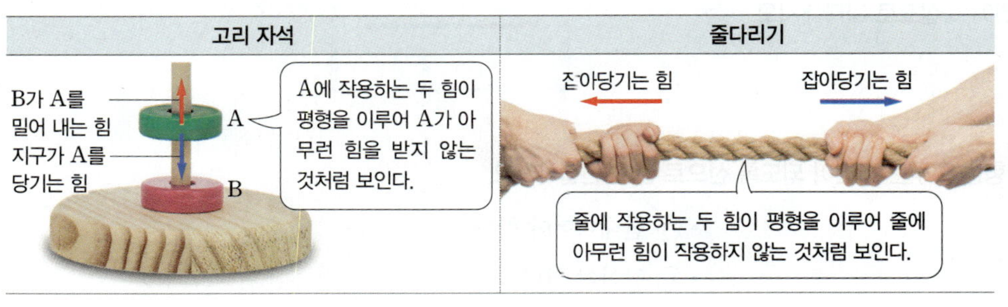

고리 자석	줄다리기

※ **한 물체에 나란하게 작용하는 세 힘 이상의 합력**

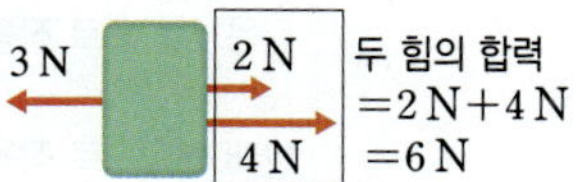

같은 방향으로 작용하는 힘들의 합력을 구한 다음 전체 합력을 구한다.

➡ 합력의 크기 = 6 N - 3 N = 3 N

두 힘이 일직선상에서 작용하지 않으면 어떻게 될까?

두 힘의 크기가 같고 방향이 반대이지만 일직선상에서 작용하지 않으면, 두 힘이 평형을 이루지 못한다. 따라서 두 작용선이 일치할 때까지 물체가 회전한다.

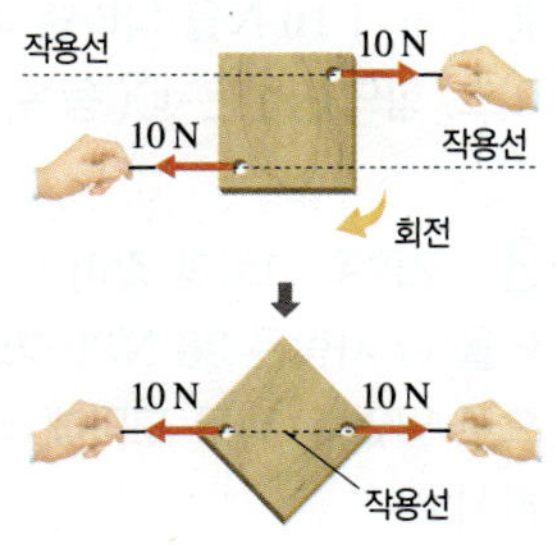

❶ **합력**(合 합하다, 力 힘) 둘 이상의 힘이 동시에 작용할 때와 똑같은 효과를 나타내는 하나의 힘

❷ **평형**(平 평평하다, 衡 저울) 둘 이상의 힘이나 작용이 균형을 이루어 안정된 상태

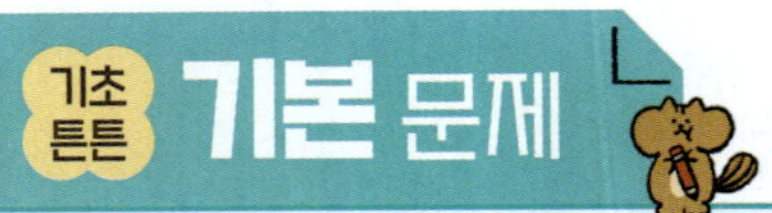

기초 튼튼 **기본** 문제

✔ 핵심 요약

▶ **과학에서의 힘:** 물체의 ❶[   ]이나 ❷[   ][   ]를 변화시키는 원인

▶ **힘의 표현:** 힘의 ❸[   ], 힘의 크기, 힘의 방향을 화살표로 표시한다.

▶ **힘의 합력:** 물체에 둘 이상의 힘이 동시에 작용할 때, 이와 같은 효과를 나타내는 하나의 힘

  • 두 힘의 합력

구분	합력의 방향	합력의 크기
같은 방향으로 작용할 때	두 힘의 방향	두 힘의 크기를 ❹[ ] 값
반대 방향으로 작용할 때	❺[ ] 힘의 방향	큰 힘에서 작은 힘의 크기를 뺀 값

  • 물체에 작용하는 모든 힘들의 합력을 ❻[   ]이라고 한다.

▶ **힘의 평형:** 물체에 작용하는 두 힘의 합력이 0이어서 물체가 아무런 힘을 받지 않는 것처럼 보이는 상태

  ➡ 두 힘의 크기는 같고, 방향이 ❼[   ]이며, 일직선상에서 작용해야 한다.

---

1 물체에 힘이 작용할 때 모양만 변하는 것은 A, 운동 상태만 변하는 것은 B, 모양과 운동 상태가 모두 변하는 것은 C라고 쓰시오.

(1) 종이비행기를 날린다. ··· (   )
(2) 색 점토를 잡아당긴다. ·· (   )
(3) 테니스공을 라켓으로 힘껏 친다. ·· (   )

2 오른쪽 그림은 어떤 힘을 화살표로 나타낸 것이다. 화살표의 **1 cm**는 힘의 크기 **10 N**을 나타낸다면, 이 힘의 크기는 ㉠(5 N, 10 N, 50 N) 이고, 힘의 방향은 ㉡(동쪽, 서쪽, 남쪽, 북쪽)이다.

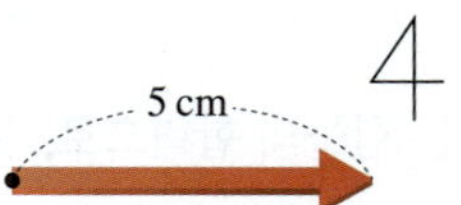

3 오른쪽 그림과 같이 마찰이 없는 수평면 위에 놓인 나무 도막을 한 사람은 30 N의 힘으로 당기고, 다른 사람은 20 N의 힘으로 밀었다. 나무 도막에 작용하는 합력의 크기는 몇 N인지 구하시오.

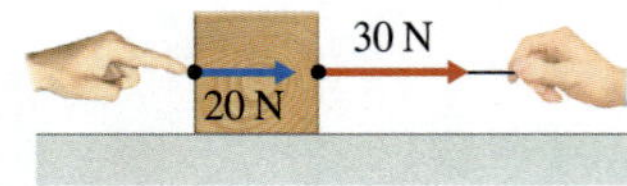

4 오른쪽 그림과 같이 한 점에 두 힘이 서로 반대 방향으로 작용하고 있다. 두 힘의 합력을 모눈종이 위에 화살표로 나타내시오.

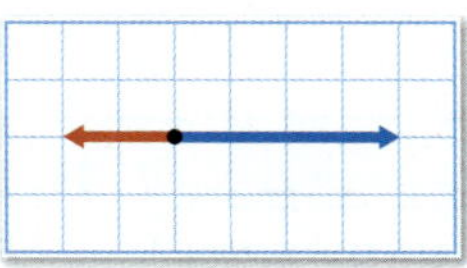

5 물체에 작용하는 두 힘이 평형을 이루는 조건이 되도록 선으로 옳게 연결하시오.

(1) 두 힘의 크기가 •　　　　　　　　　　　• ㉠ 반대이어야 한다.

(2) 두 힘의 방향이 •　　　　　　　　　　　• ㉡ 같아야 한다.

힘이 작용할 때 나타나는 현상을 구분하는 문제는 시험에서 자주 출제되는 중요한 문제예요. 또, 힘의 합력을 측정하는 탐구는 중요해요. 핵심 자료와 탐구 자료를 통해 차근차근 알아봅시다.

 힘이 작용할 때 나타나는 현상 구분하기

관련 개념 | 138 쪽 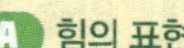 **A** 힘의 표현

㉠ 썰매를 밀 때

㉡ 대리석을 깨뜨릴 때

㉢ 종이비행기를 날릴 때

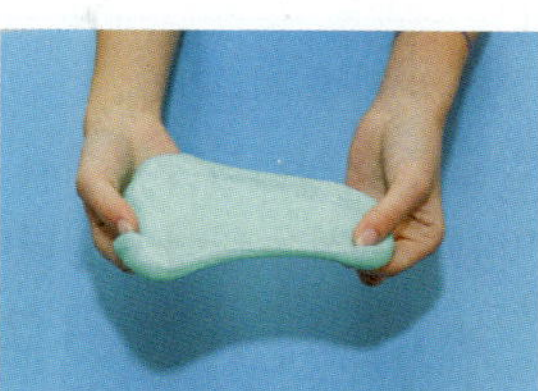

㉣ 색 점토를 잡아당길 때

㉤ 알루미늄 캔을 손으로 세게 쥘 때

㉥ 야구공을 방망이로 세게 칠 때

㉦ 축구공을 발로 세게 찰 때

㉧ 정지해 있던 창문을 밀 때

❶ 모양만 변화

❷ 운동 상태만 변화

❸ 모양과 운동 상태가 모두 변화

답 ❶ ㉠, ㉣ ❷ ㉢, ㉧ ❸ ㉡, ㉤, ㉥, ㉦

 두 힘의 합력 측정하기

관련 개념 | 139 쪽 **B** 두 힘의 합력과 평형

목표 나란한 방향으로 작용하는 두 힘의 합력을 알아본다.

과정 ① 두 용수철저울을 같은 방향으로 각각 2 N의 힘으로 당긴 후 늘어난 고무줄의 길이를 표시한다.
② 용수철저울 1개를 ①에서 표시한 길이만큼 늘어날 때까지 당기고 용수철저울의 눈금을 측정한다.

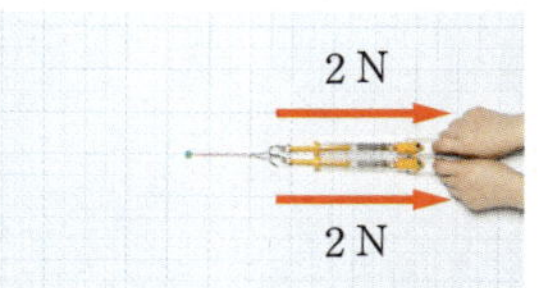

◆ 같은 실험 다른 장치

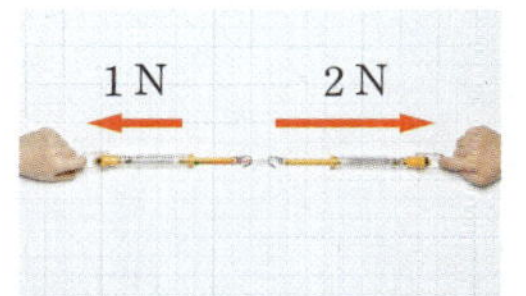

• 합력의 방향: 오른쪽
• 합력의 크기: 2 N−1 N=1 N

결과 • 용수철저울의 눈금: 4 N
• ①에서 당긴 두 용수철저울의 눈금을 더한 값과 같다.
➡ 2 N+2 N=4 N

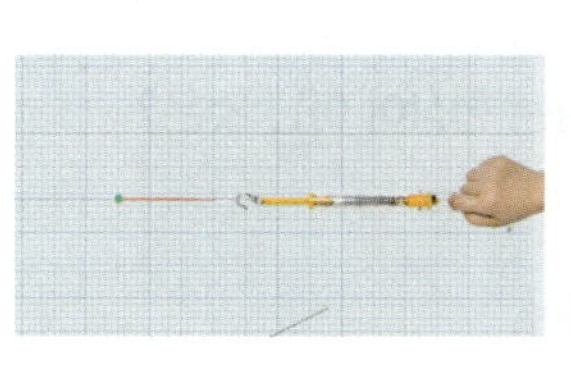

결론 • 같은 방향으로 작용하는 두 힘의 합력의 방향은 두 힘의 방향과 ㉠(   )고, 합력의 크기는 두 힘을 ㉡(   ) 값과 같다.

답 ㉠ 같 ㉡ 더한

핵심 문제

01 밑줄 친 힘이 과학에서 말하는 힘으로 옳은 것을 [보기]에서 모두 고른 것은?

[보기]
ㄱ. 칭찬은 <u>힘</u>이 된다.
ㄴ. <u>힘</u>을 주어 당겼더니 종이가 찢어졌다.
ㄷ. 맛있는 음식을 많이 먹었더니 <u>힘</u>이 난다.
ㄹ. 책상을 <u>힘</u>을 주어 밀어서 앞으로 옮겼다.

① ㄱ, ㄴ 　② ㄱ, ㄹ 　③ ㄴ, ㄷ
④ ㄴ, ㄹ 　⑤ ㄷ, ㄹ

중요 02 물체에 힘이 작용했을 때 달라지는 것으로 옳은 것을 [보기]에서 모두 고른 것은?

[보기]
ㄱ. 모양 　　　ㄴ. 무게
ㄷ. 질량 　　　ㄹ. 속력
ㅁ. 운동 방향

① ㄱ, ㄴ, ㄷ 　② ㄱ, ㄴ, ㄹ 　③ ㄱ, ㄹ, ㅁ
④ ㄴ, ㄷ, ㅁ 　⑤ ㄷ, ㄹ, ㅁ

중요 03 물체에 힘이 작용하여 나타나는 현상이 <u>아닌</u> 것은?

① 물이 얼어 얼음이 되었다.
② 대리석을 손으로 쳐서 깨뜨렸다.
③ 찰흙을 잡아당겨 접시를 만들었다.
④ 종이비행기를 날렸더니 앞으로 날아갔다.
⑤ 야구공을 방망이로 세게 쳤더니 멀리 날아갔다.

04 그림은 테니스공을 라켓으로 세게 치는 모습을 나타낸 것이다.

이에 대한 설명으로 옳은 것을 [보기]에서 모두 고른 것은?

[보기]
ㄱ. 힘이 작용하여 물체의 모양이 변한다.
ㄴ. 힘이 작용하여 물체의 속력이 변한다.
ㄷ. 힘이 작용하였지만 운동하던 물체의 운동 방향은 변하지 않는다.

① ㄱ 　　② ㄷ 　　③ ㄱ, ㄴ
④ ㄱ, ㄷ 　⑤ ㄴ, ㄷ

05 과학에서의 힘에 대한 설명으로 옳지 <u>않은</u> 것은?

① 힘은 물체의 모양을 변화시키는 원인이다.
② 힘의 크기를 나타내는 단위는 N(뉴턴)이다.
③ 물체에 힘을 작용해도 질량을 변화시킬 수 없다.
④ 굴러가던 공이 멈추는 까닭은 힘이 작용하였기 때문이다.
⑤ 힘을 화살표로 나타낼 때 화살표의 굵기가 굵을수록 힘의 크기가 크다.

중요 06 오른쪽 그림은 힘을 화살표로 나타낸 것이다. A, B, C가 나타내는 것을 옳게 짝 지은 것은?

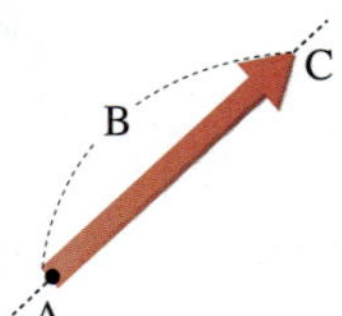

	A	B	C
①	방향	크기	작용점
②	방향	작용점	크기
③	크기	방향	작용점
④	작용점	방향	크기
⑤	작용점	크기	방향

07 그림 (가)와 (나)는 물체에 작용하는 힘을 빨간색 화살표로 나타낸 것이다.

물체에 작용하는 힘의 크기가 더 큰 경우를 쓰시오.

08 그림은 어떤 힘을 화살표를 이용하여 나타낸 것이다.

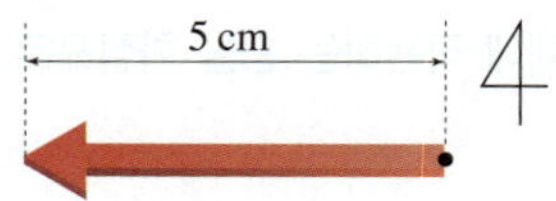

이 힘의 방향과 크기로 옳은 것은? (단, 화살표 1 cm는 5 N의 힘을 나타낸다.)

① 동쪽, 5 N
② 동쪽, 25 N
③ 서쪽, 5 N
④ 서쪽, 25 N
⑤ 남쪽, 25 N

09 힘의 합력에 대한 설명으로 옳지 <u>않은</u> 것은?

① 두 힘의 방향이 같을 때 합력의 방향은 두 힘의 방향과 같다.
② 두 힘의 방향이 같을 때 합력의 크기는 두 힘의 크기를 더한 값과 같다.
③ 두 힘의 방향이 반대일 때 합력의 방향은 작은 힘의 방향과 같다.
④ 두 힘의 방향이 반대일 때 합력의 크기는 큰 힘에서 작은 힘의 크기를 뺀 값과 같다.
⑤ 알짜힘은 물체에 작용하는 모든 힘의 합력이다.

중요 10 그림과 같이 나무 도막에 왼쪽으로 **10 N**과 오른쪽으로 **7 N**의 두 힘이 작용할 때, 알짜힘의 방향과 크기는?

① 왼쪽으로 3 N
② 왼쪽으로 10 N
③ 왼쪽으로 17 N
④ 오른쪽으로 3 N
⑤ 오른쪽으로 17 N

중요 11 그림과 같이 짐을 실은 수레를 민수는 **200 N**의 힘으로 앞에서 끌고, 정화는 뒤에서 밀었다.

수레에 작용한 알짜힘이 350 N일 때 정화가 수레를 민 힘의 크기는?

① 150 N
② 200 N
③ 250 N
④ 300 N
⑤ 350 N

12 한 물체에 나란하게 작용하는 두 힘 **A**, **B**의 합력의 방향과 크기가 나머지 넷과 다른 것은?

	A	B
①	왼쪽으로 30 N	오른쪽으로 100 N
②	왼쪽으로 100 N	오른쪽으로 170 N
③	오른쪽으로 20 N	오른쪽으로 50 N
④	오른쪽으로 150 N	왼쪽으로 70 N
⑤	오른쪽으로 200 N	왼쪽으로 130 N

13 한 물체에 작용하는 두 힘이 평형을 이루는 조건을 |보기|에서 모두 고른 것은?

> **보기**
> ㄱ. 두 힘의 크기가 같아야 한다.
> ㄴ. 두 힘의 방향이 같아야 한다.
> ㄷ. 두 힘의 방향이 반대이어야 한다.
> ㄹ. 두 힘의 작용점이 같아야 한다.
> ㅁ. 두 힘이 일직선상에서 작용해야 한다.
> ㅂ. 두 힘이 서로 수직이어야 한다.

① ㄱ, ㄴ, ㄷ ② ㄱ, ㄷ, ㅁ ③ ㄴ, ㄷ, ㅁ
④ ㄴ, ㄹ, ㅁ ⑤ ㄹ, ㅁ, ㅂ

14 한 물체에 두 힘이 작용할 때 힘의 평형을 이루지 <u>않는</u> 것은?

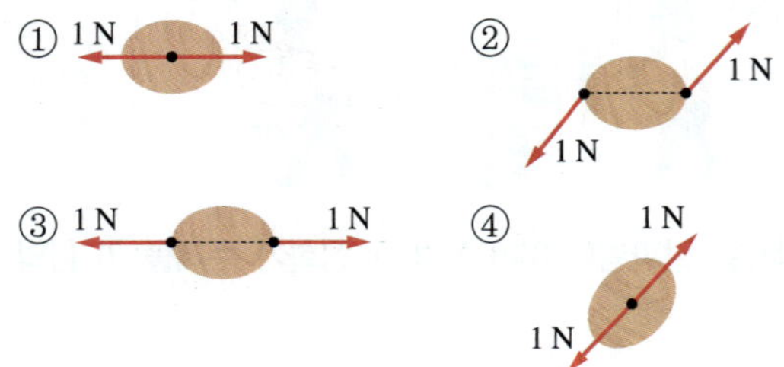

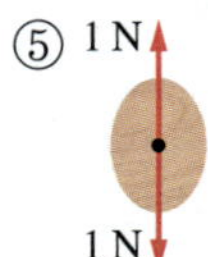

15 힘의 평형을 이루는 예가 <u>아닌</u> 것은?

① 추가 줄에 매달려 정지해 있다.
② 책상 위에 가방이 가만히 놓여 있다.
③ 정지해 있던 의자를 밀어서 앞으로 움직인다.
④ 바위에 힘을 주어 밀어도 바위가 움직이지 않는다.
⑤ 줄다리기에서 줄이 어느 쪽으로도 움직이지 않는다.

서술형 문제

16 그림과 같이 책상 위에 자를 놓고 서로 다른 위치에서 자를 밀었더니 자의 움직임이 달라졌다.

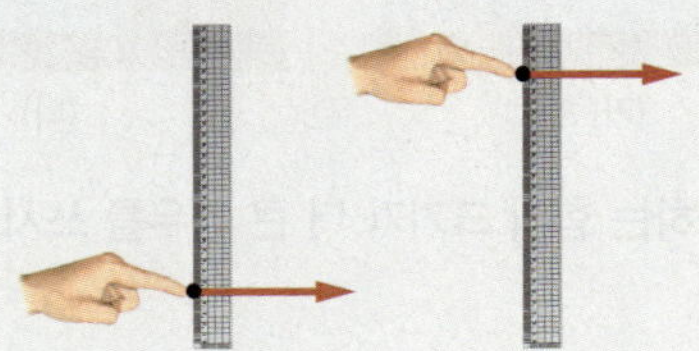

자의 움직임이 달라진 까닭을 서술하시오.

중요 ★ **17** 그림은 물체에 작용하는 힘을 화살표로 나타낸 것이다.

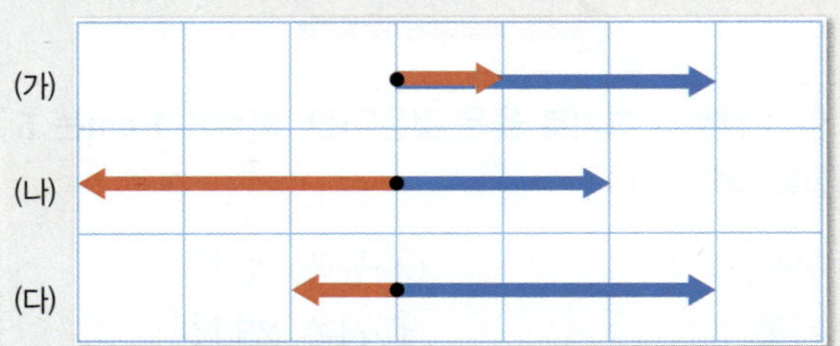

(가)~(다)의 합력의 크기를 비교하고 까닭을 서술하시오. (단, 모눈종이 1 칸은 1 N의 힘을 나타낸다.)

18 오른쪽 그림은 야구공에 작용하는 힘을 화살표로 나타낸 것이다. 야구공에 작용하는 힘과 평형을 이루는 힘의 방향과 크기를 각각 쓰시오.

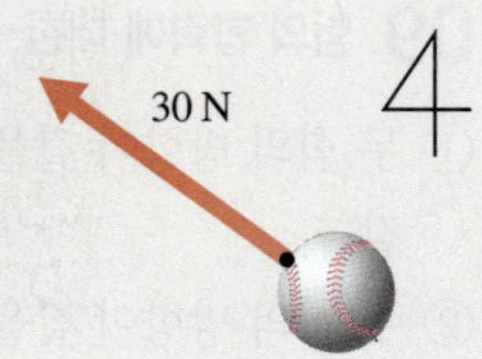

• 힘의 방향:

• 힘의 크기:

---

16 ❶ 힘을 표현하는 요소 3 가지를 생각하며 작성한다. ❷ 물체의 움직임이 동일하려면 힘의 방향, 크기, 작용점이 같아야 한다. **17** ❶ 두 힘이 같은 방향으로 작용하는지, 반대 방향으로 작용하는지를 고려하여 구한다. ❷ 두 힘의 합력의 크기는 모눈종이의 칸 수로 비교한다.

실력 UP 문제

01 그림은 힘을 화살표로 나타낸 것이다. (단, 모눈종이 1 칸은 1 N의 힘을 나타낸다.)

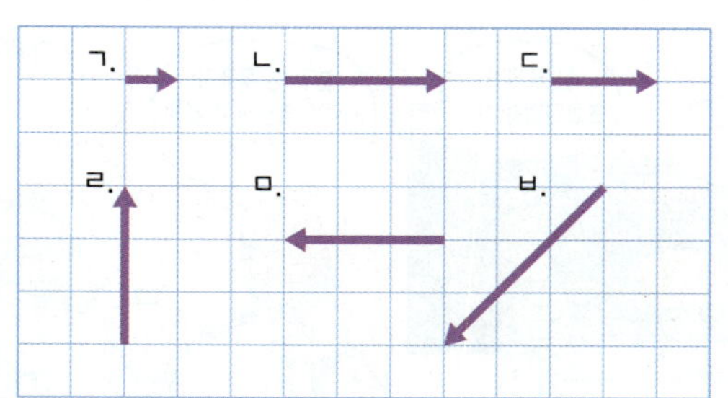

이때 방향이 같은 힘과 크기가 같은 힘을 옳게 짝 지은 것은?

	방향이 같은 힘	크기가 같은 힘
①	ㄱ, ㄴ, ㄷ	ㄷ, ㅁ
②	ㄷ, ㅁ	ㄱ, ㄴ, ㄷ
③	ㄱ, ㄴ, ㄷ	ㄴ, ㄹ, ㅁ
④	ㄷ, ㄹ, ㅁ	ㄱ, ㄴ, ㄷ
⑤	ㅁ, ㅂ	ㄷ, ㅁ, ㅂ

02 그림 (가)~(다)는 같은 끈을 이용하여 물이 담겨있는 물통을 가만히 들고 있는 모습을 나타낸 것이다.

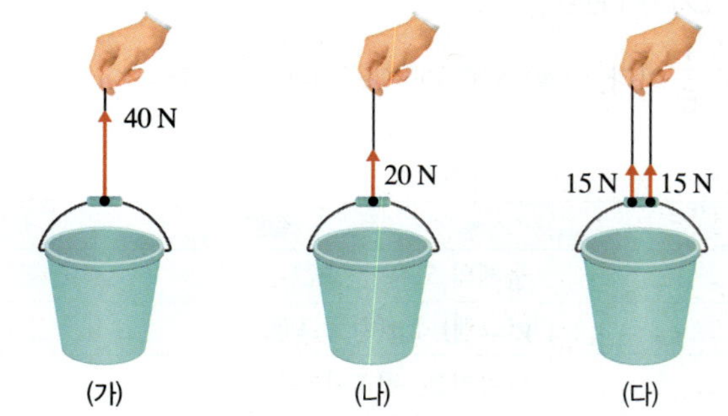

가장 많은 양의 물이 담긴 물통부터 순서대로 나열한 것은?

① (가)-(나)-(다) ② (가)-(다)-(나)
③ (나)-(가)-(다) ④ (나)-(다)-(가)
⑤ (다)-(가)-(나)

03 그림과 같이 한 물체에 세 힘이 작용하고 있다.

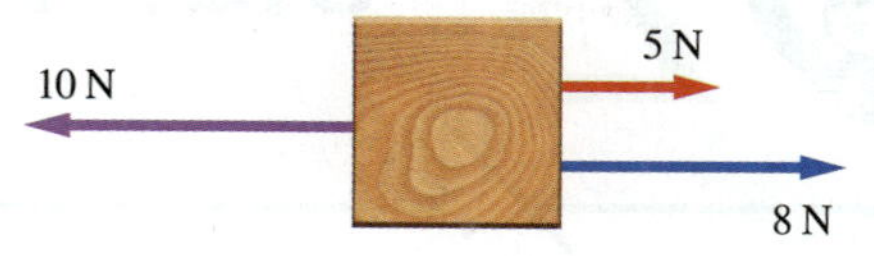

알짜힘의 방향과 크기를 옳게 짝 지은 것은?

	방향	크기
①	오른쪽	3 N
②	오른쪽	13 N
③	오른쪽	23 N
④	왼쪽	3 N
⑤	왼쪽	13 N

04 그림과 같이 나무 막대에 끼워진 고리 자석 A가 고리 자석 B 위에 떠서 정지해 있다.

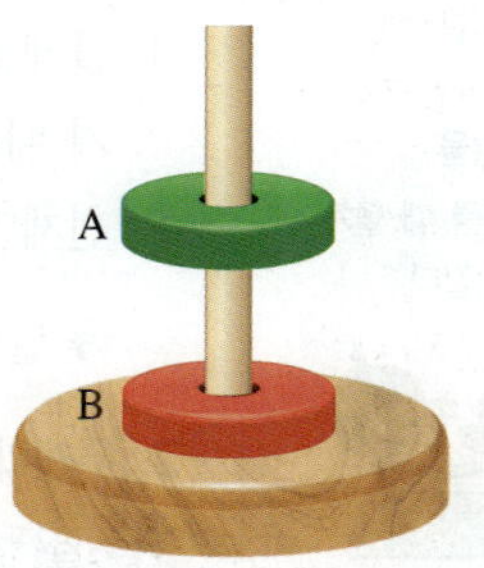

이에 대한 설명으로 옳은 것을 [보기]에서 모두 고른 것은?

> **보기**
> ㄱ. A에는 B가 A를 밀어 내는 힘이 작용하고 있다.
> ㄴ. B에는 아무런 힘이 작용하지 않는다.
> ㄷ. A와 B에 작용하는 알짜힘은 모두 0이다.

① ㄱ ② ㄷ ③ ㄱ, ㄴ
④ ㄱ, ㄷ ⑤ ㄴ, ㄷ

02 여러 가지 힘

만화 완성하기

오른쪽 만화를 보고 거북이의 말풍선을 완성해 보자.

A 중력

우리가 아무리 힘껏 뛰어올라도 결국 땅으로 떨어져요. 우리뿐만 아니라 지구 위의 모든 물체는 아래로 떨어지죠. 이처럼 지구에서 아래로 떨어지게 하는 힘에 대해 알아볼까요?

1. 중력: 지구와 같은 천체가 물체를 당기는 힘 → 중력은 금성, 화성 등 다른 천체에도 작용한다.

(1) **중력의 방향**: 지구 중심 방향(= ❶연직 아래 방향)*

➡ 물체를 지구 어디에 놓아도 물체는 지구 중심 방향으로 떨어진다.

(2) **중력에 의해 나타나는 현상의 예**

* 위로 던진 공이 땅으로 떨어진다.
* 비, 눈, 우박이 아래로 내린다.
* 폭포의 물이 위에서 아래로 흐른다.
* 고드름이 아래쪽으로 얼어붙는다.

⬆ 중력의 방향

(3) **중력의 크기**: 물체에 작용하는 중력의 크기를 무게라고 한다.

① 물체를 들었을 때 무겁거나 가볍게 느끼는 까닭은 물체에 작용하는 중력의 크기가 다르기 때문이다.

② 천체마다 물체에 작용하는 중력의 크기가 다르다.

➡ 달에서의 중력은 지구 중력의 약 $\frac{1}{6}$ 이다. → 달은 물체를 끌어당기는 힘이 지구보다 약하다.

2. 무게와 질량

구분	무게	질량
정의	물체에 작용하는 중력의 크기	물체의 고유한 양
단위	N(뉴턴) → 힘의 단위와 같다.	g(그램), kg(킬로그램)
측정 기구	용수철저울, 가정용 저울 └ 물체를 당기는 중력의 크기에 따라 늘어나는 용수철의 길이를 이용하여 측정한다.	양팔저울, 윗접시저울* └ 이미 질량을 알고 있는 추와 비교하여 측정한다.
특징	측정 장소에 따라 물체를 당기는 중력의 크기가 달라지므로 무게가 달라진다.	물체의 양은 변하지 않으므로 측정 장소가 달라져도 질량은 변하지 않는다.
관계	지구에서 물체의 무게＝9.8×질량 ➡ 질량이 클수록 무게도 크다. 예 지구에서 질량이 1 kg인 물체의 무게는 약 9.8 N이다.	

＊ 중력의 방향

물체의 운동 상태와 관계없이 물체에는 중력이 항상 지표면과 수직 아래 방향으로 작용한다.

＊ 양팔저울과 윗접시저울

물체와 추가 균형을 이룰 때 물체의 질량은 추의 질량과 같다.

⬆ 양팔저울   ⬆ 윗접시저울

용어

❶ **연직(鉛 납, 直 곧다)** 납덩어리를 실에 매달아 늘어뜨릴 때, 그 실이 지표면과 수직을 이루는 상태

3. 지구와 달에서의 무게와 질량

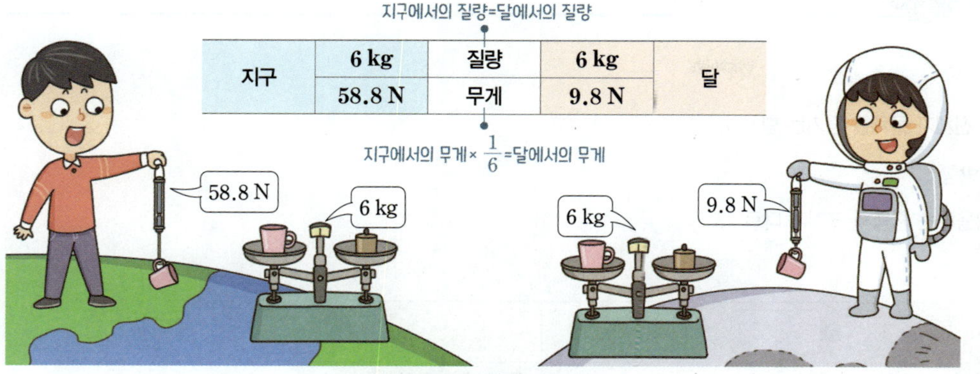

⬆ 지구와 달에서의 무게와 질량 비교

1. 탄성: 변형된 물체가 원래 모양으로 되돌아가려는 성질 ━ 탄성이 있는 물체를 탄성체라고 한다.
　　　　　　　　　　　　　　　　　　　　　　　　　　　예 고무줄, 용수철, 농구공 등

2. 탄성력: ❶변형된 물체가 원래 모양으로 되돌아가려는 힘

(1) 탄성력의 방향: 변형된 물체가 원래 모양으로 되돌아가려는 방향
　　　━ 탄성체의 변형이 일어난 방향과 반대 방향

용수철을 눌렀을 때	용수철을 당겼을 때
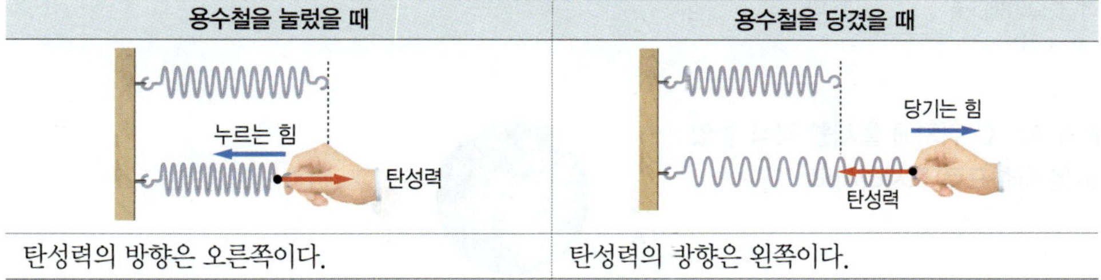	
탄성력의 방향은 오른쪽이다.	탄성력의 방향은 왼쪽이다.

(2) 탄성력의 크기

① 탄성력의 크기는 탄성체에 작용한 힘의 크기와 같다.

② 탄성체의 변형이 클수록 탄성력이 커진다.

예 용수철을 10 N의 힘으로 눌렀을 때 탄성력의 크기는 10 N이다.

용수철이 늘어난 길이와 용수철의 탄성력과의 관계

용수철이 늘어난 길이가 2 배, 3 배, …로 증가하면, 용수철의 탄성력의 크기도 2 배, 3 배, …로 증가한다. ➡ 탄성력의 크기는 용수철이 늘어난 길이에 비례한다.

3. 탄성력의 이용: 컴퓨터 자판, 장대높이뛰기, 양궁, 볼펜, 집게, 자전거 안장, 용수철저울 등

❋ **용수철을 양쪽에서 당겼을 때**

용수철을 양쪽에서 잡아당길 때 각 부분에 작용하는 힘의 방향이 반대이므로 양 끝에 작용하는 탄성력의 방향도 반대이다.

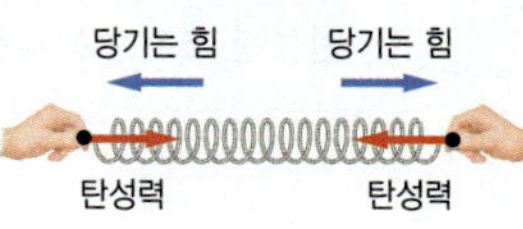

❋ **탄성 한계**

용수철과 같은 탄성체를 너무 많이 당겼다가 놓으면 원래 모양으로 되돌아가지 않는다. 이는 탄성체가 원래 모양을 유지할 수 있는 힘의 한계인 탄성 한계를 벗어났기 때문이다.

❋ **용수철의 늘어난 길이**

용수철을 잡아당겼을 때 용수철의 전체 길이에서 용수철의 처음 길이를 뺀 값이다.

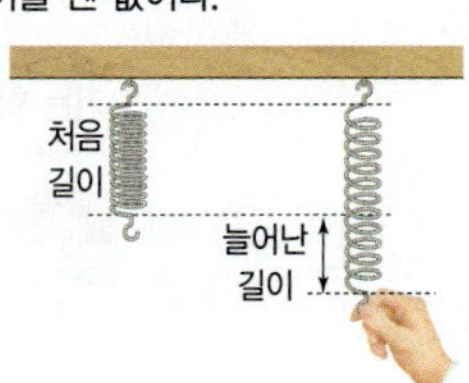

용어

❶ **변형**(變 변하다, 形 모양) 물체가 힘을 받아 모양이 변하는 것

기초튼튼 기본 문제

✅ 핵심 요약

▶ ❶ [　　] : 지구와 같은 천체가 물체를 당기는 힘

- **방향**: 지구 ❷ [　　] 방향
- **크기**: 천체마다 물체에 작용하는 중력의 크기가 다르다.
- **물체의 무게와 질량**

구분	❸ [　　]	❹ [　　]
정의	물체에 작용하는 중력의 크기	물체의 고유한 양
단위	N(뉴턴)	g(그램), kg(킬로그램)
특징	• 측정 장소에 따라 달라진다. • 달에서 물체의 무게: 지구에서 무게의 $\frac{1}{6}$	• 측정 장소가 달라져도 변하지 않는다. • 달에서 물체의 질량: 지구에서와 ❺ [　　].

▶ ❻ [　　] : 변형된 물체가 원래 모양으로 되돌아가려는 힘

- **방향**: 변형된 물체가 원래 모양으로 되돌아가려는 방향
- **크기**: 탄성체의 변형이 클수록 탄성력이 커진다.
- 탄성력 크기는 용수철이 늘어난 길이에 ❼ [　　] 한다.

1 오른쪽 그림과 같이 지구 주위의 A~C 위치에 물체를 각각 놓았다. 각 물체에 작용하는 중력의 방향을 화살표로 표시하시오.

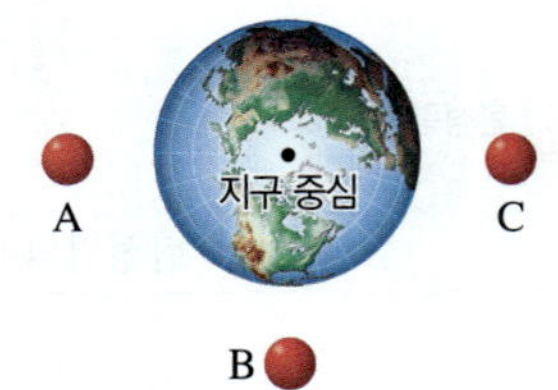

2 질량이 60 kg인 물체의 무게를 지구에서 측정하였을 때는 ㉠(　　　　) N이고, 달에서 측정하였을 때는 ㉡(　　　　) N이다.

3 그림과 같이 용수철의 한쪽 끝을 고정하고 화살표 방향으로 힘을 작용할 때, 용수철에 작용하는 탄성력의 방향을 각각 화살표로 표시하시오.

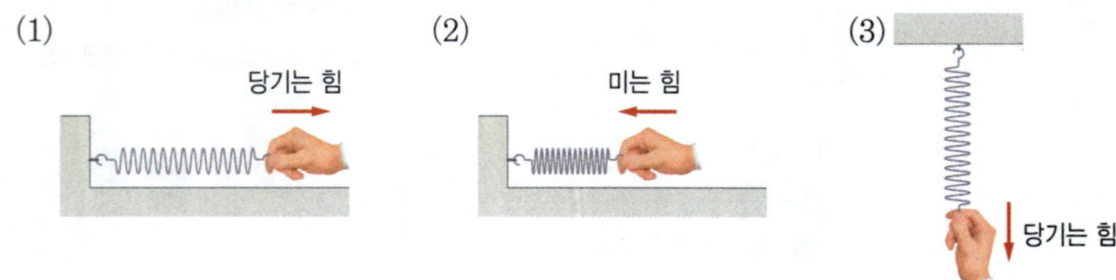

4 오른쪽 그림은 어떤 용수철을 3 N의 힘으로 잡아당겼을 때 용수철의 길이가 1 cm 늘어난 모습을 나타낸 것이다. 이 용수철을 6 N의 힘으로 잡아당겼을 때 용수철이 늘어난 길이는 몇 cm인지 구하시오.

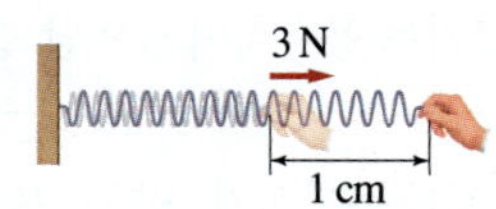

운동장에서 축구공을 굴리면, 공은 서서히 느려지다가 결국 멈춰요. 이는 공의 운동을 방해하는 힘이 작용하기 때문이에요. 이 힘을 알아볼까요?

1. 마찰력: 한 물체가 다른 물체와 접촉해 있을 때 두 물체의 접촉면에서 물체의 운동을 방해하는 힘* —● 두 물체가 접촉해 있지 않으면 마찰력이 작용하지 않는다.

(1) 마찰력의 방향: 물체의 운동 방향과 반대 방향으로 마찰력이 작용한다.

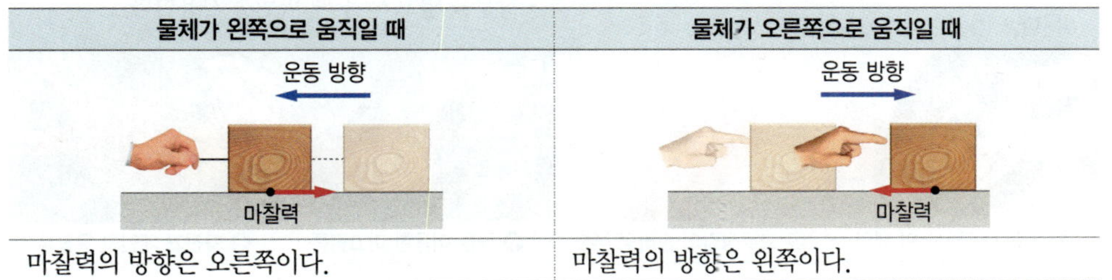

물체가 왼쪽으로 움직일 때	물체가 오른쪽으로 움직일 때
마찰력의 방향은 오른쪽이다.	마찰력의 방향은 왼쪽이다.

(2) 마찰력의 크기: 물체의 접촉면이 거칠수록, 물체가 무거울수록 마찰력이 크다.

① 접촉면이 거칠수록 마찰력이 크다.

[접촉면의 거칠기가 다를 때 마찰력의 크기 비교]

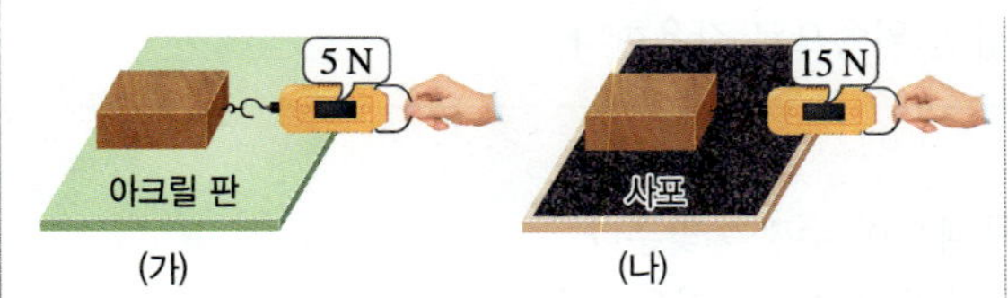

- 접촉면의 거칠기는 (가)<(나)이다.
- 나무 도막이 움직이는 순간 측정한 힘의 크기는 (가)<(나)이다.
- 마찰력의 크기는 (가)<(나)이다.
➡ 접촉면이 거칠수록 마찰력이 크다.

② 물체의 무게가 무거울수록 마찰력이 크다.

[물체의 무게가 다를 때 마찰력의 크기 비교]

- 나무 도막의 무게는 (가)<(나)이다.
- 나무 도막이 움직이는 순간 측정한 힘의 크기는 (가)<(나)이다.
- 마찰력의 크기는 (가)<(나)이다.
➡ 물체의 무게가 무거울수록 마찰력이 크다.

🎒 기울기로 마찰력의 크기 비교하기

그림과 같이 빗면 위에 물체를 올려놓고 빗면의 기울기를 점점 크게 하면 물체가 미끄러지는 순간이 생긴다. 미끄러지는 순간에 빗면의 기울기가 클수록 마찰력이 크게 작용한 것이다.

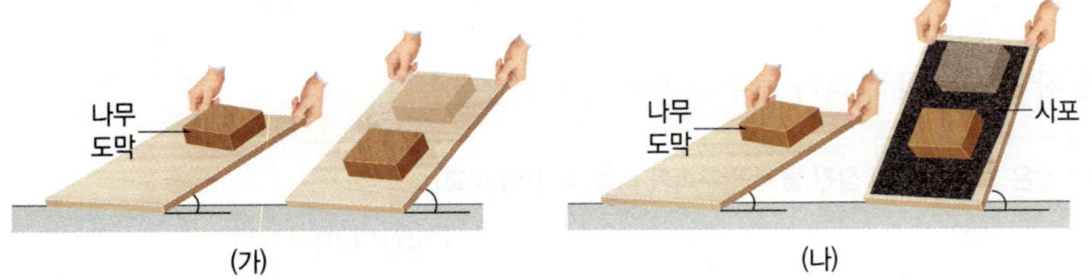

- 빗면의 기울기: (가)<(나)
- 마찰력의 크기: (가)<(나)
➡ 접촉면이 거칠수록 마찰력이 크다.

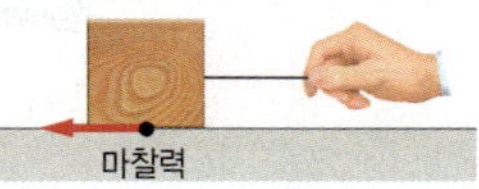

힘을 작용해도 물체가 움직이지 않을 때는 물체에 작용한 힘과 크기가 같고, 방향이 반대인 마찰력이 작용한다.

궁금해

힘 센서에 나타난 값과 마찰력의 크기는 어떤 관계가 있을까?

물체를 힘 센서로 잡아당겼지만 물체가 정지해 있을 때나 물체가 움직이기 시작할 때 힘 센서에서 측정한 값은 마찰력의 크기와 같다.

※ 접촉면의 넓이가 다를 때 마찰력의 크기 비교

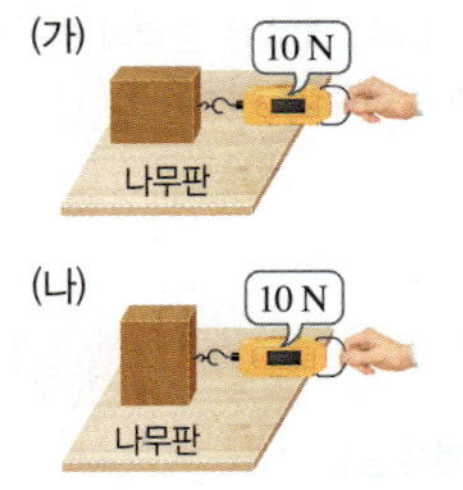

- 접촉면의 넓이: (가)>(나)
- 마찰력의 크기: (가)=(나)
➡ 접촉면의 넓이는 마찰력의 크기와 관계없다.

암기해

마찰력의 크기

마찰력은 **무거**운 게 커!
거 칠
울 수
수 록
록

2. 마찰력의 이용

마찰력을 크게 하는 경우	마찰력을 작게 하는 경우
• 계단 끝에 미끄럼 방지 패드를 붙인다. • 등산화의 바닥을 울퉁불퉁하게 만든다. • 눈 오는 날 자동차 타이어에 체인을 감는다. • 고무장갑의 손바닥 부분을 울퉁불퉁하게 만든다.	• 수영장의 미끄럼틀에 물을 뿌린다. • 기계나 자전거의 체인에 ❶윤활유를 사용한다. • 눈 위에서 스키나 스노보드가 잘 미끄러진다. • 창문을 열고 닫을 때 바퀴를 사용한다.

잘 미끄러지지 않아야 편리한 경우 ●

잘 미끄러져야 편리한 경우 ●

↑ 자동차 타이어의 체인

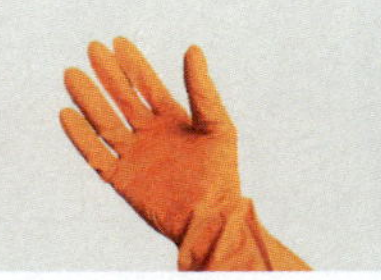
↑ 고무장갑의 손바닥 부분

↑ 물을 이용한 미끄럼틀

↑ 자전거 체인의 윤활유

D 부력

구명조끼를 입고 물에 들어가면 몸이 물에 둥둥 뜨죠. 몸이 물 위로 떠오르도록 하는 힘을 알아볼까요?

1. 부력: 액체나 기체에 잠긴 물체를 위로 밀어 올리는 힘

(1) **부력의 방향:** 중력의 방향과 반대 방향인 위쪽으로 작용한다.*

부력의 방향 확인하기

① 긴 막대의 양쪽에 같은 추를 1 개씩 매달아 수평을 맞춘다.

② 오른쪽 추가 물에 잠기도록 하면 막대가 왼쪽으로 기울어진다.

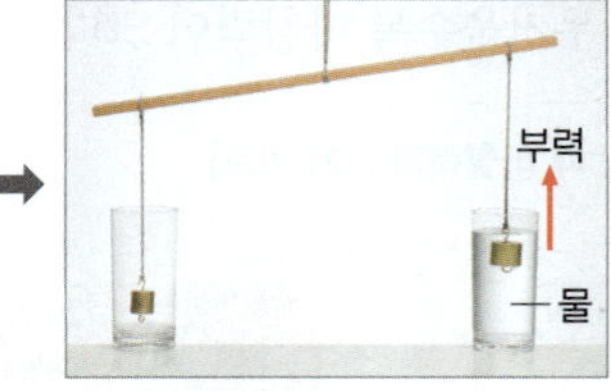

➡ 물에 잠긴 오른쪽 추에 부력이 위쪽으로 작용한다.

(2) **부력의 크기**

① 물체가 받은 부력의 크기는 물체가 물에 잠기기 전후 무게의 차이와 같다.

$$\text{부력의 크기} = \left(\begin{array}{c}\text{물 밖에서}\\\text{물체의 무게}\end{array}\right) - \left(\begin{array}{c}\text{물속에서}\\\text{물체의 무게}\end{array}\right)$$

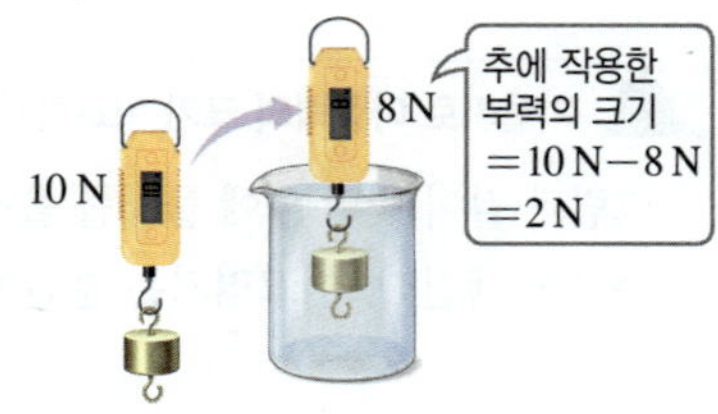

↑ 부력의 크기

② 물에 잠긴 물체의 부피가 클수록 부력이 크다.

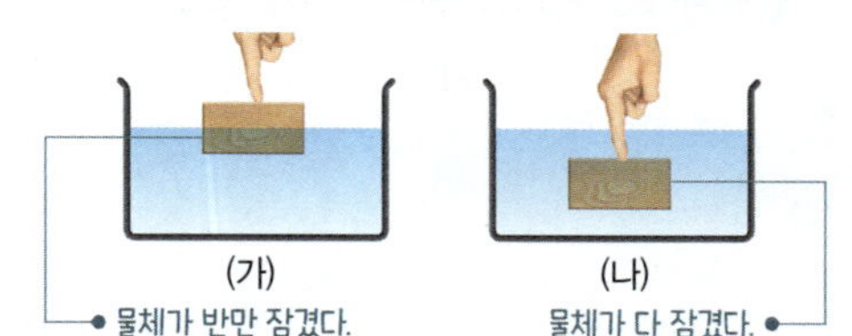

• 질량: (가)=(나)
• 물에 잠긴 부피: (가)<(나)
• 부력의 크기: (가)<(나)
➡ 부력의 크기는 물에 잠긴 물체의 부피가 클수록 크다.

＊ 부력과 중력의 방향

중력은 항상 지구 중심 방향으로 작용하고, 부력은 중력의 방향과 반대 방향으로 작용한다.

암기해

부력의 크기

용어

❶ 윤활유(潤 젖다, 滑 미끄럽게 하다, 油 기름) 기계가 맞닿아 있는 부분의 마찰을 작게 하기 위해 쓰는 기름

그림은 빈 화물선과 짐을 실은 화물선을 나타낸 것이다.

- 화물선의 무게: (가) < (나) —— 화물선의 무게는 화물선에 작용하는 중력의 크기와 같다.
- 물에 잠긴 부분의 부피: (가) < (나)
- 화물선에 작용하는 부력의 크기: (가) < (나)
➡ 짐을 실어 화물선의 무게가 증가하면 물에 잠기는 부피가 커져서 부력의 크기도 커진다.

(3) 부력과 중력의 크기 비교*

부력 > 중력	부력 = 중력	부력 < 중력
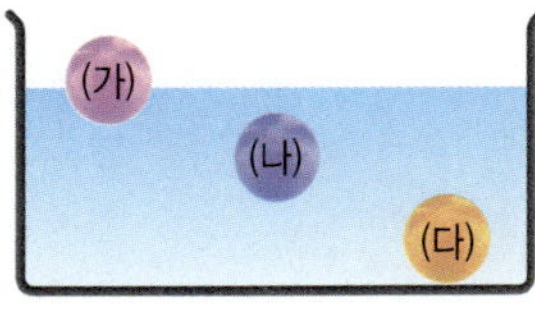		
위쪽으로 작용하는 부력이 중력보다 크므로 물속의 물체가 위로 떠오른다.	부력과 중력의 크기가 같아 알짜힘이 0이므로 물 위나 물속에 물체가 떠 있다.	아래쪽으로 작용하는 중력이 부력보다 크므로 물체가 물속에 가라앉는다.

[부피가 같은 서로 다른 세 물체에 작용하는 부력]

- (가)는 반만 잠겨 있고, (나), (다)는 전체가 잠겨 있으므로 물체에 작용하는 부력의 크기는 (가) < (나) = (다)이다.
- (가)와 (나)는 물 위나 물속에 떠 있으므로 부력 = 중력이다.
  ➡ (가)의 무게 < (나)의 무게
- (다)는 가라앉아 있어 부력 < 중력이므로 무게가 가장 크다.

2. 부력의 이용

액체 속에서 받는 부력	기체 속에서 받는 부력
• 구명조끼나 구명환, 튜브를 사용하면 부력이 작용해 물에 쉽게 뜬다. • 무거운 배가 부력을 이용해 물 위에 뜬다. • 잠수함은 부력과 중력을 이용해 바다에 뜨고 가라앉는다.	• 열기구 안이 뜨거운 공기로 차면 부력이 생겨 뜬다. • 헬륨을 채운 풍선이나 비행선이 부력을 이용해 뜬다. —— 비행기나 헬리콥터가 뜰 때 받는 힘은 부력이 아니다. • 풍등에 부력이 작용해 하늘로 올라간다.
⬆ 튜브　　　⬆ 무거운 배	⬆ 열기구　　　⬆ 헬륨 풍선

* 가라앉은 물체에 작용하는 부력
액체나 기체 속에서 떠 있지 않고 가라앉은 물체에도 부력은 작용한다. 물속에서 무거운 바위도 작은 힘으로 들어 올릴 수 있는 것은 바위에 부력이 작용하기 때문이다.

무거운 잠수함은 어떻게 물에 뜰까?

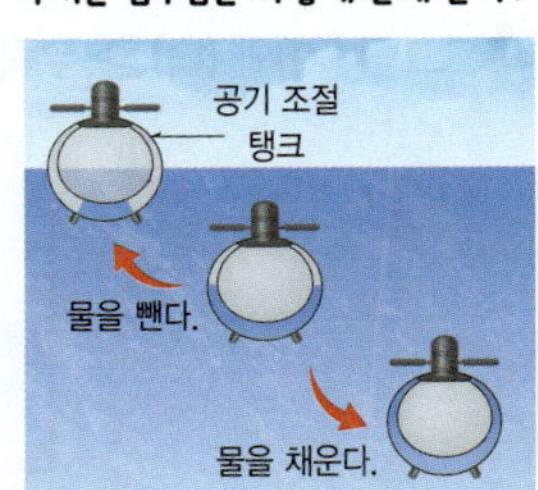

잠수함의 부피는 일정하므로 물에 완전히 잠겼을 때 잠수함이 받는 부력의 크기는 일정하다. 그러나 공기 조절 탱크에 물을 빼면 무게가 감소해서 물 위에 뜨고, 물을 채우면 잠수함의 무게가 증가해서 가라앉는다.

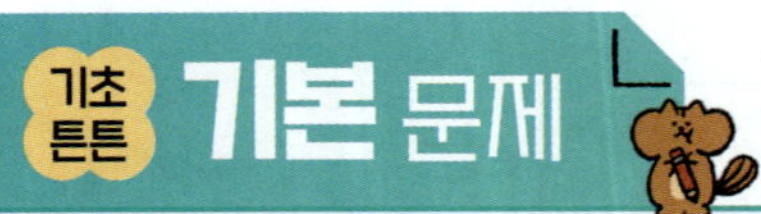
기본 문제

✔ 핵심 요약

▶ ❶ [　　　]: 두 물체의 접촉면에서 물체의 운동을 방해하는 힘

▶ ❷ [　　　]: 액체나 기체가 물체를 밀어 올리는 힘

구분	마찰력	부력
방향	물체가 운동하거나 운동하려는 방향과 반대 방향	❸ [　　　]의 방향과 반대 방향인 위쪽 방향
크기	• 물체의 무게가 무거울수록 마찰력이 크다. • 접촉면이 거칠수록 마찰력이 ❹ [　　　].	• 물체가 물에 잠기기 전후 ❺ [　　　]의 차이와 같다. • 물에 잠긴 물체의 부피가 클수록 부력이 크다.
이용	• 마찰력이 커야 편리한 경우: 등산화, 고무장갑 등 • 마찰력이 작아야 편리한 경우: 미끄럼틀, 스키 등	• 액체 속: 튜브, 배 등 • 기체 속: 열기구, 헬륨 풍선 등

1 그림과 같이 수평면 위에 놓인 물체에 힘을 작용하여 물체를 움직였다. 이때 물체에 작용하는 마찰력의 방향을 각각 화살표로 표시하시오.

(1) 

(2) 

2 마찰력의 크기가 커지는 경우로 옳은 것은 ○, 옳지 <u>않은</u> 것은 ×로 표시하시오.

(1) 접촉면이 거칠다. ·····················(　　)　(2) 물체의 부피가 크다. ·················(　　)

(3) 접촉면이 매끄럽다. ···················(　　)　(4) 물체의 무게가 무겁다. ···············(　　)

3 오른쪽 그림은 물이 든 수조에 오리 인형이 떠 있는 모습을 나타낸 것이다. 오리 인형에 작용하고 있는 힘 **A**와 **B**는 각각 어떤 힘인지 쓰시오.

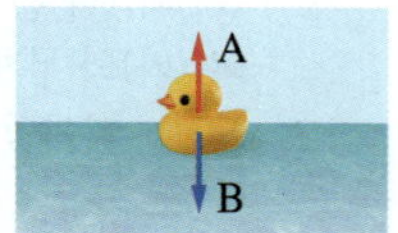

4 그림 (가)와 (나) 중 부력이 더 크게 작용한 유리병을 고르시오. (단, 유리병의 모양과 크기는 같다.)

(가) 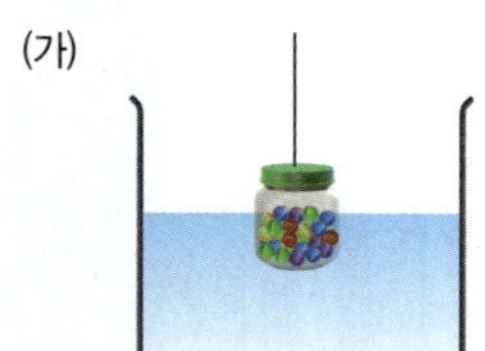　　(나) 

5 오른쪽 그림과 같이 힘 센서에 무게가 10 N인 추를 매달고 물이 든 수조에 추가 완전히 잠기게 넣었더니 힘 센서에 나타난 값이 8.5 N이었다. 물속에서 추가 받은 부력의 크기는 몇 N인지 쓰시오.

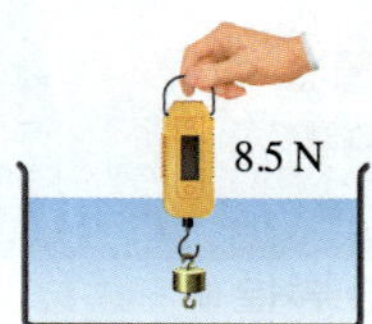

지구와 달에서 물체의 무게와 질량을 구하는 문제는 시험에서 자주 출제되는 중요한 문제예요. 지금부터 차근차근 유형을 알아봅시다. 또, 실험을 통해 용수철이 늘어난 길이와 탄성력 크기 사이의 관계를 알아볼까요?

핵심 자료 지구와 달에서 무게와 질량 구하기

관련 개념 | 146 쪽 **A** 중력

① 질량은 지구와 달에서 모두 같은 값이다.
② 질량을 구하거나 달에서의 무게를 구할 때는 항상 지구에서의 무게를 먼저 구한다.

구분	질량을 아는 경우	지구에서의 무게를 아는 경우	달에서의 무게를 아는 경우
질량		지구에서의 두게÷9.8	지구에서의 무게÷9.8
지구에서의 무게	질량×9.8		달에서의 무게×6
달에서의 무게	지구에서의 무게×$\frac{1}{6}$	지구에서의 쿠게×$\frac{1}{6}$	

예제	질량이 30 kg인 물체의 달에서의 질량과 무게 구하기	지구에서 두게가 588 N인 물체의 달에서의 질량과 무게 구하기	달에서의 무게가 196 N인 물체의 지구에서의 질량과 무게 구하기
	❶ 지구에서의 무게=9.8×30=294(N)	❶ 물체의 질량=588÷9.8=60(kg)	❶ 지구에서의 무게=196×6=1176(N)
	❷ 달에서의 무게=294×$\frac{1}{6}$=49(N)	❷ 달에서의 무게=588×$\frac{1}{6}$=98(N)	❷ 물체의 질량=1176÷9.8=120(kg)

탐구 자료 ❶ 용수철의 탄성력 측정

관련 개념 | 147 쪽 **B** 탄성력

목표
용수철의 탄성력의 크기를 측정하고, 용수철이 늘어난 길이와 탄성력 사이의 관계를 알아본다.

과정
① 모눈종이 위에 고정된 고리 나사못에 용수철의 한쪽 끝을 걸고, 용수철의 다른 쪽 끝에는 힘 센서를 연결한다.
② 모눈종이에 용수철의 처음 위치를 표시한다.
③ 힘 센서로 용수철을 잡아당겨 늘어난 길이가 5 cm, 10 cm, 15 cm, 20 cm가 되었을 때 힘 센서에 표시된 탄성력의 크기를 기록하고 그래프를 그린다.

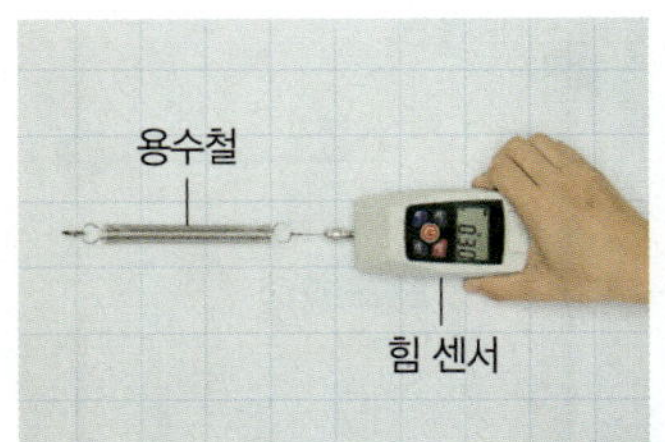

◆ 같은 실험 다른 장치
용수철에 무게가 1 N인 추를 1개, 2개, 3개로 늘리면서 용수철이 늘어난 길이를 측정한다.

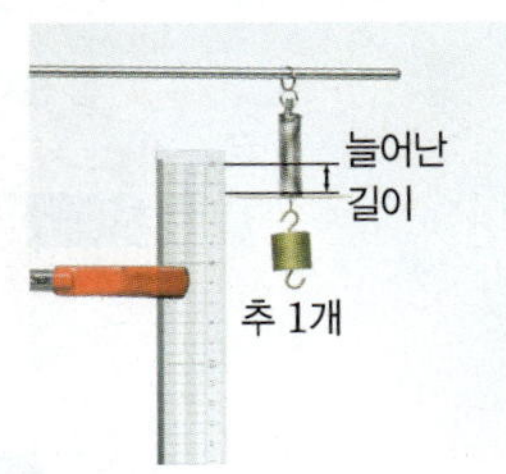

결과 및 해석

용수철이 늘어난 길이(cm)	5	10	15	20
탄성력의 크기(N)	0.3	0.6	0.9	1.2

추의 무게(N)	1	2	3
용수철이 늘어난 길이(cm)	2	4	6

➡ 용수철에 매단 추의 무게는 탄성력의 크기에 비례한다.

❶ 용수철의 늘어난 길이가 2배, 3배, …가 되면, 탄성력의 크기도 2배, 3배, …가 된다.
❷ 가로축은 용수철이 늘어난 길이, 세로축은 탄성력의 크기로 하여 그래프를 그리면 ㉠( ) 모양이 된다.

결론
탄성력의 크기는 용수철이 늘어난 길이에 ㉡( )한다.

정답 ㉠ 직선 ㉡ 비례

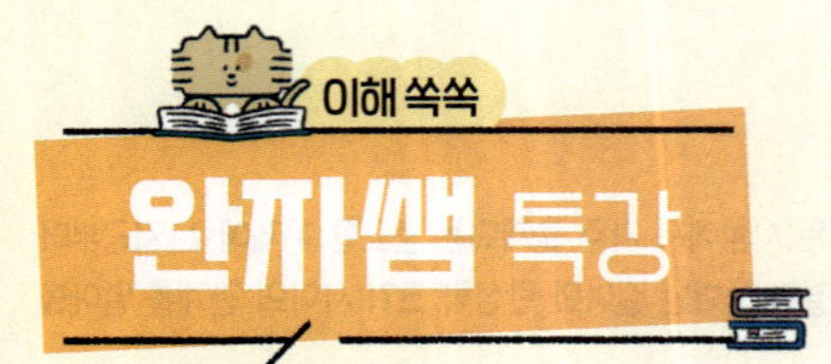

이 단원에서 마찰력의 크기를 비교하고, 부력의 크기를 측정하는 실험은 매우 중요해요. 완자쌤 특강을 통해 실험 과정과 결과를 확인해 볼까요?

탐구 자료 ❷ 마찰력의 크기 비교

관련 개념 | 149 쪽 **C** 마찰력

목표 접촉면의 거칠기에 따른 마찰력의 크기를 비교한다.

과정
① 나무 도막의 한쪽 면에 사포를 붙인 뒤, 사포 면이 위를 향하도록 책상 위에 놓는다.
② 나무 도막을 힘 센서로 끌어당겨 움직이기 시작할 때 힘의 크기를 측정한다.
③ 나무 도막의 사포 면이 바닥을 향하도록 놓은 뒤 과정 ②를 반복한다.

⬆ 나무 면이 바닥에 접촉했을 때 　⬆ 사포 면이 바닥에 접촉했을 때

결과 및 해석 힘 센서의 측정값: 나무 면이 접촉했을 때<사포 면이 접촉했을 때
➡ 나무 도막을 움직이게 하는 힘은 책상에 나무 면이 접촉했을 때보다 사포 면과 접촉했을 때가 더 ㉠(　　　　).
➡ 마찰력의 크기: 나무 면이 접촉했을 때<사포 면이 접촉했을 때

결론 접촉면이 ㉡(　　　　)수록 마찰력의 크기가 크다.

◆ 같은 실험 다른 장치
나무 도막 1 개를 당길 때와 2 개를 당길 때 힘의 크기를 비교한다.

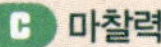

힘의 크기: 나무 도막이 1 개일 때<나무 도막이 2 개일 때
➡ 물체의 무게가 무거울수록 마찰력이 크다.

정답 ㉠ 크다 ㉡ 거칠

탐구 자료 ❸ 부력의 크기 측정

관련 개념 | 150 쪽 **D** 부력

목표 물속에 있는 물체에 작용하는 부력의 크기를 측정한다.

과정 및 결과
① 힘 센서를 스탠드에 걸고, 추 2 개를 힘 센서 아래로 나란하게 매단다.
② 물에 잠긴 추의 개수를 달리하며 무게를 측정하고, 물에 잠기지 않은 추 2 개의 무게와 비교한다.

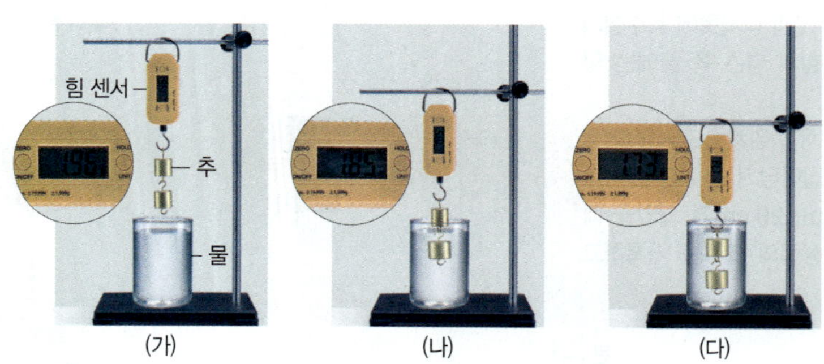

구분	(가)	(나)	(다)
무게(N)	1.96	1.85	1.73
(가)와 비교한 무게 차이(N)	−	0.11	0.23

해석
❶ 추가 물에 잠기면 추의 무게가 줄어든다. ➡ 추에 ㉠(　　　　)이 작용한다.
❷ 추가 받은 부력의 크기=물 밖에서 추의 무게−물속에서 추의 무게
➡ 추가 받은 부력의 크기는 추 1 개만 물에 잠겼을 때는 1.96−1.85=0.11 N이고, 추 2 개가 물에 잠겼을 때는 1.96−1.73=0.23 N이다.

결론 물에 잠긴 물체의 부피가 ㉡(　　　　)수록 부력이 크다.

정답 ㉠ 부력 ㉡ 클

중요 01 중력에 대한 설명으로 옳지 <u>않은</u> 것은?

① 중력의 단위는 N이다.
② 지구에서 중력의 방향은 지구 중심 방향이다.
③ 중력은 지구뿐만 아니라 다른 천체에서도 작용한다.
④ 위로 던진 공이 땅바닥으로 떨어지는 것은 중력 때문이다.
⑤ 지구에 있는 물체에는 모두 같은 크기의 중력이 작용한다.

중요 02 그림과 같이 지구 주위에 물체 (가), (나)가 있다.

물체 (가), (나)에 작용하는 중력의 방향을 옳게 짝 지은 것은?

	(가)	(나)
①	A	A
②	C	A
③	C	D
④	D	A
⑤	D	D

03 오른쪽 그림과 같이 폭포의 물이 떨어질 때 작용하는 힘과 같은 종류의 힘이 작용하여 나타나는 현상으로 옳은 것을 보기 에서 모두 고른 것은?

보기
ㄱ. 헬륨 풍선이 위로 뜬다.
ㄴ. 위로 던진 공이 땅으로 떨어진다.
ㄷ. 고드름이 지붕 밑에 아래로 생긴다.
ㄹ. 번지점프 줄을 매달고 뛰어 내리면 다시 튀어 오른다.

① ㄱ, ㄴ   ② ㄱ, ㄹ   ③ ㄴ, ㄷ
④ ㄴ, ㄹ   ⑤ ㄷ, ㄹ

중요 04 무게와 질량에 대한 설명으로 옳지 <u>않은</u> 것은?

① 무게의 단위는 N, 질량의 단위는 kg을 사용한다.
② 지구에서 질량 1 kg인 물체의 무게는 약 9.8 N이다.
③ 달에서 측정한 물체의 무게는 지구에서 측정한 무게의 약 $\frac{1}{6}$ 이다.
④ 무게는 양팔저울로 측정하고, 질량은 용수철저울로 측정한다.
⑤ 질량은 물체의 고유한 양으로 측정 장소가 달라져도 변하지 않는다.

05 지구에서 질량이 90 kg인 물체를 달에 가져갔을 때 질량과 무게를 옳게 짝 지은 것은? (단, 지구에서 질량 1 kg인 물체에 작용하는 중력의 크기는 9.8 N이다.)

	질량	무게		질량	무게
①	15 kg	147 N	②	15 kg	882 N
③	90 kg	15 N	④	90 kg	147 N
⑤	90 kg	882 N			

중요 06 탄성력에 대한 설명으로 옳은 것을 보기 에서 모두 고른 것은?

보기
ㄱ. 물체가 변형되었을 때 바뀐 모양을 유지하려는 힘을 탄성력이라고 한다.
ㄴ. 탄성력은 물체에 작용한 힘과 같은 방향으로 작용한다.
ㄷ. 탄성력의 크기는 탄성체를 변형시킨 힘의 크기와 같다.
ㄹ. 탄성력의 크기는 탄성체의 변형이 클수록 크다.

① ㄱ, ㄷ   ② ㄱ, ㄹ   ③ ㄴ, ㄷ
④ ㄴ, ㄹ   ⑤ ㄷ, ㄹ

07 오른쪽 그림과 같이 용수철의 한쪽 끝을 고정하고, 다른 한쪽 끝을 10 N의 힘으로 잡아당겼다. 이때 용수철에 작용하는 탄성력의 방향과 크기를 옳게 짝 지은 것은?

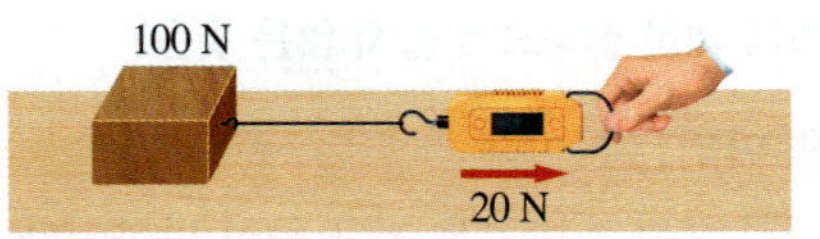

	방향	크기		방향	크기
①	왼쪽	5 N	②	왼쪽	10 N
③	왼쪽	15 N	④	오른쪽	10 N
⑤	오른쪽	5 N			

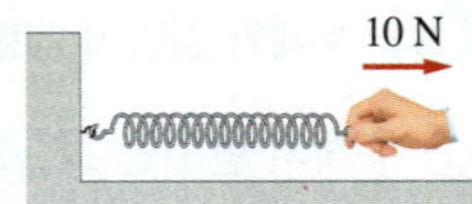

중요 **08** 그림은 용수철이 늘어난 길이가 4 cm, 8 cm, 12 cm가 되도록 힘 센서를 손으로 잡아당기며 측정한 탄성력의 크기를 나타낸 것이다.

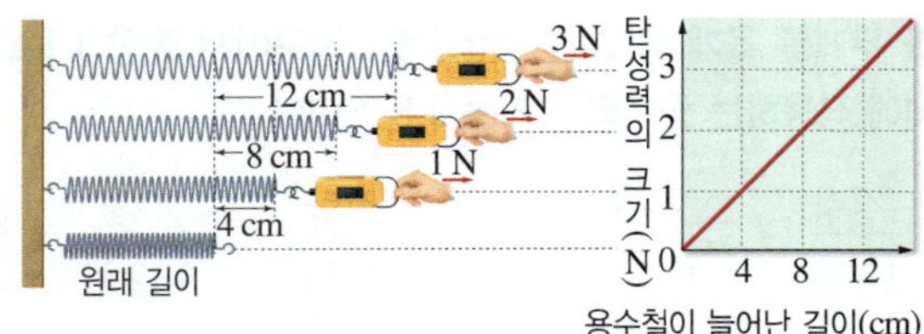

이에 대한 설명으로 옳지 <u>않은</u> 것은?

① 용수철에는 왼쪽 방향으로 탄성력이 작용한다.
② 용수철이 24 cm 늘어나려면 6 N의 힘이 필요하다.
③ 용수철의 탄성력의 크기는 용수철이 늘어난 길이에 비례한다.
④ 용수철이 늘어난 길이는 손으로 잡아당긴 힘의 크기에 비례한다.
⑤ 용수철의 전체 길이가 2 배가 되면 용수철의 탄성력의 크기도 2 배가 된다.

09 우리 주변에서 탄성력을 이용한 예가 <u>아닌</u> 것은?

① 집게 ② 양궁(활) ③ 컴퓨터 자판
④ 스케이트 ⑤ 장대높이뛰기

10 그림과 같이 무게가 100 N인 나무 도막에 힘 센서를 연결하여 오른쪽으로 잡아당길 때, 나무 도막이 움직이는 순간에 측정한 힘의 크기가 20 N이었다.

이때 나무 도막에 작용한 마찰력의 방향과 크기를 옳게 짝 지은 것은?

	방향	크기		방향	크기
①	왼쪽	20 N	②	왼쪽	80 N
③	왼쪽	100 N	④	오른쪽	20 N
⑤	오른쪽	100 N			

[11~12] 그림과 같이 나무판과 사포 위에 같은 나무 도막을 놓고 힘 센서를 천천히 당겨 나무 도막이 움직이는 순간 힘 센서에 나타난 측정값을 확인하였다.

11 (가)~(다)에서 나무 도막에 작용하는 마찰력의 크기를 옳게 비교한 것은?

① (나)＞(가)＞(다) ② (나)＞(가)＝(다)
③ (나)＞(다)＞(가) ④ (다)＞(가)＞(나)
⑤ (다)＞(나)＞(가)

중요 **12** 이에 대한 설명으로 옳지 <u>않은</u> 것은?

① 마찰력의 크기는 접촉면이 거칠수록 크다.
② 힘 센서에 나타난 측정값은 마찰력의 크기와 같다.
③ 마찰력의 크기에 영향을 줄 수 있는 힘 센서의 종류, 나무 도막의 종류는 모두 같아야 한다.
④ 이 실험을 통하여 마찰력의 크기와 물체의 무게와의 관계는 알 수 없다.
⑤ 마찰력은 두 물체가 접촉해 있을 때 작용하므로 (가), (나), (다) 모두 나무 도막은 바닥에 접촉해 있어야 한다.

① 접촉면이 거칠수록 마찰력의 크기는 크다.
② 물체의 질량이 클수록 마찰력의 크기는 작다.
③ 마찰력은 물체가 운동하는 방향과 같은 방향으로 작용한다.
④ 물체를 밀었을 때 물체가 일정한 속력으로 움직이면 마찰력은 0이다.
⑤ 등산화의 바닥을 울퉁불퉁하게 만드는 것은 마찰력을 작게 하기 위해서이다.

14 우리 생활에서 마찰력이 작아야 편리한 경우와 관련 있는 것을 보기 에서 모두 고른 것은?

> 보기
> ㄱ. 스키나 스케이트를 탄다.
> ㄴ. 수영장 미끄럼틀에 물을 뿌린다.
> ㄷ. 계단 끝에 미끄럼 방지 패드를 붙인다.
> ㄹ. 눈 오는 날 자동차 타이어에 체인을 감는다.
> ㅁ. 기계의 회전 부분에 기름이나 윤활유를 바른다.
> ㅂ. 산에 오를 때 바닥이 울퉁불퉁한 등산화를 신는다.

① ㄱ, ㄴ, ㄹ   ② ㄱ, ㄴ, ㅁ   ③ ㄴ, ㄷ, ㅂ
④ ㄷ, ㄹ, ㅁ   ⑤ ㄷ, ㄹ, ㅂ

15 오른쪽 그림과 같이 물 위에 튜브가 떠 있을 때 튜브가 물 위에 뜰 수 있도록 하는 힘의 종류와 힘의 방향을 옳게 짝 지은 것은?

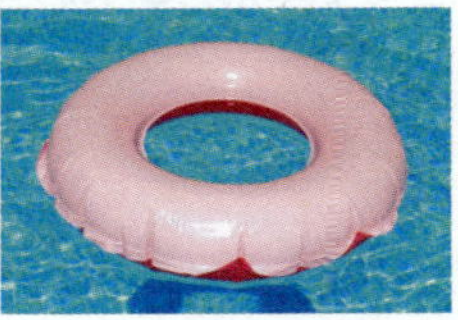

① 부력, ↓   ② 부력, ↑
③ 중력, ↓   ④ 중력, ↑
⑤ 탄성력, ↓

중요 **16** 부력에 대한 설명으로 옳지 않은 것을 모두 고르면? (2 개)

① 부력의 방향은 중력의 방향과 반대 방향이다.
② 물체가 액체나 기체 속에서 위쪽으로 받는 힘이다.
③ 강바닥에 가라앉은 돌에는 부력이 작용하지 않는다.
④ 같은 물체에 작용하는 부력의 크기는 항상 일정하다.
⑤ 헬륨 풍선을 들고 있다 놓치면 하늘로 날아가는 까닭은 부력 때문이다.

17 오른쪽 그림 (가)와 같이 물 밖에서 힘 센서에 추를 매달아 측정하였더니 20 N이 측정되었고, (나)와 같이 물속에서 같은 추의 무게를 측정하였더니 15 N이 측정되었다. 이에 대한 설명으로 옳은 것은?

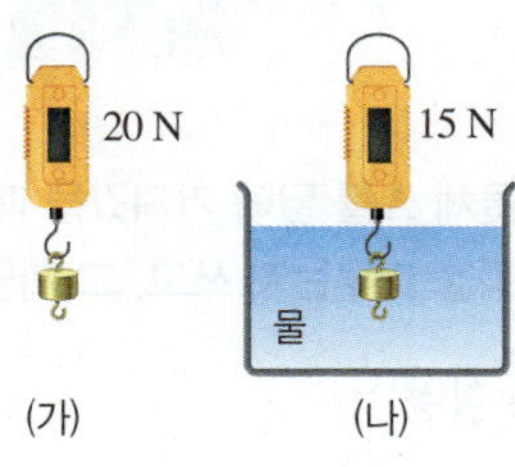

① (가)에서 추에 작용하는 중력의 크기는 20 N이다.
② (나)에서 추에 작용하는 부력의 크기는 15 N이다.
③ (나)에서 추에 작용하는 부력의 방향은 아래쪽이다.
④ (나)에서 추의 무게가 작아진 까닭은 중력 때문이다.
⑤ 추에 작용한 중력의 크기는 (가)에서가 (나)에서보다 크다.

18 오른쪽 그림은 부피가 같은 물체 A~C를 물에 넣었을 때의 모습을 나타낸 것이다. 이에 대한 설명으로 옳은 것을 보기 에서 모두 고른 것은?

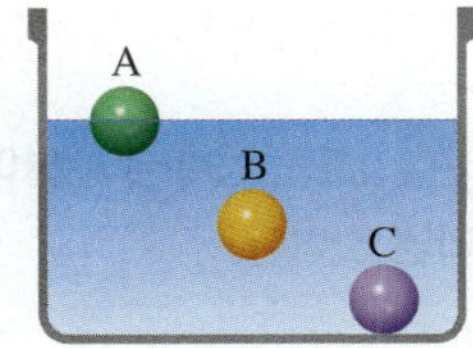

> 보기
> ㄱ. 질량이 가장 작은 물체는 A이다.
> ㄴ. 부력이 가장 크게 작용하는 물체는 A이다.
> ㄷ. B와 C에는 중력이 작용하지 않는다.

① ㄱ   ② ㄴ   ③ ㄱ, ㄴ
④ ㄱ, ㄷ   ⑤ ㄴ, ㄷ

19 부력을 이용한 경우가 아닌 것은?

① 풍등   ② 열기구   ③ 구명조끼
④ 쏘아 올리는 활   ⑤ 떠오르는 잠수함

20 그림과 같이 물체 A는 지구에서 윗접시저울에 올려놓았을 때 질량 600 g인 추와 수평을 이루었다.

풀이 TIP

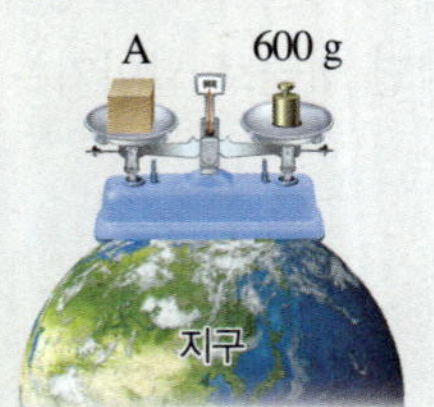

물체 A를 달에 가져갔을 때 물체 A는 질량이 몇 g인 추와 수평을 이루는지 쓰고, 그 까닭을 서술하시오.

· 질량:

· 까닭:

중요 **21** 표는 용수철이 늘어난 길이에 따른 탄성력의 크기를 나타낸 것이다.

풀이 TIP

용수철이 늘어난 길이(cm)	5	10	15	20
탄성력의 크기(N)	2	4	6	8

이 용수철을 잡아당겼을 때 늘어난 길이가 50 cm가 되었다면, 이때의 탄성력의 크기는 몇 N인지 풀이 과정과 함께 구하시오.

중요 **22** 그림 (가)~(다)는 나무판 위에 나무 도막을 올리고 힘 센서를 연결한 후, 힘 센서를 천천히 잡아당겨 나무 도막이 움직이는 순간의 값을 측정하는 모습을 나타낸 것이다.

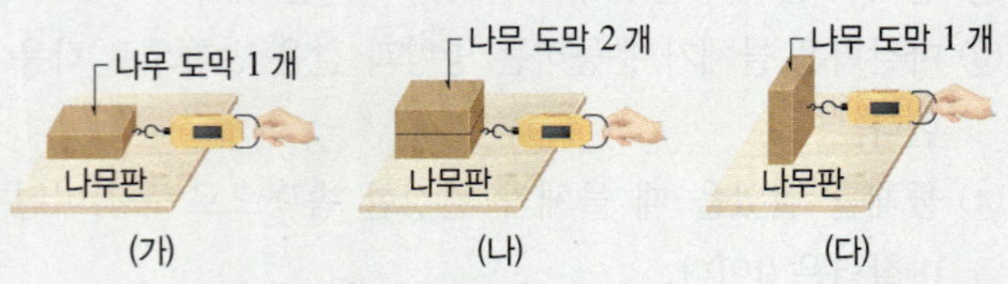

(1) (가)와 (나)에서 마찰력의 크기를 등호 또는 부등호를 이용하여 비교하고, 그 까닭을 서술하시오.

(2) (가)와 (다)에서 마찰력의 크기를 등호 또는 부등호를 이용하여 비교하고, 그 까닭을 서술하시오.

23 그림과 같이 무게가 같고, 부피가 다른 금덩어리와 왕관을 양팔저울에 올려놓았더니 수평이 되었다.

금덩어리와 왕관을 올려놓은 양팔저울을 물속에 완전히 잠기게 하면 양팔저울의 수평 상태는 어떻게 변하는지 쓰고, 그 까닭을 서술하시오. (단, 부피는 왕관이 금덩어리보다 더 크다.)

풀이 TIP **20** ❶ 윗접시저울은 어떤 물리량을 측정하는 저울인지 파악한다. ❷ 그 물리량이 장소에 따라 어떻게 변하는지 찾고, 결과를 예측한다. **21** ❶ 용수철이 늘어난 길이가 50 cm일 때 탄성력의 크기를 x로 놓는다. ❷ 용수철이 늘어난 길이가 5 cm일 때의 값과 비교하여 비례식을 세우고 탄성력의 크기를 구한다.

실력 UP 문제

01 그림과 같이 대훈과 은수는 지구에서 산 금 1 kg을 각각 지구에서 사용한 양팔저울과 용수철저울을 이용하여 화성에서 팔았다.

이에 대한 설명으로 옳은 것은? (단, 화성의 중력은 지구의 $\frac{1}{3}$이고, kg당 금 가격은 어디서나 같다.)

① 대훈이는 무게를 측정했고, 은수는 질량을 측정했다.
② 대훈이는 장소와 상관없이 같은 가격으로 금을 팔 수 있다.
③ 은수보다 대훈이가 손해를 보고 금을 팔았다.
④ 달에서 금을 판다면 대훈이와 은수의 손해의 차이는 화성에서 팔 때보다 더 작아진다.
⑤ 같은 조건으로 팔았으므로 손해를 본 사람은 없다.

02 그림 (가)는 용수철이 늘어난 길이와 용수철에 작용하는 탄성력의 관계를 나타낸 것이다. (나)는 (가)의 용수철에 추를 매달았을 때 용수철의 길이가 늘어난 모습을 나타낸 것이다.

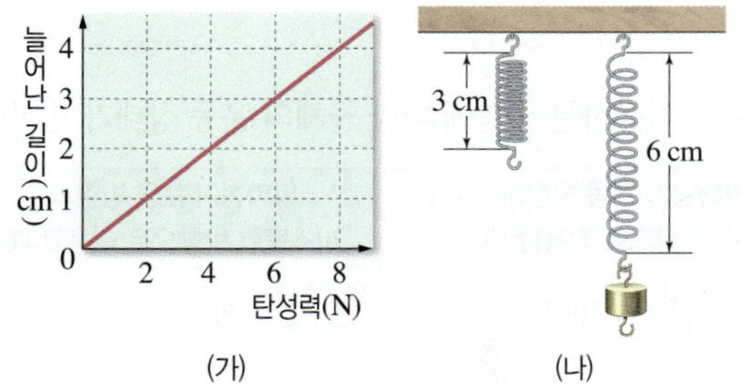

(나)에서 매단 추의 무게는 몇 N인가?

① 2 N ② 3 N ③ 4 N
④ 5 N ⑤ 6 N

03 그림은 서로 다른 재질의 판 위에 동일한 나무 도막을 놓고 판 한쪽을 들어 올리다가 나무 도막이 미끄러지기 시작하는 순간의 모습을 나타낸 것이다.

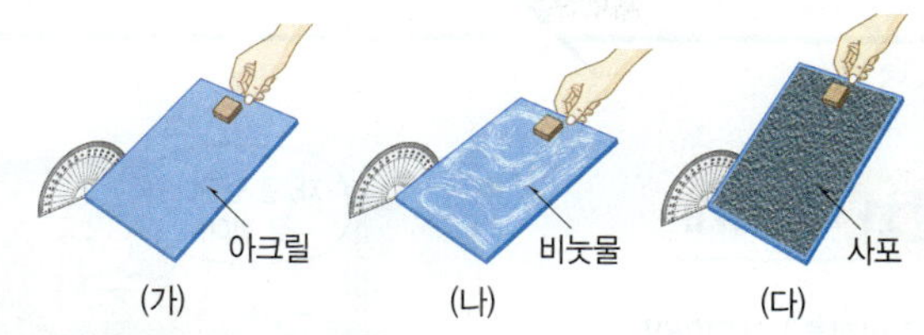

이에 대한 설명으로 옳지 않은 것은?

① 판의 거칠기는 (나) < (가) < (다)이다.
② 마찰력은 빗면의 위쪽 방향으로 작용한다.
③ 접촉면이 넓을수록 마찰력이 크게 작용한다.
④ 나무 도막에 작용하는 마찰력의 크기는 (나)가 가장 작다.
⑤ 미끄러지기 시작하는 순간에 기울기가 클수록 마찰력이 크게 작용한 것이다.

04 그림은 같은 무게의 알루미늄박을 뭉친 것과 배 모양으로 만든 것을 물속에 넣고 있는 모습이다. (가)에서 뭉친 알루미늄은 물속에 가라앉고, (나)에서 배 모양 알루미늄은 물 위에 떴다.

이에 대한 설명으로 옳은 것은?

① (가)에서 뭉친 알루미늄을 물속에 넣어도 부력이 작용하지 않는다.
② (나)에서보다 (가)에서 알루미늄의 무게가 가볍기 때문에 물 위에 뜬다.
③ (가)에서보다 (나)에서 알루미늄에 중력이 더 작지 작용한다.
④ (가)보다 (나)에서 알루미늄의 부피가 커져서 큰 부력이 작용해 물 위에 뜬다.
⑤ (가)보다 (나)에서 알루미늄의 무게와 부력이 모두 크기 때문에 물 위에 뜬다.

03 힘의 작용과 운동 상태 변화

A 알짜힘에 따른 운동 상태 변화

알짜힘은 물체에 작용하는 모든 힘들의 합력이라고 배웠어요. 물체에 작용하는 알짜힘과 운동 상태의 관계를 알아볼까요?

* **알짜힘이 0인 경우**

물체에 작용하는 힘이 없거나, 물체에 작용하는 힘이 평형을 이루면 물체에 작용하는 알짜힘이 0이 된다.

1. 물체에 작용하는 알짜힘이 0인 경우 *

(1) 정지해 있는 물체는 계속 정지해 있다.

　예 책상 위에 놓인 책, 물 위에 떠 있는 배 등

(2) 운동하고 있는 물체는 일정한 운동 상태를 유지한다. —→ 물체의 운동 방향과 속력이 일정한 운동을 한다.

　예 무빙워크, 에스컬레이터, 컨베이어 벨트 등

궁금해

알짜힘이 0인데 물체가 움직이는 경우도 있을까?

물체에 작용하는 알짜힘이 0이면 물체는 정지해 있다고만 생각할 수 있다. 그러나 힘은 운동을 일으키는 원인이 아니라 물체의 운동 상태를 변화시키는 원인이므로 힘이 작용하기 전에 이미 운동하고 있는 물체는 운동 상태를 유지한다. 따라서 일정한 운동 상태를 유지하는 물체에 작용하는 알짜힘도 0이다.

🐾 **일정한 운동 상태를 유지하는 운동**

오른쪽 그림과 같이 무빙워크 위에 서 있는 사람은 일정한 운동 상태를 유지한다.
- 운동 방향이 일정하다.
- 속력이 일정한 운동을 한다.

일정한 운동 상태를 유지하며 운동하는 물체를 일정한 시간 간격으로 촬영하면 물체 사이의 간격이 일정하다.

---

2. 물체에 알짜힘이 작용하는 경우: 알짜힘이 작용하는 방향에 따라 물체의 운동 상태가 변한다.

알짜힘이 운동 방향과 나란한 방향으로 작용할 때	알짜힘이 운동 방향과 수직 방향으로 작용할 때	알짜힘이 운동 방향과 비스듬한 방향으로 작용할 때
알짜힘　　운동 방향	운동 방향　알짜힘　　운동 방향	운동 방향　알짜힘　　운동 방향
운동 방향은 변하지 않고, 물체의 속력이 변한다.	속력은 변하지 않고, 물체의 운동 방향이 변한다.	물체의 속력과 운동 방향이 모두 변한다.

속력만 변하는 운동

공을 위로 던지면 공이 위로 올라가는 동안에는 느려져요. 이렇게 운동 방향은 같고 속력만 변하는 운동을 알아볼까요?

1. 물체의 속력만 변하는 운동: 물체의 운동 방향과 나란한 방향으로 알짜힘이 작용하면 물체의 속력만 변하고 운동 방향은 일정한 운동을 한다.

운동	속력이 점점 증가하는 운동	속력이 점점 감소하는 운동
운동하는 물체의 모습	운동 방향 / 알짜힘	운동 방향 / 알짜힘
힘의 방향	알짜힘의 방향과 운동 방향이 같다.	알짜힘의 방향과 운동 방향이 반대이다.
운동 방향	운동 방향이 일정하다.	

2. 물체의 속력만 변하는 운동의 예
- 속력이 점점 증가하는 운동: 사과나무에서 떨어지는 사과, 짚라인, 낙하하는 자이로 드롭 등
- 속력이 점점 감소하는 운동: 브레이크를 밟은 자동차, 연직 위로 던져 올린 공 등*

속력이 증가하는 운동	속력이 감소하는 운동
미끄럼틀 위를 굴러가는 축구공의 운동 방향과 같은 방향으로 알짜힘이 작용하기 때문에 공의 속력이 증가한다.	잔디 위를 굴러가는 골프공은 운동 방향과 반대 방향으로 알짜힘이 작용하기 때문에 공의 속력이 감소한다.

운동 방향만 변하는 운동

돌멩이를 줄에 매달고 일정한 속력으로 빙빙 돌려 보아요. 이때 돌멩이는 방향만 변하며 운동하는데, 이와 같은 운동에 대해 알아볼까요?

1. 물체의 운동 방향만 변하는 운동: 물체의 운동 방향과 수직 방향으로 알짜힘이 작용하면 물체의 운동 방향만 변하고 속력은 일정한 운동을 한다. 예 일정한 속력의 원운동

운동	물체가 일정한 속력으로 원을 그리며 움직이는 운동
힘의 방향	알짜힘의 방향이 운동 방향과 서로 수직이다. ┐ 알짜힘은 원의 중심 방향으로 작용한다.
속력	항상 일정하다.
운동 방향	원의 ❶접선 방향 ➡ 계속 변한다.*

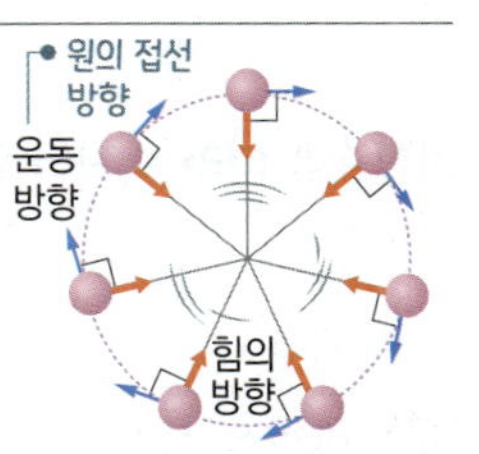

2. 물체의 운동 방향만 변하는 운동의 예

↑ 대관람차

↑ 회전목마

↑ 인공위성*

↑ 회전 그네

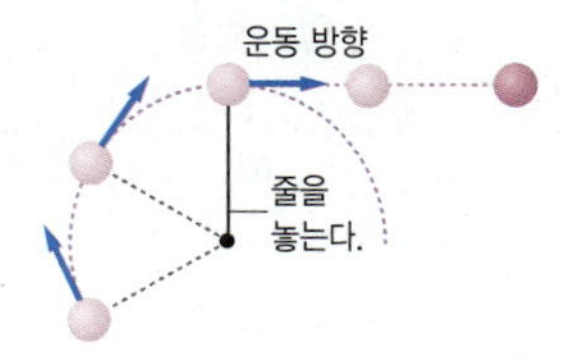

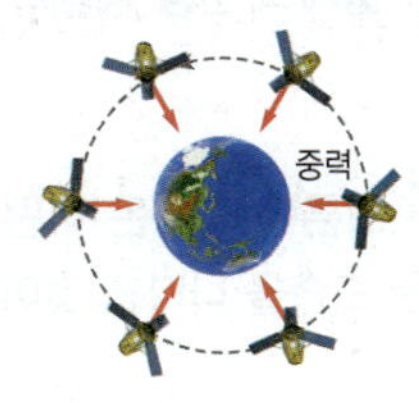

핵심 요약

▶ **알짜힘에 따른 물체의 운동 상태 변화**

- 물체에 작용하는 알짜힘이 0인 경우: 물체는 ❶[　　　] 해 있거나 일정한 운동 상태를 유지한다.
- 물체에 알짜힘이 작용하는 경우: 물체의 ❷[　　　][　　　]가 변한다.

▶ **물체의 운동 상태가 변하는 운동**

구분	속력만 변하는 운동		운동 방향만 변하는 운동
	속력이 점점 증가하는 운동	속력이 점점 감소하는 운동	
운동하는 물체의 모습	운동 방향 → 알짜힘	운동 방향 → 알짜힘	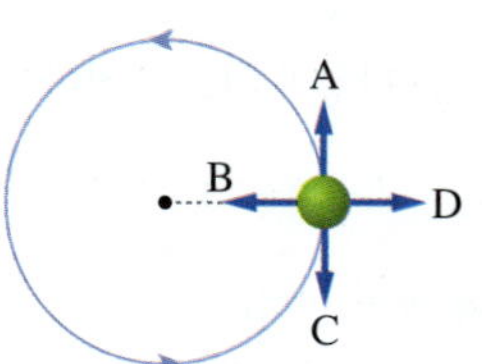 운동 방향 / 힘의 방향
힘의 방향	알짜힘의 방향이 운동 방향과 ❸[　　　].	알짜힘의 방향이 운동 방향과 ❹[　　　]이다.	알짜힘의 방향이 운동 방향과 ❺[　　　]이다.
예	사과나무에서 떨어지는 사과	브레이크를 밟은 자동차	인공위성

1 물체에 알짜힘이 작용할 때 물체의 운동 상태 변화에 대한 설명으로 옳은 것은 ○, 옳지 <u>않은</u> 것은 ×로 표시하시오.

(1) 운동 방향과 나란한 방향으로 알짜힘이 작용하면 물체의 속력만 변한다. ················ (　　　)

(2) 운동 방향과 수직 방향으로 알짜힘이 작용하면 물체의 속력과 운동 방향이 모두 변한다.
·· (　　　)

(3) 운동 방향과 비스듬한 방향으로 알짜힘이 작용하면 물체의 운동 방향만 변한다. ··· (　　　)

2 물체의 운동 방향과 알짜힘의 방향이 같을 경우, 물체의 속력은 점점 (감소, 증가)한다.

3 오른쪽 그림은 어떤 물체가 화살표를 따라 속력이 일정한 원운동을 하는 모습을 나타낸 것이다.

(1) A∼D 중 물체의 운동 방향을 쓰시오.
(2) A∼D 중 물체에 작용하는 힘의 방향을 쓰시오.

4 물체에 작용하는 알짜힘의 방향과 그에 따른 운동의 예를 선으로 옳게 연결하시오.

(1) 알짜힘이 운동 방향과 같은 방향으로 작용할 때 ・　　　・ ㉠ 인공위성

(2) 알짜힘이 운동 방향과 반대 방향으로 작용할 때 ・　　　・ ㉡ 낙하하는 자이로 드롭

(3) 알짜힘이 운동 방향과 수직 방향으로 작용할 때 ・　　　・ ㉢ 브레이크를 밟은 자동차

D 속력과 운동 방향이 변하는 운동

농구공을 비스듬히 던져 올리면 농구공은 포물선을 그리며 날아가요. 이처럼 속력과 운동 방향이 모두 변하는 운동을 알아볼까요?

1. 속력과 운동 방향이 모두 변하는 운동: 알짜힘이 물체의 운동 방향과 비스듬하게 작용하면 물체의 속력과 운동 방향이 모두 변한다.

운동	비스듬히 던져 올린 물체의 운동	같은 경로를 왕복하는 운동
운동하는 물체의 모습	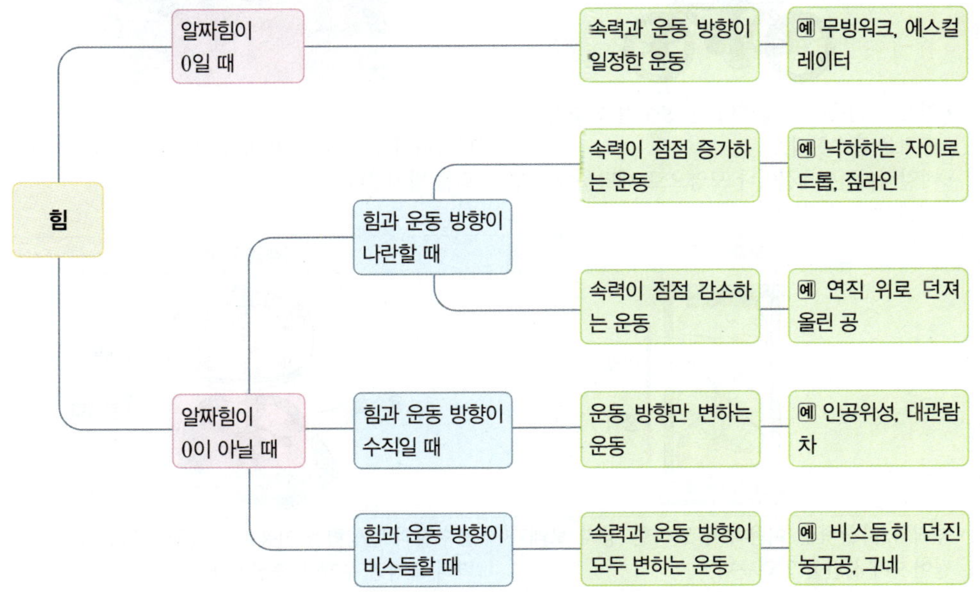 운동 방향 / 중력	운동 방향
힘의 방향	중력이 항상 연직 아래 방향으로 작용한다. └─ 운동 방향에 비스듬한 방향	계속 변한다. ─● 운동 방향에 비스듬한 방향
속력	느려졌다가 빨라진다. ➡ 계속 변한다.	느려지고, 빨라지기를 반복한다. ➡ 계속 변한다.
운동 방향	운동 경로의 접선 방향 ➡ 계속 변한다.	

2. 속력과 운동 방향이 모두 변하는 운동의 예
- 비스듬히 던져 올린 물체의 운동: 스케이트를 타며 점프할 때, 비스듬히 던진 농구공 등
- 같은 경로를 왕복하는 운동: 바이킹, 시계추, 그네 등
- 그 외: 롤러코스터 등

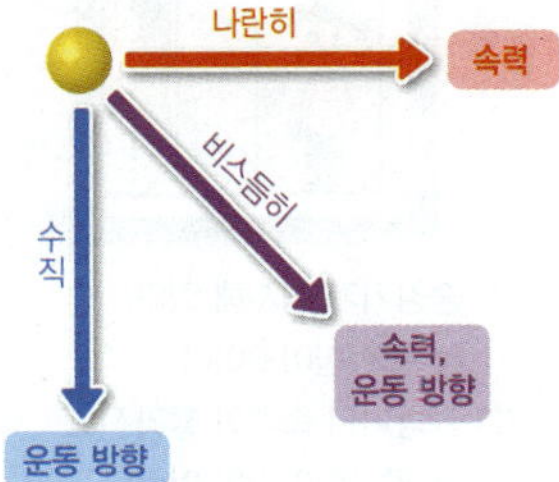

⬆ 비스듬히 던진 농구공

E 물체의 운동 분류

지금까지 여러 힘을 받은 물체의 운동을 배웠어요. 물체에 작용하는 힘의 방향에 따른 물체의 운동을 분류해 볼까요?

힘	알짜힘이 0일 때		속력과 운동 방향이 일정한 운동	예 무빙워크, 에스컬레이터
	알짜힘이 0이 아닐 때	힘과 운동 방향이 나란할 때	속력이 점점 증가하는 운동	예 낙하하는 자이로드롭, 짚라인
			속력이 점점 감소하는 운동	예 연직 위로 던져 올린 공
		힘과 운동 방향이 수직일 때	운동 방향만 변하는 운동	예 인공위성, 대관람차
		힘과 운동 방향이 비스듬할 때	속력과 운동 방향이 모두 변하는 운동	예 비스듬히 던진 농구공, 그네

암기해

힘의 방향과 운동 방향에 따른 운동 상태 변화

- **나란할 때:** 속력만 변화
- **수직일 때:** 운동 방향만 변화
- **비스듬할 때:** 속력과 운동 방향 모두 변화

F 여러 가지 힘의 작용

우리 주변에는 항상 힘이 작용하고 있어요. 심지어 바닥에 놓인 화분에도 힘이 작용하고 있죠. 이처럼 우리 주변에서 작용하고 있는 힘과 그 힘을 이용한 기구에 대해 알아볼까요?

1. 정지해 있는 물체에 작용하는 힘

(1) 바닥에 놓인 물체에 작용하는 힘

① 바닥에 놓여 정지해 있는 물체에는 중력과 바닥이 물체를 떠받치는 힘이 작용한다.

② 물체에 작용하는 힘이 서로 평형을 이루고 있다.

➡ 물체에 작용하는 알짜힘은 0이다.

(2) 정지해 있는 물체에 작용하는 여러 가지 힘*

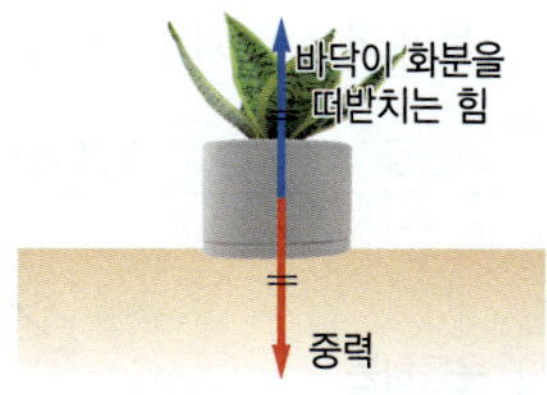

⬆ 바닥에 놓인 화분에 작용하는 힘

용수철저울에 매달려 있는 물체	물 위에 떠 있는 튜브	문 고정 장치
탄성력과 중력이 평형을 이루고 있다.	부력과 중력이 평형을 이루고 있다.	마찰력과 닫히려는 힘이 평형을 이루고 있다.

2. 힘의 특징을 이용한 기구*

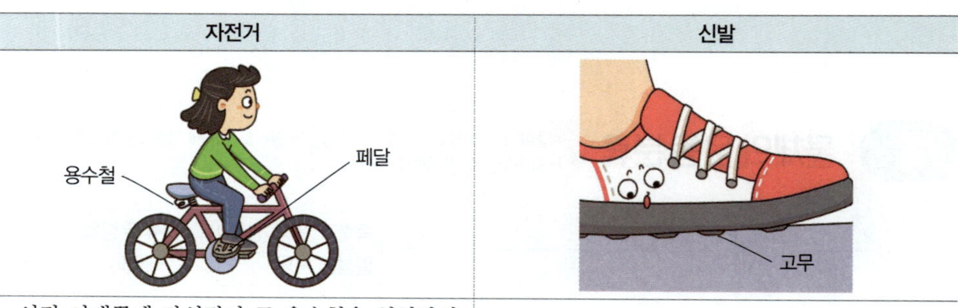

자전거	신발
• 안장 아래쪽에 탄성력이 큰 용수철을 설치하여 충격을 흡수한다. • 마찰력이 큰 재질이나 모양으로 페달을 만들면 쉽게 밟을 수 있다.	마찰력이 큰 고무를 발바닥 부분에 붙여서 미끄럼을 방지한다.

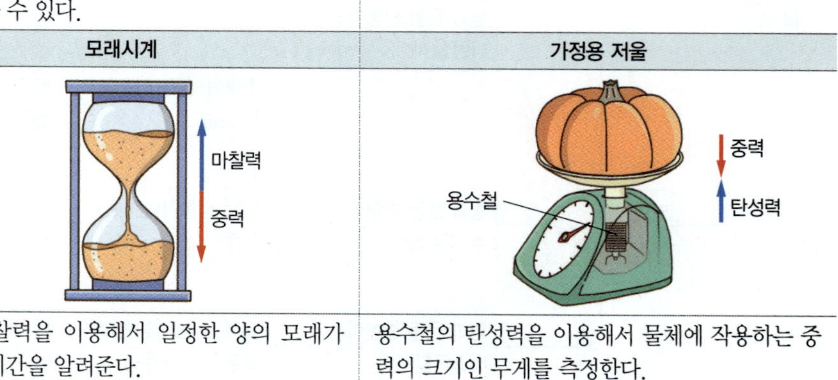

모래시계	가정용 저울
중력과 마찰력을 이용해서 일정한 양의 모래가 떨어지며 시간을 알려준다.	용수철의 탄성력을 이용해서 물체에 작용하는 중력의 크기인 무게를 측정한다.

미래엔 교과서에만 나와요.

✳ 정지해 있다가 뛰어내리는 다이빙 선수에 작용하는 힘

• 다이빙대 위에 서 있을 때: 다이빙대가 선수를 떠받치는 힘과 중력이 평형을 이룬다.
➡ 알짜힘이 0이다.
• 다이빙대에서 뛰어내릴 때: 다이빙대가 선수를 떠받치는 힘이 사라져 중력만 작용한다.
➡ 알짜힘이 0이 아니다.

비상교육 교과서에만 나와요.

✳ 승강기에 작용하는 힘

① 승강기가 정지해 있다.
➡ 알짜힘이 0이다.
② 승강기의 속력이 빨라진다.
➡ 알짜힘이 0이 아니다.
③ 승강기가 일정한 속력으로 올라간다. ➡ 알짜힘이 0이다.
④ 승강기의 속력이 감소한다.
➡ 알짜힘이 0이 아니다.

핵심 요약

▶ **물체의 운동 상태가 변하는 운동**

구분	비스듬히 던져 올린 물체의 운동	같은 경로를 ❶ [ ] 하는 운동
힘의 방향	❷ [ ] 이 항상 연직 아래 방향으로 운동 방향과 비스듬하게 작용한다.	알짜힘과 운동 방향이 ❸ [ ] 하다.
속력, 운동 방향	계속 변한다.	
예	비스듬히 던진 농구공	그네

▶ **여러 가지 힘의 이용**

- 바닥에 놓여 정지해 있는 물체에 작용하는 힘은 ❹ [   ] 을 이루고 있다.
- **힘의 특징을 이용한 기구:** 자전거, 양말, 모래시계, 가정용 저울 등

---

1 오른쪽 그림은 비스듬히 던져 올린 농구공의 모습을 일정한 시간 간격으로 나타낸 것이다. 이에 대한 설명으로 옳은 것은 ○, 옳지 <u>않</u>은 것은 ×로 표시하시오.

(1) 농구공의 속력과 운동 방향이 모두 변한다. ················· (   )

(2) 농구공에 작용하는 힘의 방향이 계속 변한다. ································· (   )

(3) 농구공의 운동 방향과 수직 방향으로 알짜힘이 작용한다. ················ (   )

2 (가)속력만 변하는 운동의 경우와 (나)운동 방향만 변하는 운동의 경우, (다)속력과 운동 방향이 모두 변하는 운동의 경우를 [보기]에서 모두 고르시오.

> **보기**
> ㄱ. 그네   ㄴ. 대관람차   ㄷ. 자이로 드롭   ㄹ. 인공위성
> ㅁ. 연직 위로 던져 올린 공   ㅂ. 비스듬히 차 올린 축구공

3 그림과 같이 바닥 위에 놓인 화분과 용수철에 매달려 정지해 있는 추에서 중력과 평형을 이루고 있는 힘을 각각 쓰시오.

(1)　　　　　　　　　　　(2)

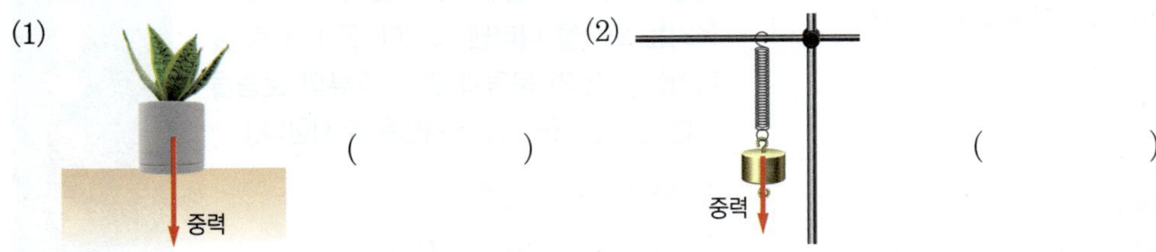

(　　　　　）　　　　　　　（　　　　　）

4 자전거 안장 아래쪽의 용수철에서는 ㉠(탄성력, 마찰력)을 이용하여 충격을 흡수하고, 페달에서는 ㉡(탄성력, 마찰력)을 이용하여 발이 미끄러지지 않도록 하여 쉽게 앞으로 나아갈 수 있게 한다.

01 물체에 작용하는 알짜힘이 0이 <u>아닌</u> 경우는?

① 물 위에 떠 있는 배
② 사과나무에 매달려 있는 사과
③ 에스컬레이터 위에 서 있는 사람
④ 컨베이어 벨트 위에서 움직이는 상자
⑤ 경사면을 점점 빠르게 내려가는 수레

02 다음은 힘이 작용할 때 물체의 운동에 대한 설명이다.

> 물체의 운동 방향과 수직 방향으로 힘이 작용하면 물체의
> (㉠)이 변하고, 물체의 운동 방향과 비스듬한 방향으로
> 힘이 작용하면 물체의 (㉠)과 (㉡)이 모두 변한다.

( ) 안에 들어갈 말로 옳게 짝 지은 것은?

	㉠	㉡
①	속력	질량
②	속력	운동 방향
③	질량	속력
④	운동 방향	속력
⑤	운동 방향	질량

03 그림은 움직이던 물체에 힘을 가했을 때 물체가 운동하는 모습을 일정한 시간 간격으로 나타낸 것이다.

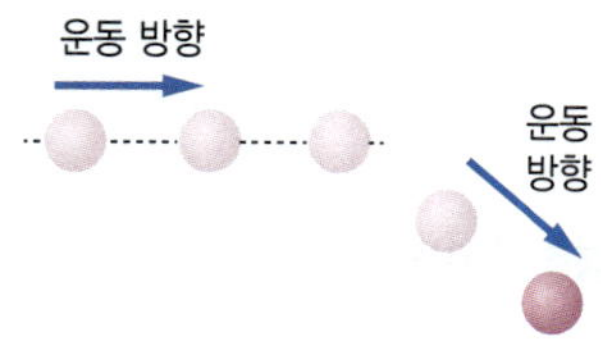

이에 대한 설명으로 옳은 것을 보기 에서 모두 고른 것은?

> **보기**
> ㄱ. 물체의 속력이 변했다.
> ㄴ. 물체의 운동 방향이 변했다.
> ㄷ. 물체에 작용하는 알짜힘은 0이다.
> ㄹ. 물체의 운동 방향과 수직 방향으로 알짜힘이 작용했다.

① ㄱ, ㄷ   ② ㄱ, ㄹ   ③ ㄴ, ㄷ
④ ㄴ, ㄹ   ⑤ ㄷ, ㄹ

04 그림은 운동하고 있는 공의 모습을 일정한 시간 간격으로 나타낸 것이다.

이 공의 운동에 대한 설명으로 옳은 것을 보기 에서 모두 고른 것은?

> **보기**
> ㄱ. 공의 속력이 증가한다.
> ㄴ. 공의 운동 방향이 일정하다.
> ㄷ. 공의 운동 방향과 반대 방향으로 알짜힘이 작용한다.
> ㄹ. 공과 같은 운동을 하는 예로는 인공위성이 있다.

① ㄱ, ㄷ   ② ㄱ, ㄹ   ③ ㄴ, ㄷ
④ ㄴ, ㄹ   ⑤ ㄷ, ㄹ

05 오른쪽 그림은 자이로 드롭이 낙하하는 모습을 나타낸 것이다. 자이로 드롭이 낙하하기 시작할 때에 대한 설명으로 옳은 것은? (단, 공기 저항은 무시한다.)

① 속력이 감소한다.
② 속력이 일정하다.
③ 운동 방향이 계속 변한다.
④ 운동 방향과 반대 방향의 힘이 작용한다.
⑤ 운동 방향과 같은 방향의 힘이 작용한다.

06 오른쪽 그림은 공을 연직 위로 던져 올리는 모습을 나타낸 것이다. 공이 위로 올라가는 동안의 운동과 같은 종류의 운동을 하는 경우는? (단, 공기 저항은 무시한다.)

① 땅으로 떨어뜨린 공
② 나무에서 떨어지는 사과
③ 브레이크를 밟은 자동차
④ 무빙워크에 서서 이동하는 사람
⑤ 선풍기 안에서 돌아가고 있는 날개

[07~08] 오른쪽 그림은 줄에 매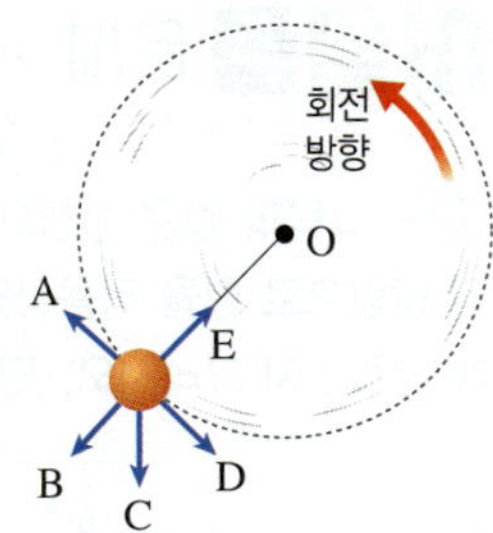
달린 공이 속력이 일정한 원운동을
하는 모습을 나타낸 것이다.

중요 07 공의 운동에서 (가)공에 작용하는 힘의 방향과 줄을 놓
았을 때 (나)공의 운동 방향을 옳게 짝 지은 것은?

	(가)	(나)		(가)	(나)
①	B	D	②	E	B
③	D	A	④	E	D
⑤	D	C			

08 공의 운동에 대한 설명으로 옳은 것을 보기 에서 모두
고른 것은?

보기
ㄱ. 공의 속력과 운동 방향이 모두 변한다.
ㄴ. 공에 작용하는 힘은 공의 운동 방향과 수직인 방향으
로 작용한다.
ㄷ. 공에 작용하는 힘이 사라지면 공은 작용하던 힘의 반
대 방향으로 날아간다.

① ㄴ ② ㄷ ③ ㄱ, ㄴ
④ ㄱ, ㄷ ⑤ ㄴ, ㄷ

09 오른쪽 그림은 회전 그
네가 일정한 속력으로 돌아가
고 있는 모습을 나타낸 것이
다. 회전 그네의 운동과 같은
종류의 운동을 하는 경우가
아닌 것은?

① 바이킹 ② 회전목마
③ 대관람차 ④ 인공위성
⑤ 선풍기 날개

중요 10 그림은 비스듬히 던져 올린 공의 운동을 나타낸 것이다.

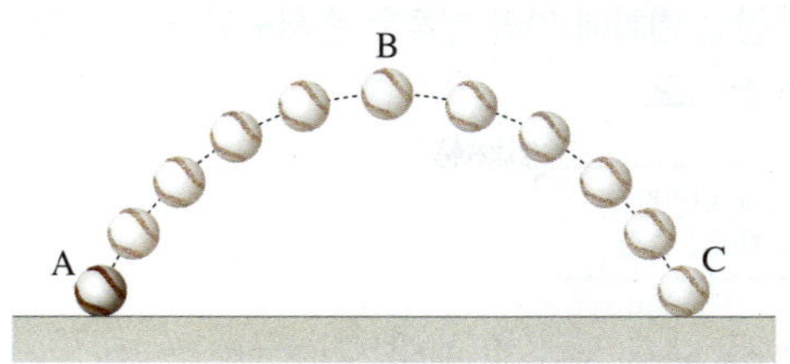

A, B, C점에서 공에 작용하는 힘의 방향을 화살표로 옳게 나
타낸 것은? (단, •은 힘이 작용하지 않음을 나타내고, 공기 저
항은 무시한다.)

	A	B	C		A	B	C
①	↓	↓	↓	②	↑	•	↓
③	→	→	→	④	↑	→	↓
⑤	•	↓	•				

11 오른쪽 그림은 실에 매달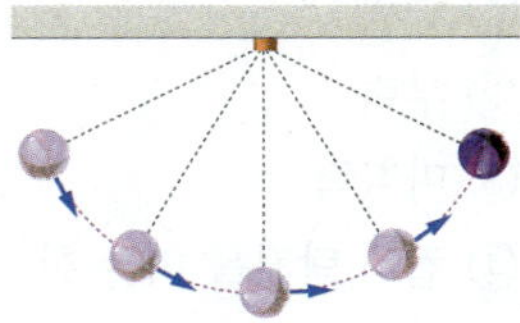
린 구슬이 같은 경로를 왕복하
는 모습이다. 이에 대한 설명으
로 옳은 것을 보기 에서 모두
고른 것은? (단, 공기 저항은 무
시한다.)

보기
ㄱ. 구슬의 속력은 일정하다.
ㄴ. 구슬에 작용하는 힘의 방향은 계속 변한다.
ㄷ. 구슬에 작용하는 힘은 구슬의 운동 방향에 비스듬한
방향으로 작용한다.

① ㄴ ② ㄷ ③ ㄱ, ㄴ
④ ㄱ, ㄷ ⑤ ㄴ, ㄷ

12 물체의 속력과 운동 방향이 모두 변하는 운동을 하는
경우인 것은?

① 사람이 타고 있는 그네
② 운동장을 굴러가는 축구공
③ 연직 위로 던져 올린 농구공
④ 스카이다이빙을 하고 있는 사람
⑤ 작동하는 무빙워크 위에 있는 가방

중요 **13** 그림은 그네, 대관람차, 자이로 드롭의 운동을 속력과 운동 방향의 변화에 따라 분류한 순서도이다. ㉠~㉢에 알맞은 말을 쓰시오.

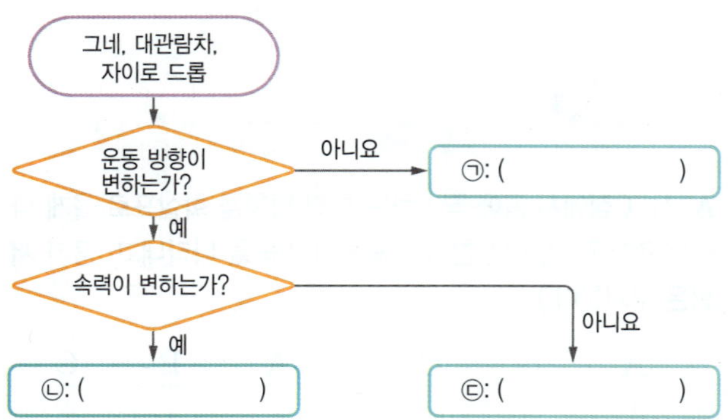

14 오른쪽 그림은 탁자 위에 놓인 컵에 작용하는 힘을 화살표로 나타낸 것이다. (가)에 해당하는 힘은?

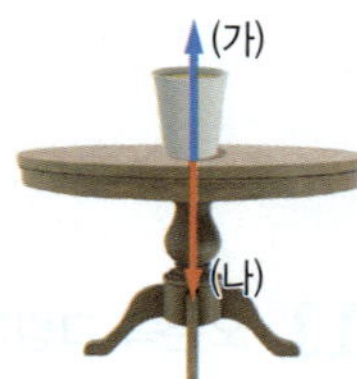

① 중력
② 부력
③ 마찰력
④ 컵이 탁자를 미는 힘
⑤ 탁자가 컵을 떠받치는 힘

15 다음은 힘의 특징을 이용한 여러 기구에 대해 설명한 것이다.

- 모래시계는 중력과 (㉠)을 이용해서 일정한 양의 모래가 떨어지며 시간을 알려준다.
- 가정용 저울은 중력과 용수철의 (㉡)을 이용해서 무게를 측정한다.

( ) 안에 들어갈 말을 옳게 짝 지은 것은?

	㉠	㉡
①	부력	탄성력
②	마찰력	마찰력
③	마찰력	탄성력
④	탄성력	마찰력
⑤	탄성력	탄성력

서술형 문제

16 그림과 같은 방향으로 운동하는 물체에 운동 방향과 수직 방향으로 힘을 작용하였을 때, 이 물체의 운동 상태가 어떻게 변하는지 그리시오. (단, 모든 마찰력은 무시한다.)

풀이 TIP

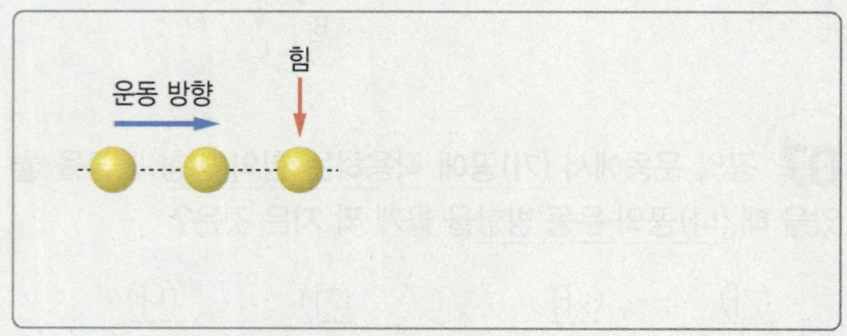

중요 **17** 그림은 비스듬히 던진 농구공이 날아가는 모습이다.

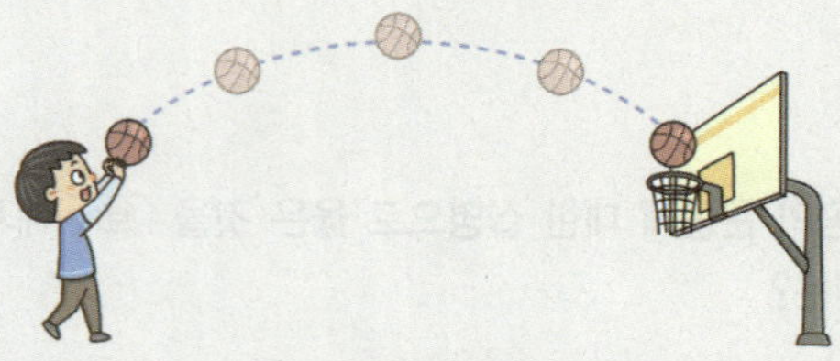

농구공에 작용하는 힘의 방향과 농구공의 운동 상태에 대해 설명하시오. (단, 공기 저항은 무시한다.)

풀이 TIP

18 그림은 물 위에 떠 있는 장난감 배를 용수철을 이용하여 잡아당기는 모습을 나타낸 것이다.

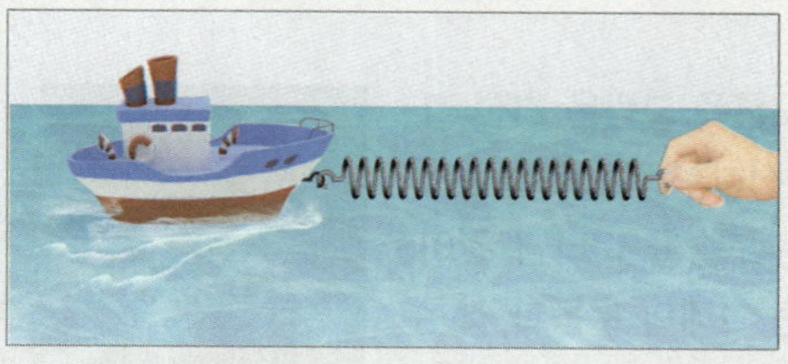

장난감 배에 작용하는 중력, 탄성력, 부력의 방향을 화살표로 모두 나타내시오.

풀이 TIP **16** ❶ 물체의 운동 상태는 속력과 운동 방향을 의미한다. ❷ 물체의 운동 방향에 수직 방향으로 힘이 작용하면 물체의 운동 방향이 변한다는 것을 고려하여 그린다.
18 ❶ 탄성력은 용수철이 원래 모양으로 되돌아가려는 방향으로 작용한다. ❷ 부력은 중력과 반대 방향으로 작용한다.

01 그림 (가)~(다)는 수평면에서 운동하는 공의 위치를 일정한 시간 간격으로 나타낸 것이다.

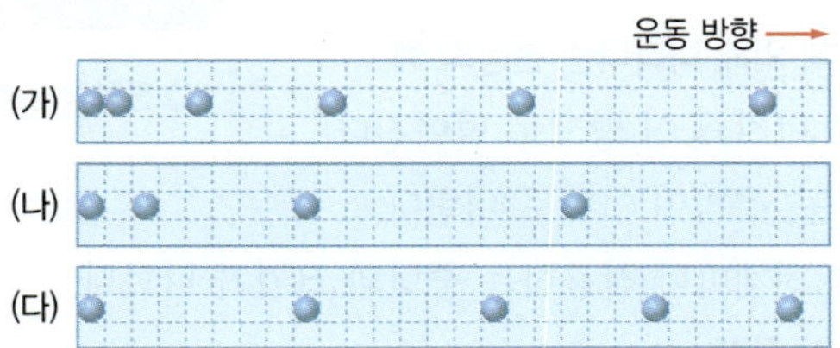

이에 대한 설명으로 옳은 것을 [보기]에서 모두 고른 것은?

[보기]
ㄱ. (가)에서 공에는 알짜힘이 작용하지 않는다.
ㄴ. (가)보다 (나)에서 공에 작용한 알짜힘이 더 크다.
ㄷ. (다)에서 공의 운동 방향과 반대 방향으로 알짜힘이 작용한다.

① ㄱ ② ㄷ ③ ㄱ, ㄴ
④ ㄱ, ㄷ ⑤ ㄴ, ㄷ

02 다음은 승강기의 운동을 (가)~(라) 구간으로 나누어 설명한 것이다.

(가) 승강기가 1층에 정지해 있다.
(나) 승강기가 출발하여 속력이 점점 빨라진다.
(다) 승강기가 일정한 속력으로 올라간다.
(라) 승강기의 속력이 감소한다.

승강기에 작용하는 힘에 대한 설명으로 옳은 것을 [보기]에서 모두 고른 것은?

[보기]
ㄱ. (가), (다) 구간에서 승강기에 작용하는 알짜힘은 0이다.
ㄴ. (나) 구간에서 중력이 작용한다.
ㄷ. (라) 구간에서 승강기의 운동 방향과 같은 방향으로 알짜힘이 작용한다.

① ㄱ ② ㄴ ③ ㄱ, ㄴ
④ ㄱ, ㄷ ⑤ ㄴ, ㄷ

03 그림 (가)~(라)는 놀이공원에서 볼 수 있는 놀이기구의 모습을 나타낸 것이다.

이때 속력이 변하는 운동과 운동 방향이 변하는 운동을 옳게 짝 지은 것은?

	속력이 변하는 운동	운동 방향이 변하는 운동
①	(가), (나)	(나), (다), (라)
②	(다)	(가), (나), (라)
③	(나), (다)	(가), (나), (라)
④	(다), (라)	(가), (나)
⑤	(가), (나), (라)	(나), (다)

04 그림은 마찰이 있는 수평면에 놓여 있는 나무 도막에 용수철을 연결하여 10 N의 힘으로 잡아당겼을 때, 물체가 정지해 있는 모습을 나타낸 것이다.

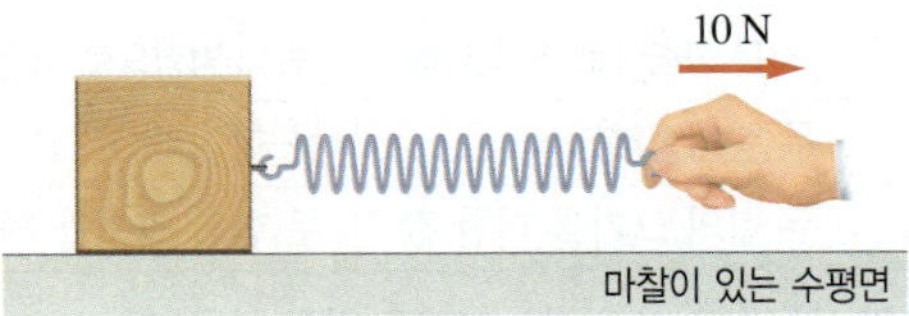

이에 대한 설명으로 옳은 것을 [보기]에서 모두 고른 것은?

[보기]
ㄱ. 나무 도막에 작용하는 알짜힘은 0이 아니다.
ㄴ. 나무 도막에 작용하는 마찰력의 크기는 10 N보다 크다.
ㄷ. 나무 도막을 잡아당기는 용수철에 작용하는 탄성력의 크기는 10 N이다.
ㄹ. 나무 도막에 작용하는 힘들이 평형을 이루고 있다.

① ㄱ, ㄴ ② ㄱ, ㄷ ③ ㄴ, ㄷ
④ ㄴ, ㄹ ⑤ ㄷ, ㄹ

핵심 정리

1. 과학에서의 힘: 물체를 밀거나 당길 때 작용하는 힘으로, 물체의 모양이나 운동 상태를 변화시키는 원인

(1) **힘의 단위:** N(뉴턴)

(2) **힘의 측정 기구:** 용수철저울, 힘 센서 등

(3) **힘의 효과:** 물체의 모양이나 운동 상태를 변화시킨다.

모양 변화	운동 상태 변화	모양과 운동 상태 모두 변화
• 색 점토를 잡아 당길 때 • 대리석을 쳐서 깨뜨릴 때	• 썰매를 밀 때 • 정지해 있던 창문을 밀 때	• 야구공을 방망이로 칠 때 • 축구공을 발로 세게 찰 때

(4) **힘의 표현:** 화살표를 이용

① **힘의 작용점:** 화살표의 시작점

② **힘의 크기:** 화살표의 길이

   ➡ 힘의 크기에 비례

③ **힘의 방향:** 화살표의 방향

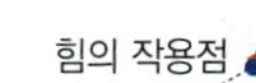

2. 힘의 합력

(1) **합력:** 물체에 둘 이상의 힘이 동시에 작용할 때, 이와 같은 효과를 나타내는 하나의 힘

(2) **두 힘의 합력**

구분	같은 방향으로 작용할 때	반대 방향으로 작용할 때
방향	두 힘의 방향	큰 힘의 방향
크기	두 힘의 크기를 더한 값	두 힘의 크기를 뺀 값

(3) **알짜힘:** 물체에 작용하는 모든 힘들의 합력

3. 힘의 평형

(1) **평형:** 물체에 작용하는 두 힘의 합력인 알짜힘이 0이여서 물체가 아무런 힘을 받지 않는 것처럼 보이는 상태

(2) **두 힘이 평형을 이루는 조건:** 두 힘의 크기가 같고 방향이 반대이며, 일직선상에서 작용한다.

(3) **두 힘이 평형을 이루는 예:** 고리 자석, 줄다리기 등

1. 중력: 지구와 같은 천체가 물체를 당기는 힘

(1) **방향:** 지구 중심 방향(=연직 아래 방향)

↑ 중력의 방향

(2) **중력에 의해 나타나는 현상의 예**

  • 위로 던진 공이 땅으로 떨어진다.

  • 비, 눈, 우박이 아래로 내린다.

(3) **크기:** 천체마다 작용하는 중력의 크기가 다르다.

(4) **무게와 질량**

구분	무게	질량
정의	물체에 작용하는 중력의 크기	물체의 고유한 양
단위	N(뉴턴)	g(그램), kg(킬로그램)
측정 기구	용수철저울, 가정용 저울	양팔저울, 윗접시저울
특징	측정 장소에 따라 달라진다.	측정 장소에 따라 변하지 않는다.
관계	지구에서 물체의 무게=9.8×질량 ➡ 질량이 클수록 무게도 크다.	

(5) **지구와 달에서의 무게와 질량**

① **무게:** 달에서 물체의 무게는 지구에서 무게의 $\frac{1}{6}$이다.

② **질량:** 지구와 달에서 물체의 질량은 같다.

2. 탄성력: 변형된 물체가 원래 모양으로 되돌아가려는 힘

(1) **방향:** 변형된 물체가 원래 모양으로 되돌아가려는 방향

(2) **크기**

① 탄성력의 크기는 탄성체에 작용한 힘의 크기와 같다.

② 탄성체의 변형이 클수록 탄성력이 커진다.

(3) **용수철이 늘어난 길이와 용수철의 탄성력과의 관계**

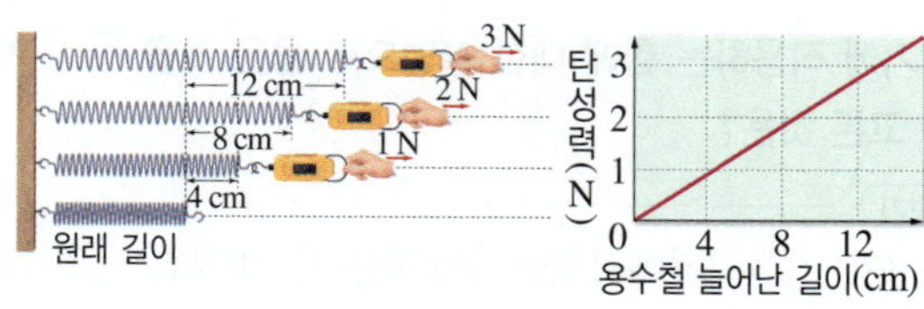

⬇

용수철의 탄성력의 크기는 용수철이 늘어난 길이에 비례한다.

(4) **탄성력의 이용:** 컴퓨터 자판, 장대높이뛰기, 양궁, 볼펜, 집게, 자전거 안장, 용수철저울 등

3. 마찰력: 두 물체의 접촉면에서 물체의 운동을 방해하는 힘

(1) **방향:** 물체의 운동 방향과 반대 방향

(2) **크기**

① 접촉면이 거칠수록 마찰력이 크다.

② 물체의 무게가 무거울수록 마찰력이 크다.

(3) **마찰력의 이용**

마찰력을 크게 하는 경우	마찰력을 작게 하는 경우
• 미끄럼 방지 패드 • 등산화의 바닥 • 자동차 타이어의 체인 • 고무장갑의 손바닥 부분	• 수영장의 미끄럼틀 • 기계나 자전거의 체인에 사용하는 윤활유 • 스키, 스노보드 • 창문의 바퀴

4. 부력: 액체나 기체에 잠긴 물체를 밀어 올리는 힘

(1) **방향:** 중력의 방향과 반대 방향인 위쪽으로 작용

(2) **크기**

① 부력의 크기는 물체가 물에 잠기기 전후 무게의 차이와 같다.

$$부력의 크기 = \binom{물\ 밖에서}{물체의\ 무게} - \binom{물속에서}{물체의\ 무게}$$

② 물에 잠긴 물체의 부피가 클수록 부력이 크게 작용한다.

(3) **부력과 중력의 크기 비교**

① **부력 > 중력:** 물속의 물체가 위로 떠오른다.

② **부력 = 중력:** 물 위나 물속에 물체가 떠 있다.

③ **부력 < 중력:** 물체가 물속에 가라앉는다.

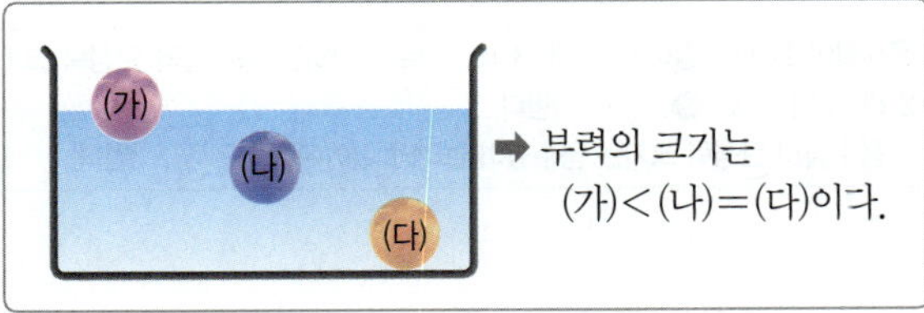

(4) **부력의 이용**

액체 속에서 받는 부력	기체 속에서 받는 부력
• 구명조끼, 구명환, 튜브 • 무거운 배 • 잠수함	• 열기구 • 헬륨을 채운 풍선, 비행선 • 풍등

1. 알짜힘에 따른 운동 상태 변화

(1) **물체에 작용하는 알짜힘이 0인 경우:** 물체는 정지해 있거나 일정한 운동 상태를 유지한다.

(2) **물체에 알짜힘이 작용하는 경우**

운동 방향과 알짜힘이 나란한 방향	운동 방향과 알짜힘이 수직 방향	운동 방향과 알짜힘이 비스듬한 방향
속력이 변한다.	운동 방향이 변한다.	속력과 운동 방향이 변한다.

2. 물체의 운동 상태 변화

(1) **속력만 변하는 운동:** 힘과 운동 방향이 나란하다.

구분	속력이 증가하는 운동	속력이 감소하는 운동
힘의 방향	운동 방향과 같다.	운동 방향과 반대이다.
예	사과나무에서 떨어지는 사과, 짚라인	브레이크를 밟은 자동차, 연직 위로 던진 공

(2) **운동 방향만 변하는 운동:** 힘과 운동 방향이 수직이다.

구분	일정한 속력으로 원을 그리며 움직이는 운동
힘의 방향	원의 중심 방향
속력	항상 일정
운동 방향	원의 접선 방향 ➡ 매 순간 변한다.
예	대관람차, 회전목마, 인공위성, 회전 그네

(3) **속력과 운동 방향이 모두 변하는 운동:** 힘과 운동 방향이 비스듬하다.

구분	비스듬히 던져 올린 물체의 운동	같은 경로를 왕복하는 운동
힘의 방향	중력이 항상 연직 아래 방향으로 작용	계속 변한다.
속력, 운동 방향	계속 변한다.	
예	비스듬히 던진 농구공	그네

3. 여러 가지 힘의 작용

(1) **바닥에 놓인 물체에 작용하는 힘:** 중력과 바닥이 물체를 떠받치는 힘이 평형을 이루고 있다.

➡ 물체에 작용하는 알짜힘은 0이다.

(2) **정지해 있는 물체의 예:** 용수철에 매달려 있는 추, 물 위에 떠 있는 배, 문을 멈추고 있는 장치

최종 점검

1. 힘의 표현

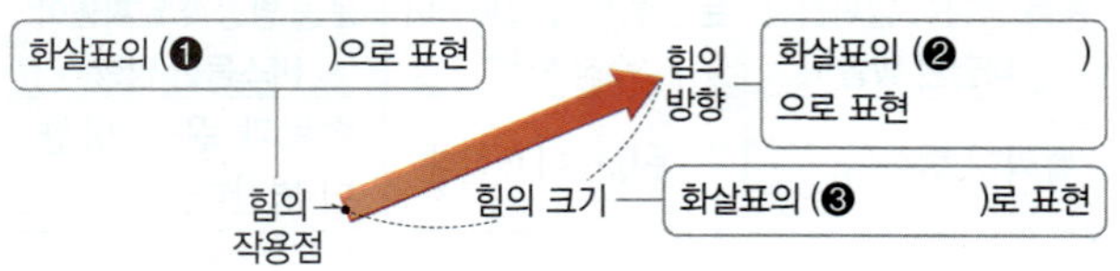

2. 힘의 합력

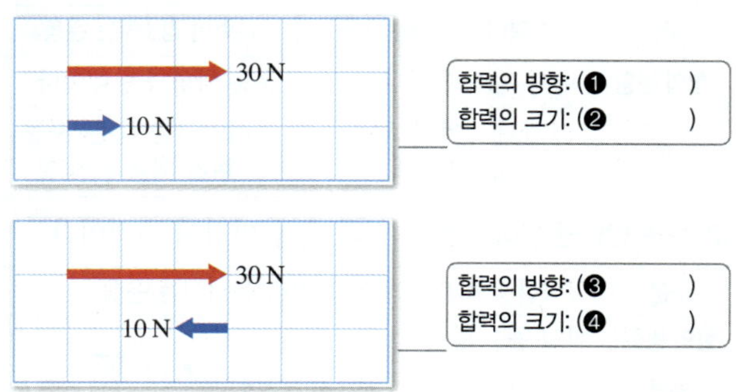

3. 힘의 평형

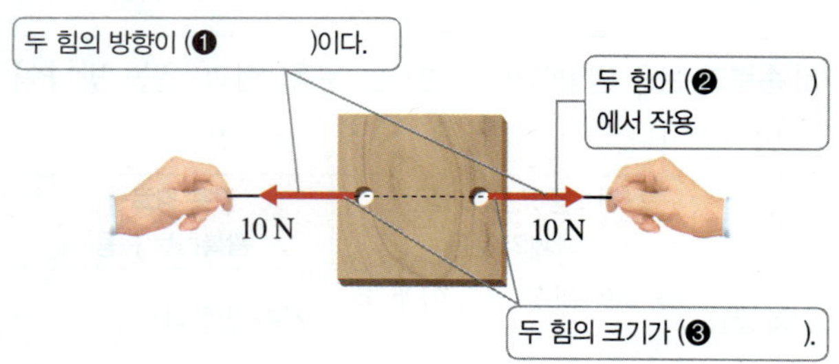

1. 중력의 방향과 크기

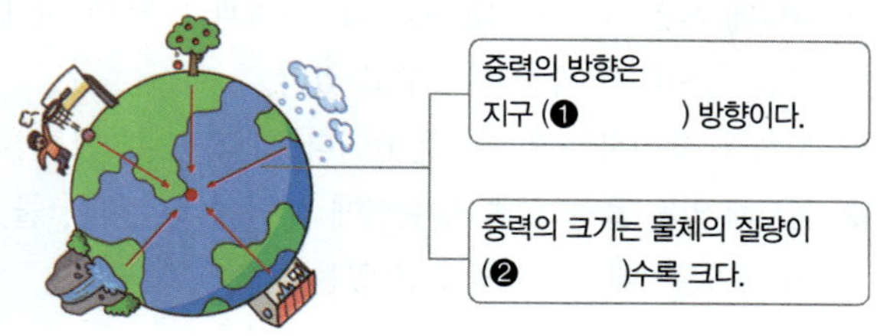

2. 무게와 질량

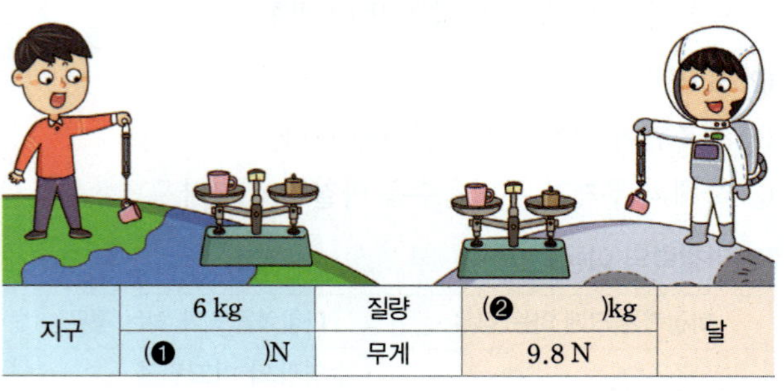

지구	6 kg	질량	(❷)kg	달
	(❶)N	무게	9.8 N	

3. 탄성력의 방향과 크기

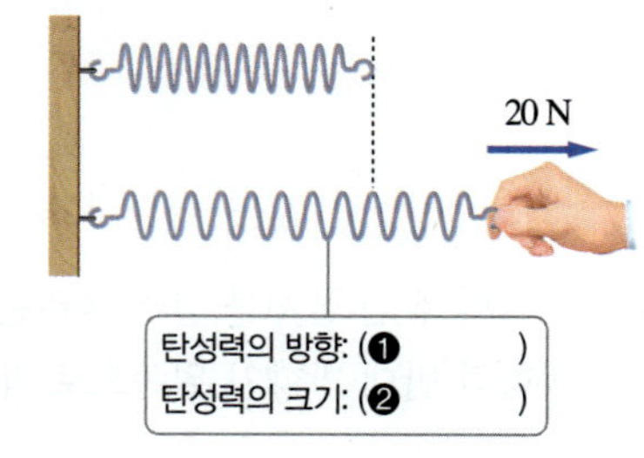

4. 용수철이 늘어난 길이와 용수철의 탄성력과의 관계

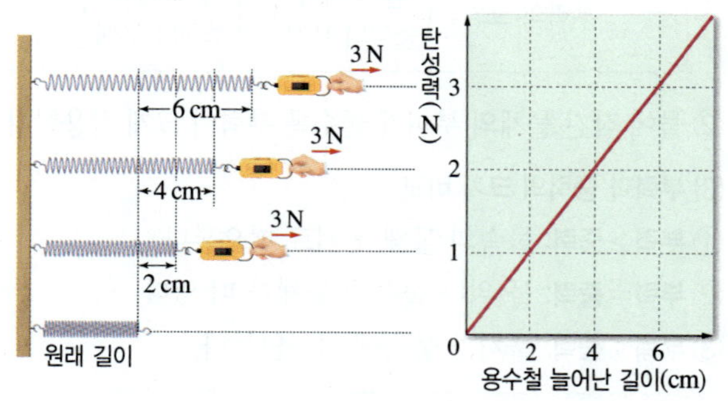

용수철이 늘어난 길이가 2 배, 3 배, …로 증가하면 용수철의 탄성력 크기도 2 배, 3 배, …로 (❶   )한다.
➡ 용수철의 탄성력 크기는 용수철이 늘어난 길이에 (❷   )한다.

5. 마찰력의 방향과 크기

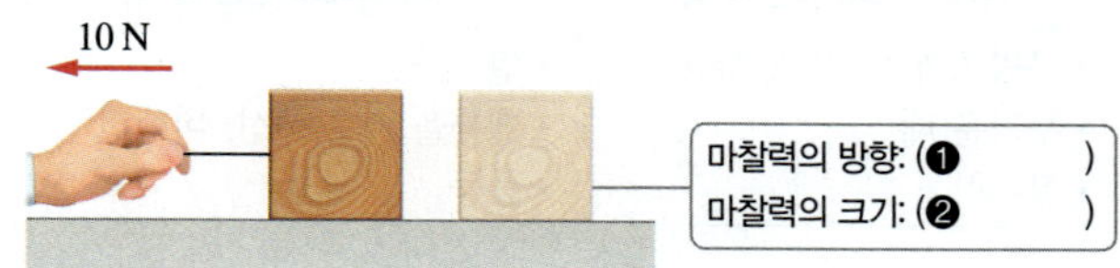

6. 마찰력의 크기 비교

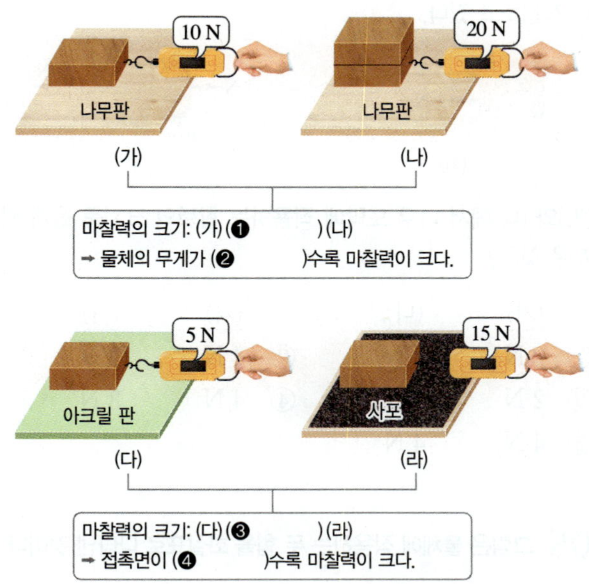

마찰력의 크기: (가) (❶   ) (나)
➡ 물체의 무게가 (❷   )수록 마찰력이 크다.

마찰력의 크기: (다) (❸   ) (라)
➡ 접촉면이 (❹   )수록 마찰력이 크다.

7. 부력의 방향과 크기

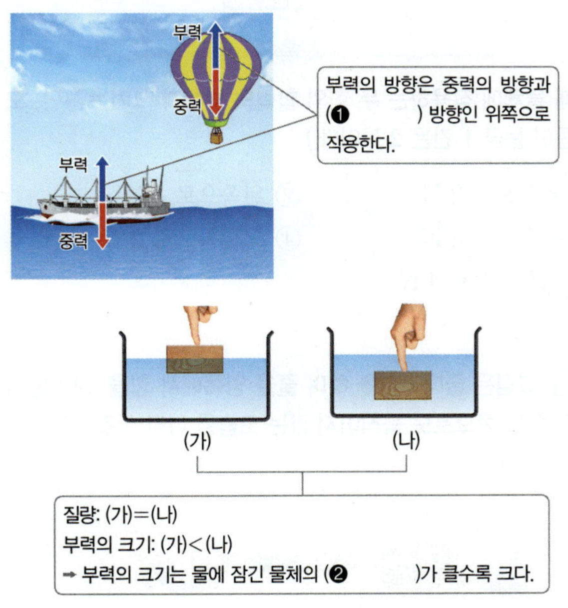

부력의 방향은 중력의 방향과
(❶   ) 방향인 위쪽으로
작용한다.

질량: (가)=(나)
부력의 크기: (가)<(나)
➡ 부력의 크기는 물에 잠긴 물체의 (❷   )가 클수록 크다.

8. 부력의 크기 계산

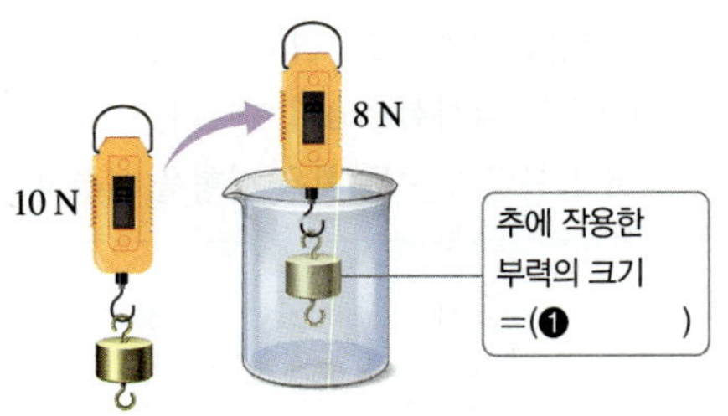

추에 작용한
부력의 크기
=(❶   )

---

1. 물체에 알짜힘이 작용하는 경우

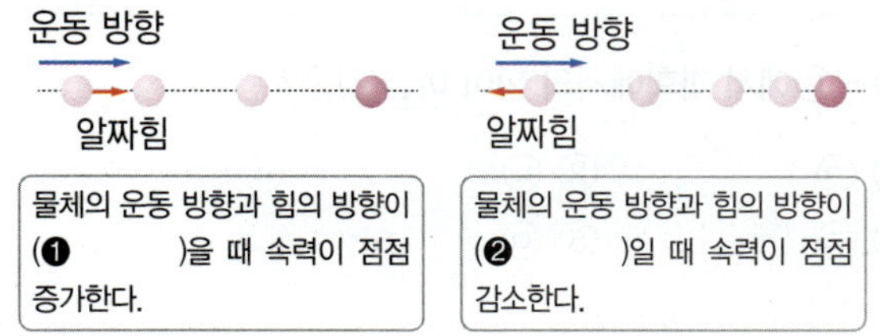

힘이 운동 방향과 나란한 방향으로 작용	알짜힘 / 운동 방향	(❶)이 변한다.
힘이 운동 방향과 수직 방향으로 작용	운동 방향 / 알짜힘 / 운동 방향	(❷)이 변한다.
힘이 운동 방향과 (❸) 방향으로 작용	운동 방향 / 알짜힘 / 운동 방향	속력과 운동 방향이 모두 변한다.

2. 물체의 속력만 변하는 운동

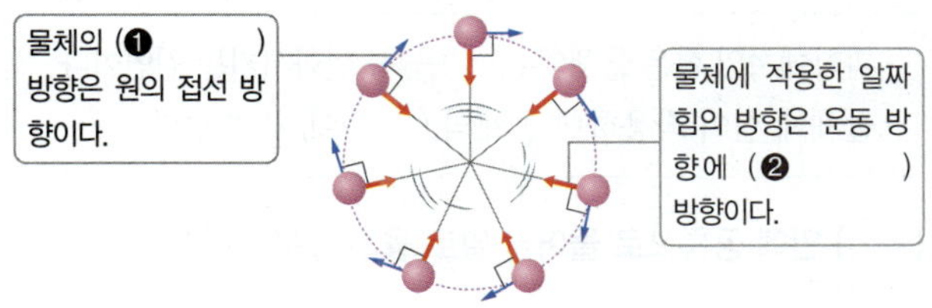

물체의 운동 방향과 힘의 방향이
(❶   )을 때 속력이 점점
증가한다.

물체의 운동 방향과 힘의 방향이
(❷   )일 때 속력이 점점
감소한다.

3. 물체의 운동 방향만 변하는 운동

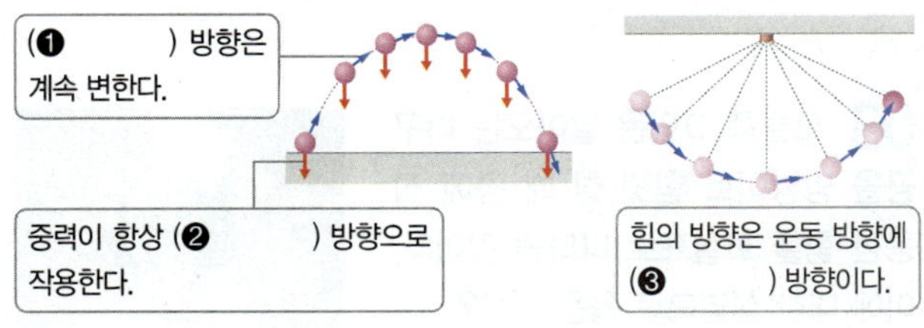

물체의 (❶   )
방향은 원의 접선 방
향이다.

물체에 작용한 알짜
힘의 방향은 운동 방
향에 (❷   )
방향이다.

4. 속력과 운동 방향이 모두 변하는 운동

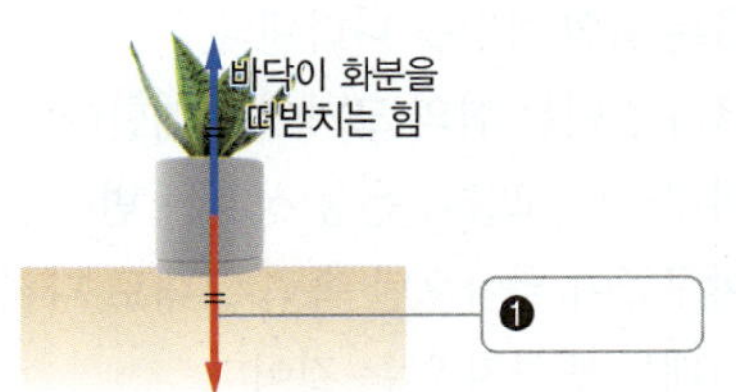

(❶   ) 방향은
계속 변한다.

중력이 항상 (❷   ) 방향으로
작용한다.

힘의 방향은 운동 방향에
(❸   ) 방향이다.

5. 바닥에 놓인 물체에 작용하는 힘

(❶   )

01 / 힘의 표현과 평형

01 다음은 학생이 쓴 일기이다.

> 오늘은 학교에서 체육대회를 했다. 아침에는 교실에 있던 의자에 ㉠힘을 주어 들어 올려서 운동장으로 옮겼다. 발야구를 할 때, 내가 발에 ㉡힘을 세게 실어서 공을 찼더니 홈런이 나왔다. 점심시간에는 밥을 먹기 위해 나무젓가락에 ㉢힘을 주었는데 부러져 버렸다. 점심을 먹은 후 옆 반 친구들과 줄다리기할 때 열심히 ㉣힘을 주어 당겼지만 안타깝게도 졌다. 하지만 우리 반 친구들이 열심히 응원을 해준 덕분에 ㉤힘이 났다.

㉠~㉤에서 과학에서의 힘이 **아닌** 것은?

① ㉠   ② ㉡   ③ ㉢
④ ㉣   ⑤ ㉤

02 다음은 물체에 작용하는 힘에 대한 설명이다.

> • 과학에서의 힘은 물체의 (　　)을/를 변화시키는 원인이다.
> • 물체에 힘이 작용하면 물체의 (　　)이/가 변한다.

(　　) 안에 공통으로 들어갈 말로 옳지 **않은** 것은?

① 모양   ② 질량   ③ 속력
④ 운동 상태   ⑤ 운동 방향

03 오른쪽 그림은 날아오는 야구공을 방망이로 힘껏 칠 때 공에 작용한 힘을 화살표로 나타낸 것이다. 이에 대한 설명으로 옳은 것은?

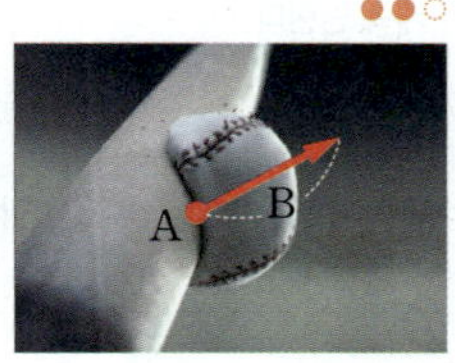

① A는 힘의 크기를 나타낸다.
② B는 힘의 방향을 나타낸다.
③ B의 길이는 힘의 크기에 비례한다.
④ 야구공의 모양과 운동 상태는 변하지 않는다.
⑤ 야구공이 날아오던 속력 그대로 다시 날아간다면 운동 상태는 변하지 않는 것이다.

04 그림 (가), (나)와 같이 나무 도막에 1 N, 3 N의 두 힘이 작용하고 있다.

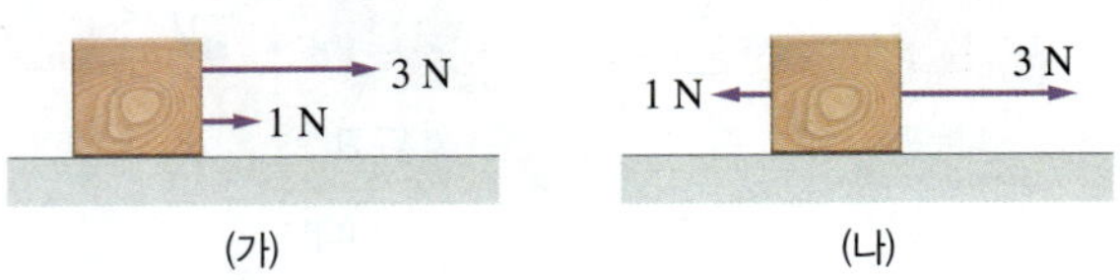

(가)와 (나)에서 나무 도막에 작용하는 합력의 크기를 옳게 짝 지은 것은?

	(가)	(나)		(가)	(나)
①	2 N	2 N	②	4 N	2 N
③	2 N	4 N	④	4 N	3 N
⑤	4 N	4 N			

05 그림은 물체에 작용하는 두 힘을 화살표로 나타낸 것이다.

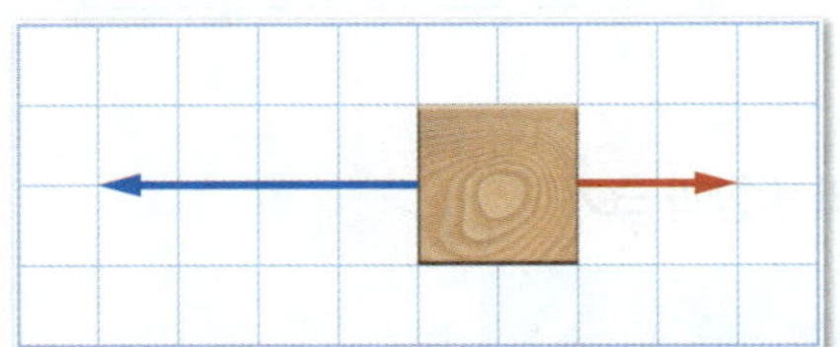

이때 물체에 작용하는 두 힘의 합력의 방향과 크기는? (단, 모눈종이 눈금 1 칸은 2 N이다.)

① 왼쪽으로 2 N   ② 왼쪽으로 4 N
③ 왼쪽으로 8 N   ④ 오른쪽으로 2 N
⑤ 오른쪽으로 4 N

06 그림은 줄다리기를 하며 줄을 양쪽에서 힘을 주어 당기지만 어느 쪽으로도 움직이지 않는 모습을 나타낸 것이다.

이에 대한 설명으로 옳은 것을 보기 에서 모두 고른 것은?

> **보기**
> ㄱ. 두 힘의 방향은 반대이고, 크기가 다르다.
> ㄴ. 줄에 작용하는 알짜힘은 0이 아니다.
> ㄷ. 양쪽에서 잡아당기는 두 힘은 평형을 이루고 있다.

① ㄴ   ② ㄷ   ③ ㄱ, ㄴ
④ ㄱ, ㄷ   ⑤ ㄴ, ㄷ

 O2 / 여러 가지 힘

07 오른쪽 그림과 같이 지구 위에서 어떤 물체를 놓을 때 물체가 떨어지는 방향은?

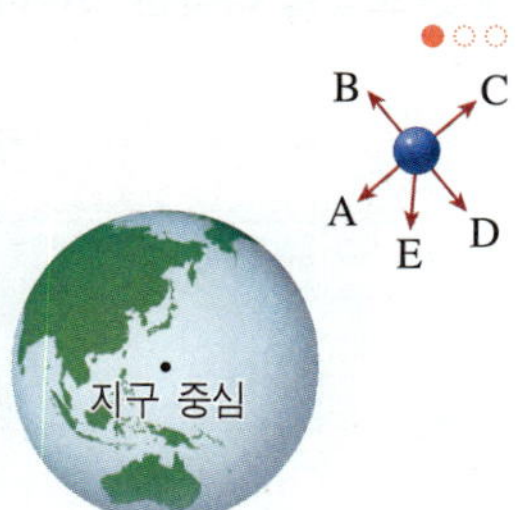

① A ② B
③ C ④ D
⑤ E

08 중력에 의해 나타나는 현상이 <u>아닌</u> 것은?

① 비가 땅으로 내린다.
② 폭포의 물이 아래로 떨어진다.
③ 위로 던진 공이 땅으로 떨어진다.
④ 고드름이 아래쪽으로 얼어붙는다.
⑤ 용수철을 당겼다 놓으면 원래대로 돌아간다.

09 질량과 무게에 대한 설명으로 옳은 것을 〔보기〕에서 모두 고른 것은?

〔보기〕
ㄱ. 지구에서 질량이 1 kg인 물체의 무게는 1 N이다.
ㄴ. 질량은 장소에 따라 변하지 않는 고유한 양이다.
ㄷ. 물체의 질량이 클수록 무게도 크다.
ㄹ. 지구는 지구상의 모든 물체를 같은 크기의 힘으로 끌어당긴다.

① ㄱ, ㄴ ② ㄱ, ㄹ ③ ㄴ, ㄷ
④ ㄴ, ㄹ ⑤ ㄷ, ㄹ

10 달에서 무게가 196 N인 물체를 지구에 가져와서 측정한 질량은?

① 20 kg ② 60 kg ③ 120 kg
④ 720 kg ⑤ 1176 kg

11 오른쪽 그림과 같이 고무줄을 손가락에 걸고 늘였을 때, A와 B에서 작용하는 탄성력의 방향을 화살표로 옳게 나타낸 것은?

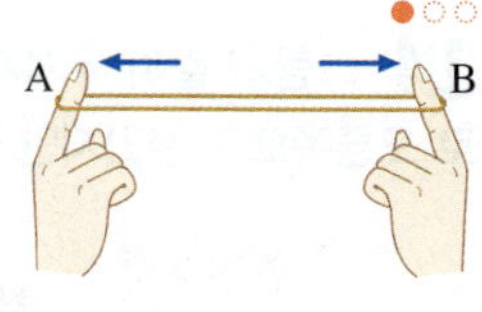

	A	B		A	B
①	→	→	②	←	→
③	→	←	④	←	←
⑤	↑	↓			

12 그림은 동일한 용수철을 당기거나 압축한 모습을 나타낸 것이다.

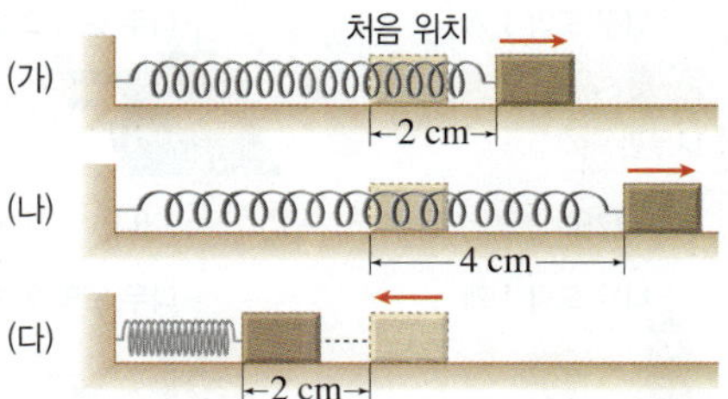

이에 대한 설명으로 옳은 것은?

① (나)에서 탄성력이 가장 작게 작용한다.
② (다)에서 탄성력이 가장 크게 작용한다.
③ (가)~(다)에서 탄성력의 방향은 모두 같다.
④ (가)에서 나무 도막을 잡은 손을 놓으면 나무 도막은 오른쪽으로 움직인다.
⑤ (나)에서 나무 도막을 잡아당기는 힘의 크기가 2 배가 되면 용수철이 늘어난 길이는 8 cm가 된다.

13 탄성력이 작용한 예가 <u>아닌</u> 것은?

① 양궁을 할 때 활을 쏠 수 있다.
② 장대를 이용하여 높이 점프할 수 있다.
③ 빨래집게로 널어놓은 빨래를 고정한다.
④ 등산할 때 바닥이 울퉁불퉁한 등산화를 신는다.
⑤ 자전거를 탈 때 자전거 안장이 충격을 줄여준다.

14 그림과 같이 무게가 50 N인 나무 도막을 30 N의 힘으로 오른쪽으로 끌었지만 물체가 움직이지 않았다.

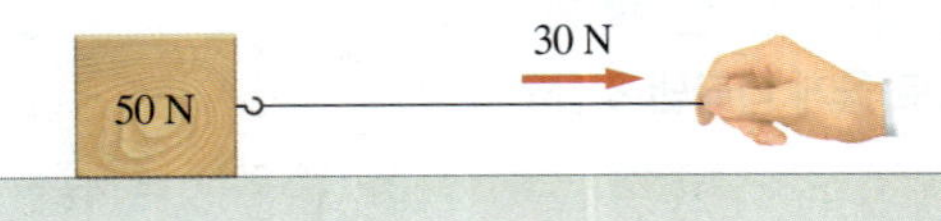

이때 물체에 작용한 마찰력의 방향과 크기는?

① 왼쪽, 20 N   ② 오른쪽, 20 N
③ 왼쪽, 30 N   ④ 오른쪽, 50 N
⑤ 왼쪽, 50 N

15 그림과 같이 크기와 재질이 같은 나무 도막을 서서히 끌어당기면서 나무 도막이 움직이는 순간 힘 센서에 나타난 값을 확인하였다.

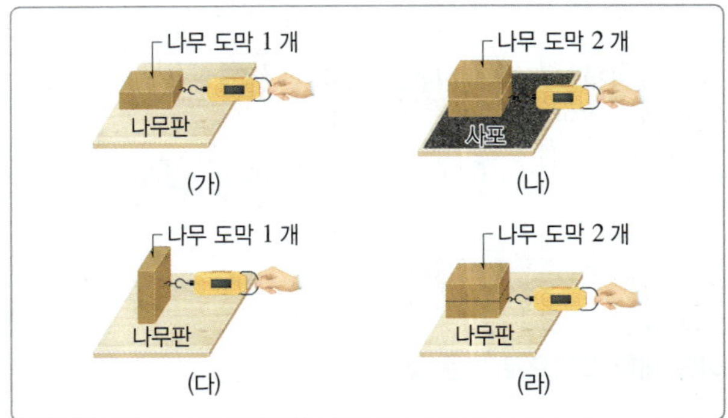

이 실험으로 알 수 있는 사실로 옳지 <u>않은</u> 것은?

① 힘 센서에 나타난 값은 마찰력의 크기를 나타낸다.
② (가)와 (나)에서 힘 센서의 값은 (나)가 더 크다.
③ (가)와 (다)에서 힘 센서의 값은 (다)가 더 크다.
④ (나)와 (라)는 접촉면의 거칠기와 마찰력의 크기 관계를 알아보기 위한 실험이다.
⑤ (가)와 (라)는 물체의 무게와 마찰력의 크기 관계를 알아보기 위한 실험이다.

16 일상생활에서 마찰력이 작아야 편리한 경우는?

① 자전거 체인에 윤활유를 바른다.
② 아기용 양말 바닥에 고무를 붙인다.
③ 계단 끝에 미끄럼 방지 패드를 붙인다.
④ 눈 오는 날 자동차 타이어에 체인을 감는다.
⑤ 설거지를 할 때 사용하는 고무장갑의 손바닥 부분을 울퉁불퉁하게 만든다.

17 그림은 빈 페트병을 손으로 눌러 물이 든 수조에 집어 넣는 모습을 나타낸 것이다.

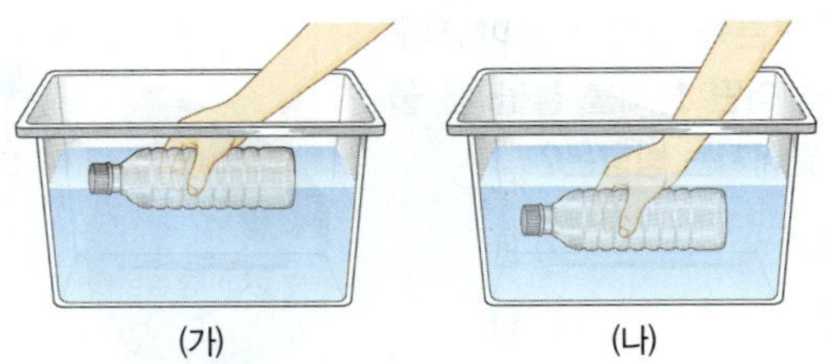

이에 대한 설명으로 옳지 <u>않은</u> 것은?

① 페트병에는 위쪽으로 부력이 작용한다.
② (가)보다 (나)에서 더 큰 부력이 작용한다.
③ (나)에서 페트병을 잡은 손을 놓으면 페트병은 물 위로 떠오른다.
④ 이 실험을 통해 물에 잠긴 물체의 부피와 부력의 크기 관계를 알 수 있다.
⑤ 페트병에 물을 가득 채워 넣고 같은 실험을 하면 페트병이 받는 부력의 크기가 달라진다.

18 오른쪽 그림과 같이 추의 무게를 측정하였다. 물 밖에서 추의 무게가 6.5 N이고 물속에서 추의 무게가 4 N이었다면, 추에 작용한 부력의 크기는?

① 1 N   ② 1.5 N   ③ 2 N
④ 2.5 N   ⑤ 3 N

19 그림과 같이 같은 무게의 왕관과 순금 덩어리를 저울의 양쪽에 매달아 수평이 되게 한 후 동시에 물속에 넣었더니 저울이 순금 덩어리 쪽으로 기울었다.

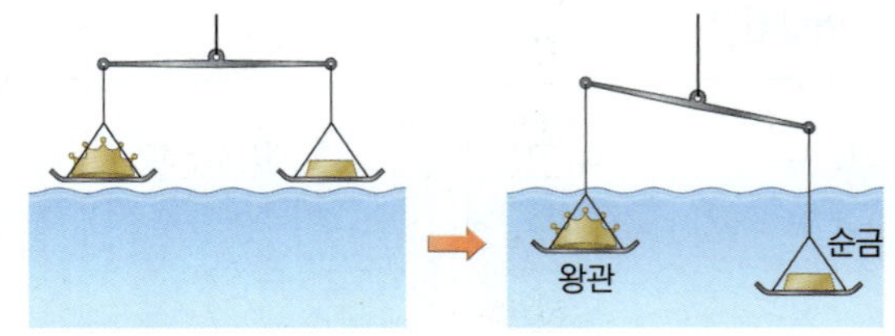

이에 대한 설명으로 옳은 것은?

① 순금의 부피가 더 크다.
② 왕관에 더 큰 부력이 작용한다.
③ 순금에 더 큰 중력이 작용한다.
④ 왕관과 순금의 부피를 비교할 수 없다.
⑤ 왕관과 순금에는 중력과 같은 방향으로 부력이 작용한다.

20 운동하는 물체에 운동 방향과 반대 방향으로 알짜힘이 작용할 때 나타나는 현상은?

① 속력과 운동 방향이 모두 변한다.
② 속력과 운동 방향이 모두 변하지 않는다.
③ 속력은 변하지 않고, 운동 방향은 변한다.
④ 속력은 빨라지고, 운동 방향은 변하지 않는다.
⑤ 속력은 느려지고, 운동 방향은 변하지 않는다.

21 그림 (가)~(다)는 운동을 하는 공의 모습을 일정한 시간 간격으로 나타낸 것이다.

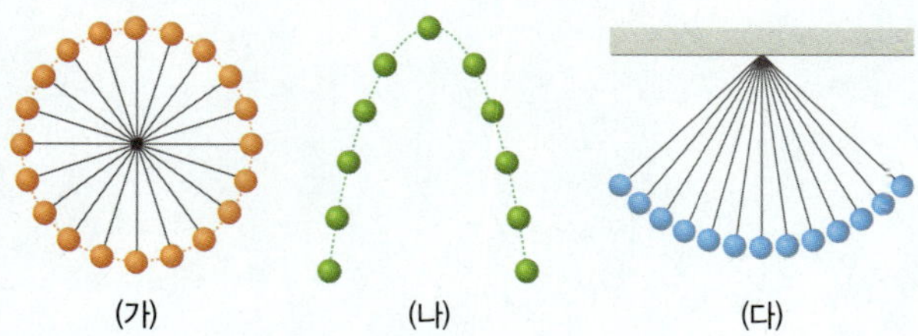

이에 대한 설명으로 옳은 것은?

① (가)에서 공은 속력이 일정한 운동을 한다.
② (가)에서 공에 작용하는 알짜힘의 방향은 원의 접선 방향이다.
③ (나)에서 공에 작용하는 알짜힘의 방향은 계속 변한다.
④ (다)에서 공의 속력은 일정하다.
⑤ (가)와 (다)에서 공의 운동 방향만 변한다.

22 속력과 운동 방향이 모두 변하는 운동을 하는 경우를 보기 에서 모두 고른 것은?

> **보기**
> ㄱ. 비스듬히 던진 농구공
> ㄴ. 놀이터에서 움직이는 그네
> ㄷ. 지구 주위를 도는 인공위성
> ㄹ. 연직 위로 던져 올라가는 공
> ㅁ. 사람이 타고 있는 무빙워크

① ㄱ, ㄴ   ② ㄷ, ㄹ   ③ ㄱ, ㄴ, ㅁ
④ ㄱ, ㄷ, ㄹ   ⑤ ㄴ, ㄹ, ㅁ

23 그림은 여러 가지 운동을 정리한 개념도이다.

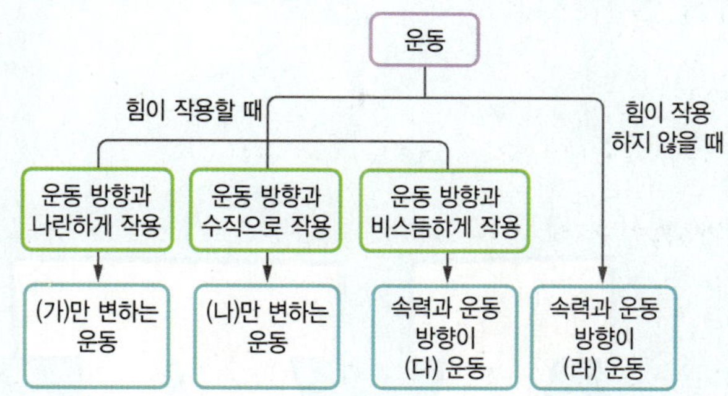

(가)~(라)에 들어갈 말로 옳게 짝 지은 것은?

	(가)	(나)	(다)	(라)
①	속력	속력	변하는	일정한
②	속력	운동 방향	변하는	일정한
③	속력	운동 방향	일정한	변하는
④	운동 방향	속력	일정한	변하는
⑤	운동 방향	속력	변하는	일정한

24 오른쪽 그림은 책상 위에 놓인 책의 모습을 나타낸 것이다. 이에 대한 설명으로 옳지 <u>않은</u> 것은?

① 책에 작용하는 두 힘의 방향이 같다.
② 책에 작용하는 두 힘의 크기가 같다.
③ 책에는 아래 방향으로 중력이 작용한다.
④ 책에 작용하는 힘들은 평형을 이루고 있다.
⑤ 책에는 위 방향으로 책상이 책을 떠받치는 힘이 작용한다.

25 오른쪽 그림은 자전거를 타고 있는 학생의 모습을 나타낸 것이다. 자전거에 작용하는 힘에 대한 설명으로 옳은 것을 보기 에서 모두 고른 것은?

> **보기**
> ㄱ. 페달을 마찰력이 큰 재질로 만들면 쉽게 밟을 수 있다.
> ㄴ. 바퀴에 윤활유를 바르면 마찰력이 커져서 앞으로 더 잘 나아간다.
> ㄷ. 안장 아래쪽에 탄성력이 큰 용수철을 설치하여 충격을 흡수할 수 있다.

① ㄱ   ② ㄷ   ③ ㄱ, ㄴ
④ ㄱ, ㄷ   ⑤ ㄴ, ㄷ

VI. 기체의 성질

✦ 압력에 따른 기체의 부피 변화

1 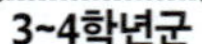 **❶ ㅇㄹ** : 일정한 넓이에 작용하는 힘의 크기

2 압력에 따른 기체의 부피 변화: 압력이 높아지면 기체의 부피가 **❷ ㅈㅇ** 들고, 압력이 낮아지면 기체의 부피는 **❸ ㄴㅇ** 난다.

3 압력에 따른 기체의 부피 변화 관찰하기

◆ 압력
◆ 기체의 압력
◆ 보일 법칙
◆ 샤를 법칙

✦ 온도에 따른 기체의 부피 변화

1 온도에 따른 기체의 부피 변화: 온도가 높아지면 기체의 부피가 ❹ ㄴ ㅇ 나고, 온도가 낮아지면 기체의 부피는 ❺ ㅈ ㅇ 든다.

2 온도에 따른 기체의 부피 변화 관찰하기

기체의 압력

오른쪽 만화를 보고 북극곰의 말풍선을 완성해 보자.

A 압력

갯벌에서는 걸을 때마다 발이 빠져서 걷기 힘들어요. 이때 널빤지를 이용하면 쉽게 이동할 수 있는데, 그 까닭은 무엇일까요?

궁금해

압력의 단위는?
1 m²의 넓이에 1 N의 힘이 작용하는 압력의 크기를 1 N/m²라고 한다.

1. 압력

(1) **압력**: 일정한 면적에 작용하는 힘

(2) **압력의 크기**: 압력은 작용하는 힘의 크기가 클수록, 힘이 작용하는 면적이 좁을수록 커진다.

(3) **압력에 영향을 주는 요인**

구분	힘이 작용하는 면적이 같을 때	작용하는 힘의 크기가 같을 때
스펀지에 올려놓은 벽돌의 개수나 모양을 다르게 한 경우	(가) (나) ● 벽돌 1 개를 올렸을 때보다 벽돌 2 개를 올렸을 때 스펀지에 작용하는 힘이 더 크다.	(다) (라) ● 벽돌을 가로로 눕혀 올렸을 때보다 세로로 세워 올렸을 때 힘이 작용하는 면적이 더 좁다.
힘이 작용하는 면적	(가)=(나)	(다)>(라)
힘의 크기	(가)<(나)	(다)=(라)
압력의 크기	(가)<(나)	(다)<(라)
	➡ 힘이 작용하는 면적이 같을 때 작용하는 힘이 클수록 압력이 커져서 스펀지가 더 깊게 눌린다.	➡ 작용하는 힘의 크기가 같을 때 힘이 작용하는 면적이 좁을수록 압력이 커져서 스펀지가 더 깊게 눌린다.

✳ 압력의 크기를 비교할 수 있는 현상
- 같은 힘으로 종이 찰흙을 눌렀을 때 운동화보다 하이힐이 더 깊이 박힌다.

- 공기가 들어 있는 풍선을 바늘로 누르면 쉽게 터지지만, 손가락으로 누르면 잘 터지지 않는다.

압력의 크기 비교✳

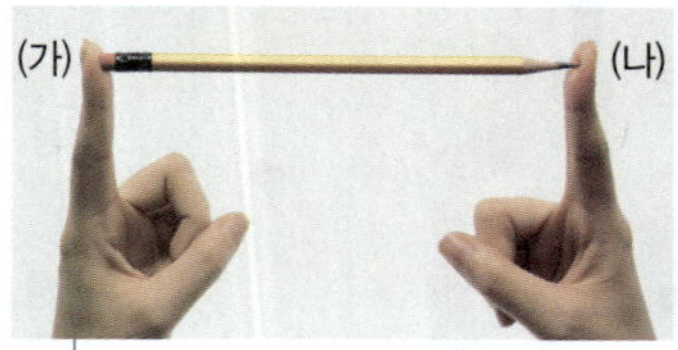

작용하는 힘의 크기가 같은 경우
- 힘이 작용하는 면적이 좁을수록 압력이 커진다.
- 힘이 작용하는 면적: (가)>(나)
- ➡ 압력의 크기: (가)<(나)

● 같은 힘으로 연필을 누를 때 (나) 부분이 (가) 부분보다 힘이 작용하는 면적이 좁아 압력이 크게 작용하므로 더 깊이 눌린다.

2. 일상생활에서 압력을 이용한 예

압력이 커지는 경우	압력이 작아지는 경우
➡ 힘이 작용하는 면적을 좁힌다.	➡ 힘이 작용하는 면적을 넓힌다.
• 못, 바늘, 압정, 칼날, 가위의 한쪽 끝부분은 뾰족하다. • 요구르트 병에 빨대를 꽂을 때 빨대의 뾰족한 부분으로 꽂는다. • ❶아이젠에 박힌 금속의 끝이 뾰족하여 얼음에 잘 박힌다.	• 눈썰매, 스키, ❷설피는 바닥의 면적이 넓기 때문에 눈에 빠지지 않는다. • 갯벌에서 널빤지를 이용하면 더 쉽게 이동할 수 있다. • 얼어 있는 강에 빠진 사람을 구하러 갈 때 얼음 위를 뛰거나 걷지 않고 엎드려서 이동한다.

B 기체의 압력

튜브에 공기를 넣으면 사방으로 부풀어 올라요. 이때 튜브를 누르면 손이 밀리는 것처럼 느껴지는데, 그 까닭은 무엇일까요?

1. 기체의 압력(기압): 일정한 면적에 기체 입자가 충돌해서 가하는 힘 ✻

(1) 기체의 압력은 모든 방향으로 작용한다.
└ 입자가 모든 방향으로 운동하면서 충돌하기 때문

(2) 용기 안에 들어 있는 기체 입자의 개수가 많으면 기체 입자의 충돌 횟수가 증가하여 기체의 압력이 커진다.

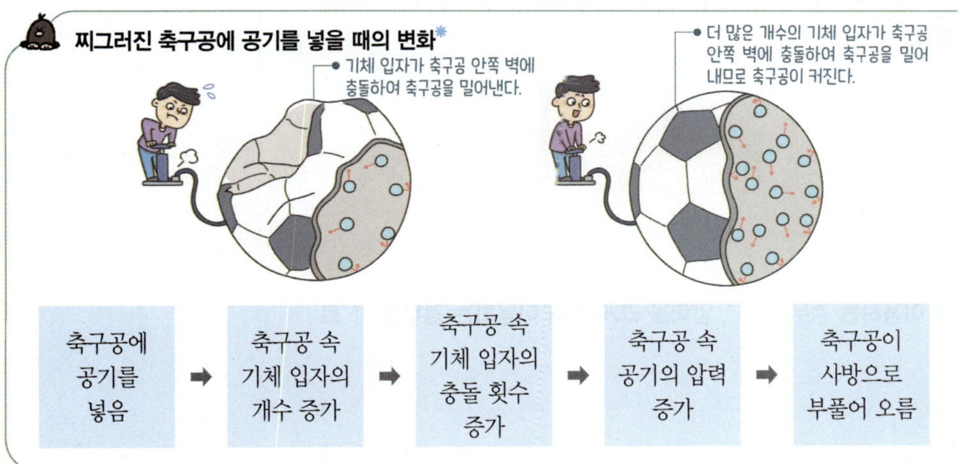

2. 기체의 압력을 이용한 예
└ 흡착판, 압축 공기로 흙을 제거하는 것도 기체의 압력을 이용하는 예이다.

✻ **대기압**

지구를 둘러싸고 있는 공기의 압력으로, 지표에서 받는 대기압의 크기는 1 기압이다.

✻ **고무풍선이 둥글게 부풀어 오르는 까닭**

고무풍선에 공기를 불어넣으면 고무풍선 속 기체 입자가 풍선 안쪽 벽에 모든 방향으로 운동하면서 충돌하기 때문이다.

기초 튼튼 기본 문제

✅ 핵심 요약

▶ **압력:** 일정한 면적에 작용하는 힘

- **힘이 작용하는 면적이 같을 때:** 작용하는 힘이 ❶ [ ]수록 압력이 커진다.
- **작용하는 힘의 크기가 같을 때:** 힘이 작용하는 면적이 ❷ [ ]수록 압력이 커진다.
- **일상생활에서 압력을 이용한 예**

압력이 커지는 경우	압력이 작아지는 경우
못, 바늘, 압정, 칼날, 가위, 빨대, 아이젠 등	눈썰매, 스키, 설피, 널빤지를 이용하여 갯벌 이동하기 등

▶ **기체의 압력:** 일정한 면적에 기체 입자가 ❸ [ ]해서 가하는 힘

- 기체의 압력은 ❹ [ ] 방향으로 작용한다.
- 용기 안에 들어 있는 기체 입자의 개수가 많으면 기체 입자의 충돌 횟수가 증가하여 기체의 압력이 커진다.
- **기체의 압력을 이용한 예:** 에어백, 풍선 놀이 틀, 구조용 공기 안전 매트 등

1 그림과 같이 크기와 질량이 같은 벽돌을 스펀지 위에 올려놓았다. 이때 스펀지가 눌리는 정도를 부등호나 등호를 이용하여 비교하시오.

(1)
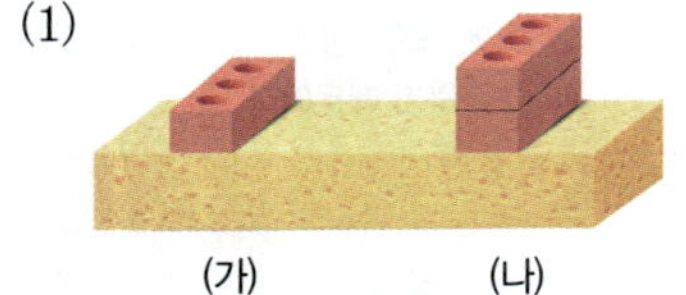
(가)　　　(나)

(2)
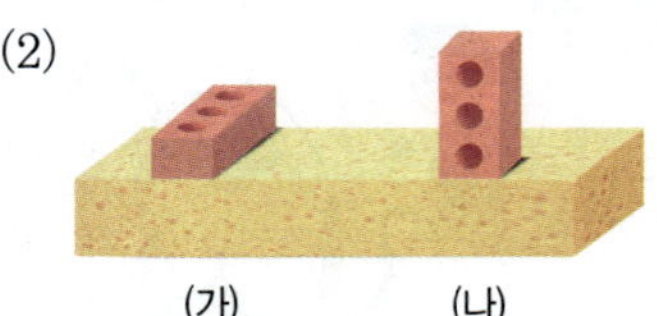
(가)　　　(나)

2 일상생활에서 압력을 작게 하여 이용하는 경우는 '↓', 압력을 크게 하여 이용하는 경우는 '↑'로 표시하시오.

(1) 바늘의 끝은 뾰족하다. ⋯⋯⋯⋯⋯⋯⋯⋯⋯⋯⋯⋯⋯⋯⋯ (　　　)

(2) 눈밭에서 스키를 신고 이동한다. ⋯⋯⋯⋯⋯⋯⋯⋯⋯⋯ (　　　)

(3) 겨울에 등산할 때 아이젠을 착용한다. ⋯⋯⋯⋯⋯⋯⋯ (　　　)

(4) 갯벌을 이동할 때 널빤지를 이용한다. ⋯⋯⋯⋯⋯⋯⋯ (　　　)

3 기체의 압력에 대한 설명으로 옳은 것은 ○, 옳지 <u>않은</u> 것은 ✕로 표시하시오.

(1) 기체의 압력은 모든 방향으로 작용한다. ⋯⋯⋯⋯⋯⋯ (　　　)

(2) 기체 입자의 충돌 횟수가 증가하면 기체의 압력이 커진다. ⋯⋯⋯ (　　　)

(3) 용기 안에 들어 있는 기체 입자의 개수가 많아지면 기체의 압력이 작아진다. ⋯⋯ (　　　)

4 기체의 압력을 이용한 예로 옳은 것은 ○, 옳지 <u>않은</u> 것은 ✕로 표시하시오.

(1) 빨대 ⋯⋯⋯ (　　) (2) 튜브 ⋯⋯⋯⋯⋯ (　　) (3) 눈썰매 ⋯⋯⋯⋯⋯⋯⋯⋯ (　　)

(4) 에어백 ⋯⋯ (　　) (5) 풍선 놀이 틀 ⋯⋯ (　　) (6) 구조용 공기 안전 매트 ⋯ (　　)

이 단원에서 압력의 크기, 기체의 압력이 작용하는 방향과 기체의 압력이 커지는 조건을 확인하는 실험은 매우 중요해요. 완쌤 특강을 통해 실험 과정과 결과를 확인해 볼까요?

탐구 자료 ❶ 압력의 크기

관련 개념 | 180 쪽 **A** 압력

목표 힘의 크기, 힘이 작용하는 면적에 따른 압력의 크기를 알아본다.

과정 다음과 같이 장치하고 스펀지가 눌리는 정도를 비교한다.

◆ 같은 실험 다른 장치
스펀지 대신 점토가 눌리는 정도를 비교할 수 있다.

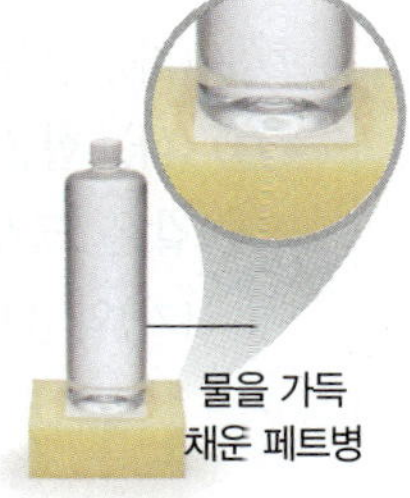

| ① 빈 페트병을 올려놓았을 때 | ② 물을 가득 채운 페트병을 올려놓았을 때 | ③ 물을 가득 채운 페트병을 거꾸로 올려놓았을 때 |

결과 및 해석

힘이 작용하는 면적이 같은 경우 ➡ 과정 ①과 ②	작용하는 힘의 크기가 같은 경우 ➡ 과정 ②와 ③
• 힘의 크기: ①<② • 스펀지가 눌리는 정도: ①<②	• 힘이 작용하는 면적: ②>③ • 스펀지가 눌리는 정도: ②<③

➡ 스펀지가 눌리는 정도: ①<②<③

결론
• 힘이 작용하는 면적이 같을 때 힘의 크기가 ㉠(　　　　)수록 압력이 커진다.
• 작용하는 힘의 크기가 같을 때 힘이 작용하는 면적이 ㉡(　　　　)수록 압력이 커진다.

정답 ㉠ 클 ㉡ 좁을

탐구 자료 ❷ 기체의 압력

관련 개념 | 181 쪽 **B** 기체의 압력

목표 기체의 압력이 입자 운동으로 나타난다는 것을 알아본다.

과정
① 페트병에 쇠구슬 15 개를 넣고 뚜껑을 닫은 뒤 양손으로 잡고 흔들어 손바닥에 느껴지는 힘을 확인한다.
　↳ 쇠구슬은 기체 입자, 손바닥에 느껴지는 힘은 기체의 압력에 해당한다.
② 다른 페트병에 쇠구슬 30 개를 넣고 뚜껑을 닫는다.
③ 각각의 페트병을 손으로 잡고 같은 빠르기로 흔들면서 손바닥에 느껴지는 힘을 비교한다.

◆ 같은 실험 다른 장치
① 탄산수가 들어 있는 페트병 2 개 중 하나만 뚜껑을 열었다가 닫는다.
② 두 페트병 위쪽의 기체가 들어 있는 부분을 각각 손으로 눌러 본다.

➡ 뚜껑을 열었다가 닫으면 페트병 속 기체 입자의 개수가 줄어들어 기체의 압력이 작아지므로 페트병을 누르기 쉬워진다.

결과 및 해석

구분	과정 ①	과정 ③
결과	손바닥 전체에서 힘이 느껴진다.	쇠구슬의 개수가 많을수록 손바닥에 느껴지는 힘이 커진다.
해석	쇠구슬은 모든 방향으로 움직인다.	쇠구슬의 개수가 많을수록 페트병의 안쪽 벽에 충돌하는 횟수가 증가한다.

결론
• 기체의 압력은 ㉠(　　　　) 방향으로 작용한다.
• 기체 입자의 개수가 많을수록 입자가 용기 안쪽 벽에 충돌하는 횟수가 증가하여 기체의 압력이 ㉡(　　　　)진다.

정답 ㉠ 모든 ㉡ 커

중요 01 압력에 대한 설명으로 옳은 것을 ⌈보기⌉에서 모두 고른 것은?

> **보기**
> ㄱ. 일정한 면적에 작용하는 힘을 압력이라고 한다.
> ㄴ. 힘을 받는 면적이 같아도 작용하는 힘이 클수록 압력이 커진다.
> ㄷ. 같은 크기의 힘이 작용해도 힘을 받는 면적이 넓을수록 압력이 커진다.

① ㄱ   ② ㄴ   ③ ㄷ
④ ㄱ, ㄴ   ⑤ ㄴ, ㄷ

중요 02 그림과 같이 모양과 질량이 같은 벽돌을 스펀지 위에 올려놓았다.

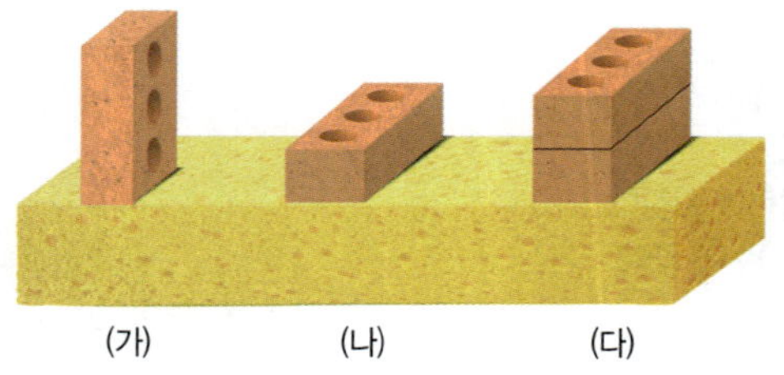

(가)   (나)   (다)

이에 대한 설명으로 옳지 <u>않은</u> 것은?

① (가)는 (나)보다 스펀지가 깊게 눌린다.
② (나)보다 (다)에 작용하는 압력이 크다.
③ (가)와 (나)는 힘이 작용하는 면적이 압력에 미치는 영향을 비교할 수 있다.
④ (나)와 (다)는 힘의 크기가 압력에 미치는 영향을 비교할 수 있다.
⑤ (가)와 (다)는 힘이 작용하는 면적, 힘의 크기가 압력에 미치는 영향을 모두 비교할 수 있다.

03 그림과 같이 스펀지 위에 크기와 질량이 같은 벽돌을 다르게 올려놓았다. 스펀지가 가장 깊게 눌리는 경우는?

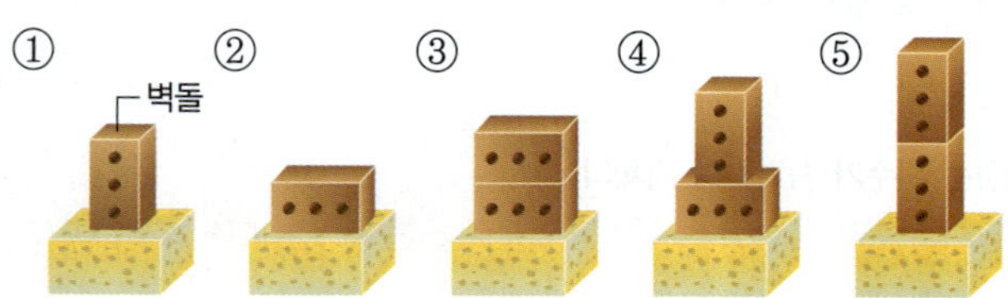

04 오른쪽 그림과 같이 연필의 (가)뭉툭한 부분과 (나)뾰족한 부분에 같은 크기의 힘을 가하여 눌렀다. 이때 더 아픈 쪽의 기호와 그 까닭을 옳게 짝 지은 것은?

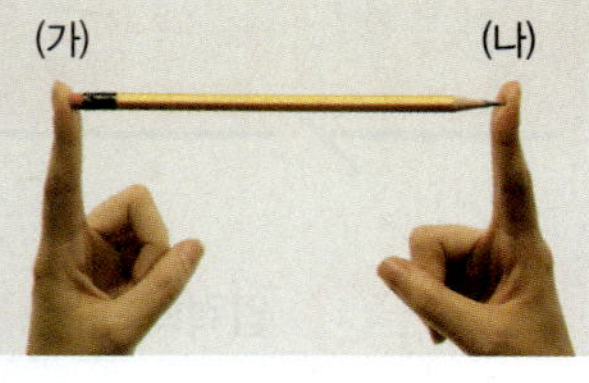

① (가), 작용하는 힘이 클수록 압력이 커지기 때문
② (나), 작용하는 힘이 작을수록 압력이 커지기 때문
③ (가), 힘을 받는 면적이 넓을수록 압력이 커지기 때문
④ (나), 힘을 받는 면적이 좁을수록 압력이 커지기 때문
⑤ 같은 크기의 힘으로 누르므로 손가락이 아픈 정도는 (가)와 (나)가 같다.

[05~06] 그림 (가)는 빈 페트병을, (나)와 (다)는 물을 가득 채운 페트병을 스펀지 위에 올려놓았을 때의 모습이다.

중요 05 스펀지에 작용하는 압력의 크기를 옳게 비교한 것은?

① (가)=(나)=(다)   ② (가)=(나)<(다)
③ (가)<(나)=(다)   ④ (가)<(나)<(다)
⑤ (가)<(다)<(나)

06 이 실험에 대한 설명으로 옳은 것을 ⌈보기⌉에서 모두 고른 것은?

> **보기**
> ㄱ. (가)와 (나)는 스펀지에 작용하는 힘의 크기가 같다.
> ㄴ. (나)와 (다)는 힘이 작용하는 면적이 같다.
> ㄷ. 이 실험을 통해 압력은 힘의 크기와 힘이 작용하는 면적에 따라 달라짐을 알 수 있다.

① ㄱ   ② ㄴ   ③ ㄷ
④ ㄱ, ㄷ   ⑤ ㄴ, ㄷ

중요 07 일상생활에서 압력을 이용한 경우가 나머지 넷과 <u>다른</u> 현상은?

① 스키를 타면 눈에 잘 빠지지 않는다.
② 한쪽 면이 뾰족한 가위로 종이를 자른다.
③ 갯벌에서 널빤지를 이용하면 쉽게 이동할 수 있다.
④ 얼음 위를 걸어가는 것보다 엎드려서 기어가는 것이 안전하다.
⑤ 신발에 밑면이 넓은 설피를 덧대어 신으면 눈 위를 쉽게 걸을 수 있다.

08 다음 현상으로부터 알 수 있는 압력의 성질은?

> 벽에 못을 박을 때 끝이 뾰족한 못을 사용한다.

① 작용하는 힘이 클수록 압력이 작아진다.
② 작용하는 힘이 작을수록 압력이 작아진다.
③ 힘이 작용하는 면적이 좁을수록 압력이 커진다.
④ 힘이 작용하는 면적이 넓을수록 압력이 작아진다.
⑤ 힘이 작용하는 면적과 작용하는 힘의 크기는 압력에 영향을 주지 않는다.

09 아이젠에 박힌 금속은 끝이 뾰족하여 얼음에 잘 박히므로 겨울에 등산할 때 이용할 수 있다. 일상생활에서 이와 같은 원리로 압력을 이용한 경우가 <u>아닌</u> 것은?

①

↑ 압정

②
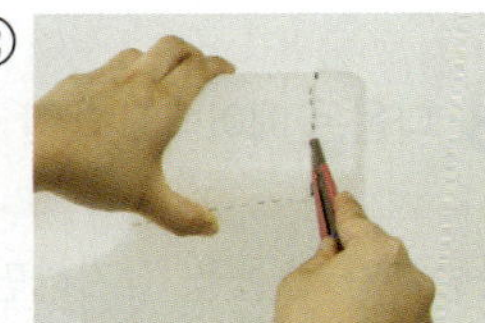
↑ 칼날

③

↑ 눈썰매

④

↑ 빨대

⑤
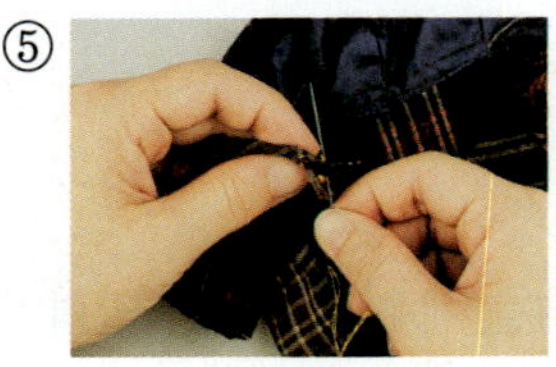
↑ 바늘

중요 10 기체의 압력에 대한 설명으로 옳지 <u>않은</u> 것은?

① 기체의 압력은 한쪽 방향으로만 작용한다.
② 기체의 압력은 기체 입자가 운동하기 때문에 나타난다.
③ 기체의 압력은 기체 입자가 용기 벽에 충돌하여 힘을 가하기 때문에 나타난다.
④ 일정한 온도와 부피에서 기체 입자의 개수가 많을수록 기체의 압력이 커진다.
⑤ 일정한 부피에서 기체 입자가 용기 안쪽 벽에 충돌하는 횟수가 증가할수록 기체의 압력이 커진다.

중요 11 오른쪽 그림과 같이 공기 주입기를 이용하여 찌그러진 축구공에 공기를 넣었다. 축구공에 공기를 넣을 때의 설명으로 옳지 <u>않은</u> 것은?

① 축구공 속 기체 입자의 개수가 증가한다.
② 기체 입자가 축구공 안쪽 벽에 충돌하는 횟수가 증가한다.
③ 축구공 속 기체의 압력이 작아진다.
④ 축구공이 점점 부풀어 오른다.
⑤ 축구공 속 기체의 압력이 모든 방향으로 작용함을 알 수 있다.

12 오른쪽 그림과 같이 고무풍선에 공기를 불어넣으면 고무풍선이 둥글게 부풀어 오른다. 그 까닭을 옳게 설명한 것은?

① 기체 입자가 둥근 모양이기 때문
② 기체 입자의 크기가 매우 작기 때문
③ 기체 입자 사이의 거리가 멀기 때문
④ 기체 입자가 고무풍선의 가장자리에 있기 때문
⑤ 기체 입자가 사방으로 운동하면서 고무풍선 안쪽 벽에 충돌하기 때문

[13~14] 다음은 페트병과 쇠구슬을 이용하여 기체의 압력을 알아보는 실험이다.

> (가) 페트병에 쇠구슬 15개를 넣고 뚜껑을 닫은 다음, 페트병을 양손으로 잡고 흔들면서 손바닥에 느껴지는 힘을 확인한다.
> (나) 다른 페트병에 쇠구슬 30개를 넣고 뚜껑을 닫는다.
> (다) (가)와 (나)의 페트병을 손으로 잡고 같은 빠르기로 흔들면서 손바닥에 느껴지는 힘을 비교한다.

중요 13 이 실험에 대한 설명으로 옳지 <u>않은</u> 것은?

① 손바닥에 느껴지는 힘은 기체의 압력에 해당한다.
② (가)에서 쇠구슬이 충돌하는 힘은 손바닥 전체에서 느껴진다.
③ (가)의 결과 기체의 압력은 모든 방향으로 작용함을 알 수 있다.
④ (다)에서 쇠구슬의 개수가 많을수록 충돌 횟수가 증가한다.
⑤ (다)의 결과 기체 입자의 개수가 많을수록 기체의 압력이 작아짐을 알 수 있다.

14 (다)의 결과를 부등호나 등호를 이용하여 비교하시오.

15 그림은 탄산수가 들어 있는 페트병을 나타낸 것이다.

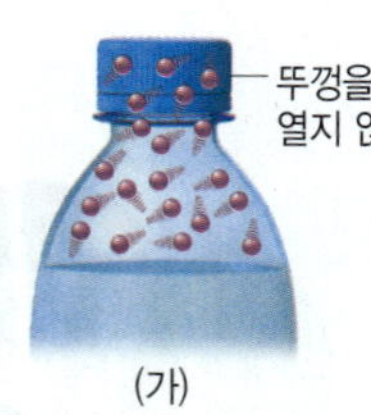

(가)의 값이 (나)보다 큰 것을 [보기]에서 모두 고른 것은? (단, 온도는 일정하다.)

> **보기**
> ㄱ. 기체 입자의 개수
> ㄴ. 기체 입자의 충돌 횟수
> ㄷ. 페트병 속 기체의 압력

① ㄱ ② ㄱ, ㄴ ③ ㄱ, ㄷ ④ ㄴ, ㄷ ⑤ ㄱ, ㄴ, ㄷ

16 기체의 압력이 커지는 경우를 [보기]에서 모두 고른 것은?

> **보기**
> ㄱ. 기체가 들어 있는 용기의 온도를 높인다.
> ㄴ. 기체가 들어 있는 용기의 부피를 늘린다.
> ㄷ. 용기에 들어 있는 기체 입자의 개수를 늘린다.

① ㄷ ② ㄱ, ㄴ ③ ㄱ, ㄷ
④ ㄴ, ㄷ ⑤ ㄱ, ㄴ, ㄷ

17 일상생활에서 기체의 압력을 이용한 예가 <u>아닌</u> 것은?

① 튜브 ② 스키
③ 풍선 놀이 틀 ④ 혈압 측정기
⑤ 구조용 공기 안전 매트

18 다음은 에어백에 대한 설명이다.

> 자동차가 충돌을 감지하면 에어백 안에서 기체가 발생하여 순간적으로 부피가 증가하므로 사람이 부딪쳐도 충격을 줄여 준다.

에어백에 이용된 원리를 가장 잘 설명한 것은?

① 기체는 확산한다.
② 기체는 눈에 보이지 않는다.
③ 기체는 입자 사이의 공간이 거의 없다.
④ 기체는 담는 용기에 따라 모양이 변한다.
⑤ 일정한 크기의 용기에 기체를 채우면 기체의 압력이 커진다.

서술형 문제

중요 19 겨울철 얼어 있는 호수나 강에 빠진 사람을 구조할 때에는 오른쪽 그림과 같이 얼음판에 엎드려서 이동해야 한다. 그 까닭을 서술하시오.

중요 20 그림과 같이 찌그러진 축구공에 공기를 넣으면 축구공이 사방으로 부풀어 오른다. 그 까닭을 기체 입자의 개수, 충돌 횟수와 관련지어 서술하시오. `풀이 TIP`

21 다음은 페트병과 쇠구슬을 이용하여 기체의 압력을 알아보는 실험이다. `풀이 TIP`

> (가) 페트병에 쇠구슬 15 개를 넣고 뚜껑을 닫은 다음, 페트병을 양손으로 잡고 흔든다.
> (나) 페트병에 쇠구슬 30 개를 넣고 뚜껑을 닫은 다음 페트병을 양손으로 잡고 (가)와 같은 빠르기로 흔든다.

(1) (가)를 통해 알 수 있는 사실을 서술하시오.

(2) (가)와 (나)를 비교하였을 때 알 수 있는 사실을 서술하시오.

01 오른쪽 그림은 고무풍선 속 기체 입자의 운동을 나타낸 것이다. 이에 대한 설명으로 옳은 것을 보기 에서 모두 고른 것은? (단, 고무풍선을 불 때 온도는 일정하다.)

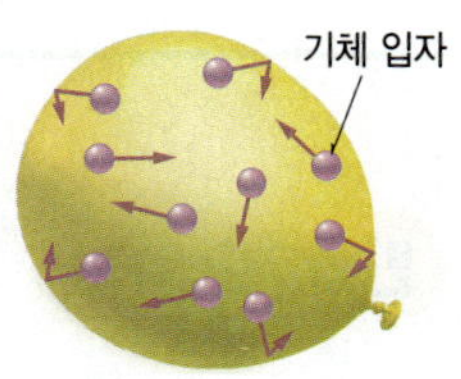

> **보기**
> ㄱ. 고무풍선을 불면 기체 입자의 운동이 활발해져 풍선 속 기체의 압력이 커진다.
> ㄴ. 기체 입자가 고무풍선 안쪽 벽에 충돌하는 횟수가 증가할수록 풍선 속 기체의 압력이 커진다.
> ㄷ. 고무풍선을 뜨거운 물에 넣으면 기체 입자의 운동이 활발해지므로 풍선 속 기체의 압력이 커진다.

① ㄱ　　　　② ㄴ　　　　③ ㄷ
④ ㄱ, ㄴ　　　⑤ ㄴ, ㄷ

02 그림과 같이 기체 입자 운동 실험 장치에 각각 다른 개수의 쇠구슬을 넣은 다음, 전원을 켜고 쇠구슬의 움직임과 피스톤이 올라가는 정도를 관찰하였다.

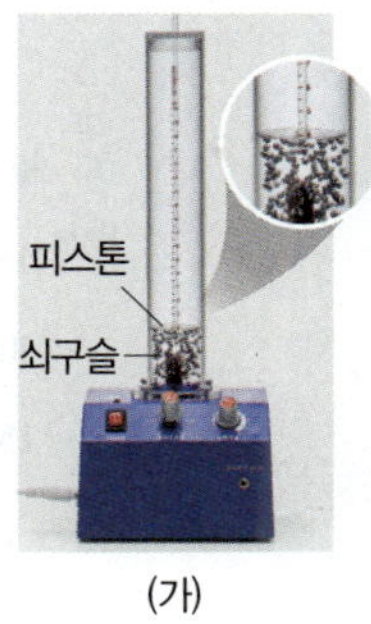 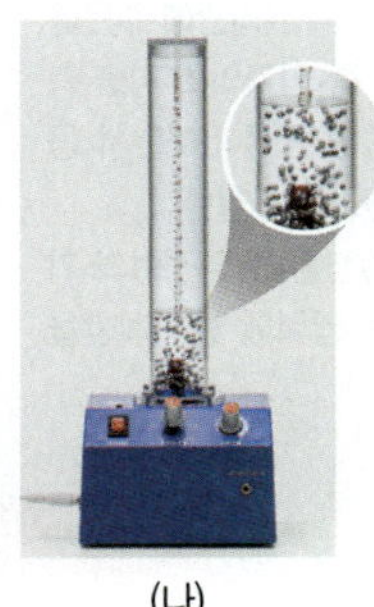

(가)와 (나)에 대해 옳게 비교한 것을 보기 에서 모두 고른 것은?

> **보기**
> ㄱ. 쇠구슬의 개수: (가) > (나)
> ㄴ. 피스톤을 밀어 올리는 힘: (가) < (나)
> ㄷ. 쇠구슬이 용기 안쪽 벽에 충돌하는 횟수: (가) > (나)

① ㄱ　　　　② ㄴ　　　　③ ㄷ
④ ㄱ, ㄴ　　　⑤ ㄴ, ㄷ

`풀이 TIP` **20** ❶ 찌그러진 축구공에 공기를 넣으면 축구공 속 기체 입자의 개수와 충돌 횟수가 어떻게 변하는지 파악한다. ❷ 기체 입자는 모든 방향으로 운동하고 있다는 사실을 이용한다. **21** ❶ 쇠구슬이 기체 입자라고 가정할 때 쇠구슬이 페트병에 충돌하는 힘은 무엇인지 생각해 본다. ❷ 쇠구슬의 개수가 달라지면 무엇이 달라지는지 파악한다.

02 기체의 압력 및 온도와 부피 관계

오른쪽 만화를 보고 물고기의 말풍선을 완성해 보자.

A 기체의 압력과 부피 관계

비행기가 하늘 높이 올라가면 비행기 안에 있던 과자 봉지가 부풀어 오르는 것을 볼 수 있는데 그 까닭은 무엇일까요?

1. 기체의 압력과 부피 관계: 온도가 일정할 때 압력이 증가하면 기체의 부피는 감소하고, 압력이 감소하면 기체의 부피는 증가한다.

2. 보일 법칙: 온도가 일정할 때 일정량의 기체의 압력과 부피는 ❶반비례한다.

압력에 따른 기체의 부피 변화 그래프 해석

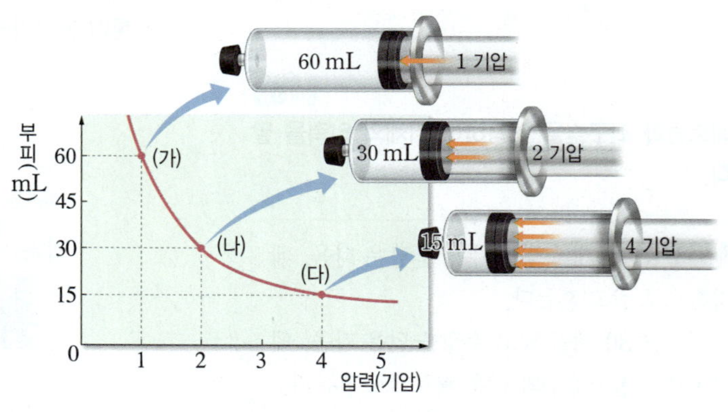

구분	(가)		(나)		(다)	
압력(기압)	1	1×60	2	2×30	4	4×15
부피(mL)	60	=60	30	=60	15	=60

- (가) → (나): 기체의 압력이 2 배가 되면 기체의 부피는 $\frac{1}{2}$로 감소한다.
- (가) → (다): 기체의 압력이 4 배가 되면 기체의 부피는 $\frac{1}{4}$로 감소한다.
- (가), (나), (다)에서 기체의 압력과 부피의 곱은 일정하다.

기체의 부피는 압력에 반비례한다.

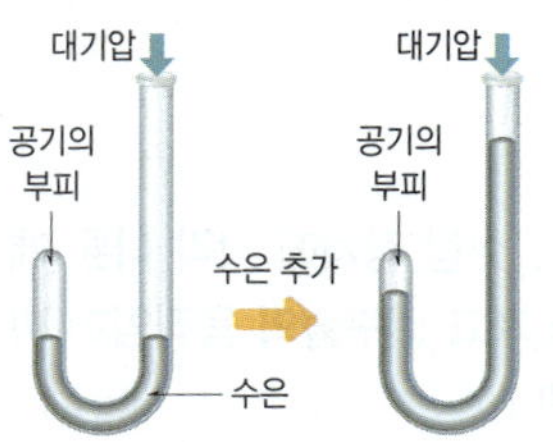

한쪽이 막힌 J자 유리관에 수은을 넣고 유리관 속 공기의 부피를 측정한 다음 수은을 추가하면서 공기의 부피 변화를 관찰한다.
➡ 온도가 일정할 때 일정량의 기체의 부피는 압력에 반비례함을 발견하였다.

암기해

보일 법칙

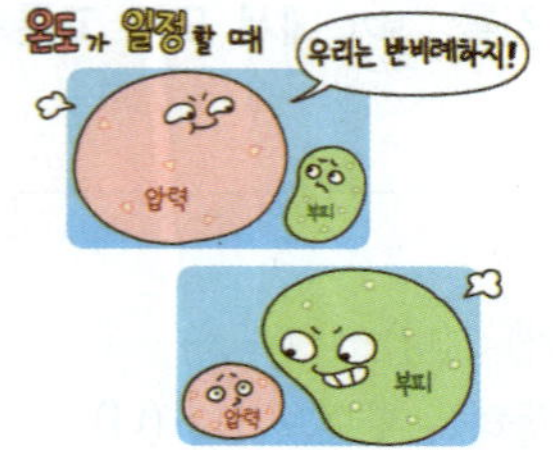

용어

❶ 반비례(反 돌이키다 比 비교하다 例 법칙) 한쪽의 양이 커질 때 다른 쪽의 양이 그와 같은 비율로 작아지는 관계

3. 압력에 따른 기체의 부피 변화와 입자의 운동

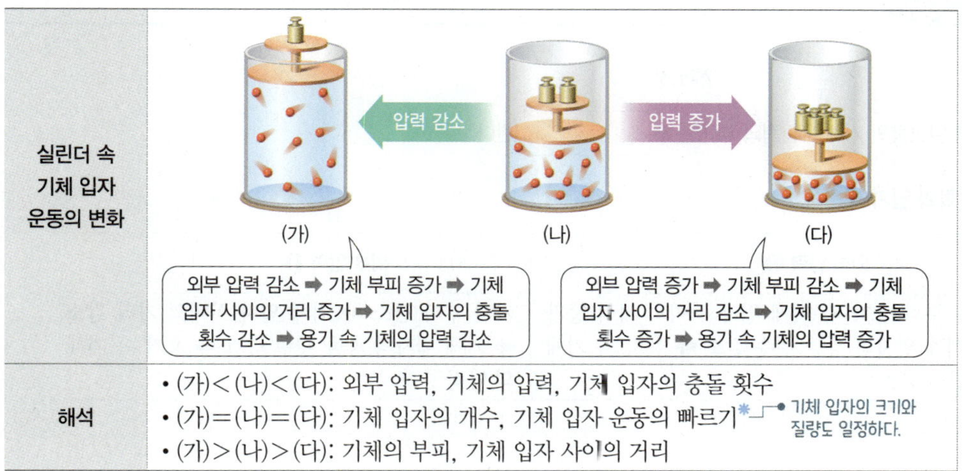

실린더 속 기체 입자 운동의 변화	외부 압력 감소 ➡ 기체 부피 증가 ➡ 기체 입자 사이의 거리 증가 ➡ 기체 입자의 충돌 횟수 감소 ➡ 용기 속 기체의 압력 감소	외부 압력 증가 ➡ 기체 부피 감소 ➡ 기체 입자 사이의 거리 감소 ➡ 기체 입자의 충돌 횟수 증가 ➡ 용기 속 기체의 압력 증가
해석	• (가)<(나)<(다): 외부 압력, 기체의 압력, 기체 입자의 충돌 횟수 • (가)=(나)=(다): 기체 입자의 개수, 기체 입자 운동의 빠르기 → 기체 입자의 크기와 질량도 일정하다. • (가)>(나)>(다): 기체의 부피, 기체 입자 사이의 거리	

❶ 감압 용기 속 과자 봉지의 변화

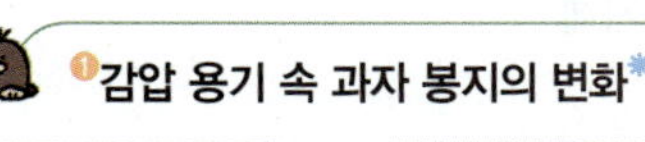

감압 용기 속 공기 빼냄 ➡ 감압 용기 속 기체 입자의 개수 감소 ➡ 감압 용기 속 기체 입자의 충돌 횟수 감소 ➡ 감압 용기 속 기체의 압력 감소 ➡ 과자 봉지 속 기체의 부피 증가 ➡ 과자 봉지 속 기체 입자의 충돌 횟수 감소 ➡ 과자 봉지 속 기체의 압력 감소

B 기체의 압력과 부피 관계를 이용한 예
외부 압력이 달라질 때 기체의 부피가 변하는 현상에는 무엇이 있을까요?

1. 압력이 감소하여 기체의 부피가 증가하는 경우

⬆ 높은 산에 올라가면 과자 봉지가 부풀어 오른다. → 산에 올라갈수록 기압이 낮아지기 때문

⬆ 헬륨 풍선이 하늘 높이 올라가면 크기가 점점 커진다. → 하늘 위로 올라갈수록 기압이 낮아지기 때문

⬆ 잠수부가 내뿜는 공기 방울은 수면으로 올라올수록 점점 커진다. → 수면에 가까워질수록 수압(물이 누르는 힘)이 작아지기 때문

2. 압력이 증가하여 기체의 부피가 감소하는 경우

⬆ 공기 주머니가 들어 있는 운동화는 발바닥에 전해지는 충격을 줄여 준다. → 걸을 때 생기는 압력에 의해 공기 주머니의 부피가 줄어들기 때문

⬆ 공기 침대에 누우면 침대에 가해지는 압력이 커져 침대 속 기체의 부피가 감소한다.

⬆ 천연가스 버스의 가스통에는 높은 압력을 가하여 부피를 줄인 천연가스가 들어 있다.

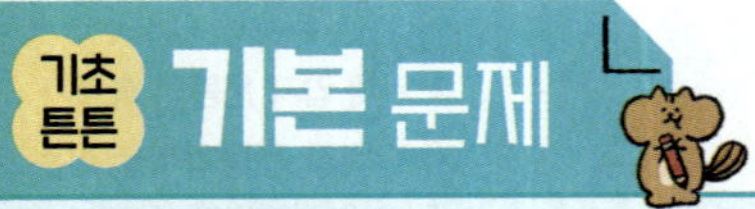

✅ 핵심 요약

▶ **보일 법칙:** 온도가 일정할 때 일정량의 기체의 압력과 부피는 ❶[   ]한다.

▶ **압력에 따른 기체의 부피 변화와 입자의 운동**

구분	외부 압력 ❷[ ]	외부 압력 ❸[ ]
실린더 속 기체 입자 운동의 변화	기체 부피 증가 ➡ 기체 입자 사이의 거리 증가 ➡ 기체 입자의 충돌 횟수 감소 ➡ 용기 속 기체의 압력 감소	기체 부피 감소 ➡ 기체 입자 사이의 거리 감소 ➡ 기체 입자의 충돌 횟수 증가 ➡ 용기 속 기체의 압력 증가

1 온도가 일정할 때 압력이 증가하면 기체의 부피는 ㉠(   )하고, 압력이 감소하면 기체의 부피는 ㉡(   )한다.

2 오른쪽 그림은 일정한 온도에서 실린더 속 기체의 압력에 따른 부피 변화를 나타낸 것이다. 이에 대한 설명으로 옳은 것은 ○, 옳지 않은 것은 ×로 표시하시오.

(1) (가)~(다) 중 부피가 가장 큰 지점은 (가)이다. ………… (   )

(2) (가)~(다) 중 압력이 가장 큰 지점은 (다)이다. ………… (   )

(3) (가)~(다)에서 기체의 압력과 부피의 곱은 모두 같다. (   )

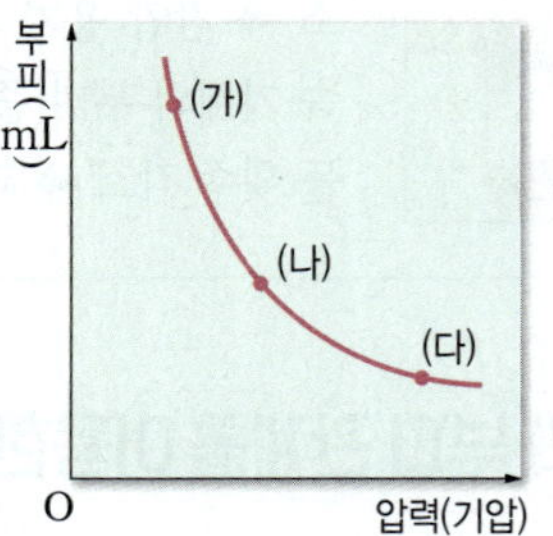

3 오른쪽 그림과 같이 일정한 온도에서 실린더에 일정량의 기체를 넣고 추를 올려 압력을 가했을 때 실린더 속 기체의 변화를 '증가', '일정', '감소'로 구분하시오.

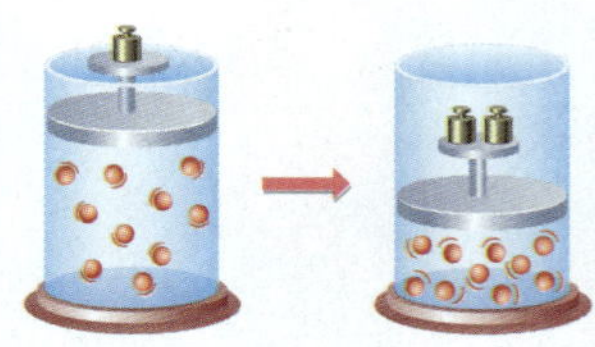

(1) 기체의 부피 ……………………………………… (   )

(2) 기체의 압력 ……………………………………… (   )

(3) 기체 입자의 개수 ……………………………… (   )

(4) 기체 입자의 충돌 횟수 ……………………… (   )

(5) 기체 입자 운동의 빠르기 …………………… (   )

4 기체의 압력과 부피 관계를 이용한 예로 옳은 것은 ○, 옳지 않은 것은 ×로 표시하시오.

(1) 운동화보다 하이힐에 밟힐 때 더 아프다. ………………………………… (   )

(2) 높은 산에 올라가면 과자 봉지가 부풀어 오른다. ……………………… (   )

(3) 헬륨 풍선이 하늘 위로 올라갈수록 크기가 점점 커진다. …………… (   )

(4) 잠수부가 내뿜은 공기 방울은 수면으로 올라올수록 점점 커진다. ……… (   )

C 기체의 온도와 부피 관계

더운 여름에 물이 조금 들어 있는 생수병을 냉장고에 넣어 두면 생수병이 찌그러져요. 이 현상이 나타나는 까닭은 무엇일까요?

1. 기체의 온도와 부피 관계: 압력이 일정할 때 온도가 높아지면 기체의 부피가 증가하고, 온도가 낮아지면 기체의 부피가 감소한다.

2. 샤를 법칙: 압력이 일정할 때 기체의 온도가 높아지면 일정량의 기체의 부피는 일정한 비율로 증가한다.

◐ 온도에 따른 기체의 부피 변화

3. 온도에 따른 기체의 부피 변화와 입자의 운동

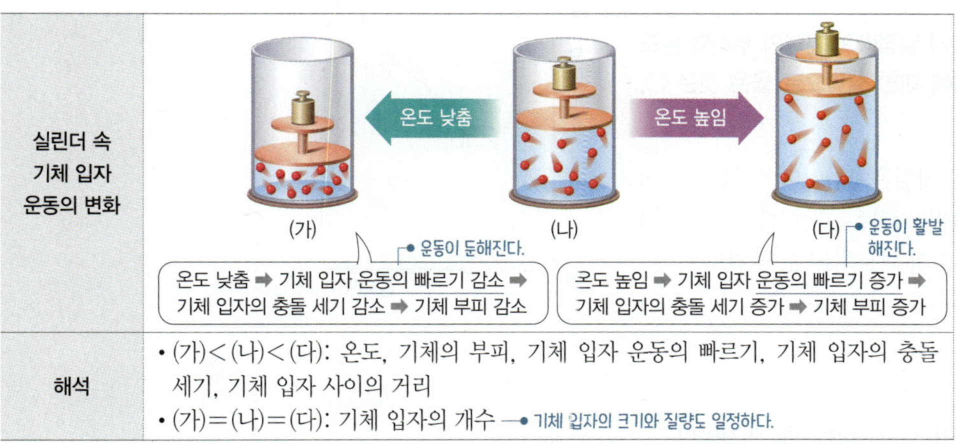

실린더 속 기체 입자 운동의 변화	온도 낮춤 ⇒ 기체 입자 운동의 빠르기 감소 ⇒ 기체 입자의 충돌 세기 감소 ⇒ 기체 부피 감소 온도 높임 ⇒ 기체 입자 운동의 빠르기 증가 ⇒ 기체 입자의 충돌 세기 증가 ⇒ 기체 부피 증가
해석	• (가)<(나)<(다): 온도, 기체의 부피, 기체 입자 운동의 빠르기, 기체 입자의 충돌 세기, 기체 입자 사이의 거리 • (가)=(나)=(다): 기체 입자의 개수 — 기체 입자의 크기와 질량도 일정하다.

D 기체의 온도와 부피 관계를 이용한 예

외부 온도가 달라질 때 기체의 부피가 변하는 현상에는 무엇이 있을까요?

온도가 낮아져 기체의 부피가 감소하는 경우	온도가 높아져 기체의 부피가 증가하는 경우
• 추운 겨울에 헬륨 풍선을 들고 밖으로 나가면 풍선이 쭈그러든다. • 냉장고에서 꺼낸 밀폐 용기의 뚜껑이 잘 열리지 않는다. • 날씨가 추워지면 자동차 타이어가 수축한다.	• 찌그러진 탁구공을 뜨거운 물에 넣으면 펴진다. • 열기구의 풍선 속 기체를 가열하면 풍선이 부풀어 오르면서 가벼워져 위로 떠오른다. • 오줌싸개 인형의 머리에 뜨거운 물을 부으면 인형에서 물이 나온다.

🐷 **오줌싸개 인형의 원리**

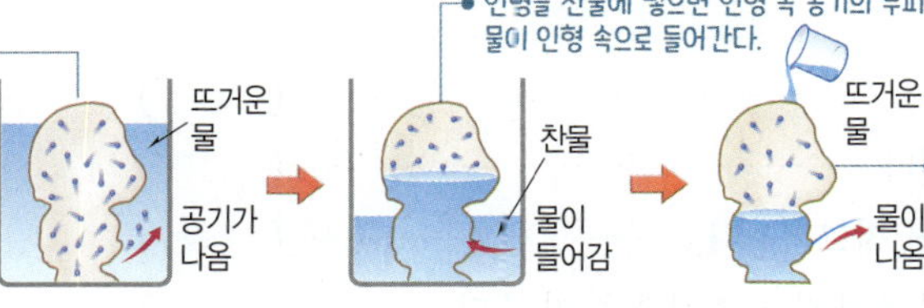

샤를 법칙

압력이 일정할 때

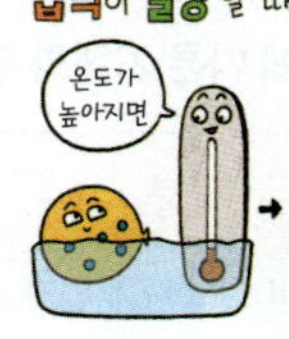

✱ **고무풍선 쭈그러뜨리기**

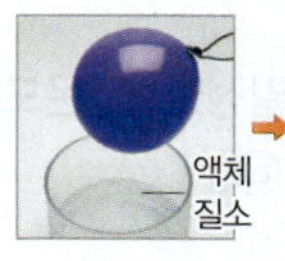
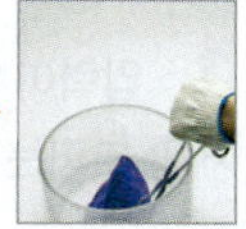

공기가 들어 있는 고무풍선을 액체 질소(−196 °C)에 넣으면 온도가 낮아져 고무풍선 속 기체의 부피가 감소하므로 고무풍선의 크기가 작아진다.

✱ **유리컵 속 기체의 부피 변화**

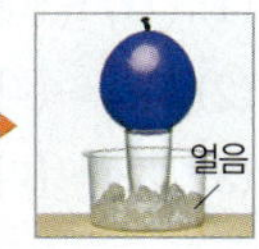

뜨거운 물에 담갔다가 꺼낸 유리컵 위에 공기가 들어 있는 고무풍선을 올려놓고 얼음이 담긴 수조에 넣으면 유리컵 속 공기의 온도가 낮아지므로 유리컵 속으로 풍선이 빨려 들어간다.

✱ **기체의 온도와 부피 관계를 이용한 예**

• 햇빛이 비치는 곳에 과자 봉지를 두면 과자 봉지가 부풀어 오른다.
• 피펫의 윗부분을 막고 피펫의 가운데 부분을 손으로 감싸 쥐면 피펫 끝에 남은 용액이 빠져 나온다.
• 물 묻힌 동전을 빈 병 입구에 올려놓고 병을 두 손으로 감싸 쥐면 동전이 움직인다.
• 일회용 스포이트로 잉크를 조금 빨아올린 다음 손으로 스포이트의 아래쪽을 감싸 쥐면 잉크가 위쪽으로 움직인다.
• 물이 조금 담긴 생수병을 냉장고에 넣어 두면 생수병이 찌그러진다.

기초 튼튼 기본 문제

✔ 핵심 요약

▶ **샤를 법칙:** 압력이 일정할 때 기체의 온도가 높아지면 일정량의 기체의 부피는 일정한 비율로 ❶[　　　]한다.

▶ **온도에 따른 기체의 부피 변화와 입자의 운동**

구분	온도 ❷[　　]	온도 ❸[　　]
실린더 속 기체 입자 운동의 변화	기체 입자 운동의 빠르기 감소 ➡ 기체 입자의 충돌 세기 감소 ➡ 기체 부피 감소	기체 입자 운동의 빠르기 증가 ➡ 기체 입자의 충돌 세기 증가 ➡ 기체 부피 증가

1 압력이 일정할 때 온도가 높아지면 기체의 부피는 ㉠(　　　　　　)하고, 온도가 낮아지면 기체의 부피는 ㉡(　　　　　)한다.

2 오른쪽 그림은 일정한 압력에서 일정량의 기체의 부피와 온도 사이의 관계를 나타낸 것이다. 이에 대한 설명으로 옳은 것은 ○, 옳지 <u>않은</u> 것은 ×로 표시하시오.

(1) (가)~(다) 중 부피가 가장 큰 지점은 (다)이다. ┄┄ (　　　)
(2) (가)~(다) 중 온도가 가장 높은 지점은 (다)이다. · (　　　)
(3) (가)~(다)에서 기체 입자 운동의 빠르기는 모두 같다.
┄┄┄┄┄┄┄┄┄┄┄┄┄┄┄┄┄┄┄┄ (　　　)

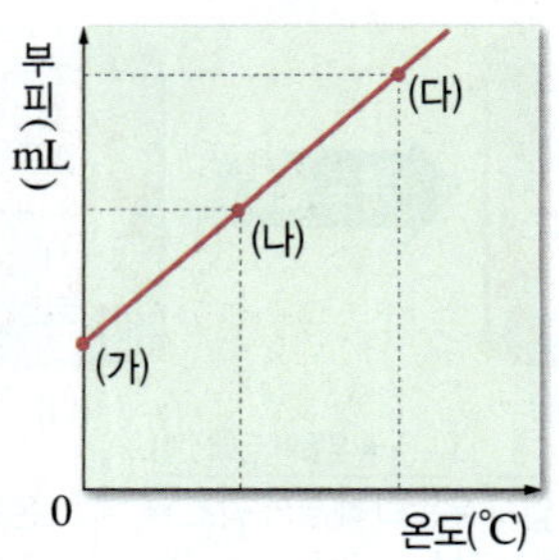

3 오른쪽 그림과 같이 일정한 압력에서 실린더에 일정량의 기체를 넣고 가열하였다. 이때 실린더 속 기체의 변화를 '증가', '일정', '감소'로 구분하시오.

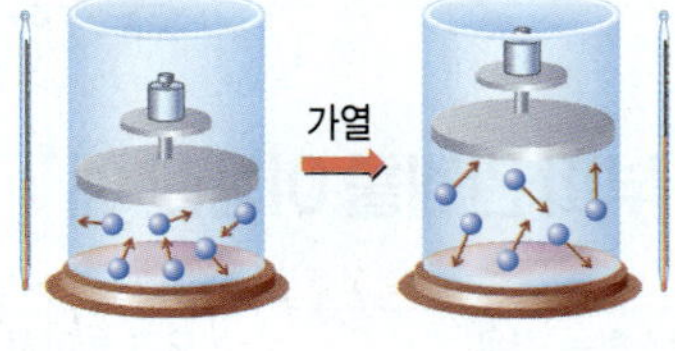

(1) 기체의 부피 ┄┄┄┄┄┄┄┄┄┄┄┄┄ (　　　)
(2) 기체 입자의 개수 ┄┄┄┄┄┄┄┄┄┄ (　　　)
(3) 기체 입자 사이의 거리 ┄┄┄┄┄┄┄ (　　　)
(4) 기체 입자 운동의 빠르기 ┄┄┄┄┄ (　　　)

4 우리 주변에서 볼 수 있는 현상 중 기체의 압력과 부피 관계를 이용한 예는 '보일', 기체의 온도와 부피 관계를 이용한 예는 '샤를'이라고 쓰시오.

(1) 공기 침대에 누우면 침대의 부피가 줄어든다. ┄┄┄┄┄┄┄┄┄┄┄ (　　　)
(2) 찌그러진 탁구공을 뜨거운 물에 넣으면 펴진다. ┄┄┄┄┄┄┄┄ (　　　)
(3) 물이 들어 있는 생수병을 냉장고에 넣어 두면 찌그러진다. ┄┄┄┄ (　　　)
(4) 공기 주머니가 들어 있는 운동화는 발바닥에 전해지는 충격을 줄여 준다. ┄┄┄ (　　　)

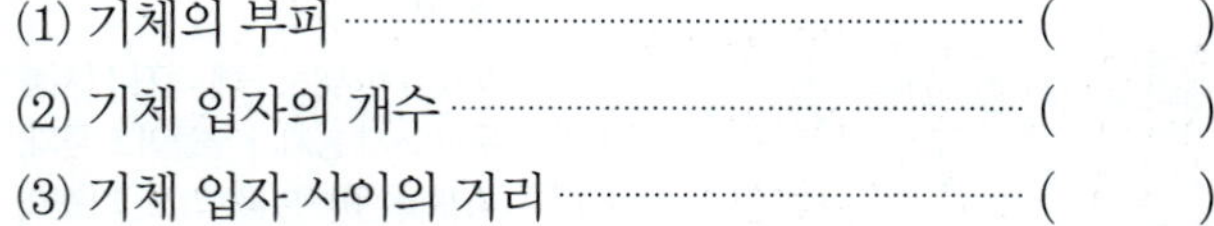

완자쌤 특강

이 단원에서 기체의 압력과 부피 관계를 확인하는 실험은 매우 중요해요. 완자쌤 특강을 통해 실험 과정과 결과를 확인해 볼까요?

탐구 자료 ① 기체의 압력과 부피 관계

관련 개념 | 188 쪽 A 기체의 압력과 부피 관계

| 목표 기체의 양이 일정할 때 기체의 압력과 부피 관계를 알아본다.

| 과정
① 주사기 속 공기의 부피가 40 mL가 되도록 피스톤의 눈금을 맞춘 다음, 주사기와 압력 센서를 연결한다.
② 기체 압력 측정 앱을 실행하고 압력 센서와 스마트 기기를 연결한다.
③ 피스톤을 서서히 누르면서 주사기 속 공기의 부피와 압력 변화를 측정하고, 그래프를 확인한다.

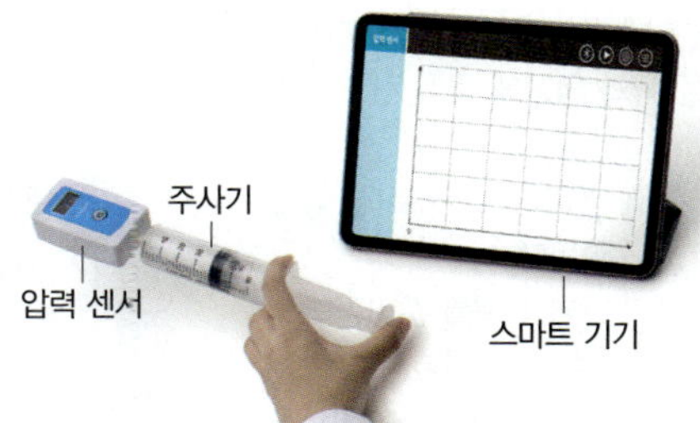

◆ 같은 실험 다른 장치
압력계에 주사기를 연결하고 피스톤을 누르면서 주사기 속 공기의 부피와 압력을 측정한다.

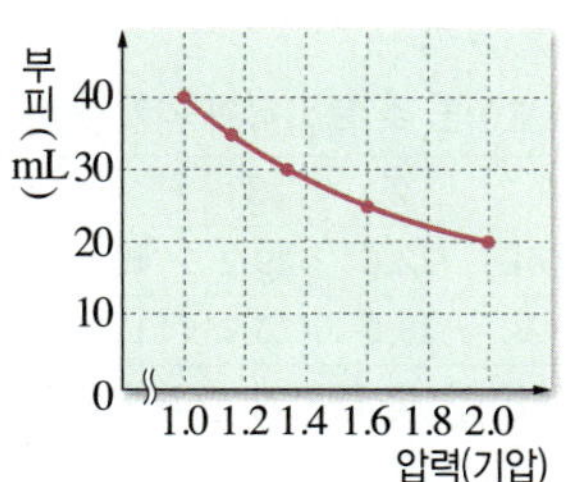

➡ 기체에 작용하는 압력을 높이면 기체의 부피가 감소하고, 기체의 압력이 증가한다.

| 결과 및 해석

❶ 압력에 따른 주사기 속 공기의 부피 변화

부피(mL)	40	35	30	25	20
압력(기압)	1.00	1.14	1.33	1.60	2.00
부피×압력	40	40	40	40	40

❷ 공기의 부피가 감소할수록 압력이 증가한다.
❸ 온도가 일정할 때 공기의 부피×압력은 일정하다.

| 결론 온도가 일정할 때 일정량의 기체의 부피는 압력에 (　　　　)한다.

탐구 자료 ② 압력에 따른 기체의 부피와 입자 모형

관련 개념 | 189 쪽 A 기체의 압력과 부피 관계

| 목표 기체의 양이 일정할 때 기체의 압력과 부피 관계를 입자 모형으로 알아본다.

| 과정
① 오른쪽 그림은 일정한 온도에서 주사기에 들어 있는 공기를 입자 모형으로 나타낸 것이다.
② 피스톤을 당길 때와 피스톤을 누를 때 주사기 속 기체 입자의 운동을 모형으로 그려 본다.

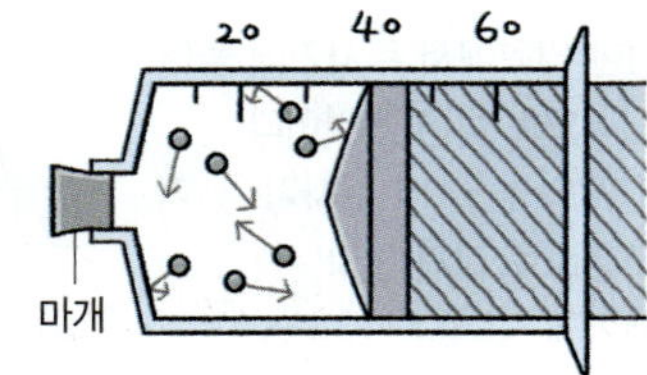

| 결과 및 해석

피스톤을 당길 때	피스톤을 누를 때
입자의 개수 일정	입자의 개수 일정
기체 입자 사이의 거리 증가 ➡ 기체 입자가 용기 벽에 충돌하는 횟수 감소 ➡ 기체의 압력 감소	기체 입자 사이의 거리 감소 ➡ 기체 입자가 용기 벽에 충돌하는 횟수 증가 ➡ 기체의 압력 증가

| 결론
• 일정한 온도에서 일정량의 기체의 부피가 증가하면 기체 입자의 충돌 횟수가 ㉠(　　　　) 하므로 기체의 압력이 ㉡(　　　　)한다.
• 일정한 온도에서 일정량의 기체의 부피가 감소하면 기체 입자의 충돌 횟수가 ㉢(　　　　) 하므로 기체의 압력이 ㉣(　　　　)한다.

❷ 증가

❶ 반비례 ㉠ 감소, ㉡ 감소, ㉢ 증가, ㉣ 증가

이 단원에서 기체의 온도와 부피 관계를 확인하는 실험은 매우 중요해요. 완짜쌤 특강을 통해 실험 과정과 결과를 확인해 볼까요?

탐구 자료 ❸ 기체의 온도와 부피 관계

관련 개념 | 191 쪽 **C** 기체의 온도와 부피 관계

목표 기체의 양이 일정할 때 기체의 온도와 부피 관계를 알아본다.

과정

① 스포이트의 뾰족한 부분을 잘라내고 스포이트의 둥근 부분 끝을 자의 영점에 맞춰 셀로판테이프로 붙인다.

② 다른 스포이트로 과정 ①의 스포이트에 식용 색소를 탄 물을 1 방울 넣는다.

③ 온도가 다른 물이 담긴 비커 4 개를 준비한다.

④ 온도계와 과정 ②에서 만든 스포이트를 온도가 낮은 물이 담긴 비커부터 차례대로 넣으며 물의 온도와 물방울의 위치를 측정한다.

◆ 같은 실험 다른 장치
스포이트 대신 주사기, 피펫 등을 이용한다.

결과 및 해석

❶ 물의 온도에 따른 스포이트 속 물방울의 위치 변화

비커 번호	1	2	3	4
물의 온도(℃)	15.7	22.6	29.2	40.6
물방울 위치(cm)	9.5	10.0	10.7	11.4

❷ 온도가 높아지면 스포이트 속 공기의 부피가 증가한다.

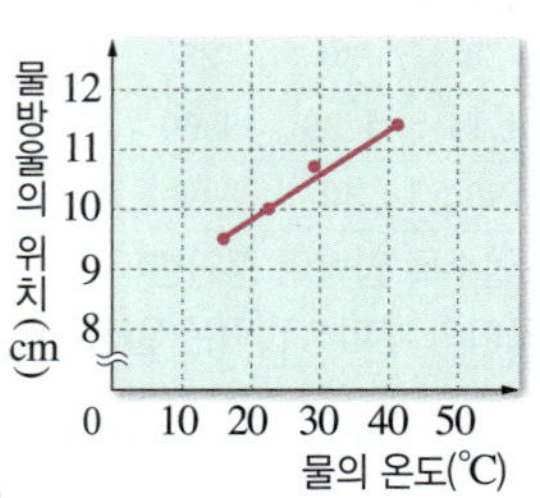

결론 압력이 일정할 때 기체의 온도가 높아지면 일정량의 기체의 부피가 ㉠( )하고, 기체의 온도가 낮아지면 기체의 부피가 ㉡( )한다.

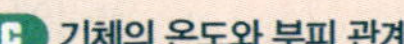
정답 ㉠ 증가, ㉡ 감소

탐구 자료 ❹ 온도에 따른 기체의 부피와 입자 모형

관련 개념 | 191 쪽 **C** 기체의 온도와 부피 관계

목표 기체의 양이 일정할 때 기체의 온도와 부피 관계를 입자 모형으로 알아본다.

과정

① 오른쪽 그림은 일정한 압력에서 주사기에 들어 있는 공기를 입자 모형으로 나타낸 것이다.

② 공기의 온도를 낮출 때와 높일 때 주사기 속 기체 입자의 운동을 모형으로 그려 본다.

결과 및 해석

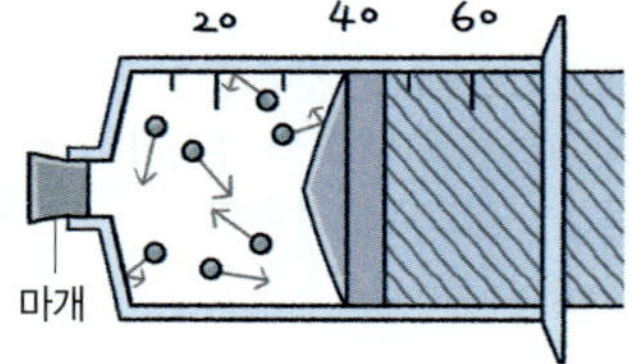

공기의 온도를 낮출 때	공기의 온도를 높일 때
기체 입자 운동의 빠르기 감소 ➡ 기체 입자의 충돌 세기 감소 ➡ 기체의 부피 감소	기체 입자 운동의 빠르기 증가 ➡ 기체 입자의 충돌 세기 증가 ➡ 기체 부피 증가

결론

• 일정한 압력에서 일정량의 기체의 온도가 낮아지면 기체 입자 운동의 빠르기와 충돌 세기가 감소하므로 기체의 부피가 ㉠( )한다.

• 일정한 압력에서 일정량의 기체의 온도가 높아지면 기체 입자 운동의 빠르기와 충돌 세기가 증가하므로 기체의 부피가 ㉡( )한다.

정답 ㉠ 감소, ㉡ 증가

핵심 문제

01 기체의 압력과 부피 관계에 대한 설명으로 옳은 것을 보기 에서 모두 고른 것은? (단, 온도는 일정하다.)

> **보기**
> ㄱ. 기체에 압력을 가하면 기체의 부피가 감소한다.
> ㄴ. 일정량의 기체의 압력이 $\frac{1}{2}$로 감소하면 기체의 부피도 $\frac{1}{2}$이 된다.
> ㄷ. 기체의 양이 일정할 때 기체의 압력과 부피의 곱은 일정하다.

① ㄱ
② ㄴ
③ ㄷ
④ ㄱ, ㄷ
⑤ ㄴ, ㄷ

중요 02 오른쪽 그림은 일정한 온도에서 압력에 따른 일정량의 기체의 부피 변화를 나타낸 것이다. 이에 대한 설명으로 옳지 않은 것은?

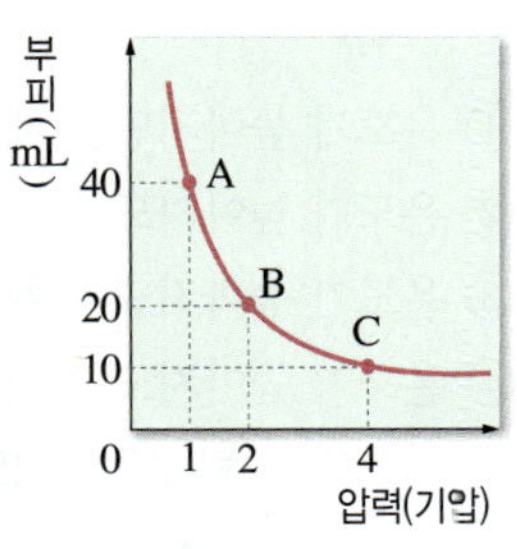

① 기체의 부피는 압력에 반비례한다.
② A에서 C로 변하면 압력이 증가한다.
③ C에서 B로 변하면 부피가 증가한다.
④ A~C 중 기체 입자의 충돌 횟수가 가장 많은 것은 C이다.
⑤ A~C 중 기체 입자 사이의 거리가 가장 가까운 것은 A이다.

03 오른쪽 그림과 같이 주사기에 일정량의 기체를 넣고 입구를 막은 다음 피스톤을 눌렀을 때 증가하는 것은? (단, 온도는 일정하다.)

① 주사기 속 기체의 부피
② 주사기 속 기체의 압력
③ 주사기 속 기체 입자의 개수
④ 주사기 속 기체 입자 사이의 거리
⑤ 주사기 속 기체 입자 운동의 빠르기

[04~05] 그림은 일정한 온도에서 일정량의 기체에 가해지는 압력을 증가시킬 때의 모습을 나타낸 것이다.

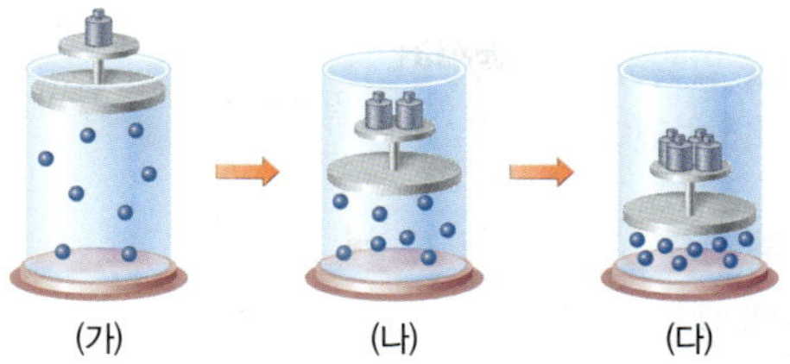

중요 04 (가)~(다)에서 기체 입자의 충돌 횟수와 기체 입자 운동의 빠르기를 옳게 비교한 것은?

	기체 입자의 충돌 횟수	기체 입자 운동의 빠르기
①	(가)>(나)>(다)	(가)<(나)<(다)
②	(가)>(나)>(다)	(가)=(나)=(다)
③	(가)=(나)=(다)	(가)<(나)<(다)
④	(가)<(나)<(다)	(가)=(나)=(다)
⑤	(가)<(나)<(다)	(가)>(나)>(다)

05 (가)~(다)에서 기체 입자의 개수를 부등호나 등호를 이용하여 비교하시오.

06 일정한 온도에서 그림과 같이 감압 용기에 과자 봉지를 넣고 감압 용기 속 공기를 빼내었다.

이때 나타나는 현상으로 옳은 것은?

① 감압 용기 속 공기의 압력이 증가한다.
② 감압 용기 속 기체 입자의 개수가 증가한다.
③ 과자 봉지 속 기체의 부피가 감소한다.
④ 과자 봉지 속 기체의 압력이 감소한다.
⑤ 과자 봉지 속 기체 입자의 충돌 횟수가 증가한다.

[07~08] 일정한 온도에서 오른쪽 그림과 같이 장치한 다음 피스톤을 눌러 주사기 속 공기를 압축하면서 공기의 부피를 측정하였다.

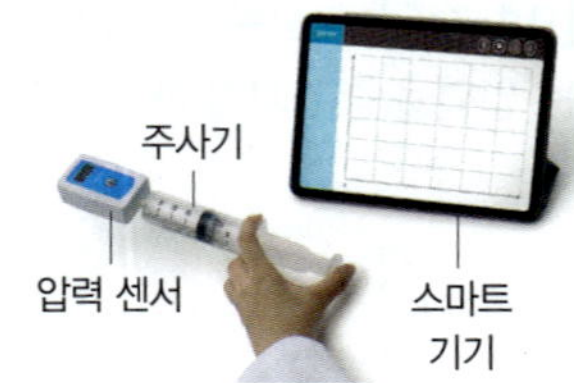

압력(기압)	1	2	(가)
부피(mL)	60	(나)	20

07 (가)와 (나)에 들어갈 알맞은 값을 각각 쓰시오.

08 이 실험 결과를 나타낸 그래프로 옳은 것은?

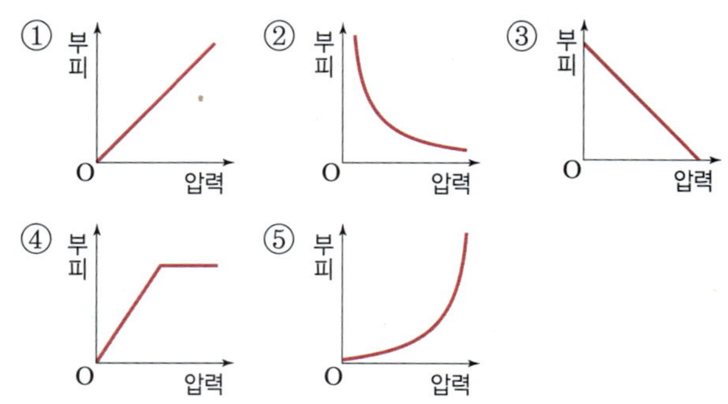

09 기체의 압력과 부피 관계를 이용한 예로 옳은 것을 보기에서 모두 고른 것은?

> 보기
> ㄱ. 하늘 높이 올라가는 비행기 안의 과자 봉지가 팽팽해진다.
> ㄴ. 자동차에 짐을 많이 실으면 자동차 바퀴의 부피가 줄어든다.
> ㄷ. 햇빛이 비치는 곳에 과자 봉지를 두면 과자 봉지가 부풀어 오른다.
> ㄹ. 천연가스 버스의 가스통에는 높은 압력을 가하여 부피를 줄인 천연가스가 들어 있다.

① ㄱ, ㄴ   ② ㄱ, ㄷ   ③ ㄷ, ㄹ
④ ㄱ, ㄴ, ㄹ   ⑤ ㄴ, ㄷ, ㄹ

10 일정한 압력에서 일정량의 기체의 온도와 부피에 대한 설명으로 옳은 것을 보기에서 모두 고른 것은?

> 보기
> ㄱ. 온도가 낮아지면 기체 입자의 개수가 줄어들어 기체의 부피가 감소한다.
> ㄴ. 온도가 높아지면 기체 입자의 크기가 커지므로 기체의 부피가 증가한다.
> ㄷ. 온도가 높아지면 기체 입자의 운동이 활발해지므로 기체의 부피가 증가한다.

① ㄱ   ② ㄴ   ③ ㄷ
④ ㄱ, ㄴ   ⑤ ㄴ, ㄷ

11 오른쪽 그림은 일정한 압력에서 온도에 따른 일정량의 기체의 부피 변화를 나타낸 것이다. 이에 대한 설명으로 옳지 않은 것은?

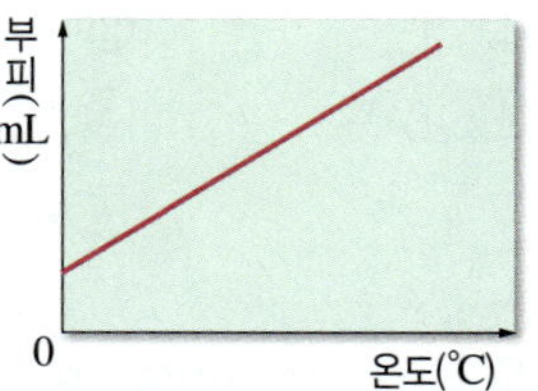

① 온도가 높아지면 기체의 부피가 증가한다.
② 온도가 높아져도 기체 입자의 개수는 일정하다.
③ 온도가 높아지면 기체 입자 사이의 거리가 멀어진다.
④ 온도가 높아져도 기체 입자의 충돌 세기는 일정하다.
⑤ 찌그러진 탁구공을 뜨거운 물에 넣으면 다시 펴지는 까닭을 설명할 수 있다.

12 그림은 압력을 일정하게 유지하면서 일정량의 기체가 들어 있는 실린더를 가열할 때의 모습을 나타낸 것이다.

이에 대한 설명으로 옳은 것을 모두 고르면? (2 개)

① (가)를 가열하면 기체의 압력이 외부 압력과 같아질 때까지 부피가 증가한다.
② 기체 입자의 개수는 (가)<(나)<(다)이다.
③ 기체 입자 사이의 거리는 (가)>(나)>(다)이다.
④ 기체 입자의 충돌 세기는 (가)=(나)=(다)이다.
⑤ 기체 입자 운동의 빠르기는 (가)<(나)<(다)이다.

13 그림 (가)와 같이 뜨거운 물에 담갔다가 꺼낸 유리컵의 입구에 공기를 넣은 고무풍선을 올려놓고 얼음이 담긴 수조 속에 넣었더니 (나)와 같이 유리컵 속으로 고무풍선이 빨려 들어갔다.

(가)에서 (나)로 변할 때 유리컵 속 기체의 변화를 옳게 짝 지은 것은?

	부피	입자 운동의 빠르기	입자의 충돌 세기
①	감소	감소	감소
②	감소	감소	증가
③	증가	감소	감소
④	증가	증가	감소
⑤	증가	증가	증가

14 그림은 오줌싸개 인형에서 물이 나오는 과정을 모형으로 나타낸 것이다.

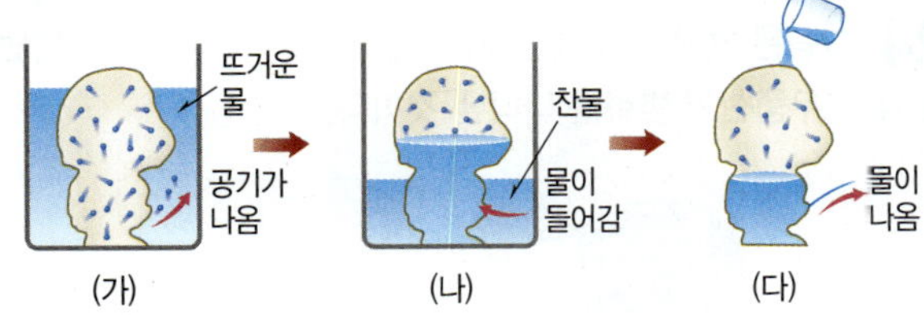

이에 대한 설명으로 옳지 <u>않은</u> 것은?

① (가)에서 인형 속 기체 입자의 운동이 활발해진다.
② (나)에서 인형 속 공기의 부피가 감소하므로 인형 속으로 물이 들어간다.
③ (다)에서 부어 주는 물은 찬물이다.
④ (다)에서 인형 속 공기의 부피가 증가하여 물이 밀려 나온다.
⑤ 이 원리는 샤를 법칙으로 설명할 수 있다.

[15~16] 오른쪽 그림과 같이 온도가 다른 4 개의 물에 각각 색소를 탄 물방울로 입구를 막은 스포이트를 자에 붙여 담그고, 스포이트 속 물방울의 위치를 각각 측정하였다.

15 이 실험에 대한 설명으로 옳은 것을 `보기`에서 모두 고른 것은?

> 보기
> ㄱ. 물의 온도가 높을수록 물에 담근 스포이트 속 공기의 부피가 증가한다.
> ㄴ. 온도가 가장 낮은 물에 담근 스포이트 속 물방울의 높이가 가장 높다.
> ㄷ. 스포이트 속 기체 입자의 운동이 가장 활발할 때 물방울의 높이가 가장 높다.

① ㄱ　　　② ㄴ　　　③ ㄱ, ㄷ
④ ㄴ, ㄷ　　　⑤ ㄱ, ㄴ, ㄷ

중요 **16** 이 실험으로 알 수 있는 사실을 그래프로 옳게 나타낸 것은?

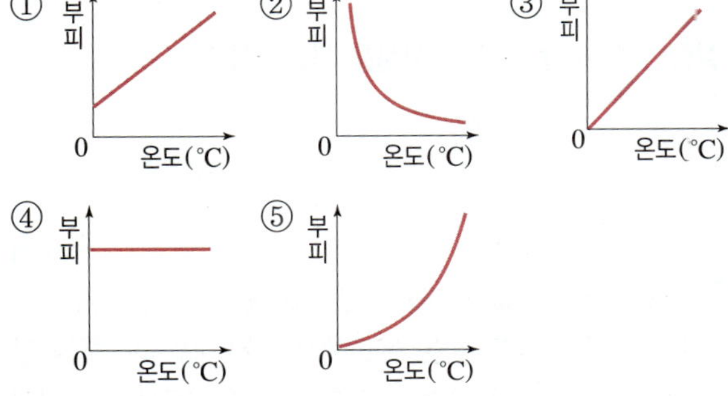

중요 **17** 기체의 온도와 부피 관계로 설명할 수 <u>없는</u> 현상은?

① 추운 겨울철 자동차의 타이어가 수축한다.
② 공기 침대에 누우면 침대 속 기체의 부피가 감소한다.
③ 냉장고에서 꺼낸 밀폐 용기의 뚜껑이 잘 열리지 않는다.
④ 추운 겨울에 헬륨 풍선을 들고 밖으로 나가면 풍선이 쭈그러든다.
⑤ 열기구의 풍선 속 기체를 가열하면 풍선이 부풀어 오르면서 가벼워져 위로 떠오른다.

중요 **18** 오른쪽 그림과 같이 일 정한 온도에서 일정량의 기 체에 가해지는 압력을 증가 시킬 때 실린더 내부의 변화 를 다음 용어를 모두 이용하 여 서술하시오.

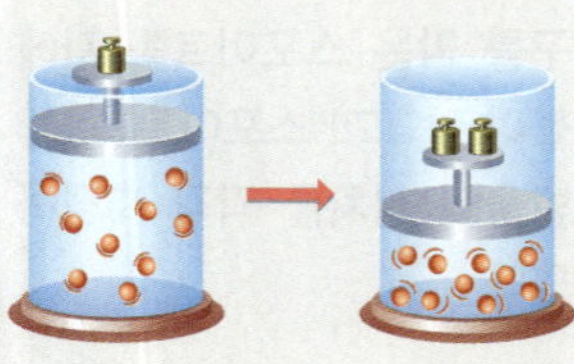

> 부피, 충돌 횟수, 압력

중요 **19** 일정한 온도에서 오른쪽 그림과 같이 장치한 다음 주사 기의 피스톤을 누르면서 주사 기 속 공기의 압력과 부피를 측정하여 표와 같은 결과를 얻었다.

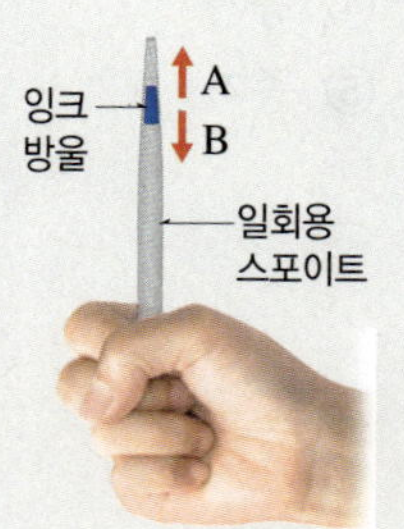

압력(기압)	1	2	3	4	5
부피(mL)	60	30	20	15	12

이 실험을 통해 알 수 있는 사실을 서술하시오.

풀이 TIP
20 그림은 20 °C에서 주사기에 들어 있는 공기를 입자 모 형으로 나타낸 것이다. 같은 온도에서 주사기의 피스톤을 당 겼을 때 주사기에 들어 있는 공기를 입자 모형으로 나타내시 오. (단, 화살표 길이는 입자 운동의 빠르기를 의미한다.)

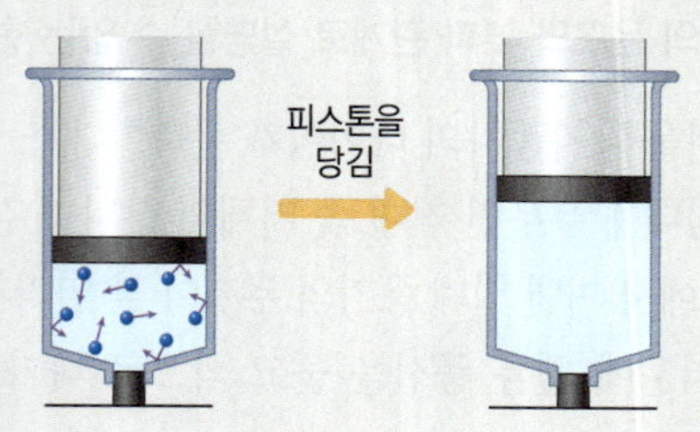

21 잠수부가 물속에서 내뿜은 공기 방울은 수면으로 올라 올수록 점점 커진다. 이와 같은 현상이 나타나는 까닭을 기체 의 압력과 부피 관계를 이용하여 서술하시오.

중요 **22** 오른쪽 그림과 같 이 일정한 압력에서 일 정량의 기체가 들어 있 는 실린더를 가열하였 다. 이때 실린더 속 기체 의 부피 변화를 기체 입자의 운동 변화와 관련지어 서술하시오.

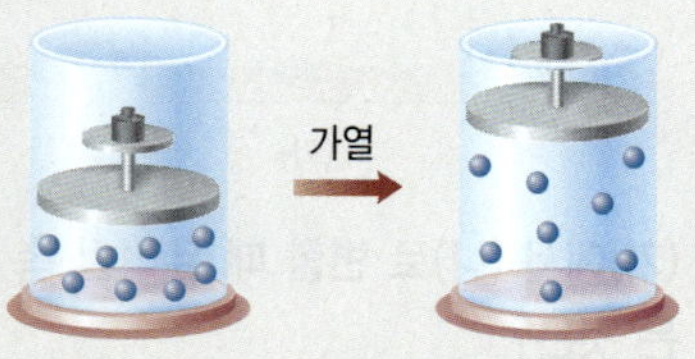

23 오른쪽 그림과 같이 일회용 스포 이트로 잉크를 조금 빨아올린 다음 손으 로 스포이트의 아래쪽을 감싸 쥐었다. 이때 잉크 방울의 이동 방향을 쓰고, 그 까닭을 서술하시오.

풀이 TIP
24 그림은 액체 질소에 공기가 들어 있는 고무풍선을 넣었 을 때 고무풍선의 변화를 나타낸 것이다.

이 현상으로 기체의 부피에 대해 알 수 있는 사실을 서술하시오.

풀이 TIP　**20 ❶** 주사기의 피스톤을 당겼을 때 주사기 속 공기의 압력이 어떻게 변하는지 생각한다. **❷** 주사기 속 기체 입자의 개수, 일정한 온도에서 기체 입자 운동의 빠르기는 어떤 변화가 있는지 고려하여 모형을 그린다.　**24** 상온에서 질소는 기체 상태이므로, 액체 질소의 온도가 매우 낮음을 유추하여 알 수 있는 사실을 생각한다.

01 그림 (가)와 (나)는 고무풍선을 넣은 주사기의 피스톤을 눌렀다가 놓았을 때 고무풍선의 변화를 나타낸 것이다.

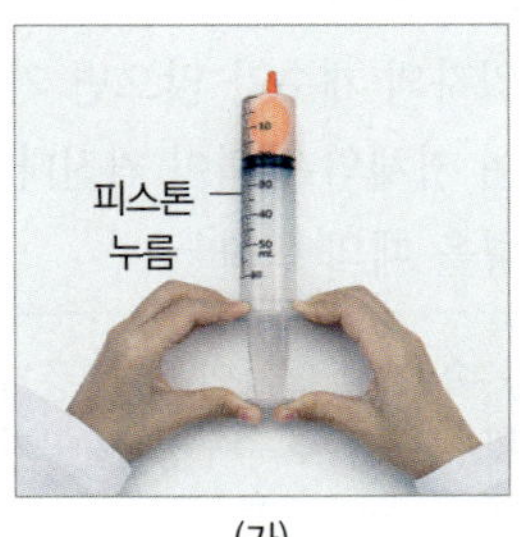

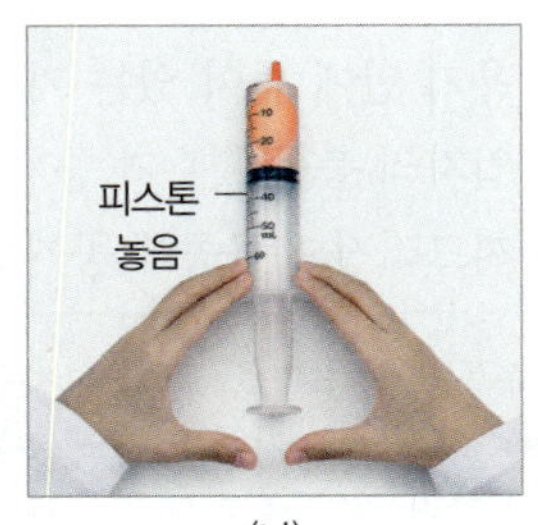

(가)   (나)

(가)와 (나)에서 고무풍선의 변화를 옳게 짝 지은 것은? (단, 온도는 일정하다.)

	구분	(가)	(나)
①	고무풍선의 부피	증가	감소
②	고무풍선 속 기체의 압력	감소	증가
③	고무풍선에 가해지는 압력	감소	증가
④	고무풍선 속 기체 입자의 충돌 횟수	증가	감소
⑤	고무풍선 속 기체 입자 운동의 빠르기	감소	증가

02 음식물이 사람의 기관에 걸려 기도가 완전히 막혔을 때에는 다음과 같이 응급 처치를 할 수 있다.

> 환자 뒤로 가서 환자가 기댈 수 있도록 한 다음 배꼽과 명치의 중간에 주먹을 쥔 손을 올린다. 다른 손으로 주먹을 감싸 쥐고 위로 밀어 올린다.

기도를 막았던 음식물이 나오는 원리를 옳게 설명한 것은?

① 온도가 높아지면 기체의 부피가 증가한다.
② 온도가 낮아지면 기체의 부피가 감소한다.
③ 기체의 부피가 증가하면 기체의 압력이 감소한다.
④ 기체의 부피가 감소하면 기체의 압력이 증가한다.
⑤ 힘이 작용하는 면적이 넓어지면 압력이 감소한다.

03 그림은 뜨거운 물에 유리병을 담갔다가 꺼낸 뒤 껍질을 벗긴 삶은 달걀을 병 입구에 올려놓았더니 잠시 후 달걀이 병 속으로 들어가는 모습을 나타낸 것이다.

이와 같은 원리로 설명할 수 있는 현상은?

① 물이 가득 담긴 유리병을 얼리면 병이 깨진다.
② 공기 펌프로 찌그러진 축구공에 공기를 넣는다.
③ 공기가 들어 있는 고무풍선을 끝이 뾰족한 바늘로 누르면 쉽게 터진다.
④ 피펫의 윗부분을 막고 피펫의 가운데 부분을 손으로 감싸 쥐면 피펫 끝에 남은 용액이 빠져 나온다.
⑤ 범퍼카에는 고무로 만든 완충 장치가 있어 서로 충돌하면 완충 장치 속 공기의 부피가 줄어들면서 충격을 줄여 준다.

04 그림은 피스톤이 자유롭게 움직이는 실린더에 일정량의 기체를 넣고 각각 어떤 조건을 변화시켰을 때 나타난 변화이다.

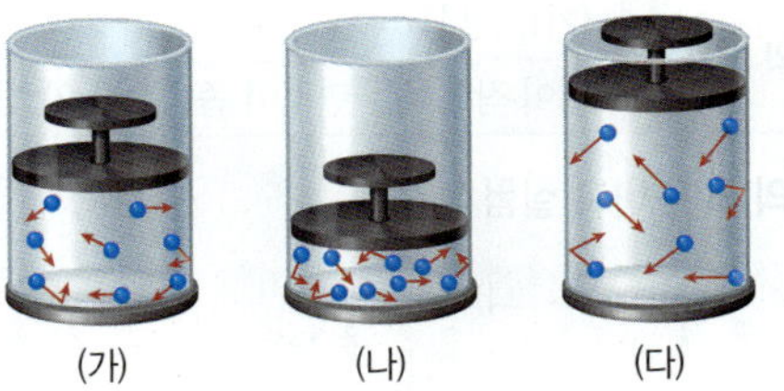

(가)   (나)   (다)

(가) → (나), (가) → (다)에서 일어나는 변화의 원인을 옳게 짝 지은 것은? (단, 화살표 길이는 기체 입자 운동의 빠르기를 의미한다.)

	(가) → (나)	(가) → (다)
①	기체 입자의 개수 증가	온도 증가
②	외부 압력 증가	기체 입자의 개수 증가
③	외부 압력 증가	온도 증가
④	외부 압력 감소	온도 감소
⑤	온도 감소	외부 압력 감소

핵심 정리

01 / 기체의 압력

1. 압력: 일정한 면적에 작용하는 힘

(1) **압력의 크기:** 압력은 작용하는 힘의 크기가 클수록, 힘이 작용하는 면적이 좁을수록 커진다.

(2) **압력에 영향을 주는 요인**

① **힘이 작용하는 면적이 같을 때**

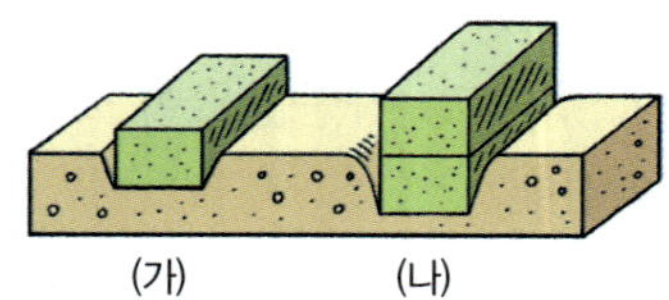

(가)　　　(나)

힘이 작용하는 면적	(가)=(나)
힘의 크기	(가)<(나)
압력의 크기	(가)<(나)
	작용하는힘의 크기가 클수록 압력이 커진다.

② **작용하는 힘의 크기가 같을 때**

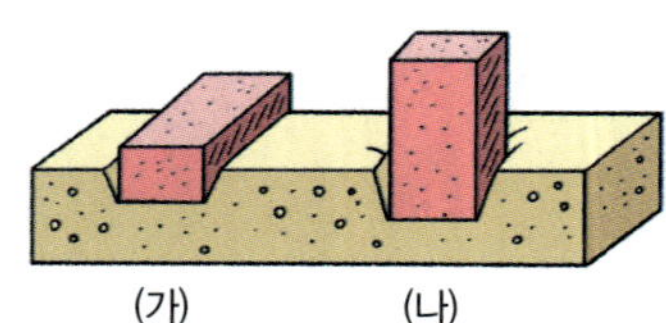

(가)　　　(나)

힘이 작용하는 면적	(가)>(나)
힘의 크기	(가)=(나)
압력의 크기	(가)<(나)
	힘이 작용하는 면적이 좁을수록 압력이 커진다.

(3) **압력의 크기 비교 실험**

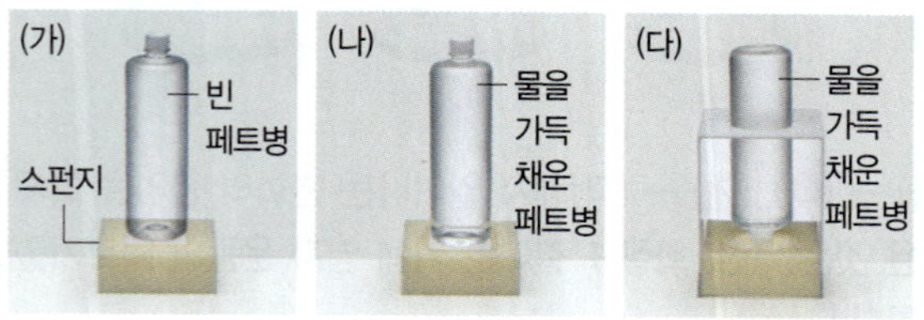

① **스펀지가 눌리는 정도:** (가)<(나)<(다)

② **스펀지가 눌리는 정도가 다른 까닭:** 힘의 크기가 클수록, 힘이 작용하는 면적이 좁을수록 압력이 크게 작용하기 때문

(4) **일상생활에서 압력을 이용한 예**

① **압력이 커지는 경우:** 못, 바늘, 압정, 빨대, 아이젠 등
➡ 힘이 작용하는 면적을 좁힌다.

② **압력이 작아지는 경우:** 눈썰매, 스키, 설피 등
➡ 힘이 작용하는 면적을 넓힌다.

2. 기체의 압력(기압): 일정한 면적에 기체 입자가 충돌해서 가하는 힘

(1) 기체의 압력은 모든 방향으로 작용한다.

(2) 용기 안에 들어 있는 기체 입자의 개수가 많으면 기체 입자의 충돌 횟수가 증가하여 기체의 압력이 커진다.

예 찌그러진 축구공에 공기를 넣을 때의 변화

> 축구공에 공기를 넣음 ➡ 축구공 속 기체 입자의 개수 증가 ➡ 축구공 속 기체 입자의 충돌 횟수 증가 ➡ 축구공 속 공기의 압력 증가 ➡ 축구공이 사방으로 부풀어 오름

(3) **기체의 압력 확인 실험**

① **기체의 압력이 작용하는 방향 확인**

> [과정] 페트병에 쇠구슬 15 개를 넣고 뚜껑을 닫은 다음, 페트병을 양손으로 잡고 흔들어 손바닥에 느껴지는 힘을 확인한다.
> [결과] 손바닥 전체에서 힘이 느껴진다.
> ➡ 쇠구슬은 모든 방향으로 움직인다는 것을 알 수 있다.
> [결론] 기체의 압력은 모든 방향으로 작용한다.

② **기체 압력의 크기 확인**

> [과정]
> ① 페트병 2 개에 각각 쇠구슬 15 개, 30 개를 넣은 다음 뚜껑을 닫는다.
> ② ①의 페트병을 양손으로 잡고 같은 빠르기로 흔들면서 손바닥에 느껴지는 힘을 비교한다.
>
> 
>
>
> [결과] 쇠구슬의 개수가 많을수록 손바닥에 느껴지는 힘이 커진다.
> ➡ 쇠구슬의 개수가 많을수록 페트병의 안쪽 벽에 충돌하는 횟수가 늘어난다.
> [결론] 기체 입자의 개수가 많을수록 입자가 용기 안쪽 벽에 충돌하는 횟수가 증가하여 기체의 압력이 커진다.

(4) **기체의 압력을 이용한 예:** 에어백, 풍선 놀이 틀, 구조용 공기 안전 매트, 튜브 등

1. 기체의 압력과 부피 관계: 온도가 일정할 때 압력이 증가하면 기체의 부피는 감소하고, 압력이 감소하면 기체의 부피는 증가한다.

(1) **보일 법칙:** 온도가 일정할 때 일정량의 기체의 압력과 부피는 반비례한다.

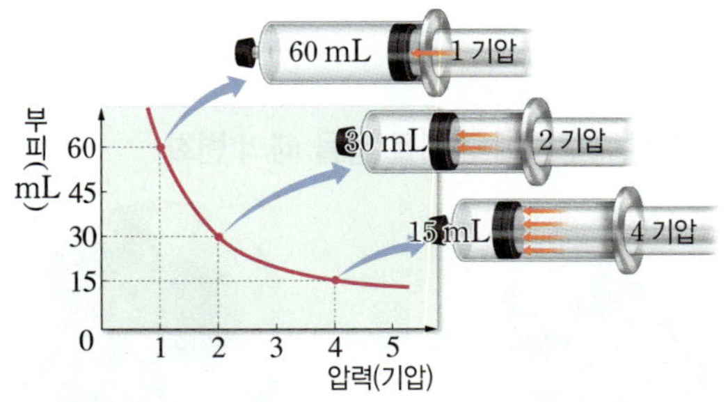

(2) 압력에 따른 기체의 부피 변화와 입자의 운동

압력 감소	압력 증가
기체에 작용하는 외부 압력 감소 ➡ 기체의 부피 증가 ➡ 기체 입자의 충돌 횟수 감소 ➡ 용기 속 기체의 압력 감소	기체에 작용하는 외부 압력 증가 ➡ 기체의 부피 감소 ➡ 기체 입자의 충돌 횟수 증가 ➡ 용기 속 기체의 압력 증가

(3) 기체의 압력과 부피 관계 실험

[과정]
① 주사기 속 공기가 40 mL가 되도록 피스톤의 눈금을 맞춘 뒤 주사기와 압력 센서, 스마트 기기의 앱을 연결한다.
② 피스톤을 서서히 누르면서 주사기 속 공기의 부피와 압력을 측정한다.

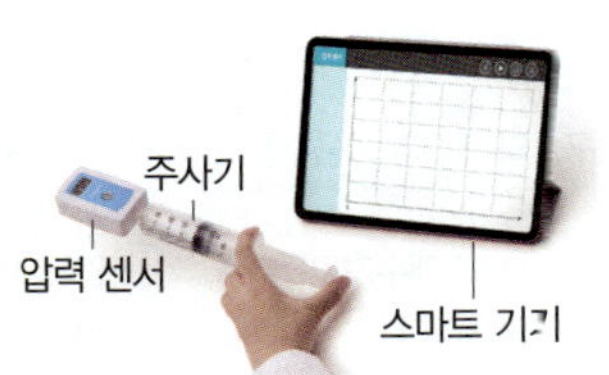

[결과] 공기의 부피가 감소할수록 압력이 증가한다.
[결론] 온도가 일정할 때 일정량의 기체의 부피는 압력에 반비례한다.

(4) 기체의 압력과 부피 관계를 이용한 예
① 높은 산에 올라가면 과자 봉지가 부풀어 오른다.
② 헬륨 풍선이 하늘 높이 올라가면서 크기가 점점 커진다.
③ 잠수부가 내뿜은 공기 방울은 수면으로 올라올수록 점점 커진다.

2. 기체의 온도와 부피 관계: 압력이 일정할 때 온도가 높아지면 기체의 부피가 증가하고, 온도가 낮아지면 기체의 부피가 감소한다.

(1) **샤를 법칙:** 압력이 일정할 때 기체의 온도가 높아지면 일정량의 기체의 부피는 일정한 비율로 증가한다.

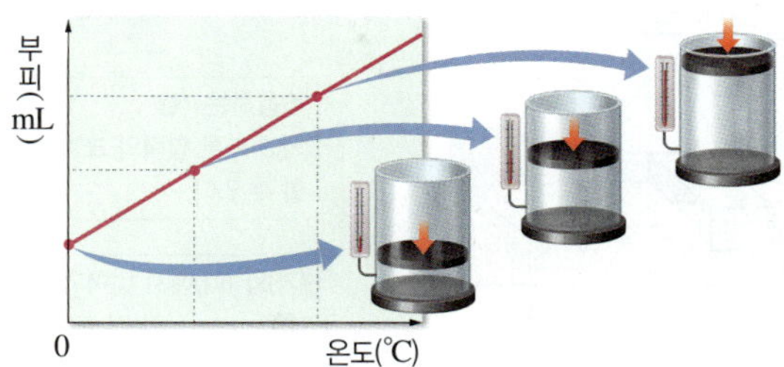

(2) 온도에 따른 기체의 부피 변화와 입자의 운동

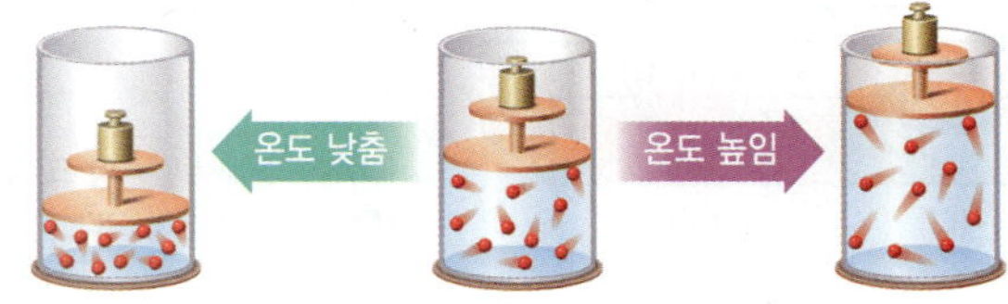

온도 낮춤	온도 높임
온도 낮춤 ➡ 기체 입자 운동의 빠르기 감소 ➡ 기체 입자의 충돌 세기 감소 ➡ 기체의 부피 감소	온도 높임 ➡ 기체 입자 운동의 빠르기 증가 ➡ 기체 입자의 충돌 세기 증가 ➡ 기체의 부피 증가

(3) 기체의 온도와 부피 관계 실험

[과정]
① 스포이트의 뾰족한 부분을 잘라내고 스포이트의 둥근 부분 끝을 자의 영점에 셀로판테이프로 붙인다.
② 다른 스포이트로 과정 ①의 스포이트에 식용 색소를 탄 물을 1 방울 넣은 다음, 온도가 다른 물이 담긴 비커에 넣고 물방울의 위치를 측정한다.

[결과] 온도가 높아지면 스포이트 속 공기의 부피가 증가한다.
[결론] 압력이 일정할 때 기체의 온도가 높아지면 일정량의 기체의 부피가 증가한다.

(4) 기체의 온도와 부피 관계를 이용한 예
① 찌그러진 탁구공을 뜨거운 물에 넣으면 펴진다.
② 열기구의 풍선 속 기체를 가열하면 위로 떠오른다.
③ 추운 겨울에 헬륨 풍선을 들고 밖으로 나가면 풍선이 쭈그러든다.

최종 점검

01 / 기체의 압력

1. 압력의 크기

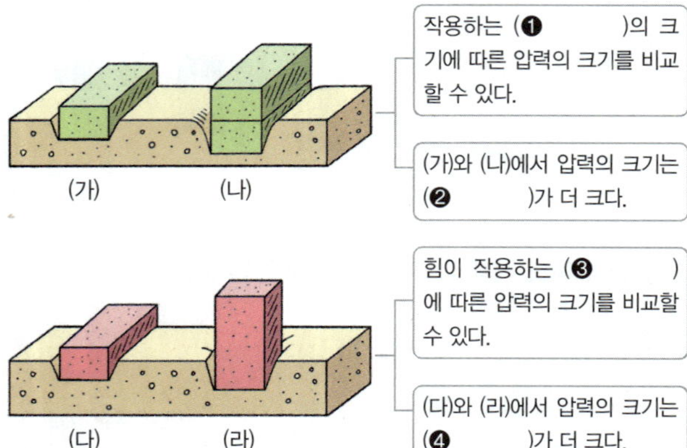

(가) (나)

작용하는 (❶   )의 크기에 따른 압력의 크기를 비교할 수 있다.

(가)와 (나)에서 압력의 크기는 (❷   )가 더 크다.

(다) (라)

힘이 작용하는 (❸   )에 따른 압력의 크기를 비교할 수 있다.

(다)와 (라)에서 압력의 크기는 (❹   )가 더 크다.

2. 압력의 크기 비교 실험

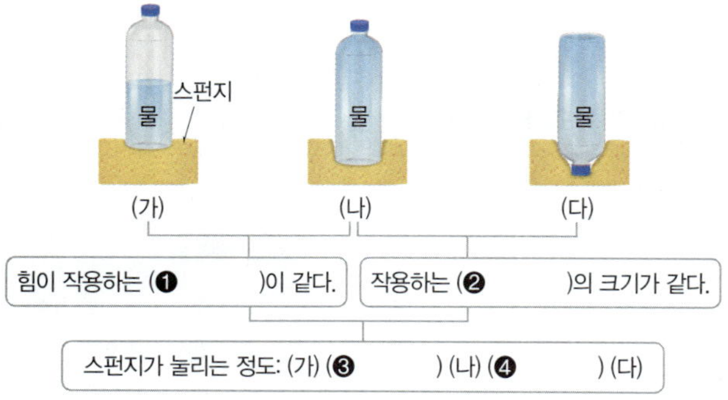

(가) (나) (다)

힘이 작용하는 (❶   )이 같다. | 작용하는 (❷   )의 크기가 같다.

스펀지가 눌리는 정도: (가) (❸   ) (나) (❹   ) (다)

3. 일상생활에서 압력을 이용한 예

힘이 작용하는 면적을 좁혀 압력을 (❶   )게 하므로 바느질을 쉽게 할 수 있다.

힘이 작용하는 면적을 넓혀 압력을 (❷   )게 하므로 눈에 빠지지 않는다.

⬆ 바늘   ⬆ 눈썰매

4. 기체의 압력

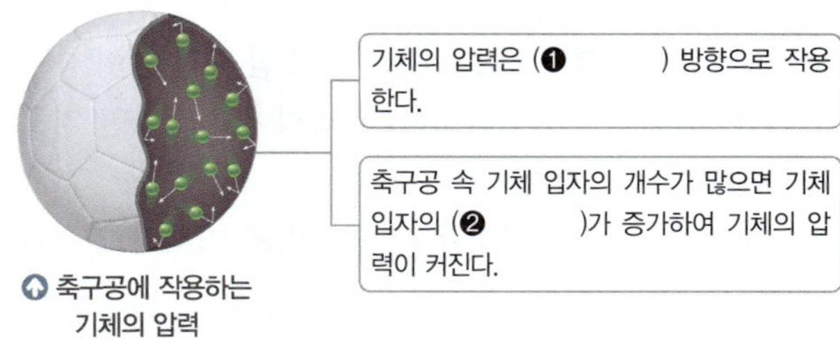

⬆ 축구공에 작용하는 기체의 압력

기체의 압력은 (❶   ) 방향으로 작용한다.

축구공 속 기체 입자의 개수가 많으면 기체 입자의 (❷   )가 증가하여 기체의 압력이 커진다.

5. 찌그러진 축구공에 공기를 넣을 때의 변화

축구공에 공기를 넣음 ➡ 축구공 속 기체 입자의 개수 (❶   ) ➡ 축구공 속 기체 입자의 충돌 횟수 (❷   ) ➡ 축구공 속 공기의 압력 (❸   ) ➡ 축구공이 사방으로 부풀어 오름

6. 기체의 압력 확인 실험

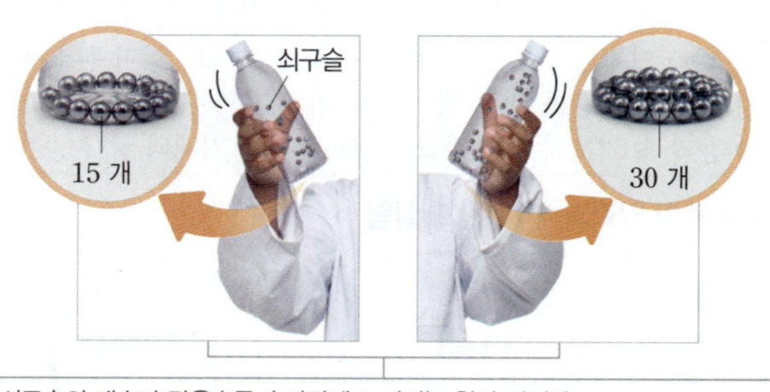

쇠구슬의 개수가 많을수록 손바닥에 느껴지는 힘이 커진다.

기체 입자의 개수가 많을수록 기체 입자가 용기 안쪽 벽에 충돌하는 횟수가 증가하여 기체의 압력이 (❶   )진다.

7. 기체의 압력을 이용한 예

일정한 크기의 용기에 공기를 채우면 기체의 (❶   )이 커지는 원리를 이용한 예이다.

⬆ 에어백   ⬆ 풍선 놀이 틀

O2 / 기체의 압력 및 온도와 부피 관계

1. 보일 법칙

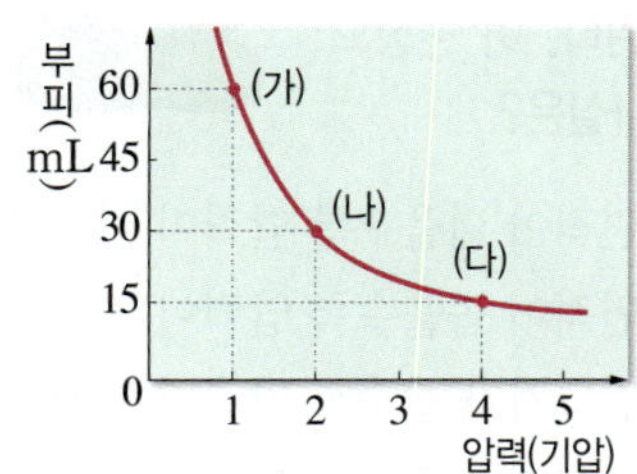

- (가) → (나): 기체의 압력 2 배, 기체의 부피 $\frac{1}{2}$
- (가) → (다): 기체의 압력 4 배, 기체의 부피 $\frac{1}{4}$
- (가)~(다)에서 기체의 압력과 부피의 곱은 일정하다.
➡ 온도가 일정할 때 일정량의 기체의 압력과 부피는 (❶   )한다.

2. 압력에 따른 기체의 부피와 입자의 운동 (단, 온도 일정)

외부 압력 증가 ➡ 기체의 부피 (❶   ) ➡ 기체 입자의 충돌 횟수
(❷   ) ➡ 기체의 압력 증가

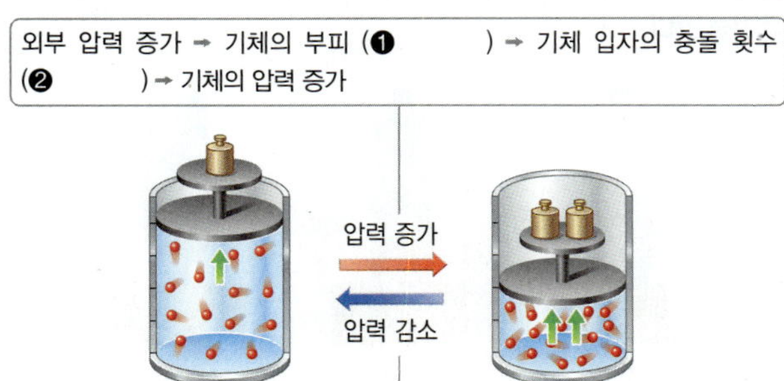

외부 압력 감소 ➡ 기체의 부피 (❸   ) ➡ 기체 입자의 충돌 횟수
(❹   ) ➡ 기체의 압력 감소

3. 기체의 압력과 부피 관계를 이용한 예

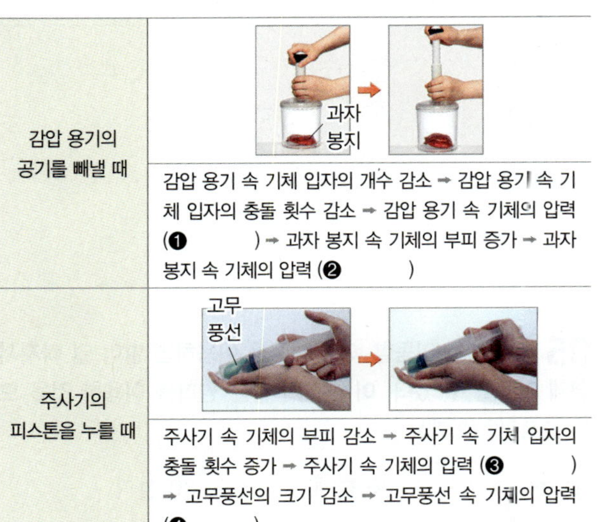

감압 용기의 공기를 빼낼 때	감압 용기 속 기체 입자의 개수 감소 ➡ 감압 용기 속 기체 입자의 충돌 횟수 감소 ➡ 감압 용기 속 기체의 압력 (❶) ➡ 과자 봉지 속 기체의 부피 증가 ➡ 과자 봉지 속 기체의 압력 (❷)
주사기의 피스톤을 누를 때	주사기 속 기체의 부피 감소 ➡ 주사기 속 기체 입자의 충돌 횟수 증가 ➡ 주사기 속 기체의 압력 (❸) ➡ 고무풍선의 크기 감소 ➡ 고무풍선 속 기체의 압력 (❹)

4. 샤를 법칙

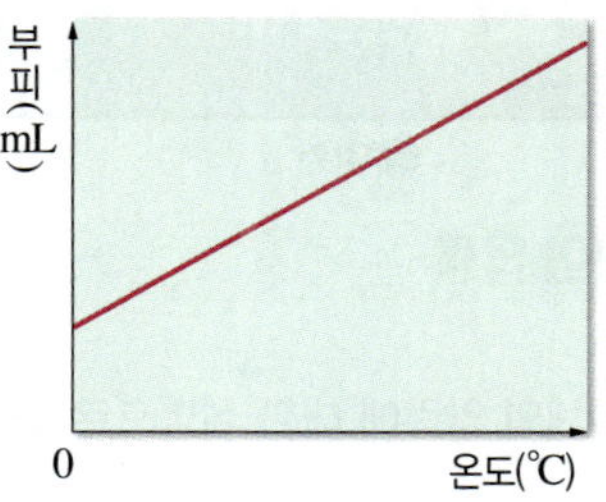

압력이 일정할 때 기체의 온도가 높아지면 일정량의 기체의 부피는 일정한 비율로 (❶   )한다.

5. 온도에 따른 기체의 부피와 입자의 운동 (단, 압력 일정)

온도 높임 ➡ 기체 입자 운동의 빠르기 (❶   ) ➡ 기체 입자의 충돌 세기
(❷   ) ➡ 기체의 부피 증가

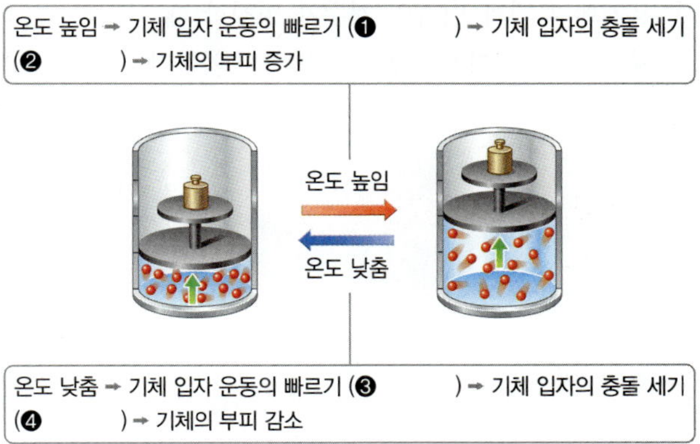

온도 낮춤 ➡ 기체 입자 운동의 빠르기 (❸   ) ➡ 기체 입자의 충돌 세기
(❹   ) ➡ 기체의 부피 감소

6. 기체의 온도와 부피 관계를 이용한 예

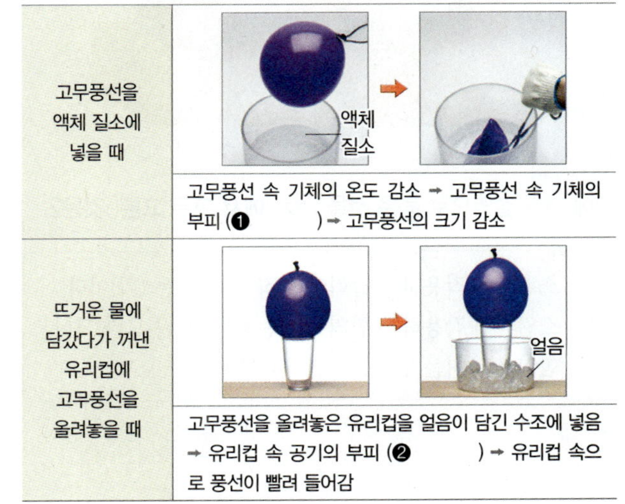

고무풍선을 액체 질소에 넣을 때	고무풍선 속 기체의 온도 감소 ➡ 고무풍선 속 기체의 부피 (❶) ➡ 고무풍선의 크기 감소
뜨거운 물에 담갔다가 꺼낸 유리컵에 고무풍선을 올려놓을 때	고무풍선을 올려놓은 유리컵을 얼음이 담긴 수조에 넣음 ➡ 유리컵 속 공기의 부피 (❷) ➡ 유리컵 속으로 풍선이 빨려 들어감

01 기체의 압력

01 압력과 기체의 압력에 대한 설명으로 옳지 <u>않은</u> 것은?

① 압력은 일정한 면적에 작용하는 힘이다.
② 힘의 크기가 같을 때 힘을 받는 면적이 좁을수록 압력이 커진다.
③ 기체의 압력은 기체 입자가 용기의 벽에 충돌하기 때문에 생긴다.
④ 용기의 부피와 온도가 일정할 때 기체 입자의 개수가 많을수록 용기 속 기체의 압력이 커진다.
⑤ 용기의 부피와 입자의 개수가 일정할 때 온도가 낮아져도 용기 속 기체의 압력은 변하지 않는다.

02 그림과 같이 모양과 질량이 같은 벽돌을 스펀지 위에 올려놓았다.

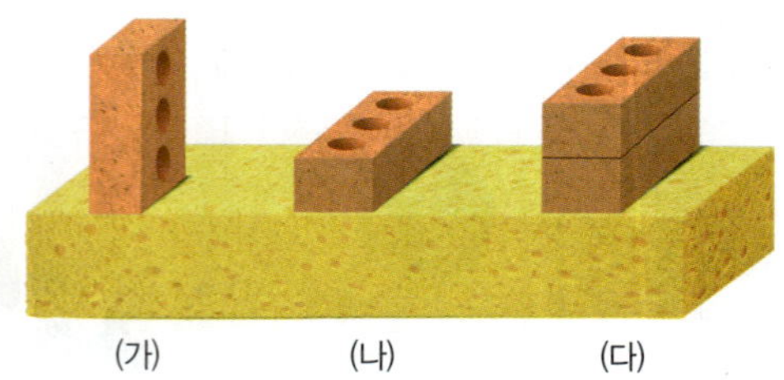

이에 대한 설명으로 옳은 것을 보기 에서 모두 고른 것은?

> 보기
> ㄱ. 스펀지에 작용하는 압력이 가장 작은 것은 (나)이다.
> ㄴ. 스펀지에 작용하는 힘의 크기는 (가)가 (나)보다 크다.
> ㄷ. 힘이 작용하는 면적은 (나)와 (다)가 같다.

① ㄱ   ② ㄴ   ③ ㄱ, ㄷ
④ ㄴ, ㄷ   ⑤ ㄱ, ㄴ, ㄷ

03 오른쪽 그림과 같이 운동화와 하이힐을 신고 같은 힘으로 종이 찰흙을 누르면 하이힐이 더 깊게 눌린다. 이 현상으로 알 수 있는 사실은?

① 힘을 받는 면적이 넓을수록 압력이 커진다.
② 힘을 받는 면적이 좁을수록 압력이 커진다.
③ 누르는 힘의 크기가 클수록 압력이 커진다.
④ 누르는 힘의 크기가 작을수록 압력이 커진다.
⑤ 압력은 누르는 힘의 크기에 따라 달라진다.

04 그림과 같이 동일한 페트병에 물을 넣어 스펀지 위에 올려놓았다.

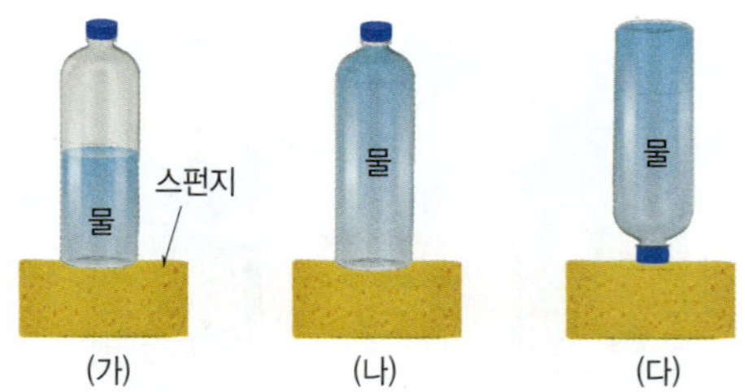

(가)~(다)에 대한 비교로 옳은 것을 보기 에서 모두 고른 것은?

> 보기
> ㄱ. 스펀지에 작용하는 힘의 크기: (가)<(나)=(다)
> ㄴ. 힘이 작용하는 면적: (가)=(나)>(다)
> ㄷ. 스펀지가 눌리는 정도: (가)<(나)<(다)

① ㄱ   ② ㄱ, ㄴ   ③ ㄱ, ㄷ
④ ㄴ, ㄷ   ⑤ ㄱ, ㄴ, ㄷ

05 갯벌에서 이동할 때 널빤지를 이용하면 발이 덜 빠져서 쉽게 이동할 수 있다. 이 현상과 같은 원리를 이용한 것을 모두 고르면? (2 개)

① 못   ② 빨대   ③ 설피
④ 아이젠   ⑤ 눈썰매

06 찌그러진 축구공에 공기를 넣을 때 나타나는 변화로 옳은 것을 ⌐보기⌐에서 모두 고른 것은? (단, 온도는 일정하다.)

⌐ 보기 ⌐
ㄱ. 축구공 속 기체의 압력이 감소한다.
ㄴ. 축구공 속 기체 입자의 개수가 증가한다.
ㄷ. 축구공 속 기체 입자의 운동이 활발해진다.
ㄹ. 축구공 속 기체 입자가 축구공 안쪽 벽에 충돌하는 횟수가 증가한다.

① ㄱ, ㄴ　　　② ㄱ, ㄷ　　　③ ㄴ, ㄷ
④ ㄴ, ㄹ　　　⑤ ㄷ, ㄹ

07 그림과 같이 페트병과 쇠구슬을 이용하여 기체의 압력을 알아보기 위한 실험을 하였다.

이에 대한 설명으로 옳지 <u>않은</u> 것은?

① 손바닥 전체에서 쇠구슬이 충돌하는 힘이 느껴진다.
② 손바닥에 느껴지는 힘은 기체의 압력에 해당한다.
③ 쇠구슬 15 개가 들어 있는 페트병이 쇠구슬 30 개가 들어 있는 페트병보다 손바닥에 느껴지는 힘이 더 크다.
④ 기체 입자의 개수가 많을수록 충돌 횟수가 증가한다는 것을 알 수 있다.
⑤ 기체 입자의 개수가 많을수록 기체의 압력이 커진다는 것을 알 수 있다.

08 일상생활에서 기체의 압력을 이용한 예로 옳은 것을 모두 고르면? (2 개)

① 바늘　　　② 압정　　　③ 칼날
④ 에어백　　　⑤ 풍선 놀이 틀

---

09 오른쪽 그림은 일정한 온도에서 압력에 따른 일정량의 기체의 부피 변화를 나타낸 것이다. 이에 대한 설명으로 옳은 것은?

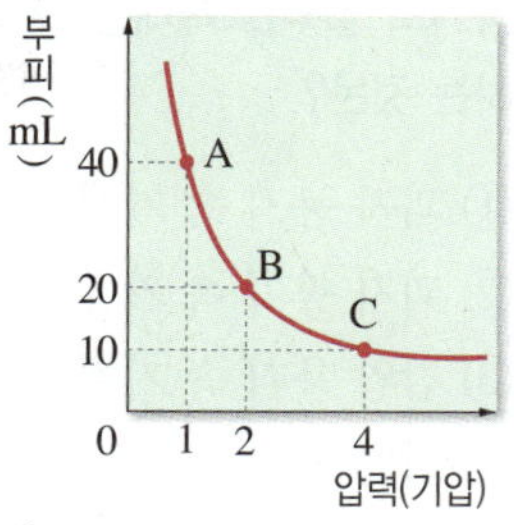

① 샤를 법칙으로 설명할 수 있다.
② 기체의 압력과 부피는 비례한다.
③ A에서 B로 변하면 기체 입자의 운동이 활발해진다.
④ B에서 C로 변하면 기체 입자의 충돌 횟수가 증가한다.
⑤ C에서 A로 변하면 기체 입자의 개수가 증가한다.

10 그림은 일정한 온도에서 공기를 넣은 주사기의 피스톤을 손으로 눌렀다가 뗄 때의 변화를 나타낸 것이다.

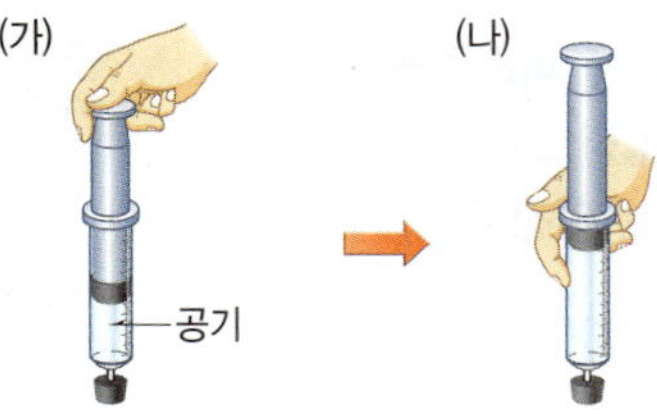

(가)와 (나)를 비교한 것으로 옳지 <u>않은</u> 것은?

① 공기의 압력: (가) > (나)
② 공기를 이루는 기체 입자의 개수: (가) = (나)
③ 공기를 이루는 기체 입자 사이의 거리: (가) < (나)
④ 공기를 이루는 기체 입자의 충돌 횟수: (가) > (나)
⑤ 공기를 이루는 기체 입자 운동의 빠르기: (가) < (나)

11 그림과 같이 일정한 온도에서 실린더에 기체를 넣고 피스톤 위에 추를 1 개 더 올려놓았다.

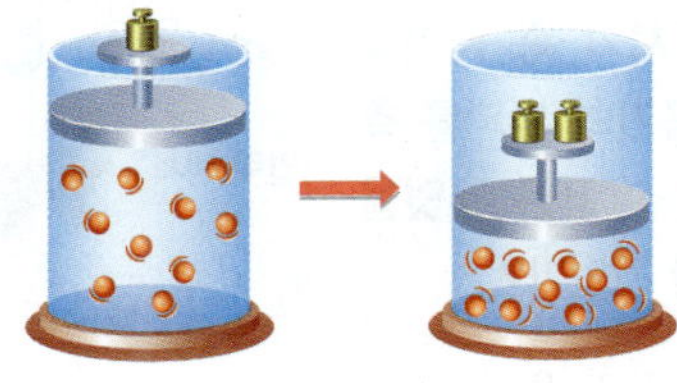

이때 일정하게 유지되는 것은?

① 기체의 압력　　　② 기체의 부피
③ 기체 입자의 개수　　　④ 기체 입자의 충돌 횟수
⑤ 기체 입자 사이의 거리

12 오른쪽 그림은 온도가 일정한 조건에서 감압 용기에 과자 봉지를 넣고 용기 속 공기의 일부를 빼내는 모습이다. 이때 증가하는 것은?

① 과자 봉지 속 기체의 부피
② 과자 봉지 속 기체의 압력
③ 감압 용기 속 기체 입자의 개수
④ 감압 용기 속 기체 입자의 충돌 횟수
⑤ 감압 용기 속 기체 입자 운동의 빠르기

13 오른쪽 그림과 같이 작게 분 고무풍선을 주사기 속에 넣고 주사기 끝을 막은 다음 피스톤을 눌렀다. 이에 대한 설명으로 옳지 않은 것은? (단, 온도는 일정하다.)

① 고무풍선의 크기가 작아진다.
② 주사기 속 기체의 압력이 증가한다.
③ 주사기 속 기체의 부피가 증가한다.
④ 주사기 속 기체 입자의 충돌 횟수가 증가한다.
⑤ 고무풍선 속 기체 입자 사이의 거리가 감소한다.

14 일정한 온도에서 오른쪽 그림과 같이 장치한 다음 피스톤을 눌러 주사기 속 공기를 압축하면서 공기의 부피를 측정하였다. 이 실험은 무엇을 알아보기 위한 것인가?

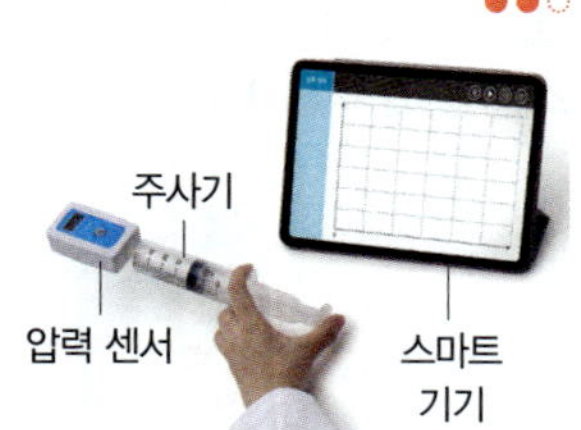

① 기체의 압력과 온도 관계
② 기체의 온도와 부피 관계
③ 기체의 압력과 부피 관계
④ 기체 입자의 개수와 부피 관계
⑤ 기체 입자의 충돌 횟수와 압력 관계

15 보일 법칙과 관련된 현상이 **아닌** 것은?

① 유리컵을 뽁뽁이로 포장하면 잘 깨지지 않는다.
② 열기구 속 공기를 가열하면 열기구가 떠오른다.
③ 헬륨 풍선이 하늘 위로 올라갈수록 점점 커진다.
④ 소스가 담긴 용기를 누르면 내용물이 흘러나온다.
⑤ 공기 주머니가 들어 있는 운동화를 신고 뛰었다가 착지하면 공기 주머니가 압축되어 충격을 줄여 준다.

16 오른쪽 그림은 일정한 압력에서 온도에 따른 일정량의 기체의 부피 변화를 나타낸 것이다. 이에 대한 설명으로 옳은 것을 [보기]에서 모두 고른 것은?

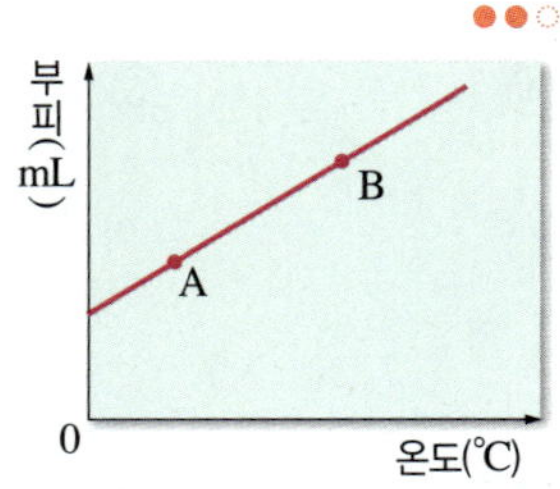

[보기]

ㄱ. 온도가 높아지면 기체의 부피는 일정한 비율로 증가한다.
ㄴ. A에서 B로 변하면 기체 입자의 크기가 커진다.
ㄷ. A는 B보다 기체 입자의 운동이 활발하다.
ㄹ. 기체 입자 사이의 거리는 B가 A보다 멀다.

① ㄱ, ㄴ ② ㄱ, ㄹ ③ ㄴ, ㄷ
④ ㄴ, ㄹ ⑤ ㄷ, ㄹ

17 그림과 같이 일정한 압력에서 실린더 속 기체를 가열하였다.

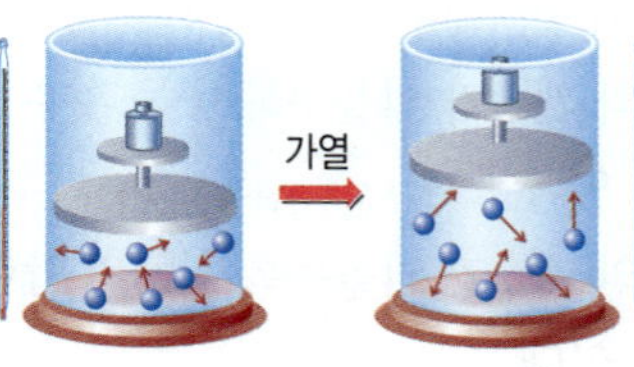

이때 실린더 속 기체의 부피, 기체 입자의 개수, 기체 입자의 충돌 세기 변화를 옳게 짝 지은 것은?

	부피	입자의 개수	입자의 충돌 세기
①	일정	일정	증가
②	증가	일정	감소
③	증가	감소	일정
④	증가	일정	증가
⑤	감소	증가	증가

18 오른쪽 그림과 같이 물 묻힌 동전을 빈 병 입구에 올려놓고 병을 두 손으로 감싸 쥐었더니 동전이 움직였다. 동전이 움직이는 까닭으로 옳은 것은?

① 빈 병 속 기체의 압력이 감소하기 때문
② 빈 병 속 기체 입자의 크기가 커지기 때문
③ 빈 병 속 기체 입자의 개수가 증가하기 때문
④ 빈 병 속 기체 입자 사이의 거리가 가까워지기 때문
⑤ 빈 병 속 기체 입자 운동의 빠르기와 충돌 세기가 증가하기 때문

19 그림 (가)와 같이 뜨거운 물에 담갔다가 꺼낸 유리컵의 입구에 풍선을 올려놓고 기다렸더니 (나)와 같이 유리컵 속으로 풍선이 빨려 들어갔다.

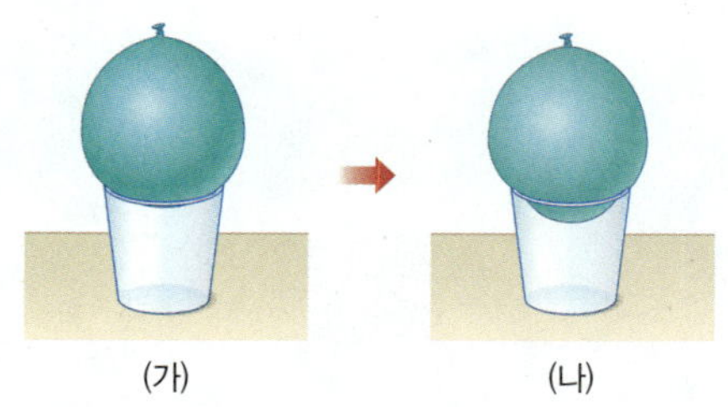

(가) → (나)

이에 대한 설명으로 옳은 것은?

① 유리컵 속 기체의 온도는 (가)보다 (나)가 높다.
② 유리컵 속 기체의 부피는 (가)보다 (나)가 크다.
③ 유리컵 속 기체 입자 운동의 빠르기는 (가)와 (나)가 같다.
④ 유리컵 속 기체 입자 사이의 거리는 (가)가 (나)보다 멀다.
⑤ 압력에 따른 기체의 부피 변화를 확인할 수 있다.

20 피펫에 남은 액체 방울을 빼내려면 피펫 윗부분을 막고 손으로 피펫 중간을 감싸 쥐면 된다. 이 현상과 관계있는 그래프로 옳은 것은?

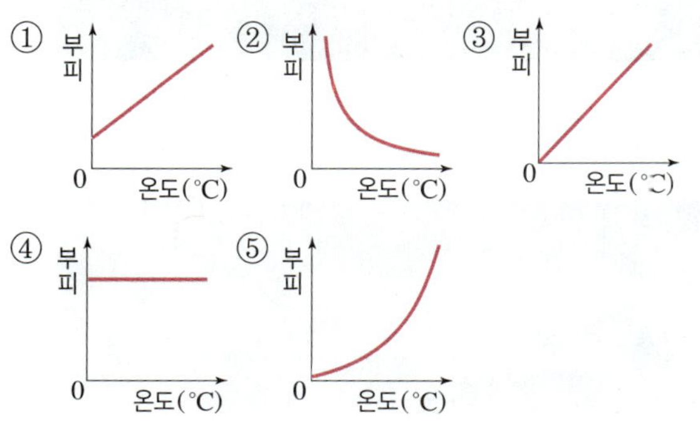

21 표는 일정한 압력에서 온도에 따른 주사기 속 기체의 부피 변화를 나타낸 것이다.

온도(℃)	20	40	60	80
부피(mL)	10	20	30	40

이를 통해 알 수 있는 사실로 옳은 것은?

① 기체의 온도와 부피는 반비례한다.
② 기체의 압력과 부피의 곱은 일정하다.
③ 기체의 압력은 모든 방향으로 작용한다.
④ 온도가 높아지면 기체의 부피가 증가한다.
⑤ 기체 입자의 개수가 많을수록 기체의 부피가 증가한다.

22 기체의 부피가 변하는 원인이 나머지 넷과 다른 것은?

① 높은 산에 올라가면 과자 봉지가 팽팽해진다.
② 찌그러진 탁구공을 뜨거운 물에 넣으면 펴진다.
③ 냉장고에서 꺼낸 밀폐 용기의 뚜껑이 잘 열리지 않는다.
④ 물이 조금 담긴 생수병을 냉장고에 넣어 두면 찌그러진다.
⑤ 오줌싸개 인형의 머리에 뜨거운 물을 부으면 인형에서 물이 나온다.

23 그림은 실린더 속 기체의 부피 변화를 나타낸 것이다.

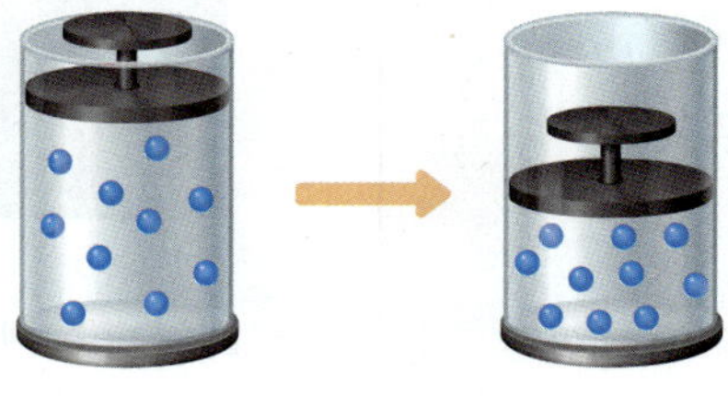

이와 같은 변화가 나타날 수 있는 조건을 모두 고르면? (2 개)

① 온도를 높인다.　　② 온도를 낮춘다.
③ 압력을 높인다.　　④ 압력을 낮춘다.
⑤ 실린더 속에 기체를 더 넣는다.

VII 태양계

- 달의 모양 변화
- 태양계

- 지구의 운동

✦ **여러 날 동안 보이는 달의 모양 변화**

✦ **태양계**　태양계에는　❶ ㅌㅇ ，　❷ ㅎㅅ ，　❸ ㅇㅅ　등이 있다.

이 단원에서 배울 내용

◆ 태양계 구성 천체
◆ 태양계 행성의 분류
◆ 태양 표면과 태양 활동
◆ 천체의 일주 운동
◆ 계절별 별자리 변화
◆ 달의 위상 변화
◆ 일식과 월식

◆ 지구의 운동

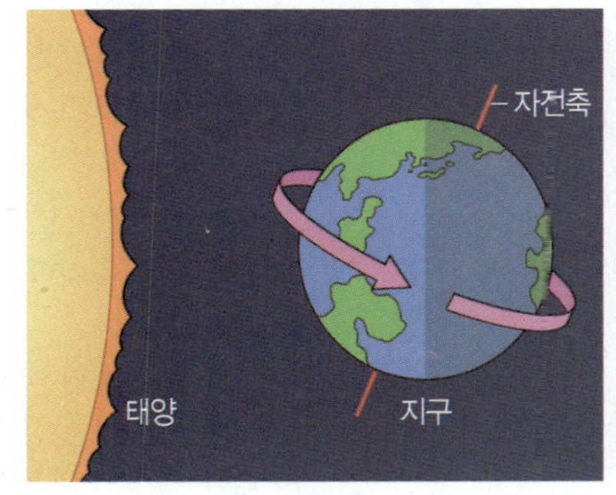

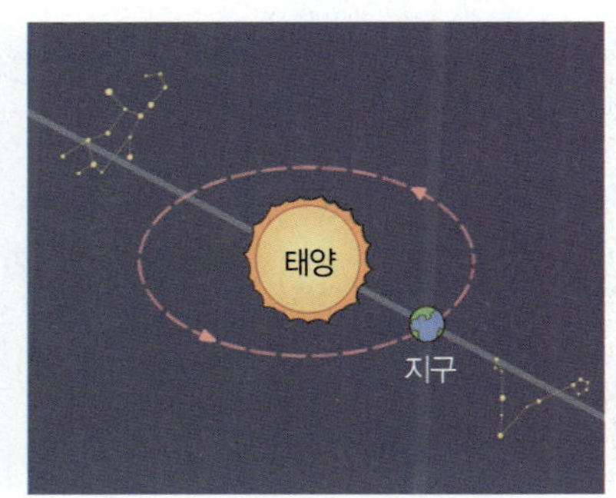

지구의 ❹ [ㅈㅈ] 에 의해 낮과 밤이 반복된다.

지구의 ❺ [ㄱㅈ] 에 의해 별자리의 위치가 변한다.

오른쪽 만화를 보고 지구의
말풍선을 완성해 보자.

A 태양계 구성 천체

우리가 가족과 함께 살고 있는 것처럼 지구도 '태양계'라는 가족을 이루고 있어요. 과연 태양계는 어떤 천체들로 이루어져 있을까요?

1. 태양계: 태양과 태양을 중심으로 공전하는 천체 및 이들이 차지하는 공간

2. 태양계 구성 천체: 태양계에는 태양, ❶행성, 위성, 소행성, 왜소 행성, 혜성 등이 있다.

※ **위성의 예**
- 달: 지구의 위성
- 가니메데, 이오: 목성의 위성
- 타이탄: 토성의 위성

※ **행성과 왜소 행성**
행성은 궤도 주변의 다른 천체를 끌어당길 정도로 중력이 있지만, 왜소 행성은 궤도 주변의 다른 천체를 끌어당길 정도의 중력이 부족하다.

164340 명왕성은 왜 행성의 자격을 상실했을까?
명왕성은 과거 행성으로 분류되었지만, 공전 궤도 주변에서 비슷한 크기의 천체들이 발견되었다. 또한, 명왕성은 자신의 공전 궤도에서 지배적인 역할을 하지 못하므로 2006 년 행성의 지위를 잃고 왜소 행성이 되었다.

❶ **행성(行 돌아다니다, 星 별)**
별 주위를 일정한 주기로 공전하는 천체

❷ **궤도(軌 바퀴 자국, 道 길)** 중력의 영향을 받아 다른 천체의 둘레를 돌면서 그리는 곡선의 길

태양	• 태양계의 중심에 있다. • 스스로 빛을 낸다. • 주로 수소와 헬륨으로 이루어져 있다.	소행성	• 태양을 중심으로 공전한다. • 모양이 불규칙하고 크기가 다양하다. • 주로 화성과 목성 궤도 사이에서 띠를 이루어 분포한다.
행성	• 태양을 중심으로 공전한다. • 모양이 둥글다. • ❷궤도 주변의 다른 천체들에게 지배적인 지위를 갖는다. • 수성, 금성, 지구, 화성, 목성, 토성, 천왕성, 해왕성의 8 개 행성이 있다.	왜소 행성	• 태양을 중심으로 공전한다. • 모양이 둥글지만 행성에 비해 질량과 크기가 작다. • 궤도 주변의 다른 천체들에게 지배적인 역할을 하지 못한다. ※ • 다른 행성의 위성이 아니다. • 명왕성, 세레스 등이 있다.
위성	• 행성을 중심으로 공전한다. • 행성의 위성 개수는 다양하다. ※	혜성	• 얼음과 먼지로 이루어져 있다. • 태양과 가까워지면 태양 반대쪽으로 꼬리가 생긴다. ┌● 대부분 태양을 중심으로 타원 궤도로 공전한다.

B 태양계 행성

태양계에는 지구를 비롯해서 크기와 색깔 등의 특징이 각기 다른 8개의 행성이 있어요. 이 행성들의 특징을 자세히 알아볼까요?

1. 태양계 행성의 특징

행성	모습	특징
수성	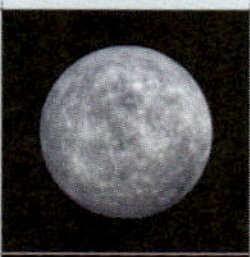	• 대기가 거의 없어 낮과 밤의 온도 차가 매우 크다. • 표면에 운석 구덩이가 많다. • 태양에 가장 가까운 행성이고, 태양계 행성 중 크기가 가장 작다.
금성	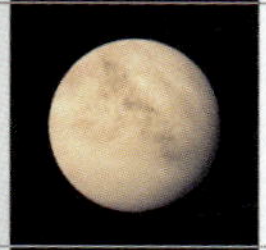	• 이산화 탄소로 이루어진 두꺼운 대기가 있어 표면 온도가 매우 높다. • 크기와 질량이 지구와 비슷하다. • 태양계 행성 중 지구에서 가장 밝게 보인다.
지구	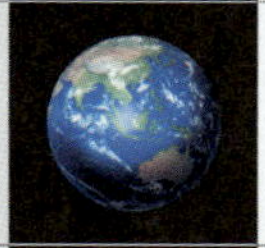	• 질소와 산소 등으로 이루어진 대기가 있다. • 표면에 액체 상태의 물이 있고, 다양한 생명체가 살고 있다. • 1개의 위성(달)이 있다.
화성	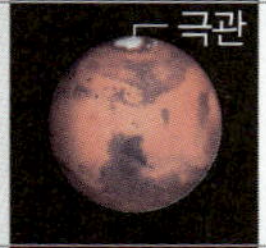 극관	• 표면이 붉게 보이고, 과거에 물이 흘렀던 흔적이 있다. • 극지방에는 얼음과 드라이아이스로 이루어진 흰색의 ❶극관이 있다.
목성	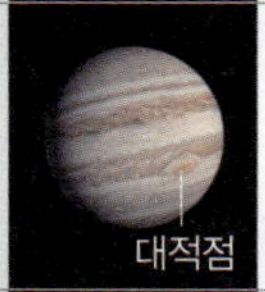 대적점	• 주로 수소와 헬륨으로 이루어져 있다. • 표면에는 적도와 나란한 줄무늬와 대기의 소용돌이인 ❷대적점이 나타난다. • 희미한 고리가 있고 위성이 많다. • 태양계 행성 중 크기가 가장 크다.
토성	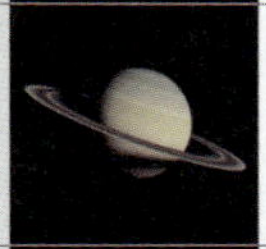	• 주로 수소와 헬륨으로 이루어져 있다. ← 태양계 행성 중 두 번째로 크다. • 표면에는 적도와 나란한 줄무늬가 나타난다. • 얼음과 암석으로 이루어진 뚜렷한 고리가 있고 위성이 많다.
천왕성	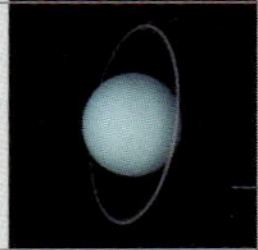	• 청록색으로 보이고, 자전축이 공전 궤도면과 거의 나란하다. • 희미한 고리와 위성들이 있다. ← 주로 수소, 헬륨, 메테인으로 구성되어 있다.
해왕성	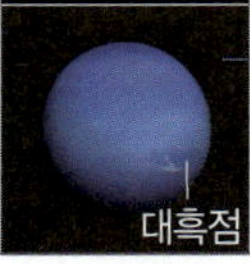 대흑점	• 청록색으로 보이고, 대기의 소용돌이인 ❸대흑점이 있다. • 희미한 고리와 위성들이 있다. • 태양계 행성 중 가장 바깥쪽에 위치해 있다.

2. 태양계 행성의 분류: 행성은 특징에 따라 지구형 행성과 목성형 행성으로 분류할 수 있다.✻

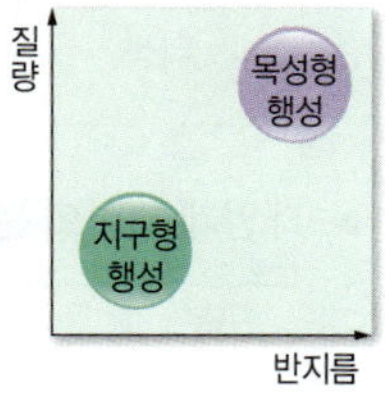

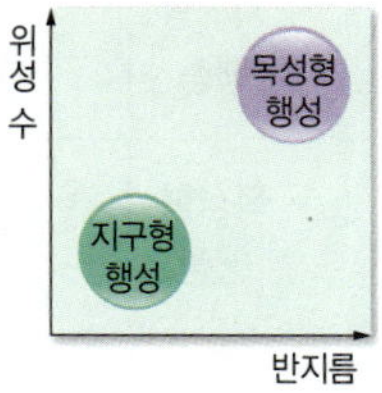

(1) 수성, 금성, 지구, 화성은 질량과 반지름이 작고, 표면이 단단한 암석으로 이루어진 행성이다. ➡ 지구형 행성

(2) 목성, 토성, 천왕성, 해왕성은 질량과 반지름이 크고, 표면이 기체로 이루어진 행성이다. ➡ 목성형 행성

지구형 행성	특징	목성형 행성
수성, 금성, 지구, 화성	행성	목성, 토성, 천왕성, 해왕성
작다.	질량	크다.
작다.	반지름	크다.
없거나 적다.	위성 수	많다.
없다.	고리	있다.
단단한 암석(고체)	표면 상태	단단한 표면이 없다(기체).

기초튼튼 기본 문제

✔ 핵심 요약

▶ 태양계 구성 천체

태양	태양계의 중심에 있으며 스스로 ❶ ☐ 을 내는 천체	❹ ☐	화성과 목성 궤도 사이에서 분포하며, 모양이 불규칙한 천체
❷ ☐	태양을 중심으로 공전하며 모양이 둥글고 궤도 주변의 다른 천체들에게 지배적인 지위를 갖는 천체	왜소 행성	태양을 중심으로 공전하며 모양이 둥글지만, 자신의 궤도 주변에서 지배적인 지위를 갖지 못하는 천체
위성	❸ ☐ 을 중심으로 공전하는 천체	혜성	얼음과 먼지로 이루어져 있고, 태양과 가까워지면 꼬리가 생기는 천체

▶ 태양계 행성의 분류

구분	행성	질량	반지름	위성 수	고리	표면 상태
지구형 행성	수성, 금성, 지구, ❺ ☐	작다.	❻ ☐ .	없거나 적다.	없다.	암석
목성형 행성	목성, ❼ ☐ , 천왕성, 해왕성	크다.	❽ ☐ .	많다.	있다.	기체

1 태양을 중심으로 공전하는 태양계 구성 천체를 〔보기〕에서 모두 고르시오.

〔보기〕
ㄱ. 행성　　　　ㄴ. 위성　　　　ㄷ. 소행성　　　　ㄹ. 왜소 행성

2 태양계 구성 천체에 대한 설명으로 옳은 것은 ○, 옳지 <u>않은</u> 것은 ×로 표시하시오.

(1) 행성은 스스로 빛을 낸다. ⋯⋯⋯⋯⋯⋯⋯⋯⋯⋯⋯⋯⋯⋯⋯ (　　)

(2) 왜소 행성은 모양이 둥글지 않고 불규칙하다. ⋯⋯⋯⋯⋯⋯⋯ (　　)

(3) 소행성은 주로 화성과 목성 궤도 사이에 분포한다. ⋯⋯⋯⋯ (　　)

3 태양계 행성의 이름과 특징을 선으로 옳게 연결하시오.

(1) 수성 •　　　　　　　　　• ㉠ 얼음과 암석으로 이루어진 뚜렷한 고리가 있다.

(2) 금성 •　　　　　　　　　• ㉡ 표면에 적도와 나란한 줄무늬와 대적점이 있다.

(3) 목성 •　　　　　　　　　• ㉢ 주로 이산화 탄소로 이루어진 두꺼운 대기가 있다.

(4) 토성 •　　　　　　　　　• ㉣ 태양계 행성 중 태양에 가장 가깝고 크기가 가장 작다.

4 지구형 행성에 대한 설명은 '지', 목성형 행성에 대한 설명은 '목'을 쓰시오.

(1) 고리가 없다. ⋯⋯⋯⋯⋯⋯⋯⋯⋯⋯⋯⋯⋯⋯⋯⋯⋯⋯⋯⋯ (　　)

(2) 상대적으로 반지름이 크다. ⋯⋯⋯⋯⋯⋯⋯⋯⋯⋯⋯⋯⋯⋯ (　　)

(3) 위성이 없거나 수가 적다. ⋯⋯⋯⋯⋯⋯⋯⋯⋯⋯⋯⋯⋯⋯⋯ (　　)

(4) 기체로 이루어져 단단한 표면이 없다. ⋯⋯⋯⋯⋯⋯⋯⋯⋯ (　　)

1. 태양

(1) 태양의 표면

① 밝게 보이는 태양의 둥근 표면을 **[1]광구**라고 한다. ➡ 광구의 평균 온도는 약 6000 ℃이다.

② 광구를 관측하면 흑점과 쌀알 무늬를 볼 수 있다.

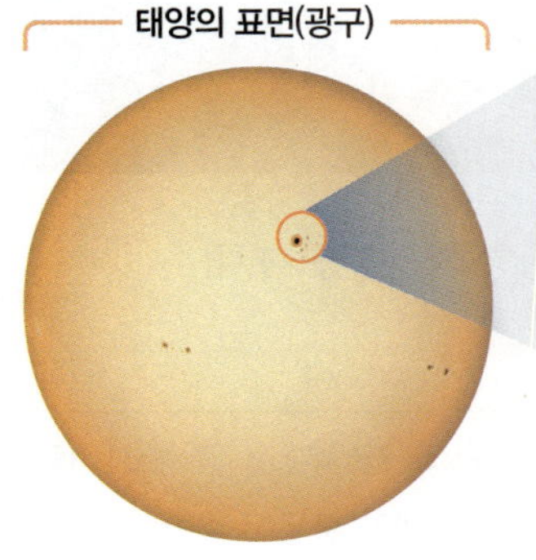

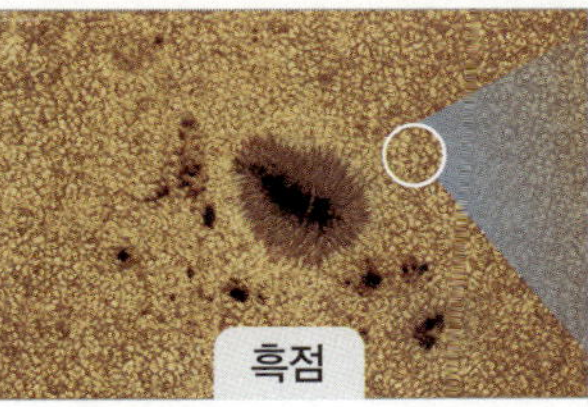

• 광구에서 나타나는 불규칙한 모양의 어두운 부분
• 온도가 약 4000 ℃로, 주변보다 온도가 낮아 어둡게 보인다.※
• 수명, 크기, 모양이 다양하고, 흑점 수는 주기적으로 변한다-.※

• 광구에 쌀알을 뿌려 놓은 것처럼 보이는 무늬
• 광구 아래에서 일어나는 대류 현상으로 생긴다.※

(2) 태양의 대기

① 태양의 대기는 광구 위로 넓게 퍼져 있다.

② 평소에는 광구가 밝아서 태양의 대기를 보기 어렵지만, 달이 태양의 광구를 완전히 가리면 태양의 대기를 관측할 수 있다.

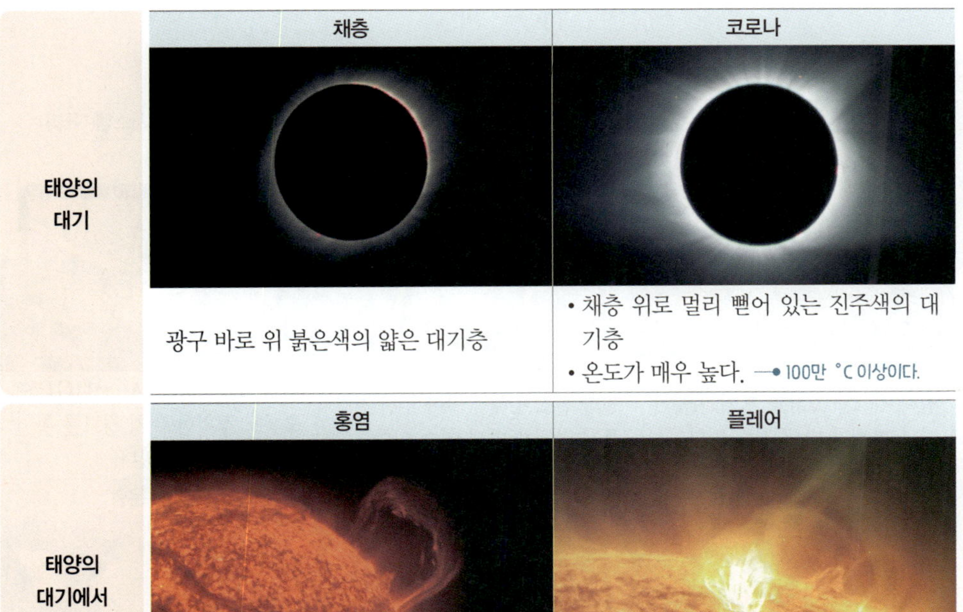

	채층	코로나
태양의 대기	광구 바로 위 붉은색의 얇은 대기층	• 채층 위로 멀리 뻗어 있는 진주색의 대기층 • 온도가 매우 높다. — 100만 ℃ 이상이다.

	홍염	플레어
태양의 대기에서 나타나는 현상	광구에서 코로나까지 물질이 불꽃이나 고리 모양으로 솟아오르는 현상	• 흑점 부근에서 일어나는 강력한 폭발 현상 — 발생하면 채층의 일부가 매우 밝아진다. • 플레어가 발생하면 많은 양의 물질과 에너지가 우주 공간으로 방출된다.

✳ **태양의 표면과 흑점의 온도**

광구의 평균 온도는 약 6000 ℃이고, 흑점의 온도는 약 4000 ℃이다. 흑점은 주변에 비해 온도가 약 2000 ℃ 낮아 어둡게 보인다.

✳ **흑점의 이동**

태양은 자전한다. 따라서 망원경으로 태양의 표면을 관측하면 흑점의 위치가 달라지는 것처럼 보인다.

✳ **쌀알 무늬의 생성 원리**

고온의 물질이 올라오는 곳은 밝고, 표면에서 냉각된 물질이 내려가는 곳은 어둡다.

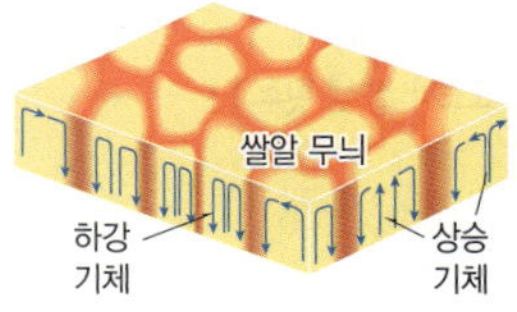

암기해

태양의 대기

코
대체로 홍염은 **레어**템
기 채나   플 레 어
층

용어

[1] 광구(光 빛나다, 球 둥글다)
스스로 빛을 내는 천체의 표면

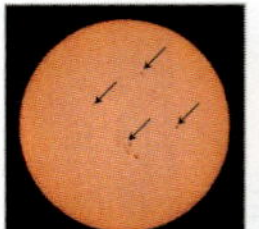 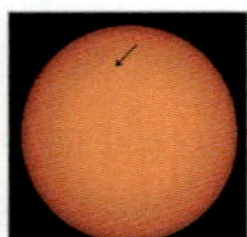

암기해

태양 활동이 활발할 때 일어나는 현상
- 흑점 수 ↑
- 코로나의 크기 ↑
- 홍염, 플레어 발생 횟수 ↑
- 태양풍 세기 ↑
- 오로라 발생 횟수 ↑

❋ **태양 활동이 활발할 때 지구에 미치는 영향**
- ❸자기 폭풍이 일어난다.
- 우주인이 더 많은 태양 방사선에 노출될 수 있다.
- 비행기와 선박 등이 장거리 무선 통신을 사용할 수 없게 된다.

용어

❶ **태양풍** 태양에서 우주로 방출되는 전기적 성질을 띤 입자의 흐름

❷ **오로라(aurora)** 태양에서 날아 온 전기적 성질을 띤 입자들이 지구 대기와 충돌하여 빛을 내는 현상으로, 고위도 지역에서 주로 나타난다.

❸ **자기 폭풍** 지구 자기장이 짧은 시간 동안 불규칙하게 변하는 현상

2. 태양 활동이 미치는 영향

(1) 태양 활동이 활발할 때 태양의 변화

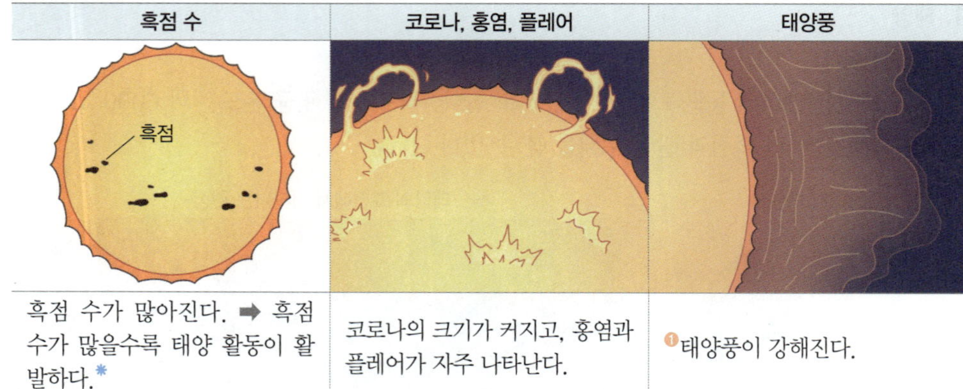

흑점 수	코로나, 홍염, 플레어	태양풍
흑점 수가 많아진다. ➡ 흑점 수가 많을수록 태양 활동이 활발하다. ❋	코로나의 크기가 커지고, 홍염과 플레어가 자주 나타난다.	❶태양풍이 강해진다.

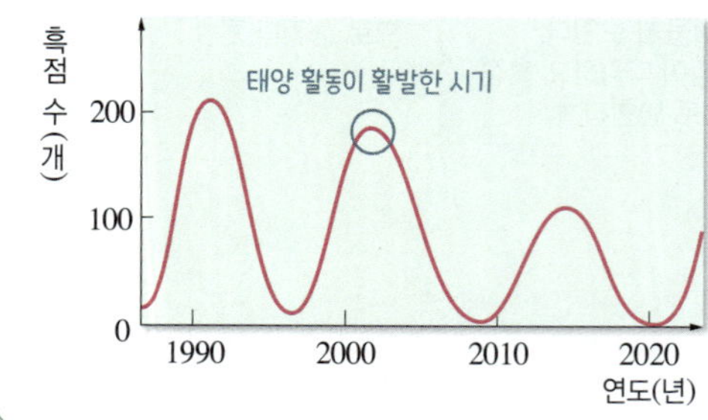

흑점 수 변화

📄 비상교육, 천재(정), 동아출판, 와이비엠 교과서에만 나와요.

- 흑점 수가 많을 때 태양 활동이 활발하다.
- 광구에 나타나는 흑점 수는 약 11 년을 주기로 변한다. ➡ 태양 활동의 주기는 약 11 년이다.

(2) 태양 활동이 활발할 때 지구에 미치는 영향❋

전력 시스템	무선 전파 통신	위성 위치 확인 시스템(GPS)
전력 시스템 오류로 전기가 끊기거나 화재가 발생할 수 있다.	전파 신호 방해를 받아 무선 전파 통신 장애가 발생할 수 있다.	위성 위치 확인 시스템(GPS) 오류로 정확한 위치 정보를 확인하기 어려울 수 있다.

인공위성	오로라	항공기 운항
인공위성 센서가 고장나 인공위성이 기능을 못할 수 있다.	❷오로라가 자주 발생하고, 더 넓은 지역에서 발생한다.	북극 지방 하늘 주위로 비행하기 어려워진다.

천체 망원경과 천체 관측

천체들은 지구에서 멀리 떨어져 있어 맨눈으로는 특징을 확인하기 어려워요. 천체 망원경을 이용하여 행성이나 달, 태양의 모습을 보다 자세히 관측하는 방법을 알아볼까요?

1. 천체 망원경: 멀리 있는 천체를 자세하게 관측하는 장치 ➡ 달, 행성, 태양 등을 천체 망원경으로 관측하면 맨눈으로 볼 때와 달리 천체의 표면에서 나타나는 특징을 관찰할 수 있다. ✱

2. 천체 망원경의 구조와 역할

대물렌즈
천체에서 오는 빛을 모으는 렌즈

가대
경통과 삼각대를 연결하는 부분 ➡ 경통을 움직일 수 있게 한다.

균형추
천체 망원경의 균형을 잡아 주는 추 ➡ 천체 망원경이 원활하게 움직일 수 있게 한다.

삼각대
천체 망원경을 세우고 고정한다.

경통
대물렌즈와 접안렌즈를 연결하는 통

보조 망원경(파인더)
관측하려는 천체를 찾을 때 사용하는 소형 망원경 ➡ ❶배율이 낮아 ❷시야가 넓다.

접안렌즈
상을 확대하여 눈으로 볼 수 있게 하는 렌즈 ➡ 교체하여 배율을 조절할 수 있다.

초점 조절 나사
접안렌즈를 움직여 초점을 맞출 수 있게 한다.

3. 천체 망원경의 조립 방법

❶ 삼각대 세우기	편평한 곳에 삼각대를 세운다.
❷ 가대 끼우기	삼각대 위에 가대를 끼우고 고정한다.
❸ 균형추 끼우기	가대에 균형추를 끼운다.
❹ 경통 끼우기	경통을 가대 위에 올려놓은 뒤 고정한다.
❺ 보조 망원경과 접안렌즈 끼우기	보조 망원경을 먼저 끼우고, 접안렌즈는 저배율(초점 거리가 긴 것)로 끼운다.
❻ 균형 맞추기	균형추로 천체 망원경의 균형을 맞춘다.

4. 천체 망원경을 이용한 천체 관측 방법 ✱

시야가 트여있고 편평한 곳에 망원경을 설치한 뒤, 경통이 관측하려는 천체를 향하도록 조절한다. ➡ 보조 망원경으로 관측할 천체를 찾은 후, 보조 망원경의 십자선 중앙에 천체가 오도록 한다. ✱ ➡ 접안렌즈로 천체를 보면서 천체의 모습이 선명하게 보이도록 초점을 맞춘다. ➡ 저배율(초점 거리 긴 것)에서 고배율(초점 거리 짧은 것) 순서로 관측한다.

✱ **달에 비해 행성을 맨눈으로 관찰하기 어려운 까닭**
달에 비해 행성은 맨눈으로 보면 별과 구분되지 않기 때문이다.

천체 망원경의 구조와 역할
대모님의 **접**대를 **확**실하게!
물은   안   대
렌즈   렌   즈
      다

➡ 대물렌즈는 빛을 모으고, 접안렌즈는 상을 확대한다.

✱ **태양을 관측할 때 유의점**
태양은 매우 밝으므로 망원경으로 직접 보지 않는다. ➡ 대물렌즈와 보조 망원경에 태양 필터를 장착하거나 태양 투영판을 설치한다.

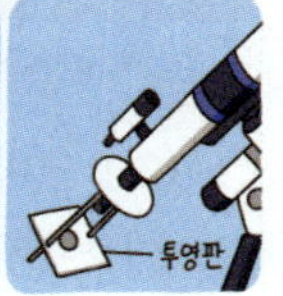

✱ **천체의 위치 조정**
망원경으로 천체를 관측하면 상하좌우가 반대로 보이므로 망원경을 조작할 때에는 원하는 방향의 반대로 움직여야 한다.

❶ **배율(倍 곱, 率 율)** 거울, 렌즈, 망원경, 현미경 따위로 물체를 볼 때 물체와 상과의 크기의 비율

❷ **시야(視 보다, 野 들판)** 현미경, 망원경, 사진기 등의 렌즈로 볼 수 있는 범위

✔ 핵심 요약

▶ **태양의 표면과 대기**

표면(광구)		대기 및 대기 현상			
❶	쌀알 무늬	채층	❷	홍염	플레어
주위보다 온도가 낮아 어둡게 보이는 부분	쌀알 모양의 무늬	광구 바로 위 붉은색의 얇은 대기층	채층 위로 뻗어 있는 진주색의 대기층	광구에서 물질이 솟아오르는 현상	흑점 부근에서 일어나는 강력한 폭발 현상

▶ **태양의 활동이 활발할 때 나타나는 현상**

- 흑점 수가 ❸⬚ 을 때 태양 활동이 활발하다.
- 태양 활동이 활발할 때 지구에서는 인공위성과 전력 시스템이 기능을 못하거나 무선 전파 통신에 장애가 생길 수 있고, ❹⬚ 가 더 자주, 더 넓은 지역에서 발생한다.

▶ **천체 관측**: 천체 망원경에서 빛을 모으는 역할을 하는 것은 ❺⬚ 이고, 상을 확대하는 역할을 하는 것은 ❻⬚ 이다.

1 그림 (가)~(바)는 태양의 여러 부분을 관측하여 나타낸 것이다.

| (가) | (나) | (다) | (라) | (마) | (바) |

(1) (가)~(바)의 이름을 각각 쓰시오.

(2) (가)~(바) 중 태양의 표면에서 나타나는 현상을 고르시오.

2 태양의 활동이 활발할 때 태양과 지구에서 나타나는 현상으로 옳은 것은 ○, 옳지 <u>않은</u> 것은 ×로 표시하시오.

(1) 흑점 수 감소 ·········· (   ) (2) 인공위성 고장 및 오작동 ·········· (   )

(3) 홍염과 플레어 발생 증가 ·········· (   ) (4) 오로라 발생 횟수 감소 ·········· (   )

3 오른쪽 그림은 천체 망원경의 구조를 나타낸 것이다. A~E의 이름을 각각 쓰시오.

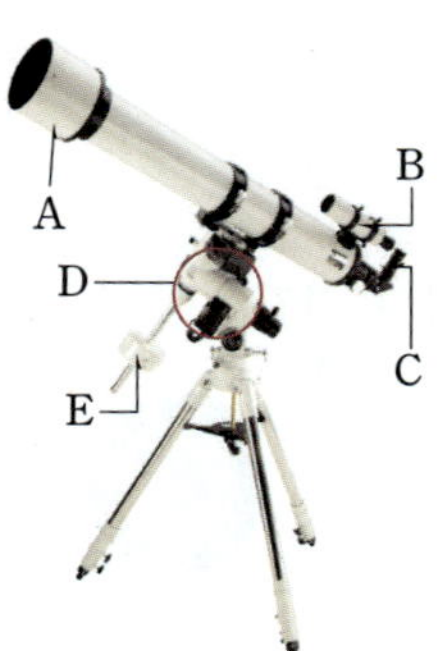

표나 그래프를 이용하여 지구형 행성과 목성형 행성을 구분하는 문제는 시험에서 자주 출제되는 중요한 문제예요. 지금부터 차근차근 유형을 알아봅시다.

핵심 자료 | **지구형 행성과 목성형 행성의 구분**   관련 개념 | 211 쪽   **B** 태양계 행성

유형 ❶ 표를 이용하여 행성 분류하기

구분	질량 (지구=1)	반지름 (지구=1)	위성 수 (개)	고리
수성	0.06	0.38	0	없다.
금성	0.82	0.95	0	없다.
지구	1.00	1.00	1	없다.
화성	0.11	0.53	2	없다.
목성	317.92	11.21	92	있다.
토성	95.14	9.45	83	있다.
천왕성	14.54	4.01	27	있다
해왕성	17.09	3.88	14	있다

- 수성, 금성, 지구, 화성: 질량과 반지름이 작고, 위성이 없거나 수가 적으며 고리가 없다. ➡ 지구형 행성
- 목성, 토성, 천왕성, 해왕성: 질량과 반지름이 크고, 위성이 많으며 고리가 있다. ➡ 목성형 행성

유형 ❷ 그래프를 이용하여 행성 분류하기

1. 막대그래프로 제시된 경우

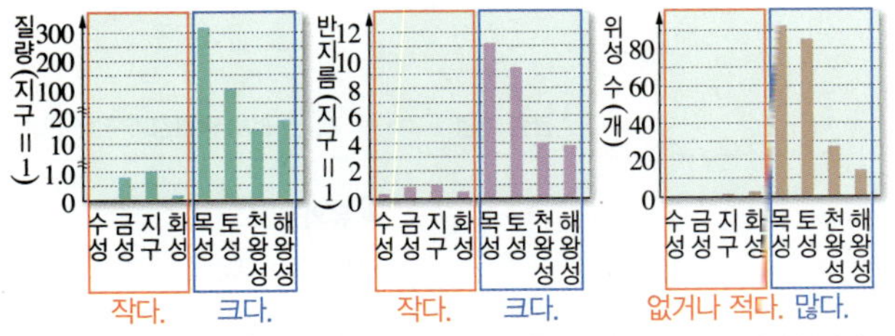

- 수성, 금성, 지구, 화성: 질량과 반지름이 작고, 위성이 없거나 수가 적다. ➡ 지구형 행성
- 목성, 토성, 천왕성, 해왕성: 질량과 반지름이 크고, 위성이 많다. ➡ 목성형 행성

2. 물리량 그래프로 제시된 경우

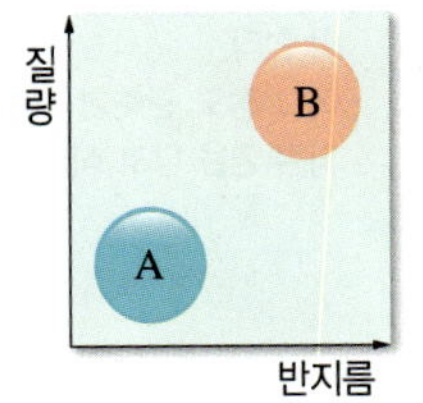

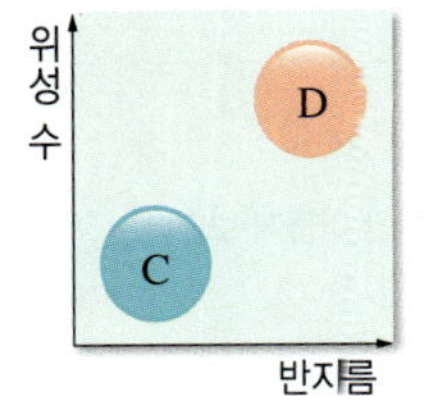

- A, C: 질량과 반지름이 작고, 위성이 없거나 수가 적다. ➡ 지구형 행성
- B, D: 질량과 반지름이 크고, 위성 수가 많다. ➡ 목성형 행성

---

01 표는 태양계 행성 A~D의 물리량을 나타낸 표이다. (단, 질량과 반지름은 지구를 1로 하였을 때의 상대적인 값이다.)

구분	A	B	C	D
질량	317.92	0.06	95.14	0.11
반지름	11.21	0.38	9.45	0.53
위성 수	92	0	83	2
고리	있다.	없다.	있다.	없다.

(1) 행성 A~D를 특징에 따라 두 집단으로 분류하시오.
(2) 행성 A~D 중 지구형 행성에 속하는 것을 모두 고르시오.

01 그림은 태양계 행성의 질량과 반지름의 특징을 나타낸 그래프이다.

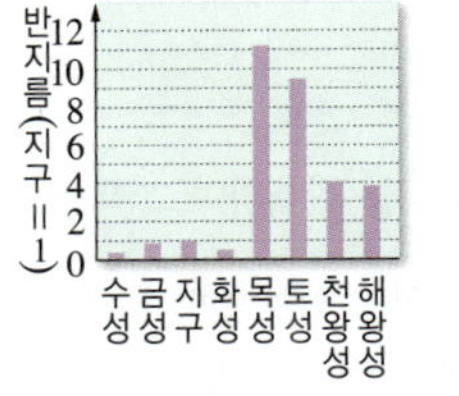

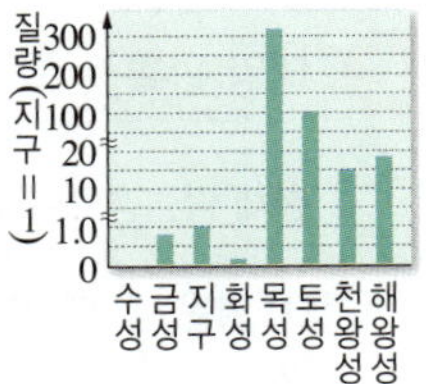

행성을 질량과 반지름에 따라 두 집단으로 분류할 때 목성과 같은 집단으로 분류되는 행성을 모두 쓰시오.

02 오른쪽 그림은 태양계 행성을 질량과 반지름에 따라 두 집단으로 구분하여 나타낸 것이다.

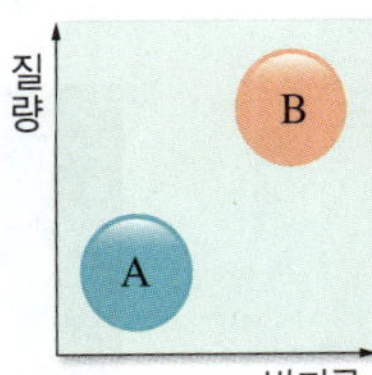

(1) A와 B 집단의 이름을 쓰시오.
(2) A에 속하는 행성을 모두 쓰시오.
(3) B에 속하는 행성을 모두 쓰시오.
(4) A와 B 집단의 위성 수를 비교하여 부등호로 나타내시오.

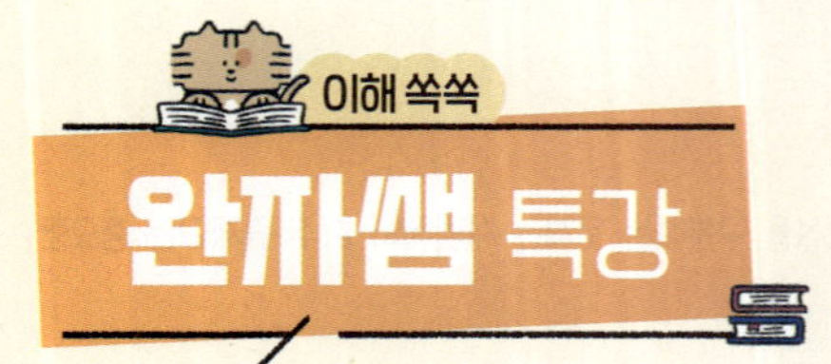

이 단원에서 천체 망원경을 이용하여 달, 행성, 태양을 관측하는 실험은 매우 중요해요. 완자쌤 특강을 통해 실험 과정과 결과를 확인해 볼까요?

탐구 자료 ❶ 달과 행성 관측

관련 개념 | 215 쪽 **D** 천체 망원경과 천체 관측

목표
천체 망원경으로 달과 행성을 관측하여 그 특징을 알아본다.

과정
① 달과 행성을 관측할 수 있는 시각을 확인한다.
② 어두워지기 전에 시야가 트인 장소에 천체 망원경을 설치한다.
③ 경통이 천체를 향하게 한다.
④ 보조 망원경의 십자선 중앙에 천체가 오도록 한다.
⑤ 접안렌즈를 통해 천체를 관측하며 상이 뚜렷하도록 초점을 맞춘다.
⑥ 저배율로 먼저 관측한 후 고배율로 관측한다.

유의점
• 주변에 빛이 없는 곳에서 관측해야 한다.
• 천체 망원경의 종류에 따라 상이 상하좌우가 바뀌어 보일 수 있다.

결과 및 해석

천체	달	행성			
		금성	화성	목성	토성
관측 내용	높고 낮은 달 표면의 지형과 운석 구덩이가 보인다.	달의 위상과 비슷한 모습을 볼 수 있다.	붉은색으로 보이고 극지방에 흰색 부분이 보인다.	줄무늬와 대적점이 보이고 많은 위성이 보인다.	고리가 뚜렷하게 보인다.

결론
달과 행성을 천체 망원경으로 관측하면 달과 행성의 (   )에서 나타나는 특징을 관측할 수 있다.

탐구 자료 ❷ 태양 관측

관련 개념 | 215 쪽 **D** 천체 망원경과 천체 관측

목표
천체 망원경으로 태양을 관측하여 그 특징을 알아본다.

과정 및 결과
① 맑은 날, 태양이 잘 보이는 곳에 천체 망원경을 설치한다.
② 대물렌즈와 보조 망원경에 태양 필터를 장착한다.
③ 경통이 태양을 향하게 한다.
④ 보조 망원경의 십자선 중앙에 태양이 오도록 한다.
⑤ 접안렌즈로 태양을 관측하며 상이 뚜렷하도록 초점을 맞춘다.
⑥ 저배율로 먼저 관측한 후 고배율로 관측한다.

유의점
• 맨눈으로 태양을 직접 보지 않는다.
• 태양 필터를 장착하지 않은 경우 태양 투영판을 이용한다.

• 태양 필터가 없는 보조 망원경은 뚜껑을 덮거나 분리해 두어야 한다.
• 어느 정도 관측한 후에는 경통의 뚜껑을 닫고 식힌다.

결과 및 해석

관측 내용
• 둥근 태양의 광구와 광구 주변 테두리가 약간 어둡게 보인다. • 태양의 표면에서 검은 점(흑점)도 볼 수 있다.

결론
천체 망원경으로 태양을 관측하면 광구와 검은 점인 (   )을 볼 수 있다.

01 태양계 구성 천체 중 다음과 같은 특징이 있는 천체는?

- 태양계의 중심에 있다.
- 주로 수소와 헬륨으로 이루어져 있다.
- 태양계에서 유일하게 스스로 빛을 낸다.

① 태양   ② 행성   ③ 위성
④ 혜성   ⑤ 소행성

02 그림은 태양계 구성 천체를 나타낸 것이다.

(가) 소행성   (나) 혜성

이에 대한 설명으로 옳지 않은 것은?

① (가)는 모양이 불규칙하고 크기가 다양하다.
② (가)는 주로 화성과 목성 궤도 사이에서 띠를 이루어 분포한다.
③ (나)는 얼음과 먼지로 이루어져 있다.
④ (나)는 태양에 가까워지면 태양 반대쪽으로 꼬리가 생긴다.
⑤ (가)와 (나) 모두 행성을 중심으로 공전한다.

중요 03 행성과 왜소 행성의 공통점으로 옳은 것을 보기 에서 모두 고른 것은?

보기
ㄱ. 둥근 모양이다.
ㄴ. 태양을 중심으로 공전한다.
ㄷ. 자신의 궤도 주변의 다른 천체들에게 지배적인 지위를 갖는다.

① ㄱ   ② ㄷ   ③ ㄱ, ㄴ
④ ㄴ, ㄷ   ⑤ ㄱ, ㄴ, ㄷ

중요 04 다음은 태양계 여러 행성들의 특징을 나타낸 것이다.

(가) 자전축이 공전 궤도면과 거의 나란하다.
(나) 표면이 붉게 보이고 과거에 물이 흘렀던 흔적이 있다.
(다) 대기가 거의 없어 낮과 밤의 온도 차가 매우 크고 표면에 운석 구덩이가 많다.

(가)~(다)에서 설명하는 행성은 무엇인지 각각 쓰시오.

05 오른쪽 그림은 태양계를 이루는 어느 행성의 모습이다. 이에 대한 설명으로 옳지 않은 것은?

① 목성이다.
② 희미한 고리가 있다.
③ 태양계 행성 중 크기가 가장 크다.
④ 표면이 단단한 암석으로 이루어져 있다.
⑤ 대기의 소용돌이인 대적점이 나타난다.

06 그림은 태양계 행성들이 태양을 중심으로 공전하는 모습을 나타낸 것이다.

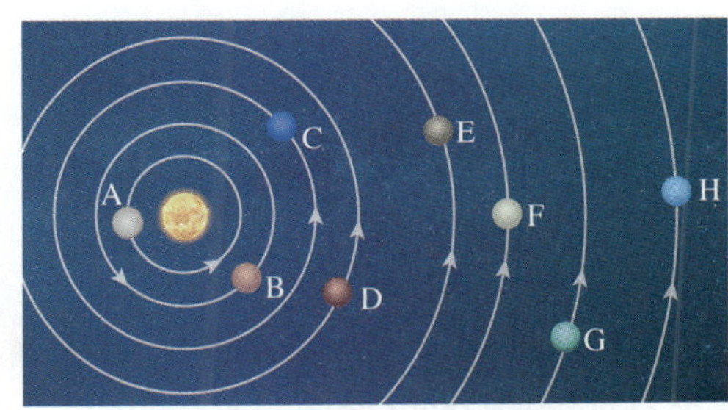

이에 대한 설명으로 옳은 것은?

① A는 얼음과 드라이아이스로 이루어진 극관이 있다.
② B는 태양계에서 크기가 가장 작은 행성이다.
③ D는 크기와 질량이 지구와 비슷하다.
④ F는 얼음과 암석으로 이루어진 뚜렷한 고리가 있다.
⑤ G와 H는 지구형 행성에 속한다.

07 표는 태양계 행성을 두 집단으로 분류한 것이다.

(가)	(나)
수성, 금성, 지구, 화성	목성, 토성, 천왕성, 해왕성

(가) 집단에 속하는 행성들에 대한 설명으로 옳은 것은?

① 위성이 많다.
② 고리가 없다.
③ 단단한 표면이 없다.
④ 상대적으로 질량이 크다.
⑤ 대기 성분은 주로 수소, 헬륨 등의 기체이다.

중요 08 지구형 행성과 목성형 행성을 옳게 비교한 것은?

구분	지구형 행성	목성형 행성
① 질량	크다.	작다.
② 반지름	작다.	크다.
③ 고리	있다.	없다.
④ 위성 수	많다.	없거나 적다.
⑤ 표면 상태	기체	고체

09 오른쪽 그림은 태양계 행성을 반지름과 위성 수에 따라 두 집단으로 구분한 것이다. 이에 대한 설명으로 옳은 것은?

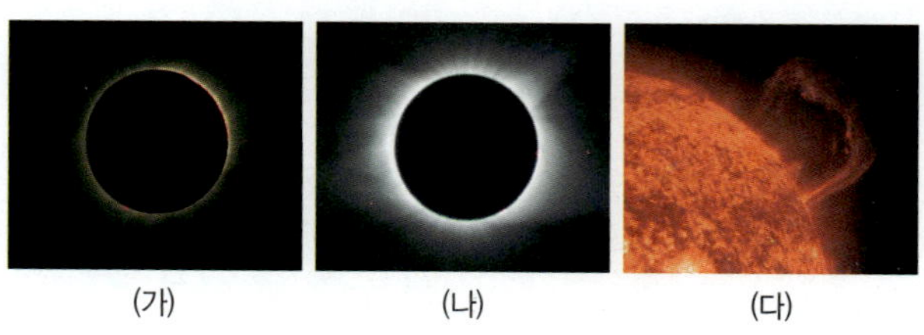

① A는 목성형 행성이다.
② B는 지구형 행성이다.
③ A에 속하는 행성은 모두 고리가 있다.
④ B의 표면은 단단한 암석으로 이루어져 있다.
⑤ A에 속하는 행성은 B에 속하는 행성보다 질량이 작다.

10 태양의 표면과 대기에 대한 설명으로 옳은 것은?

① 흑점은 밝게 보이는 태양의 둥근 표면이다.
② 코로나는 광구 바로 위의 붉은색을 띤 얇은 대기층이다.
③ 플레어는 광구에서 나타나는 불규칙한 모양의 어두운 부분이다.
④ 쌀알 무늬는 채층 위로 멀리 뻗어 있는 진주색의 대기층이다.
⑤ 홍염은 광구에서부터 대기로 고온의 기체가 솟아오르는 현상이다.

11 오른쪽 그림은 태양 표면의 일부를 나타낸 것이다. A와 B에 대한 설명으로 옳지 <u>않은</u> 것은?

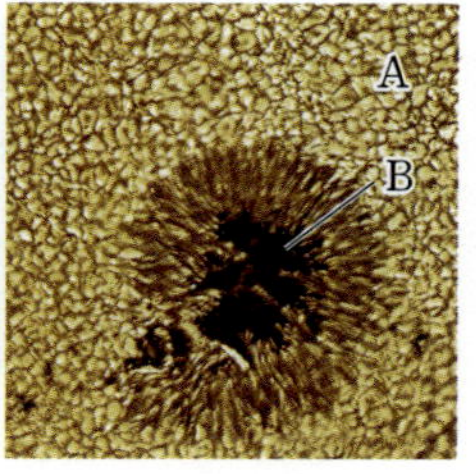

① A는 쌀알 무늬, B는 흑점이다.
② A는 광구 아래에서 일어나는 대류 현상에 의해 생긴다.
③ A의 밝은 부분은 고온의 물질이 올라오는 부분이다.
④ B의 크기와 모양은 다양하다.
⑤ B는 주변보다 온도가 높다.

중요 12 그림은 태양에서 관측되는 현상이다.

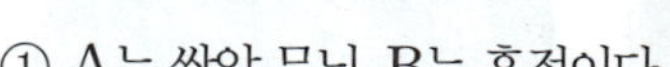
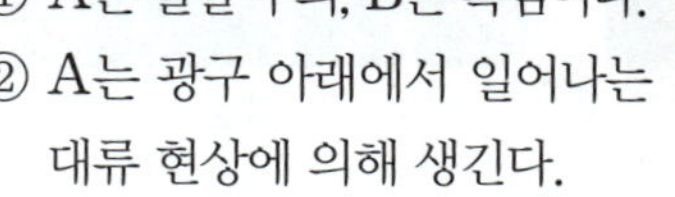

(가)　　　　　(나)　　　　　(다)

이에 대한 설명으로 옳은 것은?

① (가)는 평상시에도 관측이 가능하다.
② (나)의 온도는 광구의 평균 온도보다 높다.
③ 흑점 수가 적어지면 (다)는 평소보다 더 자주 발생한다.
④ 태양 활동이 활발한 시기에는 (나)의 크기가 작아진다.
⑤ (가)~(다) 모두 태양의 표면에서 나타나는 현상이다.

13 태양의 광구가 달에 의해 완전히 가려졌을 때 관측할 수 있는 것을 〔보기〕에서 모두 고른 것은?

ㄱ. 채층	ㄴ. 흑점
ㄷ. 코로나	ㄹ. 쌀알 무늬

① ㄱ   ② ㄱ, ㄷ   ③ ㄴ, ㄷ
④ ㄴ, ㄹ   ⑤ ㄷ, ㄹ

14 그림은 태양의 흑점 수 변화를 나타낸 것이다.

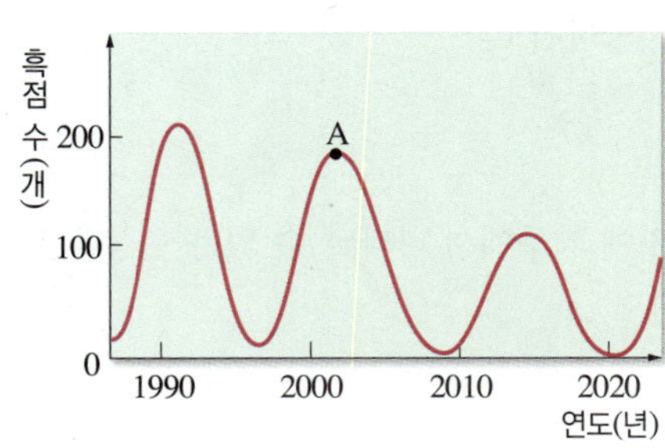

이에 대한 설명으로 옳지 <u>않은</u> 것은?

① A 시기는 태양 활동이 활발한 시기이다.
② A 시기에는 인공위성이 고장나 기능을 못할 수도 있다.
③ A 시기에 태양풍이 강해졌을 것이다.
④ 2010 년에는 플레어와 홍염이 자주 발생했을 것이다.
⑤ 흑점 수는 약 11 년을 주기로 변한다.

중요 15 태양 활동이 활발할 때 지구에서 나타나는 현상으로 옳지 <u>않은</u> 것은?

① 자기 폭풍이 발생한다.
② 오로라가 발생하는 지역이 좁아진다.
③ 북극 지방 하늘 주위로 비행하기 어려워진다.
④ 송전 시설이 고장나 정전이 일어날 수 있다.
⑤ 위성 위치 확인 시스템(GPS) 오류로 정확한 위치 확인이 어려워진다.

중요 16 오른쪽 그림은 천체 망원경의 구조를 나타낸 것이다. 각 부분의 역할에 대한 설명으로 옳은 것은?

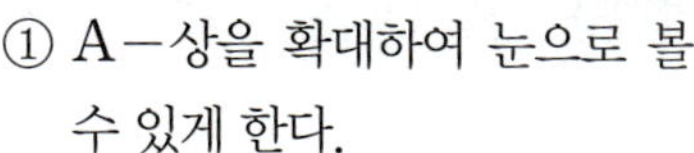

① A−상을 확대하여 눈으로 볼 수 있게 한다.
② B−경통을 원하는 방향으로 움직이게 한다.
③ C−접안렌즈의 위치를 조절하여 초점을 맞춘다.
④ D−관측하려는 천체를 찾을 때 이용한다.
⑤ E−천체에서 오는 빛을 모은다.

17 다음은 천체 망원경의 설치 방법을 순서 없이 나타낸 것이다.

(가) 삼각대를 세우고 가대를 끼운 후, 균형추를 끼우고 보조 망원경과 접안렌즈를 끼운다.
(나) 접안렌즈의 중앙에 있는 물체가 보조 망원경의 중앙에 오도록 시야를 맞춘다.
(다) 경통과 균형추를 움직여 망원경의 균형을 맞춘다.

순서대로 옳게 나열한 것은?

① (가) → (나) → (다)   ② (가) → (다) → (나)
③ (나) → (가) → (다)   ④ (나) → (다) → (가)
⑤ (다) → (나) → (가)

18 천체 망원경으로 천체를 관측하는 방법에 대한 설명으로 옳지 <u>않은</u> 것은?

① 태양을 관측할 때는 대물렌즈와 보조 망원경에 태양 필터를 장착한다.
② 행성을 관측할 때는 주변이 밝고, 편평한 곳에 망원경을 설치한다.
③ 망원경을 설치한 후, 경통의 방향은 관측하려는 천체를 향하도록 조절한다.
④ 보조 망원경으로 상을 찾을 후, 접안렌즈로 천체를 관측한다.
⑤ 저배율로 관측한 후, 배율이 높은 접안렌즈로 바꿔 천체를 관측한다.

서술형 문제

19 왜소 행성과 행성의 특징을 다음 단어를 이용해 비교하여 서술하시오.

> 공전, 모양, 궤도 주변의 다른 천체

중요 ★ 20 그림 (가)와 (나)는 태양계 행성을 나타낸 것이다.

풀이 TIP

(가)   (나)

(1) (가)와 (나)를 지구형 행성과 목성형 행성으로 구분하여 쓰시오.

---

(2) (가)와 (나) 행성의 표면을 구성하는 물질의 차이점을 서술하시오.

중요 ★ 21 오른쪽 그림은 태양 표면의 흑점을 관측한 모습이다. 흑점이 주변보다 어둡게 보이는 까닭을 서술하시오.

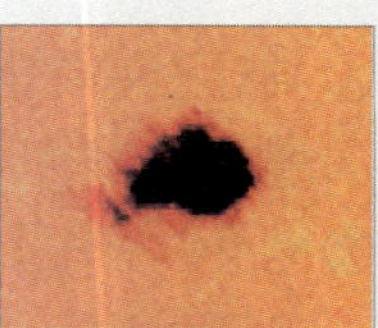

---

22 그림은 태양의 흑점 수 변화를 나타낸 것이다.

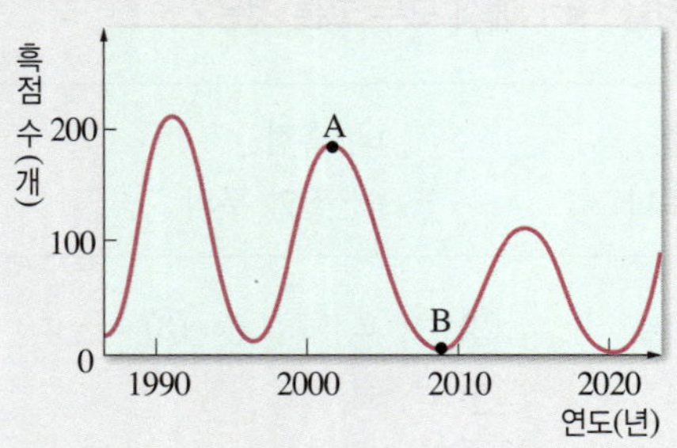

(1) A 시기와 B 시기 중 태양 활동이 더 활발한 시기를 고르시오.

---

(2) B 시기에 비해 A 시기에 코로나의 크기가 어떻게 변할지 서술하시오.

---

(3) A 시기에 지구에서 나타날 수 있는 현상을 두 가지 서술하시오.

---

23 오른쪽 그림은 천체 망원경의 구조를 나타낸 것이다.

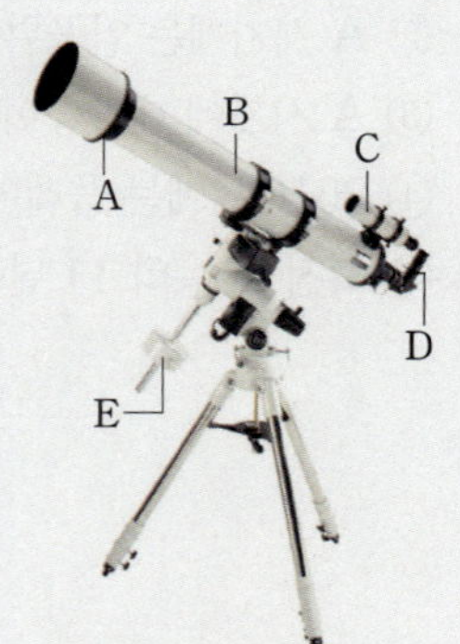

(1) A∼E 중 관측하려는 천체를 찾는 데 이용하는 것의 기호와 이름을 쓰고, 이와 같은 역할을 하는 까닭을 서술하시오.

---

(2) 천체 망원경을 이용하여 천체를 관측하는 까닭을 서술하시오.

01 그림은 태양계 천체를 특징에 따라 구분하는 과정을 나타낸 것이다.

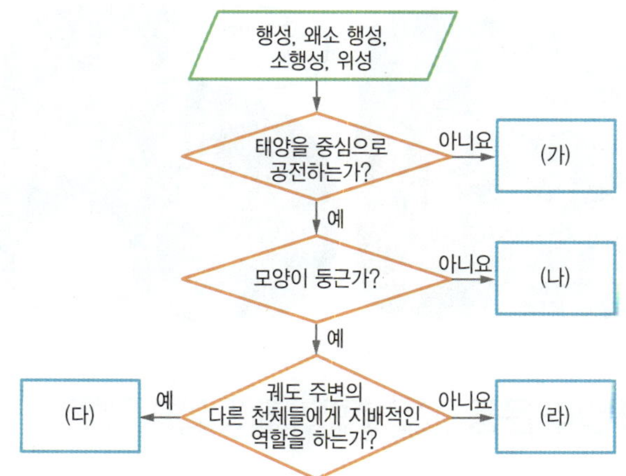

(가)~(라)에 대한 설명으로 옳은 것은?

① (가)는 주로 화성과 목성 궤도 사이에서 띠를 이루어 분포한다.
② 달은 (나)에 속한다.
③ (다)는 태양계에 9 개 있다.
④ (가)와 (나)는 스스로 빛을 낸다.
⑤ (라)는 (다)에 비해 질량과 크기가 작다.

02 표는 태양계 행성들의 여러 가지 물리적인 특성을 나타낸 것이다.

행성	반지름 (지구=1)	질량 (지구=1)	위성 수 (개)
A	11.21	317.92	92
B	0.53	0.11	2
C	9.45	95.14	83
D	0.38	0.06	0

A~D 행성의 특징으로 옳지 않은 것은?

① A는 표면에 가로 줄무늬가 있다.
② B는 표면에 운석 구덩이가 많다.
③ C는 태양계에서 두 번째로 크기가 크다.
④ D는 지구형 행성에 속한다.
⑤ A와 C는 고리가 있고, B와 D는 고리가 없다.

03 그림은 태양 표면의 일부와 태양의 대기 및 대기에서 일어나는 현상을 나타낸 것이다.

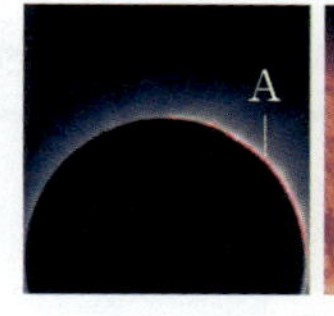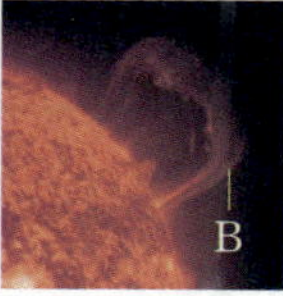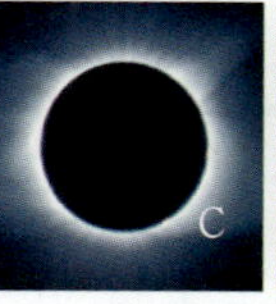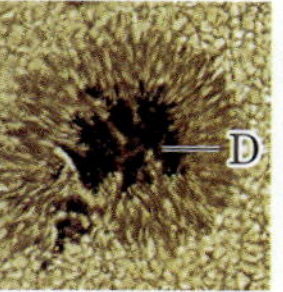

이에 대한 설명으로 옳은 것만을 [보기]에서 모두 고른 것은?

보기
ㄱ. A가 발생하면 많은 양의 물질과 에너지가 우주 공간으로 방출된다.
ㄴ. B는 D 부근의 폭발로 일어나는 현상이다.
ㄷ. C는 태양의 대기로, A보다 온도가 높다.
ㄹ. D는 주변보다 온도가 약 2000 ℃ 낮으며, 태양 활동이 활발할 때 그 수가 증가한다.

① ㄱ, ㄴ   ② ㄱ, ㄷ   ③ ㄷ, ㄹ
④ ㄱ, ㄴ, ㄹ   ⑤ ㄴ, ㄷ, ㄹ

04 오른쪽 그림은 태양의 대기에서 일어나는 현상 중 하나이다. 이와 같은 현상이 자주 발생할 때 태양과 지구에서 나타날 수 있는 현상으로 옳은 것은?

① 태양에서 코로나의 크기가 작아진다.
② 태양에서 전기를 띤 입자가 적게 방출된다.
③ 지구에서 오로라가 평소보다 드물게 나타난다.
④ 지구에서 무선 전파 통신이 평소보다 원활해진다.
⑤ 지구 자기장이 급격하게 변하는 현상이 발생한다.

05 천체 망원경으로 태양을 관측하는 방법으로 옳지 않은 것은?

① 태양이 잘 보이는 곳에 천체 망원경을 설치한다.
② 보조 망원경에만 태양 필터를 장착하고, 대물렌즈에는 태양 필터를 장착하지 않는다.
③ 보조 망원경으로 관측하여 태양의 위치를 찾는다.
④ 접안렌즈로 태양을 관측하며 상이 뚜렷하도록 초점을 맞춘다.
⑤ 초점 거리가 긴 접안렌즈로 관측한 후, 초점 거리가 짧은 접안렌즈로 바꿔 태양을 관측한다.

지구의 운동

오른쪽 만화를 보고 지구의 말풍선을 완성해 보자.

A 지구의 자전과 천체의 일주 운동

태양은 왜 쉬는 날도 없이 매일 떠오를까요? 이러한 현상이 나타나는 까닭을 자세히 알아볼까요?

지구 표면의 관측자 방향은 어떻게 판단할까?

북반구에서 지구상의 관측자가 북쪽을 바라볼 때 왼쪽이 서쪽, 오른쪽이 동쪽이다.

1. 지구의 자전: 지구가 자전축을 중심으로 하루에 한 바퀴씩 서쪽에서 동쪽으로 도는 운동

(1) 지구의 자전 방향과 속도

자전 방향	서 → 동
자전 속도	1 시간에 15°씩 회전 ─● 360°÷24 시간

(2) **지구의 자전으로 나타나는 현상**: 낮과 밤의 반복, 천체의 일주 운동 등

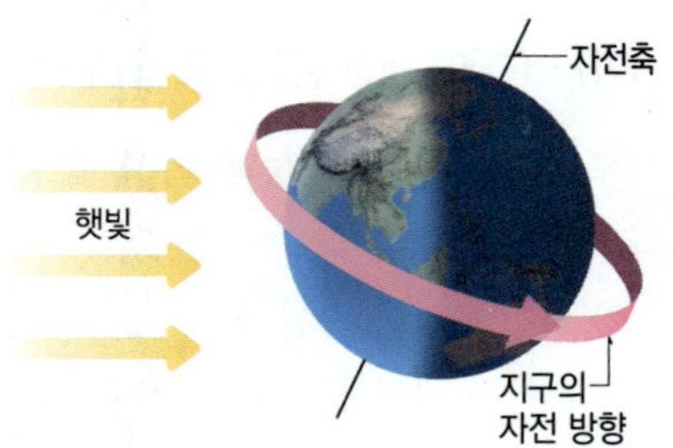

2. 천체의 [1]일주 운동: 천체가 하루에 한 바퀴씩 동쪽에서 서쪽으로 원을 그리며 도는 운동
➡ 지구의 자전으로 하루 동안 나타나는 천체의 [2]겉보기 운동

(1) 일주 운동 방향과 속도

* **북극성의 위치**

북극성은 천구의 북극에 가까이 있지만 정확히 일치하지는 않는다.

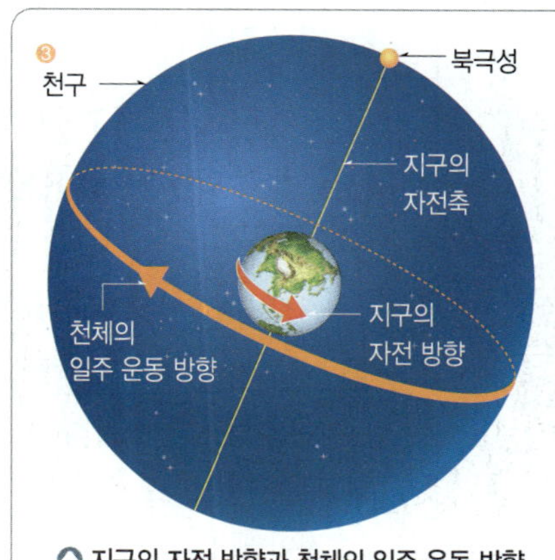

△ 지구의 자전 방향과 천체의 일주 운동 방향

❶ **일주(日 하루, 週 돌다) 운동**
천체가 하루에 한 바퀴씩 도는 운동

❷ **겉보기 운동** 움직이는 회전목마에서 주위를 보면, 정지해 있는 물체가 반대 방향으로 움직이는 것처럼 보이는 것

❸ **천구(天 하늘, 球 공)** 하늘에 별들이 붙어 있는 것처럼 보이는 무한히 넓은 가상의 구

일주 운동 방향	동 → 서 ─● 지구 자전 방향과 반대
일주 운동 속도	1 시간에 15°씩 회전 ─● 지구 자전 속도와 같다.

(2) **별의 일주 운동:** 별들이 북극성을 중심으로 하루에 한 바퀴씩 돈다.

별의 일주 운동

오른쪽 그림은 2 시간 간격으로 북쪽 하늘에 있는 북두칠성을 관측한 것이다.

- 북두칠성의 운동 방향: 시계 반대 방향
- 북두칠성의 회전 중심: 북극성
- 2 시간 동안 북두칠성이 회전한 각도:
  15°/시간×2 시간＝30°✳
  ➡ 지구에 있는 관측자에게 별들은 북극성을 중심으로 시계 반대 방향(동 → 서)으로 원을 그리며 도는 것처럼 보인다.

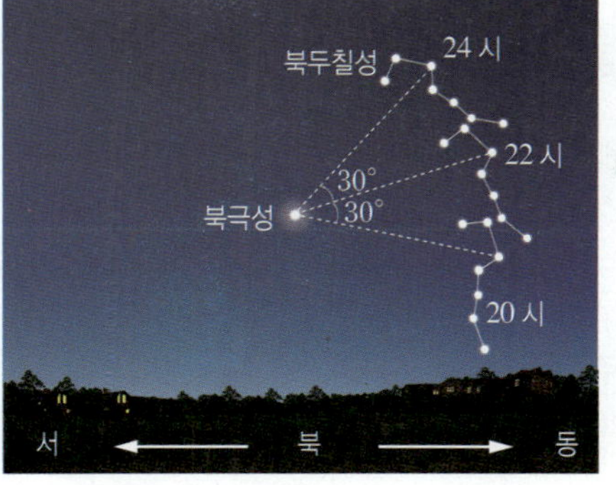

(3) **우리나라에서 관측한 천체의 일주 운동:** 관측 방향에 따라 모습이 다르다.

천체가 동쪽에서 서쪽으로 이동하는 것처럼 보인다.

천체가 왼쪽 위에서 오른쪽 아래로 비스듬히 지는 것처럼 보인다.

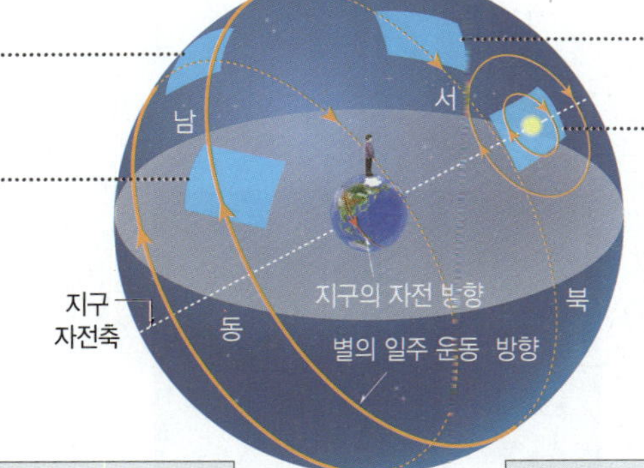

천체가 왼쪽 아래에서 오른쪽 위로 비스듬히 떠오르는 것처럼 보인다.

북쪽 하늘

천체가 북극성을 중심으로 동심원을 그리면서 시계 반대 방향으로 도는 것처럼 보인다.

기초튼튼 기본 문제

✅ 핵심 요약

▶ **지구의 자전**: 지구가 자전축을 중심으로 하루에 한 바퀴씩 서쪽에서 동쪽으로 도는 운동

▶ **천체의 ❶[ ] 운동**: 천체가 하루에 한 바퀴씩 원을 그리며 도는 운동 ➡ 지구의 자전으로 나타나는 천체의 겉보기 운동

일주 운동 방향	❷[ ] → ❸[ ]	일주 운동 속도	1 시간에 ❹[ ]°

▶ **우리나라에서 관측한 별의 일주 운동 모습**

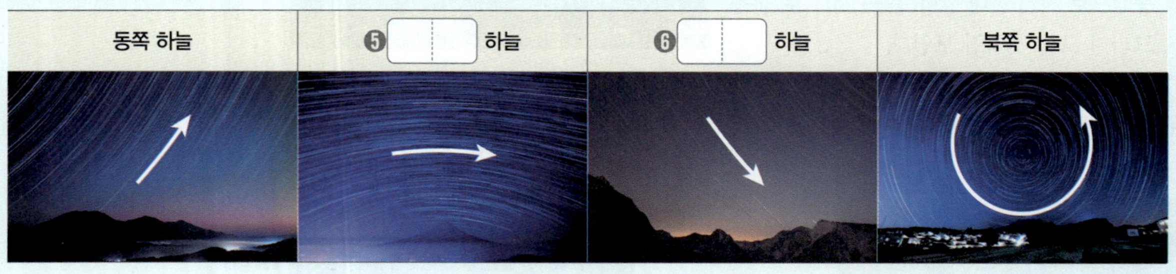

동쪽 하늘	❺[ ] 하늘	❻[ ] 하늘	북쪽 하늘

1 지구가 자전축을 중심으로 ㉠(동 → 서, 서 → 동)(으)로 자전하기 때문에 지구에서 하루 동안 관측한 천체들은 ㉡(동 → 서, 서 → 동)(으)로 이동하는 것처럼 보인다.

2 지구의 자전과 천체의 일주 운동에 대한 설명으로 옳은 것은 ○, 옳지 <u>않은</u> 것은 ×로 표시하시오.

(1) 지구는 자전축을 중심으로 1 년에 한 바퀴 돈다. ·································· (   )
(2) 별들은 실제로 북극성을 중심으로 1 시간에 15°씩 돈다. ···················· (   )
(3) 천체의 일주 운동 방향은 지구의 자전 방향과 반대이다. ···················· (   )

3 오른쪽 그림은 어느 날 새벽 5 시에 관측한 북극성과 북두칠성의 모습을 나타낸 것이다. (가)와 (나) 중 3 시간이 지난 후의 북두칠성의 위치를 고르시오.

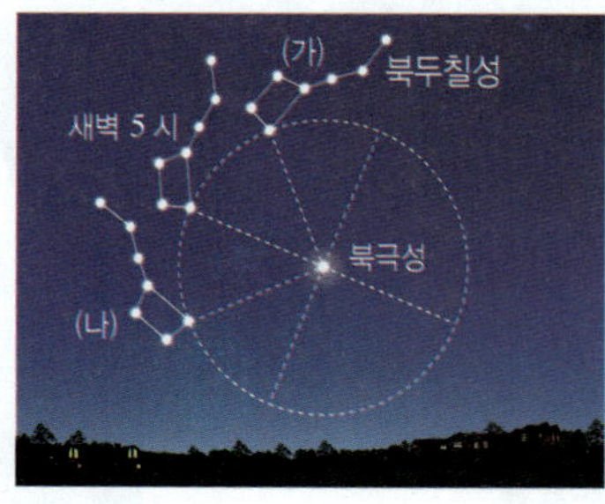

4 그림은 우리나라의 여러 방향에서 별의 일주 운동을 찍은 사진이다.

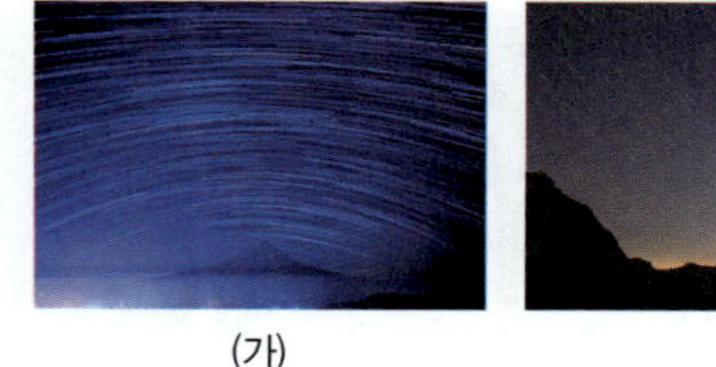

(가)	(나)	(다)	(라)

(가)~(라)의 일주 운동 모습을 동, 서, 남, 북 순서대로 쓰시오.

지구의 공전과 태양의 연주 운동

오늘의 태양은 어제의 태양과 같은 위치에서 보일까요? 늘 그 자리에 있는 것 같은 태양의 위치도 매일 조금씩 달라집니다. 태양의 운동을 자세히 알아볼까요?

1. 지구의 공전: 지구가 태양을 중심으로 1 년에 한 바퀴씩 서쪽에서 동쪽으로 도는 운동

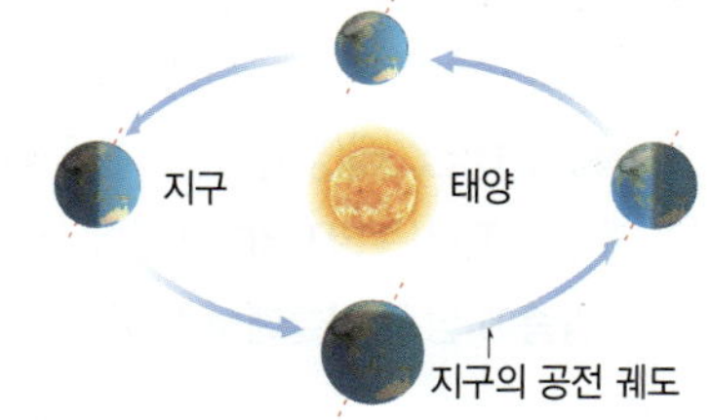

(1) 지구의 공전 방향과 속도

공전 방향	서 → 동
공전 속도	하루에 약 1°씩 이동 —● 360°÷365 일

(2) 지구의 공전으로 나타나는 현상: 태양의 연주 운동, 계절별 별자리 변화

2. 태양의 ●연주 운동: 태양이 별자리를 배경으로 서쪽에서 동쪽으로 이동하여 1 년 후 처음 위치로 되돌아오는 운동 ➡ 지구의 공전으로 1 년 동안 나타나는 태양의 겉보기 운동

지구가 태양을 중심으로 공전하면 태양과 지구의 상대적인 위치가 변한다. ➡ 태양이나 별자리는 고정되어 있지만, 지구에 있는 관측자가 볼 때는 태양이 별자리 사이를 이동하는 것처럼 보인다.

(1) 연주 운동 방향과 속도

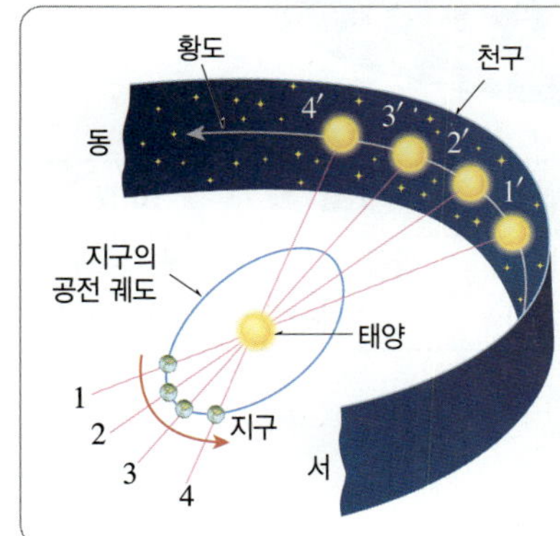

- 지구가 1 → 2 → 3 → 4로 움직임에 따라 태양은 천구 상에서 1′ → 2′ → 3′ → 4′로 움직이는 것처럼 보인다.
  ➡ 태양의 연주 운동 방향은 지구 공전 방향과 같은 서 → 동이다.
- 지구가 1 년 주기로 공전하기 때문에 태양이 1 년 주기로 연주 운동을 한다.

연주 운동 방향	서 → 동 —● 지구 공전 방향과 같다.
연주 운동 속도	하루에 약 1°씩 이동 —● 지구 공전 속도와 같다.

암기해

천체의 운동 방향 비교

지구의 자전	서 → 동
지구의 공전	서 → 동
별의 일주 운동	동 → 서
태양의 연주 운동	서 → 동

태양과 별자리의 위치 변화

천재(정) 교과서에만 나와요.

그림은 15 일 간격으로 해가 진 직후 서쪽 하늘을 관측한 모습이다.

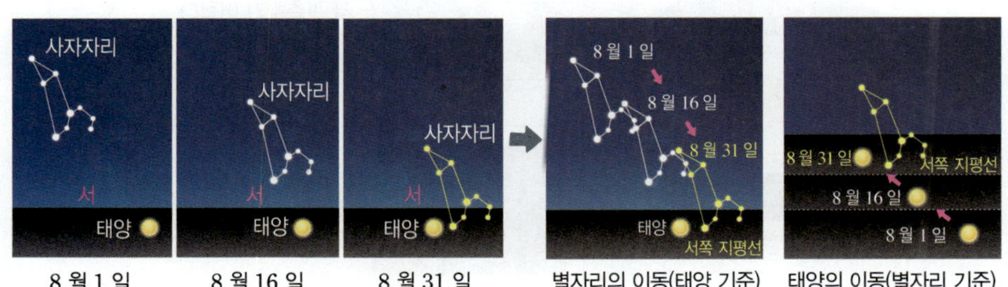

- 태양을 기준으로 할 때 별자리의 이동: 동쪽에서 서쪽으로 이동 ➡ 별의 연주 운동
- 별자리를 기준으로 할 때 태양의 이동: 서쪽에서 동쪽으로 이동 ➡ 태양의 연주 운동
- 태양, 별자리, 지구 중 실제로 이동한 것: 지구

용어

● 연주(年 해, 週 돌다) 운동 천체가 1 년에 한 바퀴 도는 운동

C 계절별 별자리 변화

1. 계절별 별자리 변화: 지구가 태양을 중심으로 공전하여 태양이 보이는 위치가 달라지므로 한밤중 남쪽 하늘에서 볼 수 있는 별자리는 계절에 따라 달라진다.
→ 태양의 연주 운동

(1) ❶황도 12궁: 태양이 연주 운동하면서 지나가는 길인 황도에 있는 12개의 별자리

(2) 태양이 지나는 별자리: 그림에 표시된 달에 해당하는 별자리를 지난다.

(3) 한밤중에 남쪽 하늘에서 보이는 별자리: 태양 반대쪽의 별자리가 보인다.❋ → 태양 쪽에 있는 별자리는 태양 빛 때문에 관측하기 어렵다.

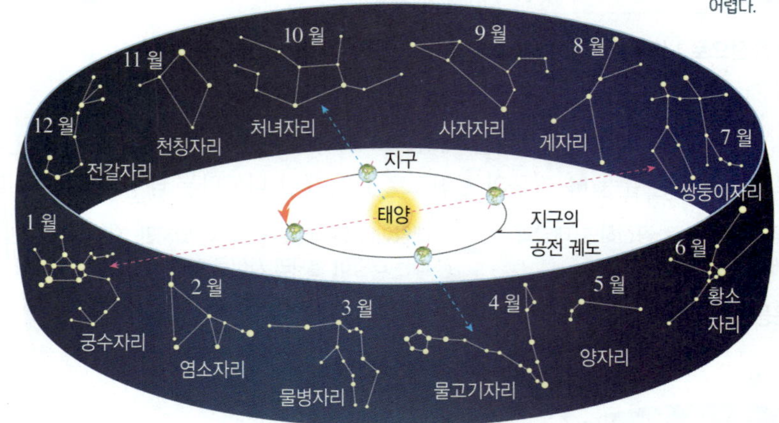

별자리 \ 시기	1월	4월	7월	10월
태양이 지나는 별자리	궁수자리	물고기자리	쌍둥이자리	처녀자리
한밤중에 남쪽 하늘에서 보이는 별자리	쌍둥이자리	처녀자리	궁수자리	물고기자리

지구에서 보이는 별자리

- 태양과 같은 방향에 있는 별자리: 태양 빛이 밝기 때문에 볼 수 없다.
- 태양과 반대 방향에 있는 별자리: 한밤중에 남쪽 하늘에서 보인다.
➡ 두 별자리는 반대 방향에 있어 6개월 차이가 난다.

❋ **태양 반대쪽 별자리의 관측 가능한 시간**

태양 반대쪽의 별자리는 태양이 진 직후 동쪽 하늘에서 보이기 시작해 한밤중에 남쪽 하늘에서 남중하여 태양이 뜰 무렵 서쪽으로 진다.

[궁금해]

탄생 별자리와 황도 12궁의 별자리는 관련이 있을까?

탄생 별자리는 태어난 달에 태양이 지나는 별자리이다. 황도 12궁은 태양이 해당 달에 지나는 별자리를 나타낸 것이다. 따라서 생일에는 내가 태어난 달의 별자리가 보이지 않고, 그 반대 방향에 있는 별자리를 볼 수 있다. 즉, 내가 태어난 달의 별자리는 내가 태어난 달로부터 6개월 후에야 한밤중에 남쪽 하늘에서 볼 수 있다.

[암기해]

계절별 별자리 찾기

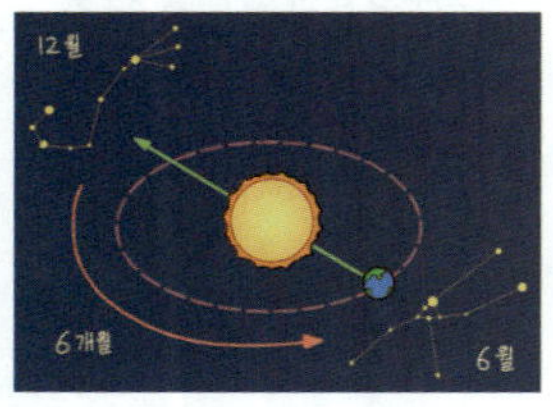

지구와 태양을 잇는 직선을 그었을 때,
- 태양 방향: 태양이 지나는 별자리
- 태양 반대 방향: 한밤중에 남쪽 하늘에서 보이는 별자리
- 두 별자리는 6개월 차이

[용어]

❶ 황도(黃 누렇다, 道 길) 천구상에서 태양이 지나는 길. 태양은 황도를 따라 지구의 공전 방향과 같은 방향으로 이동하는 것처럼 보인다.

기초튼튼 기본 문제

✔ 핵심 요약

▶ **지구의 공전:** 지구가 태양을 중심으로 1 년에 한 바퀴씩 서쪽에서 동쪽으로 도는 운동

▶ **태양의 ❶[　　] 운동:** 태양이 별자리를 배경으로 이동하여 1 년 후 처음 위치로 되돌아오는 운동 ➡ 지구의 공전으로 나타나는 태양의 겉보기 운동

연주 운동 방향	❷[　] → ❸[　]	연주 운동 속도	하루에 약 ❹[　]°

▶ **계절별 별자리 변화:** 지구의 공전으로 태양이 보이는 위치가 달라져 한밤중에 남쪽 하늘에서 볼 수 있는 별자리가 계절에 따라 달라진다.

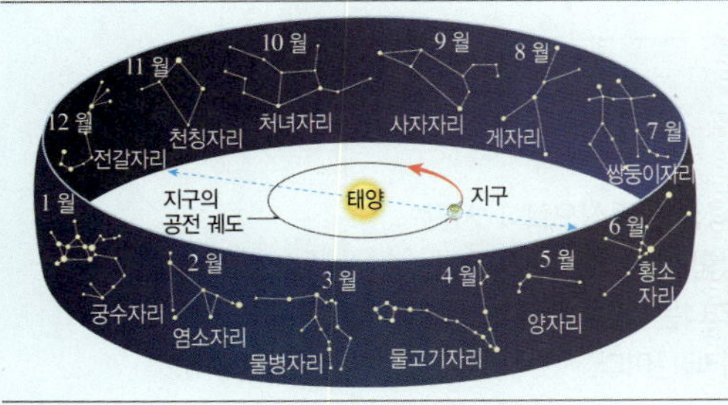

12 월에 태양이 지나는 별자리	지구에서 볼 때 태양과 ❺[　　] 방향에 있는 별자리 ➡ 전갈자리
12 월 한밤중에 남쪽 하늘에서 보이는 별자리	지구에서 볼 때 태양의 ❻[　　] 방향에 있는 별자리 ➡ 황소자리

1 지구의 공전과 태양의 연주 운동에 대한 설명으로 옳은 것은 ○, 옳지 <u>않은</u> 것은 ×로 표시하시오.

(1) 지구는 태양을 중심으로 한 달에 한 바퀴씩 돈다. ·································· (　　)
(2) 태양은 하루에 약 1°씩 서쪽에서 동쪽으로 연주 운동한다. ··················· (　　)
(3) 지구의 공전 방향과 태양의 연주 운동 방향은 반대이다. ····················· (　　)

2 지구에서 볼 때 태양은 별자리를 배경으로 1 년에 한 바퀴씩 ㉠(동, 서)쪽에서 ㉡(동, 서)쪽으로 이동하는 것처럼 보인다.

3 그림은 황도 12궁과 지구의 공전 궤도를 나타낸 것이다. (　　　) 안에 알맞은 별자리를 쓰시오.

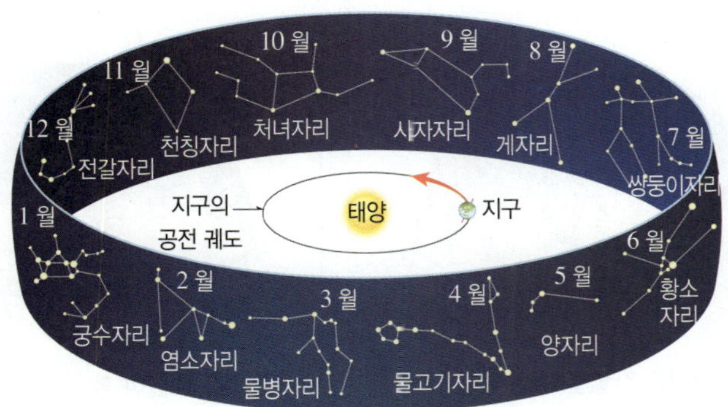

구분	태양이 지나는 별자리	한밤중에 남쪽 하늘에서 보이는 별자리
3 월	㉠(　　　)	사자자리
7 월	쌍둥이자리	㉡(　　　)

탐구 자료로 천체의 일주 운동 방향을 알아보고, 핵심 자료로 북쪽과 남쪽 하늘에서의 일주 운동 방향을 파악해 보아요.

탐구 자료 | **지구의 자전으로 나타나는 별의 운동**　　　관련 개념 | 224 쪽　**A** 지구의 자전과 천체의 일주 운동

| 목표　지구 자전으로 나타나는 별의 운동을 알아본다.

| 과정
① 천체 관측 앱에서 북극성의 위치를 확인한다.
② 관측 날짜를 정해, 일몰 시각에서 일출 시각까지 연속적으로 시간이 흐르도록 설정한다.
③ 북극성 주변 별들의 운동을 관찰한다.

| 결과 및 해석

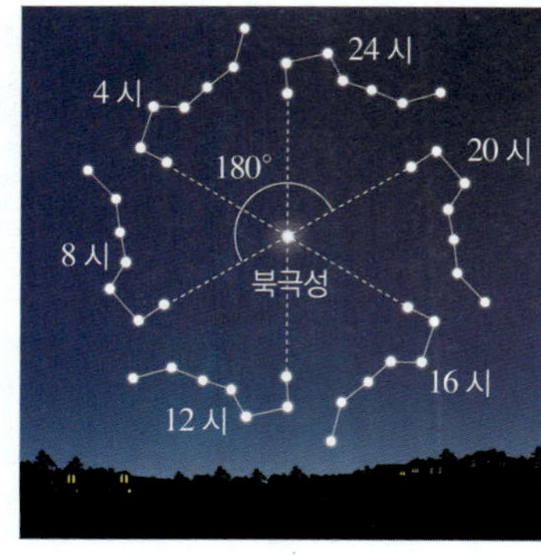

북극성 주변 별들은 북극성을 중심으로 1 시간에 15°씩 시계 반대 방향으로 회전 운동한다.
➡ 이와 같은 현상이 나타나는 까닭: 지구가 서쪽에서 동쪽으로 자전하기 때문이다.

| 결론　북극성 주변 별들이 북극성을 중심으로 ㉠(　　　　　) 방향으로 움직이는 것은 지구가 서쪽에서 동쪽으로 ㉡(　　　　　)하기 때문이다.

답 ㉠ 시계 반대, ㉡ 자전

핵심 자료 ❶ | **우리나라에서 관측한 별의 일주 운동 방향 파악**　　　관련 개념 | 224 쪽　**A** 지구의 자전과 천체의 일주 운동

지구가 둥글고 우리나라는 중위도에 위치하기 때문에 관측 방향에 따라 별의 일주 운동 모습이 달라진다.

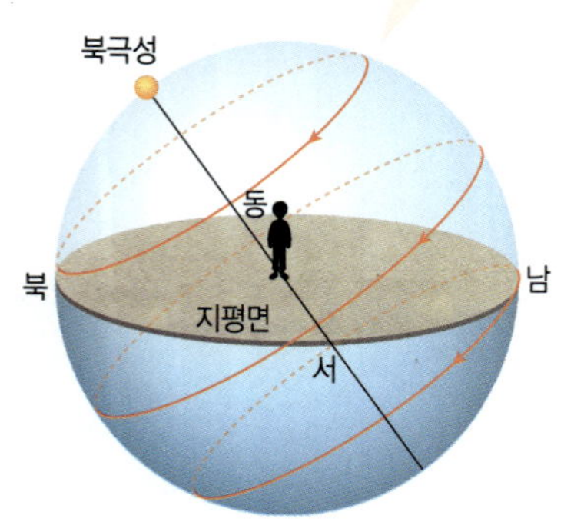

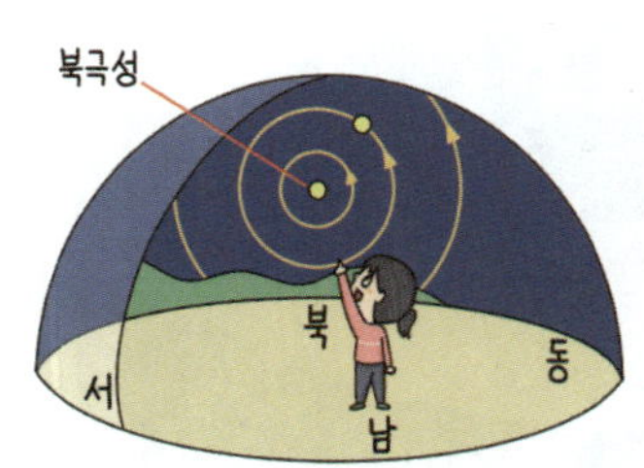

북극성을 중심으로 별들이 하루에 한 바퀴씩 원을 그리며 ㉠(　　　　　) 방향으로 이동한다.

태양, 달, 별들이 매일 동쪽에서 비스듬히 떠서 남쪽 하늘을 지나 서쪽으로 비스듬히 지며 ㉡(　　　　　) 방향으로 이동한다.

답 ㉠ 시계 반대, ㉡ 시계

황도 12궁과 별자리에 관한 문제는 시험에서 자주 출제되는 중요한 문제예요. 지금부터 차근차근 유형을 알아봅시다.

핵심 자료 ② 계절별 별자리 변화 파악하기   관련 개념 | 228 쪽 **C** 계절별 별자리 변화

주어진 조건을 이용하여 태양의 위치를 먼저 파악하면 지구에서 보이는 별자리를 쉽게 찾을 수 있다. 지구에서 볼 때 태양 방향에 있는 별자리가 태양이 지나는 별자리이고, 태양의 반대 방향에 있는 별자리가 한밤중에 남쪽 하늘에서 보이는 별자리이다.

유형 ❶ 태양의 위치를 지정하여 묻는 경우

태양이 염소자리를 지날 때, 지구에서 한밤중에 남쪽 하늘에서 보이는 별자리는?

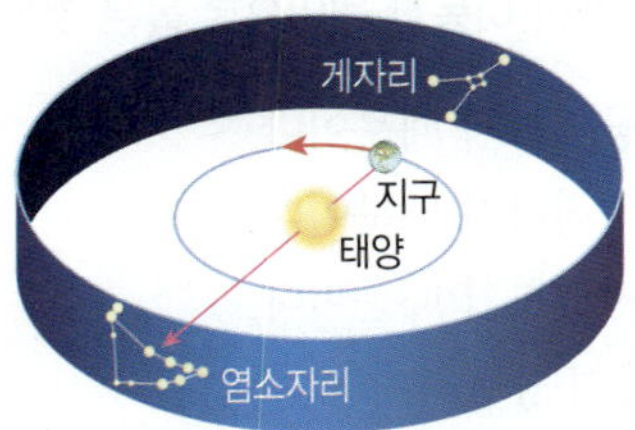

태양이 염소자리를 지날 때, 한밤중에 남쪽 하늘에서는 태양의 반대 방향에 있는 별자리인 게자리가 보인다.

유형 ❷ 시기를 지정하여 묻는 경우

2 월에 지구에서 한밤중에 남쪽 하늘에서 보이는 별자리는?

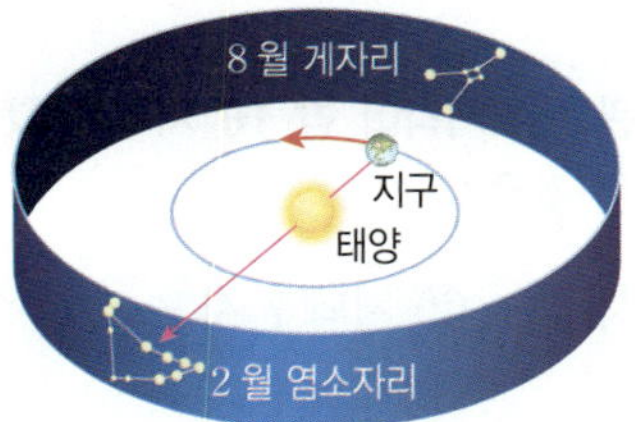

2 월의 별자리는 염소자리이므로 태양은 염소자리를 지난다. 이때 한밤중에 남쪽 하늘에서는 태양의 반대 방향에 있는 별자리(6 개월 후의 별자리)인 게자리가 보인다.

유형 ❸ 지구의 위치를 지정하여 묻는 경우

지구의 위치가 다음과 같을 때, 지구에서 한밤중에 남쪽 하늘에서 보이는 별자리는?

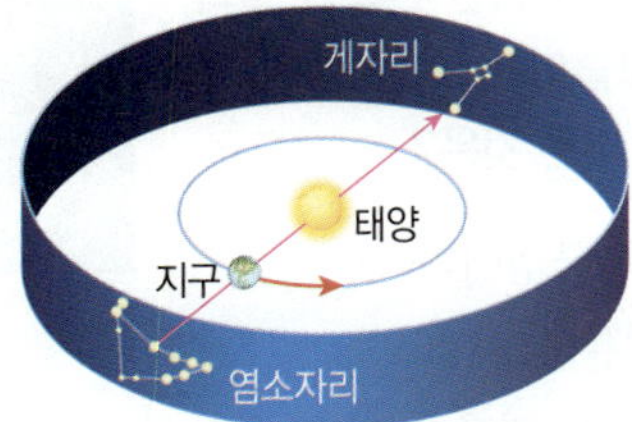

지구의 위치가 그림과 같을 때, 태양은 게자리를 지난다. 이때 한밤중에 남쪽 하늘에서는 태양의 반대 방향에 있는 별자리인 염소자리가 보인다.

[01~04] 그림은 황도 12궁을 나타낸 것이다.

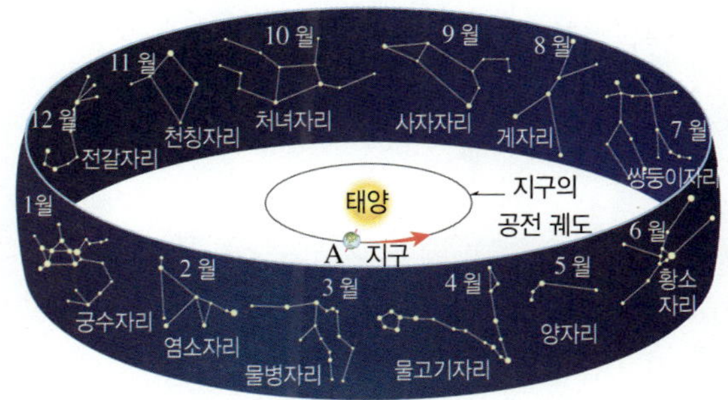

01 태양이 처녀자리를 지날 때 한밤중에 남쪽 하늘에서 보이는 별자리를 쓰시오.

02 4 월 한밤중에 남쪽 하늘에서 볼 수 있는 별자리를 쓰시오.

03 지구가 A에 있을 때 한밤중에 남쪽 하늘에서 보이는 별자리를 쓰시오.

04 지구가 A에 있을 때 태양이 위치한 별자리를 쓰시오.

중요 01 (가) 지구의 자전 방향과 (나) 천체의 일주 운동 방향을 옳게 짝 지은 것은?

	(가)	(나)		(가)	(나)
①	동 → 서	동 → 서	②	동 → 서	서 → 동
③	서 → 동	동 → 서	④	서 → 동	서 → 동
⑤	남 → 북	북 → 남			

02 지구 자전으로 나타나는 현상으로 옳은 것만을 〈보기〉에서 모두 고른 것은?

〈보기〉
ㄱ. 낮과 밤이 반복된다.
ㄴ. 계절에 따라 보이는 별자리가 달라진다.
ㄷ. 별들이 북극성을 중심으로 회전하는 것처럼 보인다.

① ㄱ   ② ㄴ   ③ ㄱ, ㄷ
④ ㄴ, ㄷ   ⑤ ㄱ, ㄴ, ㄷ

03 별의 일주 운동에 대한 설명으로 옳은 것은?

① 별들은 1 시간에 약 1°씩 돈다.
② 지구의 공전 때문에 나타난다.
③ 일주 운동의 중심은 태양이다.
④ 일주 운동 방향은 지구의 자전 방향과 같다.
⑤ 우리나라의 북쪽 하늘을 보면 별이 시계 반대 방향으로 돈다.

[04~05] 그림은 어느 날 해가 지고 난 후 몇 시간 간격으로 북쪽 하늘에서 북극성과 북두칠성을 관측한 것이다.

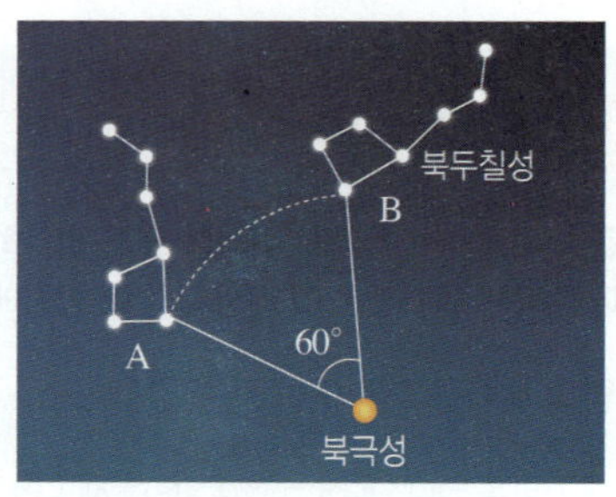

04 북두칠성이 이동한 원인으로 옳은 것은?

① 지구가 공전하기 때문이다.
② 지구가 자전하기 때문이다.
③ 태양이 자전하기 때문이다.
④ 북두칠성이 공전하기 때문이다.
⑤ 북두칠성이 자전하기 때문이다.

05 A를 관측한 시각이 밤 10 시라고 할 때, B를 관측한 시각으로 옳은 것은?

① 저녁 6 시   ② 저녁 7 시   ③ 저녁 8 시
④ 밤 12 시   ⑤ 새벽 1 시

06 오른쪽 그림은 어느 날 우리나라에서 2 시간 동안 관측한 별의 일주 운동 모습이다. 이에 대한 설명으로 옳지 <u>않은</u> 것은?

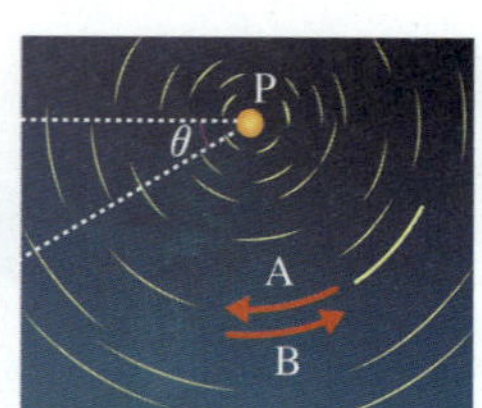

① 별 P는 북극성이다.
② θ의 크기는 15°이다.
③ 북쪽 하늘을 관측한 모습이다.
④ 별들의 이동 방향은 B이다.
⑤ 지구의 자전으로 나타나는 겉보기 운동이다.

07 우리나라의 동쪽 하늘에서 관측한 별의 일주 운동 모습으로 옳은 것은?

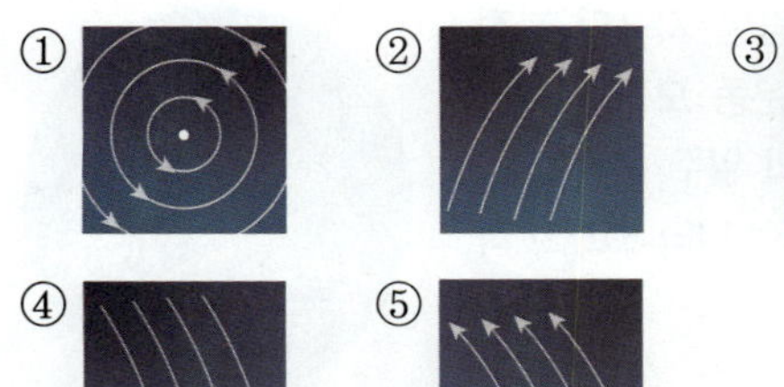

08 그림 (가)와 (나)는 우리나라에서 관측한 별의 일주 운동 모습이다.

(가)   (나)

이에 대한 설명으로 옳지 <u>않은</u> 것은?

① (가)에서 별들은 동쪽에서 서쪽으로 이동한다.
② (나)에서 별들은 오른쪽·아래로 비스듬히 이동한다.
③ (가)는 남쪽 하늘을 관측한 것이다.
④ (나)는 서쪽 하늘을 관측한 것이다.
⑤ 실제로 별들이 움직여서 생기는 현상이다.

09 다음은 태양의 겉보기 운동에 대한 설명이다. (   ) 안에 알맞은 말을 옳게 짝 지은 것은?

> 별자리를 기준으로 할 때 태양은 하루에 약 ㉠(   )씩
> ㉡(   ) 방향으로 이동하는 것처럼 보인다. 이것을 태양
> 의 ㉢(   ) 운동이라 한다.

	㉠	㉡	㉢
①	1°	서 → 동	일주
②	1°	서 → 동	연주
③	1°	동 → 서	일주
④	15°	서 → 동	연주
⑤	15°	동 → 서	일주

10 태양의 연주 운동에 대한 설명으로 옳은 것은?

① 지구의 자전으로 나타나는 현상이다.
② 태양은 별자리 사이를 이동하여 한 달 후 원래 위치로 되돌아온다.
③ 태양은 황도 12궁의 별자리를 하루에 1 개씩 지나간다.
④ 태양이 황도를 따라 연주 운동할 때 지구에서는 태양 쪽에 있는 별자리가 관측된다.
⑤ 천구상에서 태양은 지구의 공전 방향과 같은 방향으로 이동한다.

[11~12] 그림은 15 일 간격으로 같은 시각에 서쪽 하늘을 관측한 모습을 순서 없이 나타낸 것이다.

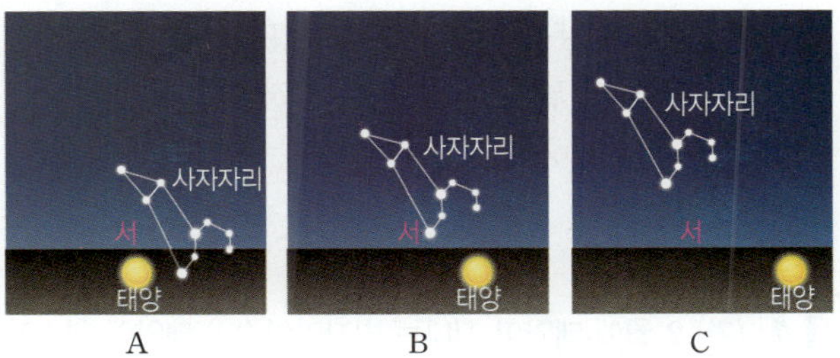

A   B   C

11 (가) A~C가 관측된 순서와 (나) 태양을 기준으로 별자리가 이동한 방향을 옳게 짝 지은 것은?

	(가)	(나)
①	A → B → C	동 → 서
②	A → C → B	서 → 동
③	B → A → C	서 → 동
④	C → B → A	동 → 서
⑤	C → B → A	서 → 동

12 이에 대한 설명으로 옳은 것은?

① 태양의 일주 운동을 관측한 것이다.
② 이와 같은 현상은 지구의 공전 때문에 일어난다.
③ 별자리는 실제로 태양을 기준으로 이동한다.
④ 태양은 별자리를 기준으로 동쪽에서 서쪽으로 이동한다.
⑤ 같은 시각에 관측할 때 별자리는 하루에 약 15°씩 이동한다.

[13~14] 그림은 지구의 공전 궤도와 태양이 지나가는 별자리를 나타낸 것이다.

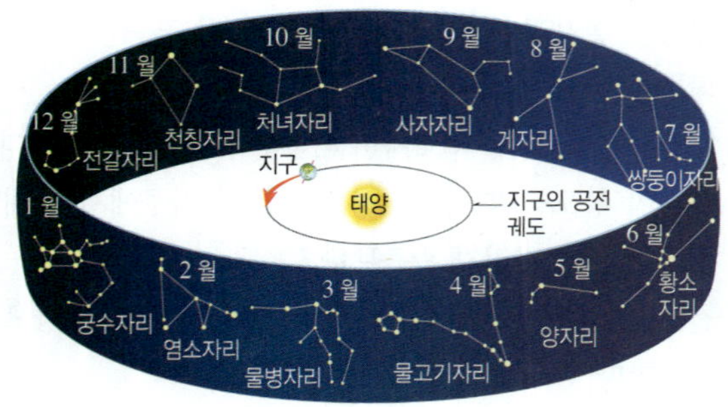

13 이에 대한 설명으로 옳은 것은?

① 지구와 태양의 위치로 보아 11 월이다.
② 지구는 동쪽에서 서쪽으로 공전한다.
③ 한 달 후에 태양은 황소자리를 지난다.
④ 현재 한밤중에 남쪽 하늘에서는 양자리가 보인다.
⑤ 6 개월 후 한밤중에 남쪽 하늘에서는 천칭자리를 볼 수 있다.

14 (가) 2 월에 태양이 지나는 별자리와 (나) 태양이 황소자리를 지날 때 지구에서 한밤중에 남쪽 하늘에서 보이는 별자리를 옳게 짝 지은 것은?

	(가)	(나)
①	게자리	전갈자리
②	게자리	황소자리
③	물병자리	사자자리
④	염소자리	전갈자리
⑤	염소자리	황소자리

15 운동 방향이 같은 것끼리 보기 에서 골라 옳게 짝 지은 것은?

보기
ㄱ. 지구의 자전
ㄴ. 지구의 공전
ㄷ. 별의 일주 운동
ㄹ. 태양의 일주 운동
ㅁ. 태양의 연주 운동

① ㄱ, ㄷ ② ㄴ, ㄹ ③ ㄷ, ㅁ
④ ㄱ, ㄴ, ㅁ ⑤ ㄴ, ㄷ, ㄹ

서술형 문제

16 오른쪽 그림은 지구의 자전과 천체의 일주 운동 모습을 나타낸 것이다. 천체의 일주 운동 방향을 A, B를 이용하여 나타내고, 그 까닭을 서술하시오.

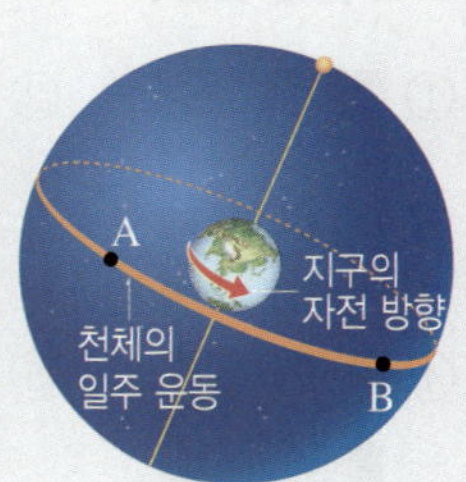

풀이 TIP

중요 **17** 우리나라에서 어느 방향의 하늘을 촬영하면 오른쪽 그림과 같은 별의 궤적이 나타나는지 쓰고, 그렇게 생각한 까닭을 서술하시오.

18 그림은 지구의 공전 궤도와 황도 12궁을 나타낸 것이다.

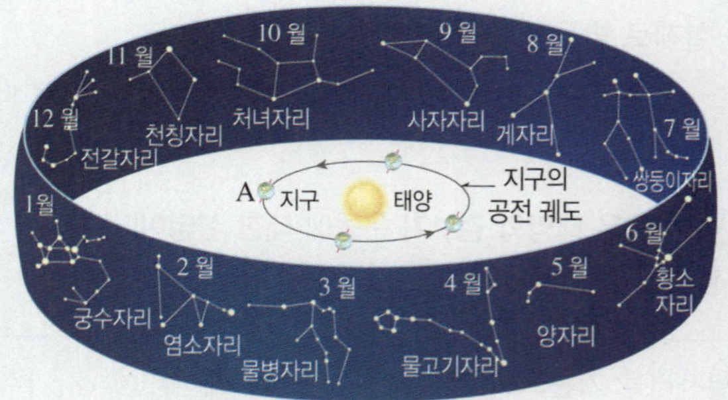

지구가 A에 있을 때 한밤중에 남쪽 하늘에서 볼 수 있는 별자리는 무엇인지 쓰고, 그 까닭을 서술하시오.

풀이 TIP **17** ❶ 별의 궤적이 나타내는 것이 무엇인지 파악한다. ❷ 별의 궤적을 보고, 별을 관측한 방향을 파악한다. ❸ 별의 궤적이 나타나는 까닭을 지구의 운동과 관련하여 생각해 본다.

실력 UP 문제

01 지구의 운동에 대한 설명으로 옳은 것은?

① 지구는 하루에 한 바퀴씩 동쪽에서 서쪽으로 자전한다.

② 지구는 태양을 중심으로 하루에 약 15°씩 이동한다.

③ 지구의 공전으로 천체의 일주 운동이 나타난다.

④ 지구의 공전에 의해 태양이 천구상에서 서쪽에서 동쪽으로 이동하는 것처럼 보인다.

⑤ 지구가 자전하는 동안 지구의 관찰자에게는 천체가 지구의 자전 방향과 같은 방향으로 움직이는 것처럼 보인다.

02 오른쪽 그림은 어느 날 밤하늘에서 몇 시간 간격으로 관측한 북극성과 북두칠성의 모습이다. 이에 대한 설명으로 옳은 것은?

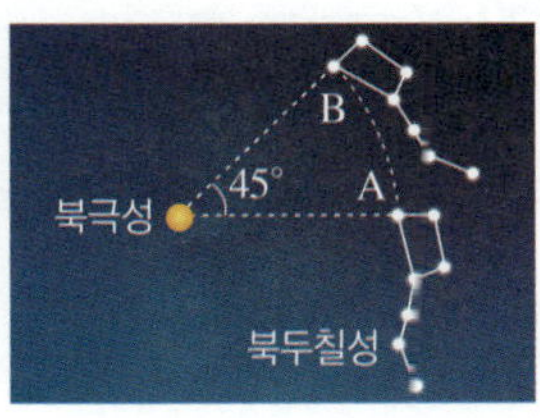

① 관측한 시간 간격은 2시간이다.

② 북두칠성은 B에서 A로 이동하였다.

③ 지구가 공전하기 때문에 나타나는 현상이다.

④ 북두칠성은 실제로 북극성을 중심으로 회전한다.

⑤ 북두칠성이 북극성을 중심으로 한 바퀴 도는 데 걸리는 시간은 24시간(하루)이다.

03 오른쪽 그림은 어느 날 우리나라에서 관측한 천체의 일주 운동 모습을 나타낸 것이다. 이에 대한 설명으로 옳지 <u>않은</u> 것은?

① 그림의 왼쪽은 서쪽이다.

② 원호의 중심에 있는 별 P는 북극성이다.

③ 천체는 별 P를 중심으로 시계 방향으로 회전한다.

④ 별 A와 B는 별 P를 중심으로 1시간 동안 회전하는 각도가 같다.

⑤ 천체는 지구의 자전 방향과 반대 방향으로 이동한다.

04 그림은 어느 날 밤 9시경, 남쪽 하늘의 (가) 위치에서 관측된 쌍둥이자리를 나타낸 것이다.

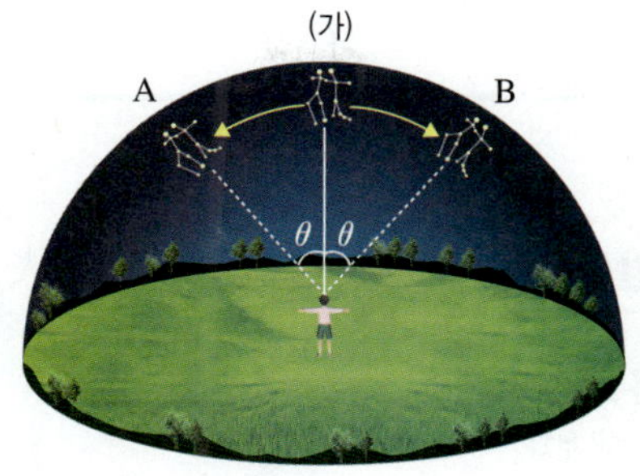

이날 밤 12시경에 A, B 중 쌍둥이자리가 보이는 위치와 이동한 각 θ를 옳게 짝 지은 것은?

① A, 3° ② A, 15° ③ A, 45°

④ B, 30° ⑤ B, 45°

[05~06] 그림은 황도 12궁과 지구 공전 궤도상에서 지구의 위치를 나타낸 것이다.

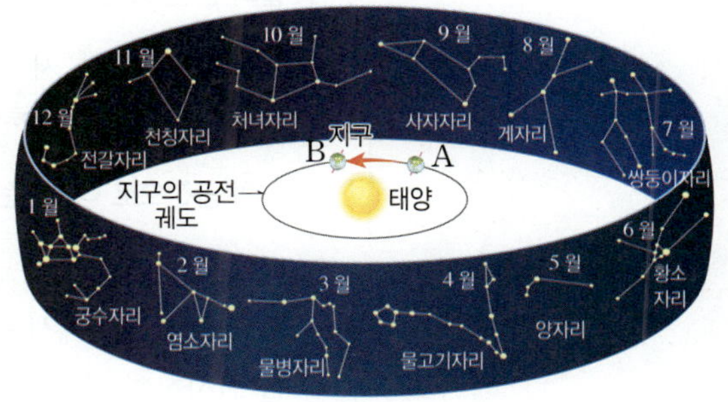

05 이에 대한 설명으로 옳은 것을 [보기]에서 모두 고른 것은?

> **보기**
> ㄱ. 태양이 염소자리에 있는 것처럼 보이는 지구의 위치는 A이다.
> ㄴ. 지구가 B에 위치할 때 한밤중에 남쪽 하늘에서는 처녀자리가 보인다.
> ㄷ. 지구가 A에서 B로 공전하는 동안 태양은 물고기자리에서 염소자리로 이동하는 것처럼 보인다.

① ㄱ ② ㄷ ③ ㄱ, ㄴ

④ ㄴ, ㄷ ⑤ ㄱ, ㄴ, ㄷ

06 준영이의 생일은 7월 12일이다. 이날 한밤중에 남쪽 하늘에서 볼 수 있는 별자리를 쓰시오.

달의 운동

만화 완성하기

오른쪽 만화를 보고 달의 말풍선을 완성해 보자.

A **달의 공전과 위상 변화**

매일 뜨고 지는 태양은 변함없이 둥근 모양으로 보여요. 그러나 달은 어느 날에는 둥근 보름달이었다가, 어느 날에는 반달이나 초승달로 보이기도 하지요. 이처럼 달의 모양이 변하는 까닭은 무엇일까요?

1. 달의 공전: 달이 지구를 중심으로 약 한 달에 한 바퀴씩 서쪽에서 동쪽으로 도는 운동

(1) 달의 공전 방향과 속도

공전 방향	서 → 동
공전 속도	하루에 약 13°씩 이동

(2) **달의 공전으로 나타나는 현상:** 달의 위상 변화, 일식과 월식 등

2. 달의 위상 변화

(1) **달의 위상:** 지구에서 볼 때 밝게 보이는 달의 모양 ➡ 달은 스스로 빛을 내지 못하므로 햇빛을 반사하여 밝게 보이는 부분이 우리 눈에 보이는 모양이 된다.

(2) **달의 위상이 변하는 까닭:** 달이 지구를 중심으로 공전하면서 태양, 지구, 달의 상대적인 위치가 달라지기 때문에 지구에서 볼 때 달의 밝게 보이는 부분의 모양이 달라진다.

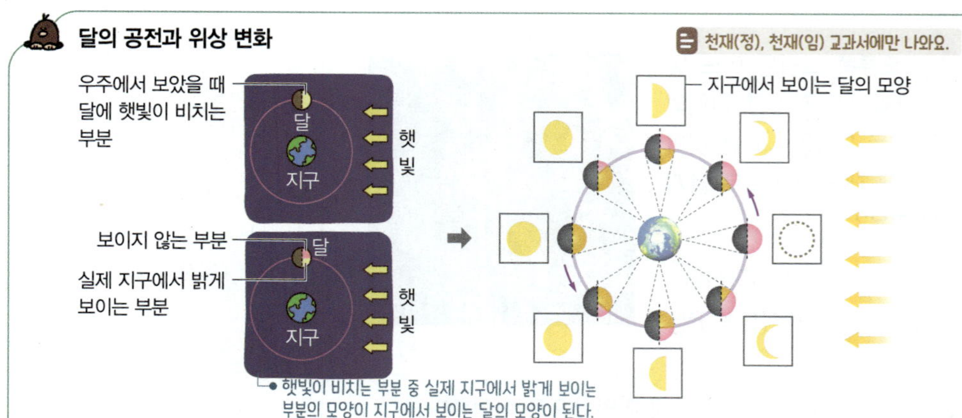

• 달은 지구를 중심으로 시계 반대 방향으로 공전하고 있다.

• 달이 약 한 달 주기로 공전하기 때문에 달의 위상도 약 한 달 주기로 반복된다.

• 달이 공전함에 따라 위치가 변하면 햇빛을 받는 부분이 달라져 달의 위상이 변한다.

(3) **달의 위상 변화:** 보이지 않음 → 초승달 → 상현달 → 브름달 → 하현달 → 그믐달 → 보이지 않음 → …

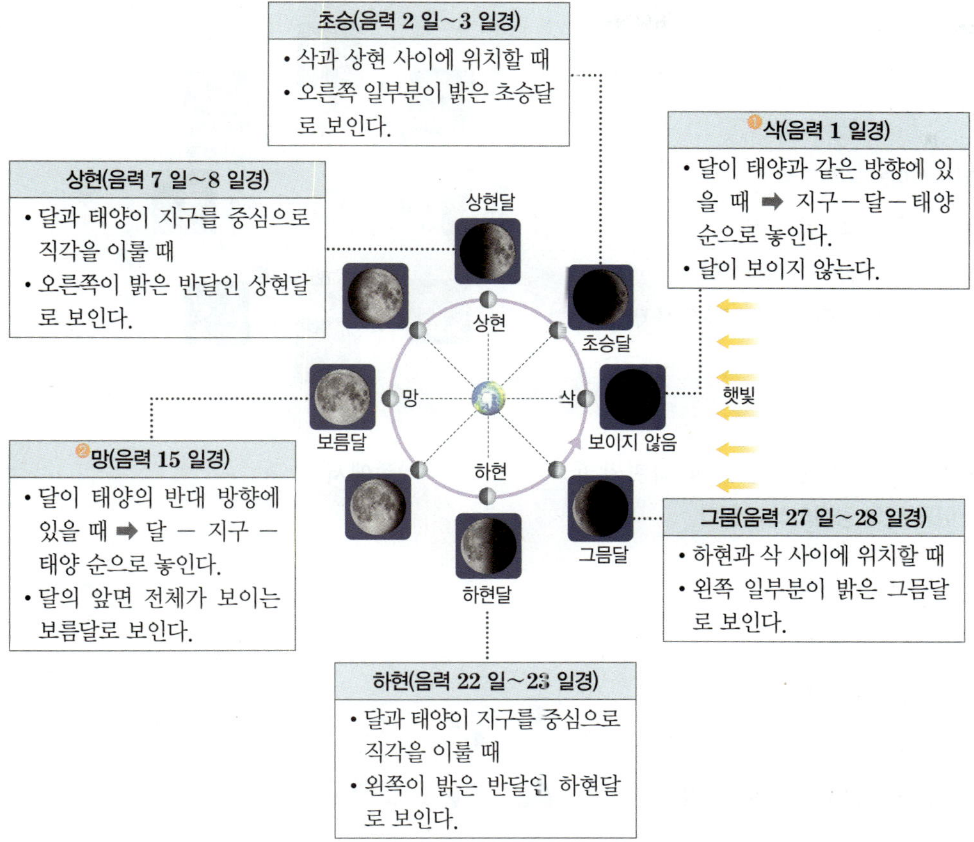

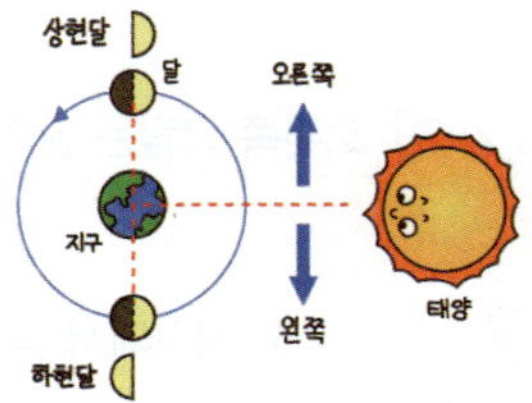

B 달의 위치와 모양 변화

어떤 날에는 초저녁에만 잠깐 달이 보이고, 또 어떤 날은 새벽이 되어야 달을 볼 수 있어요. 이처럼 달은 모양뿐만 아니라 보이는 위치나 시간도 달라져요. 달의 위치 변화와 그 원인을 알아볼까요?

1. 달의 위치와 모양 변화: 달이 공전함에 따라 달을 매일 같은 시각에 관측하면 달의 모양이 조금씩 달라지며 위치도 전날보다 서쪽에서 동쪽으로 조금씩 이동한다.

해가 진 직후 달의 위치와 모양 변화

• 음력 1 일: 달이 보이지 않는다.
• 음력 2 일경: 서쪽 하늘에서 초승달이 보인다.
• 음력 7 일~8 일경: 남쪽 하늘에서 상현달이 보인다.
• 음력 15 일경: 동쪽 하늘에서 보름달이 보인다.＊
  약 한 달 후에 달은 다시 같은 위치에서 보인다.

＊ **보름달이 동쪽 하늘에 있을 때 태양의 위치**

보름달이 보일 때 달은 태양의 반대 방향에 있다. 따라서 보름달이 동쪽 하늘에서 보이면 태양은 이와 반대 방향인 서쪽 하늘에 있다.

용어

❶ **삭(朔 초하루)** 음력 1 일경에 달이 지구와 태양 사이에 놓여 보이지 않는 위치

❷ **망(望 보름)** 음력 15 일경에 지구를 기준으로 달이 태양의 반대 방향에 놓여 둥글게 보이는 위치

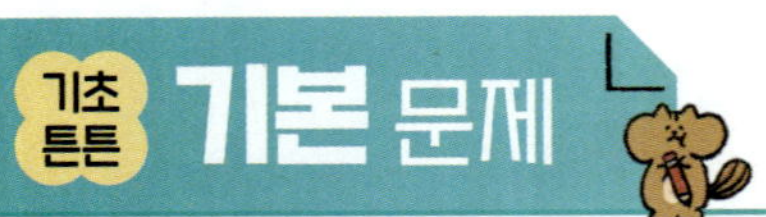
기초튼튼 기본 문제

✅ 핵심 요약

▶ 달의 ❶ [____]: 달이 지구를 중심으로 약 한 달에 한 바퀴씩 서쪽에서 동쪽으로 도는 운동

▶ 달의 위상: 지구에서 볼 때 밝게 보이는 달의 모양

• 달의 위상 변화 순서: 보이지 않음 → 초승달 → ❷ [____] → 보름달 → ❸ [____] → 그믐달 → 보이지 않음

• 달의 위상이 변하는 까닭: 달이 지구를 중심으로 공전하면서 태양, 지구, 달의 상대적인 ❹ [____] 가 달라지기 때문이다.

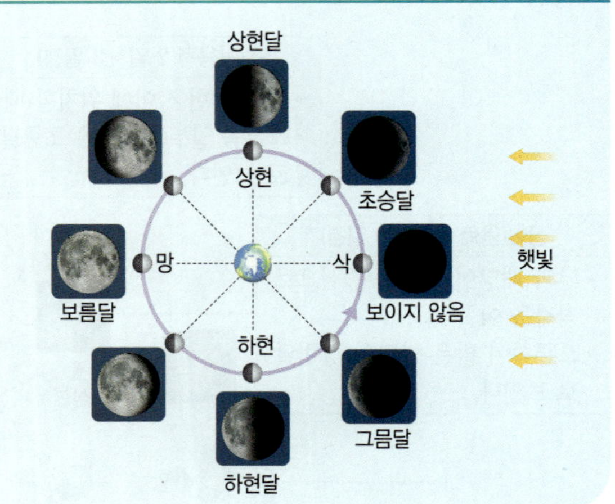

1 달은 ㉠(   )를 중심으로 약 한 달에 한 바퀴씩 ㉡(   )쪽에서 ㉢(   )쪽으로 도는데, 이를 달의 공전이라고 한다.

[2~3] 오른쪽 그림은 달의 공전 궤도를 나타낸 것이다.

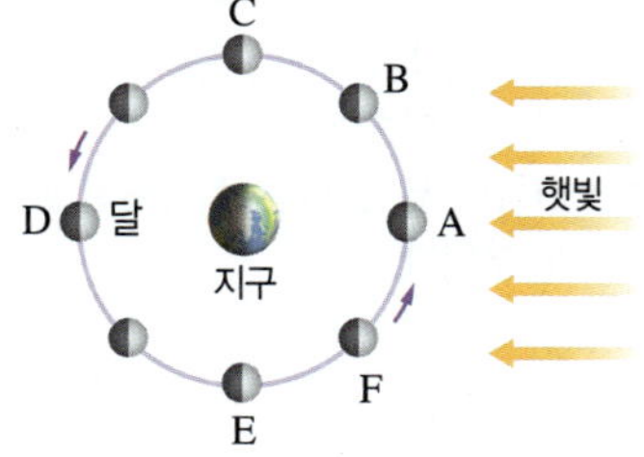

2 A~F 중 지구에서 상현달과 하현달로 보이는 달의 위치를 각각 쓰시오.

(1) 상현달: (   )
(2) 하현달: (   )

3 달의 위상 변화에 대한 설명으로 옳은 것은 ○, 옳지 않은 것은 ×로 표시하시오.

(1) 달이 A에 위치할 때 달의 앞면 전체가 둥글게 보인다. ·········· (   )
(2) 음력 15 일경 달의 위치는 D이다. ·········· (   )
(3) 달이 C에 있을 때와 E에 있을 때의 위상은 같다. ·········· (   )

4 다음 날짜에 해가 진 직후 관측되는 달의 모양을 선으로 옳게 연결하시오.

(1) 음력 2 일경   •   • ㉠ 보름달

(2) 음력 7 일~8 일경 •   • ㉡ 상현달

(3) 음력 15 일경   •   • ㉢ 초승달

일식과 월식이 일어나는 원인을 몰랐던 과거에는 이러한 현상이 불길한 일이 일어날 징조로 여겨졌다고 해요. 일식과 월식이 일어나는 원리오- 진행 과정을 알아볼까요?

1. 일식: 지구에서 보았을 때 달이 태양을 가리는 현상 ➡ 달이 지구를 중심으로 공전하면서 태양의 앞을 지나갈 때 일어난다.

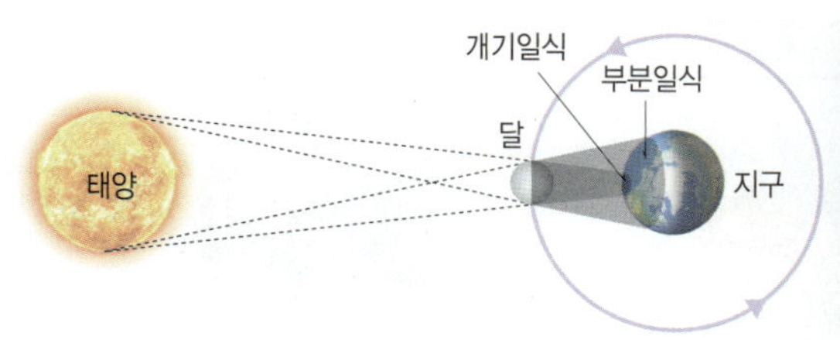

(1) **일식이 일어날 때 위치 관계:** 태양 − 달 − 지구의 순서로 일직선을 이룬다. ➡ 달의 위치: 삭

(2) **관측 가능 지역:** 일식은 지구에서 달의 그림자가 생기는 지역에서만 볼 수 있다.

① **개기일식:** 달이 태양 전체를 가리는 지역에서는 개기일식을 볼 수 있다.

② **부분일식:** 달이 태양의 일부를 가리는 지역에서는 부분일식을 볼 수 있다.

(3) **진행 과정:** 달이 공전하여 태양의 앞을 지나감에 따라 태양의 오른쪽(서쪽)부터 가려지고, 오른쪽(서쪽)부터 빠져나온다.

2. 월식: 지구에서 보았을 때 달이 지구의 그림자에 들어가 가려지는 현상 ➡ 달이 지구를 중심으로 공전하면서 지구의 그림자 속으로 들어갈 때 일어난다.

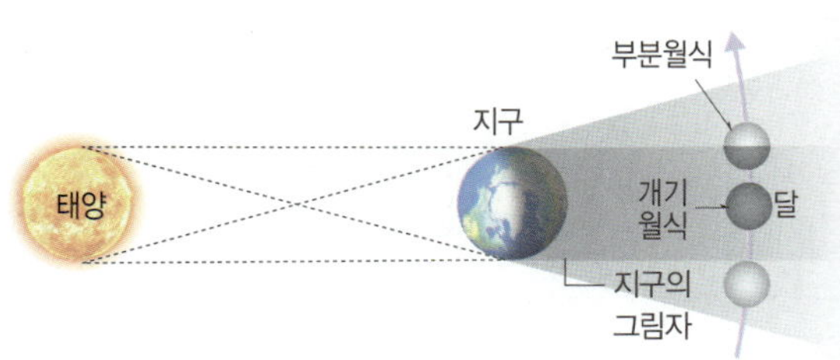

(1) **월식이 일어날 때 위치 관계:** 태양 − 지구 − 달의 순서로 일직선을 이룬다. ➡ 달의 위치: 망

(2) **관측 가능 지역:** 월식은 지구에서 밤이 되는 모든 지역에서 볼 수 있다.

① **개기월식:** 달 전체가 지구의 그림자 속에 들어갈 때 개기월식을 볼 수 있다.

② **부분월식:** 달의 일부가 지구의 그림자 속에 들어갈 때 부분월식을 볼 수 있다.

(3) **진행 과정:** 달이 공전하여 지구의 그림자 속으로 들어감에 따라 달의 왼쪽(동쪽)부터 가려지고, 왼쪽(동쪽)부터 빠져나온다.

암기해

일식 때 달의 위치

일요일은 순**삭**!
식

➡ 일식이 일어날 때 달의 위치는 삭이다.

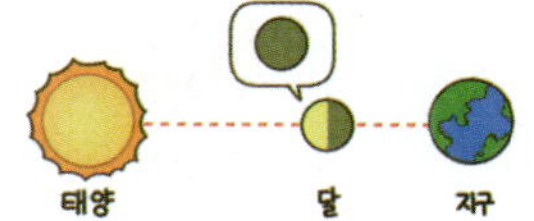

궁금해

달이 태양을 어떻게 가릴 수 있을까?

태양이 달보다 매우 크지만, 매우 멀리 있기 때문에 지구에서는 태양과 달이 비슷한 크기로 보인다. 따라서 달이 태양을 가릴 수 있다.

※ **개기월식이 일어날 때 달이 붉게 보이는 까닭**

햇빛이 지구 대기를 지날 때 흩어지면서 달에 붉은 빛이 상대적으로 많이 도달하기 때문이다.

암기해

월식 때 달의 위치

월요일은 **망**했으면…
식

➡ 월식이 일어날 때 달의 위치는 망이다.

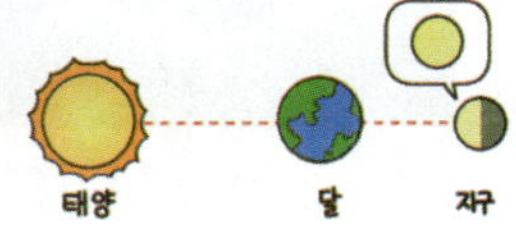

기초튼튼 기본 문제

✔ 핵심 요약

▶ **일식과 월식:** 달이 공전함에 따라 일식과 월식이 일어난다.

일식	구분	월식
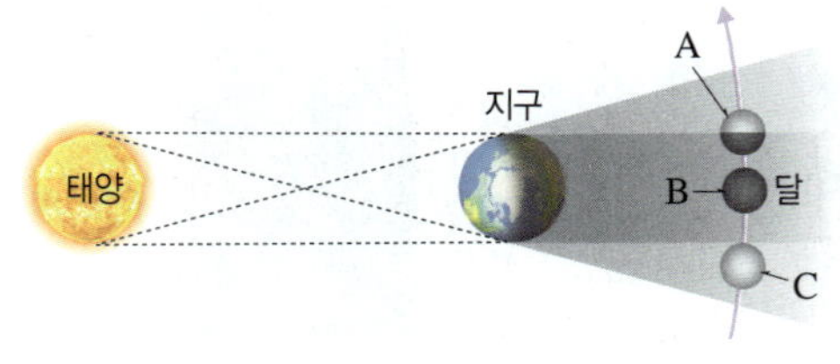	모식도	
• 달이 ❶ [ ]을 가리는 현상 • 달이 태양 전체를 가리면 개기일식, 일부만 가리면 부분일식	정의	• ❷ [ ]이 지구의 그림자에 가려지는 현상 • 지구의 그림자에 달 전체가 가려지면 개기월식, 일부만 가려지면 부분월식
태양 − 달 − 지구의 순서로 일직선을 이룬다. ➡ 달이 ❸ [ ]의 위치에 있을 때	위치 관계	태양 − 지구 − 달의 순서로 일직선을 이룬다. ➡ 달이 ❹ [ ]의 위치에 있을 때
지구에서 달의 그림자가 생기는 지역	관측 가능 지역	지구에서 밤이 되는 모든 지역

1 일식과 월식에 대한 설명으로 옳은 것은 ○, 옳지 <u>않은</u> 것은 ×로 표시하시오.

(1) 일식은 달이 태양을 가리는 현상이다. ⋯⋯⋯⋯⋯⋯⋯⋯⋯ (   )
(2) 일식이 일어날 때의 달은 보름달이다. ⋯⋯⋯⋯⋯⋯⋯⋯⋯ (   )
(3) 월식이 일어날 때는 태양 − 지구 − 달의 순서로 일직선을 이룬다. ⋯⋯ (   )
(4) 월식이 일어날 때 달은 왼쪽부터 가려진다. ⋯⋯⋯⋯⋯⋯⋯ (   )

2 오른쪽 그림은 월식이 일어날 때의 모습을 모식적으로 나타낸 것이다. A∼C 중 개기월식과 부분월식이 일어날 수 있는 위치를 각각 쓰시오.

(1) 개기월식: (   )
(2) 부분월식: (   )

3 그림은 일식과 월식을 나타낸 것이다. 각각 어떤 현상의 모습인지 골라 ○로 표시하시오.

(1)

(개기일식, 부분일식)

(2)

(개기월식, 부분월식)

달의 공전으로 달라지는 태양, 지구, 달의 상대적인 위치에 따라 달의 위상을 구분하는 문제는 시험에서 자주 출제되는 중요한 문제예요. 탐구 자료와 핵심 자료로 차근차근 알아봅시다.

탐구 자료 ❶ 모형을 이용한 달의 위상 변화 관찰

관련 개념 ❙ 236 쪽 **A** 달의 공전과 위상 변화

❙ 목표 달이 공전함에 따라 달라지는 달의 위상 변화를 알아본다.

❙ 과정
① 달의 위상 변화판을 책상 위에 올려놓은 후, 가운데에 스마트 기기를 설치한다.
② 스타이로폼 공의 절반을 검은색으로 칠한다.
③ 스타이로폼 공을 달의 위상 변화판의 각 위치에 놓고 스타이로폼 공의 노란색 부분이
   태양을 향하게 한 다음, 스마트 기기로 스타이로폼 공을 촬영한다.

❙ 결과 및 해석

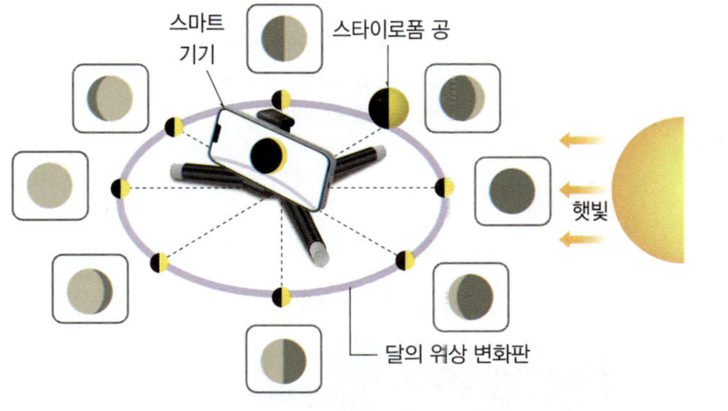

❙ 결론 달이 ㉠(   )의 위치에 있을 때는 노름달로 보이고, ㉡(   )의 위치에 있
을 때는 달이 보이지 않는다.

정답 ㉠ 망, ㉡ 삭

핵심 자료 ❶ 달의 공전 궤도상의 위치에서 달의 위상 정리하기

관련 개념 ❙ 236 쪽 **A** 달의 공전과 위상 변화

● 태양이 오른쪽에 있는 그림에서 달의 위상 변화 파악하기

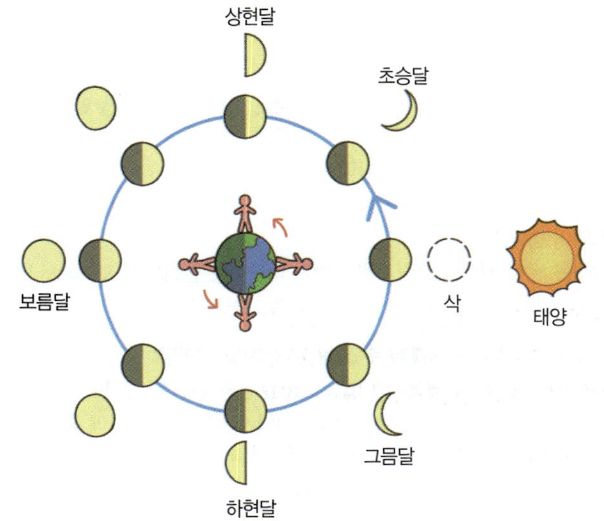

● 태양이 왼쪽에 있는 그림에서 달의 위상 변화 파악하기

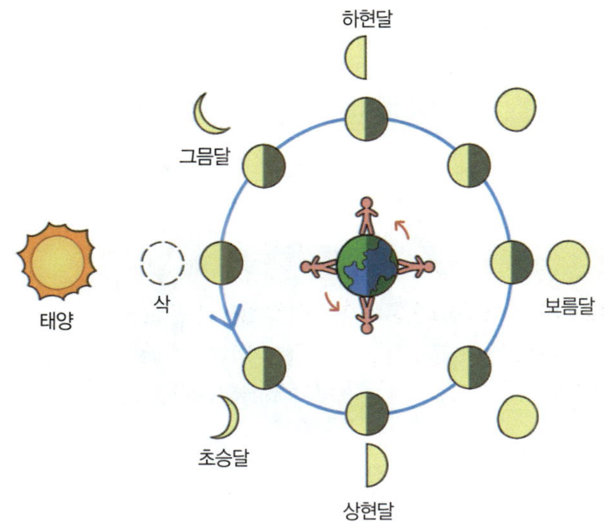

탐구 자료로 일식과 월식이 일어나는 원리를 알아보고, 핵심 자료로 일식과 월식을 관측할 수 있는 지역을 파악해 보아요.

탐구 자료 ❷ 태양과 달이 가려지는 원리

관련 개념 | 239 쪽 C 일식과 월식

목표 태양과 달이 가려지는 현상이 나타나는 원리를 알아본다.

과정

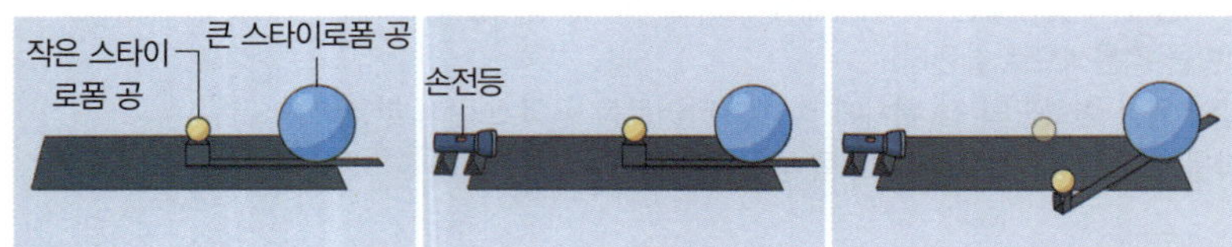

❶ 작은 스타이로폼 공을 받침대에 고정한 뒤, 큰 스타이로폼 공을 받침대에 고정한다.

❷ 손전등을 손전등 받침대에 올려놓고 손전등을 켠다.

❸ 스타이로폼 공 받침대를 돌리면서 두 스타이로폼 공에 생기는 그림자를 관찰한다.

결과 및 해석
• 스타이로폼 공에 그림자가 생기는 위치

지구에 그림자가 생길 때	지구의 그림자 속에 달이 가려질 때
손전등, 작은 스타이로폼 공, 큰 스타이로폼 공의 순서로 일직선을 이룰 때 ➡ 일식의 원리	손전등, 큰 스타이로폼 공, 작은 스타이로폼 공의 순서로 일직선을 이룰 때 ➡ 월식의 원리

• 손전등은 태양, 작은 스타이로폼 공은 달, 큰 스타이로폼 공은 지구을 나타낸다.

결론 ㉠(   )은 태양, 달, 지구 순서로 일직선을 이룰 때 일어나고, ㉡(   )은 태양, 지구, 달 순서로 일직선을 이룰 때 일어난다.

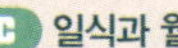

핵심 자료 ❷ 일식과 월식을 관측할 수 있는 지역

관련 개념 | 239 쪽 C 일식과 월식

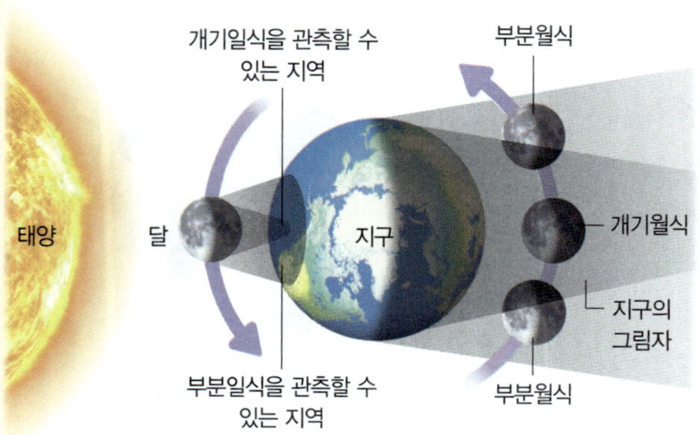

1. 일식과 월식의 관측 가능 지역
• 일식은 달의 그림자가 생기는 지역에서만 볼 수 있다. ➡ 관측 가능한 지역이 좁다.
• 월식은 달이 지구의 그림자에 들어가 나타나는 현상으로 지구에서 밤인 지역 어디에서나 볼 수 있다. ➡ 관측 가능한 지역이 넓다.

2. 일식보다 월식을 관측할 수 있는 지역이 넓은 까닭: 일식은 달의 그림자가 생기는 지역에서만 볼 수 있어 관측 가능한 지역이 좁지만, 월식은 지구에서 밤인 지역 어디에서나 볼 수 있기 때문에 관측 가능한 지역이 넓다.

중요 01 달의 위치와 위상 변화에 대한 설명으로 옳지 <u>않은</u> 것은?

① 초승 – 삭과 상현 사이에 위치하여 오른쪽 일부분이 밝은 달로 보인다.
② 망 – 달이 지구를 기준으로 태양 반대 방향에 있어 지구에서 보름달로 보인다.
③ 삭 – 지구, 달, 태양이 직각을 이루어 지구에서는 달이 보이지 않는다.
④ 상현 – 지구, 달, 태양이 직각을 이루어 지구에서 오른쪽이 밝은 반달로 보인다.
⑤ 하현 – 지구, 달, 태양이 직각을 이루어 지구에서 왼쪽이 밝은 반달로 보인다.

[02~03] 그림은 달의 공전 궤도를 나타낸 것이다.

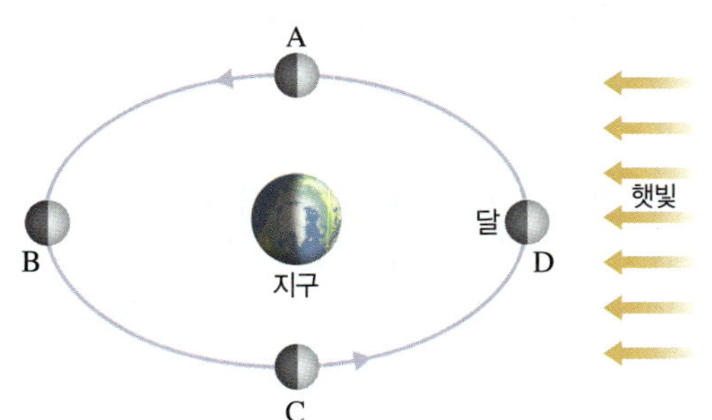

02 A~D 중 달이 오른쪽 그림과 같은 모양으로 보일 때의 위치는?

① A   ② B
③ C   ④ D
⑤ A, C

03 달의 위치와 지구에서 보이는 달의 모양을 옳거 짝 지은 것은?

① A – 초승달   ② B – 하현달
③ B – 그믐달   ④ C – 상현달
⑤ D – 보이지 않음

[04~06] 그림은 달이 공전하는 모습을 나타낸 것이다.

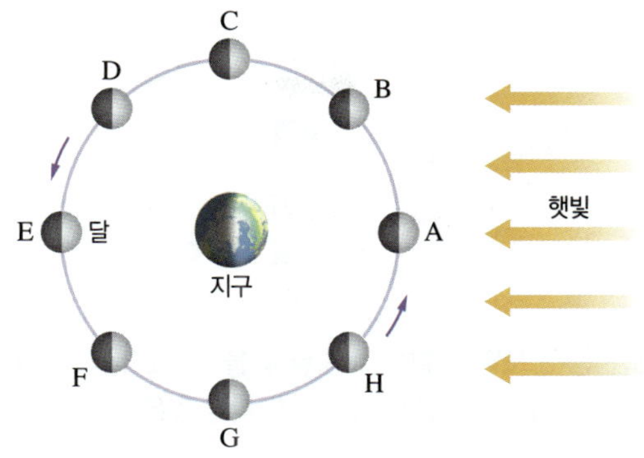

04 음력 27 일~28 일경에 관측되는 달의 위치와 위상을 옳게 짝 지은 것은?

① A,   ② C,   ③ E,
④ G,   ⑤ H,

중요 05 A~H 중 달이 상현달과 하현달로 보이는 위치를 옳게 짝 지은 것은?

	상현달	하현달		상현달	하현달
①	A	E	②	B	H
③	C	G	④	E	A
⑤	G	C			

06 달이 E 위치에 있을 때에 대한 설명으로 옳지 <u>않은</u> 것은?

① 보름달로 보인다.
② 달의 위치는 망이다.
③ 월식이 일어날 수 있다.
④ 음력 1 일경에 관측할 수 있다.
⑤ 달과 태양 사이의 거리가 가장 멀 때이다.

07 그림은 달이 공전하는 모습을 나타낸 것이다.

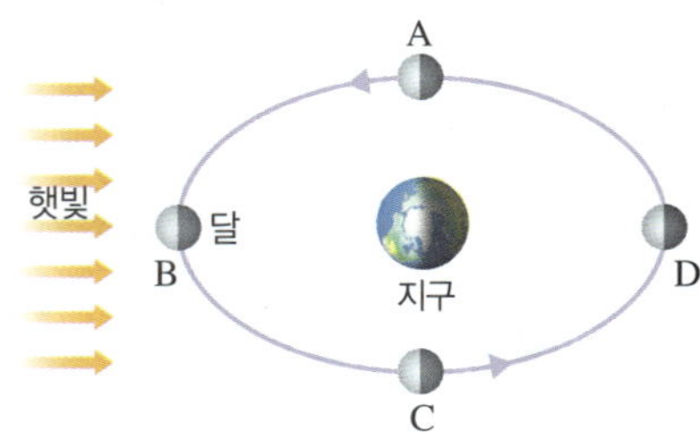

추석에는 둥근 모양의 밝은 보름달을 볼 수 있다. 이때 **A~D** 중 달의 위치와 음력 날짜를 옳게 짝 지은 것은?

① A, 1 일 ② B, 15 일 ③ C, 7 일
④ D, 15 일 ⑤ A와 C, 1 일

08 그림은 우리나라에서 일주일 간격으로 관측한 달의 위상을 나타낸 것이다.

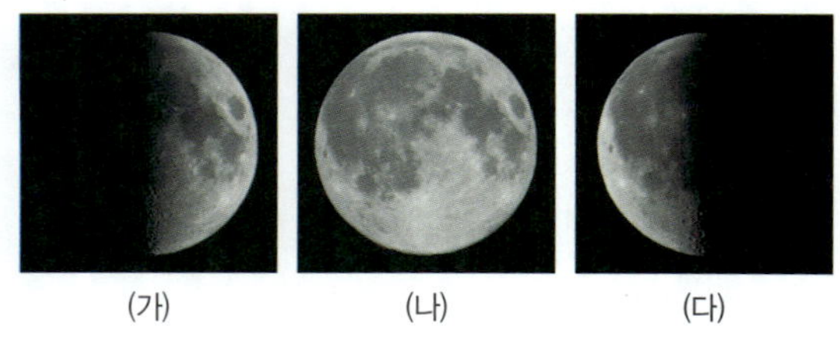

이에 대한 설명으로 옳은 것은?

① (가)는 하현달이다.
② 삭 이후 달은 (다) → (나) → (가) 순으로 관측된다.
③ (나)와 (다) 사이에는 그믐달이 보인다.
④ 음력 1 월 15 일인 정월대보름에는 (다)와 같은 달의 모습을 볼 수 있다.
⑤ (나)는 달 – 지구 – 태양 순으로 일직선을 이룰 때 관측된다.

09 보름달이 동쪽 하늘에서 관측될 때 태양의 위치로 옳은 것은?

① 동쪽 하늘 ② 서쪽 하늘
③ 남쪽 하늘 ④ 북쪽 하늘
⑤ 동쪽 하늘과 남쪽 하늘 사이

10 그림은 해가 진 직후 달의 위치와 모양을 15 일 동안 관측하여 나타낸 것이다.

A 위치에 있는 달에 대한 설명으로 옳지 <u>않은</u> 것은?

① 상현달이다.
② 음력 7 일~8 일경에 볼 수 있다.
③ 태양, 달, 지구가 직각을 이루고 있다.
④ 약 15 일 후 같은 시각에 달은 같은 위치에서 관측된다.
⑤ 점점 부풀어 며칠 뒤에는 보름달로 보인다.

중요 11 일식과 월식에 대한 설명으로 옳지 <u>않은</u> 것은?

① 달이 공전하여 일어나는 현상이다.
② 일식은 태양 – 달 – 지구의 순서로 일직선을 이룰 때 일어난다.
③ 월식은 지구의 그림자에 달이 가려지는 현상이다.
④ 월식은 일식보다 관측할 수 있는 지역이 넓다.
⑤ 월식이 일어날 때보다 일식이 일어날 때 태양과 달 사이의 거리가 멀다.

12 그림은 달의 공전 궤도를 나타낸 것이다.

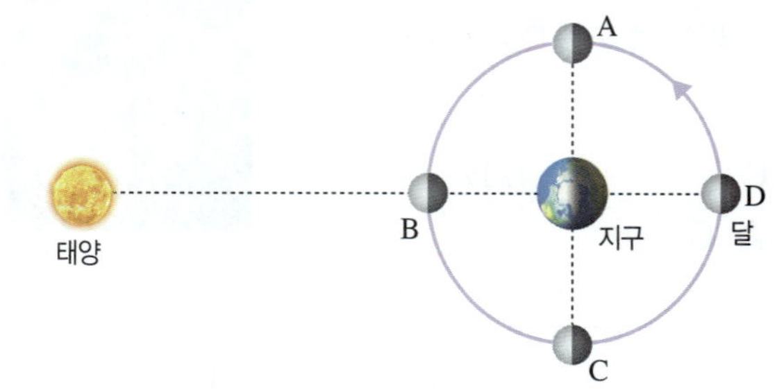

일식과 월식이 일어날 때의 달의 위치를 옳게 짝 지은 것은?

	일식	월식		일식	월식
①	A	C	②	B	C
③	B	D	④	C	A
⑤	D	B			

 그림은 일식이 일어날 때 태양, 지구, 달의 위치를 나타낸 것이다.

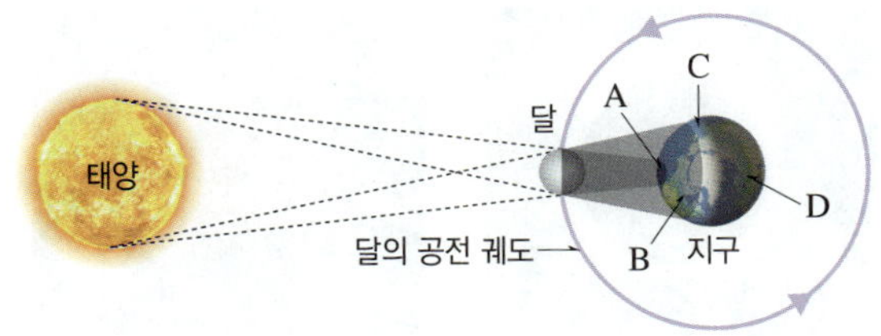

중요 13 A~D 중 개기일식을 관측할 수 있는 곳과 부분일식을 관측할 수 있는 곳을 순서대로 옳게 짝 지은 것은?

① A, B   ② A, D   ③ B, A
④ B, C   ⑤ D, C

14 이에 대한 설명으로 옳은 것은?

① 태양이 달을 가리는 현상이 나타난다.
② 이날 달은 보름달 모양으로 보인다.
③ 일식이 진행됨에 따라 태양의 오른쪽부터 가려진다.
④ 일식이 진행됨에 따라 태양의 왼쪽부터 빠져나온다.
⑤ 이날 지구에서는 밤이 되는 모든 지역에서 일식을 관측할 수 있다.

15 그림은 일식과 월식의 원리를 알아보기 위한 실험을 나타낸 것이다.

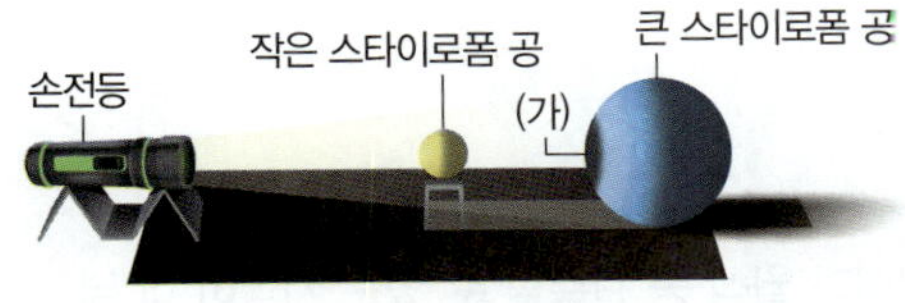

이에 대한 설명으로 옳지 <u>않은</u> 것은?

① 손전등은 태양을 나타낸다.
② 작은 스타이로폼 공은 지구를 나타낸다.
③ (가)는 지구에 달 그림자가 생긴 것이다.
④ (가)의 위치에서는 작은 스타이로폼 공에 의해 손전등의 빛이 가려진다.
⑤ 이와 같은 모습으로 천체가 위치할 때 일식이 일어난다.

16 그림은 월식이 일어날 때의 모습을 나타낸 것이다.

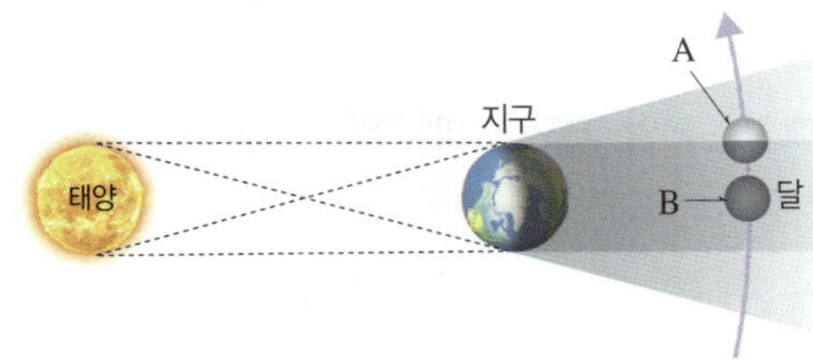

이에 대한 설명으로 옳은 것을 보기 에서 모두 고른 것은?

> **보기**
> ㄱ. 이날 달은 망의 위치에 있다.
> ㄴ. A는 달의 일부가 지구의 그림자 속에 들어간 모습이다.
> ㄷ. 지구에서는 달이 B에 위치할 때만 월식을 관측할 수 있다.

① ㄱ   ② ㄴ   ③ ㄱ, ㄴ
④ ㄱ, ㄷ   ⑤ ㄴ, ㄷ

17 그림은 어느 날 지구에서 관측한 일식과 월식의 모습을 순서 없이 나타낸 것이다.

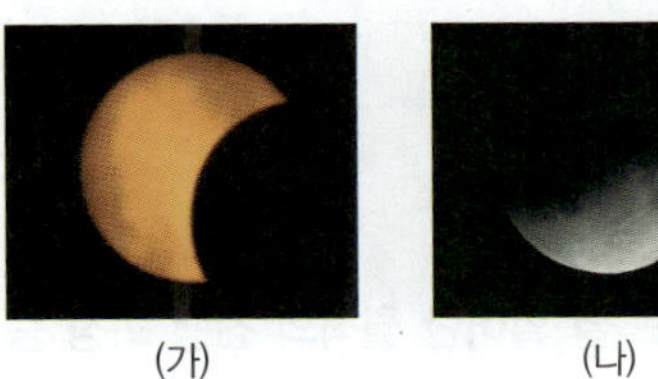

(가)   (나)

이에 대한 설명으로 옳은 것은?

① (가)는 개기일식의 모습이다.
② (나)는 달 전체가 지구의 그림자에 가려진 모습이다.
③ (가)는 달이 태양의 일부를 가리는 지역에서만 관측할 수 있다.
④ (나)는 달이 공전하면서 태양 앞을 지나갈 때 일어난다.
⑤ (가)와 (나)가 일어날 때 달의 위상은 같다.

18 태양은 달보다 매우 크지만, 지구에서 볼 때 달이 태양을 가릴 수 있는 까닭은?

① 달이 태양의 빛을 흡수하기 때문이다.
② 태양과 달 사이의 거리가 변하기 때문이다.
③ 달의 공전 주기와 자전 주기가 같기 때문이다.
④ 태양이 달에 비해 지구에서 멀리 있기 때문이다.
⑤ 태양이 점점 어두워지다가 달에 가까워지면 다시 밝아지기 때문이다.

19 그림은 태양, 지구, 달의 위치 관계를 나타낸 것이다.

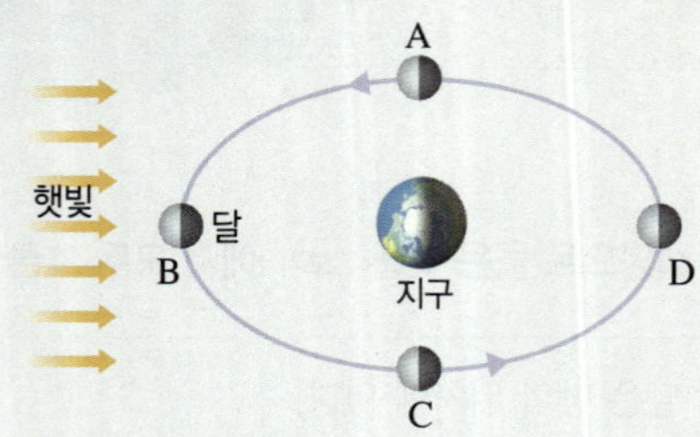

(1) 달이 A∼D에 있을 때 달의 위상을 각각 쓰시오.

(2) 여러 날 동안 달을 관찰했을 때 달의 위상이 달라지는 까닭을 서술하시오.

중요 ★ 20 그림은 어느 날 일어난 월식의 진행 과정 중 일부를 나타낸 것이다.

풀이 **TIP**

(1) 월식이 일어나는 까닭을 쓰시오.

(2) A와 B 중 월식이 진행되는 방향을 쓰고, 그렇게 생각한 까닭을 서술하시오.

21 그림 (가)는 어느 날 태양이 가려진 모습이고, (나)는 달이 지구의 그림자에 들어간 모습이다.

(가)　　　　　　　(나)

(1) (가)와 (나)의 현상이 일어날 때 태양, 달, 지구의 위치 관계를 각각 서술하시오.

(2) 다음의 단어를 모두 사용하여 (나)의 달이 붉게 보이는 까닭을 서술하시오.

> 햇빛, 대기, 붉은 빛

22 일식과 월식 중 관측할 수 있는 지역이 더 넓은 것을 쓰고, 그 까닭을 서술하시오.

풀이 **TIP** **20** ❶ 월식이 일어날 수 있는 태양, 달, 지구의 위치 관계를 생각해 본다. ❷ 월식이 일어날 때 달의 이동 방향을 고려하여 달의 어느 쪽부터 가려지고 빠져나오는지 판단한다.

실력 UP 문제

01 그림은 태양, 지구, 달의 위치 관계를 나타낸 것이다.

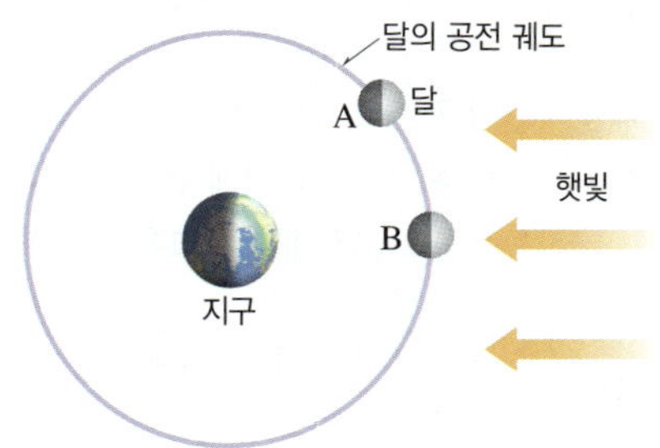

이에 대한 설명으로 옳은 것은?

① 달은 A에서 B 방향으로 이동한다.
② 달이 B에 있을 때 음력 15 일경이다.
③ 달이 B 위치에 있을 때 월식이 일어날 수 있다.
④ 달이 B에서 다시 B의 위치로 돌아오는 데 약 1 년이 걸린다.
⑤ 현재 달이 A에 있다면 이날로부터 약 3 일~4 일 후에는 상현달이 보인다.

02 그림은 해가 진 직후 달의 위치와 모양을 15 일 동안 관측하여 나타낸 것이다.

이에 대한 설명으로 옳은 것은?

① 초승달은 한밤중에 관측할 수 있다.
② 달의 위치는 매일 약 1°씩 이동한다.
③ 매일 같은 시각에 보이는 달의 위치는 전날보다 서쪽으로 조금씩 이동한다.
④ 음력 7 일~8 일경에 해가 진 직후 남쪽 하늘에서 보이는 달은 하현달이다.
⑤ 음력 15 일경에는 달−지구−태양의 순으로 일직선을 이루어 보름달이 보인다.

03 그림은 일식이 일어나는 모습을 순서 없이 나타낸 것이다.

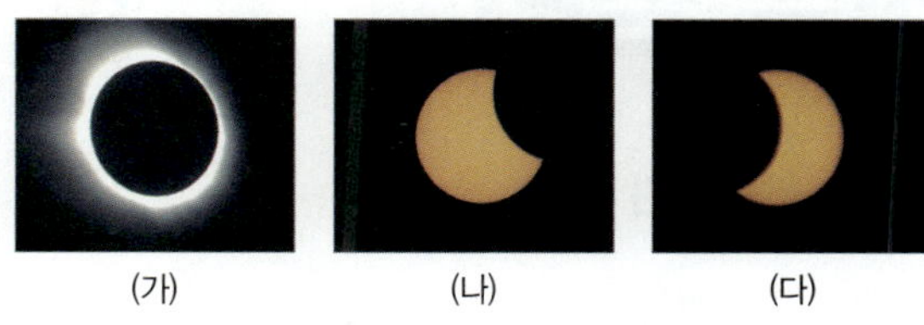

이에 대한 설명으로 옳은 것을 보기에서 모두 고른 것은?

> **보기**
> ㄱ. 지구에서 관측된 순서는 (다) → (가) → (나)이다.
> ㄴ. 관측자는 달의 그림자가 생기는 지역에 있다.
> ㄷ. 이날 달은 지구와 태양 사이에 위치한다.

① ㄱ
② ㄴ
③ ㄱ, ㄴ
④ ㄱ, ㄷ
⑤ ㄴ, ㄷ

04 그림은 일식과 월식이 일어날 때 태양, 달, 지구의 위치를 나타낸 것이다.

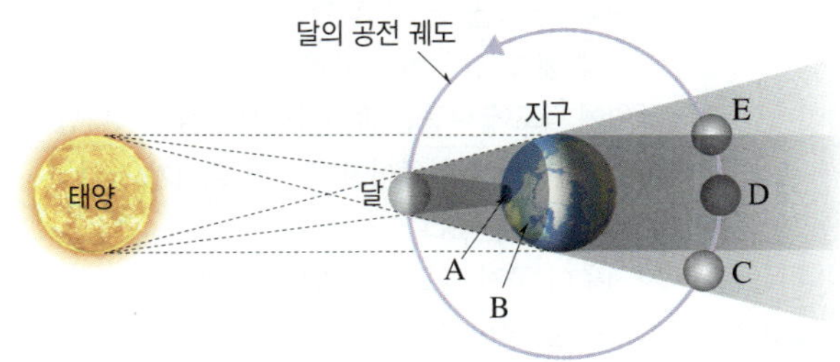

이에 대한 설명으로 옳지 <u>않은</u> 것은?

① A에서는 개기일식이 관측된다.
② B에서는 달이 태양의 일부를 가리는 현상을 관측할 수 있다.
③ 달이 C와 E에 위치할 때 부분월식을 관측할 수 있다.
④ 달이 D에 위치할 때는 달 전체가 붉게 보인다.
⑤ A와 B에서는 태양의 오른쪽부터 가려지는 모습을 볼 수 있다.

핵심 정리

01 / 태양계의 구성

1. 태양계 구성 천체

태양	태양계에서 유일하게 스스로 빛을 낸다.
행성	태양을 중심으로 공전한다. 크기가 크고 둥글며, 궤도 주변의 다른 천체들에게 지배적인 역할을 한다.
왜소 행성	태양을 중심으로 공전하는 둥근 천체이지만, 행성에 비해 질량과 크기가 작아 궤도 주변의 다른 천체들에게 지배적인 역할을 하지 못한다.
위성	행성을 중심으로 공전한다.
소행성	주로 화성과 목성 궤도 사이에서 띠를 이루어 분포하며, 모양이 불규칙하다.
혜성	얼음과 먼지로 이루어져 있으며, 태양에 가까워지면 꼬리가 생긴다.

2. 태양계 행성

(1) 태양계 행성의 특징

수성	• 태양계 행성 중 크기가 가장 작고 태양에 가장 가깝다. • 대기가 없어 낮과 밤의 온도 차가 크다.
금성	• 두꺼운 이산화 탄소 대기가 있어 표면 온도가 매우 높다.
지구	질소와 산소 등으로 이루어진 대기와 표면에 액체 상태의 물이 존재한다.
화성	• 표면이 붉게 보인다. • 극관과 물이 흘렀던 흔적이 있다.
목성	• 태양계 행성 중 크기가 가장 크다. • 표면에 적도에 나란한 줄무늬와 대적점이 나타난다.
토성	얼음과 암석으로 이루어진 뚜렷한 고리가 있다.
천왕성	• 청록색으로 보인다. • 자전축이 공전 궤도면과 거의 나란하다.
해왕성	청록색으로 보이고, 대흑점이 나타난다.

(2) 태양계 행성의 분류

구분	지구형 행성	목성형 행성
행성	수성, 금성, 지구, 화성	목성, 토성, 천왕성, 해왕성
질량	작다.	크다.
반지름	작다.	크다.
위성 수	없거나 적다.	많다.
고리	없다.	있다.

3. 태양과 태양 활동

(1) 태양의 특징

표면 (광구)	흑점	광구에 나타나는 불규칙한 모양의 어두운 부분으로, 주변보다 온도가 낮다.
	쌀알 무늬	광구에 쌀알을 뿌려놓은 것 같은 무늬로, 광구 아래의 대류 현상으로 생긴다.
대기 및 대기 현상	채층	광구 바로 위에 보이는 얇고 붉은 대기층
	코로나	채층 바깥으로 넓게 뻗어 있는 대기층
	홍염	광구로부터 대기로 고온의 물질이 솟아오르는 현상
	플레어	흑점 주변의 강력한 폭발로, 많은 양의 에너지가 한꺼번에 방출되는 현상

(2) 태양 활동이 활발할 때 나타나는 현상

태양	지구
• 흑점 수 증가 • 코로나의 크기 확대 • 홍염, 플레어 자주 발생 • 태양풍 강해짐	• 무선 전파 통신 장애 • 전력 시스템, 위성 위치 확인 시스템 오류 • 인공위성 고장 • 오로라 발생 횟수 증가

02 / 지구의 운동

1. 지구의 자전과 천체의 일주 운동

(1) **지구의 자전**: 지구가 자전축을 중심으로 하루에 한 바퀴씩 서쪽에서 동쪽으로 도는 운동

(2) **천체의 일주 운동**: 천체들이 하루에 한 바퀴씩 동쪽에서 서쪽으로 원을 그리며 도는 운동 ➡ 지구 자전에 의한 겉보기 운동

운동 방향	동 → 서(지구 자전 방향과 반대 방향)
운동 속도	1 시간에 15°씩 회전

(3) **우리나라에서 관측한 별의 일주 운동**: 관측 방향에 따라 모습이 다르다.

2. 지구의 공전과 태양의 연주 운동

(1) **지구의 공전**: 지구가 태양을 중심으로 1 년에 한 바퀴씩 서쪽에서 동쪽으로 도는 운동

(2) **태양의 연주 운동**: 태양이 별자리를 배경으로 서쪽에서 동쪽으로 이동하여 1 년 후에 처음 위치로 돌아오는 운동 ➡ 지구 공전에 의한 겉보기 운동

운동 방향	서 → 동(지구 자전 방향과 같은 방향)
운동 속도	하루에 약 1°씩 이동

(3) **계절별 별자리 변화**: 지구가 공전하며 태양의 위치가 달라짐에 따라 지구에서 보이는 별자리도 달라진다.

- 태양이 지나는 별자리: 황도 12궁에 표시된 달에 해당하는 별자리를 지난다.
- 한밤중 남쪽 하늘에서 보이는 별자리: 태양 반대 쪽의 별자리가 보인다.

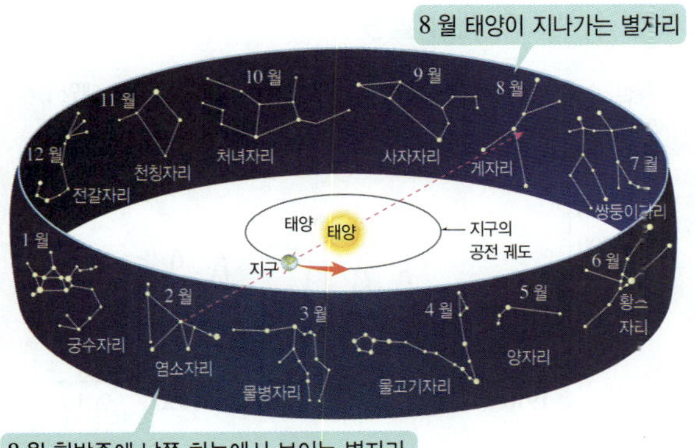

03 / 달의 운동

1. 달의 공전: 달이 지구를 중심으로 약 한 달에 한 바퀴씩 서쪽에서 동쪽으로 도는 운동

운동 방향	서 → 동
운동 속도	하루에 약 13°씩 이동

2. 달의 위상 변화

(1) **달의 위상**: 햇빛을 반사하여 지구에서 밝게 보이는 달의 모양 ➡ 달이 지구를 중심으로 공전하면서 태양, 지구, 달의 상대적인 위치가 달라지기 때문에 달의 위상이 변한다.

(2) **달의 위상 변화**: 보이지 않음 → 초승달 → 상현달 → 보름달 → 하현달 → 그믐달 → 보이지 않음 …

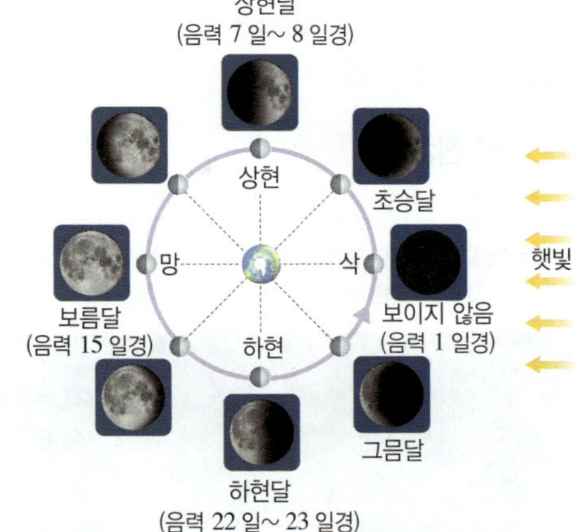

3. 일식과 월식

(1) **일식**: 지구에서 볼 때 달이 태양을 가리는 현상 ➡ 달이 태양 전체를 가리면 개기일식, 일부만 가리면 부분일식

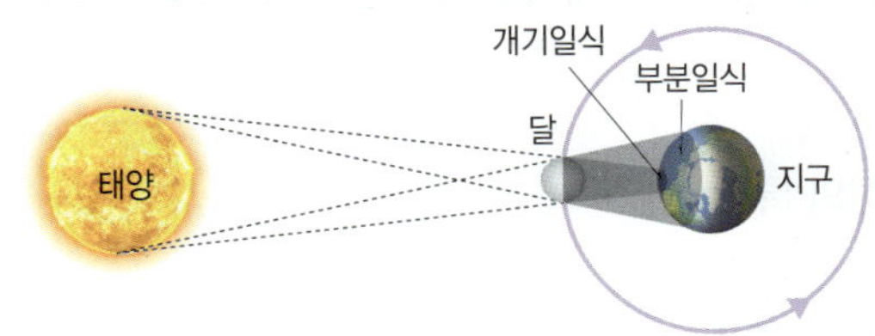

위치 관계	태양—달—지구의 순서로 일직선을 이룬다. ➡ 달의 위치: 삭
관측 지역	지구에서 달의 그림자가 생기는 지역
진행 과정	태양의 오른쪽(서쪽)부터 가려지고, 오른쪽(서쪽)부터 빠져나온다.

(2) **월식**: 달이 지구의 그림자에 가려지는 현상 ➡ 지구의 그림자에 달 전체가 가려지면 개기월식, 일부만 가려지면 부분월식

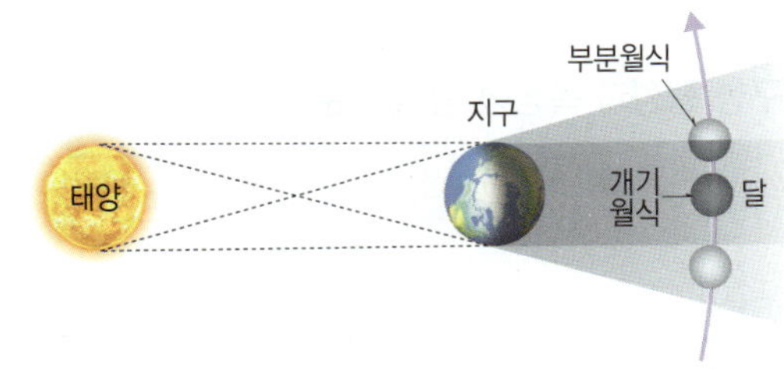

위치 관계	태양—지구—달의 순서로 일직선을 이룬다. ➡ 달의 위치: 망
관측 지역	지구에서 밤이 되는 모든 지역
진행 과정	달의 왼쪽(동쪽)부터 가려지고, 왼쪽(동쪽)부터 빠져나온다.

핵심 자료로

최종 점검

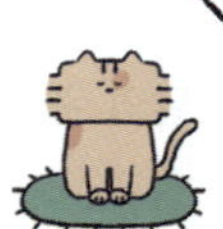

01 / 태양계의 구성

1. 태양계 구성 천체

태양계에서 유일하게 스스로 빛을 내는 (❶)

태양에 가까워지면 꼬리가 생기는 (❷)

모양이 둥글고 행성에 비해 크기와 질량이 작은 (❸)

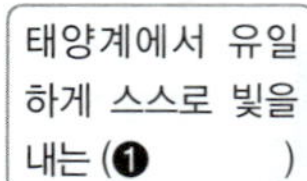

행성을 중심으로 공전하는 (❹)

화성과 목성 궤도 사이에서 띠를 이루어 분포하는 (❺)

태양을 중심으로 공전하는 모양이 둥근 8 개의 (❻)

2. 행성의 특징

표면이 붉은색을 띠고, 극지방에 흰색의 (❶)이 있다.

표면에 가로줄 무늬와 대기의 소용돌이인 (❺)이 나타난다.

❷

❸

❻

❼

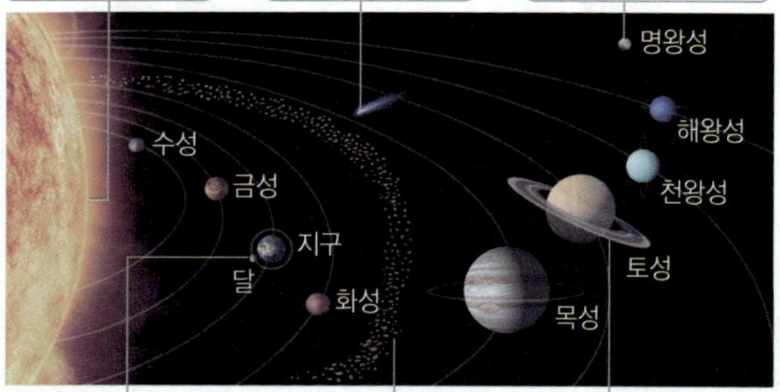

대기가 없고, 표면에 (❹)가 많다.

(❽)과 암석으로 이루어진 뚜렷한 고리가 있다.

3. 지구형 행성과 목성형 행성의 분류

(❷) 행성

(❹) 행성

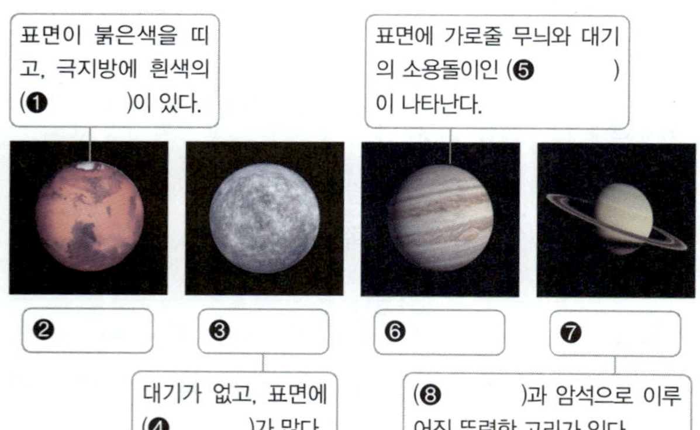

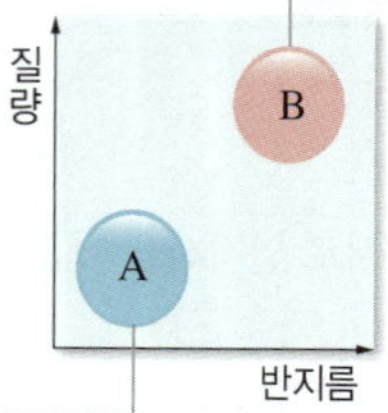

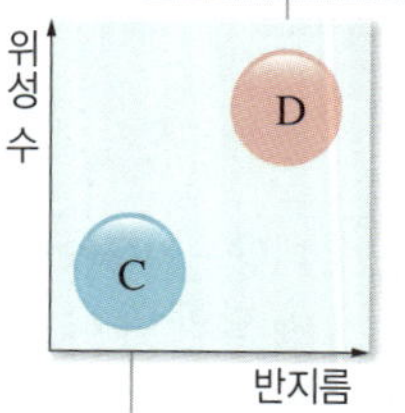

(❶) 행성

(❸) 행성

• 지구형 행성은 질량과 반지름이 (❺)고, 위성 수가 (❻)다.
• 목성형 행성은 질량과 반지름이 (❼)고, 위성 수가 (❽)다.

4. 태양의 특징

❶

광구 아래에서 일어나는 (❷) 현상에 의해 나타난다.

❸

❺

❻

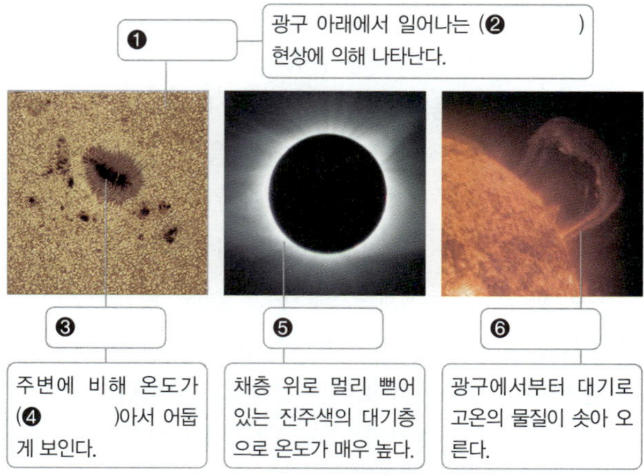

주변에 비해 온도가 (❹)아서 어둡게 보인다.

채층 위로 멀리 뻗어 있는 진주색의 대기층으로 온도가 매우 높다.

광구에서부터 대기로 고온의 물질이 솟아 오른다.

5. 흑점 수 변화와 태양 활동

흑점 수의 변화 주기는 약 (❶) 년이다.

흑점 수가 많다. ➡ 태양 활동이 (❷)하다.

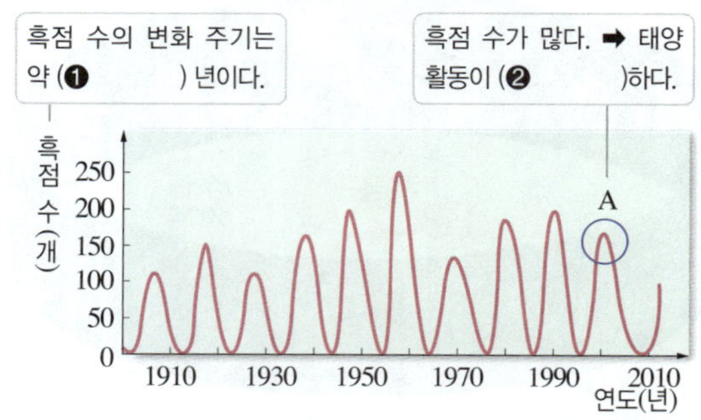

➡ A 시기에 나타나는 현상

태양	지구
• (❸)의 크기가 커진다. • 홍염과 플레어가 자주 발생한다. • 태양에서 방출되는 전기를 띤 입자의 흐름인 (❹)이 강해진다.	• 자기 폭풍이 일어난다. • 무선 전파 통신, 위성 위치 확인 시스템 장애가 일어난다. • 인공위성 및 송전 시설이 고장 난다. • 오로라 발생 횟수가 (❺)한다.

02 / 지구의 운동

1. 지구의 자전과 천체의 일주 운동

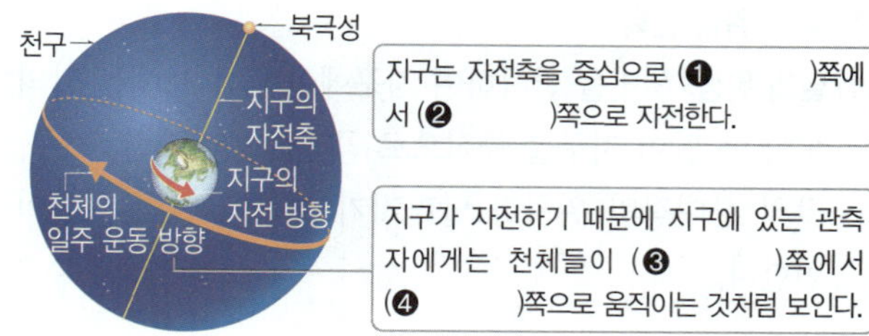

지구는 자전축을 중심으로 (❶)쪽에서 (❷)쪽으로 자전한다.

지구가 자전하기 때문에 지구에 있는 관측자에게는 천체들이 (❸)쪽에서 (❹)쪽으로 움직이는 것처럼 보인다.

2. 별의 일주 운동

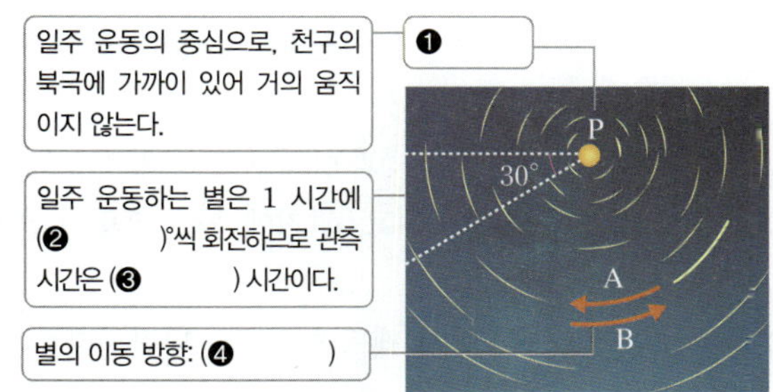

3. 우리나라에서 관측한 천체의 일주 운동

4. 태양의 연주 운동

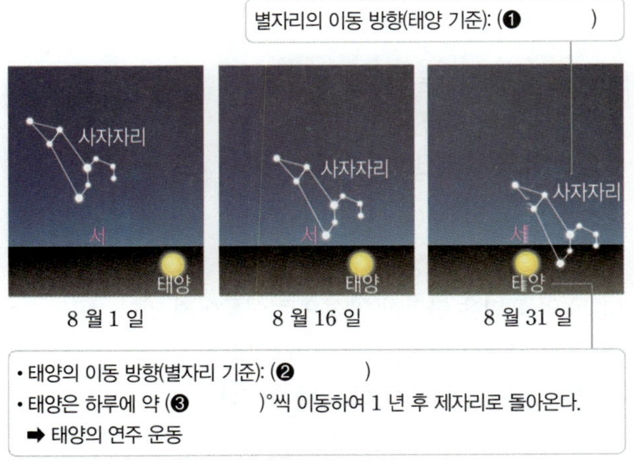

• 태양의 이동 방향(별자리 기준): (❷   )
• 태양은 하루에 약 (❸   )°씩 이동하여 1 년 후 제자리로 돌아온다.
➡ 태양의 연주 운동

5. 계절별 별자리 변화와 황도 12궁

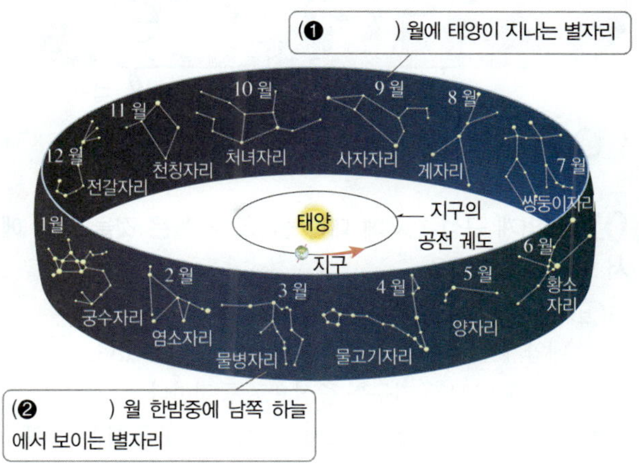

1. 달의 공전과 위상 변화

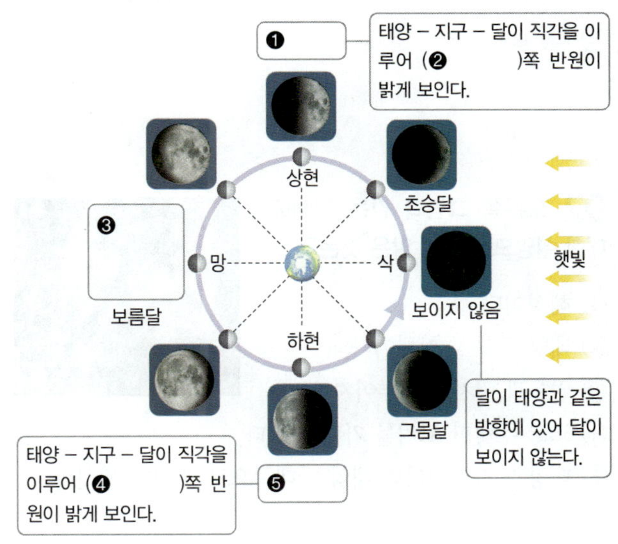

2. 일식과 월식

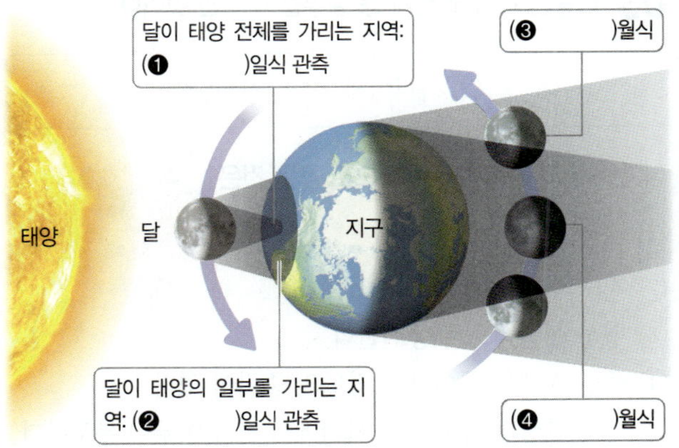

난이도 ●●●

01 ⁄ 태양계의 구성

01 태양계 구성 천체에 대한 설명으로 옳은 것을 보기 에서 모두 고른 것은?

> 보기
> ㄱ. 태양계에는 지구를 비롯한 9 개의 행성이 있다.
> ㄴ. 위성들은 모두 지구를 중심으로 공전한다.
> ㄷ. 태양은 태양계에서 유일하게 스스로 빛을 내는 천체이다.
> ㄹ. 행성 외에도 태양을 중심으로 공전하는 천체는 소행성, 왜소 행성이 있다.

① ㄱ, ㄴ   ② ㄱ, ㄷ   ③ ㄴ, ㄷ
④ ㄴ, ㄹ   ⑤ ㄷ, ㄹ

02 오른쪽 그림과 같은 천체에 대한 설명으로 옳지 <u>않은</u> 것은?

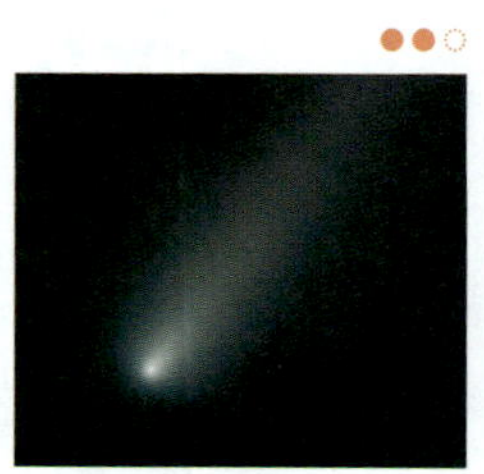

① 혜성이다.
② 태양계 구성 천체이다.
③ 얼음과 먼지로 이루어져 있다.
④ 크고 뚜렷한 고리를 가지고 있다.
⑤ 태양과 가까워지면 태양 반대쪽으로 꼬리가 생긴다.

03 다음은 태양계 천체 중 일부를 나타낸 것이다.

> 달, 가니메데, 이오, 타이탄

이 천체들의 공통적인 특징으로 옳은 것은?

① 태양계 행성이다.
② 지구의 위성이다.
③ 행성을 중심으로 공전한다.
④ 주변 천체를 끌어당길 정도의 중력이 있다.
⑤ 주로 화성과 목성 궤도 사이에서 띠를 이루어 분포한다.

04 태양계 행성에 대한 설명으로 옳은 것은?

① 수성은 이산화 탄소로 이루어진 대기가 있어 표면 온도가 매우 높다.
② 금성은 대기가 거의 없어 낮과 밤의 온도 차가 매우 크다.
③ 목성은 표면이 붉게 보이고, 과거에 물이 흘렀던 흔적이 있다.
④ 천왕성은 자전축이 공전 궤도면에 거의 나란하다.
⑤ 해왕성은 표면에 대기의 소용돌이인 대적점이 나타난다.

05 그림 (가)~(다)는 태양계 행성을 나타낸 것이다.

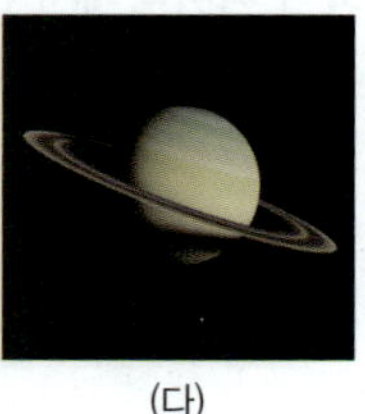

(가)   (나)   (다)

이에 대한 설명으로 옳지 <u>않은</u> 것은?

① (가)는 태양에 가장 가까이 있는 행성이다.
② (나)는 태양계 행성 중 크기와 질량이 지구와 가장 비슷하다.
③ (다)는 태양계에서 두 번째로 크며, 얼음과 암석으로 이루어진 고리를 가지고 있다.
④ (가)와 (나)는 지구형 행성이고, (다)는 목성형 행성이다.
⑤ (가)는 위성이 없고, (나)와 (다)는 위성이 있다.

06 오른쪽 그림은 태양계 행성을 반지름과 질량에 따라 두 집단으로 나눈 것이다. A와 B 집단의 특징에 대한 설명으로 옳은 것은?

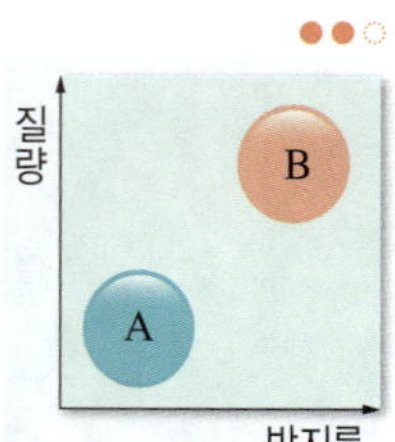

① A는 B보다 위성 수가 많다.
② A의 표면은 단단한 암석으로 이루어져 있다.
③ A는 고리가 있고, B는 고리가 없다.
④ B는 A보다 태양에 더 가까이 있다.
⑤ B에는 지구, 화성이 속한다.

07 태양의 흑점에 대한 설명으로 옳지 <u>않은</u> 것은?

① 태양의 광구에서 나타나는 현상이다.
② 주변보다 온도가 낮아 어둡게 보인다.
③ 모양과 크기가 다양하다.
④ 흑점 수는 약 20 년을 주기로 변한다.
⑤ 흑점 수가 많을수록 태양 활동이 활발하다.

08 그림 (가)와 (나)는 태양에서 나타나는 현상을 나타낸 것이다.

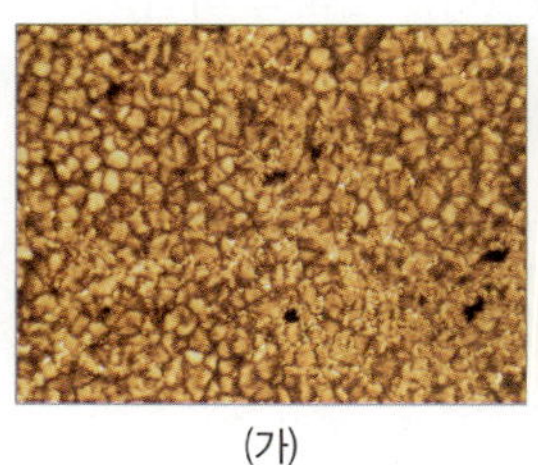

(가)　　　　　　　　　(나)

이에 대한 설명으로 옳지 <u>않은</u> 것은?

① (가)는 쌀알 무늬이고, (나)는 홍염이다.
② (가)는 광구 아래에서 일어나는 대류 현상에 의해 나타난다.
③ (나)는 태양의 대기에서 나타나는 현상이다.
④ (나)는 흑점 수가 많아질 때 자주 발생한다.
⑤ (가)와 (나)는 개기일식 때 관측할 수 있다.

09 그림은 1900 년 이후 태양 표면의 흑점 수 변호를 나타낸 것이다.

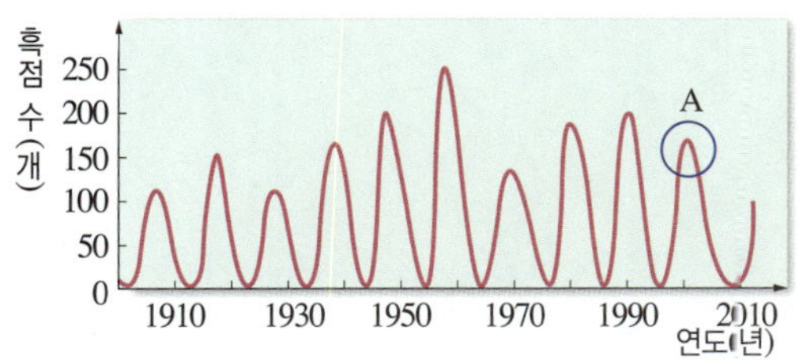

A 시기에 일어났을 것으로 예상되는 현상이 <u>아닌</u> 것은?

① 지구에서는 오로라가 자주 관측된다.
② 태양에서는 코로나의 크기가 커지고 플레어가 자주 발생한다.
③ 지구에서는 무선 통신 장애가 나타나기도 한다.
④ 태양에서 방출되는 전기를 띤 입자의 흐름이 감소한다.
⑤ 지구 자기장이 급격하게 변하는 자기 폭풍이 발생한다.

10 오른쪽 그림은 천체 망원경의 구조를 나타낸 것이다. A~E 중 관측하려는 천체를 쉽게 찾을 수 있도록 도와주는 것의 기호와 이름을 옳게 짝 지은 것은?

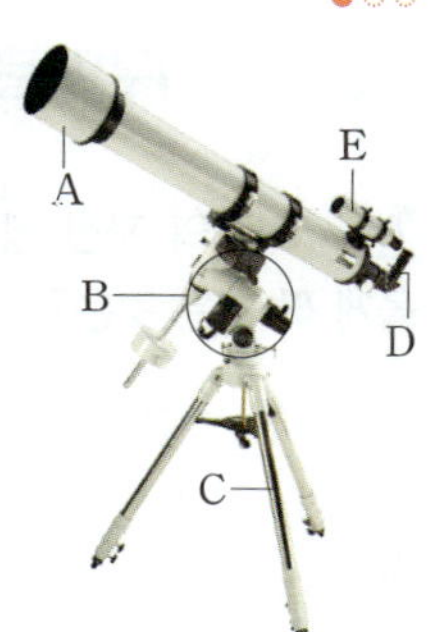

① A, 접안렌즈
② B, 가대
③ C, 삼각대
④ D, 대물렌즈
⑤ E, 보조 망원경

11 다음은 천체 망원경의 조립 방법을 순서 없이 나타낸 것이다.

(가) 가대 끼우기	(나) 균형추 달기
(다) 경통 끼우기	(라) 삼각대 세우기
(마) 보조 망원경과 접안렌즈 끼우기	

순서대로 옳게 나열한 것은?

① (가) → (나) → (다) → (라) → (마)
② (나) → (라) → (마) → (가) → (다)
③ (다) → (나) → (가) → (마) → (라)
④ (라) → (가) → (나) → (다) → (마)
⑤ (마) → (라) → (나) → (가) → (다)

12 천체 망원경으로 천체를 관측하는 방법에 대한 설명으로 옳은 것을 보기 에서 모두 고른 것은?

보기
ㄱ. 주변이 어둡고 편평한 곳에 망원경을 설치한다.
ㄴ. 관측할 천체는 접안렌즈로 보며 초점 조절 나사를 돌려 초점을 맞춘다.
ㄷ. 접안렌즈로 상을 찾은 후, 보조 망원경으로 천체를 관측한다.
ㄹ. 저배율로 관측한 후, 배율이 높은 접안렌즈로 바꿔 천체를 관측한다.

① ㄱ, ㄴ　　② ㄱ, ㄷ　　③ ㄷ, ㄹ
④ ㄱ, ㄴ, ㄹ　　⑤ ㄴ, ㄷ, ㄹ

13 지구의 자전 방향과 속도, 지구의 공전 방향과 속도를 옳게 짝 지은 것은?

	자전 방향	자전 속도	공전 방향	공전 속도
①	동 → 서	1°/시간	동 → 서	약 15°/일
②	동 → 서	15°/시간	서 → 동	약 1°/일
③	서 → 동	1°/시간	동 → 서	약 15°/일
④	서 → 동	15°/시간	서 → 동	약 1°/일
⑤	서 → 동	15°/시간	동 → 서	약 1°/일

14 지구의 자전과 관련된 설명으로 옳지 <u>않은</u> 것은?

① 지구는 하루에 한 바퀴씩 자전한다.
② 별들은 1 시간에 15°씩 겉보기 운동을 한다.
③ 별들은 북극성을 중심으로 회전하는 것처럼 보인다.
④ 남쪽 하늘의 별은 서쪽에서 동쪽으로 일주 운동한다.
⑤ 우리나라에서 북쪽 하늘을 보면 별이 시계 반대 방향으로 돈다.

15 그림은 어느 날 밤 북극성 부근에 있는 카시오페이아자리의 움직임을 관측하여 나타낸 것이다.

이에 대한 설명으로 옳은 것은?

① 북극성은 1 시간에 약 15°씩 이동한다.
② 별자리의 이동 방향은 b이다.
③ 별자리는 실제로 하루에 한 바퀴 회전한다.
④ A와 B를 관측한 시각 차이는 4 시간이다.
⑤ 지구가 공전하기 때문에 나타나는 현상이다.

16 그림 (가)~(라)는 우리나라의 각 방향에서 바라본 별의 일주 운동 모습을 나타낸 것이다.

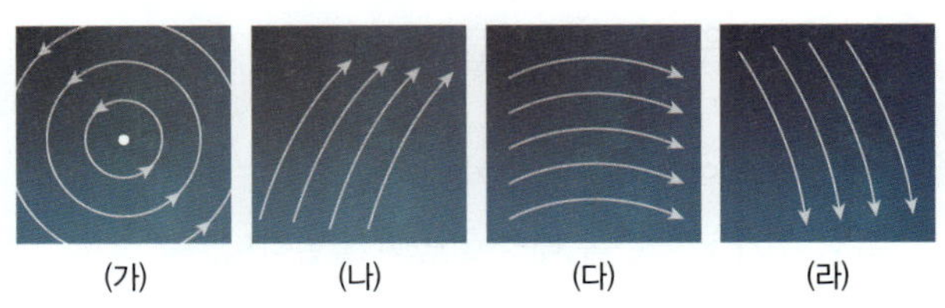

관측된 하늘을 옳게 짝 지은 것은?

① (가) – 남쪽 하늘
② (나) – 서쪽 하늘
③ (다) – 동쪽 하늘
④ (라) – 북쪽 하늘
⑤ (라) – 서쪽 하늘

17 지구의 공전으로 나타나는 현상으로 옳은 것을 보기 에서 모두 고른 것은?

보기
ㄱ. 낮과 밤이 반복된다.
ㄴ. 계절에 따라 관측되는 별자리가 달라진다.
ㄷ. 별들이 북극성을 중심으로 원을 그리며 돈다.
ㄹ. 태양이 별자리 사이를 이동하여 1 년 후 원래 위치로 되돌아온다.

① ㄱ, ㄴ
② ㄱ, ㄷ
③ ㄴ, ㄷ
④ ㄴ, ㄹ
⑤ ㄷ, ㄹ

18 태양의 연주 운동에 대한 설명으로 옳지 <u>않은</u> 것은?

① 태양의 겉보기 운동이다.
② 지구가 공전하기 때문에 나타나는 현상이다.
③ 태양은 하루에 약 15°씩 연주 운동한다.
④ 태양은 별자리 사이를 서쪽에서 동쪽으로 이동한다.
⑤ 태양이 황도를 따라 연주 운동할 때 태양 근처에 있는 별자리는 관측하기 어렵다.

19 그림은 15 일 간격으로 해가 진 직후 같은 시각에 서쪽 하늘을 관측한 것을 순서 없이 나타낸 것이다.

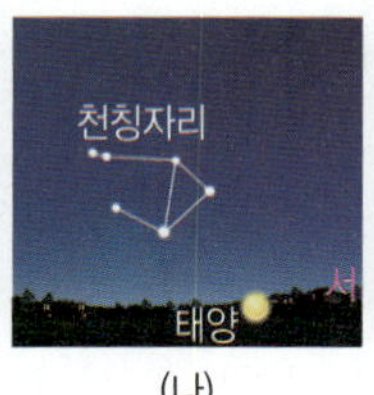

이에 대한 설명으로 옳은 것은?

① 지구의 자전으로 나타나는 현상이다.
② 관측된 순서대로 나열하면 (다) → (나) → (가)이다.
③ 별자리는 이동하여 6 개월 후 처음 위치로 되돌아온다.
④ 태양은 별자리 사이를 동쪽에서 서쪽으로 이동한다.
⑤ 15 일 후 같은 시각에 관측하면 별자리는 더 서쪽으로 이동한다.

20 그림은 지구의 공전 궤도와 황도 12궁을 나타낸 것이다.

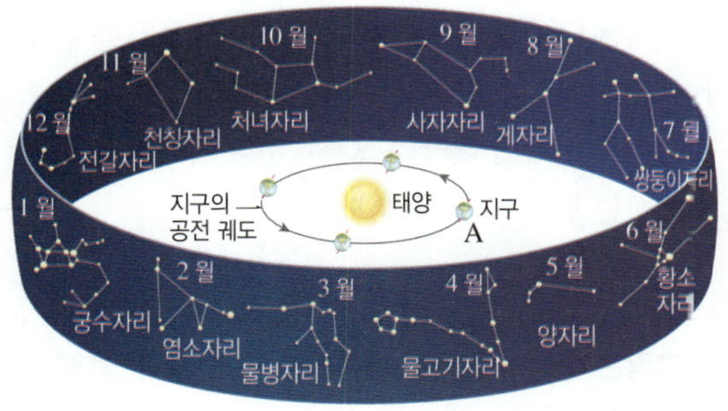

지구가 A에 위치할 때 태양이 지나는 별자리와 한밤중에 남쪽 하늘에서 보이는 별자리를 순서대로 옳게 짝 지은 것은?

① 물병자리, 황소자리　　② 물병자리, 전갈자리
③ 전갈자리, 물병자리　　④ 전갈자리, 황소자리
⑤ 황소자리, 전갈자리

21 천체의 운동 방향이 '동 → 서'인 것은?

① 달의 공전　　　　② 지구의 공전
③ 지구의 자전　　　④ 별의 일주 운동
⑤ 태양의 연주 운동

03 / 달의 운동

22 어느 날 오른쪽 그림과 같은 모양의 달이 관측되었다. 이에 대한 설명으로 옳지 **않은** 것은?

① 하현달이다.
② 음력 22 일~23 일경에 관측된다.
③ 태양, 달, 지구가 직각을 이루고 있다.
④ 해가 진 직후 동쪽 하늘에서 보인다.
⑤ 며칠 후 달은 그믐달로 보일 것이다.

[23~24] 그림은 달의 공전 궤도를 나타낸 것이다.

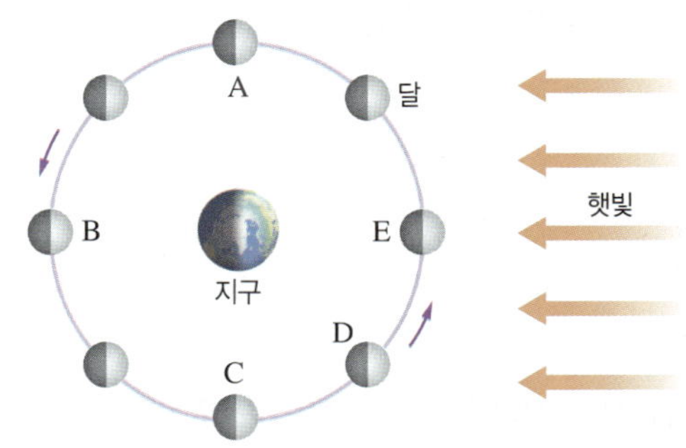

23 A와 C에서 달의 위상을 옳게 짝 지은 것은?

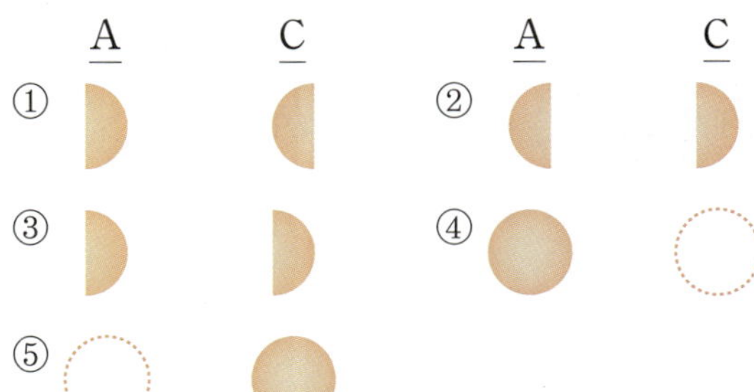

24 달이 A~E에 있을 때에 대한 설명으로 옳은 것은?

① A: 하현달로 관측된다.
② B: 삭일 때로, 월식이 일어나기도 한다.
③ C: 음력 7 일~8 일경에 관측된다.
④ D: 오른쪽 일부분이 밝은 달로 보인다.
⑤ E: 달이 태양과 같은 방향에 있어 보이지 않는다.

[25~26] 그림은 해가 진 직후 달의 위치와 모양을 15 일 동안 관측하여 나타낸 것이다.

25 음력 날짜 순으로 지구에서 먼저 관측되는 것을 옳게 나열한 것은?

① A → B → C
② A → C → B
③ B → A → C
④ B → C → A
⑤ C → B → A

26 이에 대한 설명으로 옳지 <u>않은</u> 것은?

① A 위치에 있는 달을 초승달이라고 한다.
② B 위치의 달은 음력 7 일~8 일경에 관측된다.
③ C 위치의 달은 지구를 기준으로 태양과 반대 방향에 있다.
④ 지구에서 보면 달은 매일 같은 모양으로 보인다.
⑤ 태양으로부터의 거리는 C가 A보다 멀다.

27 지구에서 보이는 달의 모양이 달라지는 까닭은?

① 달의 크기가 변하기 때문이다.
② 달이 지구를 중심으로 공전하기 때문이다.
③ 지구와 달 사이의 거리가 변하기 때문이다.
④ 달이 자전축을 중심으로 자전하기 때문이다.
⑤ 달의 자전 주기와 공전 주기가 같기 때문이다.

28 일식과 월식에 대한 설명으로 옳은 것은?

① 달이 태양을 중심으로 공전하면서 일어나는 현상이다.
② 일식이 일어날 때 달은 상현달에 가까운 모양으로 보인다.
③ 월식은 태양－지구－달의 순서로 일직선을 이룰 때 일어난다.
④ 태양과 달 사이의 거리는 월식이 일어날 때보다 일식이 일어날 때 더 멀다.
⑤ 일식은 월식보다 관측할 수 있는 지역이 넓다.

29 그림은 어느 날 일식이 일어났을 때 태양, 달, 지구의 상대적인 위치를 나타낸 것이다.

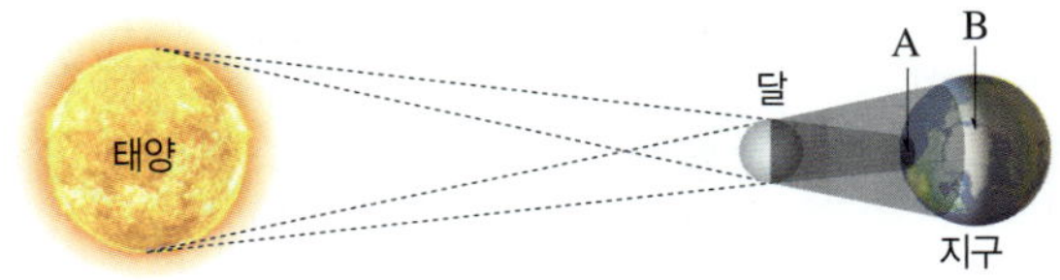

이에 대한 설명으로 옳지 <u>않은</u> 것은?

① 이날 달은 삭의 위치에 있다.
② A에서는 달이 태양을 완전히 가리는 모습을 볼 수 있다.
③ B에서는 일식을 관측할 수 없다.
④ 일식이 일어나면 태양의 오른쪽부터 가려진다.
⑤ A에서는 달 전체가 붉게 보인다.

30 그림은 월식이 일어날 때 태양, 지구, 달의 상대적인 위치를 나타낸 것이다.

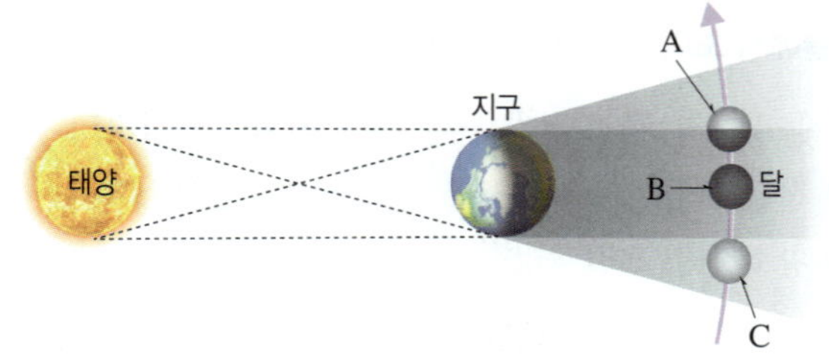

우리나라에서 관측한 월식의 모습이 오른쪽 그림과 같을 때, 월식이 관측되는 달의 위치와 월식의 종류를 옳게 짝 지은 것은?

① A, 개기월식
② A, 부분월식
③ B, 개기월식
④ B, 부분월식
⑤ C, 부분월식

완자

정답친해

중학
과학
1

책 속의 가접 별책 (특허 제 0557442호)
'정답친해'는 본책에서 쉽게 분리할 수 있도록 제작되었으므로
유통 과정에서 분리될 수 있으나 파본이 아닌 정상제품입니다.

visang

완자

정답친해

중학
과학
1

과학과 인류의 지속가능한 삶

01 과학과 인류의 지속가능한 삶

 [모범 답안] 과학적 탐구 방법을 이용하면 돼.

기초 튼튼 기본 문제 13 쪽

❶ 가설 설정　❷ 결론 도출　❸ 기술　❹ 지속가능한 삶

1 ㉠ 가설, ㉡ 결론　　**2** (1) ㉠ (2) ㉢ (3) ㉣ (4) ㉡　　**3** ⑤
4 (1) × (2) × (3) ○ (4) ○

1 의문을 가진 문제에 대한 잠정적인 결론을 가설(㉠)이라고 한다. 가설을 세우고 실험을 수행한 후에는 실험 결과를 정리하고 해석하여 결론(㉡)을 도출한다.

2 (1) 백신의 개발로 질병을 예방할 수 있게 되어 인류의 평균 수명이 크게 늘어났다.
(2) 지구가 태양 주위를 돌고 있다는 태양 중심설은 지구가 우주의 중심이라고 생각했던 인류의 생각을 바꾸는 계기가 되었다.
(3) 인공위성의 개발로 세계 여러 나라의 정보를 쉽고 빠르게 접할 수 있게 되었다.
(4) 증기 기관을 이용한 증기 기관차의 개발로 많은 물건을 먼 곳까지 옮길 수 있게 되었다.

3 우리 생활에 활용되는 첨단 과학기술에는 인공지능, 나노 기술, 증강 현실, 사물 인터넷, 첨단 바이오 등이 있다.
(바로 알기) ⑤ 암모니아 합성 기술은 인류 문명에 영향을 미쳤지만, 첨단 과학기술과는 거리가 멀다.

4 (바로 알기) (1), (2) 지속가능한 삶을 위해서는 일회용품 사용을 줄이고, 자가용 대신 대중교통을 이용해야 한다.

실력 탄탄 핵심 문제 14 쪽~16 쪽

01 ㉠ 가설 설정, ㉡ 자료 해석　**02** ⑤　**03** 가설　**04** ①
05 ③　**06** ②　**07** ①　**08** ④　**09** ②　**10** 지속가능한
삶　**11** ①, ④　**12** ③　(서술형 문제) **13~15** 해설 참조

01

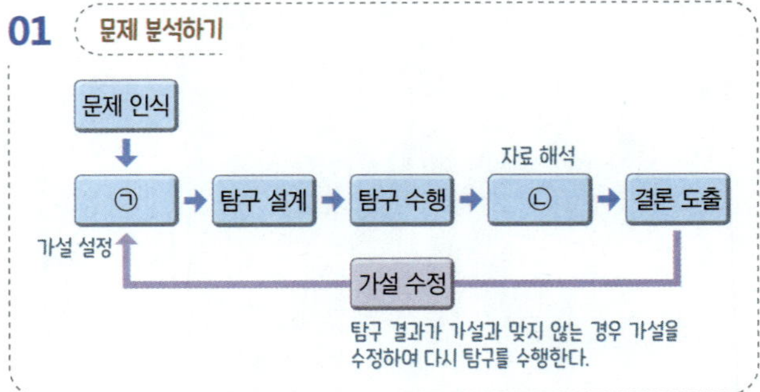

02 ㉠에 해당하는 단계는 가설 설정이다. 가설 설정 단계에서는 의문을 가진 문제의 결론을 미리 예상해 보고, 잠정적인 결론인 가설을 세운다.
(바로 알기) ①은 문제 인식 단계, ②는 탐구 설계 및 수행 단계, ③은 자료 해석(㉡) 단계, ④는 결론 도출 단계이다.

03 가설은 의문을 가진 문제에 대한 잠정적인 결론으로, 이해하기 쉽고 간결해야 하며, 탐구 과정을 통해 옳은지 옳지 않은지를 확인할 수 있어야 한다.

04 (바로 알기) ① 탐구의 결과가 가설과 맞지 않을 경우에는 가설을 수정하여 탐구를 다시 수행해야 한다.

05

(가) 건강한 닭을 두 무리로 나누어 한 무리는 백미를 먹이로 주고, 다른 무리는 현미를 먹이로 주었다. ➡ 탐구 설계 및 수행
(나) 각기병에 걸린 닭이 나은 것을 보고 '어떻게 나았을까?'라는 의문을 가졌다. ➡ 문제 인식
(다) 백미를 먹은 닭은 각기병에 걸리고, 현미를 먹은 닭은 각기병에 걸리지 않았다. ➡ 자료 해석
(라) '현미에는 각기병을 낫게 하는 물질이 있다.'라고 결론을 내렸다. ➡ 결론 도출
(마) '현미에는 각기병을 낫게 하는 물질이 있을 것이다.'라는 가설을 세웠다. ➡ 가설 설정

탐구 과정에 따라 순서대로 나열하면 문제 인식(나) → 가설 설정(마) → 탐구 설계 및 수행(가) → 자료 해석(다) → 결론 도출(라)이다.

06 ② 에이크만은 '현미에는 각기병을 낫게 하는 물질이 있을 것이다.'라는 가설을 검증하기 위해 건강한 닭을 두 무리로 나누고 먹이의 종류만 다르게 하여 닭이 각기병에 걸리는지를 관찰하였다. 이때 먹이의 종류를 제외한 나머지 조건은 모두 같게 한다.

(가) 태양 중심설
지구가 태양 주위를 돌고 있다는 주장으로, 지구가 우주의 중심이라는 인류의 생각을 바꾸는 계기가 되었다.

(나) 인공위성 개발
인공위성 등 정보 통신 기술의 발달로 세계 여러 나라의 정보를 쉽고 빠르게 접할 수 있게 되었다.

(다) 암모니아 합성 기술 개발
암모니아 합성 기술로 질소 비료가 만들어져 식량 생산을 크게 증가시켰다.

(라) 증기 기관차 개발
증기 기관을 이용한 증기 기관차가 개발되어 많은 물건을 먼 곳까지 옮길 수 있게 되었다.

바로 알기 ㄴ. (라) 증기 기관차의 개발로 많은 물건을 먼 곳까지 옮길 수 있게 되었다.
ㄹ. (나) 인공위성의 개발로 세계 여러 나라의 정보를 쉽고 빠르게 접할 수 있게 되었다.

08 바로 알기 ④ 증강 현실은 현실 세계에 가상의 정보가 실제 존재하는 것처럼 보이게 하는 기술이다. 현실 세계와 비슷한 가상적인 공간을 만들어 체험하도록 하는 기술은 가상 현실이다.

09 ① 나노 백신은 나노 기술을 활용한 사례이다.
③, ④ 인공지능 로봇, 자율주행 자동차는 인공지능 기술을 활용한 사례이다.
⑤ 개인 맞춤형 치료제 개발은 첨단 바이오 기술을 활용한 사례이다.
바로 알기 ② 질소 비료는 암모니아 합성 기술을 이용해 만들어졌다. 암모니아 합성 기술은 첨단 과학기술과 거리가 멀다.

10 더 나은 환경을 만들어, 현세대 이후에도 모두가 행복하게 살 수 있는 풍요로운 사회가 지속될 수 있도록 고민하고 실천하는 삶을 지속가능한 삶이라고 한다.

11 바로 알기 ① 지속가능한 삶은 현세대 이후에도 모두가 행복하게 살 수 있는 풍요로운 사회가 지속될 수 있도록 고민하고 실천하는 삶이다.
④ 화석 연료의 사용으로 생긴 에너지 부족 문제와 환경 문제를 해결하는 데 과학기술을 활용하고 있다. 따라서 지속가능한 삶을 위해 과학기술의 발전이 필요하다.

12 ① 지속가능한 삶을 위한 사회적 차원의 활동 방안이다.
②, ④, ⑤ 지속가능한 삶을 위한 개인적 차원의 활동 방안이다.
바로 알기 ③ 일회용 비닐봉지 대신 장바구니를 사용한다.

13 모범 답안 가설을 수정하여 다시 탐구를 수행한다.
|해설| 탐구의 결과가 가설과 맞지 않을 경우에는 가설 설정 단계로 돌아가 가설을 수정하고 이를 검증하는 탐구를 다시 수행한다.

채점 기준	배점
가설을 수정하여 다시 탐구를 수행한다고 서술한 경우	100 %
가설을 수정한다는 내용을 포함하지 않은 경우	0 %

14 모범 답안 탄저균 백신은 탄저병을 예방하는 효과가 있을 것이다.
|해설| 파스퇴르는 탄저균 백신이 탄저병을 예방할 수 있는지를 알아보기 위해 한 집단에는 백신을 주사한 후 탄저균을 주사하고, 다른 집단에는 백신을 주사하지 않고 탄저균만 주사하였다.

채점 기준	배점
탄저균 백신은 탄저병을 예방하는 효과가 있을 것이라고 서술한 경우	100 %
탄저균 백신은 탄저병 예방과 관계가 있을 것이라고 서술한 경우	50 %

15 모범 답안 세균에 의한 질병을 치료할 수 있게 되어 인류의 평균 수명이 크게 늘어났다.

채점 기준	배점
항생제의 개발이 인류 문명에 미친 영향을 옳게 서술한 경우	100 %
그 외의 경우	0 %

한 걸음 더 실력 UP 문제 16 쪽

01 ㄷ   02 ③

01 ㄷ. 종이 헬리콥터가 바닥에 떨어지는 데 걸리는 시간과 날개 길이와의 관계를 알아보기 위해서는 날개 길이를 제외한 다른 조건은 모두 같게 해야 한다. 따라서 날개의 길이만을 변화시키면서 종이 헬리콥터를 날리는 높이는 일정하게 유지해야 한다.

02 바로 알기 ① 인공지능 기술은 자율주행 자동차, 길 안내 로봇과 같은 인공지능 로봇 등에 활용된다.
② 나노 기술은 나노 백신, 나노 항암제 등에 활용된다.
④ 사물 인터넷 기술은 스마트폰으로 집 안의 가전제품을 제어하는 데 활용된다.
⑤ 증강 현실은 실제 공간에 가상으로 가구를 배치해 보는 데 활용된다.

핵심 까료로 **회꽁 껌검**

01 · 과학과 인류의 지속가능한 삶
1 ❶ 가설 설정 ❷ 자료 해석 ❸ 결론 도출 ❹ 가설 수정
2 ❶ 암모니아 ❷ 항생제 ❸ 인공위성 ❹ 증기 기관
3 ❶ 자율주행 ❷ 인공지능

대단원 마무리 문제

01 ④   02 ④   03 ④   04 ②   05 인공지능   06 ⑤
07 ①   08 ④

01   문제 분석하기

탐구 결과가 가설과 맞지 않을 경우 가설을
수정하여 다시 탐구를 수행한다.
가설과 맞지 않을 때

A → B → 탐구 설계 및 수행 → 자료 해석 → C

문제 인식   가설 설정   결론 도출

② 문제 인식(A)은 자연에서 일어나는 현상을 관찰하여 의문을 갖는 단계이다.
③ 가설 설정(B)은 의문을 가진 문제에 대한 잠정적인 결론인 가설을 설정하는 단계이다.
바로 알기 ④ 결론 도출(C)은 가설이 맞는지 판단하고 탐구의 결론을 내리는 단계이다. 수집한 자료를 바탕으로 규칙을 찾는 단계는 자료 해석이다.

02   문제 분석하기

(가) 현미에 각기병을 낫게 하는 물질이 있을 것이라고 생각하였다. ➡ 가설 설정
(나) 건강한 닭을 두 무리로 나누어 한 무리는 백미만 먹이고 다른 무리는 현미만 먹였다. ➡ 탐구 설계 및 수행
(다) 백미를 먹은 닭은 각기병에 걸리고, 현미를 먹은 닭은 각기병에 걸리지 않았다. 또 각기병에 걸린 닭에게 현미를 주었더니 건강해졌다. ➡ 자료 해석

ㄱ. (가)는 문제에 대한 잠정적인 결론을 세웠으므로 가설 설정 단계이다.
ㄷ. 탐구 결과 백미를 먹은 닭은 각기병에 걸리고, 현미를 먹은 닭은 각기병에 걸리지 않았으며, 각기병에 걸린 닭에게 현미를 주었더니 건강해졌다. 이는 가설인 (가)와 일치하므로 '현미에는 각기병을 낫게 하는 물질이 있다.'고 결론 내릴 수 있다.

바로 알기 ㄴ. 실험을 수행할 때 탐구로 알아내려는 조건은 다르게 하고, 그 외의 조건은 모두 같게 해야 한다. 따라서 이 탐구에서는 먹이의 종류만 다르게 하고 먹이의 양, 닭의 수, 닭의 종류 등은 모두 같게 한다.

03 바로 알기 ㄴ. 과학은 기술, 공학, 예술 등 다른 분야와 융합하면서 인류 문명과 문화를 발달시켰다. 과학과 기술, 음악, 미술 등 다른 분야가 융합하여 새로운 예술 분야인 미디어 아트가 등장하기도 하였다.

04 ① 공장에서 증기 기관을 이용한 기계를 사용하여 제품을 대량으로 생산하였다.
③ 고속 열차의 개발로 사람들이 먼 거리를 빠르게 다닐 수 있게 되어 생활 영역이 더 넓어졌다.
④ 항생제와 백신의 개발로 여러 가지 질병을 치료하고 예방할 수 있게 되어 인류의 평균 수명이 크게 늘어났다.
⑤ 인터넷과 인공위성의 개발로 세계 여러 나라의 정보를 쉽고 빠르게 접할 수 있게 되었다.
바로 알기 ② 암모니아 합성 기술이 개발되어 질소 비료가 만들어졌고, 이는 식량 생산을 크게 증가시켜 인류의 식량 부족 문제를 해결하였다.

05 첨단 과학기술 중 하나인 인공지능은 컴퓨터가 인간처럼 학습하고 일을 처리할 수 있게 만드는 기술이다.

06 ㄱ, ㄴ. 자율주행 자동차는 인공지능 기술이 적용된 것으로, 스스로 주행이 가능하여 운전자가 조작하지 않아도 주변 상황에 스스로 대처할 수 있다.
ㄷ. 길 안내 로봇, 반려동물 로봇도 인공지능 기술이 적용되었다.

07 ② 에너지 자원이 고갈되는 것과 환경오염을 막기 위해 태양 에너지, 수소 에너지와 같은 신재생 에너지를 개발하고 있다.
③ 화석 연료의 지나친 사용으로 대기가 오염되고 지구 온난화가 심해지면서 기후 변화 문제가 나타나고 있다.
④ 화석 연료의 사용을 줄이기 위해서는 개인적 차원의 노력과 사회적 차원의 노력이 함께 이루어져야 한다.
⑤ 대기오염 물질의 발생량을 줄이거나 방출된 오염 물질을 제거하기 위해 전기 자동차, 탄소 포집 장치 등을 개발하고 있다.
바로 알기 ① 전기 자동차는 화석 연료를 사용하지 않으므로 대기오염 물질의 발생량을 줄일 수 있다.

08 바로 알기 ④ 석탄은 화석 연료로, 신재생 에너지에 해당하지 않는다.

생물의 구성과 다양성

01 생물의 구성

 [모범 답안] 기본적으로는 세포로 구성되어 있다구.

기초 튼튼 기본 문제 24 쪽

❶ 핵　❷ 엽록체　❸ 세포막　❹ 세포벽

1 (1) ○ (2) ○ (3) ×　**2** (1) D, 핵 (2) B, 엽록체 (3) E, 마이토콘드리아 (4) A, 세포벽 (5) C, 세포막　**3** ㄱ, ㄴ, ㅁ　**4** ①

1 (1) 지구에 사는 모든 생물은 세포로 이루어져 있다.
(2) 세포는 생명활동이 일어나는 기능적 기본 단위이다.
바로 알기 (3) 하나의 생물을 구성하는 세포는 종류가 다양하며, 세포의 종류에 따라 모양과 크기가 다르다.

2 A는 세포벽, B는 엽록체, C는 세포막, D는 핵, E는 마이토콘드리아이다.

3 핵, 세포막, 마이토콘드리아, 세포질은 동물 세포와 식물 세포에 공통으로 있으며, 세포벽, 엽록체는 식물 세포에만 있다.

4 가운데가 오목한 원반 모양이며, 혈관을 따라 몸속을 이동하며 온몸으로 산소를 운반하는 기능을 하는 세포는 적혈구이다.

기초 튼튼 기본 문제 26 쪽

❶ 조직　❷ 기관　❸ 기관계　❹ 조직계

1 (1) ㉡ (2) ㉢ (3) ㉠ (4) ㉣　**2** (가) 세포, (나) 조직, (다) 기관, (라) 기관계, (마) 개체　**3** (1) × (2) × (3) ○　**4** ㅁ

1 세포는 생물을 구성하는 기본 단위이다. 모양과 기능이 비슷한 세포들이 모여 조직을 이루고, 여러 조직이 모여 기관을 이루며, 여러 기관이 모여 하나의 독립된 생물체인 개체를 이룬다.

2 동물은 세포 → 조직 → 기관 → 기관계 → 개체의 단계로 이루어진다.

3 바로 알기 (1) 동물에만 있는 구성 단계는 기관계이다.
(2) 동물의 기관은 여러 종류의 조직으로 이루어져 있다.

4 식물의 잎, 줄기, 뿌리, 꽃은 기관에 해당하고, 표피조직은 조직에 해당한다.

실력 탄탄 핵심 문제 28 쪽~30 쪽

01 ④　02 ①　03 ④　04 핵　05 ④　06 ①　07 ④
08 ④　09 ③　10 ⑤　11 ④　12 ④　13 (가) - (다) - (나) - (라) - (마)　14 ④　15 ②
서술형 문제 16~18 해설 참조

01 ①, ② 모든 생물은 세포로 이루어져 있으며, 세포는 생명활동이 일어나는 가장 작은 단위이다.
③ 세포의 종류에 따라 세포의 모양과 크기, 기능이 다르다.
⑤ 세포막은 동물 세포와 식물 세포에 모두 있다.
바로 알기 ④ 달걀, 타조알과 같이 크기가 커서 맨눈으로 관찰할 수 있는 세포도 있다.

02 문제 분석하기

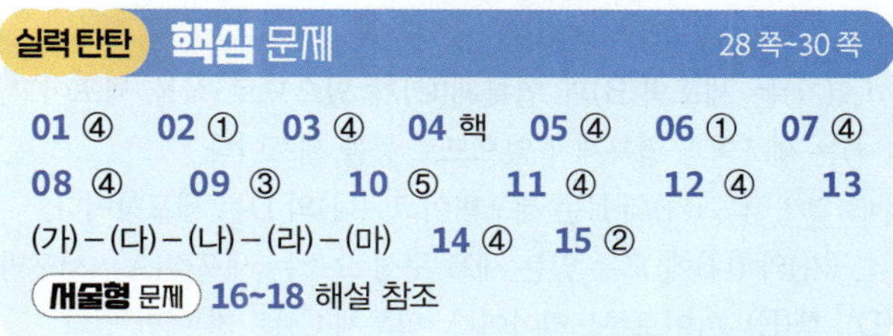

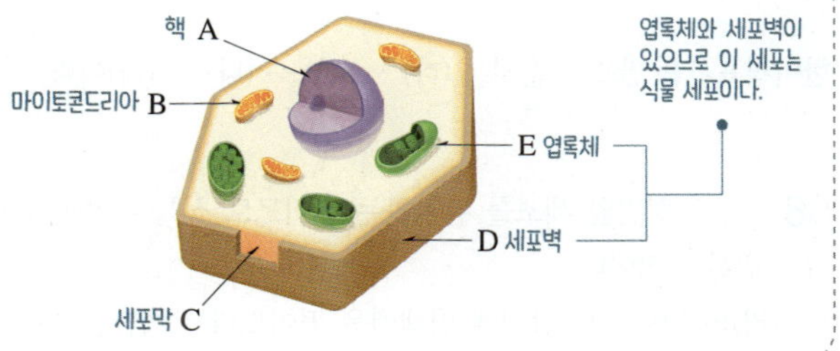

03 ① 핵(A)은 유전물질이 들어 있으며, 세포의 생명활동을 조절한다.
② 마이토콘드리아(B)는 생명활동에 필요한 에너지를 만든다.
③ 세포막(C)은 세포 안팎으로 물질이 드나드는 것을 조절한다.
⑤ 엽록체(E)는 광합성을 하여 양분을 만든다.
바로 알기 ④ 세포벽(D)은 세포의 모양을 유지하고 세포를 보호하는 구성 요소로, 동물 세포에는 없고 식물 세포에만 있다.

04 대부분 둥근 모양이며, 세포의 생명활동을 조절하고, 염색액으로 염색되는 세포 구성 요소는 핵이다.

05 동물 세포에는 없고 식물 세포에만 있는 세포 구성 요소는 엽록체와 세포벽이다. 핵, 세포질, 세포막, 마이토콘드리아는 동물 세포와 식물 세포에 공통으로 있다.

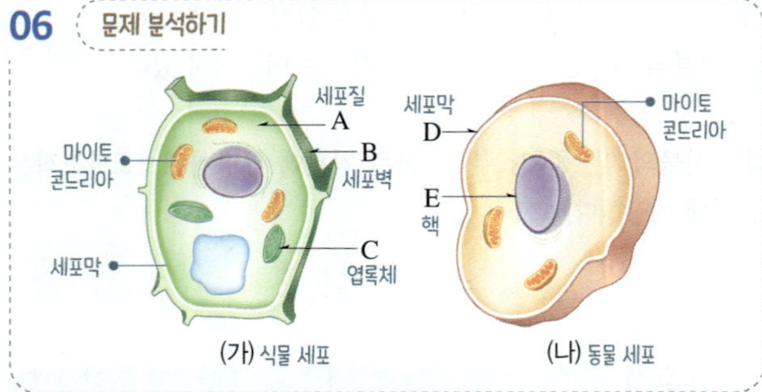

ㄱ. (가)는 세포벽(B)과 엽록체(C)가 있으므로 식물 세포이고, (나)는 세포벽과 엽록체가 없으므로 동물 세포이다.

(바로 알기) ㄴ. (가)의 B는 세포벽이고, (나)의 D는 세포막이다.

ㄷ. (가)와 (나)에 모두 있는 세포 구성 요소는 세포질(A), 세포막(D), 핵(E), 마이토콘드리아이다. 엽록체(C)는 (가)에만 있다.

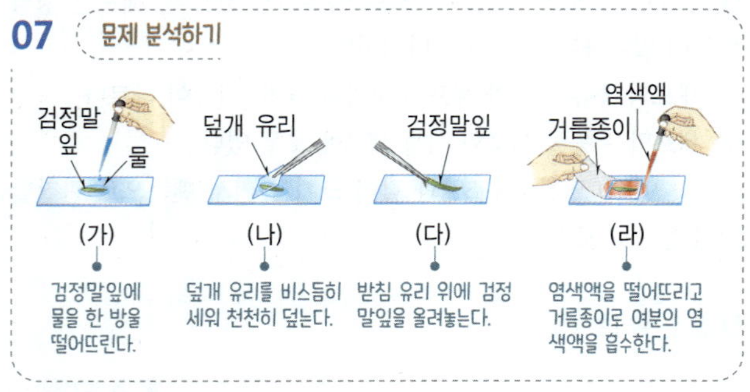

현미경표본을 만드는 순서는 (다) → (가) → (나) → (라)이다.

08 ㄱ. 검정말잎 세포를 관찰하는 것이므로 식물 세포를 관찰하기 위한 과정이다.

ㄷ. (라)와 같이 검정말잎에 염색액을 떨어뜨리는 까닭은 세포의 핵을 염색하여 뚜렷하게 관찰하기 위해서이다. 식물 세포의 핵을 염색할 때에는 아세트산 카민 용액이나 아세트올세인 용액을 사용하며, 이때 세포의 핵이 붉은색으로 염색된다.

(바로 알기) ㄴ. (라)에서 사용되는 염색액은 아세트산 카민 용액 또는 아세트올세인 용액이다.

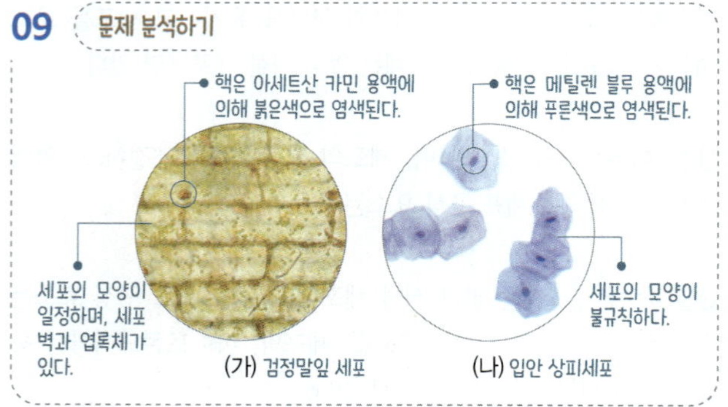

① (가)는 식물 세포인 검정말잎 세포를 관찰한 결과이고, (나)는 동물 세포인 입안 상피세포를 관찰한 결과이다.

② (가)와 (나)에서 공통으로 관찰되는 구조는 핵, 세포질, 세포막이다.

⑤ (가)는 세포벽이 있어 세포가 사각형의 일정한 모양을 하고 있지만, (나)는 세포벽이 없어 세포가 불규칙한 모양을 하고 있다.

(바로 알기) ③ 식물 세포인 (가)는 세포벽과 엽록체가 있지만, 동물 세포인 (나)는 세포벽과 엽록체가 없다.

ㄷ. 신경세포(나)는 우리 몸에서 신호를 전달하는 기능을 한다.

ㄹ. 상피세포(가)는 얇고 넓게 퍼져 있어 몸 표면을 덮어 보호하는 데 알맞고, 신경세포(나)는 나뭇가지처럼 사방으로 길게 뻗어 있어 몸에서 신호를 전달하는 데 알맞다.

(바로 알기) ㄱ. (가)는 상피세포이고, (나)는 신경세포이다.

ㄴ. 상피세포(가)는 얇고 넓게 퍼진 모양이다. 가운데가 오목한 원반 모양인 세포는 적혈구이다.

11 (바로 알기) ④ 조직계는 여러 조직이 모여 이루어진 것이다. 관련된 기능을 하는 기관들이 모여 이루어진 것은 기관계이다.

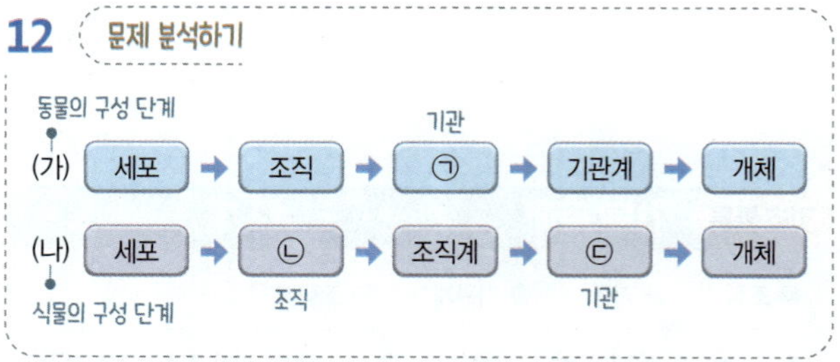

⑤ 동물의 위, 큰창자, 작은창자는 동물의 기관(㉠)에 해당한다.

(바로 알기) ④ ㉢은 기관이다. 식물에만 있는 구성 단계는 조직계이다.

13 (가)는 근육세포(세포), (나)는 위(기관), (다)는 근육조직(조직), (라)는 소화계(기관계), (마)는 사람(개체)이다. 동물의 구성 단계는 세포(가) → 조직(다) → 기관(나) → 기관계(라) → 개체(마)이다.

14 기관계(라)는 식물에는 없고 동물에만 있는 구성 단계이다.

15 （문제 분석하기）

① 식물을 구성하는 기본 단위는 세포(가)이다.
③ 조직계(라)는 식물에는 있고 동물에는 없는 구성 단계이다.
④ 줄기, 뿌리는 기관(나)에 해당한다.
⑤ 울타리조직은 조직(마)에 해당한다.

（바로 알기） ② 몇 가지 조직이 모여 이루어진 단계는 조직계(라)이다. (다)는 여러 기관이 모여 이루어진 개체이다.

16 （모범 답안） • 세포 종류: 식물 세포
• 까닭: 엽록체와 세포벽이 있기 때문이다.

|해설| 엽록체와 세포벽은 식물 세포에만 있는 세포 구성 요소이다.

채점 기준	배점
세포의 종류와 까닭을 모두 옳게 서술한 경우	100 %
세포의 종류만 옳게 서술한 경우	40 %

17 （모범 답안） 세포의 핵을 염색하여 핵을 뚜렷하게 관찰하기 위해서이다.

|해설| 식물 세포를 관찰하기 위해 현미경표본을 만드는 과정에서 염색액을 떨어뜨리지 않고 관찰하면 핵이 잘 관찰되지 않는다.

채점 기준	배점
핵을 염색하여 뚜렷하게 관찰하기 위해서라고 옳게 서술한 경우	100 %
핵을 염색하기 위해서라고만 서술한 경우	70 %

18 （모범 답안） • 세포 이름: 적혈구
• 까닭: 가운데가 오목한 원반 모양으로 되어 있어 좁은 혈관도 유연하게 통과하므로 혈관을 따라 이동하며 온몸으로 산소를 운반하기에 알맞다.

|해설| 적혈구는 혈관을 따라 몸속을 이동하며 온몸으로 산소를 운반한다.

채점 기준	배점
세포의 이름과 까닭을 모두 옳게 서술한 경우	100 %
세포의 이름만 옳게 서술한 경우	40 %

01 ③   **02** ④   **03** ④   **04** ④

01 A는 핵, B는 엽록체, C는 마이토콘드리아이다. 동물은 엽록체가 없기 때문에 스스로 양분을 만들 수 없지만, 식물은 엽록체가 있기 때문에 광합성을 하여 스스로 양분을 만들 수 있다.

02 （문제 분석하기）

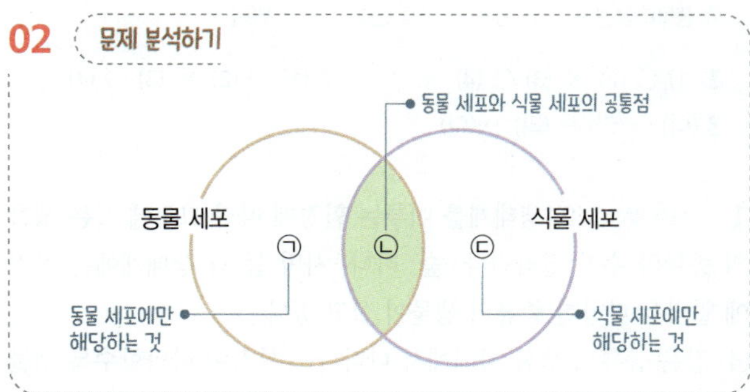

ㄴ. '핵이 있다.'는 동물 세포와 식물 세포의 공통점인 ㉡에 해당한다.
ㄷ. 광합성을 하는 엽록체는 동물 세포에는 없고 식물 세포에만 있으므로, '광합성을 하여 양분을 만든다.'는 ㉢에 해당한다.

（바로 알기） ㄱ. '마이토콘드리아가 있다.'는 동물 세포와 식물 세포의 공통점인 ㉡에 해당한다.

03 그림은 동물의 구성 단계 중 기관에 해당하는 위이다.
ㄴ. 근육조직, 상피조직 등이 모여 기관인 위를 이룬다.
ㄷ. 기관인 위는 일정한 모양을 갖추고 있으며 음식물을 소화하는 특정한 기능을 수행한다.

（바로 알기） ㄱ. 위는 기관에 해당하며, 기관은 식물의 구성 단계와 동물의 구성 단계에 모두 있다.

04 （문제 분석하기）

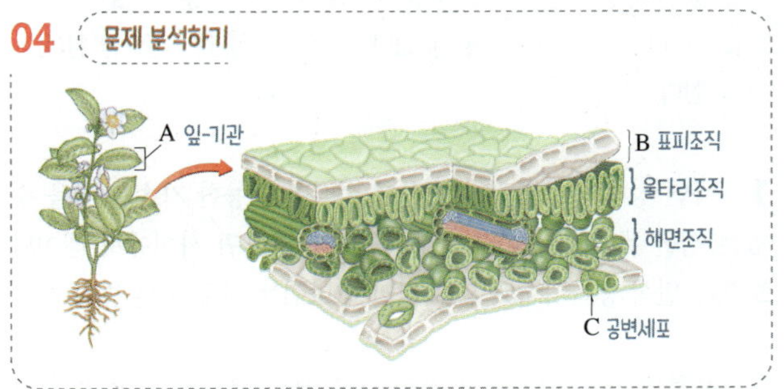

ㄱ. 잎(A)은 식물의 구성 단계 중 기관에 해당한다.
ㄴ. 표피조직(B), 울타리조직, 해면조직은 모두 조직에 해당한다.
ㄹ. 구성 단계가 낮은 것부터 순서대로 나열하면 세포(C) → 조직(B) → 기관(A)이다.

（바로 알기） ㄷ. 표피조직(B)과 공변세포(C)가 모여 표피조직계를 이룬다. 기본조직계는 울타리조직과 해면조직 등이 모여 이루어진다.

02 생물다양성과 분류

만화 완성하기 [모범 답안] 뿌리, 줄기, 잎과 같은 기관이 있니?

기초 튼튼 기본 문제 34 쪽

❶ 생물다양성 ❷ 종류 ❸ 변이 ❹ 변이

1 (1) ○ (2) × (3) ○ (4) × **2** (1) ○ (2) × (3) ○ (4) ○
3 (나) → (가) → (라) → (다)

---

1 (바로 알기) (2) 생태계를 이루는 환경에 따라 그곳에 사는 생물의 종류와 수가 달라진다. 숲, 바다, 사막 등 각 생태계에는 환경에 알맞은 다양한 종류의 생물이 살고 있다.
(4) 같은 종류의 생물 사이에서 나타나는 특징이 다양할수록 생물다양성이 높다.

2 (바로 알기) (2) 변이는 같은 종류의 생물 사이에서 나타나는 서로 다른 특징이다. 사자와 호랑이는 서로 다른 종류의 생물이므로, 둘의 생김새가 다른 것은 변이에 해당하지 않는다.

3 (나) 한 종류의 생물 무리에는 다양한 변이가 있다. → (가), (라) 환경에 알맞은 변이를 지닌 생물이 더 많이 살아남아 자손을 남긴다. → (다) 이 과정이 오랜 시간 반복되어 원래의 생물과 다른 새로운 종류의 생물이 나타난다.

기초 튼튼 기본 문제 37 쪽

❶ 생물분류 ❷ 종 ❸ 속 ❹ 계 ❺ 원핵 ❻ 균

1 ㉠ 번식, ㉡ 다른 **2** ㉠ 종, ㉡ 속, ㉢ 강, ㉣ 문 **3** (1) ×
(2) × (3) ○ (4) ○ **4** ㉠ 없다, ㉡ 있다, ㉢ 있다, ㉣ 안 한다,
㉤ 한다

---

1 자연 상태에서 짝짓기를 하여 번식이 가능한 자손을 낳을 수 있는 생물 무리를 종이라고 한다. 말과 당나귀 사이에서 태어난 노새는 번식 능력이 없으므로 말과 당나귀는 서로 다른 종이다.

2 생물의 분류 단계에서 가장 작은 분류 단위는 종이고, 분류 범위를 넓혀가며 종<속<과<목<강<문<계로 분류할 수 있다.

3 생물의 분류 단계는 종<속<과<목<강<문<계이다.
(3) 문은 강보다 큰 분류 단위로, 여러 강이 모여 하나의 문을 이룬다. 즉, 같은 강에 속하는 생물은 모두 같은 문에 속한다.

(바로 알기) (1) 생물분류의 기본 단위는 종이다.
(2) 속이 종보다 큰 분류 단위이므로, 여러 종이 모여서 하나의 속을 이룬다.

4 ㉠, ㉡ 원핵생물계는 세포에 핵이 없고, 세포벽이 있는 생물 무리이다.
㉡ 원생생물계에 속하는 생물은 세포에 핵이 있다.
㉣ 균계는 광합성을 하지 못하고, 죽은 생물이나 배설물을 분해하여 양분을 얻는 생물 무리이다.
㉤ 식물계에 속하는 생물은 광합성을 하여 양분을 얻는다.

실력 탄탄 핵심 문제 39 쪽~42 쪽

01 ⑤ **02** ③ **03** ②, ⑤ **04** ③ **05** ⑤ **06** ②
07 ④ **08** ②, ⑤ **09** ③ **10** ㉠ 식육목, ㉡ 포유강
11 ③ **12** ① **13** ① **14** ④ **15** ⑤ **16** ③ **17** ④
18 ②, ⑤ **19** ② **서술형 문제** **20~22** 해설 참조

---

01 생물다양성은 생태계가 다양할수록, 생물의 종류가 많고 여러 종류의 생물이 고르게 분포할수록, 같은 종류의 생물 사이에서 나타나는 특징이 다양할수록 높다.
(바로 알기) ⑤ 숲, 사막, 바다와 같은 생태계가 다양할수록 생물다양성이 높다.

02 문제 분석하기

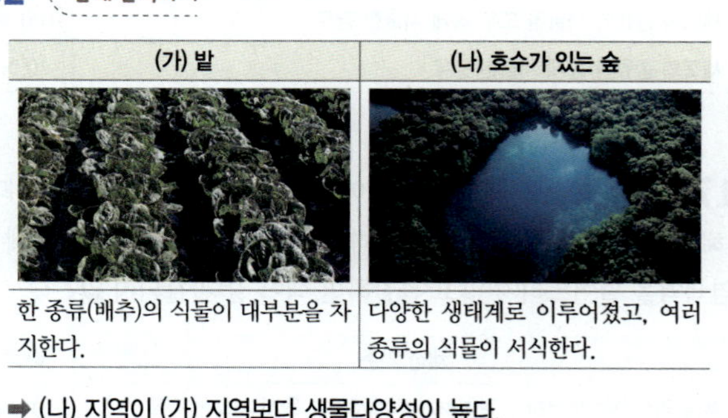

(가) 밭	(나) 호수가 있는 숲
한 종류(배추)의 식물이 대부분을 차지한다.	다양한 생태계로 이루어졌고, 여러 종류의 식물이 서식한다.

➡ (나) 지역이 (가) 지역보다 생물다양성이 높다.

ㄷ. 생태계를 이루는 환경에 따라 그곳에 사는 생물의 종류와 수는 다르다.
(바로 알기) ㄱ. (가)보다 (나)에서 식물의 종류가 더 다양하다.
ㄴ. 한 종류의 식물이 대부분을 차지하는 (가)보다 식물의 종류가 다양한 (나) 지역의 생물다양성이 더 높다.

03 변이는 같은 종류의 생물 사이에서 나타나는 서로 다른 특징이다.
(바로 알기) ②, ⑤ 개와 고양이, 오징어와 문어는 서로 다른 종류의 생물이다.

04 문제 분석하기

↑ 북극여우

↑ 사막여우

북극여우는 기온이 낮은 환경에 적응하였다.
➡ 귀가 작고 몸집이 커서 열의 손실을 줄일 수 있다.

사막여우는 기온이 높은 환경에 적응하였다.
➡ 귀가 크고 몸집이 작아 몸의 열을 방출하기에 유리하다.

(바로 알기) ㄷ. 북극여우와 사막여우의 생김새가 다른 것은 각각의 여우가 사는 환경에 적응한 결과이다.

05 문제 분석하기

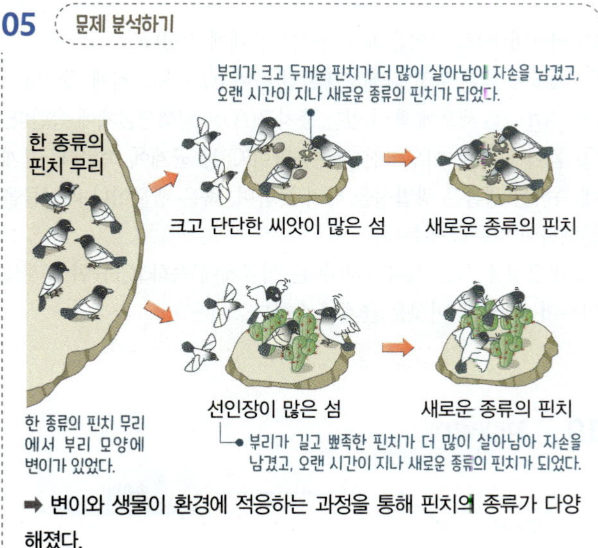

한 종류의 핀치 무리에서 부리 모양에 변이가 있었다.

➡ 변이와 생물이 환경에 적응하는 과정을 통해 핀치의 종류가 다양해졌다.

06 (바로 알기) ② 생물을 분류하는 가장 큰 단위는 계이고, 가장 작은 단위가 종이다.

07 문제 분석하기

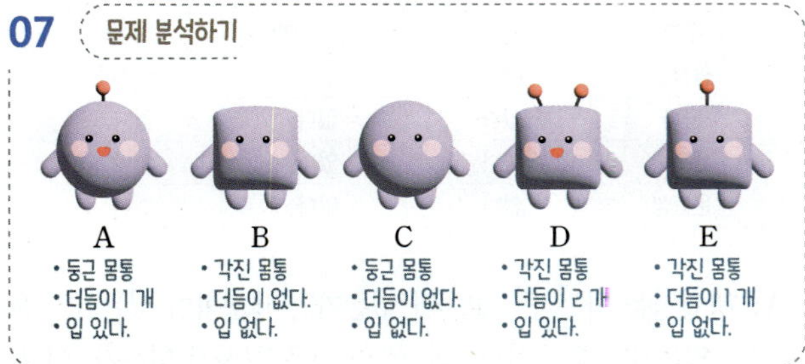

④ A, D는 입이 있고, B, C, E는 입이 없다.
(바로 알기) ① A, D, E와 B, C로 분류된다.
② 더듬이가 없는 B, C와 더듬이가 1 개인 A, E, 더듬이가 2 개인 D로 분류된다.
③ A, C와 B, D, E로 분류된다.
⑤ A~E는 모두 다리의 색깔이 같다.

08 ② 생물의 분류 단계는 종＜속＜과＜목＜강＜문＜계로, 여러 종이 모여 하나의 속을 이룬다. 즉, 같은 종의 생물은 같은 속에 속한다.
(바로 알기) ①, ③ 자연 상태에서 짝짓기를 하여 번식이 가능한 자손을 낳을 수 있는 생물 무리를 종이라고 한다. 말과 당나귀는 생김새가 비슷하고 짝짓기를 하여 자손을 낳을 수 있지만, 그 자손인 노새가 번식 능력이 없으므로 같은 종이 아니다.
④ 같은 종의 생물이라도 생김새, 크기, 색깔 등 특징이 다양하다. 테리어와 불도그는 같은 종이지만 생김새와 크기 등의 특징이 다르다.

09 A는 속, B는 과, C는 목, D는 강, E는 문, F는 계이다.
① 생물의 분류 단계 중 가장 큰 분류 단위는 계(F)이다.
② 종에서 계로 갈수록 각 분류 단위에 포함되는 생물의 종류가 많아진다.
④ 여러 목(C)이 모여 하나의 강(D)을 이룬다.
⑤ 강(D)은 문(E)보다 작은 분류 단위이다.
(바로 알기) ③ 여러 과(B)가 모여 하나의 목(C)을 이루므로, 같은 목(C)에 속하는 생물도 다른 과(B)에 속할 수 있다.

10 문제 분석하기

분류 단위	개	호랑이	여우
계	동물계	동물계	동물계
문	척삭동물문	척삭동물문	척삭동물문
강	포유강	포유강 ㉡	포유강
목	㉠식육목	식육목	식육목
과	개과	고양이과	개과
속	개속	표범속	여우속
종	개	호랑이	여우

같은 과(개과)에 속하는 생물은 같은 목(식육목)에 속하고, 같은 목(식육목)에 속하는 생물은 같은 강(포유강)에 속한다.

여우와 같이 개과에 속하는 개는 식육목(㉠)에 속한다. 개, 여우와 같이 식육목에 속하는 호랑이는 포유강(㉡)에 속한다.

11 (바로 알기) ③ 분류 단계에서 작은 분류 단위에 함께 속할수록 가까운 관계의 생물이다. 여우와 개는 개과에 함께 속하고, 호랑이는 고양이과에 속하므로, 여우는 호랑이보다 개와 가까운 관계이다.

12 ③ 원생생물계에는 단세포생물(짚신벌레, 아메바, 유글레나)도 있고, 다세포생물(미역, 김, 다시마, 파래)도 있다.
(바로 알기) ① 균계에 속하는 생물은 세포에 세포벽이 있다. 버섯이나 곰팡이의 몸을 구성하는 균사는 세포벽이 있는 여러 개의 세포로 이루어져 있다.

13 균계에 속하는 버섯이나 곰팡이는 균사로 이루어져 있으며, 세포에 핵과 세포벽이 있다. 광합성을 하지 못하고, 죽은 생물이나 배설물을 분해하여 양분을 얻는다.

14 • 달팽이: 세포에 핵이 있는 다세포생물로, 몸에 기관이 발달하였고 운동성이 있으며 다른 생물을 먹어서 양분을 얻는다. ➡ 동물계
• 젖산균: 세포에 핵이 없다. ➡ 원핵생물계
• 고사리: 뿌리, 줄기, 잎이 발달하였고, 광합성을 하여 스스로 양분을 만든다. ➡ 식물계

15 ⑤ 짚신벌레는 먹이를 먹어서 양분을 얻는다.
(바로 알기) ① 짚신벌레와 아메바는 단세포생물이고, 미역은 다세포생물이다.
② 짚신벌레, 미역, 아메바는 모두 원생생물계에 속한다.
③ 아메바는 세포에 핵이 있다.
④ 미역은 뿌리, 줄기, 잎과 같은 기관이 발달하지 않았다.

16 ③ 고양이, 푸른곰팡이, 대장균은 광합성을 하지 못하고, 다시마와 진달래는 광합성을 한다.
(바로 알기) ① 고양이(동물계), 푸른곰팡이(균계), 다시마(원생생물계), 진달래(식물계)는 세포에 핵이 있고, 대장균(원핵생물계)은 세포에 핵이 없다.
② 대장균은 단세포생물이고, 나머지는 모두 다세포생물이다.
④ 고양이의 세포에는 세포벽이 없고, 푸른곰팡이와 대장균의 세포에는 세포벽이 있다.
⑤ 다시마는 기관이 발달하지 않았고, 진달래는 기관이 발달하였다.

17 (문제 분석하기)

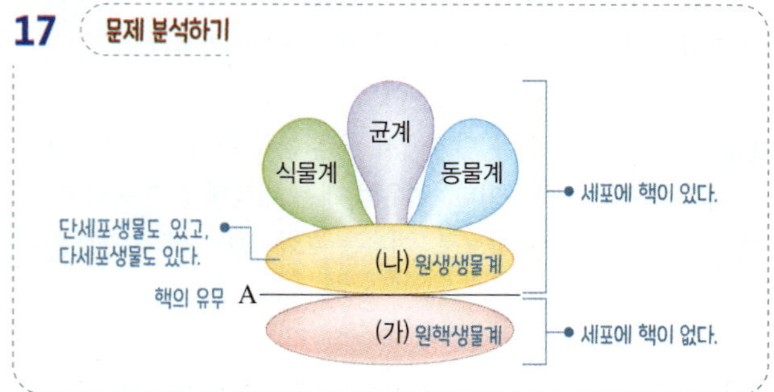

(바로 알기) ㄷ. 식물계의 생물은 광합성을 하고, 균계와 동물계의 생물은 광합성을 하지 않는다. 원핵생물계(가)와 원생생물계(나)에는 광합성을 하는 생물도 있고, 하지 않는 생물도 있다. 따라서 광합성 여부는 분류 기준 A가 될 수 없다.

18 (문제 분석하기)

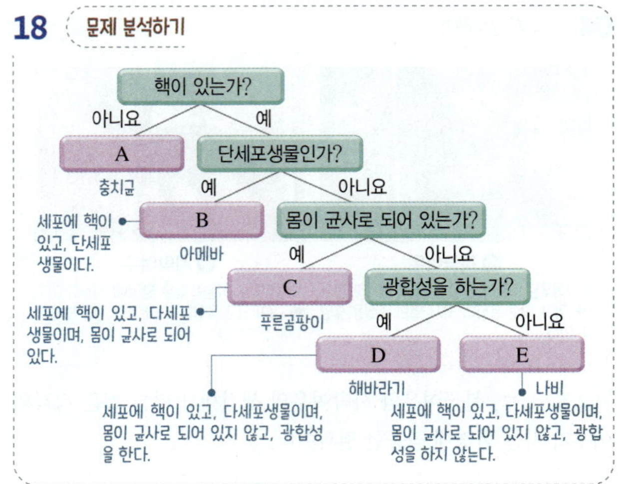

② 아메바(B)와 미역은 모두 원생생물계에 속한다.
⑤ 세포에 핵이 있고 다세포생물인 나비(E)는 동물계에 속한다.
(바로 알기) ① 세포에 핵이 없는 충치균(A)은 원핵생물계에 속한다.
③ 몸이 균사로 이루어진 푸른곰팡이(C)는 균계에 속한다. 균계에 속하는 생물은 광합성을 하지 못하며, 죽은 생물이나 배설물을 분해하여 양분을 얻는다.
④ 광합성을 하는 해바라기(D)는 식물계에 속하고, 몸이 균사로 이루어진 느타리버섯은 균계에 속한다.

19 (문제 분석하기)

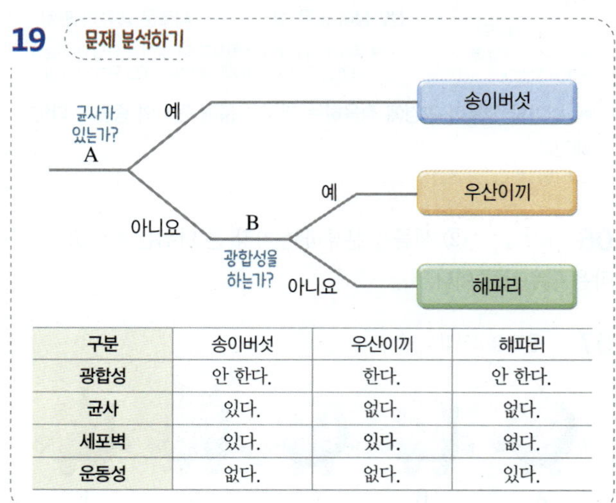

구분	송이버섯	우산이끼	해파리
광합성	안 한다.	한다.	안 한다.
균사	있다.	없다.	없다.
세포벽	있다.	있다.	없다.
운동성	없다.	없다.	있다.

• A: '광합성을 하는가?, 균사가 있는가?, 세포벽이 있는가?, 운동성이 있는가?' 중 송이버섯만 '예'인 것은 '균사가 있는가?'이다.
➡ 분류 기준 A는 '균사가 있는가?'이다.
• B: 균사가 없는 생물 무리에서 '광합성을 하는가?, 세포벽이 있는가?, 운동성이 있는가?' 중 우산이끼가 '예'이고, 해파리가 '아니요'인 것은 '광합성을 하는가? 세포벽이 있는가?'이다.
➡ 분류 기준 B는 '광합성을 하는가? 세포벽이 있는가?'가 될 수 있다.

20 모범 답안 · 말과 당나귀는 다른 종이다.

· 까닭: 같은 종 사이에서는 번식 능력이 있는 자손이 태어나는데, 말과 당나귀 사이에서 태어난 노새는 번식 능력이 없기 때문이다.

|해설| 자연 상태에서 짝짓기를 하여 번식이 가능한 자손을 낳을 수 있는 생물 무리를 종이라고 한다.

채점 기준	배점
다른 종이라고 쓰고, 그 까닭을 옳게 서술한 경우	100 %
다른 종이라고만 쓴 경우	30 %

21 모범 답안 · 호랑이

· 까닭: 고양이와 호랑이는 고양이과에 함께 속하고, 여우는 개과에 속하기 때문이다.

|해설| 작은 분류 단위에 함께 속할수록 가까운 관계이다.

채점 기준	배점
호랑이라고 쓰고, 그 까닭을 옳게 서술한 경우	100 %
호랑이라고만 쓴 경우	30 %

22 모범 답안 · 공통점: 세포에 핵이 있다. 세포에 세포벽이 있다. 등

· 차이점: 표고버섯은 광합성을 하지 않고 죽은 생물을 분해하여 양분을 얻고, 진달래는 광합성을 하여 양분을 얻는다. 등

|해설| 표고버섯은 균계에 속하며, 균사로 이루어져 있고, 광합성을 하지 않는다. 진달래는 식물계에 속하며, 광합성을 하고, 뿌리, 줄기, 잎과 같은 기관이 발달하였다.

채점 기준	배점
공통점과 차이점을 모두 옳게 서술한 경우	100 %
공통점과 차이점 중 하나만 옳게 서술한 경우	50 %

한 걸음 더 **실력 UP 문제** 43 쪽

01 ⑤ **02** 해설 참조 **03** ③ **04** ③

01 문제 분석하기

ㄹ. 목이 긴 변이를 지닌 거북이 키가 큰 선인장을 먹기에 유리하여 더 많이 살아남았다.

바로 알기 ㄱ. 목이 긴 거북 무리가 나타난 순서는 (가) → (다) → (나)이다.

ㄴ. (가)의 거북 무리에는 목의 길이가 더 길거나 짧은 변이가 있었다.

02 모범 답안 한 종류의 도마뱀 무리에는 발바닥이 더 넓거나 좁은 변이가 있었다. 태풍이 지나간 뒤 발바닥이 넓은 도마뱀들이 더 많이 살아남아 도마뱀 무리의 평균 발바닥 넓이가 커졌다.

|해설| 발바닥이 넓은 도마뱀은 돌에 더 잘 붙어 있을 수 있어서 태풍에 날아가지 않고 살아남기에 유리하였다. 태풍이 지나간 뒤 발바닥이 넓은 도마뱀들이 더 많이 살아남아 자손을 남김으로써 발바닥이 넓은 도마뱀의 수가 늘어났다.

채점 기준	배점
변이 및 환경과 관련지어 옳게 서술한 경우	100 %
변이나 환경 중 한 가지만 관련지어 옳게 서술한 경우	50 %

03 문제 분석하기

구분	핵	세포벽	광합성	세포 수
A 원핵생물계	없다.	있다.	하는 것도 있고, 안 하는 것도 있다.	단세포
B 원생생물계	있다.	㉠ 있는 것도 있고, 없는 것도 있다.	하는 것도 있고, 안 하는 것도 있다.	단세포, 다세포
균계	있다.	있다.	안 한다.	대부분 다세포
C 식물계	있다.	㉡있다.	한다.	다세포
동물계	있다.	없다.	안 한다.	㉢다세포

· A: 세포에 핵이 없으므로 원핵생물계이다.

· B: 광합성을 하는 것도 있고 안 하는 것도 있으며, 단세포생물도 있고 다세포생물도 있는 것으로 보아 원생생물계이다.

· C: 광합성을 하는 식물계이다.

· ㉠: 원생생물계(B)에는 세포에 세포벽이 있는 생물도 있고, 없는 생물도 있다.

· ㉡: 식물계(C)에 속하는 생물은 세포에 세포벽이 있다.

· ㉢: 동물계에 속하는 생물은 다세포생물이다.

⑤ 대장균, 포도상구균은 원핵생물계(A)에 속하는 생물이다.

바로 알기 ③ ㉡은 '있다.'이다.

04 (가)는 원핵생물계, (다)는 식물계, (라)는 균계이다.

①, ② (가)는 세포에 핵이 없는 원핵생물계이고, 식물계와 균계를 포함하는 (나)는 세포에 핵이 있는 생물 무리이다.

바로 알기 ③ 식물계(다)와 균계(라)에 속하는 생물은 모두 세포에 세포벽이 있다.

03 생물다양성보전

기초 튼튼 기본 문제   47 쪽

❶ 생물다양성   ❷ 서식지   ❸ 외래종

1 (가)   **2** (1) ○ (2) ○ (3) ×   **3** (1) 서식지파괴 (2) 남획
(3) 외래종   **4** (1) ○ (2) ○ (3) ×

1 (가) 생태계에서는 참새가 사라지면 부엉이가 먹고 살 생물이 없어 부엉이도 함께 사라질 가능성이 높다. (나) 생태계에서는 참새가 사라져도 부엉이가 뱀, 오리, 쥐와 같은 먹이를 먹고 살 수 있다.

2 (바로 알기) (3) 항생제는 푸른곰팡이를 원료로 하여 개발하였고, 항암제는 주목나무를 원료로 하여 개발하였다.

4 (바로 알기) (3) 희귀종이나 외래종 등 야생 생물을 발견하면 관련 기관에 신고해야 한다. 함부로 집에 데려가 기르면 안 된다.

실력 탄탄 핵심 문제   48 쪽~50 쪽

| 01 ② | 02 ⑤ | 03 ④ | 04 ⑤ | 05 ④ | 06 ④ | 07 ④ |
| 08 ② | 09 ⑤ | 10 ② | 11 ⑤ | 12 ② | 13 ⑤ |

서술형 문제 **14~15** 해설 참조

01 생물다양성이 높을 때 먹이그물이 복잡하여 생태계가 안정적으로 유지된다.
(바로 알기) ㄱ. 생물다양성이 낮을수록 먹이그물이 단순하다.
ㄷ. 생물다양성이 낮을수록 생태계가 쉽게 파괴된다.

02

구분	(가) 생태계	(나) 생태계
생물다양성	낮다.	높다.
먹이그물	단순하다.	복잡하다.
생태계	쉽게 파괴된다.	안정적이다.

③ 먹이그물이 복잡한 (나)의 생태계가 먹이그물이 단순한 (가)의 생태계보다 더 안정적으로 유지된다.
④ (가)에서 메뚜기가 사라지면 뒤쥐가 먹고 살 생물이 없어 뒤쥐도 함께 사라질 가능성이 높다.

(바로 알기) ⑤ (나)에서 참새가 사라지면 수리부엉이는 생쥐, 뒤쥐, 오리, 도요새와 같은 생물을 먹고 살 수 있다.

03 (바로 알기) ④ 희귀한 동물을 발견해도 집으로 데려가 기르면 안 되고, 관련 기관에 신고해야 한다.

04 ㄱ, ㄴ. 생물은 생활에 필요한 다양한 재료를 제공한다. 닥나무를 이용하여 한지를 만들고, 목화에서 면섬유를 얻을 수 있다.
ㄷ. 도꼬마리 열매의 갈고리 형태를 모방하여 벨크로를 개발한 것처럼 생물의 생김새나 생활 모습을 보고 아이디어를 얻어 유용한 도구를 개발할 수 있다.

05 주목나무 껍질에서 얻은 물질로 개발한 항암제는 의약품으로 우리의 생활에 쓰이고 있다.

06 생물다양성은 그 자체로 소중하며, 모든 생물은 생태계 구성원으로서 살아갈 권리가 있다. 또, 생물다양성이 보전되면 생태계가 안정적으로 유지되며, 인간도 생활에 필요한 다양한 자원을 얻을 수 있다.
(바로 알기) ④ 생물의 종류를 제한하기 위해 생물다양성을 보전하는 것이 아니다. 오히려 생물의 종류가 많을수록 생물다양성이 높아진다.

07 ①은 외래종 유입, ②는 서식지파괴, ③은 환경오염, ⑤는 남획에 해당한다.
(바로 알기) ④ 습지를 보호 구역으로 지정하여 관리하는 것은 생물다양성을 보존하기 위한 방법 중 하나이다.

08 (가) 해양 생물을 무분별하게 잡는 것은 남획이다.
(나) 숲을 파괴하는 것은 서식지파괴이다.
(다) 큰입배스는 원래 살던 곳을 벗어나 새로운 곳에서 자리를 잡고 사는 외래종이다.

09 생물다양성을 감소시키는 가장 심각한 원인은 생물의 서식지를 파괴하는 서식지파괴이다.

10 원래 살던 곳을 벗어나 새로운 곳에서 자리를 잡고 사는 생물인 외래종은 천적이 없어 과도하게 번식하여 토종 생물의 생존을 위협하고, 먹이그물에 변화를 일으켜 생태계를 파괴할 수 있다. 우리나라에서 외래종으로 지정하여 관리하는 생물로는 뉴트리아, 큰입배스, 가시박, 유리알락하늘소, 붉은귀거북 등이 있다.
(바로 알기) ② 외래종의 유입은 생물다양성을 감소시키는 원인으로 작용할 수 있으므로, 생태계에 미칠 영향에 대한 검증 없이 무분별하게 유입되지 않도록 해야 한다.

11 생태통로는 서식지파괴에 대한 대책으로, 도로를 건설할 때 끊어진 서식지를 연결하여 동물이 안전하게 이동할 수 있도록 돕는다.

(바로 알기) ㄴ. 남획은 생물을 무분별하게 잡는 것으로, 생태통로를 설치하는 것과는 관계가 없다.

12 (바로 알기) ② 숲을 파괴하는 것은 생물다양성을 감소시키는 가장 심각한 원인인 서식지파괴에 해당한다.

13 생물다양성보전을 위한 사회적 차원의 활동에는 생물다양성보전 캠페인 활동, 종자 은행 설립, 국립 공원 지정, 멸종 위기 생물 지정 및 복원 사업 진행, 생태통로 건설 등이 있다.

14 (문제 분석하기)

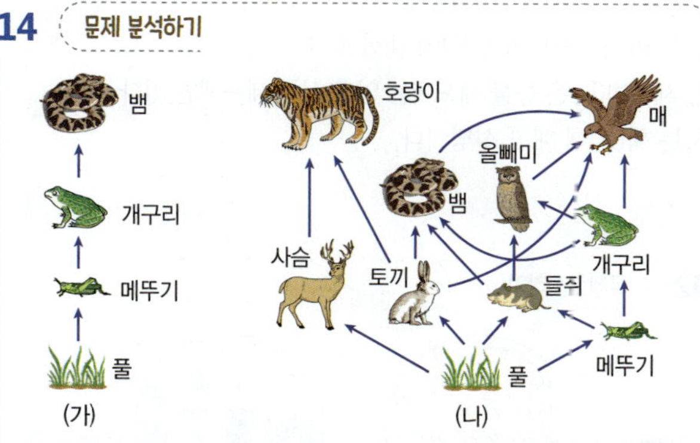

- (가): 개구리가 멸종하면 뱀이 먹고 살 생물이 없다. ➡ 어떤 생물이 사라지면 그 생물과 먹이 관계를 맺고 있는 생물이 직접 영향을 받아 생태계가 쉽게 파괴된다.
- (나): 개구리가 멸종해도 뱀이 토끼나 들쥐를 먹고 살 수 있다. ➡ 어떤 생물이 사라져도 먹이 관계에서 사라진 생물을 대치하는 생물이 있어 생태계가 안정을 유지한다.

(모범 답안) • (가)
• 까닭: (가)에서는 개구리가 멸종되면 뱀이 먹고 살 생물이 없기 때문이다.

채점 기준	배점
(가)라고 쓰고, 그 까닭을 옳게 서술한 경우	100 %
(가)라고만 쓴 경우	30 %

15 (모범 답안) 일회용품 대신 다회용품 사용하기, 자연 환경 보호하기 등

|해설| 생물다양성보전을 위해 개인적으로 할 수 있는 활동에는 재활용품 분리배출 하기, 일회용품 대신 다회용품 사용하기, 자연 환경 보호하기, 나무 심기, 안 쓰는 물건 나눔하기, 야생 동물 함부로 기르지 않기 등이 있다.

채점 기준	배점
생물다양성보전을 위한 개인적 차원의 활동을 두 가지 모두 옳게 서술한 경우	100 %
한 가지만 옳게 서술한 경우	50 %

한 걸음 더 실력 **UP** 문제　51 쪽

01 ①　**02** ③　**03** ⑤　**04** ①

01 (문제 분석하기)

봄철 산란기를 맞아 불법 어업에 대한 단속이 이뤄집니다. 봄철은 다양한 어종들이 번식하고 성장하는 중요한 시기이므로 우리나라 전 해역과 주요 항구 및 포구에서 불법 어업을 강력히 단속할 방침입니다.

➡ 불법 어업을 단속하여 어린 물고기나 생물을 무분별하게 잡는 남획을 방지하고, 해양 생물 자원을 보호한다.

02 (문제 분석하기)

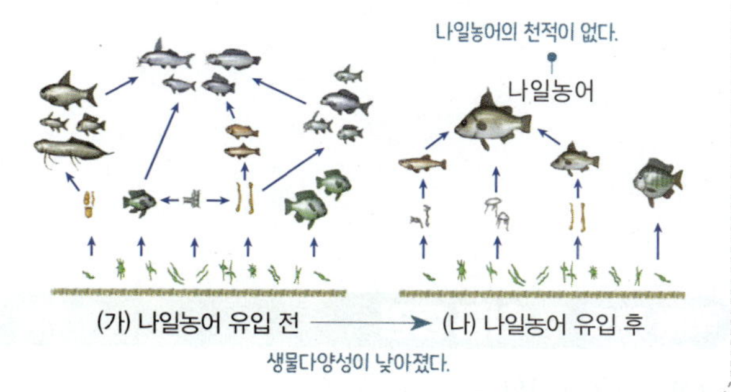

(가)는 (나)보다 먹이그물이 복잡하고, 생물의 종류가 더 많으며 생물다양성이 높아 생태계가 더 안정적으로 유지된다.

(바로 알기) ③ 생물다양성이 높은 (가)의 생태계가 (나)의 생태계보다 더 안정적으로 유지된다.

03 (문제 분석하기)

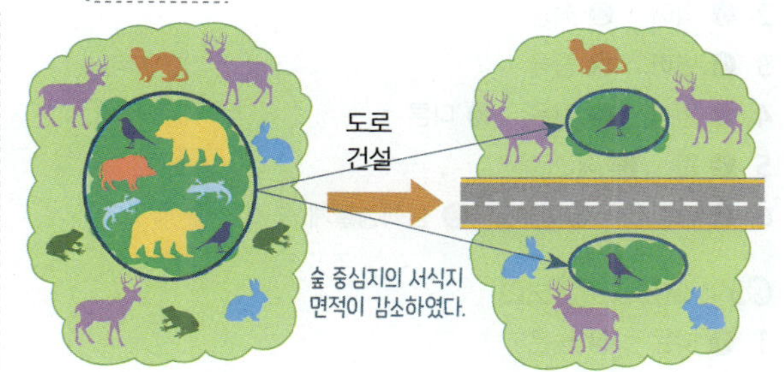

- 숲 중심지에서 사는 생물의 종류: 4 종류 → 1 종류로 줄었다.
- 숲 가장자리에서 사는 생물의 종류: 4 종류 → 3 종류로 줄었다.

ㄴ. 도로 건설로 숲 중심지에서 사는 생물의 종류는 4 종류에서 1 종류로 줄었고, 숲 가장자리에 사는 생물의 종류는 4 종류에서 3 종류로 줄었다. 따라서 도로 건설로 숲 가장자리보다 숲 중심지에서 생물다양성이 더 많이 감소하였다.

ㄷ. 도로 건설은 생물의 서식지를 파괴하여 생물다양성을 감소시킨다.

(바로 알기) ㄱ. 도로 건설로 숲 중심지의 서식지 면적이 감소하였다.

04 ① 람사르협약: 물새 서식지로서 특히 국제적으로 중요한 습지 보호에 관한 협약

 ② 기후 변화 협약: 지구 온난화 방지를 위해 온실가스 방출을 억제하는 것이 목적인 협약

③ 생물다양성협약: 생물다양성의 보전과 지속가능한 이용을 목적으로 1992년에 채택된 유엔 환경 협약

④ 사막화 방지 협약: 심각한 사막화·황폐화 현상을 겪고 있는 개발 도상국을 재정적·기술적으로 지원함으로써 사막화를 방지하기 위한 협약

⑤ 야생 동식물 종의 국제 거래에 관한 협약: 멸종 위기에 처한 야생 동식물의 불법 또는 과도한 국제 거래를 규제하는 협약

핵심 자료 로 최종 점검   54쪽~55쪽

O1 / 생물의 구성
1 ❶ 마이토콘드리아 ❷ 세포막 ❸ 엽록체
2 ❶ 조직 ❷ 기관 ❸ 기관계
3 ❶ 조직 ❷ 조직계 ❸ 기관

O2 / 생물다양성과 분류
1 ❶ 생태계 ❷ 종류
2 ❶ 먹이 ❷ 적응
3 ❶ 변이 ❷ 종류
4 ❶ 번식 ❷ 같은 ❸ 다른
5 ❶ 종 ❷ 계
6 ❶ 광합성 ❷ 균계 ❸ 원핵생물계

O3 / 생물다양성보전
1 ❶ 낮은 ❷ 높은
2 ❶ 식량 ❷ 의약품
3 ❶ 남획 ❷ 외래종 유입

대단원 마무리 문제   56쪽~59쪽

01 ③   02 ②   03 ②   04 ②   05 ③   06 서준, 현수, 지아   07 ⑤   08 ②   09 ②, ③   10 ②   11 ④   12 ④   13 ③   14 ①, ⑤   15 ①   16 ②   17 ④   18 ③   19 ⑤   20 ②

---

01 문제 분석하기

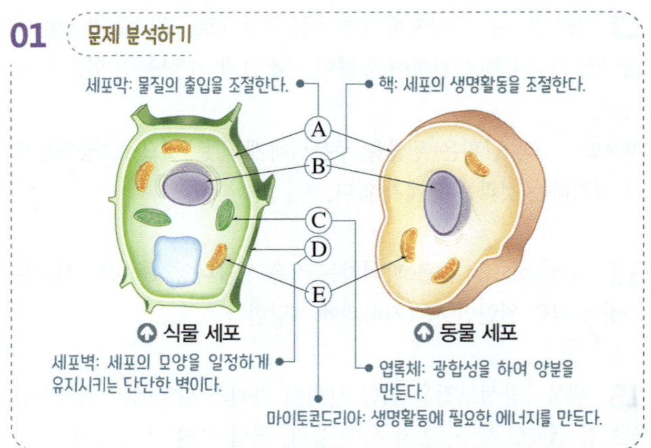

③ 엽록체(C)는 광합성을 하여 양분을 만든다.

 ①은 세포벽(D)에 대한 설명이다.
②는 마이토콘드리아(E)에 대한 설명이다.
④ 세포벽(D)은 동물 세포에는 없고 식물 세포에만 있다.
⑤는 핵(B)에 대한 설명이다.

02 문제 분석하기

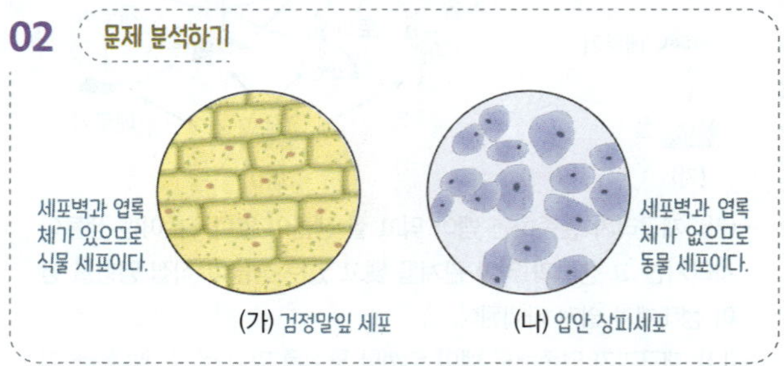

검정말잎 세포(가)와 입안 상피세포(나)에서 공통적으로 관찰할 수 있는 세포 구성 요소는 핵, 세포질, 세포막이다.

03 문제 분석하기

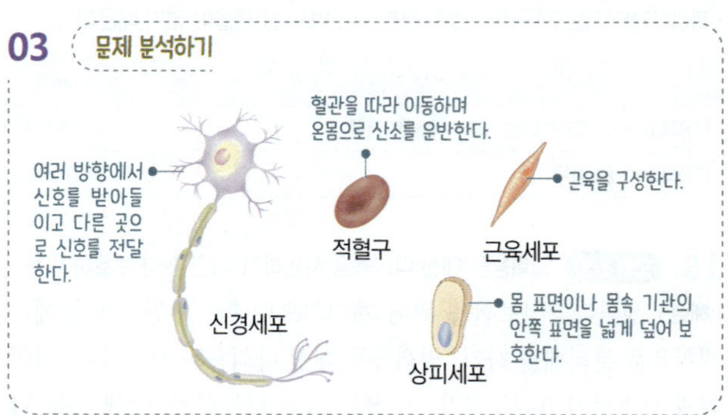

① 모든 생물은 세포로 구성되어 있다.
③ 신경세포는 길게 뻗어 있어 신호를 전달하기에 알맞다.
④ 세포의 종류에 따라 세포의 모양과 크기, 기능이 다르다.
⑤ 사람의 몸은 다양한 종류의 세포로 구성되어 있으며, 몸의 부위에 따라 세포의 종류가 다르다.

 ② 신경세포는 신호를 전달하고, 적혈구는 혈관을 따라 이동하며 온몸으로 산소를 운반한다. 상피세포는 몸 표면을 덮어 보호하며, 근육세포는 근육을 움직일 수 있게 한다. 이와 같이 세포의 종류에 따라 세포의 모양과 기능이 다르다.

04 문제 분석하기

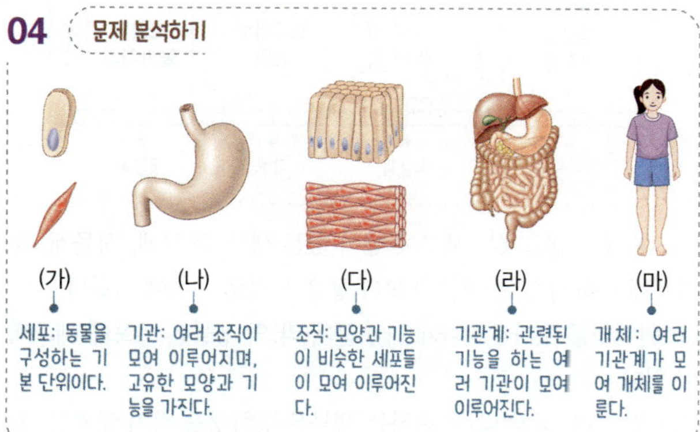

① 생물의 몸을 구성하는 기본 단위는 세포(가)이다.
③ 심장, 콩팥, 방광은 기관(나)에 해당한다.
④ 식물의 표피조직은 조직(다)에 해당한다.
⑤ 기관계(라)는 관련된 기능을 하는 몇 개의 기관(나)이 모여 유기적인 기능을 수행하는 단계이다.
 ② 모양과 기능이 비슷한 세포들이 모인 것은 조직(다)이다. (나)는 여러 조직(다)이 모여 이루어진 기관이다.

05 ③ 식물의 구성 단계는 세포 → 조직 → 조직계 → 기관 → 개체이다.

06 문제 분석하기

• 서준: 지구에는 사막, 습지, 갯벌 등이 있어. ➡ 생태계의 다양함
• 현수: 같은 종류에 속하는 무당벌레라도 겉날개의 무늬와 색깔이 조금씩 달라. ➡ 같은 종류의 생물 사이에서 나타나는 특징의 다양함
• 지아: 숲에는 토끼, 참새, 메뚜기, 소나무, 민들레 등 다양한 생물이 함께 살고 있어. ➡ 생물 종류의 다양함

생물다양성은 어떤 지역에 살고 있는 생물의 다양한 정도로, 생태계의 다양함, 같은 종류의 생물 사이에서 나타나는 특징의 다양함, 생물 종류의 다양함을 모두 포함한다.

07 ⑤ 변이는 같은 종류의 생물 사이에서 나타나는 서로 다른 특징이다. 소나무와 진달래는 서로 다른 종류의 생물이므로, 소나무와 진달래의 꽃 모양이 다른 것은 변이에 해당하지 않는다.

08 ㄴ. 핀치는 갈라파고스제도의 여러 섬에서 서로 다른 먹이 환경에 적응하는 과정을 통해 부리 모양이 다양해졌다.
 ㄱ. 부리의 모양이 다양한 핀치는 각각 먹이가 다른 환경에 적응한 결과이다.
ㄷ. 후천적으로 얻은 형질은 자손에게 전달되지 않는다.

09 문제 분석하기

• 말과 당나귀 사이에서 태어난 노새는 번식 능력이 없다.
  ➡ 말과 당나귀는 서로 다른 종이다.
• 진돗개와 풍산개 사이에서 태어난 풍진개는 번식 능력이 있다.
  ➡ 진돗개와 풍산개는 서로 같은 종이다.
• 테리어와 불도그 사이에서 태어난 불테리어는 번식 능력이 있다. ➡ 테리어와 불도그는 서로 같은 종이다.

자연 상태에서 짝짓기를 하여 번식이 가능한 자손을 낳을 수 있는 생물 무리를 종이라고 한다.
②, ③ 번식 능력이 있는 풍진개를 낳은 진돗개와 풍산개, 번식 능력이 있는 불테리어를 낳은 테리어와 불도그는 각각 같은 종이다.
 ① 번식 능력이 없는 노새를 낳은 말과 당나귀는 서로 다른 종이다.
④ 테리어와 불도그는 서로 같은 종이며, 같은 종인 생물은 같은 속, 과, 목, 강, 문, 계에 속한다.
⑤ 짝짓기를 하여 새끼를 낳을 수 있어도, 그 새끼가 번식 능력이 없으면 서로 같은 종이 아니다.

10 ② 늑대와 여우는 개과에 속하고, 고양이는 고양이과에 속하므로 늑대는 고양이보다 여우와 가까운 관계이다.
 ① 강이 목보다 큰 분류 단위이다.
③ 계가 문보다 큰 분류 단위이다. 따라서 척삭동물문에 속하는 생물은 모두 동물계에 속하지만, 동물계의 생물이 모두 척삭동물문에 속하는 것은 아니다.
④ 늑대는 개속, 여우는 여우속에 속한다.
⑤ 목이 과보다 큰 분류 단위이다. 종에서 계로 갈수록 각 단위에 포함되는 생물의 종류가 많아진다.

11 소나무와 진달래는 식물계, 달팽이는 동물계, 표고버섯은 균계에 속한다.
ㄱ. 동물계에 속하는 달팽이는 다세포생물이다.
ㄴ. 균계와 식물계에 속하는 생물은 세포에 세포벽이 있다.
ㄹ. 생물의 5계 중 원핵생물계를 제외한 원생생물계, 균계, 식물계, 동물계에 속하는 생물은 모두 세포에 핵이 있다.
 ㄷ. 식물계에 속하는 소나무는 광합성을 하여 양분을 얻지만, 균계에 속하는 표고버섯은 광합성을 하지 못하고, 죽은 생물이나 배설물을 분해하여 양분을 얻는다.

12 ④ 버섯과 곰팡이는 실 모양의 균사로 이루어져 있다.

(바로 알기) ①, ② 균계에 속하는 생물은 운동성이 없고, 광합성을 하지 못한다.

③ 균계에 속하는 생물은 균사로 이루어져 있고, 균사는 세포벽이 있는 여러 개의 세포로 이루어져 있다.

⑤ 느타리버섯, 송이버섯, 푸른곰팡이는 모두 균계에 속하는 생물이다.

13 동물계에 대한 설명이다.

③ 지렁이는 동물계에 속하는 생물이다.

(바로 알기) ①, ② 아메바, 다시마는 원생생물계에 속한다.

④ 해바라기는 식물계에 속한다.

⑤ 포도상구균은 원핵생물계에 속한다.

14 문제 분석하기

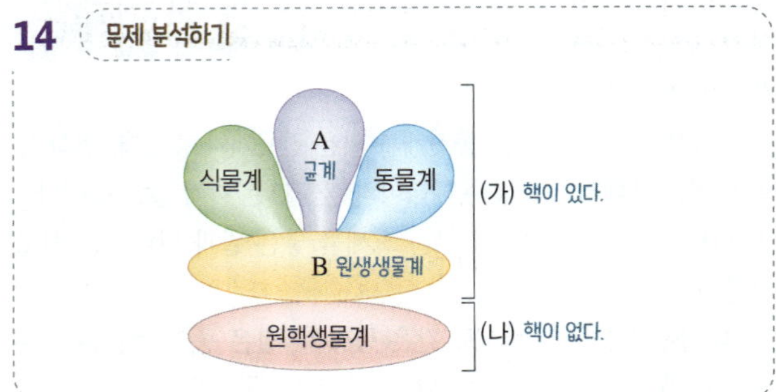

① A는 균계, B는 원생생물계이다.

⑤ 원핵생물계는 세포에 핵이 없는 생물 무리이고, 원생생물계, 식물계, 균계, 동물계는 세포에 핵이 있는 생물 무리이다.

(바로 알기) ② A(균계)에 속하는 생물은 광합성을 하지 않는다.

③ 동물계에 속하는 생물은 운동성이 있지만, A(균계)에 속하는 생물은 운동성이 없다.

④ B(원생생물계)에는 단세포생물도 있고, 다세포생물도 있다.

15 문제 분석하기

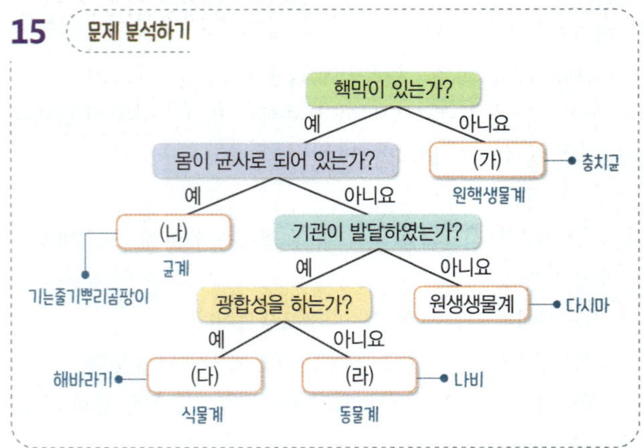

(바로 알기) ㄷ. 다시마는 광합성을 하지만 기관이 발달하지 않았으므로 원생생물계에 속한다.

ㄹ. 충치균은 핵막이 없으므로, 원핵생물계(가)에 속한다.

16 문제 분석하기

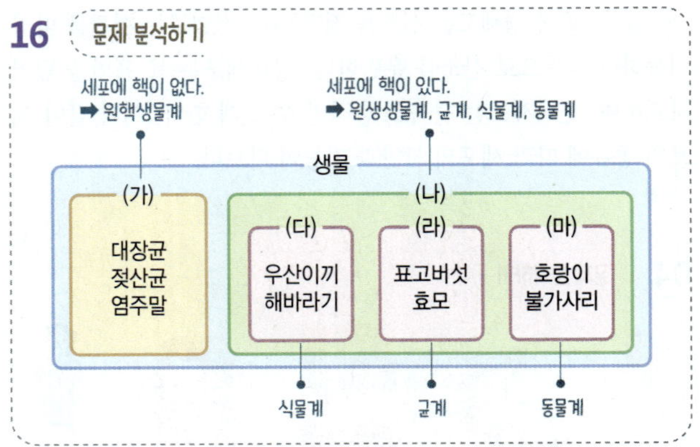

①, ④ 원생생물계는 세포에 핵이 있는 생물 중 균계, 식물계, 동물계에 속하지 않는 생물을 모아 놓은 무리로, (나)에 속한다.

③ 원핵생물계(가), 식물계(다), 균계(라)의 생물은 세포에 세포벽이 있다.

(바로 알기) ② 균계(라)에 속하는 생물은 광합성을 하지 않지만, 원핵생물계(가)에는 염주말처럼 광합성을 하는 생물도 있다.

17 생물다양성이 높아 먹이그물이 복잡하면 어떤 한 생물이 사라져도 먹이 관계에서 그 생물을 대신하는 생물이 있어 생물이 연쇄적으로 멸종할 위험이 낮고, 생태계가 안정적으로 유지된다.

④ 청솔모가 사라져도 올빼미는 두더지를 먹고 살 수 있다.

(바로 알기) ① 참새가 사라져도 매는 들쥐나 토끼를 먹고 살 수 있다.

② 풀을 먹는 들쥐의 수가 증가하면 풀의 수는 일시적으로 감소한다.

③ 먹이그물이 복잡하여 생태계가 쉽게 파괴되지 않을 것이다.

⑤ 메뚜기의 수가 줄어들면 메뚜기를 먹고 사는 두더지의 수도 감소할 것이다.

18 (바로 알기) ③ 편백나무는 목재로 사용되고, 한지는 닥나무를 이용하여 만든다.

19 ㄱ. 산림을 파괴하는 것과 같은 서식지파괴는 생물다양성을 감소시키는 가장 심각한 원인이다.

ㄴ. 특정 생물을 남획하면 그 생물이 사라질 수 있다.

ㄷ. 일부 외래종은 천적이 없어 과도하게 번식하여 토종 생물의 생존을 위협하고, 먹이그물에 변화를 일으켜 생태계를 파괴할 수 있다.

20 ①, ③, ⑤는 생물다양성보전을 위한 사회적 차원의 활동, ④는 생물다양성보전을 위한 개인적 차원의 활동이다.

(바로 알기) ② 서식지파괴의 예로, 생물다양성을 감소시키는 활동이다.

열

01 온도와 열의 이동

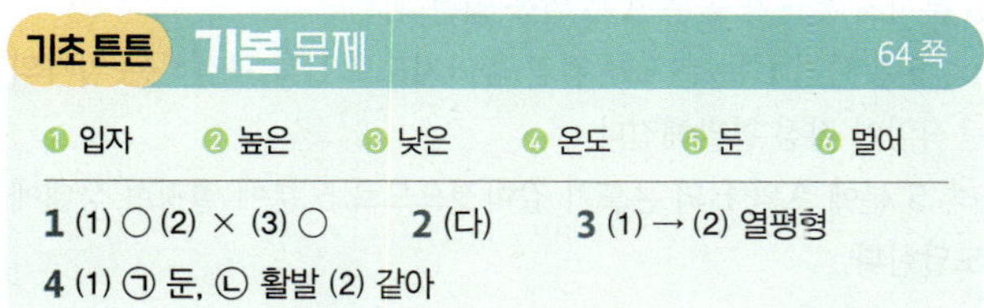

[모범 답안] 온도에 따라 움직임이 활발한 정도가 달라서 그래.

기초 튼튼 · 기본 문제 — 64 쪽

❶ 입자　❷ 높은　❸ 낮은　❹ 온도　❺ 둔　❻ 멀어

1 (1) ○ (2) × (3) ○　　**2** (다)　　**3** (1) → (2) 열평형
4 (1) ㉠ 둔, ㉡ 활발 (2) 같아

---

1 (바로 알기) (2) 온도가 높은 물체는 입자의 움직임이 활발하고, 온도가 낮은 물체는 입자의 움직임이 둔하다. 따라서 온도가 높은 물체는 온도가 낮은 물체보다 입자의 움직임이 활발하다.

2 물체의 온도가 높을수록 입자의 움직임이 활발하고, 입자 사이의 거리가 멀다. 따라서 온도가 가장 높은 것은 (다)이다.

3 (1) 열은 온도가 높은 A에서 온도가 낮은 B로 이동한다.
(2) 온도가 다른 물체가 접촉하였을 때 열이 이동하여 결국 두 물체의 온도가 같아진 상태를 열평형 상태라고 한다.

4 (1) 온도가 다른 두 물체가 접촉해 있을 때 온도가 높은 물체는 온도가 점점 낮아지고, 온도가 낮은 물체는 온도가 점점 높아진다. 따라서 시간이 지날수록 온도가 높은 A는 입자의 움직임이 둔해지고, 온도가 낮은 B는 입자의 움직임이 활발해진다.
(2) 충분한 시간이 지나면 두 물체는 열평형 상태에 도달하므로 A와 B의 온도가 같아진다.

기초 튼튼 · 기본 문제 — 67 쪽

❶ 움직임　❷ 다르다　❸ 뜨거운　❹ 차가운　❺ 복사

1 (1) × (2) ○ (3) ×　　**2** 금속　　**3** (1) 액체나 기체 (2) ㉠ 위로 올라가고, ㉡ 아래로 내려간다 (3) ㉠ 위쪽, ㉡ 아래쪽　　**4** 복사
5 (1) 전도 (2) 복사 (3) 대류

---

1 (바로 알기) (1) 전도는 물체를 구성하는 입자의 움직임이 이웃한 입자에 차례로 전달되어 열이 이동하는 방식이다. 입자가 직접 이동하면서 열을 전달하는 방식은 대류이다.

(3) 전도는 입자의 움직임이 이웃한 입자에 전달되어 열이 이동하는 방식이므로 떨어져 있는 물체 사이에서는 열이 이동할 수 없다.

2 금속은 나무나 플라스틱과 같이 금속이 아닌 물질보다 열을 빠르게 전도한다.

3 (1) 대류는 액체나 기체 물질을 구성하는 입자가 열을 받아 직접 이동하면서 열이 이동하는 방식이다. 고체에서는 주로 전도의 방식으로 열이 이동한다.
(2) 물이 든 주전자의 아래쪽을 가열하면 뜨거워진 물은 위로 올라가고, 위에 있던 상대적으로 차가운 물은 아래로 내려오면서 물의 온도가 전체적으로 높아진다.
(3) 냉방기를 위쪽에 설치하면 대류에 의해 차가운 공기가 아래로 내려오고, 난방기를 아래쪽에 설치하면 대류에 의해 따뜻해진 공기가 위로 올라가서 냉난방을 효과적으로 할 수 있다.

4 열화상 카메라는 복사열을 측정하여 물체의 온도를 측정할 수 있다. 따라서 이러한 현상과 관련 있는 열의 이동 방식은 복사이다.

5 (1) 손난로를 쥐고 있으면 손난로를 구성하는 입자의 움직임이 손난로에 접촉해 있는 손 입자에 전달되어 따뜻함을 느낄 수 있다. 따라서 전도의 방식으로 열이 이동한다.
(2) 난로 옆에 있으면 열이 물질의 도움을 받지 않고 복사의 방식으로 직접 이동하여 따뜻함을 느낄 수 있다.
(3) 풍경이 아른거리는 아지랑이는 무더운 날 도로 위의 공기가 데워지고 대류에 의해 위로 올라가면서 만들어진다.

실력 탄탄 · 핵심 문제 — 70 쪽~72 쪽

01 ④　**02** ⑤　**03** ⑤　**04** ③　**05** ④　**06** ④　**07** ⑤
08 ④　**09** ⑤　**10** ②　**11** ④　**12** ③　**13** ⑤　**14** ③
15 ③　　(서술형 문제) **16~18** 해설 참조

---

01 ㄴ. 물질을 구성하는 입자는 움직임이 활발할수록 입자 사이의 거리가 대체로 멀다.
ㄷ. 물질을 구성하는 입자는 매우 작아서 눈에 보이지 않으므로 둥근 공 모양의 간단한 입자 모형으로 나타낸다.
(바로 알기) ㄱ. 물질은 눈으로 볼 수 없는 작은 입자로 구성되어 있다. 이 입자는 정지해 있지 않고 끊임없이 스스로 움직인다.

02 ①, ② 온도는 물질을 구성하는 입자의 움직임이 활발한 정도를 나타내며, 단위는 ℃(섭씨도)를 사용한다.

③ 물질의 온도가 높을수록 물질을 구성하는 입자의 움직임이 활발하고, 온도가 낮을수록 입자의 움직임이 둔하다.

④ 물질의 온도가 낮을수록 입자 사이의 거리가 대체로 가깝고, 온도가 높을수록 입자 사이의 거리가 대체로 멀다.

(바로 알기) ⑤ 물질의 온도와 물질을 구성하는 입자의 개수는 상관이 없다. 물질의 온도가 높아지면 입자의 움직임이 활발해지고, 입자 사이의 거리가 멀어진다.

03 문제 분석하기

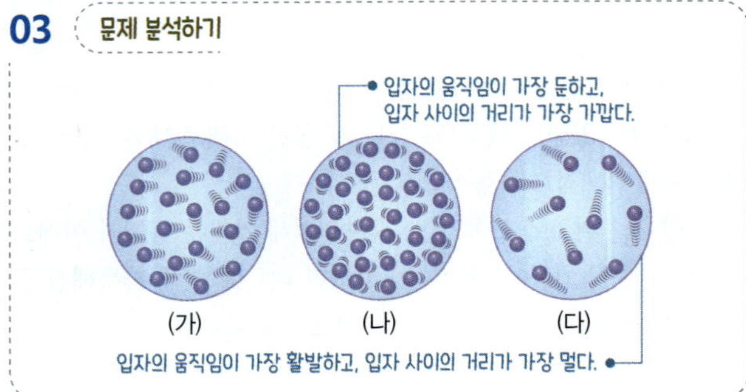

물질의 온도가 높을수록 물질을 구성하는 입자의 움직임이 활발하고, 입자 사이의 거리가 멀다. 따라서 (가)~(다)의 온도를 비교하면 (다) > (가) > (나)이다.

04 ㄴ. 물체가 열을 얻으면 온도가 높아지므로 입자의 움직임이 활발해진다.

ㄷ. 온도가 다른 두 물체가 접촉해 있으면 두 물체의 온도가 같아질 때까지 열이 이동한다.

(바로 알기) ㄱ. 물체가 열을 잃으면 온도가 낮아지고, 물체가 열을 얻으면 온도가 높아진다.

ㄹ. 열은 온도가 높은 물체에서 온도가 낮은 물체로 이동한다.

05 열은 온도가 높은 물체에서 온도가 낮은 물체로 이동한다.
• 열이 A → B로 이동 ➡ 온도는 A > B이다.
• 열이 C → D로 이동 ➡ 온도는 C > D이다.
• 열이 D → A로 이동 ➡ 온도는 D > A이다.
따라서 A~D의 온도를 비교하면 C > D > A > B이다.

06 ①, ③ 6 분부터 두 물은 온도가 같아졌으므로 열평형 상태에 도달하였다.

② 열평형 상태에 도달하는 6 분까지 온도가 높은 뜨거운 물에서 온도가 낮은 찬물로 열이 이동한다.

⑤ 물의 온도가 높을수록 물 입자의 움직임이 활발하고, 입자 사이의 거리가 멀다. 6 분까지 뜨거운 물은 온도가 낮아지고, 찬물은 온도가 높아지므로 두 물을 구성하는 입자의 움직임이나 배치가 달라진다.

(바로 알기) ④ 두 물의 온도가 26 ℃로 같아졌으므로 열평형 온도는 26 ℃이다.

07 문제 분석하기

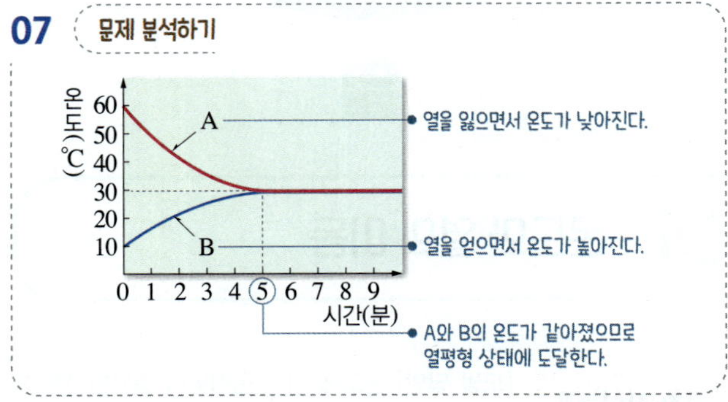

ㄱ. 열은 온도가 높은 물체에서 온도가 낮은 물체로 이동하므로 5 분까지 온도가 높은 A는 열을 잃는다.

ㄴ. 5 분까지 B는 온도가 점점 높아지므로 B를 구성하는 입자의 움직임이 점점 활발해진다.

ㄷ. 5 분에 A와 B의 온도가 같아졌으므로 5 분에 열평형 상태에 도달한다.

08 ①, ③ 온도가 높은 A는 온도가 점점 낮아지고, A의 입자는 움직임이 점점 둔해진다.

② 열은 온도가 높은 물체에서 온도가 낮은 물체로 이동하므로 A에서 B로 이동한다.

⑤ 충분한 시간이 지나면 A와 B는 열평형 상태에 도달하여 온도가 같아진다. 따라서 입자의 움직임이 활발한 정도도 같아진다.

(바로 알기) ④ 온도가 낮은 B는 온도가 점점 높아지고, 입자 사이의 거리가 점점 멀어진다.

09 ① 삶은 달걀을 찬물에 넣으면 뜨거운 달걀과 찬물이 열평형을 이루어 삶은 달걀을 식힐 수 있다.

② 음식을 차가운 냉장고에 넣으면 차가운 냉장고의 공기와 음식이 열평형을 이루어 음식을 차갑게 보관할 수 있다.

③ 수박을 계곡물에 담그면 수박이 차가운 계곡물과 열평형을 이루어 시원하게 먹을 수 있다.

④ 접촉식 온도계는 온도를 측정하는 물체와 온도계가 열평형을 이룬 온도를 측정한다.

(바로 알기) ⑤ 추운 겨울날 햇볕 아래에 있으면 따뜻함을 느끼는 것은 복사에 의한 현상이다.

10 문제 분석하기

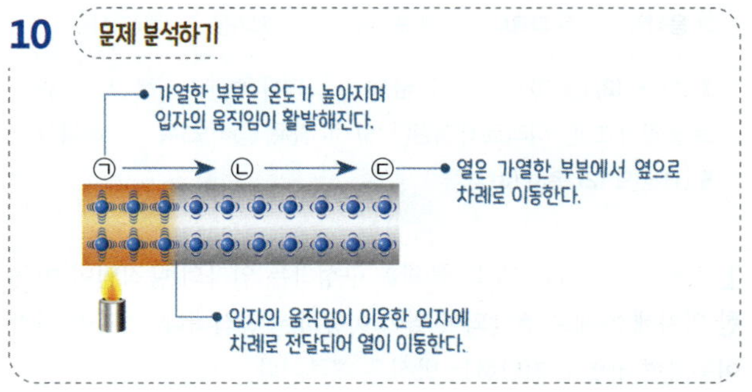

①, ③ 고체인 금속 막대에서는 주로 전도의 방식으로 열이 이동한다.

④, ⑤ 금속 막대의 한쪽 끝부분을 가열하면 가열한 부분의 온도가 높아져 입자의 움직임이 활발해진다. 활발해진 입자의 움직임이 이웃한 입자에 차례로 전달되어 열이 이동한다.

(바로 알기) ② 열은 금속 막대를 가열한 ㉠에서 이웃한 ㉡으로 이동하고, 마지막에 끝부분인 ㉢까지 차례로 이동한다. 따라서 열은 ㉠ → ㉡ → ㉢으로 이동한다.

11 ㄴ. 물체를 이루는 물질의 종류에 따라 열이 전도되는 정도가 다르다.

ㄷ. 금속은 플라스틱과 같이 금속이 아닌 물질보다 열을 더 빠르게 전도한다.

(바로 알기) ㄱ. 열이 물질을 거치지 않고 직접 이동하는 방식은 복사이다. 전도는 물체를 구성하는 입자의 움직임이 이웃한 입자에 차례로 전달되어 열이 이동하는 방식이다.

12 ③ 물에서는 대류로 열이 이동한다. 대류는 물질을 구성하는 입자가 열을 받아 직접 이동하면서 열이 이동하는 방식이다.

(바로 알기) ① 복사는 물질을 거치지 않고 열이 직접 이동하는 방식이다.

② 고체에서 열이 주로 이동하는 방식은 전도이다. 대류는 액체나 기체에서 열이 이동하는 방식이다.

④ 물에서 대류가 일어날 때 온도가 높은 입자는 위로 올라가고, 온도가 낮은 입자는 아래로 내려온다.

⑤ 주전자를 만들 때 손잡이를 플라스틱으로 만드는 것은 물질의 종류에 따라 열이 전도되는 정도가 다른 것을 활용한 예이다.

13 난로 옆에 있으면 따뜻함을 느낄 수 있는 것은 복사의 방식으로 열이 이동했기 때문이다.

ㄱ, ㄴ. 복사는 열이 물질을 거치지 않고 직접 이동하는 방식이다. 따라서 물질이 없어 진공인 우주 공간에서도 복사의 방식으로 열이 이동할 수 있다.

ㄷ. 열화상 카메라는 복사의 방식으로 이동하는 복사열을 측정하여 물체의 온도를 측정한다.

14 ③ 에어프라이어는 가열한 공기의 대류를 이용하여 음식을 익히는 조리 기구이다.

(바로 알기) ①, ②는 복사에 의한 현상이다.

④는 대류에 의한 현상이다.

⑤는 전도에 의한 현상이다.

15 (가) 물을 끓이면 물이 대류의 방식으로 열을 전달하여 물의 온도가 전체적으로 높아진다.

(나) 냄비의 아래 부분을 가열하면 전도의 방식으로 열이 이동하여 냄비가 옆면까지 전체적으로 뜨거워진다.

(다) 가스레인지의 불에서는 복사로 열이 이동하여 불 가까이에 있으면 따뜻함이 느껴진다.

16 (모범 답안) 체온을 측정할 때 입안이나 겨드랑이에 체온계를 넣고 충분히 기다리면 몸과 체온계가 열평형 상태에 도달한다. 그러면 몸과 체온계의 온도가 같아져 체온을 측정할 수 있다.

채점 기준	배점
열평형을 포함하여 까닭을 옳게 서술한 경우	100 %
열평형을 포함하지 않고 몸과 체온계의 온도가 같아진다고만 서술한 경우	50 %

17 (모범 답안) 프라이팬의 바닥 부분은 음식을 빠르게 익힐 수 있도록 열을 빠르게 전도하는 금속으로 만들고, 손잡이 부분은 안전하게 잡을 수 있도록 열을 느리게 전도하는 나무로 만든다.

채점 기준	배점
열이 전도되는 정도의 차이를 포함하여 까닭을 옳게 서술한 경우	100 %
뜨거워지는 부분과 뜨거워지면 안 되는 부분이라고만 서술한 경우	50 %

18 (모범 답안) 대류에 의해 차가운 공기는 아래로 내려가므로 냉방기는 높은 곳에 설치해야 방 전체가 시원해진다. 또, 대류에 의해 따뜻한 공기는 위로 올라가므로 난방기는 낮은 곳에 설치해야 방 전체가 따뜻해진다.

채점 기준	배점
냉방기를 높은 곳에 설치하는 까닭과 난방기를 낮은 곳에 설치하는 까닭을 모두 옳게 서술한 경우	100 %
두 가지 까닭 중 한 가지만 옳게 서술한 경우	50 %

한걸음 더 **실력 UP 문제** 73 쪽

01 ③   02 ②   03 ④   04 ④

01 ① (가)는 입자의 움직임이 둔하고, (나)는 입자의 움직임이 활발하다. 따라서 차가운 물은 (가)이고, 따뜻한 물은 (나)이다.

② 물질의 온도가 낮으면 입자 사이의 거리가 가깝고, 온도가 높으면 입자 사이의 거리가 멀다. 따라서 입자 사이의 거리는 차가운 물인 (가)보다 따뜻한 물인 (나)가 멀다.

④ 차가운 물인 (가)를 가열하면 입자의 움직임이 활발해지고 입자 사이의 거리가 멀어져, (나)와 같은 상태가 된다.

⑤ 차가운 물을 보온병에 넣고 흔들면 입자의 움직임이 활발해져 가열하지 않아도 따뜻한 물이 될 수 있다.

(바로 알기) ③ 코코아는 입자의 움직임이 둔한 (가)보다 입자의 움직임이 활발한 (나)에서 더 빨리 녹는다.

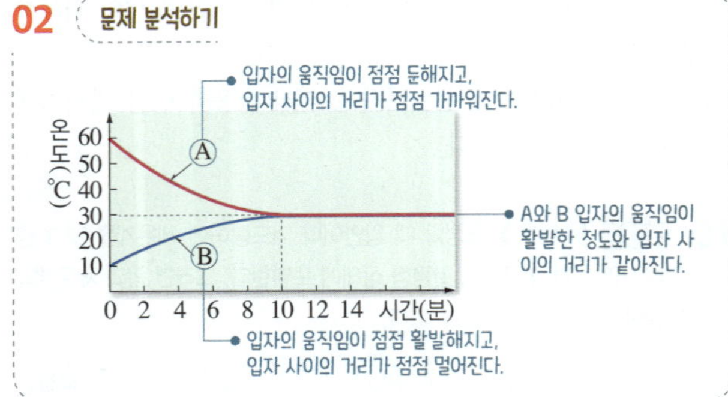

ㄷ. A와 B는 온도가 같아지는 열평형 상태에 도달하므로 A와 B 는 입자의 움직임이 활발한 정도가 점점 같아지고, 입자 사이의 거리도 점점 같아진다.

(바로 알기) ㄱ. A와 B가 열량계 속에 있으므로 열은 A와 B 사이에서만 이동한다. 따라서 A가 잃은 열량은 B가 얻은 열량과 같다.

ㄴ. 시간이 지날수록 A와 B 사이의 온도 차이가 줄어들기 때문에 A와 B 사이에서 이동하는 열의 양이 적어진다. 따라서 시간이 지날수록 A와 B의 온도 변화는 작아진다.

03 ㄴ. 차가운 금속 의자에 앉으면 온도가 높은 몸에서 차가운 금속 의자로 열이 이동하여 금속 의자가 차갑게 느껴진다.

ㄷ. 금속은 나무와 같이 금속이 아닌 물질보다 열을 빠르게 전도한다. 따라서 금속 의자에 앉으면 나무 의자에 앉을 때보다 몸의 열이 더 빠르게 이동하여 더 차갑게 느껴진다.

(바로 알기) ㄱ. 금속 의자와 나무 의자는 외부에서 충분한 시간 동안 있으므로 모두 공기와 열평형 상태에 도달한다. 따라서 금속 의자와 나무 의자는 모두 외부 기온과 온도가 같다.

04 문제 분석하기

①, ② (가)는 금속 막대를 구성하는 입자의 움직임이 이웃한 입자에 차례로 전달되어 열이 이동하는 전도에 의한 열의 이동이다. 전도는 주로 고체에서 열이 이동하는 방식이다.

③ (나)는 대류에 의한 열의 이동으로 물의 아래쪽만 가열해도 대류에 의해 물 전체가 골고루 따뜻해진다.

⑤ (다)는 복사에 의한 열의 이동이다. 열화상 카메라는 복사로 이동하는 열을 측정하여 물체의 온도를 알 수 있다.

(바로 알기) ④ (다) 복사는 물질을 거치지 않고 열이 직접 이동한다. 공기를 통해 열이 전달되는 것은 대류이다.

02 비열과 열팽창

만화 완성하기   [모범 답안] 다리가 여름에 열팽창하는 것을 고려해 서 있는 것이야.

기초 튼튼 **기본** 문제   76 쪽

❶ 열량   ❷ 작   ❸ 비열   ❹ 열량   ❺ 커   ❻ 큰   ❼ 작은

1 (1) ○ (2) ○ (3) ×   **2** ㉠ 1, ㉡ 작은   **3** 0.47 kcal/(kg·℃)
4 >   **5** (1) ○ (2) × (3) ×

1 (1), (2) 온도가 다른 물질 사이에서 이동하는 열의 양을 열량이라고 하며, 1 kcal의 열량은 물 1 kg의 온도를 1 ℃ 높이는 데 필요한 열량이다.

(바로 알기) (3) 같은 질량의 물을 가열할 때 물에 가한 열량이 클수록 물의 온도 변화가 크다.

2 비열은 어떤 물질 1 kg의 온도를 1 ℃ 높이는 데 필요한 열량이다. 비열이 클수록 온도를 높이는 데 많은 열량이 필요하므로 물질의 온도가 잘 변하지 않는다. 따라서 서로 다른 두 물질에 같은 열량을 가하면 비열이 작은 물질의 온도 변화가 더 크다.

3 질량이 1 kg인 물질의 온도를 1 ℃ 높이는 데 필요한 열량이 비열이다. 질량이 1 kg인 어떤 물질의 온도를 10 ℃ 높이는 데 4.7 kcal의 열량이 필요하였으므로 이 물질의 온도를 1 ℃ 높이는 데 필요한 열량은 $(4.7 \times \frac{1}{10})$ kcal = 0.47 kcal이다. 따라서 이 물질의 비열은 0.47 kcal/(kg·℃)이다.

4 서로 다른 물질에 같은 열량을 가할 때 비열이 큰 물질은 온도 변화가 작고, 비열이 작은 물질은 온도 변화가 크다. 따라서 온도 변화가 작은 물의 비열이 온도 변화가 큰 식용유의 비열보다 크다.

5 (1) 바닷물은 모래보다 비열이 더 크기 때문에 같은 열량을 가했을 때 바닷물이 모래보다 온도가 적게 변한다. 따라서 낮에 바닷가에서는 모래의 온도가 바닷물의 온도보다 더 높다.

(바로 알기) (2) 모래는 물보다 비열이 더 작기 때문에 물 대신 같은 질량의 모래를 넣으면 온도가 더 잘 변한다. 따라서 더 오랫동안 따뜻하게 유지할 수 없다.

(3) 음식을 오랫동안 따뜻하게 유지해야 할 때는 비열이 작은 구리 냄비보다 비열이 큰 뚝배기를 사용하는 것이 좋다.

1 물질의 온도가 높아질 때 물질을 구성하는 입자 사이의 거리가 멀어지면서 물질의 길이 또는 부피가 늘어나는 현상을 열팽창이라고 한다.

2 (1) 어떤 물질을 가열하여 온도가 높아지면 물질을 구성하는 입자의 움직임은 활발해지고, 입자 사이의 거리는 멀어진다. 따라서 물질이 열팽창하여 부피가 팽창한다.
(2) 물질의 온도가 높아질수록 입자의 움직임이 더 활발해지고, 입자 사이의 거리가 더 멀어진다. 따라서 물질의 온도가 높아질수록 열팽창 정도가 크다.
(3) 구리는 유리보다 열팽창 정도가 크고, 에탄올은 물보다 열팽창 정도가 크다. 이와 같이 고체나 액체는 물질의 종류에 따라 열팽창 정도가 다르다.

3 바이메탈은 열팽창 정도가 다른 두 금속을 붙여 놓은 장치이다. 바이메탈을 가열하여 온도가 높아지면 열팽창 정도가 큰 금속은 많이 팽창하고 열팽창 정도가 작은 금속은 적게 팽창한다. 따라서 열팽창 정도가 큰 금속이 열팽창 정도가 작은 금속 쪽으로 휘어진다.

4 바이메탈을 가열했을 때 A 쪽으로 휘어졌으므로 A는 열팽창 정도가 작은 금속이고, B는 열팽창 정도가 큰 금속이다.

5 (바로 알기) (2) 가스관은 여름철에 온도가 높아지면 열팽창에 의해 휘어지는 것을 막기 위해 중간에 구부러진 부분을 만든다.
(4) 조리 도구를 유리로 만들 때는 열팽창으로 변형되는 것을 예방하기 위해 열팽창 정도가 작은 내열 유리를 사용한다.

01 ①, ② 열량은 온도가 다른 두 물질 사이에서 이동하는 열의 양으로, 단위는 kcal(킬로칼로리), cal(칼로리) 등을 사용한다.
③ 1 kcal의 열량은 물 1 kg의 온도를 1 ℃ 높이는 데 필요한 열량이다.

④ 물질에 더 많은 열량을 가하면 온도가 더 많이 변한다. 따라서 같은 질량의 물에 가한 열량이 많을수록 물의 온도 변화가 크다.
(바로 알기) ⑤ 열량을 가하는 물질의 질량이 클수록 온도가 더 적게 변한다. 따라서 질량이 다른 두 물을 같은 열량으로 가열할 때 물의 질량이 크면 온도가 더 적게 변한다.

02 물 1 kg의 온도를 1 ℃ 높이는 데 필요한 열량은 1 kcal이다. 따라서 물 20 kg의 온도를 30 ℃ 높이는 데 필요한 열량은 (20×30) kcal$=600$ kcal이다.

03 ① 비열은 어떤 물질 1 kg을 1 ℃ 높이는 데 필요한 열량을 나타낸다.
② 물 1 kg을 1 ℃ 높이는 데 필요한 열량은 1 kcal이므로 물의 비열은 1 kcal/(kg·℃)이다.
③ 비열은 물질의 특성이므로 물질마다 다르다. 따라서 물질의 종류가 같으면 비열도 같다.
⑤ 비열이 큰 물질은 1 ℃ 높이는 데 많은 열량이 필요하다. 따라서 비열이 큰 물질이 비열이 작은 물질보다 같은 온도만큼 높이는 데 필요한 열량이 더 많다.
(바로 알기) ④ 비열이 클수록 온도를 높이는 데 많은 열량이 필요하므로 비열이 큰 물질은 온도가 쉽게 변하지 않는다.

04 비열은 어떤 물질 1 kg을 1 ℃ 높이는 데 필요한 열량이다. 질량이 1 kg인 물질의 온도를 10 ℃ 높이는 데 5 kcal의 열량이 필요하였으므로, 이 물질 1 kg의 온도를 1 ℃ 높이는 데 필요한 열량은 $\left(5 \times \dfrac{1}{10}\right)$ kcal$=0.5$ kcal이다. 따라서 이 물질의 비열은 0.5 kcal/(kg·℃)이다.

05 문제 분석하기

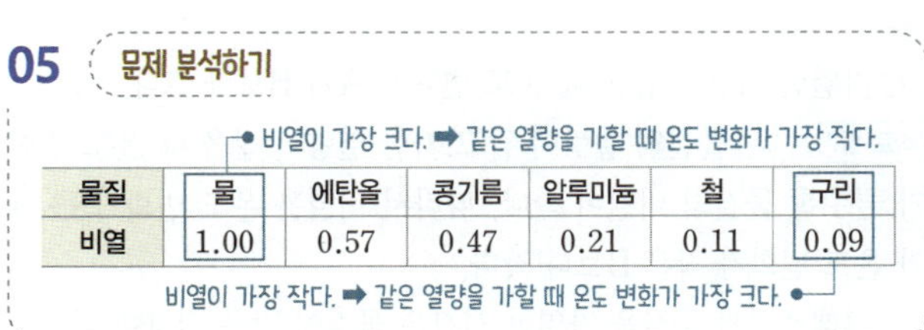

● 비열이 가장 크다. ➡ 같은 열량을 가할 때 온도 변화가 가장 작다.

물질	물	에탄올	콩기름	알루미늄	철	구리
비열	1.00	0.57	0.47	0.21	0.11	0.09

비열이 가장 작다. ➡ 같은 열량을 가할 때 온도 변화가 가장 크다. ●

비열이 작은 물질일수록 같은 열량을 가할 때 온도 변화가 크다. 표의 물질 중 구리의 비열이 가장 작으므로 같은 열량을 가할 때 구리의 온도 변화가 가장 크다.

06 ③ 물질의 비열이 클수록 온도를 높이는 데 많은 열량이 필요하다. 물은 다른 물질에 비하여 비열이 크므로 온도를 높이는 데 더 많은 열량이 필요하다.
(바로 알기) ① 비열은 물질마다 다르므로, 물질의 종류를 구별하는 특성이 된다.
② 알루미늄은 철보다 비열이 크므로 같은 온도만큼 높이는 데 필요한 열량이 더 많다.

④ 콩기름은 알루미늄보다 비열이 크므로 콩기름과 알루미늄을 같은 열량으로 가열하면 콩기름의 온도가 더 천천히 높아진다.
⑤ 철은 구리보다 비열이 크므로 같은 열량으로 가열할 때 온도가 더 적게 변한다. 따라서 구리의 온도가 $10\,°C$ 높아졌다면 철의 온도는 $10\,°C$보다 더 적게 높아진다.

07 문제 분석하기

액체	처음 온도(°C)	5 분 후 온도(°C)	온도 변화(°C)
A	10	20	10
B	10	32	22

온도 변화=5 분 후 온도-처음 온도

ㄱ. 두 액체를 같은 가열 장치로 가열하므로 같은 시간 동안 두 액체가 받은 열량은 같다. 두 액체가 받은 열량은 같지만 온도 변화가 다른 까닭은 두 액체의 비열이 다르기 때문이다.
ㄴ. A의 온도 변화가 B의 온도 변화보다 작으므로 A의 비열은 B의 비열보다 크다.
ㄷ. A의 비열이 B의 비열보다 크므로 같은 온도만큼 높이는 데 필요한 열량은 A가 B보다 더 많다.

08 문제 분석하기

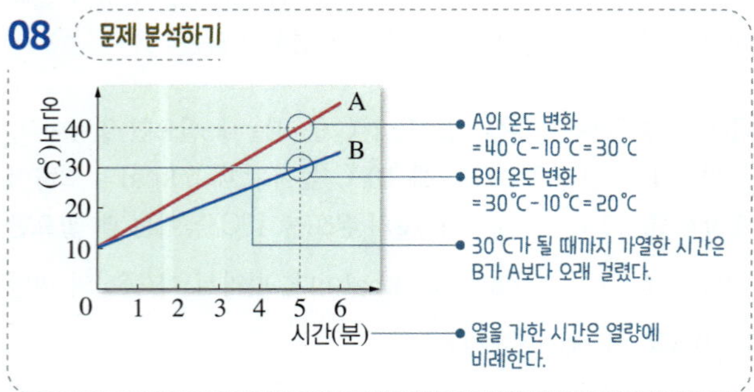

ㄱ. 가열한 시간이 같을 때 온도 변화는 A가 B보다 크다.
(바로 알기) ㄴ. 물질의 질량이 같고 가한 열량이 같을 때 온도 변화가 클수록 물질의 비열이 작다. 따라서 비열은 온도 변화가 큰 A가 온도 변화가 작은 B보다 작다.
ㄷ. 그래프에서 물질을 가열한 시간은 물질이 받은 열량에 비례한다. $10\,°C$에서 $30\,°C$가 될 때까지 가열한 시간은 B가 A보다 오래 걸렸으므로 $30\,°C$가 될 때까지 받은 열량은 B가 A보다 더 많다.

09 ⑤ 온도가 빠르게 잘 변해야 하는 경우는 비열이 작은 물질을 활용한다. 따라서 난방용 온수관은 비열이 작은 물질을 사용해서 빠르게 따뜻해지도록 만든다.
(바로 알기) ① 온도가 잘 변하지 않아야 하는 경우는 비열이 큰 물질을 활용한다. 따라서 찜질 팩에는 비열이 큰 물을 넣는 것이 좋다.
② 바닷물의 비열은 모래의 비열보다 크므로 바닷물이 모래보다 온도 변화가 더 작다. 따라서 낮에는 바닷물의 온도가 모래의 온도보다 더 낮다.

③ 자동차 엔진의 냉각수로는 비열이 큰 물을 사용한다.
④ 프라이팬을 비열이 작은 물질로 만들면 온도가 빠르게 높아지며 음식을 익힐 수 있다.

10 ①, ③ 열팽창은 물질의 온도가 높아지면 물질을 구성하는 입자의 움직임이 활발해지고, 입자 사이의 거리가 멀어지며 물질의 길이나 부피가 늘어나는 현상이다.
④ 고체, 액체, 기체는 모두 온도가 높아지면 부피가 늘어나는 열팽창을 한다.
(바로 알기) ② 물질의 온도가 높아져도 물질을 구성하는 입자의 수는 변화가 없다.
⑤ 고체나 액체는 물질의 종류에 따라 열팽창 정도가 다르다.

11 ① 액체는 온도가 높아지면 열팽창하여 부피가 늘어난다.
② 에탄올과 물 모두 부피가 늘어나며 유리관을 따라 높이가 높아진다.
④, ⑤ 에탄올이 물보다 높이가 더 높아졌으므로 에탄올의 부피가 물의 부피보다 더 많이 늘어났다. 따라서 액체의 종류에 따라 열팽창 정도가 다르다는 것을 알 수 있다. 이때 열팽창 정도는 에탄올이 물보다 크다.
(바로 알기) ③ 에탄올과 물 모두 온도가 높아지면 입자 사이의 거리가 멀어지며 부피가 팽창한다.

12 ㄱ. 가열 후 알루미늄을 구성하는 입자는 움직임이 활발해지고, 입자 사이의 거리가 멀어지며 열팽창한다.
ㄴ. 알루미늄박과 종이를 서로 붙인 알루미늄 테이프를 가열했을 때 알루미늄 테이프가 벌어졌다. 이는 알루미늄 테이프가 열팽창하여 알루미늄박이 종이 쪽으로 휘어졌기 때문이다.
ㄷ. 열팽창 정도는 물질의 종류에 따라 다르다. 알루미늄박이 종이보다 더 많이 열팽창하여 종이 쪽으로 휘어지므로 열팽창 정도는 알루미늄이 종이보다 크다.

13 문제 분석하기

➡ 바이메탈은 열팽창 정도가 큰 금속이 열팽창 정도가 작은 금속 쪽으로 휘어진다.

바이메탈은 온도가 높아지면 열팽창하여 바이메탈의 두 금속이 모두 길어진다. 이때, 열팽창 정도가 큰 금속(B)은 많이 팽창하고 열팽창 정도가 작은 금속(A)은 적게 팽창하여 열팽창 정도가 작은 금속(A) 쪽으로 휘어진다.

14 ① 열팽창 정도가 다른 두 금속을 붙여서 만든 바이메탈은 고체의 열팽창을 이용한 것이다.

③ 바이메탈은 온도가 높아지면 열팽창 정도가 큰 금속이 열팽창 정도가 작은 금속 쪽으로 휘어지는 특성이 있다.

④ 바이메탈은 두 금속의 열팽창 정도가 다른 것을 활용하여 만든 장치로 두 금속의 열팽창 정도 차이가 클수록 온도가 높아졌을 때 더 많이 휘어진다.

⑤ 전기 주전자의 전기 회로에는 바이메탈이 휘어지면 연결된 회로가 끊어지게 만든 온도 조절 장치를 사용한다.

(바로 알기) ② 바이메탈은 열팽창 정도가 다른 두 금속을 붙여서 만든다.

15 ① 기차선로의 중간에 틈을 만들면 여름철에 열팽창으로 기차선로가 휘는 것을 방지할 수 있다.

② 알코올 온도계 속 액체는 온도가 높아지면 열팽창하여 액체가 가리키는 눈금이 올라가므로 온도를 측정할 수 있다.

④ 건물 외벽에 설치된 가스관은 중간에 구부러진 부분을 만들어 열팽창에 의한 사고를 예방한다.

⑤ 금속 뚜껑이 유리병에 꽉 끼어 열리지 않을 때 뚜껑에 따뜻한 물을 부어 주면 뚜껑이 열팽창하여 쉽게 열린다.

(바로 알기) ③ 프라이팬이 빠르게 뜨거워지는 것은 비열이 작은 물질로 프라이팬을 만들기 때문이다.

16 ㄱ. 다리를 만들 때는 열팽창으로 다리가 휘거나 갈라지는 것을 막기 위해 다리의 이음매 부분에 틈을 만든다.

(바로 알기) ㄴ. 겨울철보다 여름철에 다리의 온도가 더 높으므로 여름철에 다리를 구성하는 입자 사이의 거리가 더 멀다.

ㄷ. 여름철에는 다리가 열팽창하여 길이와 부피가 더 늘어나므로 틈이 더 작아진다. 따라서 이음매의 틈은 여름철보다 겨울철에 더 크다.

17 (모범 답안) C>A>B, A의 온도 변화는 $32\,^{\circ}\mathrm{C}-20\,^{\circ}\mathrm{C}=12\,^{\circ}\mathrm{C}$이고, B의 온도 변화는 $41\,^{\circ}\mathrm{C}-25\,^{\circ}\mathrm{C}=16\,^{\circ}\mathrm{C}$이며, C의 온도 변화는 $36\,^{\circ}\mathrm{C}-30\,^{\circ}\mathrm{C}=6\,^{\circ}\mathrm{C}$이다. 따라서 온도 변화는 B>A>C 순으로 크다. 비열이 클수록 같은 열량을 가했을 때 온도 변화가 작으므로 비열은 C>A>B 순으로 크다.

채점 기준	배점
세 물질의 비열을 옳게 비교하고 까닭을 옳게 서술한 경우	100 %
세 물질의 비열만 옳게 비교한 경우	50 %

18 (모범 답안) 열량=비열×질량×온도 변화이다. 식용유의 비열은 $0.4\ \mathrm{kcal/(kg\cdot\,^{\circ}C)}$이고, 질량은 $500\ \mathrm{g}=0.5\ \mathrm{kg}$이므로 온도를 $40\,^{\circ}\mathrm{C}$ 높이는 데 필요한 열량은 $0.4\ \mathrm{kcal/(kg\cdot\,^{\circ}C)}\times0.5\ \mathrm{kg}\times40\,^{\circ}\mathrm{C}=8\ \mathrm{kcal}$이다.

채점 기준	배점
식용유의 온도를 높이는 데 필요한 열량을 풀이 과정과 함께 옳게 구한 경우	100 %
풀이 과정 없이 답만 옳게 구한 경우	50 %

19 (모범 답안) (1) B

(2) 바이메탈은 온도가 높아지면 열팽창 정도가 작은 금속 쪽으로 휘어지는 특성이 있다. 전기 회로에 바이메탈을 연결하면 바이메탈의 온도가 높아졌을 때 바이메탈이 휘어지며 회로가 끊어지게 하여 전기다리미의 온도를 조절 할 수 있다.

	채점 기준	배점
(1)	열팽창 정도가 큰 것을 옳게 쓴 경우	30 %
(2)	바이메탈의 특성을 포함하여 작동 원리를 옳게 서술한 경우	70 %
	바이메탈의 특성만 옳게 서술한 경우	30 %

01

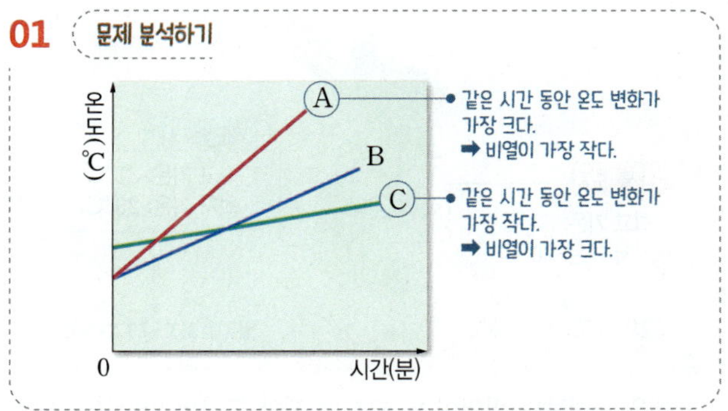

① 같은 시간 동안 온도 변화가 가장 큰 것은 A이고, 같은 시간 동안 온도 변화가 가장 작은 것은 C이다. 따라서 같은 시간 동안 온도 변화는 A>B>C 순으로 크다.

③ 같은 열량을 가했을 때 물질의 비열이 클수록 온도 변화가 작으므로 비열은 C>B>A 순으로 크다.

④ 비열이 클수록 온도를 $1\,^{\circ}\mathrm{C}$만큼 높이는 데 필요한 열량이 많다. 비열은 C가 가장 크므로 온도를 $1\,^{\circ}\mathrm{C}$만큼 높이는 데 필요한 열량이 가장 많은 것은 C이다.

⑤ 비열은 물질을 구분하는 특성이 된다. 비열이 각각 다르므로 A, B, C는 각각 다른 물질이라는 것을 알 수 있다.

(바로 알기) ② 같은 열량을 가했으므로 같은 시간 동안 A, B, C가 얻은 열량은 같다. 세 물질의 온도 변화가 다른 것은 세 물질의 비열이 다르기 때문이다.

ㄱ. 물 1 kg을 1 ℃ 높이는 데 1 kcal의 열량이 필요하다. 질량이 500 g=0.5 kg인 물의 온도가 4 ℃ 높아졌으므로 물이 받은 열량은 (0.5×4) kcal=2 kcal이다.

ㄴ. 물과 식용유를 같은 가열 장치를 이용하여 동시에 가열하였으므로 물과 식용유가 얻은 열량은 같다.

ㄷ. 식용유 0.5 kg의 온도를 10 ℃ 높이는 데 열량이 2 kcal가 필요하였으므로 식용유 0.5 kg의 온도를 1 ℃ 높이기 위해서는 0.2 kcal의 열량이 필요하고, 식용유 1 kg의 온도를 1 ℃ 높이기 위해서는 0.4 kcal의 열량이 필요하다. 따라서 식용유의 비열은 0.4 kcal/(kg·℃)이다.

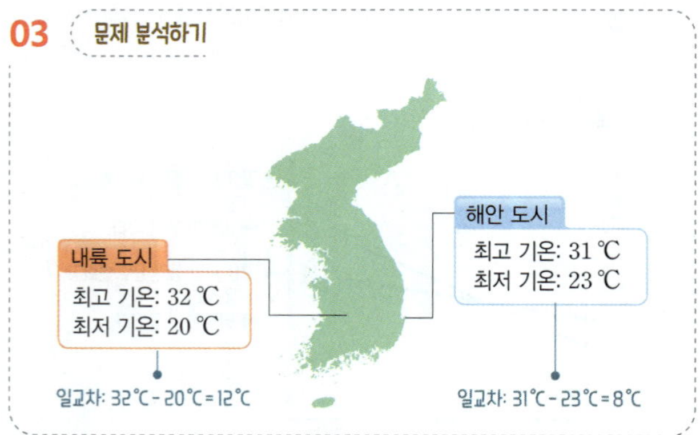

ㄴ. 물은 모래보다 비열이 더 크므로 해안 도시의 바닷물은 내륙 도시의 땅보다 비열이 더 크다.

ㄷ. 해안 도시의 바닷물이 내륙 도시의 땅보다 비열이 더 크기 때문에 같은 열량을 가해도 바닷물이 땅보다 온도 변화가 더 작다. 따라서 일교차는 해안 도시가 내륙 도시보다 작다.

(바로 알기) ㄱ. 일교차는 하루 동안 최고 기온과 최저 기온의 차이이다. 그림에서 내륙 도시는 일교차가 12 ℃이고, 해안 도시는 일교차가 8 ℃이다. 따라서 일교차는 내륙 도시가 해안 도시보다 더 크다.

04 ㄱ. 각 액체는 온도가 높아지며 열팽창하여 유리관 속 각 액체의 높이가 변한다. 따라서 각 액체의 높이 변화는 열팽창 정도를 나타낸다. 각 액체의 높이 변화는 에탄올>콩기름>물 순으로 크므로 열팽창 정도는 에탄올>콩기름>물 순으로 크다.

ㄴ. 액체의 높이가 더 이상 변하지 않는 것은 액체의 온도가 더 이상 변하지 않기 때문이다. 이때 세 액체는 뜨거운 물과 접촉하여 충분한 시간이 지나서 열평형 상태에 도달했으므로 세 액체의 온도는 모두 같아진다.

ㄷ. 세 액체를 차가운 물에 넣으면 세 액체 모두 온도가 낮아지며 입자의 움직임이 둔해지고, 입자 사이의 거리가 가까워진다. 따라서 부피가 줄어든다.

01 ① 온도는 물질을 구성하는 입자의 움직임이 활발한 정도를 나타낸다. 물질의 온도가 높으면 물질을 구성하는 입자의 움직임이 활발하다.

② 물체를 여러 번 잡아당기거나 비벼도 물체를 구성하는 입자의 움직임이 활발해지므로 물체의 온도가 높아진다.

③ 물체가 열을 잃으면 온도가 낮아지고, 물체가 열을 얻으면 온도가 높아진다.

⑤ 열은 온도가 높은 물체에서 온도가 낮은 물체로 이동하므로 입자의 움직임이 활발한 물체에서 입자의 움직임이 둔한 물체로 이동한다.

(바로 알기) ④ 물체가 열을 잃으면 온도가 낮아지므로 물체를 구성하는 입자 사이의 거리가 가까워진다.

02 문제 분석하기

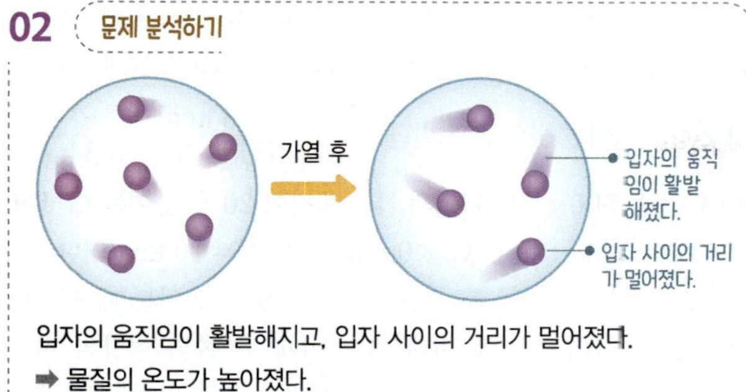

입자의 움직임이 활발해지고, 입자 사이의 거리가 멀어졌다.
➡ 물질의 온도가 높아졌다.

③ 물질의 온도가 높을수록 입자의 움직임이 활발하고, 입자 사이의 거리가 멀다. 따라서 가열한 후 물질의 온도가 높아졌다.

(바로 알기) ①, ② 가열한 후 물질의 질량이나 입자의 개수는 변화가 없다.

④, ⑤ 가열한 후 물질을 구성하는 입자의 움직임은 활발해지고, 입자 사이의 거리는 멀어졌다.

03 문제 분석하기

열은 온도가 높은 물체에서 온도가 낮은 물체로 이동한다.

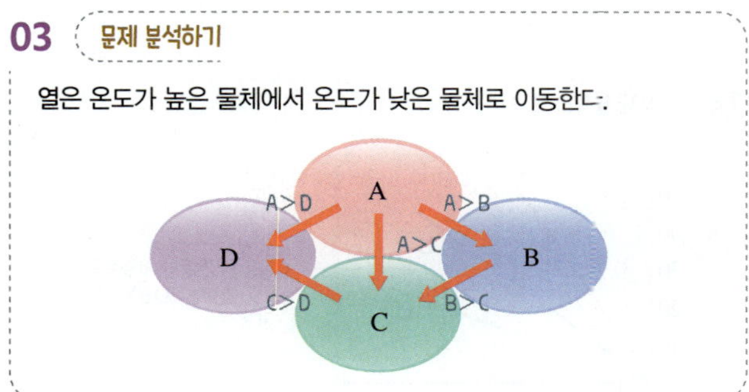

열은 온도가 높은 물체에서 온도가 낮은 물체로 이동한다. 따라서 A~D의 온도를 비교하면 A>B>C>D이다.

04 ② 온도가 다른 두 물체가 접촉하면 열이 이동하여 온도가 높은 물체는 온도가 낮아지고, 온도가 낮은 물체는 온도가 높아진다. 충분한 시간이 지나면 두 물체는 온도가 같아진 열평형 상태에 도달한다.

③ 접촉한 두 물체가 열평형을 이룰 때까지 온도가 높은 물체는 입자의 움직임이 둔해지고, 입자 사이의 거리가 가까워진다. 온도가 낮은 물체는 입자의 움직임이 활발해지고, 입자 사이의 거리가 멀어진다.

④ 온도가 낮은 얼음 위에 온도가 높은 생선을 올려놓으면 얼음과 생선이 열평형을 이루어 생선을 차갑고 신선하게 유지할 수 있게 된다.

⑤ 즉석 식품을 뜨거운 물에 넣으면 두 물체가 열평형을 이룰 때까지 뜨거운 물에서 즉석 식품으로 열이 이동한다. 따라서 즉석 식품을 데울 수 있다.

(바로 알기) ① 온도가 다른 두 물체를 접촉하면 온도가 높은 물체에서 온도가 낮은 물체로 열이 이동한다.

05 문제 분석하기

시간(분)	0	1	2	3	4	5
(가)의 온도(°C)	60	38	25	24	24	24
(나)의 온도(°C)	5	17	21	23	24	24

ㄱ. 1 분일 때 (가)는 (나)보다 온도가 높으므로 (가)는 열을 잃고, (나)는 열을 얻는다.

ㄷ. 4 분부터 (가)와 (나)는 온도가 같아졌으므로 4 분에 열평형을 이루었다. 열평형을 이룬 두 물체는 더 이상 온도가 변하지 않으므로 6 분일 때도 (가)와 (나)의 온도는 서로 같다.

(바로 알기) ㄴ. 3 분일 때 (가)는 24 °C이고, (나)는 23 °C이므로 두 물체의 온도가 다르다. 따라서 두 물체는 3 분일 때 열평형을 이루지 않았다.

06 문제 분석하기

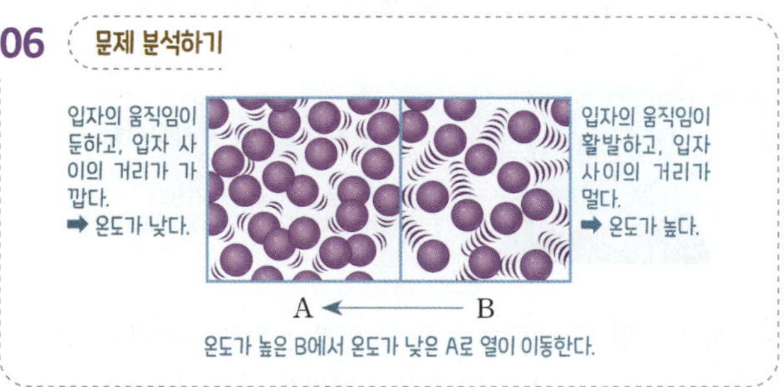

① A는 입자의 움직임이 둔하고, 입자 사이의 거리가 가깝기 때문에 온도가 낮다. B는 입자의 움직임이 활발하고, 입자 사이의 거리가 멀기 때문에 온도가 높다. 따라서 처음 온도는 B가 A보다 높다.

② 열은 온도가 높은 물질에서 온도가 낮은 물질로 이동하므로 B에서 A로 이동한다.

④ B는 열을 잃고 온도가 점점 낮아진다. 따라서 B는 입자 사이의 거리가 점점 가까워진다.

⑤ 충분한 시간이 지난 후에는 A와 B가 열평형을 이루어 온도가 같아진다. 따라서 A와 B 입자의 움직임이 활발한 정도가 같아진다.

(바로 알기) ③ A는 열을 얻고 온도가 점점 높아진다. 따라서 A는 입자의 움직임이 점점 활발해진다.

07 ① 플라스틱판이나 금속판과 같은 고체에서는 주로 전도의 방식으로 열이 이동한다.

③ (나)에서 플라스틱판보다 금속판의 온도가 더 빠르게 높아지므로 열은 플라스틱보다 금속에서 더 빠르게 전도된다.

④ (나)에서 뜨거운 금속 추가 접촉한 부분은 온도가 높아졌으므로 접촉한 부분에 있는 입자는 움직임이 활발해진다.

⑤ (나)에서 플라스틱판과 금속판의 중심 부분은 온도가 높고, 판의 바깥쪽 부분으로 갈수록 온도가 점점 낮아지므로 열이 판의 중심 부분에서 바깥쪽 부분으로 이동한다는 것을 알 수 있다.

(바로 알기) ② 전도는 물체를 구성하는 입자의 움직임이 이웃한 입자에 차례로 전달되며 열이 이동하는 방식이다. 입자가 직접 이동하며 열을 전달하는 방식은 대류이다.

08 ㄴ. 금속은 금속이 아닌 물질보다 열을 빠르게 전도한다. 따라서 금속으로 된 주전자의 아래쪽 부분은 열을 빠르게 전도한다.
ㄷ. 플라스틱으로 된 주전자의 손잡이는 열을 느리게 전도하므로 주전자가 뜨거워도 손잡이는 안전하게 잡을 수 있다.

(바로 알기) ㄱ. 물체를 이루는 물질의 종류에 따라 열이 전도되는 빠르기가 다르다.

09 (문제 분석하기)

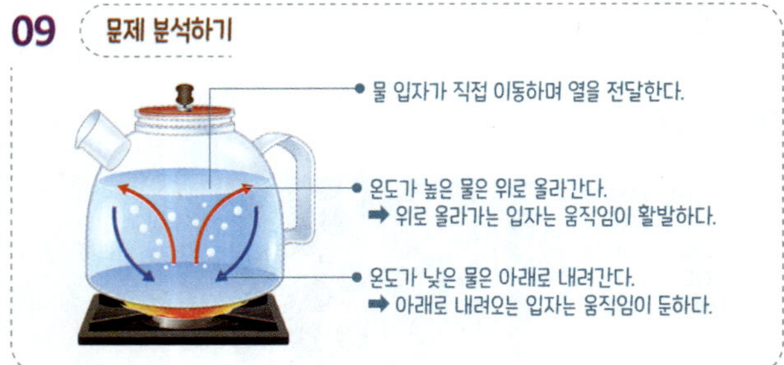

ㄴ. 물을 끓일 때 온도가 높은 물 입자는 위로 올라가고, 온도가 낮은 물 입자는 아래로 내려간다. 따라서 위로 올라가는 입자의 움직임은 아래로 내려오는 입자의 움직임보다 활발하다.
ㄷ. 난방기를 아래쪽에 설치하면 따뜻해진 공기는 위로 올라가고, 차가운 공기는 내려와 데워지므로 방이 전체적으로 따뜻해진다.

(바로 알기) ㄱ. 물을 끓일 때는 물 입자가 직접 이동하며 열을 전달하는 대류의 방식으로 열이 이동한다. 물질을 거치지 않고 열이 직접 이동하는 방식은 복사이다.

10 ㄱ. 열화상 카메라는 복사의 방식으로 이동하는 복사열을 측정하여 온도 분포를 확인한다.
ㄷ. 그늘에 있으면 태양으로부터 복사의 방식으로 이동하는 열을 차단하여 햇볕에 있을 때보다 시원함을 느낀다.

(바로 알기) ㄴ. 복사는 물질을 거치지 않고 열이 직접 이동하는 방식이다. 입자는 이동하지 않고 입자의 움직임이 이웃한 입자에 전달되며 열이 이동하는 것은 전도이다.

11 (가)는 공기의 대류에 의해 텐트 안의 공기가 전체적으로 따뜻해지는 경우이고, (나)는 난로에서 나오는 복사열에 의해 따뜻함을 느끼는 경우이다. (다)는 전도에 의해 난로 입자의 움직임이 난로에 접촉해 있는 주전자의 바닥 쪽에 있는 입자에 전달되어 주전자의 온도가 높아지는 경우이다.

12 열량＝비열×질량×온도 변화이다. 따라서 물의 비열은 $1\,kcal/(kg \cdot ℃)$이므로 질량이 $300\,g＝0.3\,kg$인 물에 $6\,kcal$의 열량을 가하면 물의 온도 변화는 $\dfrac{6\,kcal}{1\,kcal/(kg \cdot ℃) \times 0.3\,kg}＝20\,℃$이다. $500\,g＝0.5\,kg$의 물을 똑같이 $20\,℃$ 높이는 데 필요한 열량은 $1\,kcal/(kg \cdot ℃) \times 0.5\,kg \times 20\,℃＝10\,kcal$이다.

(다른 풀이) 질량이 다른 두 물을 같은 온도만큼 높이는 데 필요한 열량은 두 물의 질량에 비례한다. 이때 두 물의 질량의 비가 $300\,g : 500\,g＝3 : 5$이므로 두 물에 가한 열량의 비도 $3 : 5＝6\,kcal : 10\,kcal$이다. 따라서 $500\,g$의 물을 같은 온도만큼 높이기 위해 필요한 열량은 $10\,kcal$이다.

13 물질의 질량이 같을 때 같은 온도만큼 높이는 데 필요한 열량은 물질의 비열이 클수록 더 많다. 따라서 질량이 같을 때 온도를 $10\,℃$ 높이는 데 가장 많은 열량이 필요한 물질은 비열이 가장 큰 물이다.

14 (문제 분석하기)

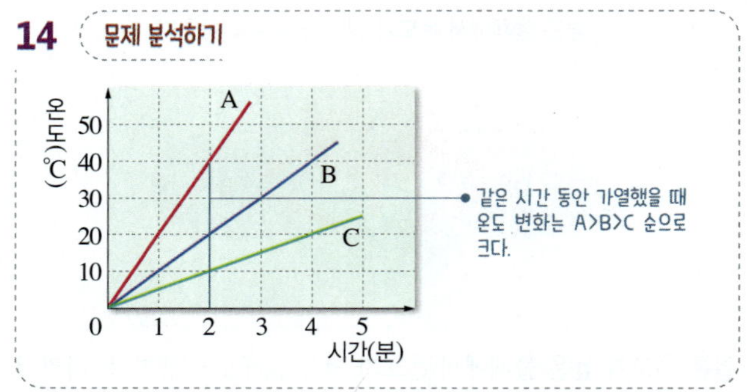

질량이 같은 물질에 같은 열량을 가했을 때, 물질의 비열이 작을수록 온도 변화가 크다. 그래프에서 같은 시간 동안 가열했을 때 온도 변화는 A＞B＞C 순으로 크므로 비열은 C＞B＞A 순으로 크다.

15 (문제 분석하기)

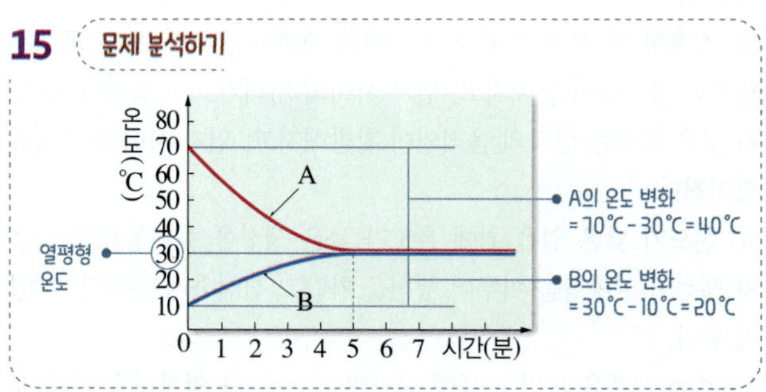

① A와 B가 $30\,℃$에서 더 이상 온도 변화가 없으므로 열평형 온도는 $30\,℃$이다.
② 열은 온도가 높은 물질에서 온도가 낮은 물질로 이동하므로 $0～5$ 분 동안 열은 A에서 B로 이동한다.

③ 열은 A와 B 사이에서만 이동하므로 A가 잃은 열량과 B가 얻은 열량은 같다.

⑤ A와 B의 질량이 같다면 비열이 클수록 온도 변화가 작다. 온도 변화는 A가 40 ℃이고, B가 20 ℃이므로 B가 A브다 온도 변화가 작다. 따라서 비열은 B가 A보다 크다.

(바로 알기) ④ A와 B가 모두 물이라면 비열이 같으드로 온도 변화는 질량에 따라 달라진다. 질량이 크면 온도 변화가 작으므로 질량은 A가 B보다 작다.

16 ㄱ. (가)에서 방바닥을 데우면 대류에 의해 따뜻해진 공기는 위로 올라가고 차가운 공기는 내려와 데워지며 방 전체가 따뜻해진다.

ㄴ. 전도는 주로 고체에서 열이 이동하는 방식이다. (나)에서 공기는 고체가 아니므로 전도의 방식으로 열이 이동할 수 없어 실내 공기의 열이 집 밖으로 나가지 못하게 막는다.

ㄷ. 나무는 비열이 커서 온도가 잘 변하지 않는다. 따라서 (다)에서 한옥은 겨울에 따뜻하게 지낼 수 있고, 여름에는 시원하게 지낼 수 있다.

17 ㄱ, ㄴ. 비열이 큰 물체는 온도가 잘 변하지 않는다. 뚝배기는 금속으로 된 냄비보다 비열이 커서 온도가 잘 변하지 않는다.

(바로 알기) ㄷ. 찌개를 뚝배기에 끓인 까닭은 찌개를 오랫동안 따뜻하게 유지하기 위해서이다. 찌개를 빨리 끓이기 의해서는 비열이 작은 금속 냄비를 사용해야 한다.

18 ㄱ. 금속 막대를 가열하면 열이 전도의 방식으르 이동하여 가열한 부분에서 활발해진 입자의 움직임이 이웃한 입자에 차례로 전달된다.

ㄴ. 금속 막대의 온도가 높아지면 금속 막대가 열팽창하여 길이와 부피가 늘어난다.

(바로 알기) ㄷ. 금속 막대를 가열할 때 금속 막대가 열팽창하는 까닭은 금속 막대를 구성하는 입자의 움직임이 활발허지고, 입자 사이의 거리가 멀어지기 때문이다. 금속 막대를 구성하는 입자의 수는 변하지 않는다.

19 ① 액체를 뜨거운 물에 넣었을 때 액체의 부피가 팽창하므로 액체가 열팽창하는 것을 알 수 있다.

④ D>C>B>A 순으로 부피가 많이 늘어났다. 따라서 액체가 열팽창할 때 각 액체의 종류에 따라 열팽창 젇도가 다르다는 것을 알 수 있다.

(바로 알기) ②, ⑤ 온도를 측정하지 않으므로 이 살험에서 열의 이동 방향이나, 열평형 상태에 대해서 알 수 없다.

③ 액체에서 입자의 이동을 확인할 수 없으므로 옉체에서 대류로 열이 이동하는 것을 알 수 없다.

20 (문제 분석하기)

바이메탈을 가열하면 바이메탈은 열팽창 정도가 큰 금속이 열팽창 정도가 작은 금속 쪽으로 휘어진다.

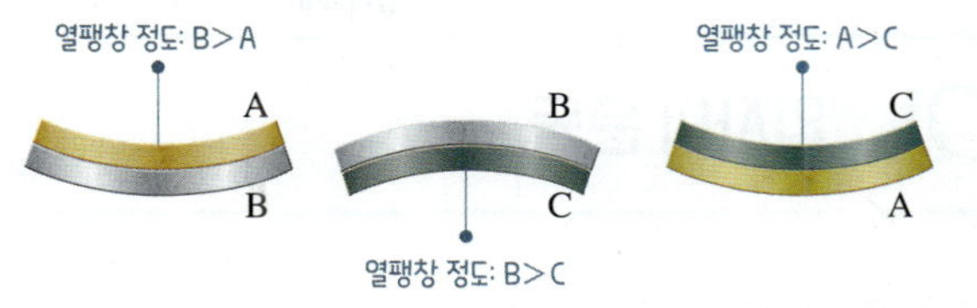

바이메탈을 가열하면 바이메탈은 열팽창 정도가 큰 금속이 열팽창 정도가 작은 금속 쪽으로 휘어진다. 따라서 A, B, C의 열팽창 정도를 비교하면 각각 B>A, B>C, A>C이다. 따라서 세 금속의 열팽창 정도를 비교하면 B>A>C이다.

21 (문제 분석하기)

ㄱ. 화재경보기는 화재가 나면 회로가 연결되어 경보가 울리도록 만들어진 장치이다.

ㄴ. 화재가 나면 바이메탈의 온도가 높아지고, 온도가 높아진 바이메탈이 B 쪽으로 휘어지면 경보가 울린다.

(바로 알기) ㄷ. 바이메탈은 온도가 높아지면 열팽창 정도가 작은 금속 쪽으로 휘어진다. 따라서 열팽창 정도는 B가 A보다 작다.

22 (가) 자동차 엔진의 냉각수에는 비열이 큰 물을 사용하여 엔진이 지나치게 뜨거워지는 것을 막는다. – 비열

(나) 송전탑의 전깃줄은 여름철에 열팽창하여 늘어지고, 겨울철에는 다시 수축하여 팽팽해진다. – 열팽창

(다) 사람의 몸에 있는 물은 비열이 커서 온도가 잘 변하지 않는다. 따라서 체온을 유지하는 데 도움을 준다. – 비열

(라) 컵 2 개가 꽉 끼어 빠지지 않을 때 아래쪽 컵을 따뜻한 물에 잠시 담그면 아래쪽 컵이 열팽창을 하여 쉽게 빠진다. – 열팽창

IV 물질의 상태 변화

01 입자의 운동

[모범 답안] 범인은 바로 여우야!

기초 튼튼 기본 문제　98 쪽

❶ 운동　❷ 표면　❸ 운동

1 (1) × (2) ○ (3) ×　　**2** (1) ○ (2) × (3) ○　　**3** (1) 증발
(2) 확산 (3) 증발 (4) 증발 (5) 확산 (6) 확산　　**4** (1) × (2) ×
(3) ○ (4) ○

1 (2) 확산은 물질을 구성하는 입자가 스스로 운동하여 모든 방향으로 퍼져 나가는 현상이다.

(바로 알기) (1) 확산은 물질의 상태와 상관없이 일어나는 현상으로 기체 속에서도 일어난다.
(3) 물에 잉크를 떨어뜨리면 잉크를 떨어뜨린 지점을 중심으로 잉크가 모든 방향으로 퍼져 나간다.

2 (1), (3) 증발은 액체 표면에서 액체가 기체로 변하는 현상으로, 입자가 스스로 운동하기 때문에 일어난다.

(바로 알기) (2) 증발은 입자의 운동에 의한 현상으로, 모든 온도에서 일어난다. 가열하여 액체가 기체로 변하는 현상은 끓음이다.

3 (1), (3), (4)는 증발, (2), (5), (6)은 확산의 예이다.

4 확산과 증발은 물질을 구성하는 입자가 스스로 운동하기 때문에 일어나는 현상이다.
(3) 물걸레로 닦아 둔 교실 바닥이 마른다. ➡ 증발에 의한 현상
(4) 급식실에서 나는 음식 냄새를 교실에서도 맡을 수 있다. ➡ 확산에 의한 현상

(바로 알기) (1) 난로 주변이 따뜻하다. ➡ 복사에 의한 현상
(2) 노랫소리가 멀리 퍼진다. ➡ 파동에 의한 현상

실력 탄탄 핵심 문제　100 쪽~102 쪽

01 ⑤　02 ③　03 ②　04 ④　05 ①　06 ②　07 ②
08 ⑤　09 ④　10 ⑤　11 ②　12 ①　13 ②
14 ②, ④　15 ②　(서술형 문제) 16~18 해설 참조

---

01 ⑤ 확산은 물질을 구성하는 입자가 스스로 운동하여 퍼져 나가는 현상으로, 입자가 끊임없이 운동하기 때문에 일어난다.

(바로 알기) ① 확산은 물질의 상태와 상관없이 일어나는 현상으로, 액체 속뿐만 아니라 기체 속과 진공 속에서도 일어난다.
② 확산은 바람과 상관없이 일어나는 현상이다.
③ 확산은 외부의 힘이 가해지지 않아도 일어난다.
④ 입자가 액체 표면에서 기체로 변하는 현상은 증발이다.

02 문제 분석하기

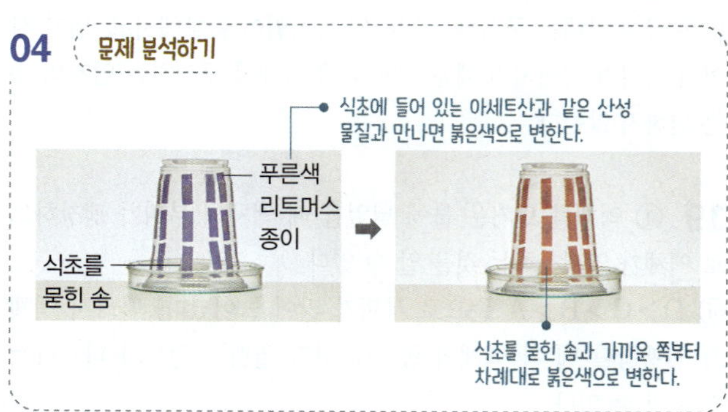

①, ②, ④ 물에 잉크를 떨어뜨리면 잉크 입자가 스스로 운동하여 물속으로 퍼져 나가면서 물과 고르게 섞인다. 이 현상으로 잉크 입자의 확산 현상을 확인할 수 있다.
⑤ 방향제를 뿌리면 방 전체에서 좋은 향기가 나는 현상은 확산의 예이다.

(바로 알기) ③ 확산은 모든 방향으로 일어난다. 따라서 잉크 입자는 아래쪽뿐만 아니라 사방으로 운동한다.

03 ㄴ. 향수 입자는 모든 방향으로 퍼져 나가므로 향수를 뿌린 지점에서 가까운 사람부터 냄새를 맡을 수 있고, 점차 냄새를 맡는 사람이 늘어난다. 따라서 A 학생, B 학생, C 학생 순으로 손을 든다.

(바로 알기) ㄷ. 확산은 온도가 높을수록 잘 일어난다. 따라서 교실의 온도를 높인 뒤 같은 실험을 하면 학생들이 손을 더 빨리 든다.

04 문제 분석하기

ㄴ, ㄷ. 식초에 들어 있는 아세트산 입자가 모든 방향으로 퍼져 나가 푸른색 리트머스 종이와 만나기 때문에 푸른색 리트머스 종이의 색깔은 아세트산 입자와 가까운 쪽부터 변한다. 이 실험으로 아세트산 입자가 스스로 운동한다는 것을 알 수 있다.

 ㄱ. 식초를 묻힌 솜과 가까이 있는 푸른색 리트머스 종이부터 붉은색으로 변한다.

05 ① 식초에 들어 있는 아세트산 입자가 스스로 운동하여 모든 방향으로 퍼져 나가므로 식초를 떨어뜨린 지점에서 가장 가까운 BTB 용액부터 노랗게 변한다.

06 전기 모기향을 피워 모기를 쫓는 현상은 확산의 예이다. ①, ③, ④, ⑤는 확산의 예이다.
 ②는 증발의 예이다.

07 ㄱ, ㄹ. 증발은 입자가 액체 표면에서 기체로 변하는 현상으로, 입자가 스스로 운동하기 때문에 일어난다.
 ㄴ. 증발은 모든 온도에서 일어난다.
ㄷ. 증발은 온도가 높을수록, 습도가 낮을수록 잘 일어난다.

08 어항 속 물이 점점 줄어드는 현상은 증발의 예이며, ①, ②, ③, ④는 증발의 예이다.
 ⑤는 확산의 예이다.

09 거름종이 위의 아세톤 입자가 스스로 운동하여 액체 표면에서 기체로 변하며, 기체 상태의 아세톤은 스스로 운동하여 공기 중으로 퍼져 나간다.
ㄴ. 아세톤 입자가 증발하므로 거름종이에 남아 있는 아세톤 입자의 개수는 점점 줄어든다.
ㄹ. 기체로 변한 아세톤 입자가 공기 중으로 확산하므로 조금 떨어진 곳에서도 아세톤 냄새를 맡을 수 있다.
 ㄱ. 입자의 종류는 변하지 않는다.
ㄷ. 아세톤 입자가 증발하므로 젖은 흔적의 크기는 점점 줄어든다.

10 ⑤ 거름종이에 손 소독제를 뿌린 다음 질량을 측정하면 시간이 지날수록 질량이 줄어든다. 이는 손 소독제 입자가 스스로 운동하여 공기 중으로 증발하기 때문이다.

11 ② 제시된 현상은 증발의 예이다.

12 ㄱ. 진공 속에서는 확산을 방해하는 다른 입자가 없으므로 확산이 더 잘 일어난다.
ㄹ. 확산과 증발은 입자가 가만히 정지해 있지 않고 스스로 끊임없이 운동하기 때문에 일어나는 현상이다.
 ㄴ. 증발은 액체 표면에서만 일어난다 액체 표면뿐만 아니라 내부에서도 액체가 기체로 변하는 현상은 끓음이다.
ㄷ. 확산과 증발은 온도가 높을수록 잘 일어난다. 따라서 겨울철보다 기온이 높은 여름철에 더 잘 일어난다.

13 ② (가)는 확산의 예이고, (나)는 증발의 예이다.

14 확산과 증발은 물질을 구성하는 입자가 스스로 운동하기 때문에 일어나는 현상이다.
② 마약 탐지견이 냄새로 마약을 찾는다. ➡ 확산에 의한 현상
④ 젖은 우산을 펼쳐 두면 물기가 마른다. ➡ 증발에 의한 현상
 ① 난로 주변이 따뜻하다. ➡ 복사에 의한 현상
③ 물이 높은 곳에서 낮은 곳으로 흐른다. ➡ 중력에 의한 현상
④ 라면을 끓이던 냄비 속 물의 양이 줄어든다. ➡ 끓음에 의한 현상

15 A는 증발, B는 확산 현상이다.
② 과일을 말리는 것은 증발 현상이다.
 ① 증발은 입자가 액체 표면에서 기체로 변하는 현상이다.
③ 확산은 진공 속에서도 일어난다.
④ 물티슈를 꺼내 두면 물이 모두 마르는 것은 증발 현상이므로 A와 같은 원리이다.
⑤ 증발과 확산은 온도가 높아질수록 잘 일어난다.

16 액체 모기약의 표면에서 모기를 쫓는 성분 입자가 증발하여 공기 중으로 확산하므로 모기를 쫓을 수 있다.
|해설| 모기약에는 모기를 쫓는 성분과 살충 성분을 포함하고 있다. 그 성분 입자들이 스스로 운동하면서 액체 표면에서 기체로 증발한다. 또한 기체 상태인 성분 입자는 스스로 운동하여 공기 중으로 확산하므로 모기를 쫓을 수 있다.

채점 기준	배점
모기를 쫓을 수 있는 까닭을 제시된 용어를 모두 사용하여 옳게 서술한 경우	100 %
모기를 쫓을 수 있는 까닭을 제시된 용어 중 두 가지만 사용하여 옳게 서술한 경우	50 %

17 (가): 물 전체가 잉크 색으로 변한다.
(나): 시간이 지남에 따라 잉크 입자가 스스로 운동하여 물 속으로 확산하면서 물과 고르게 섞이기 때문이다.

채점 기준	배점
(가)와 (나)를 모두 옳게 서술한 경우	100 %
(가)와 (나) 중 한 가지만 옳게 서술한 경우	50 %

18 입자가 스스로 운동하기 때문이다.
|해설| 커피 가루를 물에 넣으면 물 전체로 퍼지는 것은 확산 현상이고, 손에 손 소독제를 뿌리면 잠시 후 사라지는 것은 증발 현상이다. 두 현상 모두 입자가 가만히 정지해 있지 않고 스스로 끊임없이 운동하기 때문에 일어나는 현상이다.

채점 기준	배점
입자가 스스로 운동한다고 서술한 경우	100 %
그 외의 경우	0 %

01 ①　　**02** ④　　**03** ⑤　　**04** ④

01 문제 분석하기

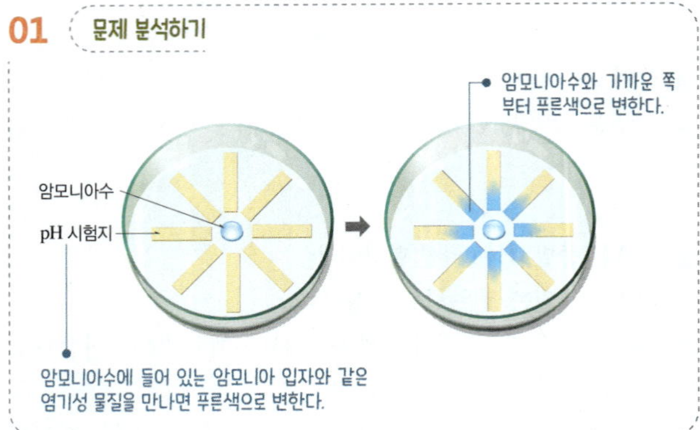

ㄱ. pH 시험지는 암모니아 입자와 같은 염기성 물질을 만나면 푸른색으로 변한다. pH 시험지가 암모니아수와 닿지 않았는데도 푸른색으로 변하는 까닭은 암모니아 입자가 확산하여 pH 시험지와 만났기 때문이다.

ㄴ. 암모니아수와 가까울수록 확산한 암모니아 입자와 빨리 만나므로 암모니아수와 가까운 쪽부터 pH 시험지가 푸른색으로 변한다.

바로 알기 ㄷ. pH 시험지가 모두 암모니아수와 가까운 쪽부터 점차 변한다. 이는 암모니아 입자가 모든 방향으로 운동하기 때문이다.

ㄹ. 물은 염기성 물질이 아니므로 물이 확산하여도 pH 시험지는 푸른색으로 변하지 않는다.

02 ㄴ. 증발은 온도가 높을수록 잘 일어나므로 머리 말리개의 온도가 높을수록 머리카락을 빨리 말릴 수 있다.

ㄷ. 증발은 바람이 강할수록 잘 일어나므로 선풍기의 바람 세기가 강할수록 머리카락을 빨리 말릴 수 있다.

바로 알기 ㄱ. 증발은 표면적이 넓을수록 잘 일어나므로 머리카락을 펼쳐서 말리면 뭉쳐서 말리는 것보다 더 빨리 말릴 수 있다.

ㄹ. 증발은 습도가 낮을수록 잘 일어나므로 건조할 때 더 빨리 마른다. 따라서 주변에 물을 뿌리면 습도가 높아져 머리카락을 말리는 데 오래 걸린다.

03 자리끼는 잠자리의 머리맡에 준비해 두는 물로, 액체인 물이 증발하여 방 안의 습도를 조절하는 역할을 한다.

①, ②, ③, ④는 증발의 예이다.

바로 알기 ⑤는 확산의 예이다.

04 ㄱ. 새집 증후군의 원인은 건물을 지을 때 사용한 접착제나 페인트 등에 들어 있는 유해 물질 입자가 증발하여 공기 중으로 확산하기 때문이다.

ㄴ. 증발과 확산은 온도가 높을수록 잘 일어난다. 따라서 겨울철보다 여름철에 발생하기 쉽다.

ㄹ. 접착제나 페인트 표면에서 증발하여 확산한 유해 물질 입자를 집 밖으로 내보내면 새집 증후군을 예방할 수 있다.

바로 알기 ㄷ. 새집 증후군을 줄이기 위해서는 환기가 중요하다. 창문을 활짝 열고 환기를 하면 집 안에 갇혀 있던 유해 물질 입자가 집 밖으로 퍼져 나가기 때문이다. 또한 증발과 확산은 온도가 높을수록 잘 일어나므로 에어컨을 켜지 말고 난방을 해야 한다.

02 물질의 상태와 상태 변화

만화 완성하기　　[모범 답안] 뭐야! 질량은 그대로네!

기초 튼튼 기본 문제　　106 쪽

❶ 모양　　❷ 부피　　❸ 규칙　　❹ 멀다

1 (1) × (2) ○ (3) ×　　　　**2** (가) 고체 (나) 액체 (다) 기체

3 (1) (가) (2) (다) (3) (나)

1 (2) 고체는 모양과 부피가 일정하고, 액체는 담는 용기에 따라 모양은 변하지만 부피는 일정하며, 기체는 모양과 부피가 일정하지 않다.

바로 알기 (1) 고체는 흐르는 성질이 없지만, 액체와 기체는 흐르는 성질이 있다.

(3) 고체는 힘을 가해도 부피가 변하지 않으며, 액체 역시 힘을 가해도 부피가 거의 변하지 않는다. 반면 기체는 힘을 가하면 부피가 쉽게 변한다.

[2~3] 문제 분석하기

구분	(가) 고체	(나) 액체	(다) 기체
(1) 입자 배열	규칙적이다.	고체보다 불규칙하다.	매우 불규칙하다.
(2) 입자 운동	매우 둔하게 운동한다.	비교적 활발하게 운동한다.	매우 활발하게 운동한다.
(3) 입자 사이의 거리	매우 가깝다.	비교적 가깝다.	매우 멀다.

❶ 승화   ❷ 융해   ❸ 기화   ❹ 응고   ❺ 액화   ❻ 승화
❼ 질량   ❽ 부피

1 (1) ㅂ (2) ㅁ (3) ㄷ (4) ㄱ (5) ㄹ (6) ㄴ   **2** (1) A, D, F
(2) B, C, E (3) C   **3** ㄱ, ㄹ, ㅂ, ㅅ

---

01 ⑤   02 ②   03 ⑤   04 ②   05 ②   06 ④   07 ①
08 ⑤   09 ②   10 ①   11 ②, ③   12 ①   13 ②
14 (가) 융해 (나) 액화   15 ①, ④   16 ③   17 ④   18 ④
19 ④   **서술형** 문제 20~24 해설 참조

---

1 (1) 액체 상태인 물이 얼어 고체 상태인 얼음이 된다. ➡ 응고
(2) 고체 아이스크림이 녹아 액체가 되어 흘러내린다. ➡ 융해
(3) 공기 중의 수증기가 차가운 나뭇잎 표면에 닿아 고체 상태인
서리가 생긴다. ➡ 승화(기체 → 고체)
(4) 액체 상태인 물을 끓이면 기체 상태인 수증기가 되어 물의 양
이 점점 줄어든다. ➡ 기화
(5) 공기 중의 수증기가 얼음물이 담긴 컵의 표면에 닿아 물방울
이 맺힌다. ➡ 액화
(6) 고체 상태인 드라이아이스를 실온에 두면 기체 상태인 이산화
탄소가 된다. ➡ 승화(고체 → 기체)

2 문제 분석하기

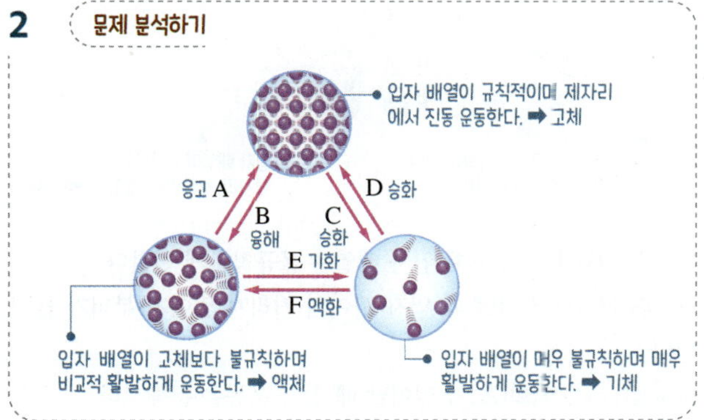

(1) 입자 운동이 둔해지는 상태 변화는 응고(A), 승화(기체 → 고
체)(D), 액화(F)이다.
(2) 입자 사이의 거리가 멀어지는 상태 변화는 융해(B), 승화(고체
→ 기체)(C), 기화(E)이다.
(3) 부피가 가장 크게 늘어나는 상태 변화는 승화(고체 → 기체)
(C)이다.

3 물질의 상태가 변할 때 변하는 것과 변하지 않는 것은 다음과
같다.

변하는 것	변하지 않는 것
ㄱ. 입자의 배열 ㄹ. 입자의 운동 ㅂ. 입자 사이의 거리 ㅅ. 물질의 부피	ㄴ. 입자의 종류 ㄷ. 입자의 개수 ㅁ. 입자의 크기 ㅇ. 물질의 성질 ㅈ. 물질의 질량

01 ⑤ 기체는 입자 사이의 거리가 매우 멀어 가장 압축되기 쉽다.
바로 알기 ① 고체는 단단하지만 흐르는 성질은 없다.
② 액체는 담는 용기에 따라 모양은 변하지만 부피는 일정하다.
③ 기체는 담는 용기에 따라 모양과 부피가 변한다.
④ 같은 물질이라도 고체, 액체, 기체 상태에 따라 모양과 부피가
변한다.

02 흐르는 성질이 있으며, 담는 용기에 따라 모양이 변하지만
부피는 일정한 상태는 액체이다.
② 주스, 아세톤, 식용유는 모두 실온에서 액체 상태이다.
바로 알기 ① 돌(고체), 간장(액체), 공기(기체)
③ 소금(고체), 물(액체), 밀가루(고체)
④ 설탕(고체), 나무(고체), 드라이아이스(고체)
⑤ 산소(기체), 질소(기체), 이산화 탄소(기체)

03 ㄴ. 탄산음료는 액체 상태이므로 흐르는 성질이 있다.
ㄷ, ㄹ. 얼음은 고체 상태이고, 탄산음료 내에 녹아 있는 이산화
탄소가 방울 형태로 나타나게 된다. 따라서 유리컵 안에는 고체,
액체, 기체의 상태의 물질이 모두 존재한다.
바로 알기 ㄱ. 유리컵은 고체 상태이다.

04 (가)는 모양과 부피가 모두 변하므로 기체, (나)는 담는 용기
에 따라 모양은 변하지만 부피는 일정하므로 액체, (다)는 모양과
부피가 모두 일정하므로 고체이다.
① 입자 사이의 거리가 가장 멀다. ➡ 기체(가)
③ 입자가 제자리에서 진동 운동한다. ➡ 고체(다)
④ 흐르는 성질이 있다. ➡ 기체(가), 액체(나)
⑤ 액체(나)보다 고체(다)의 입자 배열이 규칙적이다.
바로 알기 ② 입자 운동이 가장 활발하다. ➡ 기체(가)

05 ㄱ. (가)는 입자 사이의 거리가 매우 멀고 입자 배열이 매우
불규칙하므로 기체 상태이고, (나)는 입자 사이의 거리가 매우 가
깝고 입자 배열이 규칙적이므로 고체 상태이다. (다)는 입자 사이
의 거리가 고체 상태보다 조금 더 멀고 고체 상태보다 입자 배열
이 불규칙하므로 액체 상태이다.
ㄹ. 담는 용기에 따라 모양이 변한다. ➡ 기체(가), 액체(다)
바로 알기 ㄴ. 에탄올, 식초, 주스 ➡ 액체(다)
ㄷ. 입자 배열이 가장 규칙적이다. ➡ 고체(나)

06 ④ 입자 사이의 거리와 입자 운동의 활발한 정도는 모두 고체(나)＜액체(다)＜기체(가) 순이다.

07 (가)는 학생들이 교실 안에서 자리를 조금 이동하며 움직이므로 액체 상태이고, (나)는 학생들이 교실 안에서 제자리에 앉아 자리를 이동하지 않으므로 고체 상태이며, (다)는 학생들이 교실 밖으로 자유롭게 뛰어다니며 움직이므로 기체 상태이다.
② 기체(다)에서 액체(가)로 변하는 것을 액화라고 한다.
③ 가장 활발하게 운동하는 것은 기체(다)이다.
④ 아이스크림이 녹는 현상은 융해이며, 융해는 고체(나)에서 액체(가)로 변하는 것이다.
⑤ 추운 겨울 그늘에 있던 눈사람이 녹지 않았는데 크기가 작아지는 현상은 승화(고체 → 기체)이다. 즉, 고체(나)에서 기체(다)로 변하는 것이다.
바로 알기 ① 드라이아이스는 고체 상태이므로 (나)로 표현할 수 있다.

08 문제 분석하기

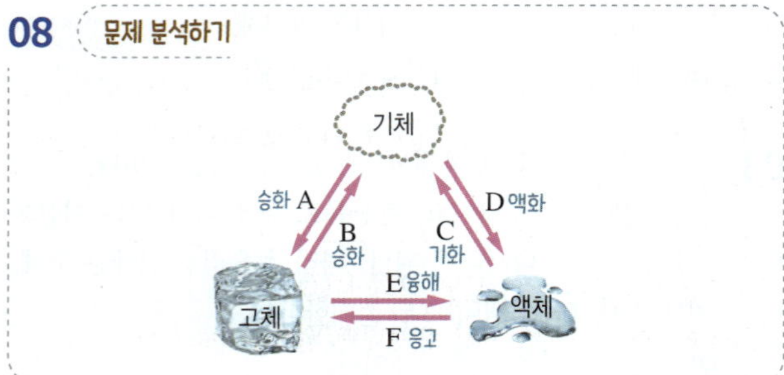

⑤ 갓 구운 빵 위에 버터를 바르면 버터가 녹는다. ➡ 융해(E)
바로 알기 ① 손에 바른 손 소독제가 금세 마른다. ➡ 기화(C)
② 뜨거운 고깃국이 식으면 기름이 하얗게 굳는다. ➡ 응고(F)
③ 이른 새벽 풀잎에 이슬이 맺힌다. ➡ 액화(D)
④ 냉동실에 넣어 둔 얼음이 조금씩 작아진다. ➡ 승화(고체 → 기체)(B)

09 문제 분석하기

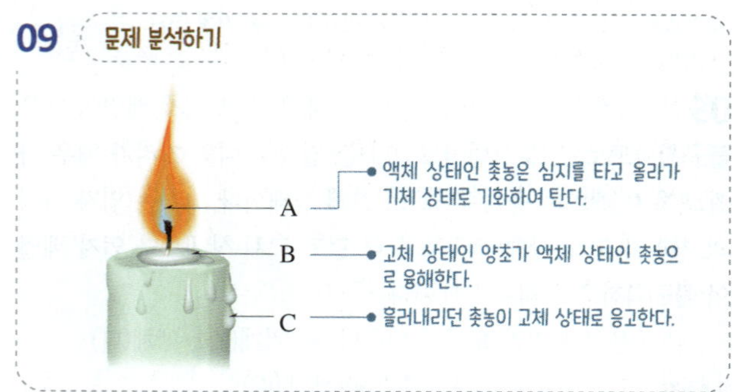

② B에서 고체 양초가 융해한다.

바로 알기 ④, ⑤ 물질의 상태가 변해도 물질의 성질은 변하지 않는다. 따라서 고체 양초와 촛농이 굳어서 생긴 고체의 성질은 같다. 또 액체 양초에 심지를 꽂아 굳힌 후 심지에 불을 붙이면 불이 붙는다.

10 ② 융해는 고체에서 액체로 상태가 변하는 것이다. 융해가 일어날 때 입자 운동은 활발해진다.
③, ④ 물질의 상태가 변할 때 입자의 종류, 크기, 개수 등은 변하지 않으므로 물질의 질량은 변하지 않는다.
⑤ 일반적으로 물질의 상태가 변할 때 입자 사이의 거리가 멀어지면 부피가 늘어나고, 입자 사이의 거리가 가까워지면 부피가 줄어든다.
바로 알기 ① 물질의 상태가 변해도 성질은 변하지 않는다.

11 문제 분석하기

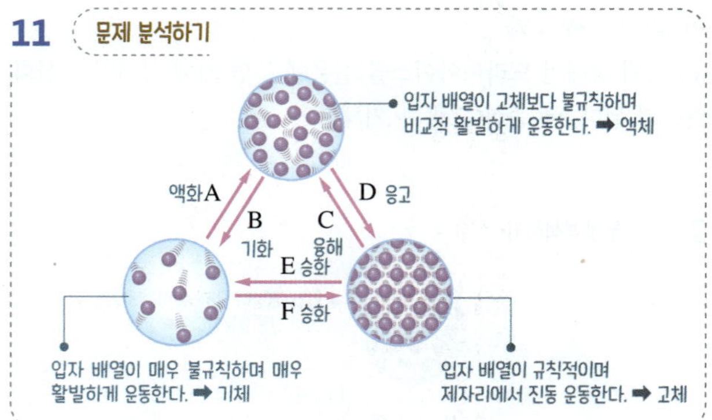

② 기화(B)가 일어날 때 입자 배열은 불규칙하게 변한다.
③ 융해(C)가 일어날 때 입자 사이의 거리가 멀어져 부피가 늘어난다.
바로 알기 ① 액화(A)가 일어날 때 입자 운동은 둔해진다.
④ 물질의 상태가 변할 때 입자의 종류, 크기, 개수 등이 변하지 않으므로 물질의 질량은 변하지 않는다.
⑤ 젖은 빨래가 마르는 것은 기화 현상이므로 B와 관련 있다.

12 문제 분석하기

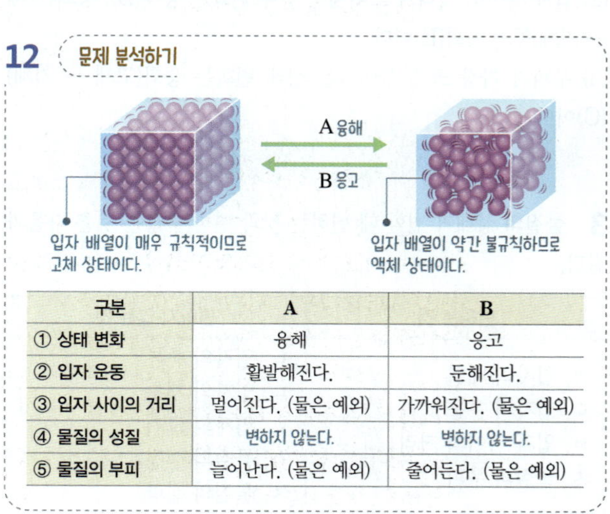

구분	A	B
① 상태 변화	융해	응고
② 입자 운동	활발해진다.	둔해진다.
③ 입자 사이의 거리	멀어진다. (물은 예외)	가까워진다. (물은 예외)
④ 물질의 성질	변하지 않는다.	변하지 않는다.
⑤ 물질의 부피	늘어난다. (물은 예외)	줄어든다. (물은 예외)

13 흘러내리던 촛농이 굳는 것은 액체가 고체로 상태 변화 하는 응고의 예이고, 추운 겨울 유리창에 성에가 생기는 것은 기체가 고체로 상태 변화 하는 승화의 예이다.
② 일반적으로 물질의 상태가 액체에서 고체로 변할 때와 기체에서 고체로 변할 때 입자 사이의 거리가 가까워지므로 부피는 줄어든다.
(바로 알기) ①, ③, ④ 물질의 상태가 액체에서 고체로 변할 때와 기체에서 고체로 변할 때 입자의 종류, 개수, 크기 등은 변하지 않으므로 물질의 질량과 성질은 변하지 않는다.
⑤ 물질의 상태가 액체에서 고체로 변할 때와 기체에서 고체로 변할 때 입자 배열이 규칙적으로 변한다.

14 문제 분석하기

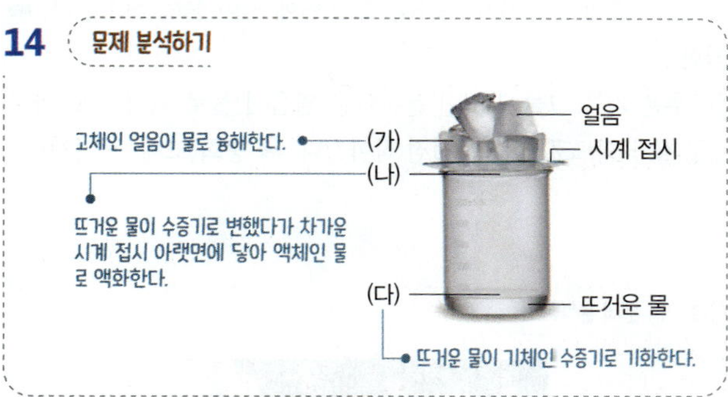

15 (다)에서는 뜨거운 물이 기화하여 수증기가 된다.
①, ④는 기화의 예이다.
(바로 알기) ②는 융해의 예, ③은 응고의 예, ⑤는 액화의 예이다.

16 물질의 상태가 변할 때 변하지 않는 것과 변하는 것은 다음과 같다.

변하지 않는 것	변하는 것
ㄴ. 물질의 성질	ㄱ. 물질의 부피
ㄷ. 물질의 질량	ㅁ. 입자의 배열
ㄹ. 입자의 개수	ㅂ. 입자 사이의 거리

17 ④ 초콜릿의 상태가 액체에서 고체로 변할 때 입자 배열은 규칙적으로 변하고 입자 사이의 거리는 가까워지므로 부피가 줄어든다.
(바로 알기) ① 고체 초콜릿이 담긴 비닐 주머니를 뜨거운 물에 담그면 초콜릿이 융해하여 액체로 변한다.
② 융해가 일어날 때 입자 배열은 불규칙하게 변한다.
③ 액체 초콜릿을 틀에 넣어 서서히 굳히면 응고하여 고체로 변한다.
⑤ 물질의 상태가 변해도 물질의 성질은 변하지 않으므로 초콜릿의 맛은 동일하다.

18 문제 분석하기

19 문제 분석하기

④ 액체 상태의 아세톤이 기화할 때 입자 사이의 거리가 멀어져 부피가 늘어나므로 고무풍선이 부풀어 오른다.
(바로 알기) ①, ②, ③, ⑤ 아세톤이 기화하여도 입자의 크기, 개수, 질량은 변하지 않으며, 다른 입자로 변하지 않는다.

20 (모범 답안) 공기, 기체는 입자 사이의 거리가 매우 멀기 때문이다.
| **해설** | 모래는 고체, 물은 액체이다. 고체는 입자 사이의 거리가 가까워 압축되지 않고, 액체는 입자 사이의 거리가 비교적 가까워 거의 압축되지 않는다.

채점 기준	배점
공기를 고르고, 물질의 상태와 입자 사이의 거리를 모두 이용하여 까닭을 옳게 서술한 경우	100 %
공기를 고르고, 물질의 상태와 입자 사이의 거리 중 한 가지만 이용하여 까닭을 서술한 경우	60 %
공기만 옳게 고른 경우	30 %

21 (모범 답안) (가): 담는 용기에 따라 모양이 변하는가?
(나): 외부에서 힘을 가하면 부피가 쉽게 변하는가?
| **해설** | 고체는 담는 용기가 달라져도 모양과 부피가 변하지 않지만, 액체와 기체는 담는 용기에 따라 모양이 변한다.
액체는 외부에서 힘을 가해도 부피가 거의 변하지 않지만, 기체는 힘을 가하면 부피가 쉽게 변한다.

채점 기준	배점
(가)는 담는 용기에 따른 모양 변화와 관련지어 옳게 서술하고, (나)는 외부에서 힘을 가할 때의 부피 변화와 관련지어 옳게 서술한 경우	100 %
(가)와 (나)를 모양 변화와 부피 변화로만 관련지어 서술한 경우	60 %
(가)와 (나) 중 하나만 옳게 서술한 경우	30 %

22 모범 답안 옥수수 알갱이 속 물이 기화할 때 입자 배열이 불규칙하게 변하고 입자 사이의 거리가 멀어져 부피가 늘어나기 때문이다.

채점 기준	배점
팝콘이 될 때 크기가 커지는 까닭을 제시된 용어를 모두 사용하여 옳게 서술한 경우	100 %
팝콘이 될 때 크기가 커지는 까닭을 제시된 용어 중 한 가지만 사용하여 서술한 경우	50 %

23 모범 답안 물의 상태가 변해도 물의 성질은 변하지 않는다.
|해설| 푸른색 염화 코발트 종이는 물을 흡수하면 푸른색에서 붉은색으로 변한다.

채점 기준	배점
실험 결과를 통해 알 수 있는 사실을 옳게 서술한 경우	100 %
그 외의 경우	0 %

24 모범 답안 질량이 일정하다. 아세톤이 액체에서 기체로 상태가 변해도 입자의 종류와 개수는 변하지 않기 때문이다.

채점 기준	배점
실험 결과를 옳게 쓰고, 그 까닭을 입자의 종류 및 개수와 관련지어 옳게 서술한 경우	100 %
실험 결과를 옳게 쓰고, 그 까닭을 입자의 종류 또는 개수 중 한 가지만 관련지어 옳게 서술한 경우	60 %
실험 결과만 옳게 쓴 경우	30 %

한 걸음 더 실력 UP 문제 115 쪽

01 ③ **02** ① **03** ③ **04** ④ **05** ②

01 ① (가)는 얼음(고체 상태), (나)는 물(액체 상태), (다)는 수증기(기체 상태)를 나타낸 것이다.
② 입자 운동은 수증기(다)일 때 가장 활발하다.
④ 상태가 변해도 물질의 질량은 일정하다.
⑤ 영하의 온도에서 얼어 있던 명태가 마르는 현상은 승화(고체 → 기체)의 예이다. 따라서 얼음(가)이 수증기(다)로 상태 변화 하는 것이다.
바로 알기 ③ 일반적으로 물질은 융해할 때 부피가 늘어나지만, 얼음(가)에서 물(나)로 상태가 변할 때는 부피가 줄어든다.

02 ① 사막에서 축축한 모래가 있는 곳에 웅덩이를 파고 웅덩이 가운데에 그릇을 놓아둔 다음, 웅덩이 위에 비닐을 덮고 비닐의 가운데에 돌을 올려놓아 아래로 쳐지게 하면 축축한 모래 속의 물이 증발하여 수증기로 되고(기화), 이 수증기가 차가운 비닐에 닿아 냉각되어 다시 물로 된다(액화). 비닐에 맺힌 물방울이 흘러내려 그릇에 모이므로 물을 얻을 수 있다.

03 문제 분석하기

③ 공기 중의 수증기가 차가운 나뭇잎 표면에서 얼음(서리)이 되어 달라붙는다. ➡ 승화(기체 → 고체)
바로 알기 ① 액체인 물이 끓으면 수증기가 된다. ➡ 기화
② 고체인 아이스크림이 녹아서 액체가 되어 흘러내린다. ➡ 융해
④ 공기 중의 수증기가 차가운 컵 표면에 닿아 물방울이 된다. ➡ 액화
⑤ 추운 겨울 그늘에 있던 눈사람은 얼음이 물로 되지 않고 바로 수증기가 되므로 크기가 점점 작아진다. ➡ 승화(고체 → 기체)

04 문제 분석하기

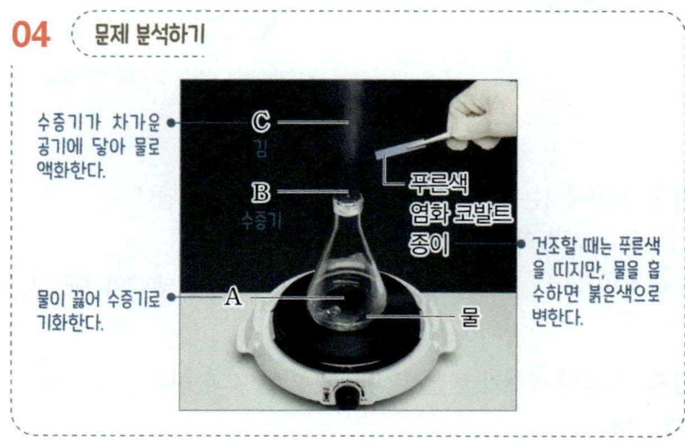

①, ③ A에서는 물의 기화, C에서는 수증기의 액화가 일어난다.
②, ⑤ 구멍 바로 윗부분(B)과 김이 생기는 부분(C)에 푸른색 염화 코발트 종이를 대면 모두 붉은색으로 변하는 것으로 보아 물의 상태가 변해도 물의 성질은 변하지 않음을 알 수 있다.
바로 알기 ④ 손등에 바른 에탄올이 사라지는 것은 기화 현상으로, A에서 일어나는 것과 같은 상태 변화이다.

05 ㄷ. 밀랍의 상태가 변해도 질량은 변하지 않는다.
바로 알기 ㄱ. (가)에서 고체 밀랍을 가열하면 융해하여 액체 밀랍이 되고, (다)에서 녹은 밀랍이 든 플라스틱 통을 얼음물에 넣으면 응고하여 고체가 된다.
ㄴ. 액체 밀랍이 응고할 때 입자 배열이 규칙적으로 변하고 입자 사이의 거리가 가까워져 부피가 약간 줄어든다. 따라서 (다)의 부피가 (나)의 부피보다 작다.

03 물질의 상태와 열에너지

만화 완성하기 [모범 답안] 어? 물을 뿌렸는데 따뜻해졌네.

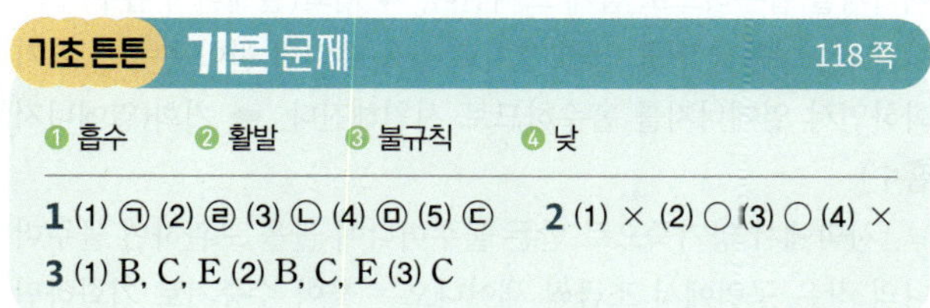

기초 튼튼 기본 문제 118 쪽

❶ 흡수 ❷ 활발 ❸ 불규칙 ❹ 낮

1 (1) ㉠ (2) ㉣ (3) ㉢ (4) ㉤ (5) ㉢ **2** (1) × (2) ○ (3) ○ (4) ×
3 (1) B, C, E (2) B, C, E (3) C

1 (나) 구간은 융해가 일어나는 구간으로, 고체와 액체가 함께 존재하고, (라) 구간은 기화가 일어나는 구간으로, 액체와 기체가 함께 존재한다. (가) 구간에서는 고체, (다) 구간에서는 액체, (마) 구간에서는 기체로 존재한다.

2 일반적으로 물질이 열에너지를 흡수하여 융해, 기화, 승화(고체 → 기체)가 일어날 때 입자 운동은 활발해지고, 입자 배열은 불규칙하게 변하며, 입자 사이의 거리는 멀어진다. 또한 주위로부터 열에너지를 흡수하기 때문에 주위의 온도가 낮아진다.

3 (1), (2) 열에너지를 흡수하는 상태 변화인 융해(E), 기화(C), 승화(고체 → 기체)(B)가 일어나면 주위의 온도가 낮아진다.
(3) 손 소독제를 손에 뿌리면 손 소독제가 기화(C)하면서 열에너지를 흡수하므로 손바닥이 시원해진다.

기초 튼튼 기본 문제 121 쪽

❶ 방출 ❷ 둔 ❸ 규칙 ❹ 높

1 (1) × (2) ○ (3) ○ **2** (1) ㉠ 둔, ㉡ 가까워 (2) 높 **3** ㄱ, ㄷ
4 ㉠ 흡수, ㉡ 낮, ㉢ 방출, ㉣ 높

1

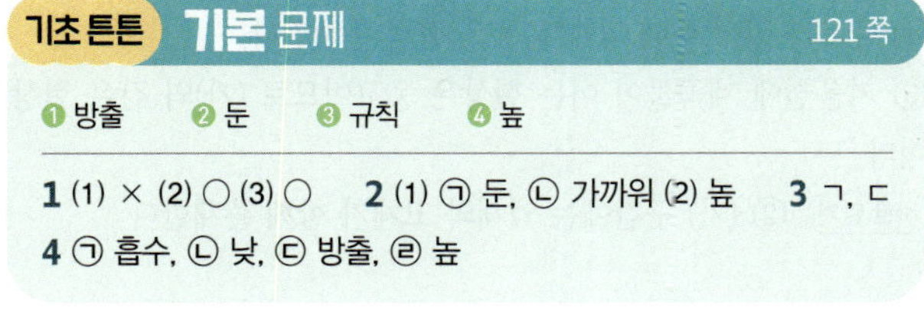

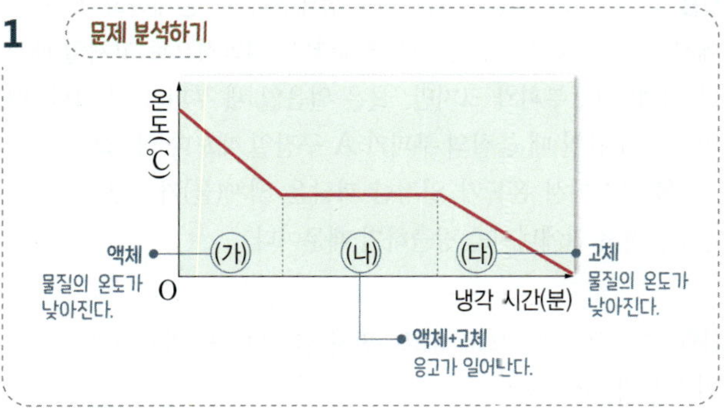

---

(2) 액체가 고체로 상태가 변할 때 열에너지를 방출한다.
(3) (다) 구간에서는 상태 변화가 모두 끝난 뒤이므로 고체 상태로 존재한다.
바로 알기 (1) (가) 구간은 온도가 계속 낮아지는 것으로 보아 물질을 냉각하는 구간이며, 액체가 고체로 응고가 일어나는 구간은 온도가 일정한 (나) 구간이다.

2 (1) 일반적으로 물질이 열에너지를 방출하여 응고, 액화, 승화(기체 → 고체)가 일어날 때 입자 운동은 둔해지고, 입자 배열은 규칙적으로 변하며, 입자 사이의 거리가 가까워진다.
(2) 열에너지를 방출하는 상태 변화인 응고, 액화, 승화(기체 → 고체)가 일어나면 주위의 온도가 높아진다.

3 ㄱ. 액체 파라핀이 고체 파라핀으로 응고하면서 열에너지를 방출하므로 손을 따뜻하게 찜질할 수 있다. ➡ 열에너지 방출
ㄷ. 증기 오븐은 수증기를 액화하면서 방출한 열에너지로 식품을 조리한다. ➡ 열에너지 방출
바로 알기 ㄴ. 미지근한 음료수에 넣은 얼음이 융해하면서 열에너지를 흡수하므로 음료수가 시원해진다. ➡ 열에너지 흡수
ㄹ. 물수건의 물이 기화하면서 열에너지를 흡수하므로 체온을 낮출 수 있다. ➡ 열에너지 흡수

4 에어컨은 액체 냉매가 기화하면서 열에너지를 흡수하여 주위의 온도가 낮아지는 원리를 이용한 것이고, 증기난방은 수증기가 액화하면서 열에너지를 방출하여 주위의 온도가 높아지는 원리를 이용한 것이다.

실력 탄탄 핵심 문제 123 쪽~126 쪽

01 ⑤ **02** ③ **03** ⑤ **04** ③ **05** ② **06** ④ **07** ②
08 ⑤ **09** ② **10** ③ **11** ④ **12** ③ **13** ④ **14** ③
15 BC 구간: (가), EF 구간: (다) **16** ③ **17** ⑤ **18** ②, ④
19 ④ **서술형 문제 20~25** 해설 참조

01 ①, ② 융해가 일어날 때에는 열에너지를 흡수하고, 승화(기체 → 고체)가 일어날 때에는 열에너지를 방출한다.
③ 액체 로르산이 응고하여 고체로 상태가 변하는 동안에는 온도가 일정하게 유지된다.
④ 물이 수증기로 기화할 때 물은 열에너지를 흡수하여 입자 운동이 활발해진다.
바로 알기 ⑤ 열에너지를 방출하는 응고, 액화, 승화(기체 → 고체)가 일어나면 주위의 온도가 높아진다.

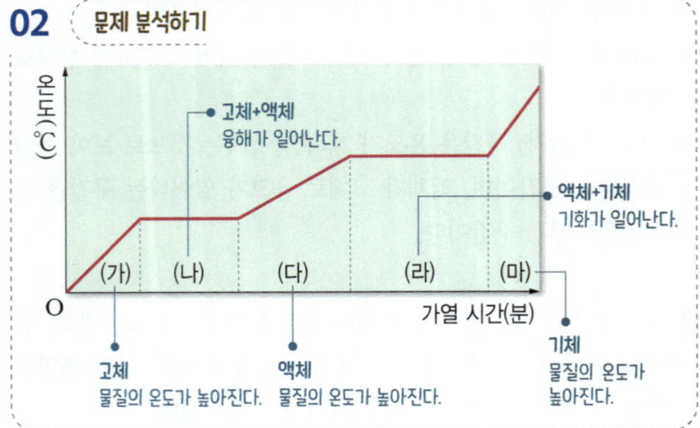

(바로 알기) ① (가) 구간에서는 물질이 고체로 존재한다. 고체는 모양과 부피가 일정하다. 모양이 일정하지 않지만 부피가 일정한 상태는 액체이다.

② (나) 구간에서는 고체가 액체로 상태 변화 하므로 융해가 일어난다.

④ (라) 구간에서는 액체가 기체로 기화하면서 열에너지를 흡수한다.

⑤ (마) 구간에서는 물질이 기체로 존재하므로 입자 배열이 가장 불규칙하다. 입자 배열이 가장 규칙적인 상태는 고체이다.

03 ⑤ (나) 구간과 (라) 구간에서 물질을 계속 가열해도 온도가 일정한 까닭은 흡수한 열에너지가 상태 변화 하는 데 모두 사용되기 때문이다.

04 문제 분석하기

시간(분)	0	2	4	6	8	10
온도(℃)	20	40	60	78	78	78
상태		액체			액체+기체	

물질이 액체에서 기체로 상태가 변하는 동안 온도가 일정하게 유지된다. ➡ 기화

ㄹ. 6 분~10 분 사이에서 온도가 일정한 까닭은 흡수한 열에너지가 상태 변화 하는 데 모두 사용되기 때문이다.

(바로 알기) ㄴ. 온도가 일정하게 유지되는 구간은 6 분~10 분 사이이므로 이때 기화가 일어난다.

ㄷ. 액체가 기체로 상태가 변할 때 열에너지를 흡수한다.

05 • 손바닥 위에 올려놓은 얼음이 물로 융해하여 열에너지를 흡수하므로 손이 차가워진다. ➡ 열에너지 흡수

• 백신을 수송할 때 드라이아이스를 함께 넣으면 고체인 드라이아이스가 기체로 승화하면서 열에너지를 흡수하므로 백신을 시원하게 보관할 수 있다. ➡ 열에너지 흡수

(바로 알기) ① 손바닥 위에 올려놓은 얼음은 물로 융해하고, 백신과 함께 넣은 드라이아이스는 기체인 이산화탄소로 승화한다.

③, ④, ⑤ 열에너지를 흡수하는 상태 변화인 융해와 승화(고체 → 기체)가 일어나면 주위의 온도는 낮아지며, 입자 운동은 활발해지고, 입자 배열은 불규칙하게 변한다.

06 수영하고 물 밖으로 나오면 몸에 묻은 물기가 마르면서 열에너지를 흡수하므로 춥게 느껴진다. ➡ 기화(열에너지 흡수)

ㄴ. 더운 여름날 인공 안개 장치로 물을 뿌리면 물이 수증기로 기화하면서 열에너지를 흡수하므로 시원해진다. ➡ 기화(열에너지 흡수)

ㄹ. 사막에서 양가죽으로 만든 물주머니에 물을 보관하면 물주머니의 작은 구멍에서 조금씩 새어나오는 물이 수증기로 기화하면서 열에너지를 흡수하므로 물을 시원하게 보관할 수 있다. ➡ 기화(열에너지 흡수)

(바로 알기) ㄱ. 사과꽃에 물을 뿌리면 물이 얼면서 열에너지를 방출하므로 사과의 냉해를 막을 수 있다. ➡ 응고(열에너지 방출)

ㄷ. 아이스박스에 얼음을 채우고 음식물을 넣어 두면 얼음이 물로 융해하면서 열에너지를 흡수하므로 음식물을 차갑게 보관할 수 있다. ➡ 융해(열에너지 흡수)

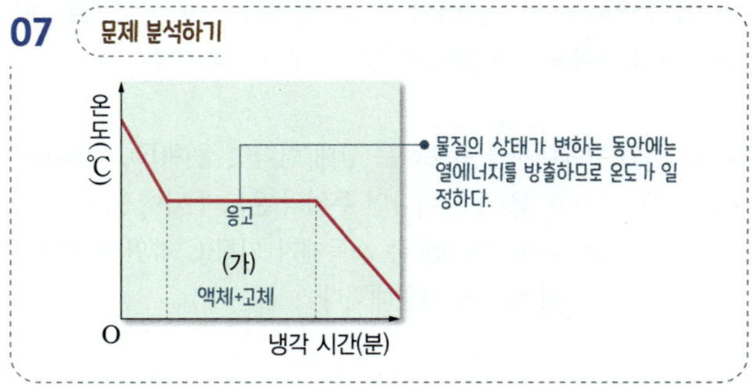

①, ③ 액체 물질을 냉각하여 고체로 상태가 변할 때 열에너지를 방출하므로 주위의 온도가 높아진다.

④ 응고가 일어날 때 입자 운동은 점점 둔해진다.

⑤ 겨울철에 계곡물이 어는 현상은 응고이므로 (가)와 같은 현상이다.

(바로 알기) ② (가) 구간에는 액체와 고체가 함께 존재한다.

08 ㄱ, ㄷ. A 구간에서는 액체 상태인 물로 존재하고, C 구간에서는 고체 상태인 얼음으로 존재한다. 일반적으로 고체일 때보다 액체일 때 부피가 크지만, 물은 얼음일 때 부피가 더 크다. 따라서 C 구간일 때 물질의 부피가 A 구간일 때보다 더 크다.

ㄴ. B 구간에서 온도가 일정한 까닭은 액체(물)가 고체(얼음)로 응고하면서 열에너지를 방출하기 때문이다.

09 ② 물이 얼음으로 응고하면서 열에너지를 방출하므로 주위의 온도가 높아진다.

 ① 열에너지를 방출한다.

③ 입자 운동이 둔해진다.

④ 상태 변화가 일어나는 동안에는 물(액체)과 얼음(고체)이 함께 존재한다.

⑤ 입자 배열이 규칙적으로 변한다.

10 문제 분석하기

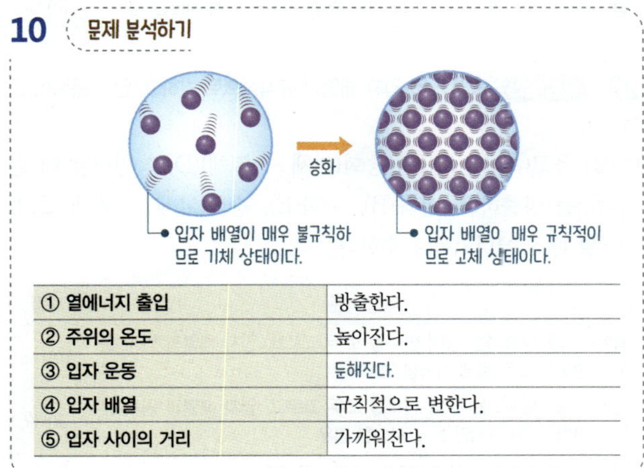

① 열에너지 출입	방출한다.
② 주위의 온도	높아진다.
③ 입자 운동	둔해진다.
④ 입자 배열	규칙적으로 변한다.
⑤ 입자 사이의 거리	가까워진다.

11 ① 수증기가 액화하면서 방출한 열에너지로 식품을 조리한다. ➡ 액화(열에너지 방출)

② 물이 얼어 고드름이 생긴다. ➡ 응고(열에너지 방출)

③ 공기 중의 수증기가 얼음으로 승화하면서 주위의 온도가 높아져 기온이 높아진다. ➡ 승화(기체 → 고체)(열에너지 방출)

⑤ 액체 파라핀에 손을 담갔다가 꺼내면 파라핀이 응고하면서 열에너지를 방출하므로 손이 따뜻해진다. ➡ 응고(열에너지방출)

 ④ 물수건의 물이 기화하면서 열에너지를 흡수하여 체온을 낮출 수 있다. ➡ 기화(열에너지 흡수)

12 ③ 수증기가 액화하면서 열에너지를 방출하므로 주위의 온도가 높아진다. 이때 방출한 열에너지로 우유를 데울 수 있다.

13 ④ 추운 겨울철 오렌지 나무에 물을 뿌리면 물이 얼음으로 응고하면서 열에너지를 방출하므로 주위의 온도가 높아져 오렌지가 어는 것을 막을 수 있다.

14 문제 분석하기

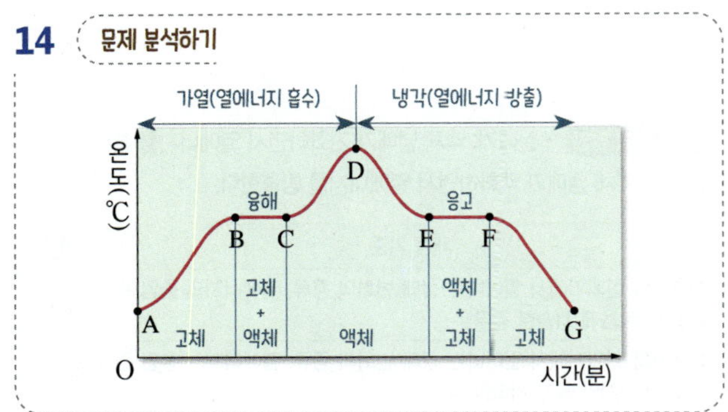

① A~D 구간은 온도가 높아지는 것으로 보아 물질을 가열하는 구간이고, D~G 구간은 온도가 낮아지는 것으로 보아 물질을 냉각하는 구간이다.

② AB 구간은 흡수한 열에너지가 온도를 높이는 구간으로, 입자 운동이 점점 활발해진다.

④ D 지점에서 물질은 액체 상태로 존재한다.

⑤ EF 구간에서는 액체가 고체로 응고하면서 열에너지를 방출하므로 주위의 온도는 높아진다.

 ③ BC 구간에서는 고체가 액체로 융해하면서 열에너지를 흡수하므로 온도가 일정하게 유지된다.

15 문제 분석하기

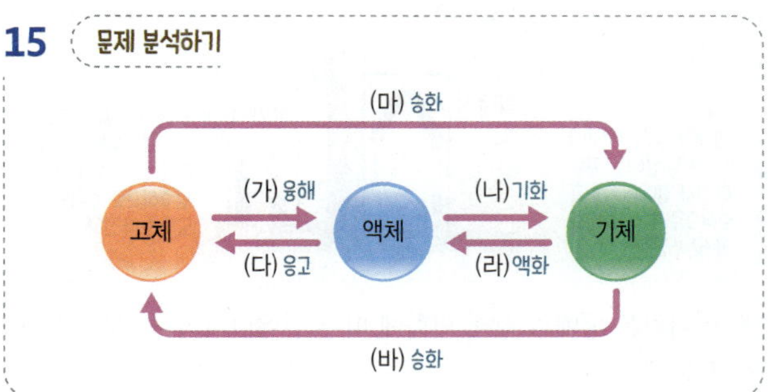

온도가 일정하게 유지되는 BC 구간과 EF 구간에서 상태 변화가 일어난다. BC 구간에서는 고체가 액체로 융해(가)하고, EF 구간에서는 액체가 고체로 응고(다)한다.

16 문제 분석하기

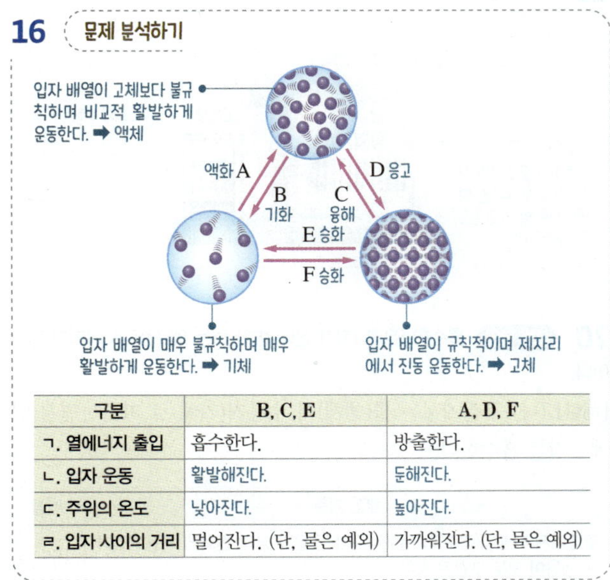

구분	B, C, E	A, D, F
ㄱ. 열에너지 출입	흡수한다.	방출한다.
ㄴ. 입자 운동	활발해진다.	둔해진다.
ㄷ. 주위의 온도	낮아진다.	높아진다.
ㄹ. 입자 사이의 거리	멀어진다. (단, 물은 예외)	가까워진다. (단, 물은 예외)

17 (가) 무더운 여름날 도로에 물을 뿌리면 물이 기화하면서 열에너지를 흡수하므로 주위의 온도가 낮아진다.

(나) 이글루의 벽에 물을 뿌리면 물이 응고하면서 열에너지를 방출하므로 주위의 온도가 높아진다.

⑤ (가)는 액체에서 기체로 상태가 변하므로 입자 운동이 활발해지고, (나)는 액체에서 고체로 상태가 변하므로 입자 운동이 둔해진다.

바로 알기 ① (가)는 기화, (나)는 응고가 일어난다.
② (가)는 주위의 온도가 낮아지고, (나)는 주위의 온도가 높아진다.
③ (가)는 입자 배열이 불규칙하게 변하고, (나)는 입자 배열이 규칙적으로 변한다.
④ (가)는 열에너지를 흡수하고, (나)는 열에너지를 방출한다.

18 문제 분석하기

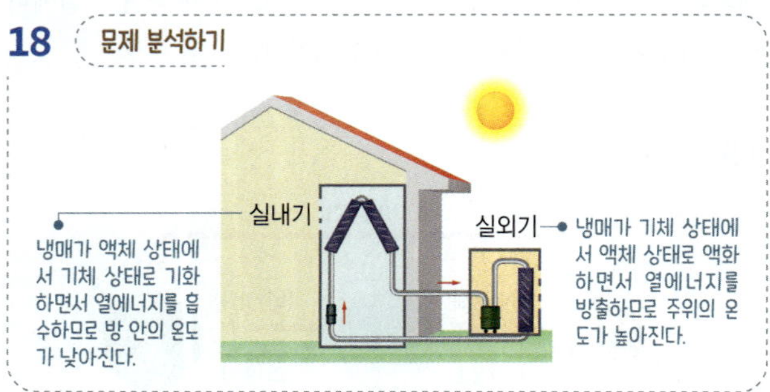

⑤ 에어컨은 냉매의 상태 변화에 따른 열에너지의 출입을 이용한 것이다.

바로 알기 ② 실내기에서는 열에너지를 흡수하여 집 안 공기를 시원하게 한다.
④ 실외기에서는 열에너지를 방출한다.

19 문제 분석하기

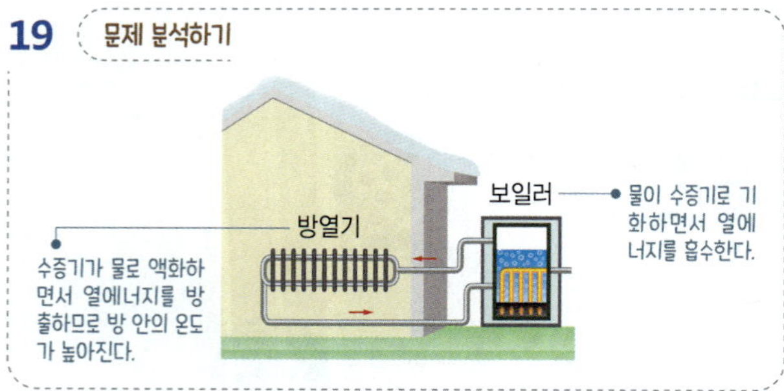

20 모범 답안 흡수한 열에너지가 상태 변화 하는 데 모두 사용되기 때문이다.

|해설| (나) 구간에서는 물(액체)이 수증기(기체)로 기화하면서 열에너지를 흡수한다.

채점 기준	배점
열에너지의 출입(흡수)과 열에너지가 물질의 상태 변화에 사용되었다는 내용이 모두 포함된 경우	100 %
열에너지의 출입은 언급하지 않고, 열에너지가 물질의 상태 변화에 사용되었다는 내용만 들어간 경우	50 %

21 모범 답안 열에너지를 흡수하므로 주위의 온도가 낮아진다.

|해설| • 물이나 음료수에 얼음을 넣으면 얼음이 물로 융해하면서 열에너지를 흡수하므로 물이나 음료수가 시원해진다.

• 아이스크림을 포장할 때 드라이아이스를 함께 넣으면 고체인 드라이아이스가 기체인 이산화 탄소로 승화하면서 열에너지를 흡수하므로 아이스크림을 녹지 않게 보관할 수 있다.

채점 기준	배점
열에너지의 출입(흡수)과 주위의 온도 변화를 모두 옳게 서술한 경우	100 %
열에너지의 출입과 주위의 온도 변화 중 한 가지만 옳게 서술한 경우	50 %

22 모범 답안 A, D, F. 입자 배열이 규칙적으로 변하고, 입자 운동이 둔해진다.

|해설| 응고(A), 액화(F), 승화(기체 → 고체)(D)가 일어날 때 열에너지를 방출하고, 융해(B), 기화(E), 승화(고체 → 기체)(C)가 일어날 때 열에너지를 흡수한다.

채점 기준	배점
열에너지를 방출하는 상태 변화를 모두 고르고, 입자 배열과 입자 운동의 변화를 모두 옳게 서술한 경우	100 %
열에너지를 방출하는 상태 변화를 모두 고르고, 입자 배열과 입자 운동의 변화 중 한 가지만 옳게 서술한 경우	60 %
열에너지를 방출하는 상태 변화만 옳게 고른 경우	30 %

23 모범 답안 (나) 구간, (마) 구간. (나) 구간에서는 열에너지를 흡수하고, (마) 구간에서는 열에너지를 방출한다.

|해설| 온도가 일정하게 유지되는 (나) 구간과 (마) 구간에서 상태 변화가 일어난다. (나) 구간에서는 고체가 액체로 융해하면서 열에너지를 흡수하고, (마) 구간에서는 액체가 고체로 응고하면서 열에너지를 방출한다.

채점 기준	배점
물질의 상태가 변하는 구간을 모두 고르고, 각 구간에서 열에너지의 출입을 모두 옳게 서술한 경우	100 %
물질의 상태가 변하는 구간만 옳게 고른 경우	30 %

24 모범 답안 물이 응고하면서 열에너지를 방출하기 때문이다.

|해설| 그릇에 담긴 물이 응고할 때 방출하는 열에너지를 이용하여 과일이 어는 것을 막을 수 있다.

채점 기준	배점
상태 변화와 열에너지의 출입(방출)을 이용하여 까닭을 옳게 서술한 경우	100 %
그 외의 경우	0 %

25 모범 답안 • 실내기: 액체 냉매가 기화하면서 열에너지를 흡수한다.
• 실외기: 기체 냉매가 액화하면서 열에너지를 방출한다.

채점 기준	배점
실내기와 실외기에서 일어나는 상태 변화의 종류, 열에너지의 출입 관계를 모두 옳게 서술한 경우	100 %
실내기와 실외기에서 일어나는 상태 변화의 종류, 열에너지의 출입 관계를 한 가지만 옳게 서술한 경우	50 %

01 ⑤   **02** ④   **03** 4 분~6 분 구간   **04** ①   **05** B
06 ①

01 ⑤ 물이 흡수한 열에너지가 수증기로 기화하는 데 모두 사용되므로 물의 온도가 더 이상 올라가지 않고 일정하게 유지된다. 이로 인해 종이 냄비는 타지 않는다. 그러나 물이 모두 기화하면 종이 냄비는 탄다.

02 ④ 액체 상태의 에탄올이 바람에 의해 증발(기화)하면서 열에너지를 흡수하므로 (나)의 온도는 낮아진다.
(바로 알기) ① (가)의 온도는 크게 변하지 않고, (나)의 온도는 낮아진다.
② (가)에서는 상태 변화가 거의 일어나지 않으며, 바람에 의해 물방울이 증발하더라도 기화가 일어나므로 열에너지를 흡수한다.
③ (나)에서는 에탄올이 증발하므로 기화가 일어난다.
⑤ 부채질을 하지 않으면 증발(기화) 속도가 느려진다. 따라서 (가)와 (나)의 온도 차이가 작아진다.

03 문제 분석하기

시간(분)	0	1	2	3	4	5	6
온도(°C)	60.5	53.9	48.5	45.0	43.9	43.9	43.9

물질이 액체에서 고체로 상태가 변하는 동안 온도가 일정하게 유지된다. ➡ 응고

04 (가) 구간에서는 물이 얼음으로 응고하면서 열에너지를 방출한다.
ㄴ. 갑자기 추워질 때 사과꽃에 물을 뿌리면 물이 얼면서 열에너지를 방출하므로 사과가 어는 것을 막을 수 있다. ➡ 응고(열에너지 방출)
(바로 알기) ㄱ. 더운 여름날 인공 안개 장치로 물을 뿌리면 물이 기화하면서 에너지를 흡수하므로 시원해진다. ➡ 기화(열에너지 흡수)
ㄷ. 신선 식품을 포장할 때 얼음주머니를 함께 넣으면 얼음이 융해하면서 열에너지를 흡수하므로 주위의 온도가 낮아져 식품을 신선하게 유지할 수 있다. ➡ 융해(열에너지 흡수)

05 문제 분석하기

B. 팔과 다리에 침을 묻히면 침이 기화하면서 열에너지를 흡수하므로 체온을 낮출 수 있다.

06 문제 분석하기

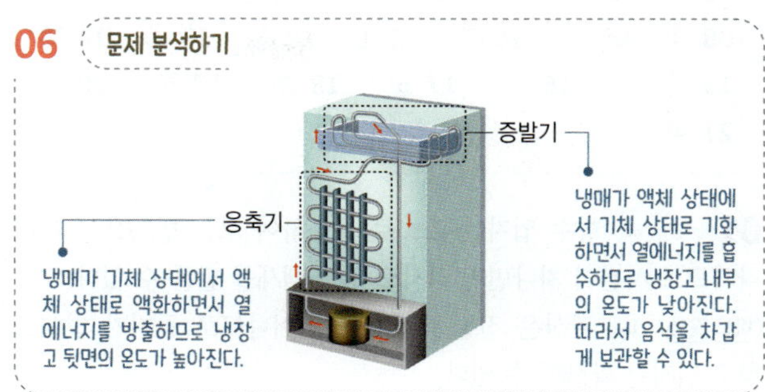

① 증발기에서는 냉매가 액체 상태에서 기체 상태로 기화하므로 열에너지를 흡수한다.
(바로 알기) ② 증발기에서는 기화가 일어난다.
③, ④ 응축기에서는 기체 냉매가 액체로 액화하면서 열에너지를 방출하므로 주위의 온도가 높아진다.
⑤ 액체 상태의 냉매가 증발기에서 기화하면서 열에너지를 흡수하여 냉장고 내부가 시원해지고, 기체 상태의 냉매가 응축기에서 액화하면서 열에너지를 방출하여 냉장고 뒷면이 따뜻해진다.

핵심 자료로 회종 점검   130 쪽~131 쪽

O1 › 입자의 운동
1 ❶ 가까이   ❷ 운동   ❸ 확산
2 ❶ 운동   ❷ 증발
3 ❶ 증발   ❷ 확산

O2 › 물질의 상태와 상태 변화
1 ❶ 고체   ❷ 액체   ❸ 기체
2 ❶ 고체   ❷ 액체   ❸ 기체
3 ❶ 응고   ❷ 융해   ❸ 기화   ❹ 액화   ❺ 승화   ❻ 승화
4 ❶ 불규칙   ❷ 멀어   ❸ 규칙   ❹ 가까워
5 ❶ 융해   ❷ 액화   ❸ 기화   ❹ 성질
6 ❶ 질량   ❷ 부피

O3 › 상태 변화와 열에너지
1 ❶ 불규칙   ❷ 멀어   ❸ 기화   ❹ 상태 변화
2 ❶ 규칙   ❷ 가까워   ❸ 액화   ❹ 방출
3 ❶ (가), (나), (마)   ❷ (다), (라), (바)   ❸ (다), (라), (바)   ❹ (가), (나), (마)
4 ❶ 기화   ❷ 흡수   ❸ 액화   ❹ 방출   ❺ 액화   ❻ 방출   ❼ 기화   ❽ 흡수

01 ②	02 ④	03 ④, ⑤	04 ②	05 ①	06 ④	07 ②
08 ③	09 ⑤	10 ③	11 ①	12 ③	13 ④	14 ②
15 ②, ④	16 ②	17 ⑤	18 ⑤	19 ⑤	20 ①	
21 ④						

01 ㄱ, ㄹ. 향수 입자는 스스로 운동하여 모든 방향으로 퍼져 나가므로 시간이 지나면 멀리서도 향수 냄새를 맡을 수 있다.

(바로 알기) ㄴ. 확산은 진공 속에서도 일어나므로 공기가 없어도 향수 입자는 확산할 수 있다.

ㄷ. 향수 입자가 운동하여 공기 중으로 퍼져 나가도 다른 입자로 변하지 않는다.

02 [문제 분석하기]

④ 초콜릿의 색소가 물에 녹아 퍼져 나가는 것은 색소 입자와 물 입자가 스스로 끊임없이 운동하여 서로 섞이기 때문이다.

(바로 알기) ①, ③ 초콜릿과 가까운 부분부터 물의 색깔이 변하며, 초콜릿의 색깔에 따라 물의 색깔이 다르게 변한다.

② 확산은 온도가 높을수록 잘 일어나므로 차가운 물보다 따뜻한 물을 사용했을 때 색깔 변화가 더 빨리 일어난다.

⑤ 물의 색깔은 다시 원래대로 돌아오지 않는다.

03 [문제 분석하기]

④ 아세톤 입자가 스스로 운동하여 공기 중으로 증발하므로 거름 종이에 남아 있는 아세톤 입자는 점점 줄어든다.

⑤ 실내 공기가 건조할 때 젖은 수건을 널어 두면 수건에 있는 물기가 증발하면서 습도를 조절할 수 있다.

(바로 알기) ① 증발은 입자의 운동에 의한 현상으로, 모든 온도에서 일어난다.

②, ③ 증발은 액체 표면에서 액체가 기체로 변하는 현상으로 입자가 스스로 운동하기 때문에 일어난다. 액체 표면뿐만 아니라 내부에서도 액체가 기체로 변하는 현상은 끓음이다.

04 (가) 빵 표면의 물 입자가 스스로 운동하여 공기 중으로 증발하므로 빵이 말라서 딱딱해진다. ➡ 증발

(나) 향기 입자는 스스로 운동하여 공기 중으로 퍼져 나가므로 방 전체에서 향기를 맡을 수 있다. ➡ 확산

② 과일을 말리는 것은 증발의 예이다.

(바로 알기) ③ 확산은 입자가 스스로 운동하기 때문에 일어나는 현상이므로 바람이 불지 않을 때에도 일어난다.

④ 확산은 모든 방향으로 일어난다.

⑤ 증발과 확산은 입자가 스스로 운동하기 때문에 일어나는 현상이다. 입자가 운동하여도 입자의 종류는 달라지지 않는다.

05 ㄱ. 물질을 구성하는 입자는 가만히 정지해 있지 않고 스스로 끊임없이 모든 방향으로 운동한다.

(바로 알기) ㄴ, ㄷ. 입자는 외부에서 압력을 가하지 않아도 운동하며, 입자의 종류에 상관없이 모든 방향으로 운동한다.

ㄹ. 확산과 증발은 입자가 운동하기 때문에 일어나는 현상이지만, 끓음은 외부로부터 열을 받기 때문에 일어나는 현상이다.

06 모양과 부피가 모두 일정하므로 (가)는 고체, 담는 용기에 따라 모양은 변하지만 부피는 일정하므로 (나)는 액체, 부피가 일정하지 않으므로 (다)는 기체이다.

ㄱ. 고체(가)는 매우 둔하게 운동한다.

ㄴ. 액체(나)는 흐르는 성질이 있다.

ㄹ. 고체(가)는 입자 사이의 거리가 기체(다)보다 매우 가깝다.

(바로 알기) ㄷ. 기체(다)는 입자 배열이 매우 불규칙하다.

07 [문제 분석하기]

구분	(가) 액체	(나) 고체	(다) 기체
ㄱ. 입자 사이의 거리	비교적 가깝다.	매우 가깝다.	매우 멀다.
ㄴ. 입자 배열	고체보다 불규칙하다.	규칙적이다.	매우 불규칙하다.
ㄷ. 입자 운동	비교적 활발하게 운동한다.	매우 둔하게 운동한다.	매우 활발하게 운동한다.
ㄹ. 성질	흐르는 성질이 있다.	단단하다.	흐르는 성질이 있다.

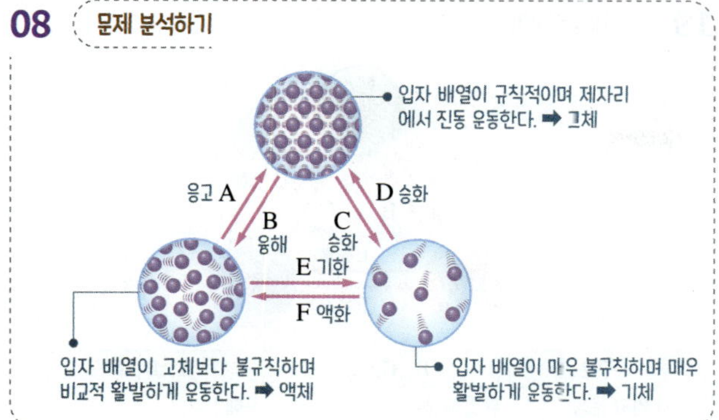

가열할 때 일어나는 상태 변화는 융해(B), 기화(E), 승화(고체 → 기체)(C)이고, 냉각할 때 일어나는 상태 변화는 응고(A), 액화(F), 승화(기체 → 고체)(D)이다.

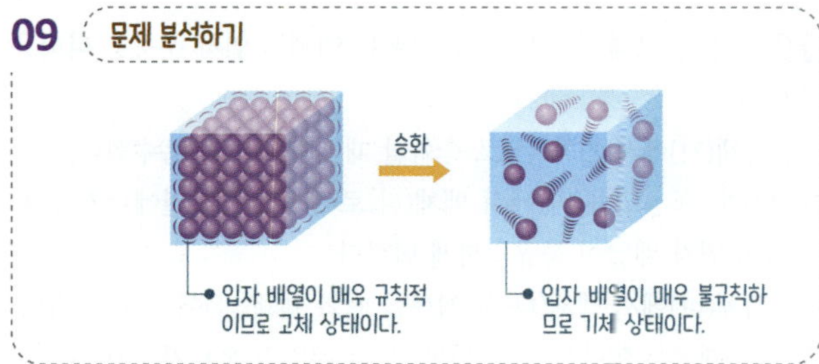

①, ②, ③ 고체에서 기체로의 승화가 일어날 때 입자 운동은 활발해지고 입자 배열은 불규칙하게 변하므로 물질의 부피가 늘어난다.
④ 물질의 상태가 변해도 물질의 성질은 변하지 않는다.
바로 알기 ⑤ 고체에서 기체로의 승화가 일어날 때 입자 사이의 거리는 멀어진다.

10 응고, 액화, 승화(기체 → 고체)가 일어날 때 입자 사이의 거리는 가까워지고 입자 운동은 둔해진다.
ㄱ은 응고의 예이고, ㄷ은 승화(기체 → 고체)의 예이다.
바로 알기 ㄴ은 융해의 예이다.

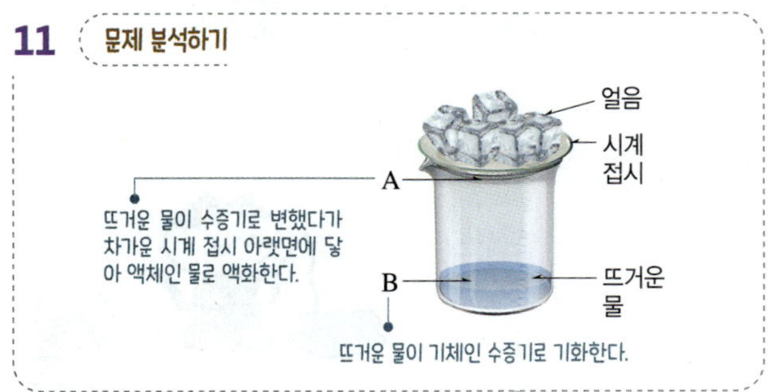

③ (나)에서는 고체에서 액체를 거치지 않고 기체로 승화한다.
바로 알기 ① (가)에서는 얼음이 물로 융해하고, (나)에서는 드라이아이스가 이산화 탄소로 승화한다.
②, ④ (가)와 (나)는 입자 운동이 활발해지고 입자 배열이 불규칙적으로 변한다.
⑤ 일반적으로 융해와 승화(고체 → 기체)가 일어날 때에는 입자 사이의 거리가 멀어져 부피가 늘어나므로 비닐 주머니가 부풀어 오른다. 하지만 물은 예외적으로 얼음이 물로 융해할 때 부피가 줄어들어 비닐 주머니가 부풀어 오르지 않는다.

13 ① 액체 상태의 양초가 굳는 것은 응고이다.
②, ③, ⑤ 양초가 굳으면 입자 배열이 규칙적으로 변하고, 입자 사이의 거리가 가까워지므로 부피가 줄어든다.
바로 알기 ④ 양초가 굳으면 가운데 부분이 오목하게 들어간 것은 부피가 줄어들었기 때문이다. 물질의 상태가 변해도 입자의 크기는 변하지 않는다.

14 ① 고체가 액체로 융해할 때 열에너지를 흡수한다.
③ 상태 변화가 일어나는 동안에는 열에너지를 흡수하거나 방출하므로 온도가 일정하게 유지된다.
④ 기체에서 고체로의 승화가 일어날 때 열에너지를 방출하므로 주위의 온도는 높아진다.
⑤ 액체 파라핀이 고체로 응고할 때 열에너지를 방출한다.
바로 알기 ② 물질이 열에너지를 흡수하여 융해, 기화, 승화(고체 → 기체)가 일어날 때 입자 배열은 불규칙하게 변한다.

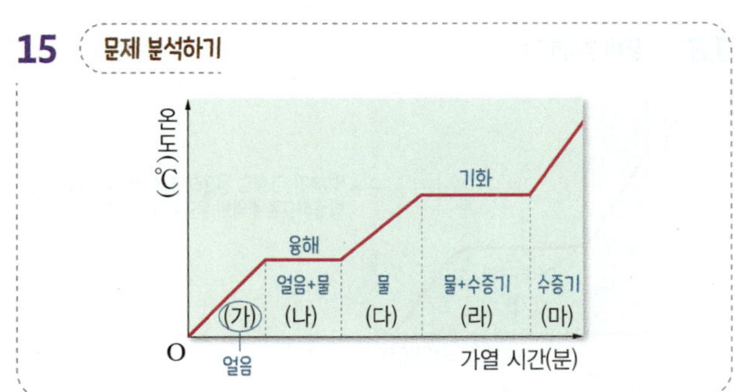

② (나)에서는 흡수한 열에너지가 상태 변화 하는 데 모두 사용되기 때문에 온도가 올라가지 않고 일정하게 유지된다.
④ (라)에서 물이 수증기로 기화한다.
(바로 알기) ① (가)에서는 상태가 변하지 않고, (나)에서 융해가 일어난다.
③ (다)에서는 물로 존재한다.
⑤ 열에너지를 흡수하여 주위의 온도가 낮아지는 구간은 (나), (라) 구간이다.

16 열에너지를 흡수하여 융해, 기화, 승화(고체 → 기체)가 일어날 때 입자 운동이 활발해진다.
② 손바닥 위에 얼음이 녹는다. ➡ 융해
(바로 알기) ① 겨울철에 계곡물이 언다. ➡ 응고
③ 공기 중의 수증기가 차가운 나뭇잎의 표면에 닿아 서리가 생긴다. ➡ 승화(기체 → 고체)
④ 공기 중의 수증기가 차가운 유리창에 닿아 성에가 생긴다. ➡ 승화(기체 → 고체)
⑤ 공기 중의 수증기가 차가운 컵 표면에 닿아 물방울이 맺힌다. ➡ 액화

17 (문제 분석하기)

시간(분)	0	2	4	6	8	10	12
온도(℃)	79	62	50	50	50	43	32
상태	액체		액체+고체			고체	

└ 응고가 일어난다.

⑤ 온도가 일정하게 유지되는 구간에서 상태 변화가 일어나므로 50 ℃에서 물질이 얼기 시작한다.
(바로 알기) ① 2 분일 때에는 액체 상태, 12 분일 때에는 고체 상태이다. 입자 운동은 고체보다 액체일 때 더 활발하다.
②, ④ 온도가 일정하게 유지되는 구간에서 상태 변화가 일어나므로 4 분~8 분 구간에서 응고가 일어난다.
③ 6 분일 때 물질은 액체와 고체가 함께 존재한다.

18 (문제 분석하기)

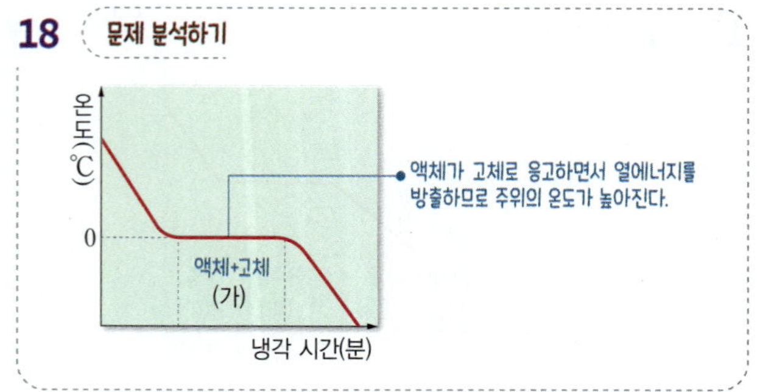

19 (문제 분석하기)

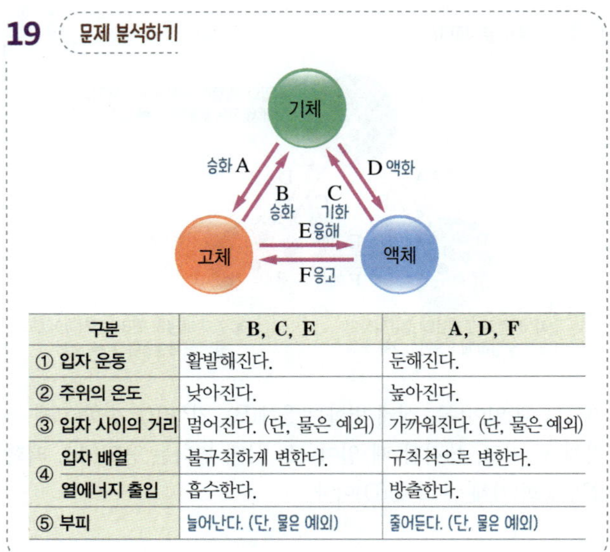

구분	B, C, E	A, D, F
① 입자 운동	활발해진다.	둔해진다.
② 주위의 온도	낮아진다.	높아진다.
③ 입자 사이의 거리	멀어진다. (단, 물은 예외)	가까워진다. (단, 물은 예외)
④ 입자 배열	불규칙하게 변한다.	규칙적으로 변한다.
	열에너지 출입	흡수한다.	방출한다.
⑤ 부피	늘어난다. (단, 물은 예외)	줄어든다. (단, 물은 예외)

20 (가)는 고체, (나)는 기체, (다)는 액체의 입자 운동을 나타낸 것이다.
ㄱ. 고체(가)에서 기체(나)로 승화할 때 열에너지를 흡수한다.
(바로 알기) ㄴ. 고체(가)에서 액체(다)로 융해할 때 열에너지를 흡수하여 입자 배열이 불규칙하게 변한다.
ㄷ. 기체(나)에서 액체(다)로 액화할 때와 액체(다)에서 고체(가)로 응고할 때에는 열에너지를 방출하므로 주위의 온도가 높아진다.

21 (문제 분석하기)

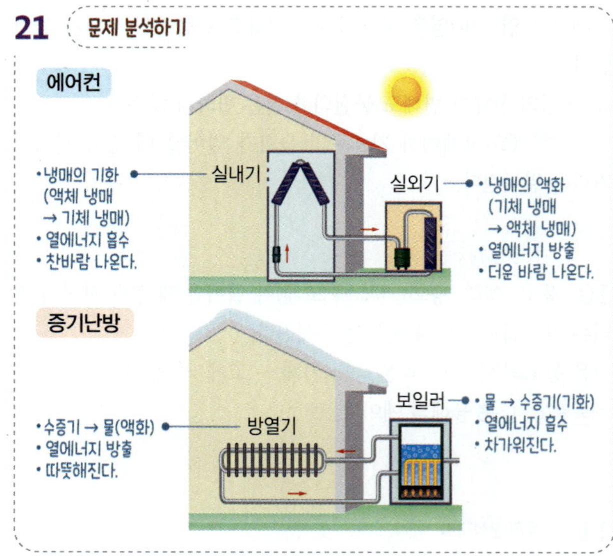

힘의 작용

01 힘의 표현과 평형

[모범 답안] 양쪽에서 잡아당긴 두 힘이 평형을 이루고 있기 때문이야.

 기본 문제 140 쪽

❶ 모양　❷ 운동 상태　❸ 작용점　❹ 더한　❺ 큰
❻ 알짜힘　❼ 반대

1 (1) B (2) A (3) C　**2** ㉠ 50 N, ㉡ 동쪽　**3** 50 N　**4** 해설 참조　**5** (1)—㉡, (2)—㉠

1 (1) 종이비행기를 날리면 멈춰있던 종이비행기가 날아가므로 운동 상태가 변한다.
(2) 색 점토를 잡아당기면 색 점토가 늘어나므로 모양이 변한다.
(3) 테니스공을 라켓으로 힘껏 치면 테니스공이 찌그러지며 날아가므로 모양과 운동 상태가 모두 변한다.

2 화살표의 길이는 5 cm이고, 화살표의 1 cm는 힘의 크기 10 N을 나타내므로 힘의 크기는 10 N×5=50 N이다. 화살표가 동쪽을 가리키므로 힘의 방향은 동쪽이다.

3 나무 도막에 작용하는 두 힘의 방향은 모두 오른쪽이다. 같은 방향으로 작용하는 두 힘의 합력의 크기는 두 힘의 크기를 더한 값이므로 20 N+30 N=50 N이다.

4 모범 답안

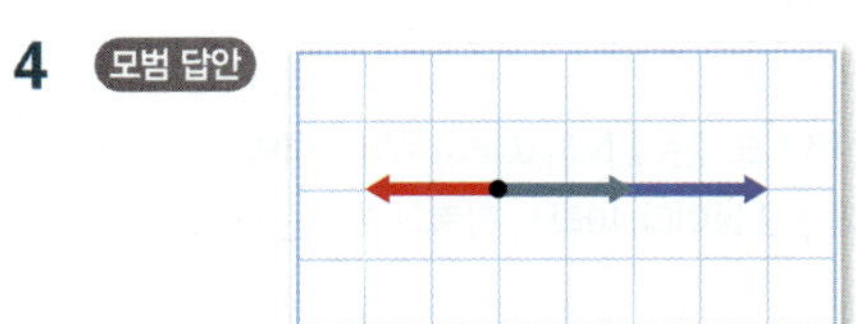

반대 방향으로 작용하는 두 힘의 합력의 크기는 큰 힘의 크기에서 작은 힘의 크기를 뺀 값이고, 두 힘의 합력의 방향은 큰 힘의 방향이다. 따라서 합력의 크기를 나타내는 화살표의 길이는 모눈종이 4 칸에서 2 칸을 뺀 모눈종이 2 칸이고, 화살표의 방향은 오른쪽이다.

5 물체에 작용하는 두 힘이 평형을 이루기 위해서는 크기가 같은 두 힘이 일직선상에서 반대 방향으로 작용해야 한다.

 핵심 문제 142 쪽~144 쪽

01 ④　**02** ③　**03** ①　**04** ③　**05** ⑤　**06** ⑤　**07** (나)
08 ④　**09** ③　**10** ①　**11** ①　**12** ④　**13** ②　**14** ②
15 ③　서술형 문제 16~18 해설 참조

01 ㄴ. 종이를 힘을 주어 당겼더니 종이가 찢어지는 것은 종이의 모양이 변한 것이므로 과학에서 말하는 힘이 작용한 것이다.
ㄹ. 책상을 힘을 주어 밀어 앞으로 옮기는 것은 책상의 운동 상태가 변한 것이므로 과학에서 말하는 힘이 작용한 것이다.
바로 알기 ㄱ, ㄷ. 물체의 모양이나 운동 상태의 변화가 없으므로 밑줄 친 힘은 과학에서 말하는 힘이 아니다.

02 물체에 힘이 작용하면 물체의 모양이나 운동 상태가 변한다. 운동 상태는 물체의 속력이나 운동 방향을 뜻한다.

03 ② 대리석이 깨지며 모양이 변하였다.
③ 찰흙을 잡아당겨 모양이 변하였다.
④ 종이비행기가 날아가며 운동 상태가 변하였다.
⑤ 야구공의 모양과 운동 상태가 모두 변하였다.
바로 알기 ① 물이 얼어 얼음이 된 것은 물질의 상태 변화이다.

04 ㄱ, ㄴ. 테니스공을 라켓으로 세게 치면 테니스공이 찌그러지며 날아간다. 이때 테니스공의 모양과 속력이 모두 변한다.
바로 알기 ㄷ. 테니스공에 힘이 작용하여 공의 운동 방향도 변한다.

05 ①, ② 힘은 물체의 모양이나 운동 상태를 변화시키는 원인으로, 단위는 N(뉴턴)을 사용한다.
③ 물체에 힘을 작용하면 모양과 운동 상태만 변한다.
④ 굴러가던 공이 멈추는 것은 힘이 작용하였기 때문에 공의 운동 상태가 변한 것이다.
바로 알기 ⑤ 화살표의 굵기는 힘의 크기와 아무 관련이 없다.

06 화살표의 시작점(A)은 힘의 작용점을, 화살표의 길이(B)는 힘의 크기를, 화살표의 방향(C)은 힘의 방향을 나타낸다.

07 화살표의 길이는 힘의 크기를 나타낸다. (가)보다 (나)에서 화살표의 길이가 더 길기 때문에 (나)에서 물체에 작용하는 힘의 크기가 더 크다.

08 화살표는 서쪽을 가리키고 있으므로 힘의 방향은 서쪽이다. 1 cm가 5 N을 나타내므로 5 cm는 25 N을 나타낸다.

09 ①, ② 두 힘의 방향이 같을 때 합력의 방향은 두 힘의 방향과 같고, 합력의 크기는 두 힘의 크기를 더한 값과 같다.
④ 두 힘의 방향이 반대일 때 합력의 크기는 큰 힘에서 작은 힘의 크기를 뺀 값과 같다.

⑤ 알짜힘은 물체에 작용하는 모든 힘의 합력으로, 물체가 받는 순 힘이다.

(바로 알기) ③ 두 힘의 방향이 반대일 때 합력의 방향은 큰 힘의 방향과 같다.

10 나무 도막에 작용하는 두 힘이 서로 반대 방향으로 작용하고 있으므로 두 힘의 합력의 방향은 큰 힘의 방향인 왼쪽이고, 두 힘의 합력의 크기는 10 N−7 N=3 N이다.

11 민수와 정화가 오른쪽으로 힘을 작용하고 있으므로, 민수가 수레를 앞에서 끄는 힘과 정화가 뒤에서 미는 힘의 크기를 더한 값은 수레에 작용한 알짜힘 350 N과 같다. 민수가 수레를 200 N의 힘으로 끌고 있으므로 정화가 뒤에서 밀고 있는 힘은 350 N−200 N=150 N이다.

12 ① A, B는 반대 방향으로 작용하므로 합력의 방향은 큰 힘의 방향인 오른쪽이고, 합력의 크기는 100 N−30 N=70 N이다.
② A, B는 반대 방향으로 작용하므로 합력의 방향은 큰 힘의 방향인 오른쪽이고, 합력의 크기는 170 N−100 N=70 N이다.
③ A, B는 같은 방향으로 작용하므로 합력의 방향은 두 힘의 방향인 오른쪽이고, 합력의 크기는 20 N+50 N=70 N이다.
⑤ A, B는 반대 방향으로 작용하므로 합력의 방향은 큰 힘의 방향인 오른쪽이고, 합력의 크기는 200 N−130 N=70 N이다.

(바로 알기) ④ A, B는 반대 방향으로 작용하므로 합력의 방향은 큰 힘의 방향인 오른쪽으로 나머지 넷과 같다. 합력의 크기는 150 N−70 N=80 N으로 나머지 넷과 다르다. 따라서 방향은 나머지 넷과 같지만, 크기가 다르다.

13 물체에 작용하는 두 힘이 평형을 이루는 조건은 두 힘의 크기는 같고 방향이 반대이며, 일직선상에서 작용해야 한다. 두 힘의 작용점은 평형을 이루는 조건과 관계 없다.

14 (문제 분석하기)

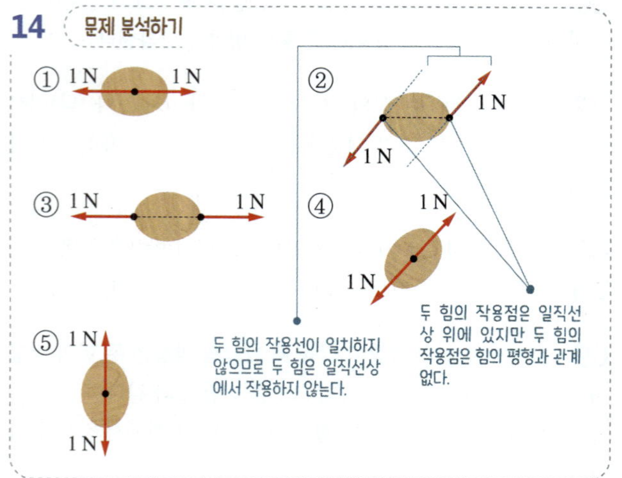

①, ③, ④, ⑤ 물체에 작용하는 두 힘의 크기가 같고, 방향이 반대이며 일직선상에서 작용하므로 힘의 평형을 이루고 있다.

(바로 알기) ② 물체에 작용하는 두 힘이 일직선상에서 작용하지 않으므로 힘의 평형을 이루고 있지 않다.

15 ①, ②, ④, ⑤ 물체가 정지해 있을 때 물체에 작용하는 힘들은 힘의 평형을 이루고 있다. 추, 가방, 바위, 줄은 각각 정지해 있으므로 힘의 평형을 이루는 예이다.

(바로 알기) ③ 의자를 밀어서 앞으로 움직이면 운동 상태가 변한 것이므로 힘의 평형을 이루고 있는 예가 아니다.

16 (모범 답안) 자에 작용하는 힘의 작용점이 달라졌기 때문이다.
|해설| 자를 밀 때 다른 위치에서 밀면 힘의 작용점이 달라진다. 물체에 작용하는 힘의 크기와 방향이 같아도 작용점이 달라지면 물체의 움직임이 달라질 수 있다.

채점 기준	배점
힘의 작용점이 달라졌기 때문이라고 옳게 서술한 경우	100 %
그 외의 경우	0 %

17 (문제 분석하기)

• (가)에서 두 힘은 같은 방향으로 작용하고 있으므로 합력의 크기는 3 칸+1 칸=4 칸이다.
• (나)에서 두 힘은 반대 방향으로 작용하고 있으므로 합력의 크기는 3 칸−2 칸=1 칸이다.
• (다)에서 두 힘은 반대 방향으로 작용하고 있으므로 합력의 크기는 3 칸−1 칸=2 칸이다.

(모범 답안) (가)에서 합력의 크기는 4 N이고, (나)에서 합력의 크기는 1 N이고, (다)에서 합력의 크기는 2 N이다. 따라서 합력의 크기는 (가), (다), (나) 순으로 크다.
|해설| (가)에서 합력의 크기는 모눈종이 4 칸과 같고, 모눈종이 1 칸은 1 N의 힘을 나타내므로 1 N×4=4 N이다. (나)에서 합력의 크기는 모눈종이 1 칸과 같으므로 1 N×1=1 N이다. (다)에서 합력의 크기는 모눈종이 2 칸과 같으므로 1 N×2=2 N이다. 따라서 합력의 크기는 (가)>(다)>(나)이다.

채점 기준	배점
합력의 크기를 비교하고, 까닭을 옳게 서술한 경우	100 %
합력의 크기만 옳게 비교한 경우	50 %

18 · 힘의 방향: 남동쪽
· 힘의 크기: 30 N

|해설| 야구공에는 북서쪽 방향으로 30 N의 힘이 작용하고 있다. 이때 야구공에 다른 힘이 작용하여 힘이 평형을 이루기 위해서는 크기가 같고 방향이 반대인 힘이 작용해야 한다. 따라서 야구공에 작용하는 힘과 평형을 이루는 힘의 방향은 북서쪽과 반대 방향인 남동쪽이고, 힘의 크기는 30 N이다.

채점 기준	배점
힘의 방향과 힘의 크기를 옳게 쓴 경우	100 %
힘의 방향이나 힘의 크기 중 하나만 옳게 쓴 경우	50 %

한 걸음 더 **실력 UP 문제** 145 쪽

01 ③　　**02** ②　　**03** ①　　**04** ④

01 ㄱ, ㄴ, ㄷ. 힘의 방향이 오른쪽으로 같다.
ㄴ, ㄹ, ㅁ. 힘의 크기가 3 N으로 같다.

02 물통을 들고 있는 힘의 크기가 클수록 물통에 담긴 물의 양이 많다. 물통을 들고 있는 힘의 크기는 (가)에서 40 N, (나)에서 20 N, (다)에서 15 N＋15 N＝30 N이므로 (가)＞(다)＞(나)이다. 따라서 가장 많은 양의 물이 담긴 물통부터 순서대로 나열하면 (가)－(다)－(나)이다.

03 물체에 왼쪽 방향으로 작용하는 힘은 10 N이고, 오른쪽 방향으로 작용하는 두 힘의 합력은 5 N＋8 N＝13 N이다. 따라서 물체에 작용하는 세 힘의 합력인 알짜힘의 방향은 오른쪽이고, 알짜힘의 크기는 13 N－10 N＝3 N이다.

04 문제 분석하기

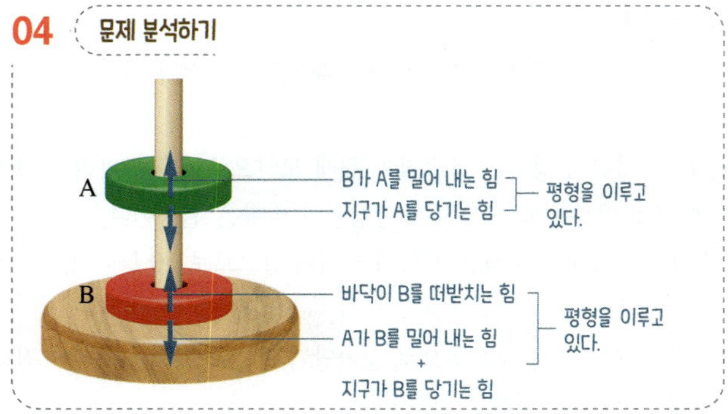

ㄱ. A에는 B가 A를 밀어 내는 힘과 지구가 A를 당기는 힘이 작용하고 있다.
ㄷ. A와 B는 정지해 있으므로 A와 B에 작용하는 알짜힘은 모두 0이다.
 ㄴ. B에는 A가 B를 밀어 내는 힘과 바닥이 B를 떠받치는 힘, 지구가 B를 당기는 힘이 작용하고 있다.

02 여러 가지 힘

만화 완성하기 [모범 답안] 달에서 물체의 무게는 지구에서 무게의 $\frac{1}{6}$이기 때문이야.

기초 튼튼 **기본 문제** 148 쪽

❶ 중력　　❷ 중심　　❸ 무게　　❹ 질량　　❺ 같다
❻ 탄성력　　❼ 비례

1 A : →, B : ↑, C : ←　　**2** ㉠ 588 N, ㉡ 98 N　　**3** 해설 참조
4 2 cm

1

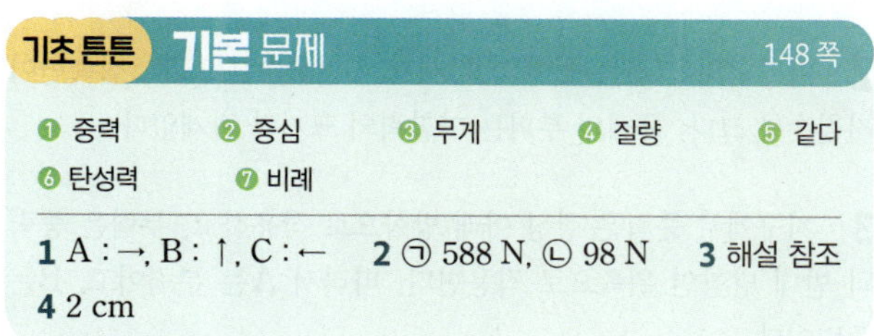

지구 주위에 있는 물체에는 지구 중심 방향으로 중력이 작용한다.

2 질량이 60 kg인 물체의 무게를 지구에서 측정하였을 때는 (9.8×60) N＝588 N이다. 이 물체를 달에 가서 측정하였을 때 무게는 588 N $\times \frac{1}{6}$＝98 N이다.

3

(1)　　　　(2)　　　　(3)

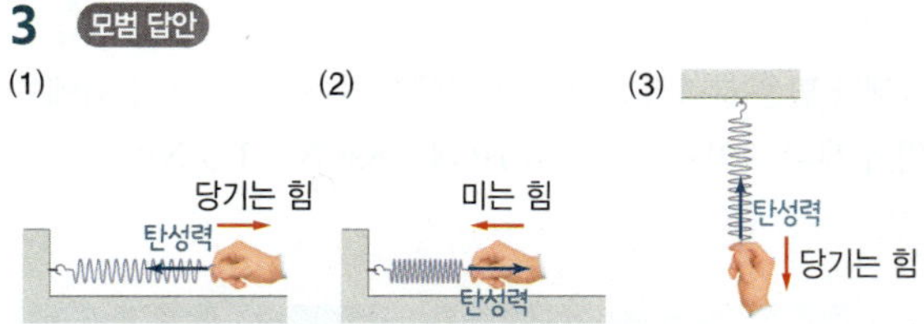

용수철에 작용하는 탄성력의 방향은 변형된 용수철이 원래 모양으로 되돌아가려는 방향이다.
(1) 용수철을 오른쪽으로 잡아당기고 있으므로 탄성력은 왼쪽으로 작용한다.
(2) 용수철을 왼쪽으로 밀고 있으므로 탄성력은 오른쪽으로 작용한다.
(3) 용수철을 아래쪽으로 당기고 있으므로 탄성력은 위쪽으로 작용한다.

4 용수철을 잡아당긴 힘의 크기는 용수철이 늘어난 길이에 비례하므로 3 N : 1 cm＝6 N : x에서 x＝2 cm이다. 따라서 용수철을 6 N의 힘으로 잡아당겼을 때 용수철이 늘어난 길이는 2 cm이다.

기초 튼튼 **기본** 문제

❶ 마찰력　　❷ 부력　　❸ 중력　　❹ 크다　　❺ 무게

1 (1) → (2) ←　　**2** (1) ○ (2) × (3) × (4) ○　　**3** A: 부력,
B: 중력　　**4** (나)　　**5** 1.5 N

1 마찰력의 방향은 물체가 운동하는 방향과 반대 방향이다.

2 마찰력의 크기는 물체의 무게가 무거울수록 크고, 접촉면이
거칠수록 크다. 물체의 부피는 마찰력의 크기와 관계없다.

3 지구에서 중력은 항상 아래 방향으로 작용하고, 부력은 중력
과 반대 방향인 위쪽으로 작용한다. 따라서 A는 부력이고, B는
중력이다.

4 문제 분석하기

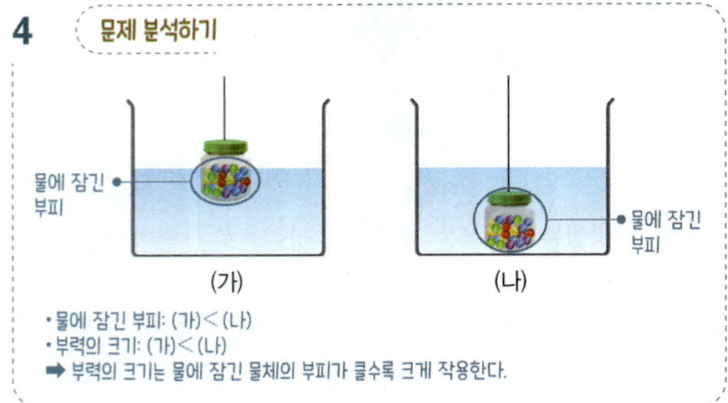

(가)보다 (나)에서 물에 잠긴 유리병의 부피가 크므로 (나)에서 부
력이 더 크게 작용하였다.

5 물체가 받은 부력의 크기는 물 밖에서 물체의 무게와 물속에서
물체의 무게의 차이와 같으므로 10 N−8.5 N＝1.5 N이다.

실력 탄탄 **핵심** 문제　　155 쪽~158 쪽

01 ⑤　**02** ②　**03** ③　**04** ④　**05** ④　**06** ⑤　**07** ②
08 ⑤　**09** ④　**10** ①　**11** ③　**12** ④　**13** ①　**14** ②
15 ②　**16** ③, ④　**17** ①　**18** ①　**19** ④
서술형 문제 **20~23** 해설 참조

01 ①, ② 중력은 지구가 물체를 당기는 힘이므로 중력의 방향
은 지구 중심 방향이고, 단위는 힘의 단위인 N을 사용한다.
③ 다른 천체에서도 크기가 다른 중력이 작용한다.
④ 지구 위에 있는 물체는 연직 아래 방향으로 중력이 작용하므
로 위로 던진 공이 땅바닥으로 떨어지는 것은 중력 때문이다.
바로 알기 ⑤ 물체의 질량이 클수록 물체에 작용하는 중력의 크기
가 크다.

02 지구 주위에 있는 물체에 작용하는 중력의 방향은 지구 중
심 방향이므로 (가)는 C 방향으로 중력이 작용하고, (나)는 A 방
향으로 중력이 작용한다.

03 폭포의 물이 떨어질 때 작용하는 힘은 중력이다.
ㄴ. 위로 던진 공이 땅으로 떨어지게 하는 힘은 중력이다.
ㄷ. 고드름이 지붕 밑에 아래로 생기게 하는 힘은 중력이다.
바로 알기 ㄱ. 헬륨 풍선이 위로 뜨게 하는 힘은 부력이다.
ㄹ. 번지점프 줄을 매달고 뛰어 내릴 때 다시 튀어 오르게 하는 힘
은 탄성력이다.

04 ① 무게의 단위는 N, 질량의 단위는 g, kg을 사용한다.
② 지구에서 물체의 무게는 질량×9.8이므로 질량 1 kg인 물체
의 무게는 약 9.8 N이다.
③ 달에서의 중력은 지구 중력의 약 $\frac{1}{6}$이므로 달에서 측정한 물
체의 무게는 지구에서 측정한 물체의 무게의 약 $\frac{1}{6}$이다.
바로 알기 ④ 무게는 용수철저울과 가정용 저울로 측정하고, 질량
은 양팔저울과 윗접시저울로 측정한다.

05 질량은 물체의 고유한 양이므로 지구에서 질량이 90 kg인
물체를 달에 가져갔을 때 질량은 90 kg이다. 지구에서 질량이
90 kg인 물체의 무게는 9.8×90＝882(N)이다. 달에서의 무게
는 지구에서 무게의 $\frac{1}{6}$이므로 882 N× $\frac{1}{6}$＝147 N이다.

06 ㄷ, ㄹ. 탄성력의 크기는 탄성체를 변형시킨 힘의 크기와 같
고, 탄성체의 변형이 클수록 크다.
바로 알기 ㄱ. 탄성력은 변형된 물체가 원래 모양으로 되돌아가려
는 힘이다.
ㄴ. 탄성력은 물체에 작용한 힘과 반대 방향으로 작용한다.

07 탄성력의 방향은 용수철이 원래 모양으로 되돌아가려는 방
향이므로 용수철에 작용하는 탄성력의 방향은 왼쪽이다. 탄성력
의 크기는 용수철에 작용한 힘의 크기와 같으므로 10 N이다.

08 ① 용수철을 오른쪽으로 잡아당기고 있으므로 용수철에 작
용하는 탄성력의 방향은 왼쪽이다.
②, ③, ④ 용수철이 늘어난 길이는 용수철의 탄성력의 크기와
비례하고, 용수철을 잡아당긴 힘의 크기와도 비례한다. 용수철이
24 cm 늘어났을 때 용수철을 잡아당긴 힘의 크기를 x라 하면,
4 cm : 1 N＝24 cm : x에서 x＝6 N이다.
바로 알기 ⑤ 용수철의 전체 길이가 아닌 용수철이 늘어난 길이가
2 배가 되면 탄성력의 크기도 2 배가 된다.

09 ①, ②, ③, ⑤ 집게, 양궁(활), 컴퓨터 자판, 장대높이뛰기는 탄성력을 이용한 예이다.

바로 알기 ④ 스케이트는 마찰력을 작게 한 예이다.

10 마찰력의 방향은 물체가 움직이는 방향과 반대 방향이므로 왼쪽이고, 마찰력의 크기는 나무 도막이 움직이는 순간에 측정한 힘의 크기와 같으므로 20 N이다.

[11~12] 문제 분석하기

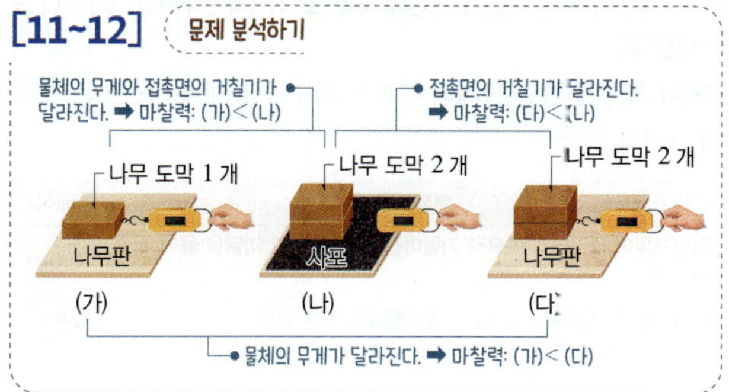

11 마찰력은 물체의 무게가 무거울수록, 접촉면이 거칠수록 크다. 따라서 마찰력은 (나)>(다)>(가) 순으로 크다.

12 ① 마찰력의 크기는 물체의 무게가 무거울수록, 접촉면이 거칠수록 크다.
② 힘 센서에 나타난 측정값은 힘 센서로 잡아당긴 힘의 크기를 의미하므로 마찰력의 크기와 같다.
③ 이 실험은 물체의 무게, 접촉면의 거칠기에 다른 마찰력의 크기에 대해 알아보는 것이다. 마찰력의 크기에 영향을 줄 수 있는 힘 센서의 종류, 나무 도막의 종류는 같게 하고 실험을 해야 한다.
⑤ 마찰력은 두 물체가 접촉해 있을 때 접촉면에 작용하는 힘이므로 나무 도막은 바닥에 접촉해 있어야 한다.

바로 알기 ④ (가)와 (다)를 비교하면 물체의 무게가 클수록 마찰력의 크기가 커진다는 것을 알 수 있다.

13 ① 접촉면이 거칠수록, 물체의 무게가 클수록 마찰력의 크기는 크다.

바로 알기 ② 물체의 질량이 커지면 물체의 무게도 커지고, 물체의 무게가 클수록 마찰력의 크기는 크므로 물체의 질량이 클수록 마찰력의 크기는 크다.
③ 마찰력은 물체의 운동 방향과 반대 방향으르 작용한다.
④ 물체를 밀었을 때 물체가 일정한 속력으로 움직여도 마찰력은 0이 아니다.
⑤ 등산화의 바닥을 울퉁불퉁하게 만드는 것은 마찰력을 크게 하기 위해서이다.

14 ㄱ. 스키나 스케이트를 타기 위해서는 잘 미끄러져야 하므로 마찰력이 작아야 편리한 경우이다.
ㄴ. 수영장 미끄럼틀에 물을 뿌리는 것은 잘 미끄러지기 위해서이므로 마찰력이 작아야 편리한 경우이다.
ㅁ. 기계가 회전하는 부분에 기름이나 윤활유를 바르는 것은 기계가 매끄럽게 돌아가기 위해서이므로 마찰력이 작아야 편리한 경우이다.

바로 알기 ㄷ. 계단 끝에 미끄럼 방지 패드를 붙이는 것은 계단에서 미끄러지지 않게 하기 위해서이므로 마찰력이 커야 편리한 경우이다.
ㄹ. 눈 오는 날 자동차 타이어에 체인을 감는 것은 자동차가 눈길에 미끄러지지 않게 하기 위해서이므로 마찰력이 커야 편리한 경우이다.
ㅂ. 산에 오를 때 바닥이 울퉁불퉁한 등산화를 신는 것은 산에서 미끄러지지 않기 위해서이므로 마찰력이 커야 편리한 경우이다.

15 튜브가 물 위에 뜰 수 있도록 하는 힘의 종류는 부력이고, 부력의 방향은 중력의 방향과 반대인 위쪽이다.

16 ①, ② 부력은 액체나 기체가 물체를 밀어 올리는 힘이고, 중력의 방향과 반대 방향인 위쪽 방향으로 작용한다.
⑤ 헬륨 풍선을 들고 있다 놓치면 하늘로 날아가는 까닭은 위쪽으로 부력이 작용했기 때문이다.

바로 알기 ③ 부력은 물에 잠긴 물체의 부피만큼 작용하기 때문에 강바닥에 가라앉은 돌에도 부력이 작용한다.
④ 같은 물체라도 물에 잠긴 부피에 따라 물체에 작용하는 부력의 크기는 달라질 수 있다.

17 문제 분석하기

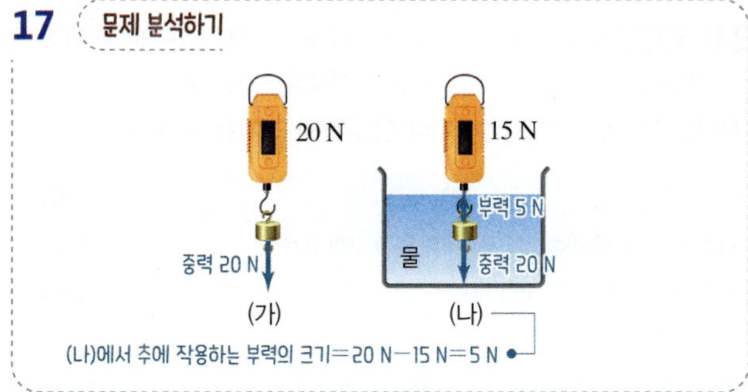

① (가)와 (나)에서 추에 작용한 중력의 크기는 20 N이다.

바로 알기 ② (나)에서 추에 작용하는 부력의 크기는 5 N이다.
③ (나)에서 추에 작용하는 부력의 방향은 중력의 방향과 반대 방향인 위쪽이다.
④ (나)에서 추의 무게가 작아진 까닭은 부력이 위쪽으로 작용했기 때문이다.
⑤ (가)와 (나)에서 추에 작용한 중력의 크기는 같다.

18 문제 분석하기

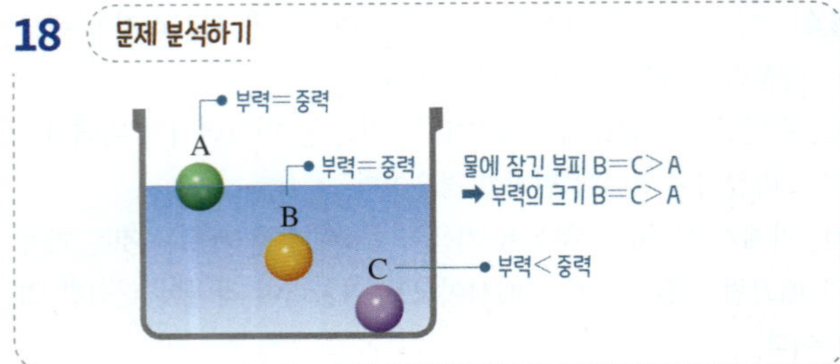

ㄱ. A는 물에 잠긴 부피가 가장 작으므로 A에 작용하는 부력이 가장 작다. 이때 A는 물에 떠 있어서 부력과 중력의 크기가 같으므로 A에 작용한 중력이 가장 작다.

(바로 알기) ㄴ. 부력의 크기는 물에 잠긴 물체의 부피가 클수록 크고, 물에 잠긴 물체의 부피는 B=C>A이므로 물체에 작용한 부력의 크기는 B=C>A 순이다.

ㄷ. B와 C에는 중력이 작용한다.

19 ①, ②, ③, ⑤ 풍등, 열기구, 구명조끼, 떠오르는 잠수함은 모두 부력을 이용한 경우이다.

(바로 알기) ④ 쏘아 올리는 활은 탄성력을 이용한 경우이다.

20 (모범 답안) · 질량: 600 g

· 까닭: 질량은 측정 장소에 따라 변하지 않기 때문이다.

|해설| 윗접시저울로 측정하는 질량은 물체의 고유한 양으로 측정 장소에 따라 변하지 않는다. 따라서 지구나 달에서 측정한 값이 일정하다.

채점 기준	배점
질량과 까닭을 모두 옳게 서술한 경우	100 %
질량만 옳게 쓴 경우	50 %

21 (모범 답안) 용수철이 늘어난 길이가 5 cm일 때 탄성력의 크기가 2 N이므로 5 cm : 2 N=50 cm : x에서 탄성력의 크기는 20 N이다.

|해설| 용수철이 늘어난 길이와 탄성력의 크기는 비례한다.

채점 기준	배점
탄성력의 크기를 비례식을 사용하여 옳게 구한 경우	100 %
탄성력의 크기만 옳게 구한 경우	50 %

22 (모범 답안) (1) (가)<(나), 물체의 무게가 무거울수록 마찰력의 크기가 크다.

(2) (가)=(다), 접촉면의 넓이와 마찰력의 크기는 관계없다.

|해설| (가)와 (나)를 비교하면 물체의 무게에 따른 마찰력의 크기를 알 수 있다. 이때 물체가 무거울수록 마찰력이 크므로 (나)에서 마찰력의 크기가 더 크다. (가)와 (다)에서는 접촉면의 넓이에 따른 마찰력의 크기를 알 수 있다. 이때 접촉면의 넓이와 마찰력의 크기는 관계가 없으므로 (가)와 (다)에서 마찰력의 크기는 같다.

	채점 기준	배점
(1)	(가)와 (나)에서 마찰력의 크기를 옳게 비교하고, 그 까닭을 옳게 서술한 경우	50 %
	(가)와 (나)에서 마찰력의 크기만 옳게 비교한 경우	25 %
(2)	(가)와 (다)에서 마찰력의 크기를 옳게 비교하고, 그 까닭을 옳게 서술한 경우	50 %
	(가)와 (다)에서 마찰력의 크기만 옳게 비교한 경우	25 %

23 (모범 답안) 양팔저울은 금덩어리 쪽으로 기울어진다. 그 까닭은 금덩어리보다 왕관의 부피가 크므로 왕관에 위쪽으로 작용하는 부력의 크기가 더 크기 때문이다.

|해설| 물속에 잠긴 물체의 부피가 클수록 물체에 작용하는 부력의 크기도 크다.

채점 기준	배점
양팔저울이 금덩어리 쪽으로 기울어진다고 쓰고, 그 까닭을 옳게 서술한 경우	100 %
양팔저울이 금덩어리 쪽으로 기울어진다고만 쓴 경우	50 %

01 문제 분석하기

② 질량은 장소와 상관없이 일정하므로 대훈이는 장소와 상관없이 같은 가격으로 금을 팔 수 있다.

(바로 알기) ① 대훈이는 질량을 측정했고, 은수는 무게를 측정했다.

③ 화성의 중력은 지구의 $\frac{1}{3}$이므로 화성에서 금의 무게는 지구에서 금의 무게$\times\frac{1}{3}$이다. 따라서 대훈이보다 은수가 손해를 보고 금을 팔았다.

④ 달에서 금의 무게는 지구에서 금의 무게$\times\frac{1}{6}$이다. 달에서 금의 무게는 화성에서 금의 무게보다 작아지므로 대훈이와 은수의 손해의 차이는 더 커진다.

⑤ 같은 조건으로 팔았지만 은수는 측정한 금의 무게가 더 작아졌으므로 은수는 손해를 봤다.

02 문제 분석하기

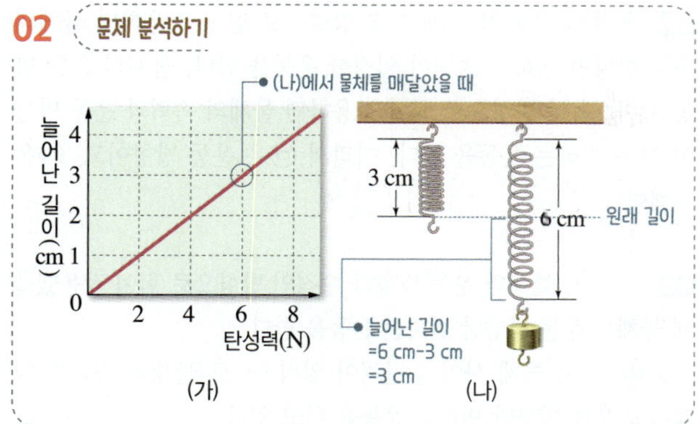

(나)에서 용수철이 늘어난 길이는 6 cm−3 cm=3 cm이다. (가)에서 용수철이 늘어난 길이가 3 cm일 때 탄성력의 크기는 6 N임을 알 수 있다. (나)에서 추를 용수철에 매달았을 때 탄성력의 크기는 추의 무게와 같으므로 6 N이다.

03 문제 분석하기

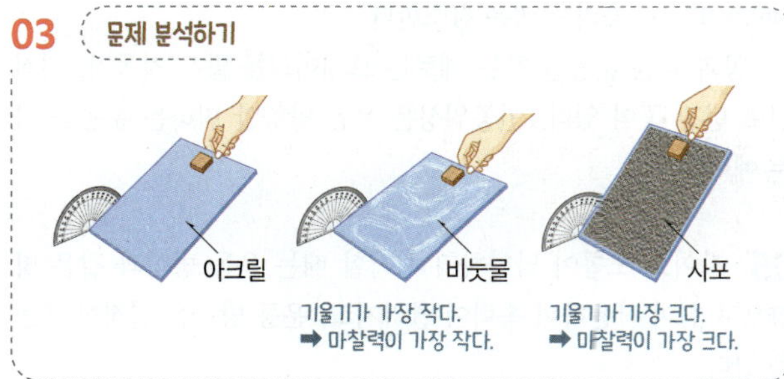

① 나무 도막이 미끄러지는 순간의 빗면의 기울기가 클수록 판의 거칠기가 크므로 판의 거칠기는 (나)<(가)<(다)이다.
② 나무 도막은 빗면 아래쪽으로 미끄러져 내려가려고 하므로 마찰력은 나무 도막이 움직이려고 하는 방향의 반대 방향인 빗면 위쪽으로 작용한다.
④, ⑤ 나무 도막이 미끄러지는 순간의 기울기가 클수록 접촉면 사이에 작용하는 마찰력의 크기가 큰 것이다. 나무 도막이 미끄러지는 순간의 빗면의 기울기는 (나)<(가)<(다)이므로 마찰력의 크기는 (나)가 가장 작다.
(바로 알기) ③ 접촉면의 넓이는 마찰력과 관계없다.

04 ④ (가)에서보다 (나)에서 알루미늄의 부피가 크고, 물에 잠긴 부피도 크므로 큰 부력이 작용해 물 위에 뜬다.
(바로 알기) ① (가)에서 뭉친 알루미늄을 물속에 넣으면 물에 잠긴 부피만큼 부력이 작용한다.
② (가)와 (나)에서 알루미늄의 모양은 다르지만 같은 무게의 알루미늄박으로 만들었으므로 무게는 같다.
③ (가)와 (나)에서 사용한 알루미늄박의 무게가 같으므로 물속에서 (가)와 (나)의 알루미늄에 작용하는 중력의 크기는 같다.
⑤ (가)보다 (나)에서 알루미늄의 부피가 크므로 부력이 크지만 무게는 변화가 없다.

03 힘의 작용과 운동 상태 변화

[모범 답안] 내가 야구공에 힘을 작용해서 야구공의 운동 방향이 바뀌었기 때문이야.

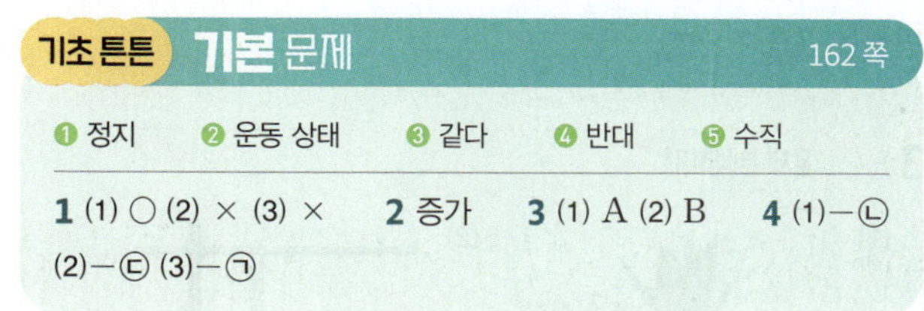

기초 튼튼 **기본** 문제   162 쪽

❶ 정지 ❷ 운동 상태 ❸ 같다 ❹ 반대 ❺ 수직

1 (1) ○ (2) × (3) ×   **2** 증가   **3** (1) A (2) B   **4** (1)—ⓛ
(2)—ⓒ (3)—ⓝ

1 (1) 운동 방향과 나란한 방향으로 알짜힘이 작용하면 물체의 속력만 변하고 운동 방향은 변하지 않는다.
(바로 알기) (2) 운동 방향과 수직 방향으로 알짜힘이 작용하면 물체의 운동 방향만 변하고 속력은 변하지 않는다.
(3) 운동 방향과 비스듬한 방향으로 알짜힘이 작용하면 물체의 속력과 운동 방향이 모두 변한다.

2 물체의 운동 방향과 힘의 방향이 같을 경우, 물체는 속력이 점점 증가하는 운동을 한다.

3 (1) 속력이 일정한 원운동을 하는 물체의 운동 방향은 원의 접선 방향인 A이다.
(2) 속력이 일정한 원운동을 하는 물체에 작용하는 힘의 방향은 원의 중심 방향인 B이다.

4 (1) 알짜힘이 운동 방향과 같은 방향으로 작용할 때 ⓛ 자이로드롭과 같이 속력이 증가하는 운동을 한다.
(2) 알짜힘이 운동 방향과 반대 방향으로 작용할 때 ⓒ 브레이크를 밟은 자동차와 같이 속력이 감소하는 운동을 한다.
(3) 알짜힘이 운동 방향과 수직 방향으로 작용할 때 ⓝ 인공위성과 같이 속력은 일정하고 운동 방향만 변하는 운동을 한다.

기초 튼튼 **기본** 문제   165 쪽

❶ 왕복 ❷ 중력 ❸ 비스듬 ❹ 평형

1 (1) ○ (2) × (3) ×   **2** (가) ㄷ, ㅁ (나) ㄴ, ㄹ (다) ㄱ, ㅂ   **3** (1) 바닥이 화분을 떠받치는 힘 (2) 탄성력   **4** ㉠ 탄성력, ㉡ 마찰력

1 (1) 비스듬히 던져 올린 농구공은 속력과 운동 방향이 모두 변하는 운동을 한다.
(바로 알기) (2) 농구공에는 항상 중력이 연직 아래 방향으로 작용한다. 따라서 농구공에 작용하는 힘의 방향은 일정하다.

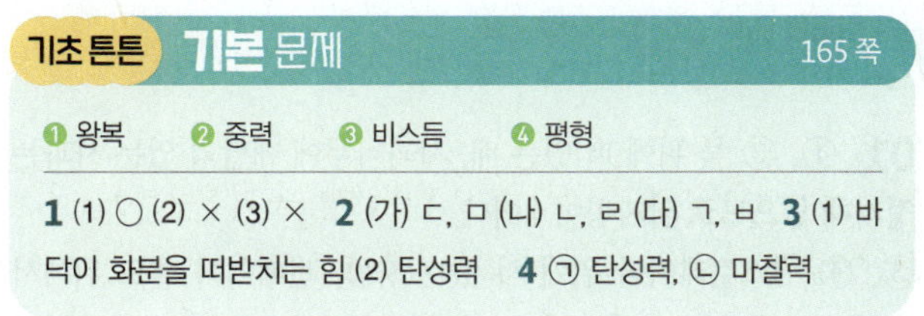

(3) 농구공의 운동 방향과 비스듬한 방향으로 중력이 작용한다.

2 (가) 자이로 드롭, 연직 위로 던져 올린 공은 운동 방향이 변하지 않고 속력만 변하는 운동을 한다.
(나) 대관람차, 인공위성은 속력이 일정한 원운동을 하므로 운동 방향만 변하는 운동을 한다.
(다) 그네, 비스듬히 차 올린 축구공은 속력과 운동 방향이 모두 변하는 운동을 한다.

3 문제 분석하기

(1) 바닥 위에 놓인 화분에는 중력과 바닥이 화분을 떠받치는 힘이 평형을 이루고 있어, 화분이 정지해 있다.
(2) 용수철에 매달린 추에는 중력과 탄성력이 평형을 이루고 있어, 추가 정지해 있다.

4 자전거 안장 아래쪽에는 탄성력이 큰 용수철을 설치하여 충격을 흡수한다. 자전거의 페달은 마찰력이 큰 재질이나 모양으로 만들어서 발이 페달에서 미끄러지지 않고, 쉽게 페달을 밟아 앞으로 나아갈 수 있다.

실력 탄탄 핵심 문제   166 쪽~168 쪽

01 ⑤	02 ④	03 ④	04 ③	05 ⑤	06 ③
07 ④	08 ①	09 ①	10 ①	11 ⑤	12 ①
13 ㉠: 자이로 드롭, ㉡: 그네, ㉢: 대관람차				14 ⑤	15 ③

서술형 문제 16~18 해설 참조

01 ①, ② 물 위에 떠 있는 배, 사과나무에 매달려 있는 사과는 정지해 있으므로 알짜힘이 0이다.
③, ④ 에스컬레이터 위에 서 있는 사람, 컨베이어 벨트 위에서 움직이는 상자는 일정한 운동 상태를 유지하고 있으므로 알짜힘이 0이다.
바로 알기 ⑤ 경사면을 점점 빠르게 내려가는 수레는 속력이 점점 빨라지는 운동을 하고 있어 운동 상태가 변하므로 알짜힘이 0이 아니다.

02 물체의 운동 방향과 수직 방향으로 힘이 작용하면 물체의 운동 방향만 변하고 속력이 일정한 운동을 한다. 물체의 운동 방향과 비스듬한 방향으로 힘이 작용하면 물체의 속력과 운동 방향이 모두 변하는 운동을 한다. 따라서 ㉠은 운동 방향이고, ㉡은 속력이다.

03 ㄴ, ㄹ. 물체의 운동 방향과 수직인 방향으로 힘이 작용했을 때 물체는 운동 방향만 변하는 운동을 한다.
바로 알기 ㄱ. 물체 사이의 간격이 일정하므로 물체는 속력은 일정하고 운동 방향만 변하는 운동을 하고 있다.
ㄷ. 물체의 운동 상태가 변했으므로 물체에 작용하는 알짜힘은 0이 아니다.

04 ㄴ, ㄷ. 공은 운동 방향과 반대 방향으로 알짜힘이 작용하여 운동 방향은 일정하고, 속력이 감소하는 운동을 한다.
바로 알기 ㄱ. 공의 속력은 감소한다.
ㄹ. 공과 같은 운동을 하는 예로는 브레이크를 밟은 자동차, 연직 위로 던진 공이 있다. 인공위성은 운동 방향만 변하는 운동을 하는 예이다.

05 자이로 드롭이 낙하하기 시작할 때는 운동 방향과 같은 방향으로 힘이 작용하여 속력이 빨라지고, 운동 방향은 일정한 운동을 한다.

06 공은 운동 방향은 일정하고, 속력이 감소하는 운동을 한다.
③ 브레이크를 밟은 자동차는 속력이 감소하는 운동을 한다.
바로 알기 ①, ② 땅으로 떨어뜨린 공, 나무에서 떨어지는 사과는 속력이 빨라지는 운동을 한다.
④ 무빙워크에 서서 이동하는 사람은 속력이 일정한 운동을 한다.
⑤ 선풍기 안의 날개는 운동 방향만 변하는 운동을 한다.

[07~08] 문제 분석하기

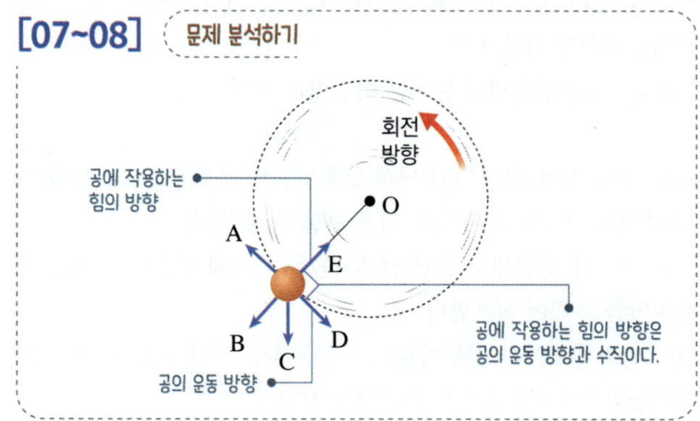

07 속력이 일정한 원운동을 하는 물체에 작용하는 힘의 방향은 원의 중심 방향인 E이고, 물체의 운동 방향은 원의 접선 방향인 D이다.

08 ㄴ. 일정한 속력으로 원운동을 하는 공에는 운동 방향과 수직인 방향으로 힘이 작용한다.

(바로 알기) ㄱ. 공의 속력은 일정하고 운동 방향만 변한다.
ㄷ. 공에 작용하는 힘이 사라지면 공은 운동하던 방향으로 날아간다.

09 ②, ③, ④, ⑤ 회전목마, 대관람차, 인공위성, 선풍기 날개는 회전 그네와 같이 속력이 일정한 원운동을 한다.

(바로 알기) ① 바이킹은 속력과 운동 방향이 모두 변하는 운동을 한다.

10 【문제 분석하기】

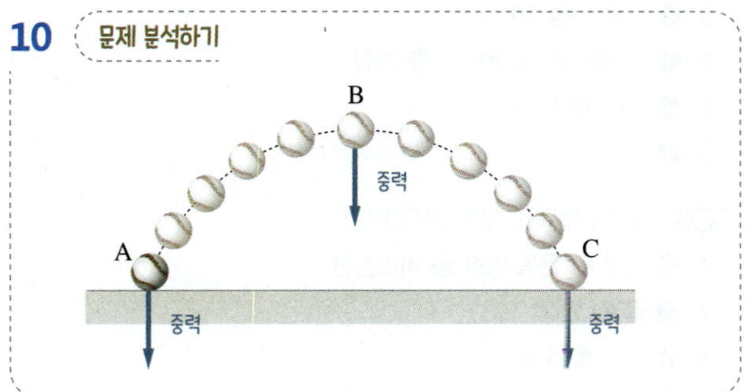

비스듬히 던져 올린 공이 포물선을 그리며 움직일 때 공에는 항상 중력이 연직 아래 방향으로 작용한다. 따라서 A, B, C 점에서 힘은 전부 아래 방향(↓)으로 작용한다.

11 ㄴ, ㄷ. 구슬에 작용하는 힘의 방향은 계속 변하고, 운동 방향에 비스듬한 방향으로 작용한다.

(바로 알기) ㄱ. 구슬의 속력은 느려지고, 빨라지기를 반복하며 계속 변한다.

12 ① 사람이 타고 있는 그네는 속력과 운동 방향이 모두 변하는 운동을 하는 경우이다.

(바로 알기) ②, ③ 운동장을 굴러가는 축구공과 연직 위로 던져 올린 농구공은 운동 방향은 일정하고 속력만 점점 감소하는 운동을 하는 경우이다.
④ 스카이다이빙을 하고 있는 사람은 운동 방향은 일정하고 속력만 점점 증가하는 운동을 하는 경우이다.
⑤ 작동하는 무빙워크 위에 있는 가방은 속력과 운동 방향이 일정한 운동을 하는 경우이다.

13 ㉠ 자이로 드롭은 운동 방향이 일정하고 속력만 변하는 운동을 한다.
㉡ 그네는 속력과 운동 방향이 모두 변하는 운동을 한다.
㉢ 대관람차는 속력이 일정하고 운동 방향만 변하며 원을 그리는 운동을 한다.

14 탁자 위에 놓인 컵에는 중력과 탁자가 컵을 떠받치는 힘이 평형을 이루어 컵이 정지해 있다. 이때 중력은 아래 방향인 (나)로 작용하므로 위 방향으로 작용하는 (가)는 탁자가 컵을 떠받치는 힘이다.

15 모래시계는 중력과 마찰력을 이용해서 일정한 양의 모래가 떨어지며 시간을 알려주는 기구이다. 가정용 저울은 중력과 용수철의 탄성력을 이용해서 무게를 측정하는 기구이다.

16 【모범 답안】

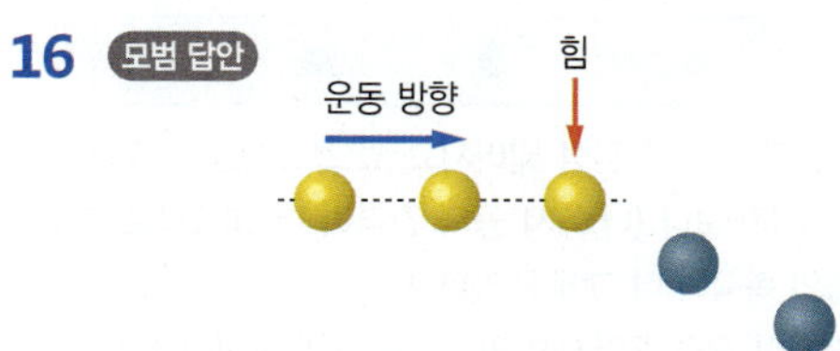

|해설| 물체에 운동 방향과 수직 방향으로 힘을 작용하면 물체의 속력은 일정하고 운동 방향이 변하는 운동을 한다.

채점 기준	배점
공의 운동 방향이 변하고 속력이 일정한 모습을 모두 옳게 그린 경우	100 %
공의 운동 방향이 변한 모습만 그린 경우	50 %

17 【모범 답안】 농구공에 작용하는 힘의 방향은 아래쪽이고, 농구공은 속력과 운동 방향이 변하는 운동을 한다.
|해설| 비스듬히 던져 올린 농구공이 운동할 때 농구공에는 중력이 항상 연직 아래 방향으로 작용하며, 농구공의 운동 방향과 비스듬한 방향으로 작용한다. 이때 농구공의 속력과 운동 방향이 계속 변한다.

채점 기준	배점
힘의 방향과 운동 상태를 모두 옳게 서술한 경우	100 %
힘의 방향과 운동 상태 중 한 가지만 옳게 서술한 경우	50 %

18 【모범 답안】

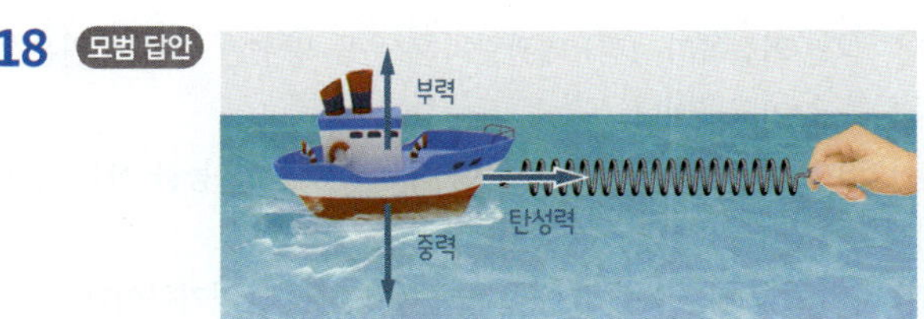

|해설| 중력은 지구 중심 방향인 아래쪽으로 작용하고, 장난감 배에 연결된 부분의 탄성력은 원래 모양으로 돌아가려는 방향인 오른쪽으로 작용한다. 부력은 중력과 반대 방향이고, 장난감 배를 밀어 올리는 방향인 위쪽으로 작용한다.

채점 기준	배점
중력, 탄성력, 부력의 방향을 모두 옳게 그린 경우	100 %
중력, 탄성력, 부력의 방향 중 한 가지만 옳게 그린 경우	30 %

01 ⑤ **02** ③ **03** ③ **04** ⑤

01 문제 분석하기

운동 방향 →

(가)
(나)
(다)

- (가)와 (나)에서 공의 간격이 점점 넓어지고 있으므로 공의 속력이 점점 증가한다. ➡ (가)보다 (나)에서 공의 간격이 더 넓으므로 (가)보다 (나)에서 공의 속력이 더 크게 증가한다.
- (다)에서 공의 간격이 점점 좁아지고 있으므로 공의 속력이 점점 감소한다.

ㄴ. 물체에 작용하는 알짜힘의 크기가 클수록 공의 속력 변화가 크다. (가)보다 (나)에서 공의 속력이 더 크게 증가하고 있으므로 공에 알짜힘이 더 크게 작용한다.

ㄷ. (다)에서 공의 속력은 점점 감소하고 있으므로 알짜힘이 공의 운동 방향과 반대 방향으로 작용한다.

바로 알기 ㄱ. (가)에서 공의 속력이 점점 증가하고 있으므로 공에는 알짜힘이 작용하고 있다.

02 ㄱ. (가) 구간에서 승강기는 정지해 있고, (다) 구간에서 승강기의 운동 상태가 변하지 않으므로 (가), (다) 구간에서 승강기에 작용하는 알짜힘은 0이다.

ㄴ. 승강기에는 항상 중력이 작용하므로 (나) 구간에서도 중력이 작용한다.

바로 알기 ㄷ. (라) 구간에서 승강기의 속력이 감소하므로 승강기의 운동 방향과 반대 방향으로 알짜힘이 작용한다.

03 (가) 회전목마, (라) 대관람차는 운동 방향만 변하는 원운동을 하는 놀이기구이다.

(나) 바이킹은 속력과 운동 방향이 모두 변하는 운동을 하는 놀이기구이다.

(다) 자이로 드롭은 속력만 변하는 운동을 하는 놀이기구이다.

04 ㄷ. 용수철을 10 N의 힘으로 잡아당겼으므로 용수철에 작용하는 탄성력의 크기는 10 N이다.

ㄹ. 나무 도막에 작용하는 힘들이 평형을 이루고 있기 때문에 나무 도막이 정지해 있다.

바로 알기 ㄱ. 나무 도막이 정지해 있으므로 나무 도막에 작용하는 알짜힘은 0이다.

ㄴ. 나무 도막에 작용하는 마찰력의 크기는 10 N이다.

01 힘의 표현과 평형

1 ❶ 시작점 ❷ 방향 ❸ 길이
2 ❶ 오른쪽 ❷ 40 N ❸ 오른쪽 ❹ 20 N
3 ❶ 반대 ❷ 일직선상 ❸ 같다

02 여러 가지 힘

1 ❶ 중심 ❷ 클
2 ❶ 58.8 ❷ 6
3 ❶ 왼쪽 ❷ 20 N
4 ❶ 증가 ❷ 비례
5 ❶ 오른쪽 ❷ 10 N
6 ❶ < ❷ 무거울 ❸ < ❹ 거칠
7 ❶ 반대 ❷ 부피
8 ❶ 2 N

03 힘의 작용과 운동 상태 변화

1 ❶ 속력 ❷ 운동 방향 ❸ 비스듬한
2 ❶ 같 ❷ 반대
3 ❶ 운동 ❷ 수직
4 ❶ 운동 ❷ 연직 아래 ❸ 비스듬한
5 ❶ 중력

01 ⑤ **02** ② **03** ③ **04** ② **05** ② **06** ② **07** ①
08 ⑤ **09** ③ **10** ③ **11** ③ **12** ⑤ **13** ④ **14** ③
15 ③ **16** ① **17** ⑤ **18** ④ **19** ② **20** ⑤ **21** ①
22 ① **23** ② **24** ① **25** ④

01 과학에서의 힘이 작용하면 물체의 모양이나 운동 상태가 변한다.

㉠, ㉡ 운동 상태가 변한다.

㉢ 모양이 변한다.

㉣ 모양과 운동 상태가 모두 변한다.

바로 알기 ㉤ 물체의 모양이나 운동 상태가 변하지 않았으므로 과학에서의 힘이 아니다.

02 과학에서의 힘은 물체의 운동 상태나 모양을 변화시키는 원인이다. 이때 운동 상태는 속력과 운동 방향을 의미한다. 물체에 힘이 작용하는 것과 질량은 아무 관련이 없다.

03 ③ 화살표의 길이는 힘의 크기에 비례한다.

바로 알기 ① A는 힘의 작용점을 나타낸다.

② B는 힘의 크기를 나타낸다.
④ 날아오는 야구공을 힘껏 치면 야구공의 모양과 운동 상태는 모두 변한다.
⑤ 야구공이 날아오던 속력 그대로 다시 날아간다면 속력은 변하지 않지만 운동 방향이 변하므로 운동 상태는 변한 것이다.

04 (가)에서 두 힘은 나무 도막에 같은 방향으로 작용하고 있으므로 합력의 크기는 1 N＋3 N＝4 N이다.
(나)에서 두 힘은 나무 도막에 반대 방향으로 작용하고 있으므로 합력의 크기는 3 N－1 N＝2 N이다.

05 모눈종이 눈금 1 칸을 2 N이라고 했을 때 물체의 왼쪽 방향으로 작용하는 힘의 크기는 8 N이고, 물체의 오른쪽 방향으로 작용하는 힘의 크기는 4 N이다. 따라서 합력의 방향은 큰 힘의 방향인 왼쪽이고, 합력의 크기는 8 N－4 N＝4 N이다.

06 ㄷ. 줄다리기를 할 때 줄이 정지해 있으므로 줄을 양쪽에서 당기는 두 힘은 평형을 이루고 있다.
바로 알기 ㄱ. 줄에 작용하는 두 힘이 평형을 이루기 위한 조건은 두 힘의 방향은 반대이고, 두 힘의 크기는 같아야 한다.
ㄴ. 줄은 평형을 이루고 있으므로 줄에 작용하는 알짜힘은 0이다.

07 지구 위에서 물체를 놓으면 중력에 의해 물체는 지구 중심 방향(A)으로 떨어진다.

08 ①, ②, ③, ④ 비가 땅으로 내리고, 폭포의 물이 아래로 떨어지고, 위로 던진 공이 땅으로 떨어지고, 고드름이 아래쪽으로 얼어붙는 것은 모두 중력에 의한 현상이다.
바로 알기 ⑤ 용수철을 당겼다 놓으면 원래대로 돌아가는 것은 탄성력에 의한 현상이다.

09 ㄴ. 질량은 물체의 고유한 양으로 측정 장소가 달라져도 변하지 않는다.
ㄷ. 물체의 무게는 질량×9.8이므로 물체의 질량이 클수록 무게도 크다.
바로 알기 ㄱ. 지구에서 질량이 1 kg인 물체의 무게는 1×9.8＝9.8(N)이다.
ㄹ. 지구는 지구상에 있는 물체의 질량에 따라 다른 크기의 힘으로 끌어당긴다.

10 달에서 무게가 196 N인 물체를 지구에 가져와서 무게를 측정하면 196 N×6＝1176 N이다. 지구에서 물체의 무게는 질량×9.8이므로 물체의 무게를 9.8로 나누면 물체의 질량을 구할 수 있다. 따라서 물체의 질량은 $\frac{1176}{9.8}$＝120(kg)이다.

11 탄성력은 변형된 물체가 원래 모양으로 되돌아가려는 방향으로 작용하므로 A에서 작용하는 탄성력의 방향은 오른쪽이고, B에서 작용하는 탄성력의 방향은 왼쪽이다.

12 문제 분석하기

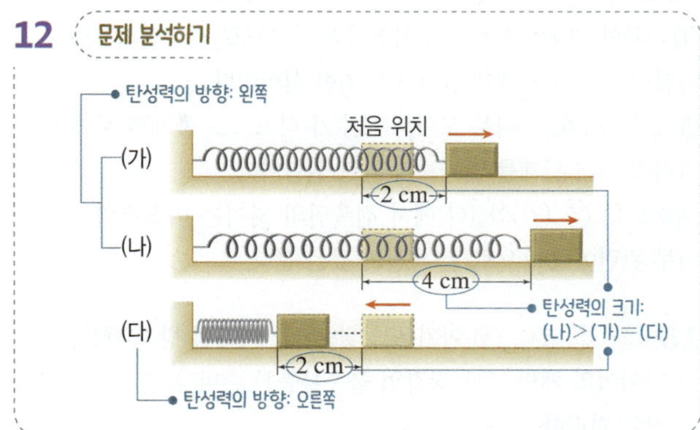

⑤ 용수철을 잡아당기는 힘의 크기와 용수철이 늘어난 길이는 비례하므로 (나)에서 힘의 크기가 2 배가 되면 용수철이 늘어난 길이도 2 배로 늘어나 8 cm가 된다.
바로 알기 ①, ② (나)에서 용수철이 가장 많이 늘어났으므로 (나)의 탄성력이 가장 크다.
③ (가)와 (나)는 모두 오른쪽으로 힘을 작용했으므로 탄성력의 방향이 왼쪽으로 같다. (다)는 왼쪽으로 힘을 작용했으므로 탄성력의 방향은 오른쪽이다.
④ (가)에서 나무 도막을 잡은 손을 놓으면 용수철이 원래 모양으로 되돌아가므로 나무 도막은 왼쪽으로 움직인다.

13 ①, ②, ③, ⑤ 활, 장대높이뛰기, 빨래집게, 자전거 안장은 탄성력이 작용한 예이다.
바로 알기 ④ 등산할 때 바닥이 울퉁불퉁한 등산화를 신는 것은 마찰력을 크게 하여 활용한 예이다.

14 마찰력의 방향은 물체에 작용한 힘의 방향과 반대 방향이므로 마찰력의 방향은 왼쪽이다. 마찰력의 크기는 물체에 작용한 힘의 크기와 같으므로 마찰력의 크기는 30 N이다.

15 문제 분석하기

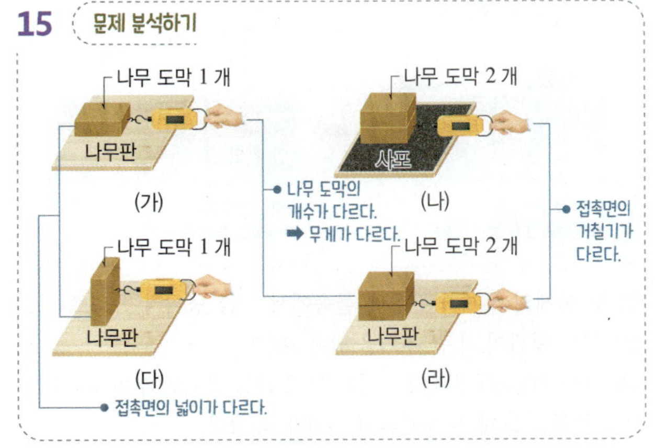

① 힘 센서로 마찰력의 크기를 측정하므로 힘 센서에 나타난 값은 마찰력의 크기를 나타낸다.

② (가)보다 (나)에서 물체의 무게도 무겁고, 접촉면의 거칠기가 크므로 힘 센서의 값은 (나)가 더 크다.

④ (나)와 (라)는 접촉면의 거칠기만 다르므로 접촉면의 거칠기와 마찰력의 크기 관계를 알아보기 위한 실험이다.

⑤ (가)와 (라)는 나무 도막의 개수가 다르므로 물체의 무게와 마찰력의 크기 관계를 알아보기 위한 실험이다.

(바로 알기) ③ (가)와 (다)에서 접촉면의 넓이는 마찰력의 크기와 아무 관련이 없으므로 힘 센서의 값은 같다.

16 ②, ③, ④, ⑤ 아기용 양말 바닥, 미끄럼 방지 패드, 자동차 타이어의 체인, 고무장갑의 울퉁불퉁한 손바닥 부분은 마찰력이 커야 편리한 경우이다.

(바로 알기) ① 자전거 체인에 윤활유를 바르는 까닭은 마찰력을 작게 하기 위해서이다.

17 ①, ③ 페트병에는 부력이 작용하며 부력의 방향은 위쪽이다. 따라서 물속으로 페트병을 누르고 있는 손을 떼면 페트병이 위로 떠오른다.

② 부력의 크기는 물체가 물에 잠긴 부피가 클수록 커지므로 물에 잠긴 부피가 더 큰 (나)에 더 큰 부력이 작용한다.

④ 이 실험에서는 페트병을 누르고 있는 손으로 페트병이 떠오르려고 하는 힘을 느낄 수 있다. 따라서 물에 잠긴 물체의 부피와 부력의 크기 관계를 확인할 수 있다.

(바로 알기) ⑤ 페트병에 물을 넣으면 페트병에 작용하는 중력의 크기는 변하지만 물에 잠긴 페트병의 부피는 변하지 않으므로 페트병에 작용하는 부력의 크기도 변하지 않는다.

18 추에 작용한 부력의 크기는 (물 밖에서 추의 무게)−(물속에서 추의 무게)이므로 6.5 N−4 N=2.5 N이다.

19

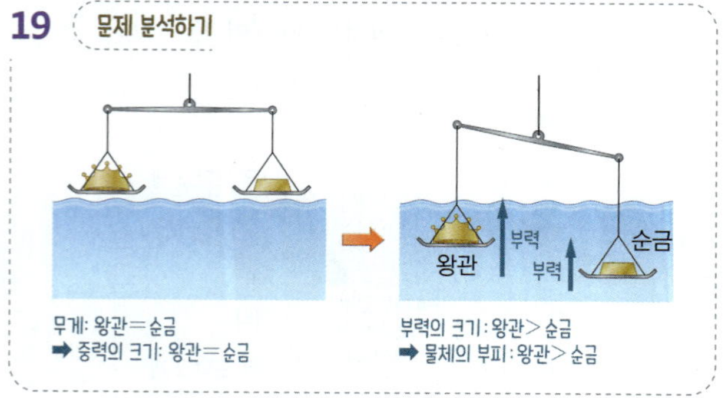

② 두 물체의 무게가 같은데 물속에서 순금 덩어리 쪽으로 기울었으므로 왕관이 더 큰 부력을 받은 것이다.

(바로 알기) ①, ④ 부력의 크기는 물에 잠긴 물체의 부피에 비례하므로 부력을 크게 받은 왕관의 부피가 더 크다.

③ 왕관과 순금에 작용하는 중력의 크기는 같다.

⑤ 부력은 중력과 반대 방향인 위쪽으로 작용한다.

20 ⑤ 운동하는 물체에 운동 방향과 반대 방향으로 알짜힘이 작용하면 속력은 느려지고, 운동 방향은 변하지 않는다.

21 ① (가)에서 공은 운동 방향만 변하고 속력은 일정한 운동을 한다.

(바로 알기) ② (가)에서 공에 작용하는 알짜힘의 방향은 원의 중심 방향이다.

③ (나)에서 공에 작용하는 힘은 중력이므로 항상 연직 아래 방향으로 작용한다.

④, ⑤ (다)에서 공의 속력과 운동 방향이 모두 변한다.

22 ㄱ, ㄴ. 비스듬히 던진 농구공, 놀이터에서 움직이는 그네는 속력과 운동 방향이 모두 변하는 운동을 한다.

(바로 알기) ㄷ. 지구 주위를 도는 인공위성은 속력은 일정하고 운동 방향만 변하는 운동을 한다.

ㄹ. 연직 위로 던져 올라가는 공은 운동 방향은 일정하고 속력만 변하는 운동을 한다.

ㅁ. 사람이 타고 있는 무빙워크는 속력과 운동 방향이 일정한 운동을 한다.

23 (가) 힘이 물체의 운동 방향과 나란하게 작용하면 물체의 속력만 변하는 운동을 한다.

(나) 힘이 물체의 운동 방향과 수직으로 작용하면 물체의 운동 방향만 변하는 운동을 한다.

(다) 힘이 물체의 운동 방향과 비스듬하게 작용하면 물체의 속력과 운동 방향이 모두 변하는 운동을 한다.

(라) 물체에 힘이 작용하지 않으면 물체는 속력과 운동 방향이 일정한 운동을 한다.

24 ②, ④ 책에는 중력과 책상이 떠받치는 힘이 작용한다. 책은 정지해 있으므로 두 힘은 평형을 이루고, 두 힘의 크기가 같다.

③, ⑤ 책상 위에 놓인 책에는 아래 방향으로 중력이 작용하고, 위 방향으로 책상이 책을 떠받치는 힘이 작용한다.

(바로 알기) ① 책에 작용하는 두 힘의 방향은 반대이다.

25 ㄱ. 페달을 마찰력이 큰 재질로 만들면 발이 미끄러지지 않아 쉽게 밟을 수 있다.

ㄷ. 안장 아래쪽에 탄성력이 큰 용수철을 설치하면 충격을 흡수할 수 있다.

(바로 알기) ㄴ. 바퀴에 윤활유를 바르면 마찰력이 작아져서 앞으로 잘 나아간다.

VI 기체의 성질

01 기체의 압력

[모범 답안] 힘이 작용하는 면적을 넓혀야 얼음에 가하는 압력이 작아지기 때문이야!

기초 튼튼 기본 문제   182 쪽

❶ 클   ❷ 좁을   ❸ 충돌   ❹ 모든

1 (1) (가)<(나) (2) (가)<(나)   **2** (1) ↑ (2) ↓ (3) ↑ (4) ↓
3 (1) ○ (2) ○ (3) ×   **4** (1) × (2) ○ (3) × (4) ○ (5) ○ (6) ○

1 (1) (가)와 (나)는 힘이 작용하는 면적이 같고, 작용하는 힘의 크기는 (가)<(나)이다. ➡ 스펀지가 눌리는 정도: (가)<(나)
(2) (가)와 (나)는 작용하는 힘의 크기가 같고, 힘이 작용하는 면적은 (가)>(나)이다. ➡ 스펀지가 눌리는 정도: (가)<(나)

2 (1), (3) 바늘, 아이젠은 끝부분이 뾰족하여 힘이 작용하는 면적이 좁아지므로 압력이 커진다.
(2), (4) 스키, 널빤지는 바닥이 넓으므로 힘이 작용하는 면적이 넓어져 압력이 작아진다.

3 (바로 알기) (3) 용기 안에 들어 있는 기체 입자의 개수가 많아지면 기체 입자가 용기 벽에 충돌하는 횟수가 증가하여 기체의 압력이 커진다.

4 (2), (4), (5), (6) 기체의 압력을 이용한 예이다.
(바로 알기) (1) 힘이 작용하는 면적을 좁혀 압력을 크게 하는 예이다.
(3) 힘이 작용하는 면적을 넓혀 압력을 작게 하는 예이다.

실력 탄탄 핵심 문제   184 쪽~187 쪽

01 ④   **02** ⑤   **03** ⑤   **04** ④   **05** ④   **06** ③   **07** ②
08 ③   **09** ③   **10** ①   **11** ③   **12** ⑤   **13** ⑤
14 (가)<(나)   **15** ⑤   **16** ③   **17** ②   **18** ⑤
(서술형 문제) **19~21** 해설 참조

01 ㄱ. 압력은 일정한 면적에 작용하는 힘이다.

ㄴ. 힘을 받는 면적이 같을 때에는 작용하는 힘이 클수록 압력이 커진다.
(바로 알기) ㄷ. 작용하는 힘의 크기가 같을 때에는 힘을 받는 면적이 좁을수록 압력이 커진다.

02 문제 분석하기

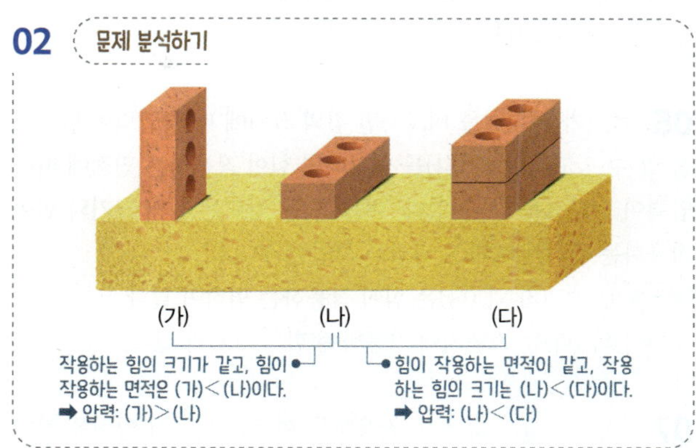

①, ③ (가)와 (나)는 작용하는 힘의 크기가 같고, 힘이 작용하는 면적이 다르다. 힘이 작용하는 면적은 (가)<(나)이므로 (가)는 (나)보다 스펀지가 깊게 눌린다. 이를 통해 힘이 작용하는 면적이 압력에 미치는 영향을 비교할 수 있다.
②, ④ (나)와 (다)는 힘이 작용하는 면적이 같고, 작용하는 힘의 크기가 다르다. 작용하는 힘의 크기는 (나)<(다)이므로 (나)보다 (다)에 작용하는 압력이 더 크다. 이를 통해 작용하는 힘의 크기가 압력에 미치는 영향을 비교할 수 있다.
(바로 알기) ⑤ (가)와 (다)는 힘이 작용하는 면적과 작용하는 힘의 크기가 모두 다르므로 힘이 작용하는 면적이나 작용하는 힘의 크기가 압력에 미치는 영향을 비교할 수 없다.

03 ⑤ 힘이 작용하는 면적이 좁을수록, 작용하는 힘의 크기가 클수록 압력이 커진다.

04 ④ 작용하는 힘의 크기가 같을 때 힘을 받는 면적이 좁을수록 압력이 커진다. 따라서 연필의 양쪽 끝에 같은 크기의 힘을 가하면 뾰족한 부분인 (나)의 손가락이 더 아프다.

[05~06] 문제 분석하기

05 ④ 페트병에 담긴 물의 양이 많으면 스펀지에 작용하는 힘의 크기가 커진다. (가)와 (나)를 비교하면 힘이 작용하는 면적이 같고 작용하는 힘의 크기는 (가)<(나)이므로 압력은 (가)<(나)이다. (나)와 (다)를 비교하면 작용하는 힘의 크기는 같고 힘을 받는 면적은 (나)>(다)이므로 압력은 (나)<(다)이다. 따라서 압력은 (가)<(나)<(다)이다.

06 ㄷ. (가)와 (나)를 비교하면 힘의 크기에 따라 압력이 달라짐을 알 수 있고, (나)와 (다)를 비교하면 힘이 작용하는 면적에 따라 압력이 달라짐을 알 수 있다. 이를 통해 압력은 힘의 크기와 힘이 작용하는 면적에 따라 달라짐을 확인할 수 있다.
(바로 알기) ㄱ. (가)와 (나)는 힘이 작용하는 면적이 같다.
ㄴ. (나)와 (다)는 스펀지에 작용하는 힘의 크기가 같다.

07 ①, ③, ④, ⑤ 힘이 작용하는 면적을 넓혀서 압력을 작게 하여 이용한 현상이다.
(바로 알기) ② 힘이 작용하는 면적을 좁혀서 압력을 크게 하여 이용한 현상이다.

08 ③ 못의 뾰족한 부분은 힘이 작용하는 면적이 좁을수록 압력이 커지는 성질을 이용한 것이다.

09 ①, ②, ④, ⑤ 압정, 칼날, 빨대, 바늘은 끝부분을 뾰족하게 만들어 압력이 커지는 것을 이용한 경우이다.
(바로 알기) ③ 눈썰매는 눈에 닿는 면적을 넓혀 압력이 작아지는 것을 이용한 경우이다.

10 ②, ③ 기체의 압력은 기체 입자가 운동하면서 용기 벽에 충돌하여 힘을 가하기 때문에 나타난다.
④ 온도와 부피가 일정할 때 기체 입자의 개수가 많을수록 기체 입자의 충돌 횟수가 증가하므로 기체의 압력이 커진다.
⑤ 부피가 일정할 때 기체 입자의 충돌 횟수가 증가할수록 힘의 크기가 커지므로 기체의 압력이 커진다.
(바로 알기) ① 기체의 압력은 모든 방향으로 작용한다.

11 ①, ②, ④ 찌그러진 축구공에 공기를 넣으면 축구공 속 기체 입자의 개수가 증가하므로 축구공 안쪽 벽에 충돌하는 횟수가 증가한다. 따라서 축구공 속 기체의 압력이 커져 축구공이 점점 부풀어 오른다.
⑤ 축구공이 모든 방향으로 부풀어 오르는 것으로 보아 축구공 속 기체의 압력은 모든 방향으로 작용함을 알 수 있다.
(바로 알기) ③ 찌그러진 축구공에 공기를 넣으면 기체 입자가 축구공 안쪽 벽에 충돌하는 횟수가 증가하므로 축구공 속 기체의 압력이 커진다.

12 ⑤ 공기를 불어넣은 고무풍선이 둥글게 부풀어 오르는 까닭은 고무풍선 속 기체 입자가 모든 방향으로 운동하면서 고무풍선 안쪽 벽에 충돌하기 때문이다.

13 ① 쇠구슬은 기체 입자에 해당하므로 쇠구슬이 들어 있는 페트병을 흔들었을 때 손바닥에 느껴지는 힘은 기체의 압력에 해당한다.
②, ③ 쇠구슬이 충돌하는 힘이 손바닥 전체에서 느껴지는 것으로 보아 기체의 압력은 모든 방향으로 작용함을 알 수 있다.
④ 쇠구슬의 개수가 많을수록 충돌 횟수가 증가하여 손바닥에 느껴지는 힘이 커진다.
(바로 알기) ⑤ (다)의 결과 기체 입자의 개수가 많을수록 기체의 압력이 커짐을 알 수 있다.

14 쇠구슬의 개수가 많을수록 손바닥에 느껴지는 힘이 커진다. 따라서 손바닥에 느껴지는 힘의 크기는 (가)<(나)이다.

15

ㄱ, ㄴ, ㄷ. (나)는 뚜껑을 열었다가 닫았으므로 페트병 속 기체 입자가 공기 중으로 빠져 나간다. 따라서 기체 입자의 개수, 기체 입자의 충돌 횟수, 페트병 속 기체의 압력은 (가)의 값이 (나)보다 크다.

16 ㄱ. 기체가 들어 있는 용기의 온도를 높이면 기체 입자의 운동이 활발해지므로 기체의 압력이 커진다.
ㄷ. 용기에 들어 있는 기체 입자의 개수가 늘어나면 기체 입자의 충돌 횟수가 증가하므로 기체의 압력이 커진다.
(바로 알기) ㄴ. 기체가 들어 있는 용기의 부피를 늘리면 같은 개수의 기체 입자가 늘어난 용기의 안쪽 벽에 충돌하여 충돌 횟수가 감소하므로 기체의 압력이 작아진다.

17 ①, ③, ④, ⑤ 튜브, 풍선 놀이 틀, 혈압 측정기, 구조용 공기 안전 매트는 일상생활에서 기체의 압력을 이용한 예이다.
(바로 알기) ② 스키는 힘이 작용하는 면적을 넓혀 압력을 작게 하여 이용한 예이다.

18 ⑤ 에어백에 기체를 채우면 기체의 압력이 커져 부풀어 오르므로 사람이 부딪쳐도 충격을 줄일 수 있다.

19 (모범 답안) 힘이 작용하는 면적을 넓히면 얼음에 가하는 압력을 줄일 수 있기 때문이다.

| **해설** | 작용하는 힘의 크기가 같을 때 힘이 작용하는 면적이 커지면 압력이 작아진다.

채점 기준	배점
힘이 작용하는 면적에 따른 압력 관계로 옳게 서술한 경우	100 %
압력을 작게 한다고만 서술한 경우	50 %

20 (모범 답안) 축구공에 공기를 넣으면 축구공 속 기체 입자의 개수가 증가하고 기체 입자가 축구공 안쪽 벽에 충돌하는 횟수가 증가하여 모든 방향으로 축구공을 밀어내기 때문이다.

| **해설** | 찌그러진 축구공에 공기를 넣음 ➡ 축구공 속 기체 입자의 개수 증가 ➡ 축구공 속 기체 입자의 충돌 횟수 증가 ➡ 축구공 속 공기의 압력 증가 ➡ 축구공이 사방으로 부풀어 오름

채점 기준	배점
축구공이 사방으로 부풀어 오르는 까닭을 입자의 개수, 충돌 횟수와 관련지어 옳게 서술한 경우	100 %
축구공이 사방으로 부풀어 오르는 까닭을 입자의 개수, 충돌 횟수 중 한 가지만 관련지어 서술한 경우	50 %

21 (모범 답안) (1) 기체의 압력은 모든 방향으로 작용한다.
(2) 기체 입자의 개수가 많을수록 기체의 압력이 커진다.

| **해설** | (1) (가)의 결과 손바닥 전체에서 힘이 느껴진다. 즉 쇠구슬은 모든 방향으로 움직인다. 이를 통해 기체의 압력은 모든 방향으로 작용함을 알 수 있다.
(2) (가)와 (나)를 비교하였을 때 (나)에서 손바닥에 느껴지는 힘이 더 크다. 즉 쇠구슬의 개수가 많을수록 페트병의 안쪽 벽에 충돌하는 횟수가 증가한다. 이를 통해 기체 입자의 개수가 많을수록 입자가 용기 벽에 충돌하는 횟수가 증가하여 기체의 압력이 커짐을 알 수 있다.

	채점 기준	배점
(1)	기체의 압력이 모든 방향으로 작용한다고 서술한 경우	50 %
(2)	기체 입자의 개수가 많을수록 기체의 압력이 커진다고 서술한 경우	50 %

한 걸음 더 실력 **UP** 문제   187 쪽

01 ⑤   **02** ②

---

01 ㄴ. 기체 입자가 고무풍선 안쪽 벽에 충돌하는 횟수가 증가할수록 풍선 속 기체의 압력이 커지므로 풍선의 크기가 커진다.
ㄷ. 고무풍선을 뜨거운 물에 넣으면 온도가 높아져 기체 입자의 운동이 활발해지므로 기체의 압력이 커진다.
(바로 알기) ㄱ. 고무풍선을 불면 풍선 속 기체 입자의 개수가 많아져 기체 입자가 풍선 안쪽 벽에 충돌하는 횟수가 증가하므로 풍선 속 기체의 압력이 커진다.

02 (문제 분석하기)

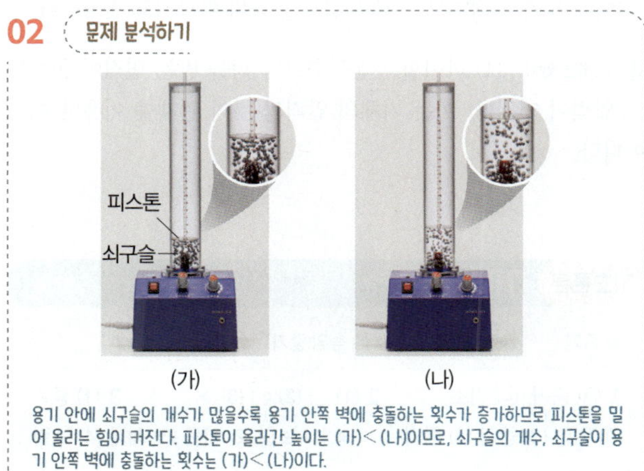

용기 안에 쇠구슬의 개수가 많을수록 용기 안쪽 벽에 충돌하는 횟수가 증가하므로 피스톤을 밀어 올리는 힘이 커진다. 피스톤이 올라간 높이는 (가)<(나)이므로, 쇠구슬의 개수, 쇠구슬이 용기 안쪽 벽에 충돌하는 횟수는 (가)<(나)이다.

ㄴ. 피스톤의 높이는 (나)가 더 높으므로 쇠구슬이 피스톤을 밀어 올리는 힘은 (가)<(나)이다.
(바로 알기) ㄱ. 피스톤의 높이는 (가)보다 (나)가 더 높으므로 쇠구슬의 개수는 (가)<(나)이다.
ㄷ. 쇠구슬의 개수는 (가)보다 (나)가 많으므로 쇠구슬이 용기 안쪽 벽에 충돌하는 횟수는 (가)<(나)이다.

O2 기체의 압력 및 온도와 부피 관계

(만화 완성하기) [모범 답안] 수면으로 올라갈수록 압력이 낮아져 기체의 부피가 커지기 때문이야.

(기초 튼튼) 기본 문제   190 쪽

❶ 반비례   ❷ 감소   ❸ 증가

1 ㉠ 감소, ㉡ 증가   **2** (1) ○ (2) ○ (3) ○   **3** (1) 감소 (2) 증가 (3) 일정 (4) 증가 (5) 일정   **4** (1) × (2) ○ (3) ○ (4) ○

1 온도가 일정할 때 일정량의 기체의 압력과 부피는 반비례한다.

2 (1) 기체의 부피는 (가)＞(나)＞(다)이다.
(2) 기체의 압력은 (가)＜(나)＜(다)이다.
(3) 일정한 온도에서 일정량의 기체의 압력과 부피는 반비례하므로 (가)~(다)에서 압력과 부피를 곱한 값은 모두 같다.

3 기체에 압력을 가하면 기체의 부피가 감소하여 기체 입자 사이의 거리가 감소하고, 기체 입자의 충돌 횟수가 증가하여 실린더 속 기체의 압력이 증가한다. 이때 기체 입자의 개수는 변하지 않으며, 온도가 일정하므로 기체 입자 운동의 빠르기도 일정하다.

4 (바로 알기) (1) 하이힐은 운동화보다 힘을 받는 면적이 좁으므로 압력이 커진다. 이는 기체의 압력과 부피 관계를 이용한 예가 아니다.

❶ 증가　　**❷** 낮춤(감소)　　**❸** 높임(증가)

1 ㉠ 증가, ㉡ 감소　　**2** (1) ○ (2) ○ (3) ×　　**3** (1) 증가
(2) 일정 (3) 증가 (4) 증가　　**4** (1) 보일 (2) 샤를 (3) 샤를 (4) 보일

1 압력이 일정할 때 기체의 온도가 높아지면 일정량의 기체의 부피는 일정한 비율로 증가한다.

2 (1), (2) 기체의 부피와 온도는 (가)＜(나)＜(다)이다.
(바로 알기) (3) 온도가 높아지면 기체 입자 운동의 빠르기가 증가하므로 기체 입자 운동의 빠르기는 (가)＜(나)＜(다)이다.

3 기체를 가열하면 기체 입자 운동의 빠르기가 증가하므로 실린더 속 기체의 압력이 외부 압력과 같아질 때까지 기체의 부피가 증가한다. 또한 기체의 부피가 증가하므로 기체 입자 사이의 거리도 증가한다. 그러나 온도가 변해도 기체 입자의 개수는 변하지 않는다.

4 (1), (4)는 기체의 압력과 부피 관계를 이용한 예이고, (2), (3)은 기체의 온도와 부피 관계를 이용한 예이다.

01 ④　　**02** ⑤　　**03** ②　　**04** ④　　**05** (가)＝(나)＝(다)
06 ④　　**07** (가) 3 (나) 30　　**08** ②　　**09** ④　　**10** ③　　**11** ④
12 ①, ⑤　　**13** ①　　**14** ③　　**15** ③　　**16** ①　　**17** ②
(서술형) 문제 **18~24** 해설 참조

01 ㄱ. 온도가 일정할 때 기체에 압력을 가하면 기체의 부피가 감소한다.

ㄷ. 온도가 일정할 때 일정량의 기체의 압력과 부피는 반비례하므로 기체의 압력과 부피의 곱은 일정하다.

(바로 알기) ㄴ. 일정량의 기체의 압력이 $\dfrac{1}{2}$로 감소하면 기체의 부피는 2 배가 된다.

02

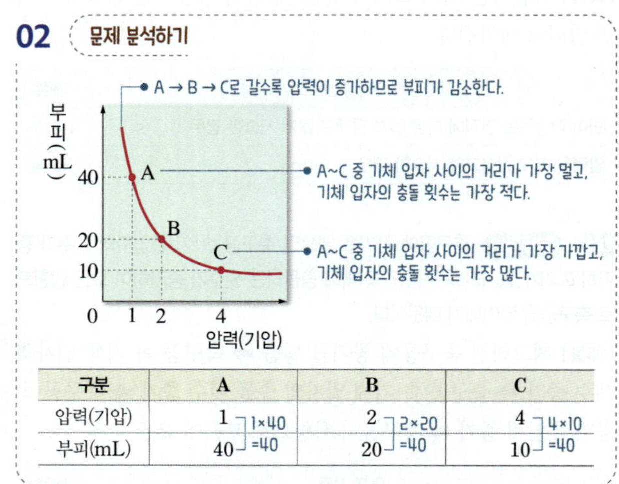

구분	A	B	C
압력(기압)	1 ⌉ 1×40	2 ⌉ 2×20	4 ⌉ 4×10
부피(mL)	40 ⌋ =40	20 ⌋ =40	10 ⌋ =40

① 온도가 일정할 때 기체의 압력과 부피의 곱이 일정하므로 일정량의 기체의 부피는 압력에 반비례한다.
② A에서 C로 변하면 압력이 1 기압에서 4 기압으로 증가한다.
③ C에서 B로 변하면 부피가 10 mL에서 20 mL로 증가한다.
④ A~C 중 기체의 압력이 가장 크고, 기체의 부피가 가장 작은 C에서 기체 입자의 충돌 횟수가 가장 많다.
(바로 알기) ⑤ A~C 중 기체의 압력이 가장 작고, 기체의 부피가 가장 큰 A에서 기체 입자 사이의 거리가 가장 멀다. 기체 입자 사이의 거리가 가장 가까운 것은 C이다.

03 ② 피스톤을 누르면 주사기 속 기체의 압력이 증가한다.
(바로 알기) ①, ④ 주사기의 피스톤을 누르면 주사기 속 기체의 부피가 감소하므로, 주사기 속 기체 입자 사이의 거리도 감소한다.
③, ⑤ 주사기 속 기체 입자의 개수는 변하지 않으며, 온도가 일정하므로 주사기 속 기체 입자 운동의 빠르기도 변하지 않는다.

[04~05]

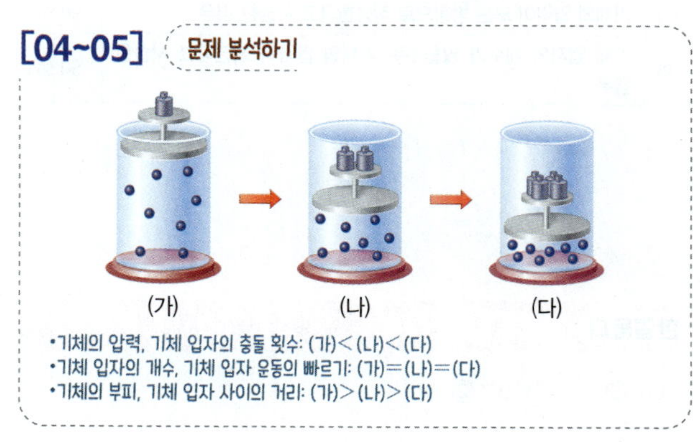

04 ④ 일정한 온도에서 (가) → (나) → (다)로 갈수록 압력이 증가하므로 기체 입자의 충돌 횟수가 증가한다. 하지만 온도가 일정하므로 기체 입자 운동의 빠르기는 변하지 않는다.

05 실린더 속에 들어 있는 기체 입자의 개수는 (가)~(다)에서 모두 같다.

06 문제 분석하기

감압 용기 속 공기 빼냄 ➡ 감압 용기 속 기체 입자의 개수 감소 ➡ 감압 용기 속 기체 입자의 충돌 횟수 감소 ➡ 감압 용기 속 기체의 압력 감소(과자 봉지의 외부 압력 감소) ➡ 과자 봉지 속 기체의 부피 증가(과자 봉지의 크기 증가) ➡ 과자 봉지 속 기체 입자의 충돌 횟수 감소 ➡ 과자 봉지 속 기체의 압력 감소

④ 감압 용기의 공기를 빼내면 감압 용기 속 기체 입자의 개수가 감소하여 기체 입자의 충돌 횟수가 감소하므로 기체의 압력이 감소한다. 따라서 과자 봉지에 작용하는 압력이 감소하므로 과자 봉지 속 기체의 부피가 증가하여 과자 봉지가 부풀어 오르고, 과자 봉지 속 기체의 압력은 감소한다.

(바로 알기) ① 감압 용기 속 공기의 압력이 감소한다.

② 감압 용기 속 기체 입자의 개수가 감소한다.

③ 과자 봉지 속 기체의 부피가 증가한다.

⑤ 과자 봉지 속 기체 입자의 충돌 횟수가 감소한다.

07 기체의 압력과 부피 관계를 알아보는 실험으로, 온도가 일정할 때 일정량의 기체의 압력과 부피의 곱은 일정하다.

압력(기압)	1 ⌐1×60	2 ⌐2×30	3 ⌐3×20
부피(mL)	60 [illegible]=60	30 ⌐=60	20 ⌐=60

08 ② 실험 결과 온도가 일정할 때 일정량의 기체의 부피는 압력에 반비례한다.

09 ㄱ, ㄴ, ㄹ. 기체의 압력과 부피 관계를 이용한 예이다.

(바로 알기) ㄷ. 온도가 높아지면 기체의 부피가 증가하므로 기체의 온도와 부피 관계를 이용한 예이다.

10 ㄷ. 온도가 높아지면 기체 입자의 운동이 활발해져 기체의 부피가 증가한다.

(바로 알기) ㄱ. 온도가 낮아져도 기체 입자의 개수는 변하지 않는다.

ㄴ. 온도가 높아져도 기체 입자의 크기는 변하지 않는다.

11 문제 분석하기

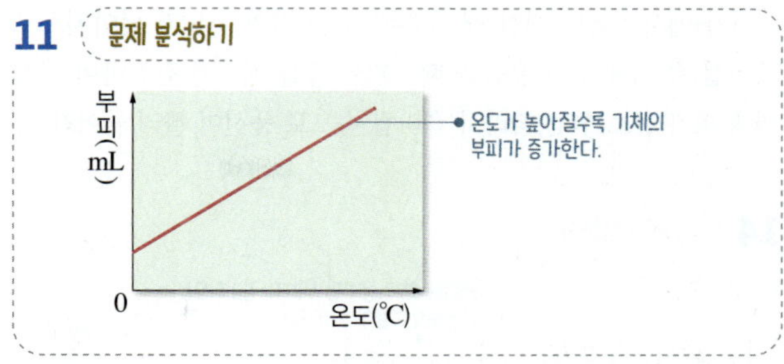

① 압력이 일정할 때 온도가 높아지면 일정량의 기체의 부피는 일정한 비율로 증가한다.

② 기체의 양이 일정하므로 온도가 높아져도 기체 입자의 개수는 변하지 않는다.

③ 온도가 높아지면 기체의 부피가 증가하므로 기체 입자 사이의 거리가 멀어진다.

⑤ 찌그러진 탁구공을 뜨거운 물에 넣으면 다시 펴지는 것은 기체의 온도와 부피 관계로 설명할 수 있다.

(바로 알기) ④ 온도가 높아지면 기체 입자의 운동이 활발해지므로 기체 입자의 충돌 세기가 증가한다.

12 문제 분석하기

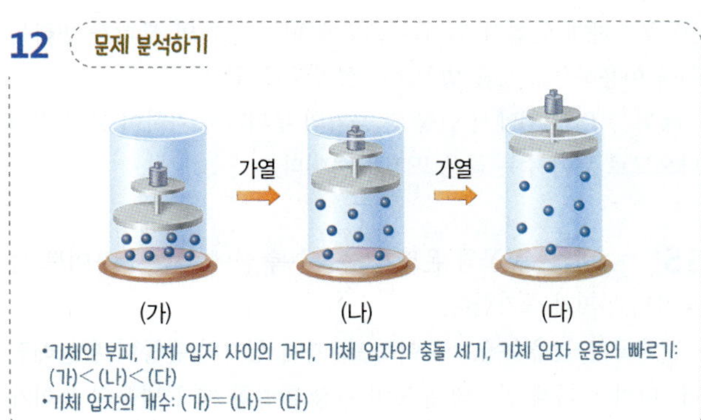

· 기체의 부피, 기체 입자 사이의 거리, 기체 입자의 충돌 세기, 기체 입자 운동의 빠르기: (가)＜(나)＜(다)
· 기체 입자의 개수: (가)＝(나)＝(다)

①, ⑤ 기체의 온도를 높이면 기체의 압력이 외부 압력과 같아질 때까지 부피가 증가하고, 기체 입자 운동의 빠르기가 증가한다.

(바로 알기) ② 기체 입자의 개수는 (가)＝(나)＝(다)이다.

③ 기체 입자 사이의 거리는 (가)＜(나)＜(다)이다.

④ 기체 입자의 충돌 세기는 (가)＜(나)＜(다)이다.

13 문제 분석하기

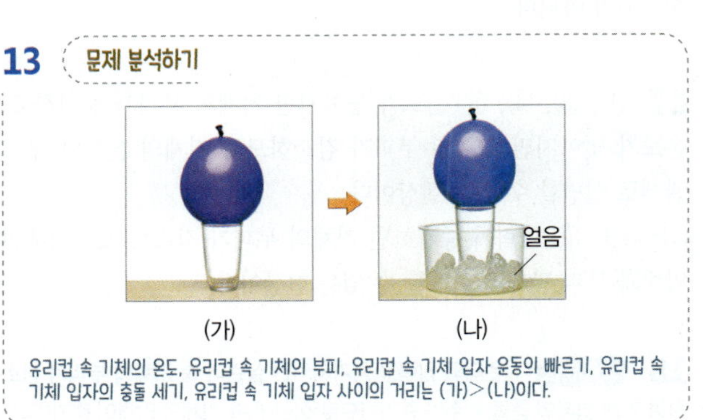

유리컵 속 기체의 온도, 유리컵 속 기체의 부피, 유리컵 속 기체 입자 운동의 빠르기, 유리컵 속 기체 입자의 충돌 세기, 유리컵 속 기체 입자 사이의 거리는 (가)＞(나)이다.

① (가)에서 (나)로 변할 때 유리컵 속 공기의 온도가 낮아지므로 유리컵 속 기체 입자 운동의 빠르기와 충돌 세기가 감소하여 기체의 부피가 감소한다. 따라서 유리컵 속으로 풍선이 빨려 들어간다.

14 문제 분석하기

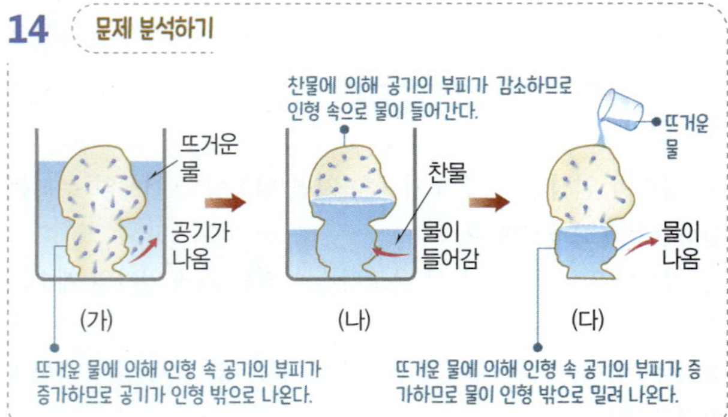

① (가)에서 온도가 높아져 인형 속 기체 입자의 운동이 활발해진다.
② (나)에서 온도가 낮아져 인형 속 공기의 부피가 감소하므로 인형 속으로 물이 들어간다.
④ (다)에서 물이 나오는 것은 인형 속 공기의 부피가 증가하기 때문이다.
⑤ 오줌싸개 인형의 원리는 온도에 따라 공기의 부피가 변하는 것을 이용하므로 샤를 법칙으로 설명할 수 있다.
바로 알기 ③ (다)에서 인형 속 공기의 부피가 증가하여 물이 밀려 나오므로 부어 주는 물은 뜨거운 물이다.

15 ㄱ. 비커 속 물의 온도가 높을수록 물에 담근 스포이트 속 공기의 부피가 증가한다.
ㄷ. 온도가 높을수록 스포이트 속 기체 입자의 운동이 활발해진다. 따라서 기체 입자의 운동이 가장 활발할 때 물방울의 높이가 가장 높다.
바로 알기 ㄴ. 온도가 가장 낮은 물에 담근 스포이트는 물방울의 높이가 가장 낮다.

16 ① 압력이 일정할 때 기체의 온도가 높아지면 일정량의 기체의 부피는 일정한 비율로 증가한다. 이때 0 ℃에서 기체의 부피는 0이 아니다.

17 ①, ③, ④, ⑤ 온도가 높아지면 기체의 부피가 증가하고, 온도가 낮아지면 기체의 부피가 감소하므로 기체의 온도와 부피 관계로 설명할 수 있는 현상이다.
바로 알기 ② 압력이 증가하면 기체의 부피가 감소하므로 기체의 압력과 부피 관계로 설명할 수 있는 현상이다.

18 모범 답안 실린더의 압력을 증가시키면 실린더 속 기체의 부피가 감소하여 기체 입자의 충돌 횟수가 증가하므로 실린더 속 기체의 압력이 증가한다.

채점 기준	배점
세 가지 용어를 모두 이용하여 옳게 서술한 경우	100 %
두 가지 용어만 이용하여 서술한 경우	50 %

19 모범 답안 온도가 일정할 때 일정량의 기체의 압력과 부피는 반비례한다.(온도가 일정할 때 일정량의 기체의 압력과 부피의 곱은 일정하다.)
|해설| 각 지점에서 기체의 압력과 부피의 곱은 60으로 일정하다.

채점 기준	배점
온도 조건을 포함하여 알 수 있는 사실을 옳게 서술한 경우	100 %
기체의 압력과 부피는 반비례한다고만 서술한 경우	50 %

20 모범 답안

|해설| 일정한 온도에서 주사기 속 기체의 압력이 감소하였으므로 주사기 속 기체 입자의 개수, 크기, 화살표의 길이는 당기기 전과 동일하게 그리고, 기체 입자가 주사기 안쪽 벽에 충돌하는 횟수는 감소하며, 입자 사이의 거리는 멀어진 모습으로 표현한다.

채점 기준	배점
기체 입자의 개수와 화살표 길이는 동일하고, 기체 입자가 주사기 안쪽 벽에 충돌하는 횟수는 감소하며, 기체 입자 사이의 거리가 멀어지게 그린 경우	100 %
기체 입자의 개수, 화살표 길이, 기체 입자가 주사기 안쪽 벽에 충돌하는 횟수, 기체 입자 사이의 거리 중 일부만 맞게 그린 경우	각 25 %

21 모범 답안 수면으로 올라올수록 압력이 감소하여 공기의 부피가 증가하기 때문이다.
|해설| 수면에서 깊이 내려갈수록 수압(물이 누르는 힘)이 커진다. 따라서 잠수부가 내뿜은 공기 방울은 수면으로 올라올수록 수압을 적게 받으므로 부피가 증가한다.

채점 기준	배점
기체의 압력과 부피 관계를 이용하여 까닭을 옳게 서술한 경우	100 %
압력이 감소하기 때문이라고만 서술한 경우	50 %

22 모범 답안 온도가 높아지면 기체 입자 운동의 빠르기가 증가하고 기체 입자의 충돌 세기가 증가하여 기체의 부피가 증가한다.

채점 기준	배점
기체의 부피 변화를 기체 입자의 운동 변화와 관련지어 옳게 서술한 경우	100 %
그 외의 경우	0 %

23 **모범 답안** A, 체온에 의해 온도가 높아져 스포이트 속 기체의 부피가 증가하기 때문이다.

|해설| 기체의 부피와 온도 관계로 설명할 수 있는 현상이다.

채점 기준	배점
이동 방향을 옳게 쓰고, 까닭을 옳게 서술한 경우	100 %
이동 방향만 옳게 쓴 경우	50 %

24 **모범 답안** 온도가 낮아지면 기체의 부피가 감소한다.

|해설| 액체 질소는 온도가 매우 낮으므로 액체 질소에 고무풍선을 넣으면 고무풍선 속 기체의 부피가 감소하여 고무풍선이 쭈그러든다.

채점 기준	배점
제시된 현상으로 알 수 있는 사실을 옳게 서술한 경우	100 %
그 외의 경우	0 %

한 걸음 더 실력 UP 문제 　199 쪽

01 ④ 　　**02** ④ 　　**03** ④ 　　**04** ③

01 문제 분석하기

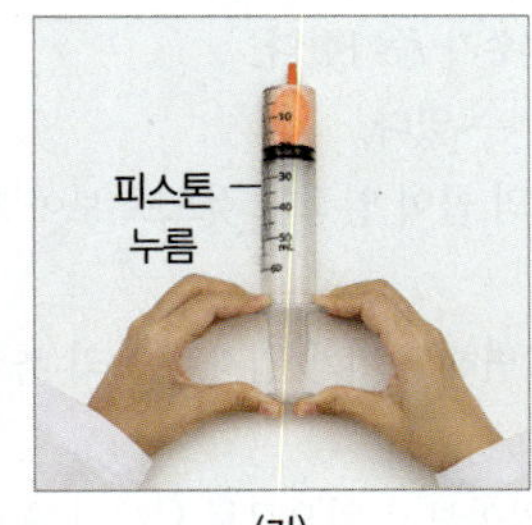

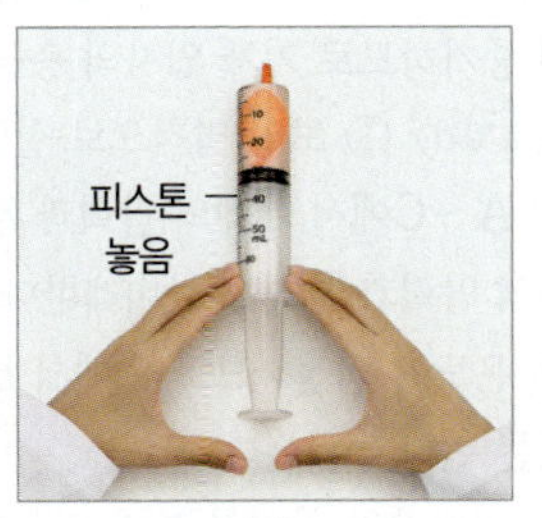

주사기 속 기체의 부피 감소 ➡ 주사기 속 기체 입자의 충돌 횟수 증가 ➡ 주사기 속 기체의 압력 증가 ➡ 고무풍선 속 기체의 부피 감소 ➡ 고무풍선 속 기체 입자의 충돌 횟수 증가 ➡ 고무풍선 속 기체의 압력 증가

주사기 속 기체의 부피 증가 ➡ 주사기 속 기체 입자의 충돌 횟수 감소 ➡ 주사기 속 기체의 압력 감소 ➡ 고무풍선 속 기체의 부피 증가 ➡ 고무풍선 속 기체 입자의 충돌 횟수 감소 ➡ 고무풍선 속 기체의 압력 감소

④ (가)에서는 고무풍선 속 기체 입자의 충돌 횟수가 증가하고, (나)에서는 고무풍선 속 기체 입자의 충돌 횟수가 감소한다.

(바로 알기) ① 고무풍선의 부피는 (가)에서 감소하고 (나)에서 증가한다.

② 고무풍선 속 기체의 압력은 (가)에서 증가하고 (나)에서 감소한다.

③ 고무풍선에 가해지는 압력은 (가)에서 증가하고 (나)에서 감소한다.

⑤ 온도가 일정하므로 (가)와 (나)에서 고무풍선 속 기체 입자 운동의 빠르기는 같다.

02 ④ 우리 몸에는 숨을 쉬는 기도와 음식물이 이동하는 식도가 있다. 기도와 식도는 가깝게 위치하므로 음식물이 기도로 잘못 넘어가면 기도가 막히는 경우가 있다. 기도가 막힌 사람의 배 위쪽을 손으로 강하게 밀어 올리면 몸속 공기의 부피가 줄어들면서 압력이 커지고, 압력이 커진 공기가 음식물을 강하게 밀어내서 음식물이 기도 밖으로 나온다.

03 뜨거운 물에 담갔다 꺼낸 유리병에 껍질을 벗긴 달걀을 올려두면 시간이 지나면서 유리병 속 기체의 부피가 감소하므로 달걀이 병 속으로 들어간다. 이는 기체의 온도와 부피 관계로 설명할 수 있는 현상이다.

④ 피펫을 손으로 감싸 쥐면 온도가 높아져 피펫 속 공기의 부피가 증가하므로 기체의 온도와 부피 관계로 설명할 수 있다.

(바로 알기) ① 액체인 물이 고체인 얼음으로 상태 변화 할 때 부피가 증가하는 현상이다.

② 일정한 크기의 용기에 공기를 넣어 기체의 압력을 크게 하는 현상이다.

③ 힘이 작용하는 면적이 좁아져서 압력이 커지는 현상이다.

⑤ 기체의 압력과 부피 관계로 설명할 수 있는 현상이다.

04 ③ (가) → (나)는 실린더의 부피가 감소하였고, 기체 입자 운동의 빠르기가 변하지 않았으며, 기체 입자의 충돌 횟수가 증가하였으므로 외부 압력을 증가시킨 경우이다. (가) → (다)는 실린더의 부피가 증가하였고, 기체 입자 운동의 빠르기가 증가하였으므로 온도가 증가한 경우이다.

핵심 자료 로 회종 점검 　202 쪽~203 쪽

01 기체의 압력

1 ❶ 힘 ❷ (나) ❸ 면적 ❹ (라)
2 ❶ 면적 ❷ 힘 ❸ < ❹ <
3 ❶ 크 ❷ 작
4 ❶ 모든 ❷ 충돌 횟수
5 ❶ 증가 ❷ 증가 ❸ 증가
6 ❶ 커
7 ❶ 압력

02 기체의 압력 및 온도와 부피 관계

1 ❶ 반비례
2 ❶ 감소 ❷ 증가 ❸ 증가 ❹ 감소
3 ❶ 감소 ❷ 감소 ❸ 증가 ❹ 증가
4 ❶ 증가
5 ❶ 증가 ❷ 증가 ❸ 감소 ❹ 감소
6 ❶ 감소 ❷ 감소

01 ⑤   02 ③   03 ②   04 ⑤   05 ③, ⑤   06 ④   07 ③
08 ④, ⑤   09 ④   10 ⑤   11 ③   12 ①   13 ③
14 ③   15 ②   16 ②   17 ④   18 ⑤   19 ④   20 ①
21 ④   22 ①   23 ②, ③

01 ① 일정한 면적에 작용하는 힘을 압력이라고 한다.
② 압력은 작용하는 힘의 크기가 클수록, 힘이 작용하는 면적이 좁을수록 커진다.
③ 일정한 면적에 기체 입자가 충돌해서 가하는 힘을 기체의 압력이라고 한다.
④ 용기의 부피와 온도가 일정할 때 기체 입자의 개수가 많을수록 기체 입자가 용기 안쪽 벽에 충돌하는 횟수가 증가하므로 압력이 커진다.
(바로 알기) ⑤ 용기의 부피와 입자의 개수가 일정할 때 온도가 낮아지면 기체 입자의 운동이 둔해지므로 용기 속 기체의 압력이 작아진다.

02 ㄱ. (가)와 (나)는 힘의 크기가 같고, 힘이 작용하는 면적은 (가)＜(나)이므로 스펀지에 작용하는 압력은 (나)가 더 작다. (나)와 (다)는 힘이 작용하는 면적이 같고, 힘의 크기는 (나)＜(다)이므로 스펀지에 작용하는 압력은 (나)가 더 작다. 따라서 스펀지에 작용하는 압력이 가장 작은 것은 (나)이다.
ㄷ. (나)와 (다)는 힘이 작용하는 면적이 같다.
(바로 알기) ㄴ. (가)와 (나)는 스펀지에 작용하는 힘의 크기가 같다.

03 ② 운동화와 하이힐을 신고 같은 힘으로 종이 찰흙을 누르면 하이힐이 더 깊게 눌린다. 이는 힘을 받는 면적이 좁을수록 압력이 커지기 때문이다.

04 ㄱ. 페트병에 담긴 물의 양이 (가)＜(나)＝(다)이므로 스펀지에 작용하는 힘의 크기는 (가)＜(나)＝(다)이다.
ㄴ. (가)와 (나)는 페트병을 스펀지에 똑바로 올려놓았고, (다)는 페트병을 스펀지에 거꾸로 올려놓았다. 따라서 힘이 작용하는 면적은 (가)＝(나)＞(다)이다.
ㄷ. 압력의 크기는 힘의 크기가 클수록, 힘이 작용하는 면적이 좁을수록 커진다. 따라서 스펀지가 눌리는 정도는 (가)＜(나)＜(다)이다.

05 ③, ⑤ 널빤지는 힘이 작용하는 면적을 넓혀 압력을 작게 하는 경우이다. 설피, 눈썰매도 같은 원리를 이용한 것이다.
(바로 알기) ①, ②, ④ 못, 빨대, 아이젠은 힘이 작용하는 면적을 좁혀 압력을 크게 하는 경우이다.

06 ㄴ. 축구공에 공기를 넣으면 축구공 속 기체 입자의 개수가 증가한다.
ㄹ. 축구공 속 기체 입자의 개수가 많아지므로 기체 입자가 축구공 안쪽 벽에 충돌하는 횟수가 증가한다.
(바로 알기) ㄱ. 축구공에 공기를 넣으면 축구공 속 기체의 압력이 증가한다.
ㄷ. 온도가 일정하므로 축구공 속 기체 입자 운동의 빠르기는 변하지 않는다.

07 ① 쇠구슬 15 개, 30 개를 넣은 페트병 모두 손바닥 전체에서 쇠구슬이 충돌하는 힘이 느껴진다.
② 이 실험에서 쇠구슬은 기체 입자라고 가정할 수 있으므로, 손바닥에 느껴지는 힘은 기체의 압력에 해당한다.
④, ⑤ 기체 입자의 개수가 많을수록 충돌 횟수가 증가하여 기체의 압력이 커진다는 것을 알 수 있다.
(바로 알기) ③ 쇠구슬 15 개가 들어 있는 페트병은 쇠구슬 30 개가 들어 있는 페트병보다 손바닥에 느껴지는 힘이 더 작다.

08 ④, ⑤ 에어백, 풍선 놀이 틀은 기체의 압력을 이용한 예이다.
(바로 알기) ①, ②, ③ 바늘, 압정, 칼날은 힘이 작용하는 면적을 좁혀 압력을 크게 하는 예이다.

09 ④ B에서 C로 변하면 기체의 부피가 감소하고 기체의 압력이 증가하므로 기체 입자의 충돌 횟수가 증가한다.
(바로 알기) ① 보일 법칙으로 설명할 수 있다.
② A~C에서 기체의 압력과 부피의 곱이 일정한 것으로 보아 기체의 압력과 부피는 반비례한다.
③ 온도가 일정하므로 A에서 B로 변해도 기체 입자 운동의 빠르기는 변하지 않는다.
⑤ 일정량의 기체의 부피 변화를 알아보고 있으므로 C에서 A로 변해도 기체 입자의 개수는 변하지 않는다.

10 ①, ③, ④ 주사기의 피스톤에서 손을 떼면 공기를 누르는 압력이 감소하므로 공기의 부피가 증가한다. 따라서 공기를 이루는 기체 입자 사이의 거리는 멀어지고, 기체 입자의 충돌 횟수는 감소한다.
② 기체 입자의 개수는 변하지 않는다.
(바로 알기) ⑤ 온도가 일정하므로 기체 입자 운동의 빠르기는 변하지 않는다.

11 ③ 외부 압력이 증가해도 기체 입자의 개수는 일정하게 유지된다.
(바로 알기) ①, ④ 외부 압력이 증가하면 실린더 속 기체의 압력, 기체 입자의 충돌 횟수는 증가한다.

②, ⑤ 외부 압력이 증가하면 실린더 속 기체의 부피, 기체 입자 사이의 거리는 감소한다.

12 ① 감압 용기 속 기체의 압력이 감소하므로 과자 봉지 속 기체의 부피는 증가한다.
(바로 알기) ② 과자 봉지 속 기체의 압력은 감소한다.
③ 감압 용기의 공기를 빼내었으므로 감압 용기 속 기체 입자의 개수는 감소한다.
④ 감압 용기 속 기체 입자의 충돌 횟수는 감소한다.
⑤ 온도가 일정하므로 감압 용기 속 기체 입자 운동의 빠르기는 변하지 않는다.

13 ①, ②, ④ 주사기의 피스톤을 누르면 주사기 속 기체의 부피가 감소하고 기체 입자의 충돌 횟수가 증가하여 압력이 증가한다. 따라서 고무풍선의 크기가 작아진다.
⑤ 주사기의 피스톤을 누르면 주사기 속 기체의 부피가 감소하므로 기체 입자 사이의 거리가 감소한다.
(바로 알기) ③ 주사기의 피스톤을 누르면 주사기 속 기체의 부피가 감소한다.

14 ③ 일정한 온도에서 일정량의 기체의 압력과 부피 관계를 알아보는 실험이다.

15 ①, ③, ④, ⑤ 기체의 압력과 부피 관계를 설명하는 보일 법칙과 관련된 현상이다.
(바로 알기) ② 기체의 온도와 부피 관계를 설명하는 샤를 법칙과 관련된 현상이다.

16 ㄱ. 기체의 온도와 부피 관계를 나타낸 그림으로, 온도가 높아지면 기체의 부피는 일정한 비율로 증가함을 알 수 있다.
ㄹ. B는 A보다 높은 온도이므로 기체의 부피가 더 크다. 따라서 기체 입자 사이의 거리는 B가 A보다 멀다.
(바로 알기) ㄴ. A에서 B로 변해도 기체 입자의 크기는 변하지 않는다.
ㄷ. 온도가 높아지면 기체 입자 운동의 빠르기가 증가하므로 A는 B보다 기체 입자의 운동이 둔하다.

17 ④ 일정한 압력에서 실린더 속 기체를 가열하면 기체 입자의 충돌 세기가 증가하여 기체의 부피가 증가한다. 이때 기체 입자의 개수는 변하지 않는다.

18 ⑤ 체온에 의해 빈 병 속 기체 입자의 운동이 활발해져서 기체 입자 운동의 빠르기와 충돌 세기가 증가하여 기체의 부피가 증가하므로 병 입구에 있는 동전이 들썩거리며 움직인다.

19 뜨거운 물에 담갔다가 꺼낸 유리컵의 입구에 고무풍선을 올려놓고 기다리면 유리컵 속 기체의 온도가 낮아지므로 고무풍선이 유리컵 속으로 빨려 들어간다.
④ 시간이 지나면 유리컵 속 기체의 온도가 낮아져 기체 입자의 운동이 둔해지면서 부피가 감소하므로 유리컵 속 기체 입자 사이의 거리는 (가)가 (나)보다 멀다.
(바로 알기) ① 유리컵 속 기체의 온도는 (가)보다 (나)가 낮다.
② 유리컵 속 기체의 부피는 (가)보다 (나)가 작다.
③ 유리컵 속 기체의 온도는 (나)보다 (가)가 높으므로 기체 입자 운동의 빠르기는 (가)＞(나)이다.
⑤ 온도에 따른 기체의 부피 변화를 확인할 수 있다.

20
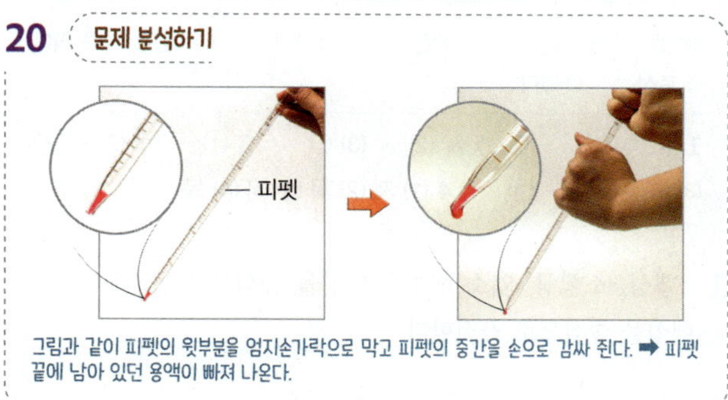

① 피펫의 윗부분을 엄지손가락으로 막고 피펫의 중간 부분을 손으로 감싸 쥐면 체온에 의해 온도가 높아져 피펫 속 기체의 부피가 증가하므로 피펫 끝에 남아 있던 용액이 빠져 나온다. 이는 기체의 온도와 부피 관계로 설명할 수 있는 현상이다. 즉 압력이 일정할 때 기체의 온도가 높아지면 일정량의 기체의 부피는 일정한 비율로 증가한다. 이때 0 ℃에서 기체의 부피는 0이 아니다.

21 ④ 온도가 높아질수록 주사기 속 기체의 부피가 증가함을 알 수 있다.

22 ②, ③, ④, ⑤ 온도에 의해 기체의 부피가 변하는 현상이다.
(바로 알기) ① 압력에 의해 기체의 부피가 변하는 현상이다.

23 ② 온도를 낮추면 실린더 속 기체 입자 운동의 빠르기와 충돌 세기가 감소하므로 실린더 속 기체의 부피가 감소한다.
③ 외부 압력을 높이면 기체의 부피가 감소하고 기체 입자의 충돌 횟수가 증가하여 실린더 속 기체의 압력이 증가한다.
(바로 알기) ① 온도를 높이면 실린더 속 기체 입자 운동의 빠르기와 충돌 세기가 증가하므로 실린더 속 기체의 부피가 증가한다.
④ 외부 압력을 낮추면 기체의 부피가 증가하고 기체 입자의 충돌 횟수가 감소하여 실린더 속 기체의 압력이 감소한다.
⑤ 실린더 속에 기체를 더 넣으면 실린더 속 기체의 부피가 증가한다.

VII 태양계

01 태양계의 구성

[모범 답안] 분명 태양 활동의 주기는 11 년이라고 했는데 ….

기초 튼튼 기본 문제 212 쪽

① 빛 ② 행성 ③ 행성 ④ 소행성 ⑤ 화성 ⑥ 작다
⑦ 토성 ⑧ 크다

1 ㄱ, ㄷ, ㄹ **2** (1) × (2) × (3) ○ **3** (1) — ② (2) — ©
(3) — © (4) — ⑦ **4** (1) 지 (2) 목 (3) 지 (4) 목

1 행성, 소행성, 왜소 행성은 태양을 중심으로 공전한다. 위성은 행성을 중심으로 공전한다.

2 (3) 소행성은 태양을 중심으로 공전하는 불규칙한 모양의 천체이다. 주로 화성과 목성 궤도 사이에 수많은 소행성이 띠를 이루어 분포한다.
(바로 알기) (1) 행성은 스스로 빛을 내지 못한다. 태양계에서 스스로 빛을 내는 천체는 태양이 유일하다.
(2) 왜소 행성은 모양이 둥글다. 모양이 둥글지 않고 불규칙한 천체는 소행성이다.

3 (1) 수성은 태양계 행성 중 태양에 가장 가깝고 크기가 가장 작다.
(2) 금성은 주로 이산화 탄소로 이루어진 대기가 있어 표면 온도가 매우 높다.
(3) 목성은 표면에 적도와 나란한 줄무늬와 대기의 소용돌이인 대적점이 나타난다.
(4) 토성은 얼음과 암석으로 이루어진 뚜렷한 고리가 있다.

4 (1) 지구형 행성은 고리가 없고, 목성형 행성은 고리가 있다.
(2) 목성형 행성은 지구형 행성에 비해 반지름이 크다.
(3) 지구형 행성은 위성이 없거나 수가 적고, 목성형 행성은 위성이 많다. 지구형 행성 중 수성과 금성은 위성이 없고, 지구는 위성이 1 개, 화성은 위성이 2 개 있다.
(4) 지구형 행성은 암석으로 이루어져 단단한 표면이 있고, 목성형 행성은 기체로 이루어져 단단한 표면이 없다.

기초 튼튼 기본 문제 216 쪽

① 흑점 ② 코로나 ③ 많 ④ 오로라 ⑤ 대물렌즈
⑥ 접안렌즈

1 (1) (가) 홍염 (나) 코로나 (다) 쌀알 무늬 (라) 플레어 (마) 흑점
(바) 채층 (2) (다), (마) **2** (1) × (2) ○ (3) ○ (4) ×
3 A: 대물렌즈, B: 보조 망원경(파인더), C: 접안렌즈, D: 가대,
E: 균형추

1 문제 분석하기

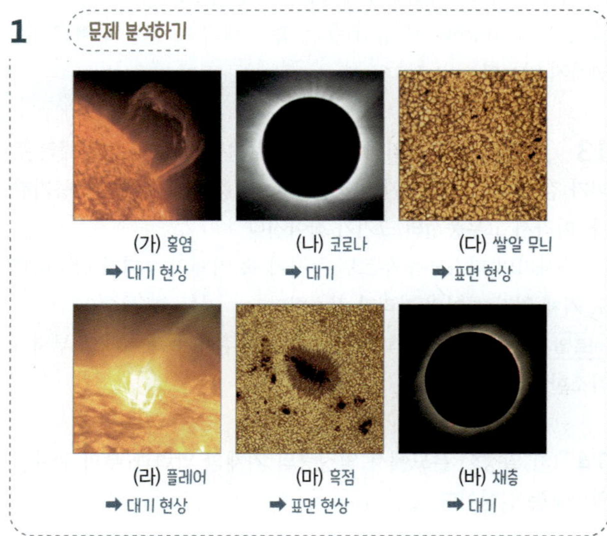

(2) (다) 쌀알 무늬와 (마) 흑점은 태양 표면에서 나타나는 현상이고, (나) 코로나와 (바) 채층은 태양의 대기이며, (가) 홍염과 (라) 플레어는 태양의 대기에서 일어나는 현상이다.

2 (2) 태양 활동이 활발한 시기에는 인공위성 센서가 고장나 인공위성이 기능을 못할 수 있다.
(3) 태양 활동이 활발하면 홍염과 플레어가 자주 발생한다.
(바로 알기) (1) 흑점 수가 많을 때 태양 활동이 활발하다.
(4) 태양 활동이 활발할 때 지구에서는 오로라 발생 횟수가 증가하고 더 넓은 지역에서 발생한다.

3 문제 분석하기

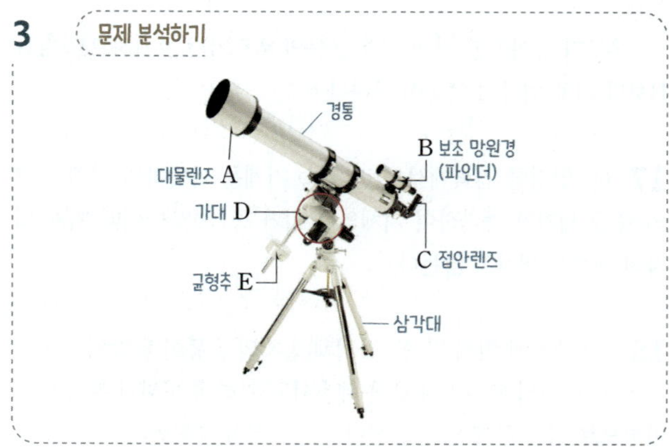

유형 ❶ **01** (1) A와 C, B와 D (2) B, D
유형 ❷ **01** 토성, 천왕성, 해왕성 **02** (1) A: 지구형 행성,
B: 목성형 행성 (2) 수성, 금성, 지구, 화성 (3) 목성, 토성, 천왕성,
해왕성 (4) A<B

유형 ❶   문제 분석하기

질량과 반지름이 크고, 위성 수가 많으며
고리가 있다. ➡ 목성형 행성

구분	A	B	C	D
질량	317.92	0.06	95.14	0.11
반지름	11.21	0.38	9.45	0.53
위성 수	92	0	83	2
고리	있다.	없다.	있다.	없다.

질량과 반지름이 작고, 위성이 없거나 수가
적으며 고리가 없다. ➡ 지구형 행성

(1) 행성은 질량과 반지름이 작고, 위성이 없거나 수가 적으며 고리가 없는 집단(B와 D)과 질량과 반지름이 크고, 위성 수가 많으며 고리가 있는 집단(A와 C)으로 구분할 수 있다.
(2) 질량과 반지름이 크고 위성 수가 많은 A와 C는 목성형 행성이고, 질량과 반지름이 작고 위성이 없거나 수가 적은 B와 D는 지구형 행성이다.

유형 ❷
01   문제 분석하기

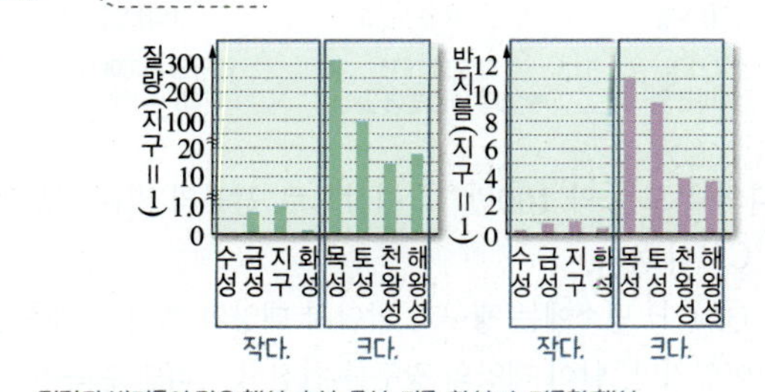

• 질량과 반지름이 작은 행성: 수성, 금성, 지구, 화성 ➡ 지구형 행성
• 질량과 반지름이 큰 행성: 목성, 토성, 천왕성, 해왕성 ➡ 목성형 행성

그래프에서 행성은 질량과 반지름이 작은 집단인 지구형 행성과 질량과 반지름이 큰 집단인 목성형 행성으로 구분할 수 있다. 목성과 같은 목성형 행성에는 토성, 천왕성, 해왕성이 속한다.

02   문제 분석하기

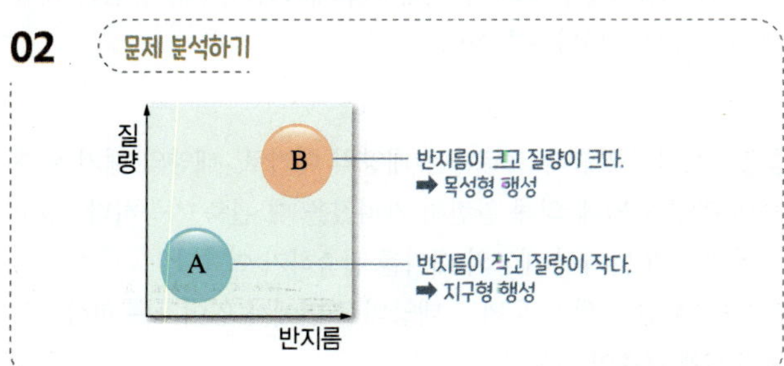

(1) 질량이 작고 반지름이 작은 A는 지구형 행성이고, 질량이 크고 반지름이 큰 B는 목성형 행성이다.
(4) 지구형 행성(A)은 위성이 없거나 수가 적고, 목성형 행성(B)은 위성이 많다. 따라서 위성 수는 목성형 행성(B)이 지구형 행성(A)보다 많다.

01 ① **02** ⑤ **03** ③ **04** (가) 천왕성 (나) 화성 (다) 수성
05 ④ **06** ④ **07** ② **08** ② **09** ⑤ **10** ⑤ **11** ⑤
12 ② **13** ② **14** ④ **15** ② **16** ② **17** ② **18** ②
서술형 문제 **19~23** 해설 참조

01 태양은 태양계의 중심에 있으며, 태양계에서 유일하게 스스로 빛을 내는 천체이다. 태양은 수소와 헬륨으로 이루어져 있다.

02 (가) 소행성은 태양을 중심으로 공전하며 모양이 불규칙하고 크기가 다양하다. 또, 소행성은 주로 화성과 목성 궤도 사이에서 띠를 이루어 분포한다.
(나) 혜성은 얼음과 먼지로 이루어져 있는 천체로, 태양에 가까워지면 태양 반대쪽으로 꼬리가 생긴다. 혜성은 대부분 태양을 중심으로 타원 궤도로 공전한다.
바로 알기 ⑤ 소행성과 혜성은 태양을 중심으로 공전한다. 행성을 중심으로 공전하는 천체는 위성이다.

03 ㄱ, ㄴ. 행성과 왜소 행성은 태양을 중심으로 공전하며, 둥근 모양이다.
바로 알기 ㄷ. 행성은 자신의 궤도 주변에서 다른 천체들에게 지배적인 지위를 갖지만, 왜소 행성은 자신의 궤도 주변에서 지배적인 역할을 하지 못한다.

04 (가) 자전축이 공전 궤도면과 거의 나란한 행성은 천왕성이다.
(나) 표면이 붉게 보이고 과거에 물이 흘렀던 흔적이 있는 행성은 화성이다.
(다) 대기가 거의 없어 낮과 밤의 온도 차가 매우 크고 표면에 운석 구덩이가 많은 행성은 수성이다.

05 그림은 목성이다. 목성은 태양계 행성 중 크기가 가장 크고, 표면에 적도와 나란한 줄무늬와 대기의 소용돌이인 대적점이 나타난다. 또, 희미한 고리가 있고 위성이 많다.
바로 알기 ④ 목성은 단단한 표면이 없고 주로 수소와 헬륨 등의 기체로 이루어져 있다.

④ 토성(F)은 얼음과 암석으로 이루어진 뚜렷한 고리가 있다.

바로 알기 ① 얼음과 드라이아이스로 이루어진 극관이 있는 행성은 화성(D)이다.
② 태양계에서 크기가 가장 작은 행성은 수성(A)이다.
③ 크기와 질량이 지구와 비슷한 행성은 금성(B)이다.
⑤ 천왕성(G)과 해왕성(H)은 목성형 행성에 속한다.

07 (가)는 지구형 행성이고, (나)는 목성형 행성이다.
② 지구형 행성은 고리가 없고, 목성형 행성은 고리가 있다.

바로 알기 ① 지구형 행성 중 수성과 금성은 위성이 없고, 지구는 위성이 1 개, 화성은 위성이 2 개로 그 수가 적다. 목성형 행성은 위성이 많다.
③ 지구형 행성의 표면은 단단한 암석으로 이루어져 있고, 목성형 행성은 표면이 기체로 이루어져 있다.
④ 지구형 행성은 목성형 행성에 비해 질량이 작다.
⑤ 지구형 행성의 대기 성분은 질소, 산소, 이산화 탄소 등의 기체이고, 목성형 행성의 대기 성분은 주로 수소, 헬륨 등의 기체이다.

08

구분	지구형 행성	목성형 행성
① 질량	크다. ←→	작다.
② 반지름	작다.	크다.
③ 고리	있다. ←→	없다.
④ 위성 수	많다. ←→	적거나 없다.
⑤ 표면	기체 ←→	고체

09 A는 반지름이 작고, 위성이 없거나 수가 적은 지구형 행성이고, B는 반지름이 크고 위성 수가 많은 목성형 행성이다.
⑤ 지구형 행성(A)은 목성형 행성(B)보다 질량이 작다.

바로 알기 ③ 지구형 행성(A)은 고리가 없고, 목성형 행성(B)은 고리가 있다.
④ 목성형 행성(B)은 표면에 단단한 암석이 없고, 기체로 이루어져 있다.

10 바로 알기 ① 밝게 보이는 태양의 둥근 표면은 광구이다.
② 광구 바로 위의 붉은색을 띤 얇은 대기층은 채층이다.
③ 광구에서 나타나는 불규칙한 모양의 어두운 부분은 흑점이다. 플레어는 흑점 부근의 강력한 폭발 현상으로, 플레어가 발생하면 많은 양의 물질과 에너지가 우주 공간으로 방출된다.
④ 채층 위로 멀리 뻗어 있는 진주색의 대기층은 코로나이다. 쌀알 무늬는 광구에서 나타나는 쌀알 모양의 무늬이다.

11 ① A는 광구에서 나타나는 쌀알 모양의 무늬인 쌀알 무늬이고, B는 광구에서 보이는 불규칙한 모양의 어두운 부분인 흑점이다.
②, ③ 쌀알 무늬는 광구 아래에서 일어나는 대류 현상으로 생긴다. 고온이 물질이 올라오는 곳은 밝고, 표면에서 냉각된 물질이 내려가는 곳은 어둡다.
④ 흑점(B)의 수명, 크기, 모양은 다양하고, 흑점의 수는 주기적으로 변한다.

바로 알기 ⑤ 흑점(B)는 주변보다 온도가 낮아 어둡게 보인다.

12 문제 분석하기

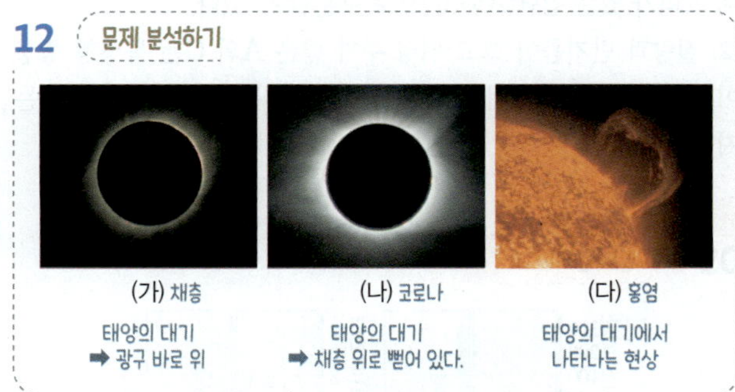

② 코로나의 온도는 약 100만 ℃ 이상으로 광구의 평균 온도인 약 6000 ℃보다 높다.

바로 알기 ① (가) 평소에는 광구가 밝아서 태양의 대기인 채층을 관측하기 어렵지만, 달이 태양의 광구를 완전히 가리면 관측이 가능하다.
③ 흑점 수가 많아지면 태양 활동이 활발해지며 이때는 평소보다 (다) 홍염이 더 자주 발생한다.
④ 태양 활동이 활발한 시기에는 (나) 코로나의 크기가 커진다.
⑤ (가) 채층과 (나) 코로나는 태양의 대기이고, (다) 홍염은 태양의 대기에서 나타나는 현상이다.

13 ㄱ, ㄷ. 채층과 코로나는 태양의 대기로, 태양의 대기는 태양의 광구가 달에 의해 완전히 가려졌을 때 관측 가능하다. 평소에는 광구가 밝아서 태양의 대기를 관측하기 어렵다.
ㄴ, ㄹ. 흑점과 쌀알 무늬는 태양의 표면에서 일어나는 현상으로 평상시에 관측이 가능하다.

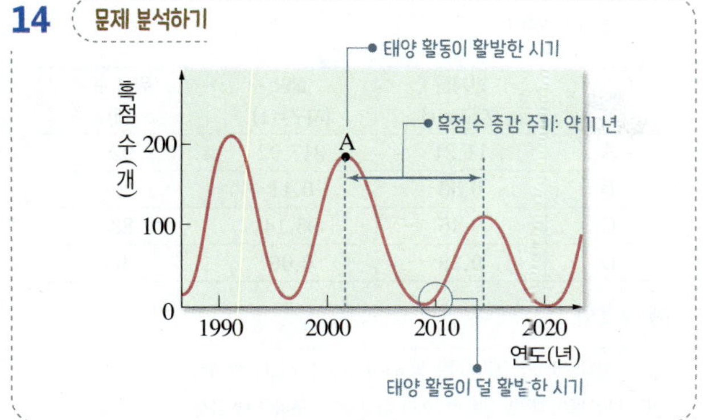

① 흑점이 많을수록 태양의 활동이 활발하므로 A 시기는 태양의 활동이 활발한 시기이다.

②, ③ 태양 활동이 활발한 A 시기에는 태양풍이 강해지고, 인공위성이 고장나기도 한다.

⑤ 광구에서 나타나는 흑점 수는 약 11 년을 주기로 변한다.

바로 알기 ④ 2010 년은 흑점의 수가 적은 시기로, 태양 활동이 덜 활발한 시기이다. 홍염과 플레어는 태양의 활동이 활발한 시기에 평소보다 자주 발생한다.

15 태양 활동이 활발할 때 지구에서는 자기 폭풍이 발생하고, 북극 지방 하늘 주위로 비행하기 어려워지며 송전 시설의 고장으로 정전이 일어날 수 있다. 또한 위성 위치 확인 시스템(GPS) 오류로 정확한 위치 정보 확인이 어려워진다.

바로 알기 ② 태양 활동이 활발하면 지구에서 오로라의 발생 횟수가 증가하고 발생 지역이 넓어진다.

16 가대(B)는 경통과 삼각대를 연결하는 부분으로, 경통을 움직일 수 있게 한다.

바로 알기 ① A: 대물렌즈 − 천체로부터 오는 빛을 모은다.

③ C: 균형추 − 망원경의 균형을 잡아주는 역할을 한다.

④ D: 접안렌즈 − 상을 확대한다.

⑤ E: 보조 망원경(파인더) − 관측하려는 대상을 쉽게 찾아 준다.

17 (가) 망원경을 조립하고 (다) 균형을 맞춘 다음, (나) 주 망원경과 보조 망원경의 시야를 맞춘 후 천체를 관측한다.

18 ① 태양을 맨눈으로 직접 보거나 태양 필터를 장착하지 않는 천체 망원경을 이용하여 태양을 관측하지 않도록 한다.

④ 보조 망원경은 시야가 넓어서 천체를 찾기 쉬우므로 천체를 관측할 때는 보조 망원경으로 먼저 찾은 후, 접안렌즈로 관측한다.

바로 알기 ② 행성을 관측할 때는 주변이 어둡고, 편평한 곳에 망원경을 설치한 후 관측한다.

19 모범 답안 행성과 왜소 행성은 모두 태양을 중심으로 공전하고 모양이 둥글다. 그러나 행성은 궤도 주변의 다른 천체들에게 지배적인 역할을 하지만, 왜소 행성은 궤도 주변의 다른 천체들에게 지배적인 역할을 하지 못한다.

채점 기준	배점
주어진 단어를 모두 포함하여 행성과 왜소 행성을 옳게 비교하여 서술한 경우	100 %
주어진 단어 중 두 가지를 포함하여 행성과 왜소 행성을 비교하여 서술한 경우	50 %

20 모범 답안 (1) (가)는 목성형 행성이고, (나)는 지구형 행성이다.

(2) (가)는 표면이 기체로 이루어져 있으며, (나)는 표면이 단단한 암석으로 이루어져 있다.

| 해설 | (가)는 토성으로 목성형 행성에 속하고, (나)는 화성으로 지구형 행성에 속한다.

	채점 기준	배점
(1)	(가)와 (나)를 지구형 행성과 목성형 행성으로 옳게 구분하여 서술한 경우	50 %
	(가)와 (나) 중 한 가지만 옳게 구분하여 서술한 경우	25 %
(2)	(가)와 (나)의 표면을 구성하는 물질의 차이점을 옳게 서술한 경우	50 %
	(가)와 (나) 중 표면을 구성하는 물질을 한 가지만 옳게 서술한 경우	25 %

21 모범 답안 주변보다 온도가 낮기 때문이다.

| 해설 | 광구의 평균 온도는 약 6000 °C이고 흑점의 온도는 약 4000 °C이다. 흑점은 주변에 비해 온도가 약 2000 °C 낮아 어둡게 보인다.

채점 기준	배점
흑점이 주변보다 어둡게 보이는 까닭을 온도로 옳게 서술한 경우	100 %
온도의 수치를 포함하여 서술한 경우, 수치가 틀리면 오답 처리	0 %

22 모범 답안 (1) A

(2) 코로나의 크기는 커진다.

(3) 지구에서는 인공위성 고장, 전력 시스템 오류, 무선 통신 장애 등이 발생할 수 있으며, 오로라가 더 자주 발생하고 더 넓은 지역에서 관측된다.

| 해설 | (1) 흑점 수가 많을수록 태양의 활동이 활발하다. A는 흑점 수가 많은 시기이므로 태양 활동이 활발하고, B는 흑점 수가 적은 시기이므로 태양 활동이 A 시기에 비해 활발하지 않다.

(2) 태양 활동이 활발해지면 코로나의 크기가 커진다.

(3) 태양 활동이 활발할 때 지구에서는 자기장이 급격하게 변하는 자기 폭풍이나 위성 위치 확인 시스템 오류가 나타날 수 있다.

	채점 기준	배점
(1)	A와 B 중 태양 활동이 더 활발한 시기를 옳게 고른 경우	20 %
(2)	코로나의 크기 변화를 옳게 서술한 경우	40 %
(3)	지구에서 나타나는 현상 두 가지를 모두 옳게 서술한 경우	40 %
	지구에서 나타나는 현상 한 가지만 옳게 서술한 경우	20 %

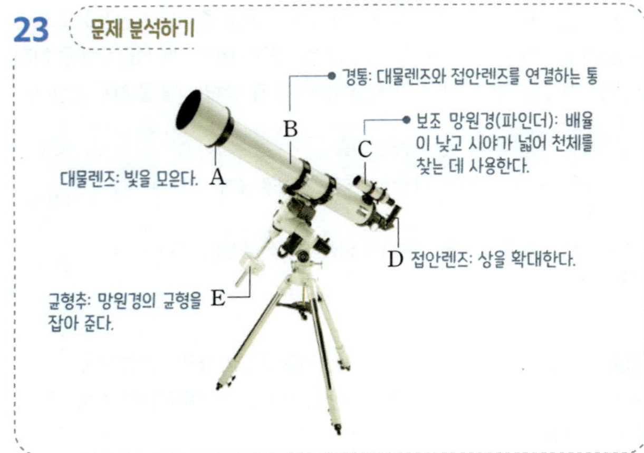

모범 답안 (1) C, 보조 망원경(파인더), 배율이 낮아서 시야가 넓기 때문이다.
(2) 천체의 표면에서 나타나는 특징을 관찰할 수 있기 때문이다.

	채점 기준	배점
(1)	기호와 이름을 옳게 쓰고, 까닭을 옳게 서술한 경우	50 %
	기호와 이름만 옳게 쓴 경우	30 %
(2)	천체 망원경으로 천체를 관측하는 까닭을 옳게 서술한 경우	50 %

한 걸음 더 실력 UP 문제 223 쪽

01 ⑤　　**02** ②　　**03** ③　　**04** ⑤　　**05** ②

01 문제 분석하기

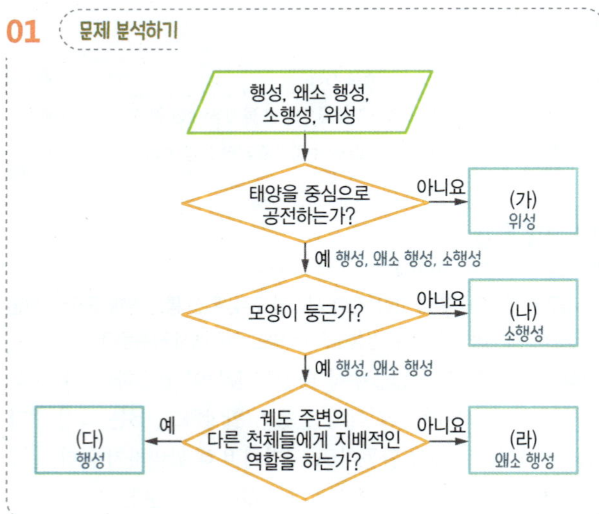

⑤ (라) 왜소 행성은 (다) 행성에 비해 질량과 크기가 작다.
바로 알기 ① 화성과 목성 궤도 사이에서 띠를 이루어 분포하는 것은 (나) 소행성이다.
② 달은 행성인 지구를 중심으로 공전하는 천체이므로 (가) 위성에 속한다.
③ (다) 행성은 태양계에 8 개 있다.
④ 태양계에서 스스로 빛을 내는 천체는 태양이 유일하다.

02 문제 분석하기

행성	반지름 (지구=1)	질량 (지구=1)	위성 수 (개)
A	11.21	317.92	92
B	0.53	0.11	2
C	9.45	95.14	83
D	0.38	0.06	0

[행성의 특징]

A	반지름이 가장 크고(지구의 약 11 배), 위성 수가 많다. ➡ 목성
B	반지름이 지구의 절반 정도이며, 위성 수가 2 개이다. ➡ 화성
C	반지름이 지구의 약 9 배이고, 위성 수가 많은 편이다. ➡ 토성
D	반지름과 질량이 지구보다 매우 작고, 위성이 없다. ➡ 수성

• A, C: 반지름과 질량이 크고, 위성 수가 많다. ➡ 목성형 행성
• B, D: 반지름과 질량이 작고, 위성의 수가 적거나 없다. ➡ 지구형 행성

⑤ 지구형 행성은 고리가 없고, 목성형 행성은 고리가 있다.
바로 알기 ② 표면에 운석 구덩이가 많은 행성은 수성(D)이다.

03 문제 분석하기

ㄷ. C는 채층 위로 넓게 뻗어 있는 대기층인 코로나로, 온도가 100만 °C로 매우 높다.
ㄹ. 광구의 온도는 약 6000 °C이고 흑점은 약 4000 °C로, 흑점의 온도는 주변보다 약 2000 °C 낮다. 흑점은 태양 활동이 활발할수록 그 수가 증가한다.
바로 알기 ㄱ, ㄴ. 흑점(D) 부근의 폭발로 일어나는 현상은 플레어로, 플레어가 발생하면 많은 양의 물질과 에너지가 우주 공간으로 방출된다.

04 그림은 플레어가 발생한 모습이다. 플레어가 자주 발생할 때는 태양 활동이 활발한 시기이다.
⑤ 태양 활동이 활발한 시기에는 지구 자기장이 급격하게 변하는 자기 폭풍이 발생한다.
바로 알기 ①, ② 태양 활동이 활발해지면 코로나의 크기는 커지고, 태양에서 전기를 띤 입자가 많이 방출된다.
③, ④ 태양 활동이 활발해지면 지구에서 오로라가 평소보다 자주, 더 넓은 지역에서 나타나고, 무선 통신 장애가 생길 수 있다.

05 **바로 알기** ② 태양은 매우 밝으므로 천체 망원경으로 직접 보지 않는다. 대물렌즈와 보조 망원경에 태양 필터를 장착하거나 태양 투영판을 설치한 후에 관측해야 한다.

02 지구의 운동

[모범 답안] 미안, 내가 자전해서 그런 거야.

기초 튼튼 기본 문제 226 쪽

❶ 일주 ❷ 동 ❸ 서 ❹ 15 ❺ 남쪽 ❻ 서쪽

1 ㉠ 서→동, ㉡ 동→서 **2** (1) × (2) × (3) ○ **3** (나)
4 (라), (나), (가), (다)

1 지구가 서쪽에서 동쪽으로 자전하기 때문에 지구에 있는 관측자에게 천체들이 지구 자전 방향과 반대 방향인 동쪽에서 서쪽으로 움직이는 것처럼 보인다.

2 (3) 지구가 서쪽에서 동쪽으로 자전함에 따라 천체의 일주 운동은 지구 자전 방향과 반대인 동쪽에서 서쪽으로 나타난다.
바로 알기 (1) 지구의 자전은 지구가 자전축을 중심으로 하루에 한 바퀴씩 서쪽에서 동쪽으로 도는 운동이다.
(2) 지구는 하루 24 시간 동안 360° 회전하므로 북쪽 하늘의 별들은 북극성을 중심으로 1 시간에 15°씩 시계 반대 방향으로 회전한다.

3 북쪽 하늘에서 별은 북극성을 중심으로 시계 반대 방향으로 움직이므로 3 시간 후에는 (나)에 위치한다.

4 문제 분석하기

(가)는 남쪽 하늘, (나)는 서쪽 하늘, (다)는 북쪽 하늘, (라)는 동쪽 하늘의 일주 운동 모습이므로 관측한 방향을 동, 서, 남, 북 순으로 나열하면 (라), (나), (가), (다)이다.

기초 튼튼 기본 문제 229 쪽

❶ 연주 ❷ 서 ❸ 동 ❹ 1 ❺ 같은 ❻ 반대

1 (1) × (2) ○ (3) × **2** ㉠ 서, ㉡ 동 **3** ㉠ 물병자리, ㉡ 궁수자리

1 (2) 태양은 별자리를 배경으로 하루에 약 1°씩 연주 운동을 한다.
바로 알기 (1) 지구가 태양을 중심으로 1 년에 한 바퀴씩 서쪽에서 동쪽으로 도는 운동을 지구의 공전이라고 한다.
(3) 지구가 태양을 중심으로 서쪽에서 동쪽으로 공전하면, 태양이 천구상에서 서쪽에서 동쪽으로 이동하는 것처럼 보인다.

2 태양은 지구가 공전함에 따라 별자리를 배경으로 서쪽에서 동쪽으로 이동하여 1 년 뒤에는 처음 위치로 되돌아오는 것처럼 보인다. 이와 같이 지구의 공전으로 나타나는 태양의 겉보기 운동을 태양의 연주 운동이라고 한다.

3 문제 분석하기

• 태양이 지나는 별자리: 태양은 표시된 달의 별자리를 지난다.
• 한밤중에 남쪽 하늘에서 보이는 별자리: 태양 반대쪽의 별자리가 보인다.

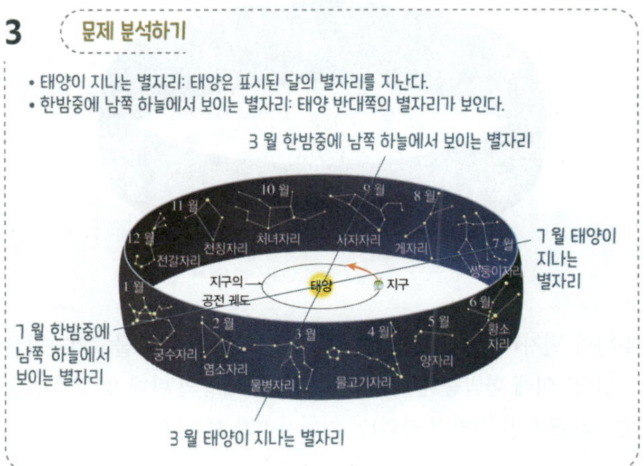

황도 12궁에서 3 월에 표시된 별자리는 물병자리이므로, 3 월에 태양은 물병자리를 지나고 한밤중에 남쪽 하늘에서는 사자자리가 보인다. 7 월에 태양은 쌍둥이자리를 지나고 한밤중에 남쪽 하늘에서는 궁수자리가 보인다.

이해 쏙쏙 완자쌤 특강 231 쪽

01 물고기자리 **02** 처녀자리 **03** 물병자리
04 사자자리

01 문제 분석하기

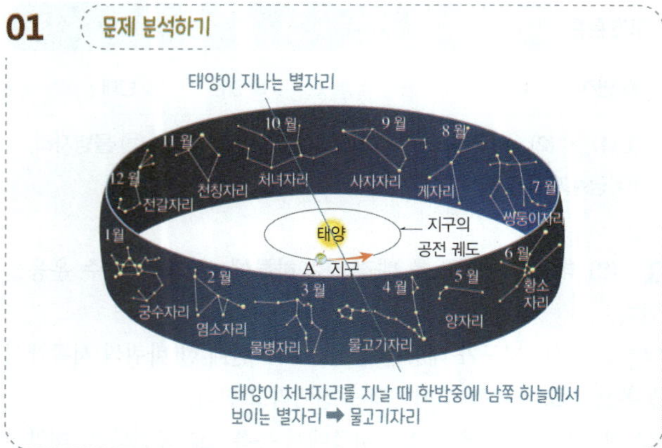

태양이 처녀자리를 지날 때, 한밤중에 남쪽 하늘에서는 태양의 반대 방향에 있는 별자리인 물고기자리가 보인다.

02 문제 분석하기

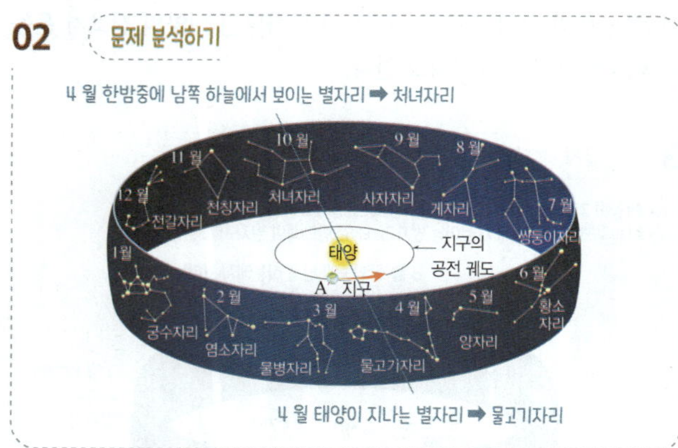

4 월의 별자리는 물고기자리이므로 태양은 4 월에 물고기자리를 지난다. 이때 한밤중에 남쪽 하늘에서는 태양의 반대 방향에 있는 별자리(6 개월 후의 별자리)인 처녀자리가 보인다.

[03~04] 문제 분석하기

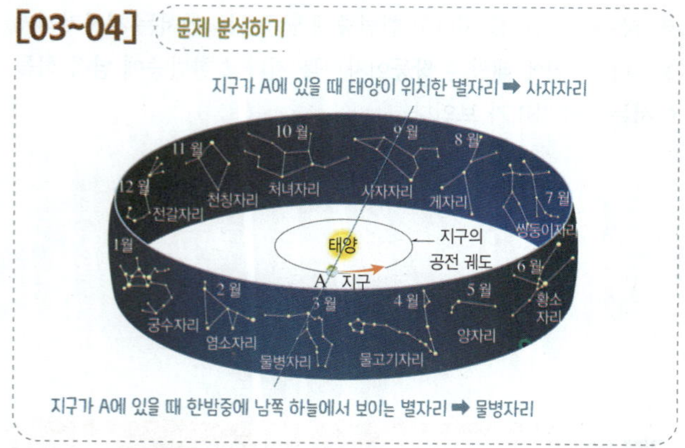

지구가 A 위치에 있을 때 태양은 사자자리를 지난다. 이때 한밤중에 남쪽 하늘에서는 태양의 반대 방향에 있는 별자리인 물병자리가 보인다.

01 ③	02 ③	03 ⑤	04 ②	05 ①	06 ②	07 ②
08 ⑤	09 ②	10 ⑤	11 ④	12 ②	13 ③	14 ④

15 ④   서술형 문제 **16~18** 해설 참조

01 지구가 자전축을 중심으로 서쪽에서 동쪽으로 자전하면, 지구에서 볼 때 천체들은 지구 자전 방향과 반대 방향인 동쪽에서 서쪽으로 일주 운동을 한다.

02 ㄱ. 낮과 밤이 반복되는 것은 지구가 자전하기 때문이다. 지구에서 태양을 향하는 쪽은 낮이 되고 반대쪽은 밤이 된다.
ㄷ. 별들이 북극성을 중심으로 회전하는 것처럼 보이는 현상은 천체의 일주 운동으로, 이는 지구의 자전에 의한 겉보기 현상이다.
바로 알기 ㄴ. 계절별로 관측되는 별자리가 달라지는 것은 지구가 태양을 중심으로 공전하여 별자리를 배경으로 태양이 위치가 달라져 나타나는 현상이다.

03 ⑤ 우리나라 북쪽 하늘에서는 별들이 북극성을 중심으로 시계 반대 방향으로 회전하는 것처럼 보인다.
바로 알기 ① 지구는 하루 24 시간 동안 360° 회전하므로 별들은 북극성을 중심으로 1 시간에 15°씩 회전한다.
② 별의 일주 운동은 지구의 자전 때문에 나타나는 현상이다.
③ 북극성은 천구의 북극에 가까이 있는 별로, 북쪽 하늘에서 별들은 북극성을 중심으로 하루에 한 바퀴씩 시계 반대 방향으로 일주 운동을 한다.
④ 지구가 자전축을 중심으로 서쪽에서 동쪽으로 자전하면, 지구에서 볼 때 별들은 동쪽에서 서쪽으로 움직이는 것처럼 보인다. 즉, 별의 일주 운동 방향은 지구의 자전 방향과 반대이다.

[04~05] 문제 분석하기

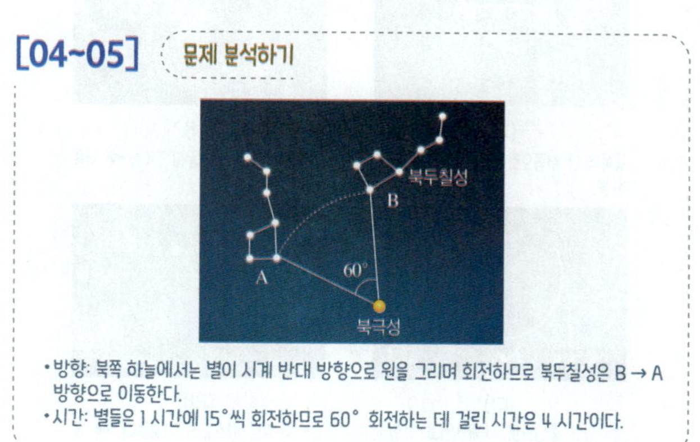

• 방향: 북쪽 하늘에서는 별이 시계 반대 방향으로 원을 그리며 회전하므로 북두칠성은 B → A 방향으로 이동한다.
• 시간: 별들은 1 시간에 15°씩 회전하므로 60° 회전하는 데 걸린 시간은 4 시간이다.

04 지구가 자전하기 때문에 지구에 있는 관측자에게 북두칠성은 북극성을 중심으로 시계 반대 방향으로 원을 그리며 도는 것처럼 보인다.

05 별들은 북극성을 중심으로 1 시간에 15°씩 시계 반대 방향 (B → A)으로 회전하므로 북두칠성이 B 위치에 있을 때는 밤 10 시에서 4 시간(=60°÷15°/시간) 전인 저녁 6 시이다.

06 ① 별 P는 일주 운동의 중심에 있는 별이므로 북극성이다.

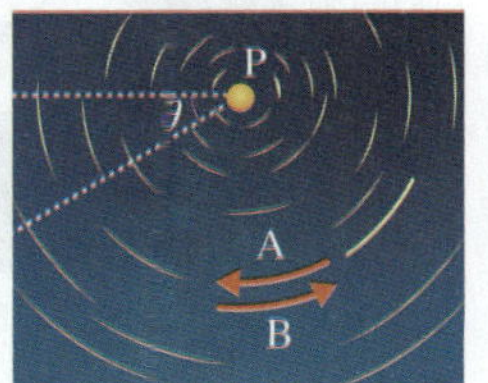

② 천체가 원을 그리면서 도는 것처럼 보이므로 북쪽 하늘을 관측한 모습이다.

③ 북쪽 하늘에서 별들은 북극성을 중심으로 시계 반대 방향으로 회전하므로 일주 운동의 방향은 B 이다.

바로 알기 ② 별의 일주 운동 속도는 지구의 자전 속도와 같은 15°/시간이므로 2 시간 동안 회전한 각도는 30°(=15°/시간× 2 시간)이다.

07 동쪽 하늘에서는 별들이 왼쪽 아래에서 오른쪽 위로 비스듬히 떠오른다.

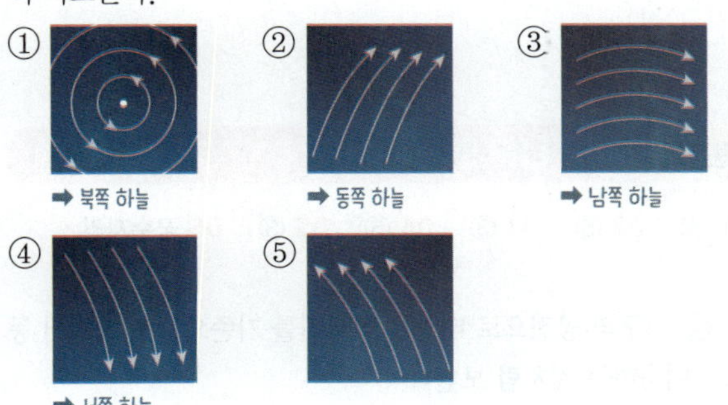

08 (가)는 별들이 동쪽에서 서쪽으로 이동하므로 남쪽 하늘을 관측한 것이다. (나)는 별들이 오른쪽 아래로 비스듬히 지므로 서쪽 하늘을 관측한 모습이다.

바로 알기 ⑤ 별들은 실제로 움직이지 않지만, 지구가 자전하기 때문에 지구에 있는 관측자에게는 상대적으로 별들이 움직이는 것처럼 보인다.

09 태양은 지구가 공전함에 따라 별자리를 배경으로 하루에 약 1°씩 서쪽에서 동쪽으로 이동하여 1 년 뒤에는 처음 위치로 되돌아오는 것처럼 보인다. 이와 같이 지구의 공전으로 나타나는 태양의 겉보기 운동을 태양의 연주 운동이라고 한다.

10 ⑤ 지구가 태양을 중심으로 공전함에 따라 지구에서 관측하면 태양은 별자리 사이를 서쪽에서 동쪽으로 이동하는 것처럼 보인다. 지구는 서쪽에서 동쪽으로 공전하므로 천구상에서 태양은 지구의 공전 방향과 같은 방향인 서쪽에서 동쪽으로 이동한다.

바로 알기 ① 태양의 연주 운동은 지구의 공전으로 나타나는 겉보기 운동이다.

② 태양은 별자리 사이를 하루에 약 1°씩 이동하므로, 1 년 후에 처음의 위치로 되돌아온다.

③ 태양은 서쪽에서 동쪽으로 연주 운동하며 한 달에 황도 12궁의 별자리를 1 개씩 이동한다.

④ 태양이 황도를 따라 연주 운동할 때 지구에서는 태양 쪽에 있는 별자리는 태양 빛 때문에 관측하기 어렵고, 태양의 반대쪽에 있는 별자리가 한밤중에 남쪽 하늘에서 관측된다.

11 문제 분석하기

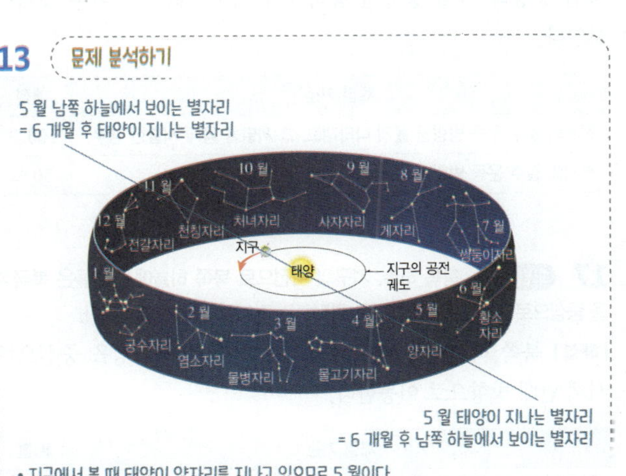

- (가): 별자리는 태양을 기준으로 동 → 서로 이동하므로 관측된 순서는 C → B → A이다.
- (나): 태양을 기준으로 별자리는 동 → 서로 이동한다.

12 ②, ④ 지구가 태양을 중심으로 서쪽에서 동쪽으로 공전하므로, 태양은 별자리를 기준으로 서쪽에서 동쪽으로 움직이는 것처럼 보인다.

바로 알기 ① 태양의 연주 운동을 관측한 것이다.

③ 별자리는 실제로 이동하지 않으며, 지구의 공전에 의해 움직인 것처럼 보이는 겉보기 운동을 한다.

⑤ 태양이 하루에 약 1°씩 연주 운동하므로 밤하늘에 같은 시각에 보이는 별자리도 하루에 약 1°씩 이동한다.

13 문제 분석하기

- 지구에서 볼 때 태양이 양자리를 지나고 있으므로 5 월이다.
- 지구에서 한밤중에 남쪽 하늘에서 보이는 별자리는 태양의 반대 방향에 있는 천칭자리이다.
- 지구가 서쪽으로 동쪽으로 공전함에 따라 태양이 서쪽에서 동쪽으로 이동하는 것처럼 보인다.

③ 태양과 지구의 위치로 보아 현재 태양은 양자리에 위치한다.
지구의 공전으로 태양은 서쪽에서 동쪽으로 연주 운동하며 황도
12궁의 별자리를 한 달에 1개씩 지나므로 한 달 후에 태양은 황
소자리를 지난다.

(바로 알기) ① 지구에서 볼 때 태양이 양자리를 지나므로 5월
이다.

② 지구가 태양을 중심으로 서쪽에서 동쪽으로 공전하여 태양이
보이는 위치가 달라지므로 한밤중에 남쪽 하늘에서 보이는 별자
리가 계절에 따라 달라진다.

④ 현재 한밤중에 남쪽 하늘에서는 태양의 반대편에 위치한 천칭
자리가 보인다.

⑤ 6개월 후에 태양은 천칭자리를 지나므로 한밤중에 남쪽 하늘
에서는 양자리를 볼 수 있다.

14 (가) 황도 12궁에서 2월에 표시된 별자리는 염소자리이므
로, 태양은 2월에 염소자리를 지난다.
(나) 태양이 황소자리를 지날 때, 한밤중에 남쪽 하늘에서는 태양
의 반대 방향에 있는 전갈자리가 보인다.

15 지구의 자전(ㄱ), 지구의 공전(ㄴ), 태양의 연주 운동(ㅁ) 방
향은 서쪽에서 동쪽이고, 별의 일주 운동(ㄷ), 태양의 일주 운동
(ㄹ) 방향은 동쪽에서 서쪽이다.

16 (모범 답안) 천체의 일주 운동 방향은 B → A이다. 천체의 일주 운동은
지구의 자전으로 지구의 자전 방향과 반대 방향으로 나타나는 겉보기 운동이
기 때문이다.
|해설| 지구가 자전축을 중심으로 서쪽에서 동쪽으로 자전하기
때문에 지구에 있는 관측자에게는 천구에 있는 천체들이 지구의
자전 방향과 반대 방향인 동쪽에서 서쪽으로 움직이는 것처럼
보인다.

채점 기준	배점
천체의 일주 운동 방향을 옳게 나타내고, 그 까닭을 옳게 서술한 경우	100 %
천체의 일주 운동 방향만 옳게 나타낸 경우	50 %

17 (모범 답안) 북쪽 하늘, 지구의 자전으로 북쪽 하늘에서 별들은 북극성
을 중심으로 시계 반대 방향으로 회전하는 것처럼 보이기 때문이다.
|해설| 북쪽 하늘에서 일주 운동하는 별들은 북극성을 중심으로
시계 반대 방향으로 이동한다.

채점 기준	배점
촬영한 하늘의 방향을 옳게 쓰고, 현상이 나타나는 까닭을 옳게 서술한 경우	100 %
촬영한 하늘의 방향만 옳게 서술한 경우	50 %

18 (문제 분석하기)

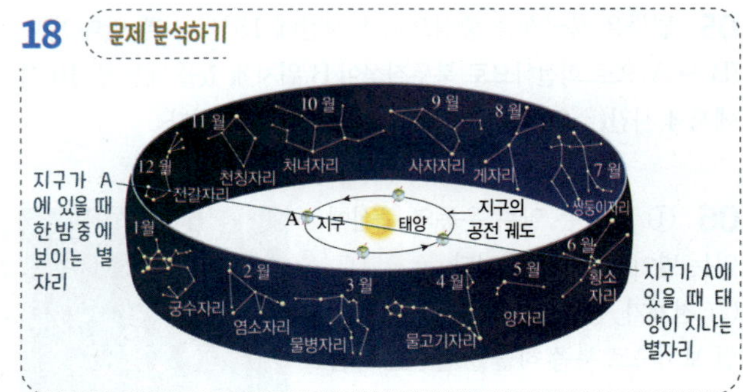

(모범 답안) 전갈자리, 지구가 공전함에 따라 태양이 보이는 위치가 달라지면
서 한밤중 남쪽 하늘에서 볼 수 있는 별자리가 계절별로 달라지기 때문이다.
|해설| 지구가 A에 있을 때 태양과 같은 방향에 있는 황소자리가
태양이 지나는 별자리이고, 태양 반대 방향에 있는 전갈자리가 한
밤중에 남쪽 하늘에서 보이는 별자리이다.

채점 기준	배점
지구가 A에 있을 때 가장 잘 보이는 별자리와 그 까닭을 옳게 서술한 경우	100 %
지구가 A에 있을 때 가장 잘 보이는 별자리만 옳게 서술한 경우	50 %

01 ④ **02** ⑤ **03** ③ **04** ⑤ **05** ③ **06** 궁수자리

01 ④ 지구의 공전으로 태양은 별자리를 기준으로 서쪽에서 동
쪽으로 이동하는 것처럼 보인다.
(바로 알기) ① 지구의 자전은 지구가 자전축을 중심으로 하루에 한
바퀴씩 서쪽에서 동쪽으로 도는 운동이다.
②, ③ 지구는 1년에 360°를 회전하므로 하루에 약 1°씩 이동
한다. 따라서 지구의 공전에 의해 태양은 별자리 사이를 하루에
약 1°씩 이동하는 것처럼 보이는 연주 운동을 한다.
⑤ 지구가 서쪽에서 동쪽으로 자전하면 지구에 있는 관측자에게
는 천구에 있는 천체들이 지구의 자전 방향과 반대 방향(동 → 서)
으로 움직이는 것처럼 보인다.

02 ⑤ 천체의 일주 운동은 지구의 자전으로 천체가 하루 24시
간 동안 북극성을 중심으로 한 바퀴씩 회전하는 겉보기 운동이므
로, 북두칠성이 북극성을 중심으로 한 바퀴 도는 데 걸리는 시간
은 24시간(하루)이다.
(바로 알기) ①, ② 별들은 북극성을 중심으로 1시간에 15°씩 시계
반대 방향(A → B)으로 회전하므로 관측한 시간 간격은 45°÷
15°/시간＝3시간이다.
③, ④ 별의 일주 운동은 지구가 자전하기 때문에 나타나는 겉보
기 운동이다.

① 그림은 북쪽 하늘을 관측한 모습으로, 그림의 왼쪽은 서쪽, 오른쪽은 동쪽이다.
③ 천체는 P를 중심으로 시계 반대 방향으로 하루에 한 바퀴씩 회전한다. 이와 같은 천체의 일주 운동은 지구의 자전으로 나타나는 현상이다.
⑤ 지구가 서쪽에서 동쪽으로 자전함에 따라 천체의 일주 운동은 동쪽에서 서쪽으로 나타난다.

④ 모든 별들은 일주 운동 속도가 같으므로 모든 호의 중심각은 크기가 같다. 별 A와 B가 별 P를 중심으로 1 시간 동안 회전하는 각도는 15°로 같다.

바로 알기 ③ 우리나라의 북쪽 하늘에서 별의 일주 운동 방향은 시계 반대 방향이다.

04 문제 분석하기

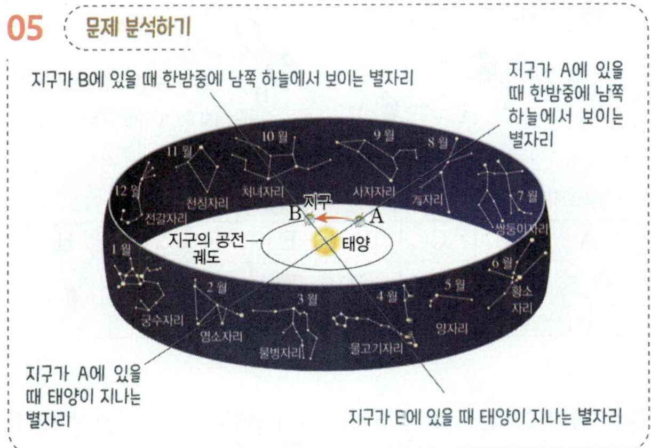

05 문제 분석하기

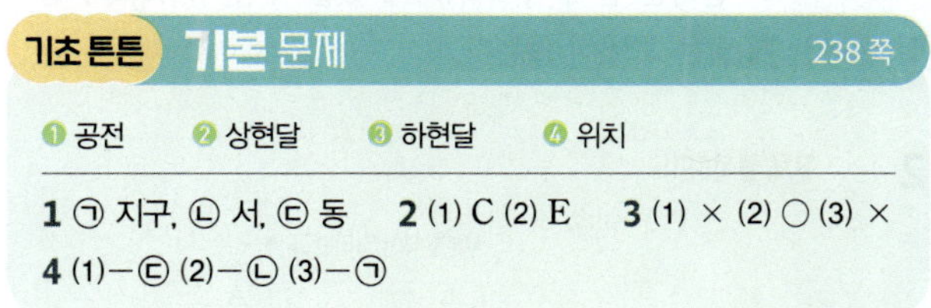

바로 알기 ㄷ. 지구가 A의 위치에 있을 때 태양은 염소자리에 위치하는 것처럼 보이고, B의 위치에 있을 때 태양은 물병자리에 위치하는 것처럼 보인다. 태양은 별자리 사이를 서쪽에서 동쪽(시계 반대 방향)으로 이동하므로 지구가 A에서 B로 공전하는 동안 태양은 염소자리에서 물고기자리로 이동하는 것처럼 보인다.

06 7 월에 태양은 쌍둥이 자리를 지나고, 이때 태양 반대 방향에 있는 궁수자리를 한밤중에 남쪽 하늘에서 볼 수 있다.

03 달의 운동

만화 완성하기 [모범 답안] 내가 태양을 가려서 그래….

기초 튼튼 **기본** 문제 238 쪽

❶ 공전 ❷ 상현달 ❸ 하현달 ❹ 위치

1 ㉠ 지구, ㉡ 서, ㉢ 동 **2** (1) C (2) E **3** (1) × (2) ○ (3) ×
4 (1)—㉢ (2)—㉡ (3)—㉠

1 달은 지구를 중심으로 약 한 달에 한 바퀴씩 서쪽에서 동쪽으로 공전한다.

[2~3] 문제 분석하기

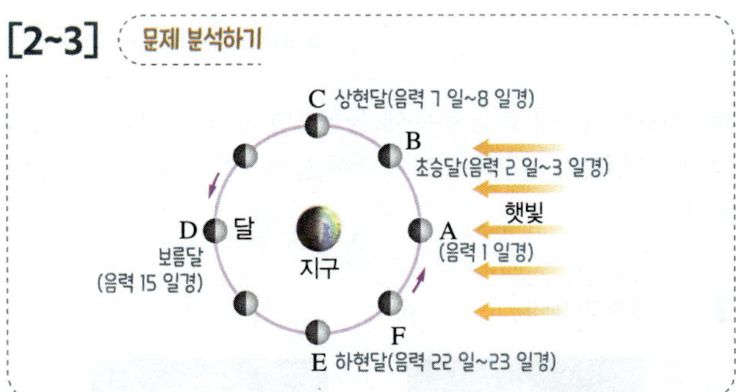

2 달이 C에 위치할 때 지구에서는 오른쪽 반원이 밝은 상현달이 보이고, E에 위치할 때 왼쪽 반원이 밝은 하현달이 보인다.

3 (2) 음력 15 일경에는 달이 망(D)에 위치하여 보름달이 보인다.
바로 알기 (1) 달이 A에 위치할 때는 태양과 같은 방향에 있어 달이 햇빛을 반사하는 면을 볼 수 없으므로 달이 보이지 않는다.
(3) 달이 C에 있을 때는 오른쪽 반원이 밝은 상현달로 보이고, 달이 E에 있을 때는 왼쪽 반원이 밝은 하현달로 보인다.

4 해가 진 직후 매일 같은 시각에 관측하면 음력 2 일경에는 초승달이 보이고, 음력 7 일~8 일경에는 상현달이 보인다. 음력 15 일경에는 보름달이 보인다.

기초 튼튼 **기본** 문제 240 쪽

❶ 태양 ❷ 달 ❸ 삭 ❹ 망

1 (1) ○ (2) × (3) ○ (4) ○ **2** (1) B (2) A **3** (1) 개기일식
(2) 개기월식

1 (1) 달이 지구를 중심으로 공전하면서 태양 앞을 지나감에 따라 지구에서 보았을 때 달이 태양을 가리는 현상을 일식이라고 한다.
(3) 월식은 태양, 지구, 달의 순서로 일직선을 이룰 때 일어난다.
(4) 달이 공전하여 지구의 그림자 속에 들어가 월식이 진행됨에 따라 달의 왼쪽부터 가려지고 왼쪽부터 빠져나온다.
(바로 알기) (2) 일식은 달이 삭의 위치에 있을 때 일어나므로, 일식이 일어날 때 달은 보이지 않는다.

2 문제 분석하기

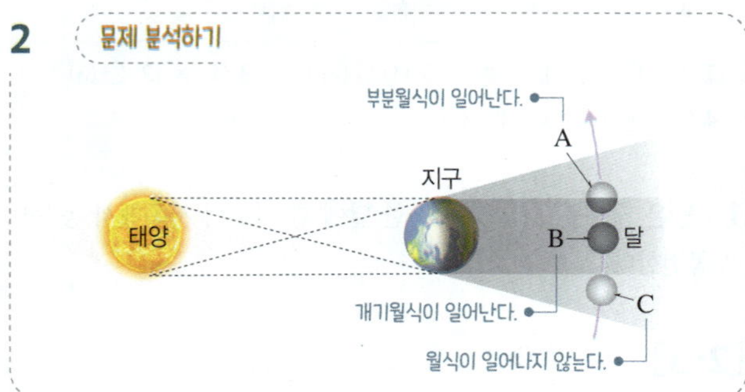

달 전체가 지구의 그림자 속에 들어가면 개기월식(B)이 일어나고, 달의 일부가 지구의 그림자 속에 들어가면 부분월식(A)이 일어난다.

3 문제 분석하기

(1) 개기일식은 달이 태양을 완전히 가리는 현상이고, (2) 개기월식은 달이 지구의 그림자에 완전히 가려져 붉게 보이는 현상이다.

실력 탄탄 핵심 문제　　　　　243 쪽~246 쪽

01 ③	02 ①	03 ⑤	04 ⑤	05 ③	06 ④	07 ④
08 ⑤	09 ②	10 ④	11 ⑤	12 ③	13 ①	14 ③
15 ②	16 ③	17 ③	18 ④			

(서술형 문제) 19~22 해설 참조

01 (바로 알기) ③ 삭은 달이 지구를 기준으로 태양과 같은 방향에 있을 때로, 달이 햇빛을 반사하는 면을 볼 수 없어 달이 보이지 않는다.

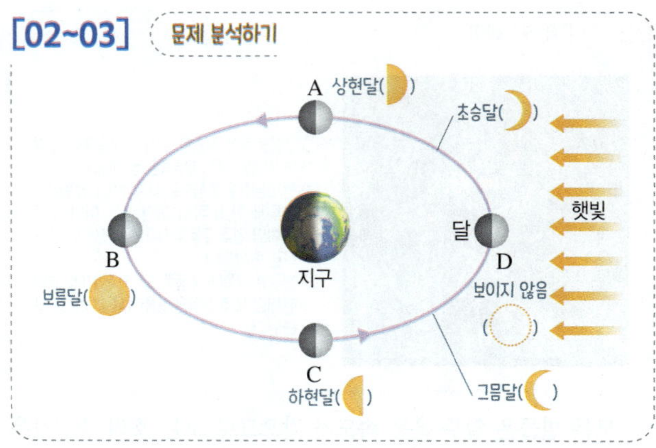

02 그림에 나타난 달은 오른쪽이 밝은 반달인 상현달로, 달이 A에 위치할 때의 위상이다.

03 달이 D에 있을 때는 지구에서 달이 보이지 않고, A에 있을 때는 상현달, B에 있을 때는 보름달, C에 있을 때는 하현달로 보인다.

[04~06] 문제 분석하기

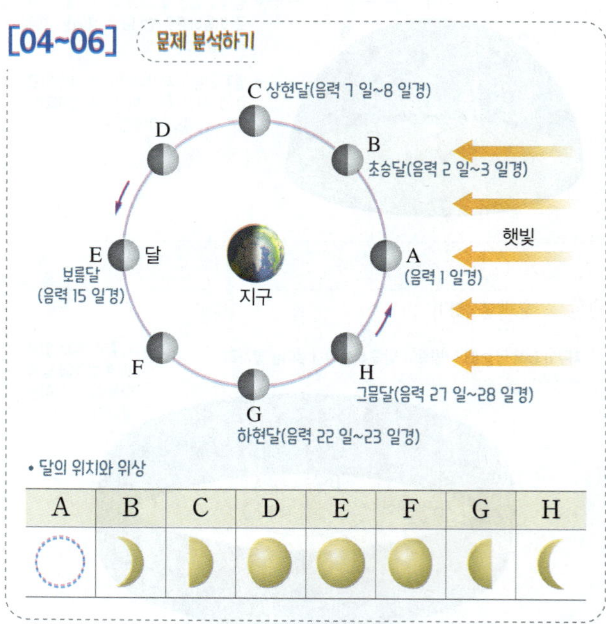

A	B	C	D	E	F	G	H

04 음력 27 일~28 일경에는 달이 하현과 삭 사이에 위치(H)하여 왼쪽 일부분이 밝은 그믐달로 보인다.

05 달이 태양을 기준으로 지구의 오른쪽 직각 방향에 있을 때 (C)는 오른쪽 반원이 밝은 상현달로 보이고, 지구의 왼쪽 직각 방향에 있을 때(G)는 왼쪽 반원이 밝은 하현달로 보인다.

06 달이 E에 있을 때는 보름달로 보이며, 월식이 일어날 수 있다. 이때 달은 지구를 기준으로 태양 반대 방향에 위치하므로 달과 태양 사이의 거리가 가장 멀다.

 ④ 달이 E의 위치에 있을 때는 음력 15 일경에 관측할 수 있다. 음력 1 일경 달의 위치는 A이고, 이때는 달을 볼 수 없다.

07 문제 분석하기

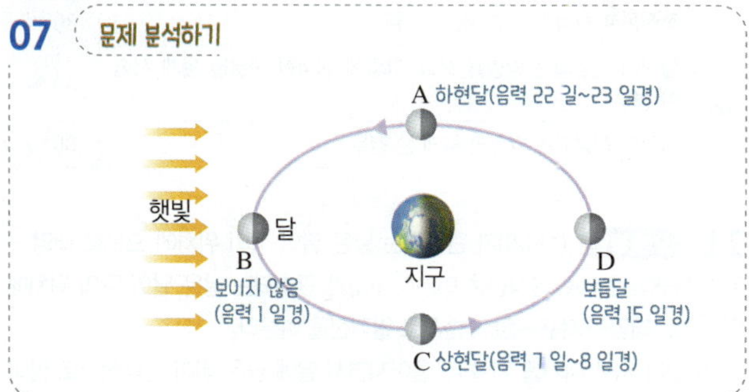

추석은 음력 8 월 15 일로, 이날 달의 위상은 브름달이다. 보름달은 달의 앞면 전체가 햇빛을 반사하여 둥글게 보이므로 달이 지구를 기준으로 태양 반대 방향에 있는 D일 때 관측된다.

08 (가)는 상현달, (나)는 보름달, (다)는 하현달이다.
⑤ (나) 보름달은 달−지구−태양 순으로 일직선을 이루어 달이 태양의 반대 방향에 있을 때 관측된다.
 ① (가)는 오른쪽 반원이 밝은 반달이므로 상현달이다.
② 달은 공전함에 따라 삭 이후 (가) 상현달 → (나) 보름달 → (다) 하현달 순으로 관측된다.
③ (나)와 (다) 사이에서는 하현달에서 오른족이 부풀어오른 모양으로 보인다. 그믐달은 하현과 삭 사이에 위치할 때 보이는 달로, 왼쪽 일부분이 밝은 달이다.
④ 음력 1 월 15 일인 정월대보름에는 달 앞면 전체가 보이는 (나) 보름달이 보인다.

09 보름달이 보일 때 달은 태양의 반대 방향에 있다. 따라서 보름달이 동쪽 하늘에서 보이면 태양은 이와 반대 방향인 서쪽 하늘에 있다.

10 문제 분석하기

• 상현달은 달과 태양이 지구를 중심으로 직각을 이루어 오른쪽 반원이 밝은 반달 모양으로 보이는 달이다.(①, ③)
• 달의 위상은 초승달 → 상현달 → 보름달 순으로 변한다. 따라서 A(상현달)는 왼쪽이 점점 부풀어 며칠 후 보름달로 보인다.(⑤)

 ④ 달의 공전 주기가 약 한 달이므로 달은 약 한 달 후 같은 시각에 같은 위치에서 관측된다.

11 일식은 지구에서 보았을 때 달이 태양을 가리는 현상이고, 월식은 달이 지구의 그림자에 들어가 가려지는 현상이다.
④ 일식은 달의 그림자가 생기는 지역에서만 볼 수 있어 관측 가능한 지역이 좁지만, 월식은 지구에서 밤인 지역 어디에서나 볼 수 있기 때문에 관측 가능한 지역이 넓다.
 ⑤ 일식이 일어날 때는 태양−달−지구의 순으로 일직선을 이루고, 월식이 일어날 때는 태양−지구−달의 순으로 일직선을 이룬다. 따라서 태양과 달 사이의 거리는 월식일 때가 일식일 때보다 더 멀다.

12 일식은 달이 태양과 지구 사이에 있는 삭(B)일 때, 월식은 달이 지구를 기준으로 태양 반대 방향에 있는 망(D)일 때 일어난다.

[13~14] 문제 분석하기

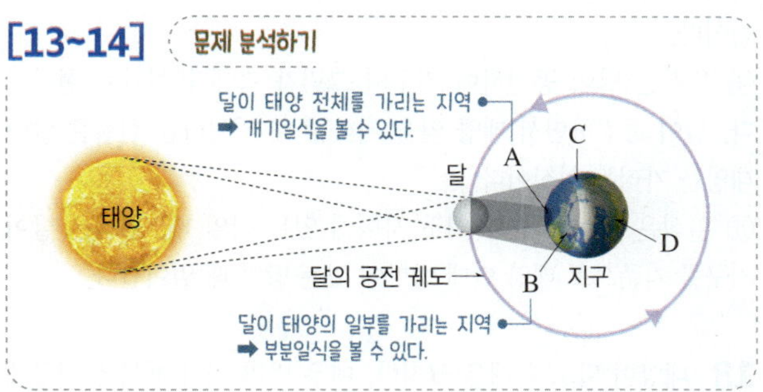

13 개기일식은 달이 태양 전체를 가리는 지역(A)에서 볼 수 있고, 부분일식은 달이 태양의 일부를 가리는 지역(B)에서 볼 수 있다.

14 ① 일식은 달이 태양을 가리는 현상이다.
② 일식은 달이 삭의 위치에 있을 때 일어나므로 이날 달은 보이지 않는다.
④ 일식은 달이 공전하여 태양 앞을 지나감에 따라 태양의 오른쪽부터 가려지고, 오른쪽부터 빠져나온다.
⑤ 일식은 달의 그림자가 생기는 지역에서만 볼 수 있다. 지구에서 밤인 지역 어디에서나 볼 수 있는 것은 월식이다.

15 손전등은 태양, 작은 스타이로폼 공, 큰 스타이로폼 공은 지구은 달을 나타낸다. 그림과 같은 모습으로 천체가 위치할 때는 지구에서 볼 때 달이 태양을 가리는 일식이 일어난다.

16 ㄱ. 월식은 태양−지구−달이 일직선을 이루어 달이 지구를 기준으로 태양 반대 방향에 위치할 때 일어나므로 달의 위치가 망일 때 일어난다.
ㄴ. A는 달의 일부가 지구의 그림자 속으로 들어간 모습이고, B는 달 전체가 지구의 그림자 속으로 들어간 모습이다.
 ㄷ. 월식은 달의 일부 또는 전체가 지구의 그림자에 들어갈 때 일어난다. 따라서 달이 A와 B에 위치할 때 일식을 관측할 수 있다.

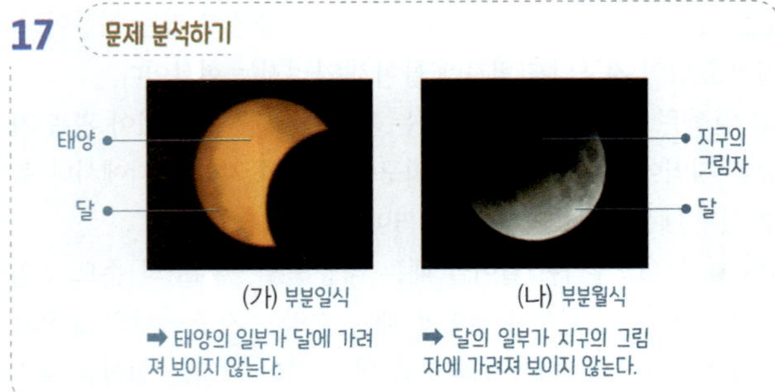

17 **바로 알기** ① (가)는 부분일식으로, 태양의 일부가 달에 가려져 보이지 않는 현상이다. 개기일식은 태양 전체가 달에 가려져 보이지 않는 현상이다.
② (나)는 부분월식으로, 달의 일부가 지구의 그림자에 가려진 모습이다.
④ 월식은 달이 공전하여 지구의 그림자 속에 들어가는 현상이다. 달이 공전하면서 태양 앞을 지나갈 때 일어나는 현상은 달이 태양을 가리는 일식이다.
⑤ 일식은 달이 태양과 지구 사이에 있는 삭일 때, 월식은 달이 지구를 기준으로 태양 반대 방향에 있는 망일 때 일어난다.

18 태양이 달보다 매우 크지만, 매우 멀리 있기 때문에 지구에서는 태양과 달이 비슷한 크기로 보인다. 따라서 달이 태양을 가릴 수 있다.

19 **모범 답안** (1) A: 하현달, B: 보이지 않음, C: 상현달, D: 보름달
(2) 달은 햇빛을 반사하여 밝게 보이므로 달이 공전하면서 태양, 달, 지구의 상대적인 위치가 달라지기 때문에 달의 위상이 변한다.
|해설| 달은 스스로 빛을 내지 못하므로 햇빛을 반사하여 밝게 보이는 부분이 우리 눈에 보이는 모양이 된다.

채점 기준		배점
(1)	달이 A~D에 있을 때의 위상을 모두 옳게 쓴 경우	40 %
	달의 위상을 한 가지 옳게 쓴 경우 부분 배점	10 %
(2)	달의 위상이 달라지는 까닭을 달의 공전과 관련지어 옳게 서술한 경우	60 %
	달의 위상이 달라지는 까닭은 달의 위치가 달라지기 때문이라고 서술한 경우	30 %

20 **모범 답안** (1) 달이 공전하여 지구의 그림자에 들어가 가려지기 때문이다.
(2) A, 달이 서쪽에서 동쪽으로 공전하므로 월식이 일어날 때 달은 왼쪽부터 지구의 그림자 속으로 들어가고, 왼쪽부터 빠져나오기 때문이다.
|해설| 월식은 달이 지구를 중심으로 공전하면서 지구의 그림자에 들어갈 때 일어난다. 월식이 진행될 때는 달의 왼쪽부터 가려지고 왼쪽부터 빠져나온다. 그림은 달이 지구의 그림자에서 빠져나오는 과정이다.

채점 기준		배점
(1)	그림과 같은 현상이 나타나는 까닭을 달의 공전과 관련지어 옳게 서술한 경우	50 %
	공전을 지칭하지 않고 서술한 경우	30 %
(2)	월식이 진행되는 방향을 쓰고, 그렇게 생각한 까닭을 옳게 서술한 경우	50 %
	월식이 진행되는 방향만 옳게 쓴 경우	30 %

21 **모범 답안** (1) (가)가 관측되는 날은 달이 삭의 위치에 오므로 태양－달－지구의 순서로 일직선을 이룬다. (나)가 관측되는 날은 달이 망의 위치에 있으므로 태양－지구－달의 순서로 일직선을 이룬다.
(2) 햇빛이 지구 대기를 지날 때 흩어지면서 달에 붉은 빛이 상대적으로 많이 도달하기 때문이다.
|해설| (가)는 개기일식이 일어난 모습이고, (나)는 개기월식이 일어난 모습이다. 일식은 달이 태양과 지구 사이에 있는 삭일 때, 월식은 달이 지구를 기준으로 태양 반대 방향에 있는 망일 때 일어난다.

채점 기준		배점
(1)	(가)와 (나) 위치 관계를 모두 옳게 서술한 경우	50 %
	(가)와 (나) 중 한 가지의 위치 관계만 옳게 서술한 경우	25 %
(2)	주어진 단어를 모두 포함하여 옳게 서술한 경우	50 %
	주어진 단어 중 두 가지를 포함하여 옳게 서술한 경우	25 %

22 **모범 답안** 월식, 일식은 달의 그림자가 생기는 지역에서만 볼 수 있어 관측 가능한 지역이 좁지만, 월식은 지구에서 밤인 지역 어디에서나 볼 수 있어 관측 가능한 지역이 넓기 때문이다.

채점 기준	배점
관측할 수 있는 지역이 더 넓은 것을 쓰고, 그 까닭을 옳게 서술한 경우	100 %
관측할 수 있는 지역이 더 넓은 것만 쓴 경우	40 %

한 걸음 더 **실력 UP 문제** 247 쪽

01 ⑤　　**02** ⑤　　**03** ⑤　　**04** ③

01 ⑤ 달이 B에서 A 방향으로 이동하고 A는 초승달의 위치이므로, 현재 달이 A에 있다면 약 3 일~4 일 후에는 거의 상현달이 된다.
바로 알기 ① 달은 서쪽에서 동쪽으로 지구를 중심으로 공전하므로 B에서 A 방향으로 이동한다.
② B는 달이 태양과 같은 방향에 있으므로 음력 1 일경이다.
③ 월식은 달이 망의 위치에 있을 때 일어난다. 달이 B에 위치에 있을 때는 삭으로, 이때는 일식이 일어날 수 있다.

④ 달은 약 한 달에 한 바퀴씩 서쪽에서 동쪽으로 공전하므로 달이 B에서 다시 B의 위치로 돌아오는 데 약 한 달이 걸린다.

02 음력 15 일경에 달-지구-태양 순으로 일직선을 이루어 달은 망의 위치에 있다. 이때 달은 태양의 반대 방향에 있어 달의 앞면 전체가 보이는 보름달로 보인다.

(바로 알기) ① 초승달은 초저녁에 서쪽 하늘에서 잠깐 관측되고, 지평선 아래로 진다.

②, ③ 달이 하루에 약 13°씩 서쪽에서 동쪽으로 공전하므로 매일 같은 시각에 보이는 달의 위치는 전날보다 서쪽에서 동쪽으로 약 13 °씩 이동한다.

④ 음력 7 일~8 일경에 해가 진 직후 남쪽 하늘에서 보이는 달은 상현달이다.

03 문제 분석하기

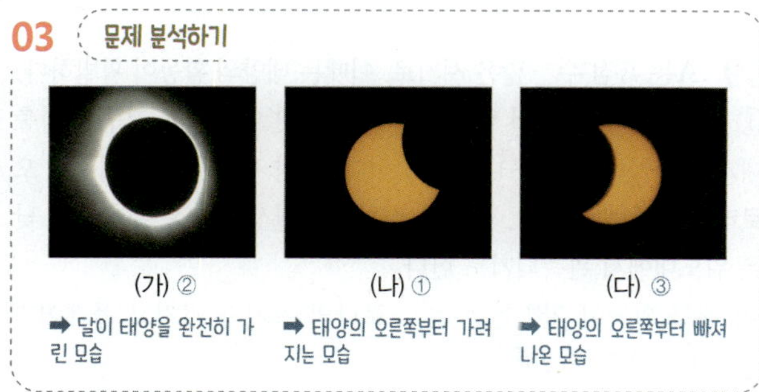

ㄴ. 일식은 지구에서 달의 그림자가 생기는 지역에서만 볼 수 있다.

ㄷ. 일식이 일어날 때는 태양-달-지구 순으로 일직선을 이루고 있을 때이므로 이날 달은 지구와 태양 사이에 위치해 있다.

(바로 알기) ㄱ. 일식이 일어날 때, 달이 서쪽에서 동쪽으로 공전하여 태양의 오른쪽부터 가려지고 오른쪽부터 빠져나오므로 일식을 관측한 순서는 (나) → (가) → (다)이다.

04 문제 분석하기

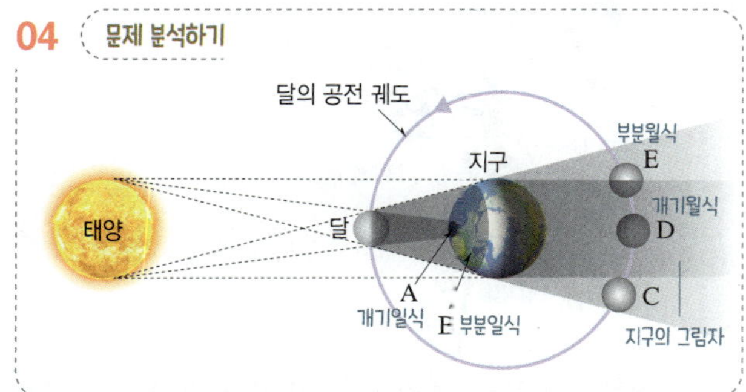

② B에서는 달이 태양의 일부를 가리는 부분일식을 관측할 수 있다.

④ 달이 D에 위치할 때는 달이 지구의 그림자에 완전히 가려져 붉게 보인다.

(바로 알기) ③ 달이 E에 위치할 때와 같이 달의 일부가 지구의 그림자에 가려질 때 부분월식을 관측할 수 있다. 달이 C에 위치할 때는 월식이 일어나지 않는다.

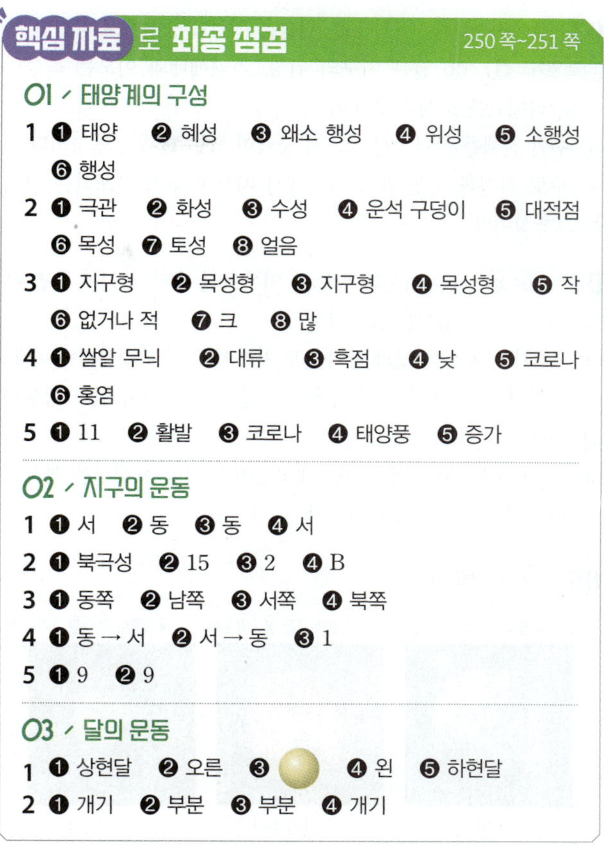

01 ⑤	02 ④	03 ③	04 ④	05 ②	06 ②	07 ④
08 ⑤	09 ④	10 ⑤	11 ④	12 ④	13 ④	14 ④
15 ④	16 ⑤	17 ④	18 ⑤	19 ⑤	20 ④	21 ④
22 ④	23 ①	24 ⑤	25 ①	26 ④	27 ②	28 ③
29 ⑤	30 ②					

01 (바로 알기) ㄱ. 태양계에는 지구를 비롯하여 수성, 금성, 화성, 목성, 토성, 천왕성, 해왕성의 8 개 행성이 있다.

ㄴ. 위성은 행성을 중심으로 공전하는 천체이다. 지구의 위성인 달만 지구를 중심으로 공전한다.

02 그림은 혜성의 모습이다. 혜성은 태양계 구성 천체로, 먼지와 얼음으로 이루어져 있으며 태양과 가까워지면 태양 반대쪽으로 꼬리가 생긴다.

(바로 알기) ④ 혜성은 고리를 가지고 있지 않다.

03 주어진 천체는 위성으로, 위성은 행성을 중심으로 공전한다.
(바로 알기) ①, ② 달은 지구의 위성, 가니메데와 이오는 목성의 위성, 타이탄은 토성의 위성이다.
④ 주변 천체를 끌어당길 정도의 중력이 있는 천체는 행성이다.
⑤ 주로 화성과 목성 궤도 사이에서 띠를 이루어 분포하는 천체는 소행성이다.

04 (바로 알기) ① 이산화 탄소로 이루어진 대기가 있어 표면 온도가 매우 높은 행성은 금성이다.
② 대기가 거의 없어 낮과 밤의 온도 차가 매우 큰 행성은 수성이다.
③ 표면이 붉게 보이고, 과거에 물이 흘렀던 흔적이 있는 행성은 화성이다.
⑤ 표면에 대기의 소용돌이인 대적점이 나타나는 행성은 목성이다. 해왕성은 대흑점이 나타난다.

05 문제 분석하기

④ (가) 수성과 (나) 화성은 질량과 반지름이 작은 지구형 행성이고, (다) 토성은 질량과 반지름이 큰 목성형 행성이다.
⑤ (가) 수성은 위성이 없고, (나) 화성은 2 개의 위성이 있으며, (다) 토성은 위성이 많다.
(바로 알기) ② 태양계 행성 중 크기와 질량이 지구와 가장 비슷한 행성은 금성이다.

06 문제 분석하기

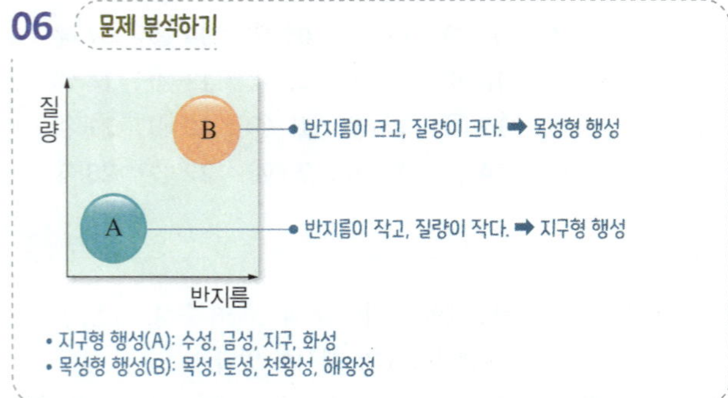

② 지구형 행성(A)은 표면이 단단한 암석으로 이루어져 있고, 목성형 행성(B)은 표면에 단단한 부분이 없고 기체로 이루어져 있다.
(바로 알기) ① 지구형 행성(A)은 위성이 없거나 수가 적고, 목성형 행성(B)는 위성이 많다.
③ 지구형 행성(A)는 고리가 없고, 목성형 행성(B)은 고리가 있다.
④ 지구형 행성(A)은 목성형 행성(B)에 비해 태양에 가까이 있다.

07 흑점은 광구에서 나타나는 현상으로, 주변보다 온도가 낮아 어둡게 보인다. 흑점은 수명, 크기, 모양이 다양하다.
(바로 알기) ④ 흑점 수가 많은 시기에는 태양 활동이 활발해지며, 흑점 수는 약 11 년을 주기로 증감한다.

08 ①, ② (가)는 광구에서 나타나는 쌀알 모양의 무늬인 쌀알 무늬로, 광구 아래에서 일어나는 대류 현상으로 생긴다.
③ (나)는 홍염으로, 태양의 대기에서 나타나는 현상이다.
④ 흑점 수가 많은 시기에는 태양 활동이 활발해진다. 태양 활동이 활발할 때는 (나) 홍염이 평상시보다 자주 나타난다.
(바로 알기) ⑤ 평소에는 태양의 광구가 밝아서 태양의 대기를 보기 어렵지만, 달이 태양의 광구를 가리는 개기일식이 일어나면 태양의 대기인 (나) 홍염을 볼 수 있다. (가) 쌀알 무늬는 평상시에 관측할 수 있고, 광구가 가려지면 관측할 수 없다.

09 A는 흑점 수가 많은 시기로, 이때는 태양의 활동이 활발하다.
① 오로라는 태양에서 날아오는 전기를 띤 입자들이 지구의 상층 대기와 충돌하여 빛을 내는 현상이다. 태양 활동이 활발해지면 오로라가 자주 발생하고, 극지방에서 주로 발생하는 오로라가 더 낮은 위도대에서 관측되기도 한다.
② 태양 활동이 활발할 때는 코로나의 크기가 커지고 플레어가 평소보다 자주 발생한다.
③ 태양 활동이 활발해지면 전파 신호 방해를 받아 무선 전파 통신 장애가 발생하기도 한다.
⑤ 태양 활동이 활발해지면 지구의 자기장이 급격히 변하는 자기 폭풍이 일어나 나침반이 잘못된 방향을 가리키기도 한다.
(바로 알기) ④ 태양 활동이 활발해지면 태양에서 날아오는 전기를 띤 입자들의 흐름(=태양풍)이 강해진다.

10

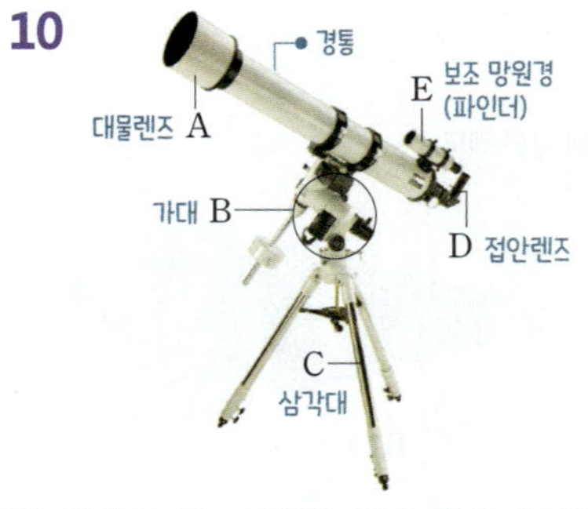

⑤ 관측하려는 천체를 쉽게 찾을 수 있도록 도와주는 것은 보조 망원경(E)이다. 보조 망원경은 배율이 낮지만 시야가 넓어서 천체를 찾기 쉽다.
(바로 알기) ① A는 대물렌즈로, 빛을 모은다.
② B는 가대로, 경통과 삼각대를 연결한다.
③ C는 삼각대로, 망원경이 흔들리지 않게 경통과 가대를 고정한다.
④ D는 접안렌즈로, 상을 확대하고 배율을 조절한다.

11 천체 망원경은 아래에서 위 방향으로 조립한다. (라) 삼각대 → (가) 가대 → (나) 균형추 → (다) 경통 → (마) 보조 망원경과 접안렌즈 순으로 끼워 조립한 후, 균형을 맞추고 주 망원경과 보조 망원경의 시야를 맞춘다.

12 ㄱ. 천체를 관측할 때에는 주변이 어둡고 편평한 곳에 망원경을 설치한다.
ㄴ. 망원경은 경통이 관측하려는 천체를 향하게 한 다음, 천체가 보조 망원경의 십자선 중앙에 오도록 조절한다. 보조 망원경으로 찾은 천체를 접안렌즈로 보면서 초점 조절 나사를 돌려 초점을 맞춘다.
ㄹ. 배율이 높으면 시야가 좁아지고 어두워지며 상이 커지므로, 접안렌즈로 볼 때 저배율에서 고배율의 순서로 관측한다.
(바로 알기) ㄷ. 보조 망원경은 시야가 넓어서 천체를 찾기 쉬우므로 천체를 관측할 때는 보조 망원경으로 천체를 먼저 찾은 후, 접안렌즈로 관측한다.

13 지구는 서쪽에서 동쪽으로 하루에 한 바퀴씩 자전하므로, 한 시간에 15°씩 자전한다. 지구는 서쪽에서 동쪽으로 1 년에 한 바퀴씩 공전하므로, 하루에 약 1°씩 공전한다.

14 지구는 하루 24 시간 동안 360° 자전한다. 따라서 북쪽 하늘의 별들은 북극성을 중심으로 1 시간에 15°씩 시계 반대 방향으로 회전하는 것처럼 보인다.
(바로 알기) ④ 남쪽 하늘에서는 별들이 동쪽에서 서쪽으로 일주 운동한다.

15 〔문제 분석하기〕

북쪽 하늘의 모습으로, 북극성을 중심으로 카시오페이아자리가 일주 운동하고 있다.

④ 별의 일주 운동 속도는 15°/시간이므로, 60° 이동하는 데 걸리는 시간은 4 시간이다.
(바로 알기) ① 북극성은 지구의 자전축을 연장한 천구의 북극에 가까이 있어 지구에서 볼 때 거의 움직이지 않는다.
② 별자리는 시계 반대 방향(a)으로 일주 운동한다.
③, ⑤ 별의 일주 운동은 지구 자전에 의한 겉보기 운동으로, 별자리가 실제로 움직이지는 않는다.

16

(가) 북쪽 하늘	(나) 동쪽 하늘	(다) 남쪽 하늘	(라) 서쪽 하늘
북극성을 중심으로 시계 반대 방향으로 회전한다.	오른쪽 위로 비스듬히 떠오른다.	동쪽에서 서쪽으로 이동한다.	오른쪽 아래로 비스듬히 진다.

17 계절에 따라 지구에서 볼 수 있는 별자리가 달라지는 것과 태양이 별자리 사이를 이동하는 것처럼 보이는 것은 지구가 태양을 중심으로 공전하기 때문이다.
(바로 알기) ㄱ, ㄷ은 지구가 자전하기 때문에 나타나는 현상이다.

18 ①, ②, ④ 태양은 지구가 공전함에 따라 별자리를 배경으로 서쪽에서 동쪽으로 이동하여 1 년 뒤에는 처음 위치로 되돌아오는 것처럼 보인다. 이와 같이 지구의 공전으로 나타나는 태양의 겉보기 운동을 태양의 연주 운동이라고 한다.
⑤ 태양이 황도를 따라 연주 운동할 때 태양 근처에 있는 별자리는 태양 빛이 밝기 때문에 관측되지 않는다. 태양 반대쪽에 있는 별자리가 관측된다.
(바로 알기) ③ 별자리를 기준으로 할 때 태양이 하루에 약 1°씩 서쪽에서 동쪽으로 이동하는 것처럼 보인다.

19 ⑤ 태양을 기준으로 별자리는 동쪽에서 서쪽으로 이동하므로 15 일 후 같은 시각에 관측하면 천칭자리가 더 서쪽으로 이동하여 지평선 부근에 위치할 것이므로 천칭자리는 태양 부근에 위치할 것이다.
(바로 알기) ② 별자리는 태양을 기준으로 동쪽에서 서쪽으로 이동하므로 관측된 순서는 (가) → (나) → (다)이다.
③ 지구가 1 년에 한 바퀴 공전하므로 별자리는 이동하여 1 년 후 처음 위치로 되돌아온다.
④ 별자리를 기준으로 태양은 서쪽에서 동쪽으로 1 년에 한 바퀴씩 돌아 제자리로 돌아오므로 하루에 약 1 °씩 이동한다.

20 〔문제 분석하기〕

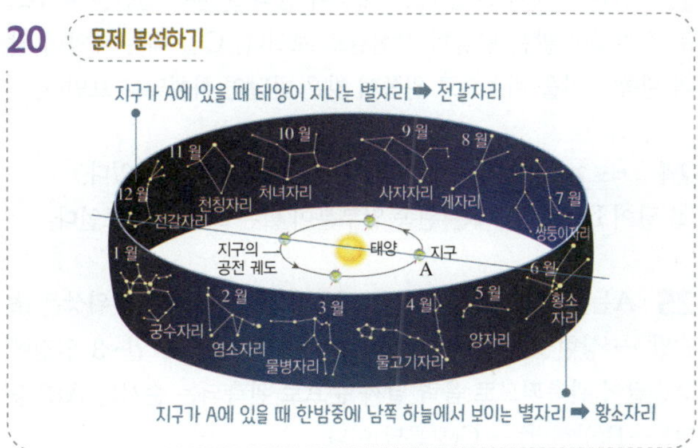

지구가 A에 있을 때 태양은 전갈자리를 지나고, 한밤중에 남쪽 하늘에서는 황소자리가 보인다.

21 ① 달의 공전, ② 지구의 공전, ③ 지구의 자전, ⑤ 태양의 연주 운동 방향은 모두 서 → 동이다. ④ 별이나 태양과 같은 천체의 일주 운동의 방향은 지구의 자전 방향과 반대인 동 → 서이다.

22 ①, ② 그림에 나타난 달은 왼쪽이 밝은 반달인 하현달로, 음력 22 일~23 일경에 보인다.
③ 달의 위치는 하현으로 태양, 달, 지구가 직각을 이루어 달의 왼쪽 반원이 밝게 보인다.
⑤ 달의 위상 변화 순서는 초승달 → 상현달 → 보름달 → 하현달 → 그믐달이므로 며칠 뒤 달은 그믐달로 보일 것이다.
(바로 알기) ④ 해가 진 직후 동쪽 하늘에서는 보름달이 보인다.

[23~24] (문제 분석하기)

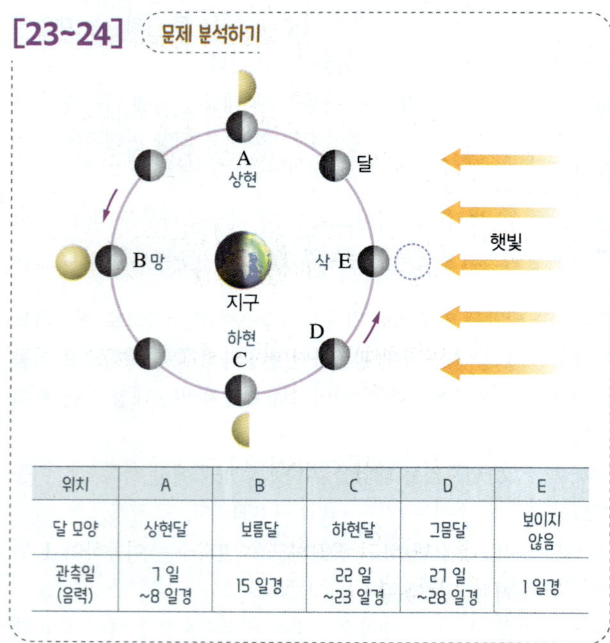

위치	A	B	C	D	E
달 모양	상현달	보름달	하현달	그믐달	보이지 않음
관측일 (음력)	7 일 ~8 일경	15 일경	22 일 ~23 일경	27 일 ~28 일경	1 일경

23 달의 위치가 A일 때는 태양이 달의 오른쪽 절반을 비추므로 오른쪽이 밝은 반달인 상현달로 보인다. C일 때는 태양이 달의 왼쪽 절반을 비추므로 왼쪽이 밝은 반달인 하현달로 보인다.

24 (바로 알기) ② B는 망일 때로, 월식이 일어날 수 있다.
④ 달이 D에 있을 때는 왼쪽 일부분이 밝은 그믐달로 보인다.

25 A는 초승달, B는 상현달, C는 보름달이다. 달의 위상은 초승달 → 상현달 → 보름달 순으로 변한다. 음력 2 일~3 일경에 초승달이 관측되므로 음력 날짜 순으로 관측되는 순서는 A(초승달) → B(상현달) → C(보름달)이다.

26 ② B 위치에 있는 달은 상현달로, 음력 7 일~8 일경에 관측된다.
③ C 위치의 달은 보름달로, 보름달이 보일 때 달은 태양의 반대 방향에 있다.
⑤ 태양으로부터의 거리는 삭일 때 가장 가깝고, 망일 때 가장 멀다. 따라서 태양으로부터의 거리는 보름달(C)일 때가 초승달로 보일 때(A)보다 멀다.
(바로 알기) ④ 달이 공전함에 따라 달을 매일 같은 시각에 관측하면 달의 모양이 조금씩 달라지며 위치도 전날보다 서쪽에서 동쪽으로 조금씩 이동한다.

27 달은 햇빛을 반사하여 밝게 보이므로 달이 공전하면서 태양, 달, 지구의 상대적인 위치가 달라지기 때문에 지구에서 보이는 달의 모양이 변한다.

28 ③ 월식은 달이 망의 위치에 와서 태양−지구−달의 순으로 일직선을 이룰 때 일어난다.
(바로 알기) ① 일식과 월식은 달이 지구를 중심으로 공전하여 일어나는 현상이다.
② 일식이 일어날 때 달은 삭의 위치에 있으므로 보이지 않는다.
④ 태양과 달 사이의 거리는 달의 위상이 삭일 때 가장 가깝고 망일 때 가장 멀다. 일식은 달의 위치가 삭일 때, 월식은 달의 위치가 망일 때 일어나므로 달과 태양 사이의 거리는 일식이 일어날 때보다 월식이 일어날 때 더 멀다.
⑤ 일식은 달의 그림자가 생기는 지역에서만 볼 수 있어 관측 가능한 지역이 좁지만, 월식은 지구에서 밤인 지역 어디에서나 볼 수 있기 때문에 관측 가능한 지역이 넓다.

29 ① 일식은 달이 삭의 위치에 와서 태양−달−지구의 순으로 일직선을 이룰 때 일어난다.
②, ③ 일식은 지구에서 달의 그림자가 생기는 지역에서만 볼 수 있다. 달의 그림자가 닿는 지역인 A에서는 일식을 관측할 수 있고, 달의 그림자가 닿지 않는 지역인 B에서는 일식을 관측할 수 없다.
④ 달이 공전하여 태양 앞을 지나감에 따라 태양의 오른쪽(서쪽)부터 가려지고, 오른쪽(서쪽)부터 빠져나온다.
(바로 알기) ⑤ 달 전체가 붉게 보이는 현상은 개기월식이 일어났을 때이다.

30 달이 A에 있을 때에는 지구의 그림자에 달의 일부가 가려져 부분월식이, B에 있을 때에는 달의 전체가 가려져 개기월식이 일어나고, C에 있을 때에는 월식이 일어나지 않는다.
그림은 달의 일부가 가려진 모습이므로, 부분월식이 일어났음을 알 수 있다. 따라서 달이 A에 있을 때 달의 일부만 지구의 그림자에 가려지는 부분월식을 볼 수 있다.

900만*의 압도적 선택

10명 중 8명 내신 최상위권*
비상교육 온리원 중등

특목고 합격생
2년 만에 167% 달성*

성적 장학생
1년 만에 2배 증가*

독점강의

오투, 한끝,
개념+유형
강의 독점 제공

7일간 최신 강의
0원 무제한 학습

* 2000년 이후 수박씨닷컴, 와이즈캠프, 온리원 키즈/초등/중등 누적 회원가입 수 기준
* 2023년 2학기 기말고사 기준 전체 성적장학생 중 모범, 으뜸, 우수상 수상자(평균 93점 이상) 비율 81.23%
* 온리원 정회원 대상 특목고 합격생 수 22학년도 대비 24학년도 167.4%
* 온리원 정회원 수 비교
  22-1학기: 21년도 1학기 중간~22년도 1학기 중간 누적
  23-1학기: 21년도 1학기 중간~23년도 1학기 중간 누적

문의 1588-6563 | www.only1.co.kr